オイラーの解析幾何

レオンハルト・オイラー　高瀬正仁＊訳

オイラーの解析幾何

海鳴社

INTRODUCTIO
IN ANALYSIN
INFINITORUM.
AUCTORE
LEONHARDO EULERO,
Professore Regio BEROLINENSI, *& Academiæ Imperialis Scientiarum* PETROPOLITANÆ *Socio.*

TOMUS PRIMUS.

LAUSANNÆ,
Apud MARCUM-MICHAELEM BOUSQUET & Socios.
MDCCXLVIII.

緒　言

　　数学を愛する人が無限解析を学ぶ際に直面せざるをえないさまざまな困難のうち，おおかたの部分は，通常のレベルの代数をほとんど習得しないうちに，あのはるかにレベルの高い技術に向かおうとする姿勢に起因する．私の目にはしばしばそのような情景が映じた．その結果がどのようになるかといえば，単にいわば敷居のところで立ちすくんでしまうというだけにとどまらず，補助手段たるべき概念である無限についてゆがんだ観念を形成するという成りゆきになってしまう．無限解析のためには通常のレベルの代数の完璧な知識が要請されているわけではないし，これまでに発見されてきた技巧の数々のすべてに通じることが求められているわけでもない．しかしまたそこには少なからぬ諸問題が存在し，それらの解明作業には，あのはるかに崇高な学問へと歩を進めていくうえで学ぶ者の心構えを作る力が備わっている．ところがそれらは通常の代数の教程ではすっかり省かれていたり，あるいは十分に念を入れて取り扱われていなかったりする．私がこの書物に集めた事どもには，この欠陥を補ってあまりある力が備わっていることを私は疑わない．実際，私は無限解析が絶対的に要請する事柄を，通常なされるよりもはるかに細密に，しかもはるかに明瞭に説明するように努めたが，そればかりではなく十分に多くの問題を解明した．この解明を通じて，読者は無限の観念に徐々に，それと気づかぬうちに親しみを寄せるようになっていくことであろう．私は通常のレベルの代数の諸規則に基づいて，普通なら無限解析で取り扱われることになっている多くの問題を解決した．これは，二通りの方法の最高の調和がいっそう容易に，交互に明るみに出されるようにするための処置である．

　　私はこの書物を二巻に分けた．第一巻には純粋解析に所属する事柄をまとめた．第二巻では幾何の領域で知っておくべき事柄を解説した．というのは，無限解析を叙述する際には，幾何への応用が同時に明示されるような仕方で語る習わしになっている

からである．第一巻においても第二巻においても初歩的な事柄は省略した．そうして他の書物ではまったく取り扱われることのない事柄，あるいはあまり適切な仕方で取り扱われているとは言えない事柄や，別の原理に基づいて追い求めることにより再発見にいたる事柄などをこそ取り上げて，説明を加えておくべきであると私は確信した．

そこで第一巻では，無限解析というものの全体が変化量とその関数を考察の対象に据えているという事実に鑑みて，関数をテーマに取り上げてとりわけ詳細に説明を行なった．そうして関数の変換と分解，それに無限級数展開の様相を明らかにした．私は，高等解析の場において特別に考察を加えてしかるべき多くの種類の関数を列挙した．まず初めに関数を代数関数と超越関数に区分けした．通常のレベルの代数でごく普通に目に入る演算を変化量に施すと，代数関数が組み立てられる．超越関数のほうは，代数的演算とは別の種類の計算を行なって作り出されたり，代数的演算を無限に繰り返して施すことによって構成されたりする．真っ先に行なわれる代数関数の細分は有理関数と非有理関数への区分けである．有理関数は単純部分分数に分解されたり諸因子に分解されたりするが，私はその様子を明示した．この種の分解は積分計算の場においてきわめて大きな支柱になる．非有理関数のほうについては，それを適切な変化量の置き換えにより有理的な形状にもっていくのはいかにして可能か，という論点を明らかにした．無限級数による展開はこれらの二種類の関数の双方に等しく及ぼされるが，超越関数に対しても適用される習慣が確立されていて，大きな利益がもたらされる．無限級数の理論は高等解析の領域を著しく拡大したが，その様相がどれほどめざましかったか，知らない者はない．

そこで私はひとつながりの数章をさいて，多くの無限級数の性質とその総和を探究した．それらの級数のうちのいくつかには，無限解析の支援を受けなければほとんど究明不能のように見えるというほどの性質が備わっている．たとえば，その総和を表示するのに対数や円弧が用いられるような級数はその種の級数の仲間である．対数や円弧は双曲線や円の面積を通じて表示されるのであるから，超越的な量であり，無限解析で取り扱われるのが普通の姿である．しかし私は冪から出発して指数量へと歩を進めた．指数量というのは，その冪指数が変化量である冪にほかならないが，これを逆転することにより，きわめて自然で，しかも豊饒な対数の観念が手に入ったのである．このような道を歩むと，対数というもののめざましい効用がおのずと明るみに出されるが，そればかりではない．普通，対数を表示するのに使われる習慣が確立され

緒　言

ているあらゆる無限級数もまた，この道筋の中から取り出されてくるのである．それに，対数表を作成する方法も，この道筋をたどることによりごく簡単に明らかになる．これと同様に，私は円弧の考察に向かった．この種の量は対数とはまったく別種のものではあるが，言わばぴんと張られたひもで対数と結ばれていて，一方の量が虚量になると見れば，即座にもう一方の量へと移っていくのである．幾何を復習して，ある弧の倍数にあたる弧や，ある弧の何分の一かにあたる大きさの弧の正弦と余弦の見つけ方について報告した後に，私はある任意の弧の正弦や余弦を用いて，きわめて小さくて，ほとんど消失するとみてよいほどの弧の正弦と余弦を表示した．その表示式からさらに歩みを進めて無限級数へと導かれた．そうして消失する弧はその正弦に等しいし，消失する弧の余弦は［単位円周の］半径に等しいことに留意して，私は任意の弧と，その正弦と余弦とを，無限級数を用いて表示した．こんなふうにして私はこの種の量を対象にして多種多様な表示式 ──── それらは有限表示式だったり，無限表示式だったりする ──── を手に入れた．それゆえこれらの量の性質を究明するのに，無限小計算はもう不要である．ところで対数には固有のアルゴリズムが備わっていて，その有益なことは全解析学において際立っているが，それと同様に私は円量に対してもある一定のアルゴリズムを明らかにした．その結果，計算の際に円量を対数と同様に快適に，しかもそれ自身があたかも代数的量であるかのように取り扱うことができるようになる．そうするとむずかしい諸問題の解決にあたって多大な利益がもたらされるが，利益の大きさについてはこの書物の数章ではっきりと示されるし，そのうえ無限解析の領域からなお多くの範例が提供される可能性もある．ただし，それらの範例がすでに十分によく知られていて，しかも日に日にその数を増しているという状勢が認められる場合にはこの限りではない．

　このような探究は分数関数を実因子に分解する際にきわめて強力な支援をもたらしてくれた．この支援は積分計算では不可欠であるから，私はこれを細心の注意を払って説明した．それから次に分数関数を展開して生じる無限級数，すなわち回帰級数という名で知られる級数を調べ，そのような級数の総和と一般項を提出し，他の著しい諸性質を明らかにした．このような地点へと導かれたのは因子分解のおかげである．そこで今度は視点を変換し，無限に多くても意に介さないことにして，いくつかの因子を一堂に集めて掛け合わせて積を作り，それをいかにして無限級数に展開するかという問題を考察した．この研究は数えきれないほど多くの級数の発見への道を開いた

が，そればかりではない．級数はこんなふうにして無限個の因子から成る積へと分解されていくのであるから，正弦，余弦，それに正接の対数値の算出をきわめて容易に可能にしてくれる非常に快適な数値表示式がみいだされたことになるのである．これに加うるに私は同じ泉から，数の分割に関連して提出される多くの問題の解決を汲み上げた．この種の諸問題は，もしこのような手段を欠いたなら解析学の手にあまるのではないかと思われる．

　素材はこのように多彩にそろっていて，やすやすといく冊もの書物ができあがってしまいかねないほどである．しかし私はあらゆる事柄を可能な限り簡潔に提示した．その結果，根底に横たわる事柄が随所できわめて明瞭に浮かび上がってくるようになったが，これ以上なお手を広げていっそう実り豊かな果実を摘む作業については，読者の努力をまちたいと思う．この努力を重ねることにより，読者にとっては力をみがく習練となるし，解析学の領域もまたいっそう広々と広がっていくのである．実際，私はためらうことなく言明したいと思う．この書物には明らかに新しい事物の数々がおさめられているが，そればかりではなく泉もまたあらわになっていて，そこからなお多くの際立った発見が汲まれるのである，と．

　私は第二巻でも同じ方針で歩を進めた．第二巻では，通常高等幾何の仲間に入れる習わしになっている事柄を探究した．ただし，他の書物でならたいていの場合，真っ先に登場するのは円錐曲線だが，それについて論じる前に曲線の理論に関する一般的な事柄を提示した．そのようにしておくと，何かある曲線の性質の探究にあたり，一般理論を適用して多大な利益を確保することができるようになるのである．さらに言うと，曲線の性質を表わす方程式のほかには何も補助手段は使用せず，そのような方程式に基づいて，曲線の形状とともに，主だった諸性質をも導き出す手順を示したいと思う．そうしてそれは主として円錐曲線を対象とする場合において，首尾よく達成されたと私には思われた．従来，円錐曲線はただ幾何学の流れのみに沿って取り扱われてきた．解析学を用いて論じられることもあったが，その様相ははなはだしく不完全で，あまり自然な様式とは言えなかったりするのが常であった．第二目の線(二次曲線)を対象とする一般方程式から出発して，私はまずはじめに第二目の線(二次曲線)の一般的な諸性質を説明した．続いて第二目の線(二次曲線)を，無限遠に延びていく分枝をもつのか，それとも曲線全体が有限な範囲内におさまるのかどちらなのかという点に

緒言

着目して，いくつかの種に分けた．第一の場合について言うと，どれほど多くの分枝が無限遠に延びていくのか，個々の分枝にはどのような性質が備わっているのか，直線を漸近線としてもつかどうかという点を識別しなければならなかった．このようにして私は三種類の通例の円錐曲線を獲得した．第一の円錐曲線は楕円であり，その全体が有限の範囲内におさまっている．第二の円錐曲線は双曲線である．これは，2本の漸近線に向かって収斂していく4本の無限分枝をもつ．第三番目の種類の円錐曲線は放物線で，漸近線を欠く2本の無限分枝をもっている．

私は同様のやり方で第三目の線(三次曲線)を探究した．第三目の線(三次曲線)の一般的な諸性質を説明した後，私は第三目の線(三次曲線)を16個の種に小分けして，ニュートンの手になる72種類の第三目の線(三次曲線)をすべてそこに帰着させた．私はこの方法を明晰判明に記述した．そのようにすると，3よりも高い位数をもつ任意の曲線(次数が3以上の任意の高次曲線)を対象にする場合にも，きわめて容易に類別を行うことが可能になる．この作業を試みに第四目の線(四次曲線)の場合に遂行した．

次に，曲線の位数に関する事柄を説明した後に，私はあらゆる曲線の一般的諸性質の探索へと立ち返った．曲線の接線，法線，それに，通常は接触円の半径を用いて測定する習わしになっている曲率を規定する方法を説明した．これらは今日ではたいてい微分計算の力を借りて遂行されるが，それにもかかわらず私はここでは通常のレベルの代数のみに依拠してこれを遂行した．それは，引き続いて有限解析から無限解析へと移行する手続きがいっそう楽になるようにするための配慮である．また，私は曲線の彎曲点，尖点，二重点およびもっと重複度の高い重複点について考察し，これらのすべてを方程式のみに基づいて困難なく規定する手順を説明した．ただし私は，微分計算の手を借りるならばこれらの問題ははるかに容易に解明されうることを否定するものではない．私はまた第二種の尖点，すなわちその尖点において出会う二本の弧が同じ方向に向きを変えていくという性質を備えた点に関する論争にも言及した．そうしてこれ以上何ら疑問が残らないまでに，この問題を十分よく処理しえたと私は思う．最後に数章を付け加え，与えられた諸性質をみたす曲線を見つける方法を示し，究極において円の分割に関する多くの問題を解決するに至った．

以上の事柄は幾何の領域から採取して，無限解析の修得にあたって大きな支えをも

たらしてくれると思われるものを集めたのである．付録として，立体幾何から立体とその表面の理論を取り出して計算を用いて提示して，そのような曲面の性質を3個の変化量の間に成立する方程式に依拠して記述するのはいかにして可能か，という問題を解明した．その結果に基づいて，曲線の場合と同様に，方程式に見られる変化量の次元数に即して曲面を目(もく)に分け，位数1の目(もく)には平面が包摂されているにすぎないことを示した．位数2の目(もく)の曲面については，無限遠に伸展していく断片を考慮に入れて，6個の種に分けた．他の位数に対しても同様にして細分を企図することが可能である．私は二個の曲面の交叉も考察した．それは一般にあるひとつの平面内におさまることのない曲線である．そこで私は，その曲線を方程式を用いて表示するのはいかにして可能か，という論点を解明した．最後に私は接平面の位置と，曲面に垂直な直線，すなわち法線の位置を決定した．

　書き残した事柄を語っておきたいと思う．この書物に出ている事柄のうち少なからぬ部分は，すでに他の人々の手で究明がなされてきたものである．そこで私としてはひとこと弁明しておかなければならないのだが，私は私に先立って同じ領域で努力を重ねてきた人々について，ここかしこで名を挙げてほめたたえるようなことはしなかった．実際のところ，私はあらゆる事柄をできるかぎり簡潔に処理するよう企図したのである．個々の問題の来歴を語ったなら，この書物の規模は適切な度合いを越えて大きくなっていったことであろう．それに，他の人の手ですでに解答がみいだされているたいていの問題についても，ここでは別の原理に基づいて解決されたのである．それゆえ少なからぬ部分は私のものと見てよいと思う．これらの事柄にとどまらず，ここでまったく新たに公表される事柄については特に，この方面の研究に心を引かれているおおかたの人たちに不愉快な気持ちを起こさせたりすることのないよう，私は心から望んでいる．

目次

緒言　v

第1章　曲線に関する一般的な事柄　1
第2章　座標の取り替え　12
第3章　代数曲線を目に区分けすること　27
第4章　各々の目の線を区分けすること[1]　37
第5章　第二目の線　47
第6章　第二目の線をいくつかの種に区分けすること　81
第7章　無限遠に伸びていく分枝の研究　103
第8章　漸近線　121
第9章　第三目の線をいくつかの種に区分けすること　138
第10章　第三目の線の著しい諸性質　153
第11章　第四目の線　168
第12章　曲線の形の研究　181
第13章　曲線の諸性質　189
第14章　曲線の曲率　200
第15章　一本またはより多くのダイアメータをもつ曲線　220
第16章　向軸線の，与えられた諸性質に基づいて曲線を見つけること　235
第17章　他の諸性質に基づいて曲線を見つけること　255
第18章　曲線の相似性と近親性　282
第19章　曲線の交叉　296
第20章　方程式の構成　319
第21章　超越的な曲線　336
第22章　円に関連するいくつかの問題の解決　362

附録　曲面の理論
　　第1章　立体の表面に関する一般的な事柄　　387
　　第2章　提示された任意の平面による曲面の切断　　404
　　第3章　円柱，円錐および球面の切断　　417
　　第4章　座標の交換　　441
　　第5章　二次曲面　　450
　　第6章　二つの曲面の交差　　467

索引　　479
訳者あとがき　　481

　　註記　1）本文第4章の冒頭に記載されている標題は「各々の目(もく)の線の著しい諸性質」．

オイラーの無限解析　目次

緒　言
第1章　関数に関する一般的な事柄
第2章　関数の変換
第3章　変化量の置き換えによる関数の変換
第4章　無限級数による関数の表示
第5章　2個またはそれ以上の個数の変化量の関数
第6章　指数量と対数
第7章　指数量と対数の級数表示
第8章　円から生じる超越量
第9章　三項因子の探索
第10章　無限冪級数の因子をみつけ，それらを利用して
　　　　ある種の無限級数の総和を確定すること
第11章　弧と正弦の他の無限表示式
第12章　分数関数の実部分分数展開
第13章　回帰級数
第14章　角の倍化と分割
第15章　諸因子の積の展開を遂行して生成される級数
第16章　数の分割
第17章　回帰級数を利用して方程式の根を見つけること
第18章　連分数
　索　引
　訳者あとがき

LIBER SECUNDUS.

CAPUT I.

De lineis curvis in genere.

1. Quoniam quantitas variabilis est magnitudo in genere considerata omnes quantitates determinatas in se complectens, in Geometria hujusmodi quantitas variabilis convenientissime repræsentabitur per lineam rectam indefinitam RS. Cum enim in linea indefinita magnitudinem quamcunque determinatam abscindere liceat, ea pariter ac quantitas variabilis eandem quantitatis ideam menti offert. Primum igitur, in linea indefinita RS punctum assumi debet A, unde magnitudines determinatæ abscindendæ initium sumere censeantur; sicque portio determinata AP repræsentabit valorem determinatum in quantitate variabili comprehensum.

TAB. I.
Fig. 1.

2. Sit igitur x quantitas variabilis, quæ per rectam indefinitam

原書第二巻の本文第1ページ

第1章　曲線に関する一般的な事柄

1.　変化量というのは一般的な視点に立って考察された大きさのことであり、その中にはありとあらゆる定量が包み込まれている．それゆえ、幾何学の場に移行すると、変化量は不定直線 RS を用いることによりきわめて適切に表示される(図1)．実際、不定直線に身を置くと、たとえどれほどの長さであろうとも、任意に指定された長さの線分を切り取ることができるのであるから、不定直線と変化量は、量というものの同一の観念をわれわれの心象風景の中に等しく描き出してくれるのである．そこでまず初めに不定直線 RS のど

図1

こかしら途中の一点を選び、その点に A という名をつけて指定しなければならない．そうしてある定まった長さの線分を切り取る際には、その点 A を始点と見ることにする．そうすると不定直線上のある定まった部分 AP は、変化量に包摂されている定量を表示していることになるであろう．

2.　そこで x は変化量として、それは不定直線 RS で表示されるとしよう．すると明らかに、x の定値であって、しかも実値[1]でもあるものはことごとくみな、直線 RS において切り取られた部分によって表示される．このあたりの事情をもう少し詳しく言うと、もし点 P が点 A と重なるなら区間 AP は消失するが、この区間は値 $x=0$ を表わしている．また、点 P が点 A から遠ざかっていけばいくほど、区間 AP はそれだけ大きな x の定値を表わすことになる．

この区間 AP は**切除線**と呼ばれる．

したがって、切除線は変化量 x の定値を表わしているのである．

3． 不定直線RSは点Aから出発して左右両方向に限りなく延びていくから，xの正負双方のあらゆる値を不定直線から切り取ることが可能である．xの正の値をAの右方向に歩を進めて切り取ることにしてみると，その場合，左方向の区間Apはxの負の値を表わす．実際，点PがAから右方向に遠のいていけばいくほど，区間APはそれだけ大きなxの値を表わすし，逆に，点PがAの左方向に遠ざかっていけばいくほど，xの値はそれだけ小さくなっていく．そうして，もしPがAに一致するなら，$x=0$となる．このような次第であるから，PがAの左方向にどんどん遠ざかっていく場合には，0よりも小さいxの値，すなわち負の値が表示される．したがってAから左方向に進んで切り取られた区間Apは，xの負の値を表わしている．また，Aの右方向に取った区間APはxの正の値を与えると見られる．xの正の値を表示するのに左右どちらの区域を選ぶべきかという点について言うと，これはどちらでもかまわない．というのは，いずれにしてもつねに，選定された方向と反対側の方向にはxの負の値が包含されることになるからである．

4． こうして不定直線は変化量xを表示する．そこで今度は，xの任意の関数を幾何学的に見てもっとも適切に表示する様式を観察したいと思う．yはxの任意の関数としよう．xに対してある定値が指定されると，それに対応してyはある定値を受け入れる．xの値を表示するために不定直線RASを採用しよう(図2)．xの任意の定値APに対し，対応するyの値に等しい線分PMが線分APと垂直に描かれる．もう少し詳しく言うと，もしyの正の値が生じるなら，線分PMは直線RSの上側に延びていくし，そうではなくてyの負の値が現われるなら，線分PMは直線RSの下側に垂直に描かれるのである．実際，yの正の値を直線RSの上側に取るとき，直線RS上ではyの値は消失し，直線RSの下側ではyの値は負になることになる．

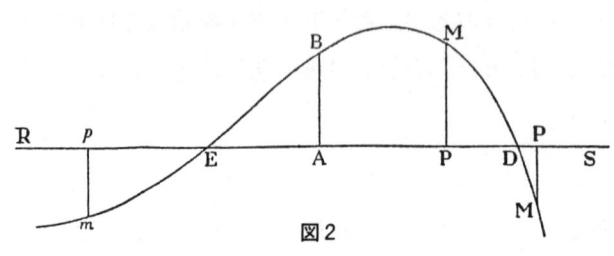
図2

第 1 章　曲線に関する一般的な事柄

5．　それゆえ上に挙げた図は x の関数というものの姿を，y に成り代わってわれわれの眼前にくっきりと描き出してくれる．すなわち，$x=0$ と置くと，この関数は AB と等値される正の値を受け入れる．$x=AP$ と取れば，$y=PM$ となる．$x=AD$ なら，$y=0$ となる．また $x=AP$ と取れば，関数 y は負の値を受け入れる．したがって垂直に引かれた線分 PM の位置は直線 RS の下側になる．同様に，x の負の値に対応する y の値は，もし正なら，直線 RS の上側に位置する線分で表示される．反対の場合，すなわち y の値が負の場合には，y の値を表示する線分は，pm のように，直線 RS の下側に向けて伸ばしていかなければならない．ところで，たとえば $-x=AE$ のような x の値に対してはつねに $y=0$ となる．この場合，そのような x の値に対応する地点において引くべき線分の長さは 0 になる．

6．　こんなふうにして x のあらゆる定値に対して，対応する y の値を確定していくと，直線 RS の各点において垂直に線分 PM が描かれる．関数 y の値はこの線分 PM で表示されるが，その一方の端点 P は直線 RS 上にあり，もう一方の端点 M は，y の値が正なら直線 RS の上側に配置され，y の値が負なら直線 RS の下側に配置される．あるいはまた点 D や点 E において観察されるように，y の値が 0 になるなら，端点 M は直線 RS 上に落ちるのである．それゆえ個々の線分の端点 M は全体としてまっすぐな線(直線)もしくは曲がった線(曲線)を描き，その線の全容は上記のような様式により関数 y によって定められることになる．それゆえ x の任意の関数はこんなふうにして幾何学の領域へと移されて，ある種の線を定める．その線はまっすぐかもしれないし，曲がっているかもしれないが，その性質は関数 y の性質に依存する．

7．　関数 y を元にして作られる曲線はこのようにして完全に認識される．というのはその曲線上の点はことごとくみな関数 y によって定められるからである．実際，個々の点 P において垂直線分 PM の長さがわかっているが，その線分の端点 M は関数 y により作り出される曲線上にある．しかもこの曲線上の点はすべてみなそのようにしてみいだされるのである．ところで曲線がどんなふうに配置されたとしても，その曲線の個々の点から直線 RS に向かって垂線を降ろすことができる．するとそのようにして，変化量 x を示す区間 AP と，関数 y の値を表わす線分 PM の長さが手に入る．このような状勢を見れば明らかになるように，このような様式で関数 y により規定されることのないような曲線上の点は存在しない．

8． 点の連続的な運動により曲線が機械的に描かれていき，そのようにして曲線の全容が全体として目に見えるように与えられることがある．そのような曲線は多い．だが，それはそれとしてここでは主として，それらの曲線の解析的源泉，すなわちはるかに広範な世界に向かうことを許し，しかも計算を遂行するうえでもはるかに便利な源泉を関数と見て，その視点から考察を加えていきたいと思う．そうすると x の任意の関数はある種の線を与えることになる．その線はまっすぐかもしれないし，曲がっているかもしれない．逆に，曲線を関数に帰着させていくことも可能になる．曲線上の各々の点 M から直線 RS に向かって垂線 MP を降ろして区間 AP を作り，それを変化量 x で明示することにする．すると，そのような状勢のもとでつねに，線分 MP の長さを表示する x の関数が得られるのである．曲線の性質は，そのような x の関数の性質に基づいて記述されていく．

9． 曲線というものの観念をこのように認識すると，そこから即座に，曲線の区分け，すなわち**連続曲線**と**不連続曲線**(あるいは**複合曲線**)への区分けが導出される．もう少し詳しく言うと，連続曲線というのは，あるひとつの定められた x の関数を通じてその性質が表わされるという性質を備えた曲線のことである．これに対し，ある曲線のいくつかの異なる部分 $BM, MD, DM, \cdots$ の各々が x の別々の関数を用いて書き表わされ，部分 BM がある関数により規定された後に，部分 MD が他の関数により描写される等々，という様子が認められるなら，そのような曲線は**不連続曲線**，あるいは**複合曲線**とか**非正則曲線**などという名で呼ばれる．というのは，この種の曲線はある一定の法則に基づいて描かれているのではなく，いくつかの異なる連続曲線の断片を素材にして組み立てられているからである．

10． ところで幾何学で主として話題にのぼるのは連続曲線であるし，しかもこれから先の叙述の中で明らかにされるように，ある一定の規則にしたがう一様な機械的運動によって描かれる曲線は連続曲線である．そこで今，$mEBMDM$ は連続曲線として，その性質はある x の関数に包摂されているとしよう．その関数を y としよう．すると明らかに，x の定値を固定点 A から測定して直線 RS 上に取るとき，対応する y の値は垂直線分 PM の長さを示している．

第 1 章　曲線に関する一般的な事柄

11.　曲線について説明を行うにあたり，曲線の理論できわめてひんぱんに使用される若干の呼称を確保しておくのがよいと思う．

まず初めに，x の値を切り取る場である直線 RS は**軸**あるいは**基準線**と呼ばれる．

x の値は点 A を基点にして測定されるが，この点は**切除の始点**という名で呼ばれる．

軸の部分 AP により x の定値が明示されるが，この部分のことは**切除線**と呼ぶ習わしである．

切除線の端点 P から曲線に向かって伸びていって曲線に達する垂直線分 PM は，**向軸線**という名称を獲得した．

ところで，この場合，向軸線と軸のなす角度は直角であるから，向軸線は**垂直向軸線**とか**直交向軸線**などと呼ばれる．実際，同様に考えていくと向軸線 PM が軸となす角度が斜角であってもかまわないわけであり，その場合には向軸線は**傾斜向軸線**と呼ばれるのである．この場では，はっきりとした言葉でそうではない旨が指示されない限り，つねに直交向軸線を用いて曲線の性質を説明することにしたいと思う．

12.　そこで任意の切除線 AP を変化量 x で明示して $AP=x$ となるようにしておくと，そのとき関数 y は向軸線の長さを示すことになり，$PM=y$ となる．それゆえ曲線の性質は，もし連続曲線なら，関数 y の属性を基礎にして記述される．言い換えると，y が x と諸定量を素材に用いて組み立てられる様式に基づいて記述される．軸 RS において部分 AS は正の切除線が占めるべき場であり，部分 AR は負の切除線が占めるべき場である．軸 RS の上方には正の向軸線の領域が広がり，下方はといえば負の向軸線の領域なのである．

13.　このようにして x の任意の関数から連続曲線が生れるから，その曲線は元の関数に基づいて認識され，記述される．実際，まず初めに x に対して，0 から ∞ まですきまなく進んでいきながら正の値を割り当てて，各々の値に対して対応する関数 y の値を求めよう．その際，y の値は，それが正負のどちらであるのかに応じて，上方または下方に伸びていく向軸線で表わされる．曲がった部分 BMM はそのようにして生じる．次に，同様にして x に対し，0 から $-\infty$ まで歩を進めながらあらゆる負の値を割り当てていくと，対応する y の値は曲線の部分 BEm を描いていく．こん

なふうにして，関数に内包されている曲線の全体像が姿を現わしてくる．

14． y は x の関数であるから，具体的に式の形に表示された x の関数と等値されるか，あるいは x と y の間にある方程式が成立して，それを通じて y が x によって規定されるかのいずれかの状勢が観察される．どちらの場合にも何らかの方程式が手に入り，その方程式は曲線の性質を表わすという言い方をされるのである．それゆえ，どの曲線の性質も，二個の変化量 x と y の間に成立する何らかの方程式を通じて明示されることになる．一方の変化量 x は，あらかじめ与えられた点 A を始点として軸上に取った切除線を表わし，もうひとつの変化量 y は，軸に垂直な向軸線を表わす．切除線と向軸線を併せて考えるとき，それらは**直交座標**という名で呼ばれる．こうして曲線の性質は，y を x の関数として定めるような方程式が手に入ったならの話ではあるが，直交座標間の方程式によって規定されると言われる．

15． このようにして曲線というものを認識する手続きは関数に帰着されるから，すでに以前目にしたような種々の関数の種類に応じて，それに見合う分だけ，いろいろな種類の曲線が存在することになる．そこで関数の分類の仕方に応じて，曲線もまた**代数曲線**と**超越曲線**に区分けされていく．すなわち，ある曲線が代数的であるというのは，向軸線 y がその切除線 x の代数関数であることをいうのである．あるいはまた，代数曲線の性質は座標 x と y の間に成立する何かある代数方程式で表わされるのであるから，この種の曲線は**幾何学的曲線**とも呼ばれる習わしになっている．他方，ある曲線が超越的であるというのは，その性質が x と y の間に成立する超越的な方程式で表わされること，言い換えると，その方程式から y が x の超越関数として認識されることをいう．このような連続曲線の区分けは真にめざましい．この区分けにより，連続曲線は**代数曲線**であるか，あるいは**超越曲線**であるかのいずれかであることになる．

16． ところで，向軸線 y を表示する役割を担う x の関数が与えられたとき，その関数を元にして曲線を描くには，その関数は一価なのか，多価なのか，どちらの性質を備えているのかという点に留意しなければならない．まず初めに y は x の一価関数としよう．言い換えると，P は x のある一価関数を表わすものとして，$y = P$ という形になるとしてみよう．x に任意の定値を割り当てると，向軸線 y もまたひとつ

の定値を受け入れる．切除線のひとつひとつに対して，そのつどひとつの向軸線が対応する．この状勢に起因して，曲線には次のような性質が備わることになる．すなわち，軸 RS 上の任意の点 P において，軸に垂直な直線 PM を引くと，それはつねに曲線とただひとつの点 M において交叉するのである．それゆえ，軸上の個々の点に対し，曲線のひとつの点が対応する．そうして軸は左右両方向に限りなく延長されていくから，曲線もまた両方向に伸びていく．これを言い換えると，このような関数から生じる曲線は，軸とともに両方向にどこまでも限りなく延長されていくのである．図2はこのような延長の様子を示しているが，この図では，曲線 $mEBMDM$ は途切れることなく両方向に限りなく伸びている．

17. y は x の二価関数としよう．すなわち，P と Q は x の一価関数を表わすとして，x と y は $yy = 2Py - Q$ という関係で結ばれているとしよう．すると，$y = P \pm \sqrt{PP - Q}$ となる．それゆえ切除線 x のひとつひとつに対して，二つの向軸線 y が

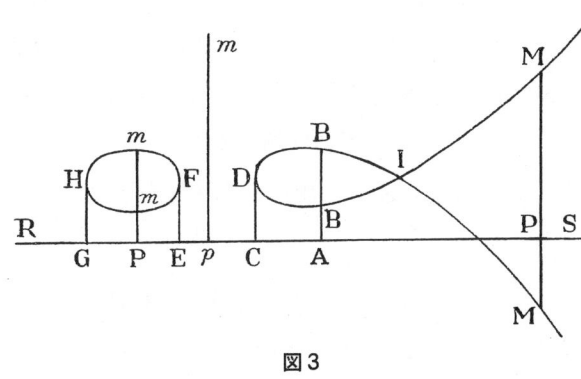

図3

対応する．それらは両方とも実量であるか，あるいは両方とも虚量であるかのいずれかである．もし $PP > Q$ なら前者の場合が起こり，もし $PP < Q$ なら，後者の場合が起こる．y の二つの値がともに実量である限り，切除線 AP に対応して描かれるのは

二本の向軸線 PM, PM である(図3)．すなわち，それらの向軸線は P において軸に垂直で，しかも曲線を二点 M と M において通過して伸びていくのである．他方，$PP < Q$ となる場合には，点 p においてそのようになっているように，切除線に対応する向軸線は存在しない．言い換えると，そのような場所では，軸に垂直に伸びていく直線は決して曲線に出会うことはない．ところでまず初めに $PP > Q$ となったとすると，$PP = Q$ となる場合，すなわち実の向軸線と虚の向軸線の境をなす地点を越えていくことなくして $PP < Q$ となることはありえない．それゆえ，C や G におけるように，実の向軸線の姿が消えていく地点では，$y = P \pm 0$ となる．言い換えると，そのようなところでは二本の向軸線が重なり合い，そこを境にして曲線の進路は逆の方向

へと曲がっていくのである．

18. 　図を見れば明らかなように，負の切除線 x が限界 AC と AE の間にとどまる限り，向軸線 y は虚になり，しかも $PP < Q$ となる．点 E を左方向に越えて進んでいくと，再び実在の向軸線が現れる．ただし，このようなことが起こりうるのは，E において $PP = Q$ となるとき，したがって二本の向軸線がぴったり重なり合うときに限られている．その場合，切除線 AP に対し，再度二本の向軸線 Pm, Pm が対応するが，それは点 G に達するまでのことであり，G では二本の向軸線が重なり合う．G を越えていくと，向軸線はまたも虚になる．こんなふうにして曲線は，$MBDBM$ や $FmHm$ のように，互いに異なる二つもしくはもっと多くの部分から構成されることがある．だが，それにもかかわらず，それらの構成部分をすべて連結して考察すると，ある一本の連続曲線，別の言葉で言うと正則曲線を作っていると見るのが至当である．なぜなら，それらの個々の構成部分はある同じ関数に起因して現われるからである．それゆえ，この種の曲線には次のような性質が備わっている．すなわち，軸上の個々の点において軸に垂直に線分 MM を引くとき，その線分は曲線と全然交叉しないか，または二点において交叉するかのいずれかである．ただし二個の交点がたまたま合致することもあり，そのような場合は例外である．そのようなことが起こるのは，向軸線が点 D, F, H や点 I を通って引かれている場合である．

19. 　y は x の三価関数としよう．すなわち，P, Q, R は x の一価関数として，y は $y^3 - Py^2 + Qy - R = 0$ という形の方程式により規定されるとしよう．このとき，x の個々の値に対し，向軸線 y は三つの値をもつ．それらの値はすべて実値であるか，あるいはひとつのみ実値で，他の二つは虚値であるかのいずれかである．それゆえ，あらゆる向軸線はこの曲線と三点において交叉するか，あるいは一点においてのみ交叉するかのいずれかであることになる．ただし，二つもしくは三つの交点が一点において重なり合う場合はこの限りではない．どの切除線に対しても少なくとも一本の実在の向軸線が附随するから，この曲線は軸とともに左右両方向にどこまでも伸びていくことになる．それゆえ，この種の曲線は，〈図4〉におけるように，つながって描かれる一個の部分から作られているか，あるいは〈図5〉に描かれているように互いに切り離されている二個の部分から作られているか，あるいはもっと多くの部分から作られている．いずれにしても，それらの構成部分はすべて合わさって一体となり，

第1章　曲線に関する一般的な事柄

あるひとつの連続曲線を作っているのである．

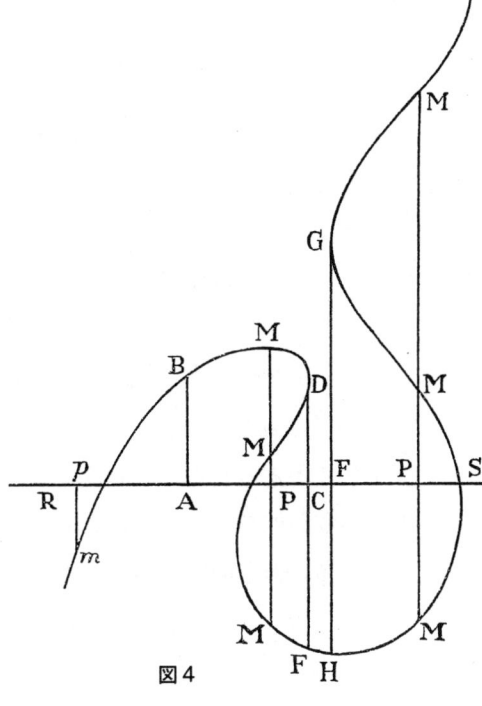

図4

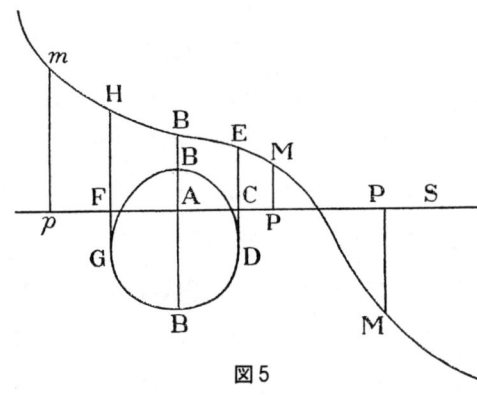

図5

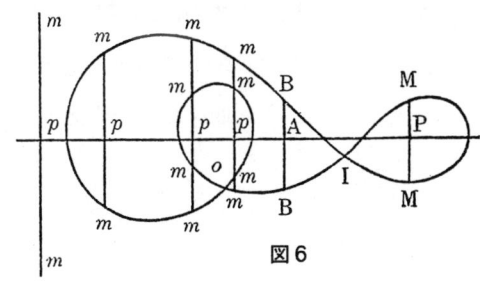

図6

20．　y は x の四価関数としよう．すなわち，y は $y^4 - Py^3 + Qy^2 - Ry + S = 0$ という形の方程式で規定されるとしよう．このとき x の個々の値に対し，y の四つの実値が対応するか，またはただ二つの実値が対応するだけに留まるか，または実値はひとつも対応しないかのいずれかの現象が起こる．よって，このような四価関数から生じる曲線では，個々の向軸線はこの曲線と四点において交叉するか，あるいは二点のみにおいて交叉するか，あるいはまったく交叉しないかのいずれかである．〈図6〉にはそれらの各々の場合が明示されている．I と o で示される地点には特に注目しなければならない．これらの場所では二個の交点が重なって一点になっているのである．このようなわけで，右方についても左方についても，この曲線には限りなく遠方に伸びていく分枝は全然存在しないか，二本存在するか，四本存在するかのいずれかである．第一の場合，すなわち左右いずれの方向についても，限りなく延長されていく分枝が一本も存在しない場合には，〈図6〉に示されているように，曲線は左

9

右両方向で閉じていて，ある一定の領域を取り囲んでいる．状勢はこんなふうであるから，曲線の諸性質のうち，多価関数に由来するものについてはあらかじめ推定することができるのである．

21. これをもう少し詳しく説明しよう．y は多価関数としよう．言い換えると，y はある方程式により定められるとして，その方程式における y の最大の冪指数を n としよう．このとき y の実値の個数は n 個，または $n-2$ 個，または $n-4$ 個，または $n-6$ 個・・・である．これは，任意の向軸線と，関数 y の性質にもとづいて描かれる曲線との交点の個数を表している．これより明らかなように，もしある向軸線が連続曲線と m 個の点において交叉するなら，他のあらゆる向軸線が曲線と交叉する点の個数と m との差はつねに偶数になる．したがって曲線と向軸線が $m+1$ 個，または $m-1$ 個，または $m\pm3$ 個・・・の点において交叉するということはありえない．これを言い換えると，ある向軸線と曲線との交点の個数が偶数もしくは奇数になるなら，その場合，他のあらゆる向軸線についても，その向軸線と曲線との交点の個数はそれぞれ偶数個もしくは奇数個になる．

22. それゆえ，もしある向軸線と曲線が奇数個の点において交叉するなら，他の何らかの向軸線が曲線とまったく交叉しないという事態は起こりえない．したがって，曲線は左右両方向において，少なくとも一本の限りなく伸びていく分枝をもつことになる．そうして，もし左右のどちらか一方の側で，もっと多くの分枝が限りなく延長されていくなら，それらの分枝の本数は奇数でなければならない．なぜなら向軸線と曲線との交点の個数は偶数ではありえないからである．それゆえ，左方向または右方向に限りなく伸びていく分枝をすべて合わせて数えると，総個数はつねに偶数になる．ある向軸線が曲線と偶数個の点において交叉するという場合にも，同じ状勢が起こる．実際，その場合には，左右両方向を別々に見るとき，限りなく伸びていく分枝は全然存在しないか，または二本，または四本・・・存在するかのいずれかである．よって，限りなく伸びていくすべての分枝の本数は偶数になるのである．こうして連続正則曲線のいくつかの著しい性質が手に入った．これで，連続正則曲線と不連続非正則曲線を区別して考えることができるようになる．

第 1 章　曲線に関する一般的な事柄

註記

　1)　(1頁)　オイラーは虚値を取る変化量も念頭に置いているが，ここでは実値のみを取る変化量，すなわち虚値を取らない変化量が考えられている．

第 2 章 　 座標の取り替え

23.　　x は切除線を表し，y は向軸線を表すとして，座標 x と y の間のある与えられた方程式から出発すると，軸 RS と任意に選定された始点 A との関連のもとで，ある曲線が描かれる(図2)．同様に，逆に，ある曲線が前もって描かれていたとすると，その性質は座標間の方程式で書き表される．その場合，曲線それ自体はあらかじめ与えられたとしても，なお二つの事柄がわれわれの意のままにまかされている．すなわち，軸 RS と切除線の原点 A を指定する作業である．それらは無限に多くの様式で変化しうるから，同じ曲線を対象にして，無数の方程式が提示されうるのである．このようなわけで，いろいろな方程式があって，それらが異なっているからといって，それらの方程式で表される諸曲線もまた異なるとは限らない．ただし異なる曲線により与えられる方程式はつねに異なっている．

24.　　それゆえ，軸と切除線の始点とを変えることにより，ある同一の曲線の性質を表す無数の方程式が生じる．そこでそれらの方程式のすべてを相互に比較すると，あるひとつの与えられた方程式から，残りのすべての方程式を見つけることができることになる．実際，曲線というものは座標と座標の間に成立する与えられた方程式によって決定されるが，曲線は既知として，ある任意の直線を軸として採用し，その直線上の一点を切除線の始点として採用すれば，曲線の性質を表す直交座標間の方程式が規定される．そこでこの章では，曲線のひとつの方程式が与えられたとき，他の任意の軸と切除線の任意の始点に関する座標間の方程式を見つける方法を報告したいと思う．そのようにして見つかる方程式もまた，同じ曲線の性質を表しているのである．こんなふうにして同じ曲線の性質を包摂する方程式がことごとくみなみいだされるが，この状勢と軌を一にして，ある曲線とある曲線が異なることを，それらの曲

第 2 章　座標の取り替え

線の性質を表す方程式同士が異なることに根拠を求めて，たやすく判定することもまた可能になる．

25. 　そこで x と y の間に成立する何らかの方程式が与えられたとしてみよう．直線 RS を軸に取り，点 A を切除線の始点に取って，x は切除線 AP を表し，y は向軸線 PM を表すとしよう．そうすると曲線 CBM が描かれて(図7)，その性質は，はじめに与えられた方程式で表されることになる．まずはじめに軸は同じ軸 RS をそのまま保持することにして，その軸上の別の点 D を始点として採ると，今度は曲線上の点 D に対して切除線 DP が対応する．それを $=t$ と置こう．向軸線 MP のほうは不変であり，以前と同じく $=y$ のままである．そこで同じ曲線 CBM の性質を表す t と y の間の方程式を求めたいと思う．区間 AD を $=f$ と置こう．点 D の位置は A から見て左方向，

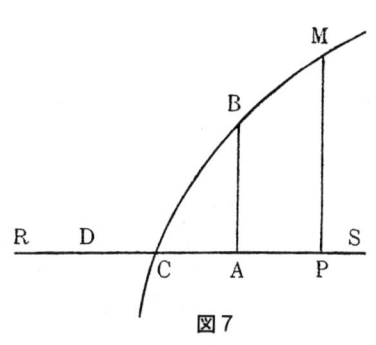

図7

すなわち切除線の負の領域にあり，$DP=t=f+x$ となる．したがって，$x=t-f$ となる．そこで x と y の間の与えられた方程式において x を $t-f$ に置き換えれば，t と y の間の方程式が作られるが，それもまた同じ曲線 CBM を表していることなる．$AD=f$ の大きさはわれわれの意のままにまかされているから，これだけですでに，同じ曲線を表示する無限に多くの異なる方程式が手に入ったのである．

26. 　曲線と軸 RS はどこかで，たとえば C において交叉するとしよう．このときこの点 C を切除線の始点に採れば，そのようにして新たに得られる方程式には，切除線 CP を $=0$ と置くのと同時に大きさが 0 になる向軸線 PM が与えられるという性質が備わっている．ただしこれは，軸上の点 C に対応する向軸線がただひとつしかないという場合の話である．ところで，曲線と軸との交点 C は，そのような交点がひとつしか存在しない場合でも，あるいは多くの交点が存在する場合でも，いずれにしても次のようにすればみいだされる．すなわち，はじめに提示された x と y の間の方程式において $y=0$ と置き，そのうえで方程式を解いて x のひとつの値もしくはもっと多くの値を求めればよいのである．実際，曲線と軸が交叉する地点では $y=0$ となるし，その逆に，$y=0$ とすれば，曲線と軸が交叉する地点を示すすべての切除

線，言い換えると x のすべての値がみつかるのである．

27. 　　軸は保存したままにしたうえで，与えられた切除線 x がある一定の量だけ増加したり減少したりすると，すなわち x を $t-f$ に置き換えると，切除線の始点の位置が変化する．ここで，もし切除線の新しい始点 D が A の左方向に遠のいているなら，f は正の量である．だが，もし点 D の位置が A の右方なら，f は負の量である．

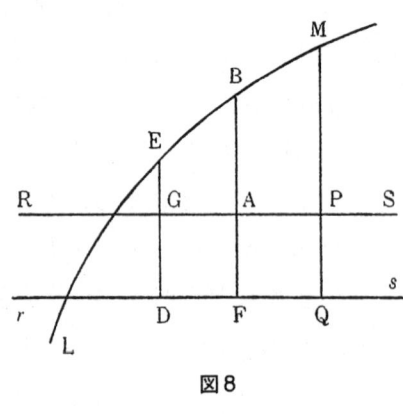

図8

さて，$AP=x$ と $PM=y$ の間に成立するある与えられた方程式に基づいて，曲線 LBM が描かれたとしよう(図8)．当初の軸と平行なもう一本の軸 rs を採り，その軸上で点 D を始点として採用しよう．この新たな軸は向軸線の負の領域内にあり，元の軸との間の距離は $AF=g$ である．また，区間 $DF=AG$ を $=f$ と設定しよう．この新しい軸において，曲線上の点 M に対応する切除線を $DQ=t$ とし，向軸線を $QM=u$ としよう．すると，

$$t=DF+FQ=f+x \quad \text{および} \quad u=PM+PQ=g+y.$$

これより，

$$x=t-f \quad \text{および} \quad y=u-g$$

となる．そこではじめに与えられた x と y の間の方程式において x を $t-f$ に置き換え，y を $u-g$ に置き換えれば，t と u の間の方程式が作られるが，その方程式もまた同じ曲線の性質を表しているのである．

28. 　　f と g の大きさはわれわれの意のままにゆだねられていて，無限に多くの仕方でさまざまに規定されるのであるから，無数の方程式，しかも一番はじめに(訳者註. 第25条参照)取り上げた場合に比しても，それをはるかに凌駕する数の方程式を作ることができる．それでもなお，それらの方程式はみな同じ曲線に所属しているのである．そこで，今，二つの方程式が手元にあるとして，一方は x と y の間の方程式，もう一方は t と u の間の方程式としてみよう．そうしてこれらの方程式が相互に

異なるところはただ，一方の方程式の座標をある与えられた量だけ増減すれば，それだけですでにもう一方の方程式に変換されるという点のみに認められるにすぎないとしよう．この場合，これらの方程式は形状を見れば異なっているにもかかわらず，ある同じ曲線を指し示しているのである．それゆえ，このようにして，ある同じ曲線の性質を表す無数の方程式が簡単に作製される．

29. 当初の軸 RS と垂直な新しい軸 rs を定めよう(図9)．この新しい軸とはじめの軸は，はじめの軸の切除線の始点 A において交叉するとしよう．したがって、双方の軸について切除線の始点 A は共有されている．軸 RS に対し，切除線 $AP=x$ と向軸線 $PM=y$ の間に成立する曲線 LM の方程式が与えられたとして，この曲線上の点 M から新しい軸 rs に向かって垂線

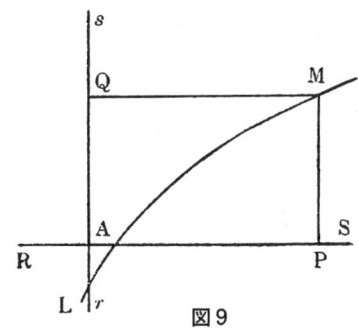

図9

MQ を降ろそう．そうして新たな切除線を $AQ=t$ と名づけ，新たな向軸線を $QM=u$ と名づけることにしよう．$APMQ$ は長方形であるから，$t=y$ および $u=x$ となる．よって，与えられた x と y の間の方程式において x の代わりに u を使い，y の代わりに t を使えば，t と u の間の方程式が作られる．それゆえ，当初の切除線 x は今度は向軸線 $QM=u$ になり，当初の向軸線 y は切除線 $AQ=t$ へと転換する．したがって，この新しい軸に移るとき，方程式に何らかの変化が引き起こされるということはなく，ただ座標 x と y が相互に交換されるだけにすぎない．このような理由により，切除線と向軸線のどちらを切除線と見て，どちらを向軸線と見るのかという区別をせずに，双方併せて座標という名で呼ぶ慣わしになっている．実際，二つの座標 x と y の間に成立する方程式が提示されたとき，x と y のどちらを切除線に定めても，姿を表す曲線は同じものなのである．

30. ここでは新しい軸 rs の一部分 As が正の切除線を表すものと設定し，軸 rs の右側を正の向軸線の領域と定めたが，これは任意であり，意のままに変更してさしつかえない．もう少し詳しく言うと，軸の一部分 Ar を正の切除線と定めると，$AQ=-t$ となる．したがって，x と y の間の方程式において，y の代わりに $-t$ を用いなければならなくなる．次に，軸 rs の右側を負の向軸線の領域と定めれば，

$QM=-u$ となり，x の代わりに $-u$ と書かなければならないことになる．これより諒解されるように，座標間の方程式において，二つの座標のうちの一方もしくは双方を負と定めても，曲線の性質は不変である．

31. さて，今度は，新しい軸 rs と当初の軸 RS は，当初の切除線の始点 A において，角度 SAs を作って交叉するとしよう(図10)．この点 A は双方の軸におい

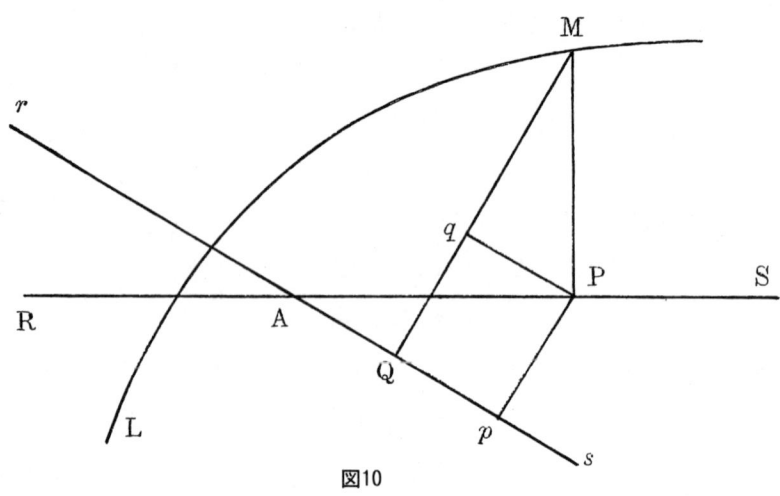

図10

て共通の切除線の始点になる．軸 RS に関連して，切除線 $AP=x$ と向軸線 $PM=y$ の間に成立する，曲線 LM の何らかの方程式が与えられたとしよう．この方程式から出発して，新しい軸 rs に関する同じ曲線の方程式を見つけたいと思う．これを言い換えると，曲線上の点 M から新しい軸に向かって垂線 MQ を降ろし，新しい切除線 $AQ=t$ と新しい向軸線 $MQ=u$ の間の方程式を見つけなければならないことになる．角度 SAs を $=q$ とし，その正弦を $=m$，余弦を $=n$ としよう．このとき，$mm+nn=1$．P から新しい座標に向かって垂線 Pp と Pq を降ろすと，$AP=x$ により，

$$Pp = x\sin q, \quad Ap = x\cos q.$$

次に，角 $PMQ=PAQ=q$ であるから，$PM=y$ により，

$$Pq = Qp = y\sin q, \quad Mq = y\cos q.$$

これらの事柄を合わせると，

$$AQ = t = Ap - Qp = x\cos q - y\sin q$$

および

第2章　座標の取り替え

$$QM = u = Mq + Pp = x\sin q + y\cos q$$

となる．

32.　ところで $\sin q = m$, $\cos q = n$ であるから，

$$t = nx - my \quad \text{および} \quad u = mx + ny$$

となる．よって，

$$nt + mu = nnx + mmx = x \quad \text{および} \quad nu - mt = nny + mmy = y.$$

それゆえ，今ここで求めようとしている t と u の間の方程式は，x と y の間の方程式において x の代わりに $mu + nt$ と書き，y の代わりに $nu - mt$ と書けばみいだされる．ただし，ここで，正の切除線は軸の部分 As 上に取り，正の向軸線は QM の方向に取るものとする．As が AS の上方にくる場合には，上記の計算中で角 $SAs = q$ は負になる．そのため，その正弦 m は負に取らなければならない．

33.　今度は新しい軸 rs に任意の位置を割り当てて，その軸の上で，任意の点 D を切除線の始点に採ろう(図11)．RS は元の軸とし，この軸との関連のもとで，曲線 LM の性質を表す切除線 $AP = x$ と向軸線 $PM = y$ の間の方程式が手元にあるとしよう．この方程式を元にして，新しい軸 rs に関する他の座標 t と u の間の方程式を与えたいと思う．曲線上の任意の点 M から新しい軸 rs に向かって垂線 MQ を降ろし，切除線 DQ を $=t$ と呼び，向軸線 QM を $=u$ と呼ぼう．それらの間に成立する方程式を見つけるために，新しい切除線の始点 D から元の軸 RS に向かって垂線 DG を降ろし，$AG = f$ および $DG = g$ と置く．そうして D を通って，元の軸 RS と平行な直線 DO を引く．この直線は，元の向軸線 PM を延長して描かれる直

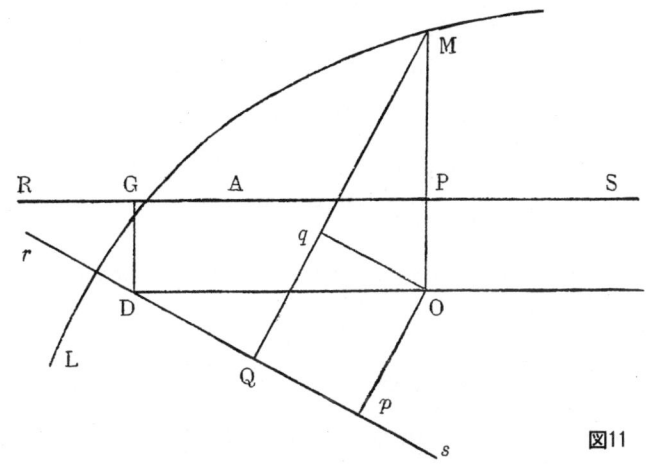

図11

線と点 O において出会うものとする．このように状勢を設定すると，
$$MO = y+g \quad \text{および} \quad DO = GP = x+f$$
となる．最後に角 ODQ を $=q$ と置き，その正弦を $=m$，余弦を $=n$ とすると，$mm+nn=1$ となる．

34. さて，点 O から新しい軸 DQ と向軸線 MQ に向かって，垂線 Op と Oq を引こう．角 $OMQ = ODQ$ であることと，$DO = x+f$ および $MO = y+g$ となることにより，
$$Op = Qq = (x+f)\sin q = mx + mf$$
および
$$Dp = (x+f)\cos q = nx + nf$$
となる．さらに，
$$Oq = Qp = (y+g)\sin q = my + mg$$
および
$$Mq = (y+g)\cos q = ny + ng.$$
これらの事実から，
$$DQ = t = nx + nf - my - mg$$
および
$$QM = u = mx + mf + ny + ng$$
となることが明らかになる．こんなふうにして，x と y を元にして新たな座標 t と u が規定される．$mm+nn=1$ より，
$$nt + mu = x+f \quad \text{および} \quad nu - mt = y+g.$$
したがって，
$$x = mu + nt - f \quad \text{および} \quad y = nu - mt - g$$
が得られる．これらの値を，x と y の間の与えられた方程式において x と y のところに代入すれば，t と u の間の方程式が生じる．その方程式もまた同じ曲線 LM の性質を表している．

第2章　座標の取り替え

35.　曲線と同じ平面内に置かれている軸 rs としては，上記の手順のうち，一番最後に取り上げられた通りの定め方(訳者註．第33条参照)で把握されないものは考えられないから，ある同一の曲線 LM を対象とする直交座標間の方程式としては，上記のようにしてみいだされた t と u の間の方程式に包摂されないものは存在しない．量 f と g，それに m と n が依拠する角 q は無限に多くの様式で変化しうるが，こんなふうにみいだされた t と u の間の方程式に内包されるあらゆる方程式は，同じ曲線の性質を表している．この理由により，t と u の間の方程式は曲線 LM の一般方程式という名で呼ぶ慣わしになっているのである．というのは，その方程式には，同じ曲線に所属するあらゆる方程式が包み込まれているからである．

36.　前に注意したように，座標間の方程式がいくつかあって，しかも異なるとき，それらは同じ曲線に対応するのか，あるいは異なる曲線に対応するのかどちらなのかを判定するのはむずかしい．このような問題点を一挙に解決するひとつの方法がある．提示された方程式が二つあるとして，ひとつは x と y の間の方程式，もうひとつは t と u の間の方程式としよう．前者の方程式において，

$$x = mu + nt - f \quad \text{および} \quad y = nu - mt - g$$

という置き換えを行おう．ここで m と n は，$mm + nn = 1$ という関係を通じて相互に依存しあうものとする．このように状勢を設定したうえで，この手続きを経てみいだされた t と u の間の方程式の中に，はじめに提示された t と u の間の方程式の姿が見えるかどうか，言い換えると，量 f と g，それに m と n を適切に定めることにより，はたして元の t と u の間の方程式を作れるかどうかという点を見きわめなければならない．もしこれが可能なら，はじめに提示された二つの方程式は同じ曲線を表していることになるし，そうでなければ，それらは異なる曲線を表していることになる．

例

上記の通りの手続きを経て明らかになるように，二つの方程式

$$yy - ax = 0$$

と

$$16uu - 24tu + 9tt - 55au + 10at = 0$$

は，形状がはなはだしく異なっているにもかかわらず，同じ曲線を表す．実際，前者

の方程式において
$$x = mu + nt - f \quad および \quad y = nu - mt - g$$
と置くと,
$$nnuu - 2mntu + mmtt - 2ngu + 2mgt + gg - mau - nat + af = 0$$
という方程式に変換される．はじめに提示された方程式がこの方程式に包摂されるかどうかを見きわめるため，前の方程式に nn を乗じ，この方程式に 16 を乗じて双方の第一項が一致するように工夫しよう．すると,
$$16nnuu - 24nntu + 9nntt - 55nnau + 10nnat = 0$$
と
$$16nnuu - 32mntu + 16m^2tt - 32ngu + 32mgt + 16gg$$
$$- 16mau - 16nat + 16af = 0$$
が得られる．そこで任意の量 f, g, m, n を適切に定めることにより，対応する各項が等しくなるようにすることは可能なのかどうかという点を調べよう．これが可能な場合，まずはじめに $24nn = 32mn$ および $9nn = 16mm$ となることになるが，これらはともに $3n = 4m$ を与える．そうして $mm = 1 - nn$ であるから，$25nn = 16$ となる．よって,
$$n = \frac{4}{5} \quad および \quad m = \frac{3}{5}$$
となる．これで三つの項が一致する．第四番目の項と第五番目の項をそれぞれ等置すると,
$$55nna = 32ng + 16ma \quad と \quad 10nna = 32mg - 16na$$
が与えられる．そこで注目しなければならないのは，これらの方程式からはたして g に対して同一の値がみいだされるかどうかという論点だが，前者の方程式は
$$g = \frac{55na}{32} - \frac{ma}{2n} = \frac{11a}{8} - \frac{3a}{8} = a$$
を与えるし，後者の方程式は
$$g = \frac{5nna}{16m} + \frac{na}{2m} = \frac{a}{3} + \frac{2a}{3} = a$$
を与える．よって双方の値は合致するから，上記の二つの方程式の第四番目の項と第五番目の項はそれぞれ一致することになる．なお残されているのは，$gg + af = 0$ となることの確認のみである．ところが f はまだ未確定なのであるから，ここには困難

は存在しない．なぜなら $f = -a$ と決めればよいからである．これで，提示された二つの方程式は同じ曲線を表すことが判明した．

37． 形のまったく異なるいくつかの方程式が同じ曲線を表示するということが起こりうるとはいうものの，方程式が異なることに起因して曲線もまたまちがいなく異なるという事態が帰結することもまたしばしばである．このようなことが起こるのは，提示されたいくつかの方程式がそれぞれ異なる次数に所属する場合，言い換えると座標 x と y が作る諸次数のうち最大の数値と，座標 t と u が作る諸次数のうち最大の数値とが異なる場合である．実際，このような場合，それらの二通りの方程式で明示される曲線と曲線は確かに異なっている．なぜなら，x と y の間の方程式の次数がどれほどであろうとも，

$$x = mu + nt - f \quad \text{および} \quad y = nu - mt - g$$

と置いて作られるのは，t と u の間の同次数の方程式だからである．それゆえ，もし提示された t と u の間の他の方程式が別の次数に所属するなら，その方程式によって表示される曲線もまた異なることになる．

38． 今，二つの方程式があるとして，ひとつは x と y の間の方程式とし，もうひとつは t と u の間の方程式としよう．もしそれらの次数が同じではないなら，そのとき即座に，それらの方程式で表される曲線は異なるという結論を下さなければならない．それゆえ，曲線の同一性をめぐって疑いが起こりうるのは，双方の方程式が同次数の場合に限定される．そうしてそのような場合においてのみ，上に述べたような探索が要請されるのである．だが，その手順を実際に踏むのはめんどうである．二つの方程式の次数が同一で，しかも相当に高次である場合，これから報告する予定のもっと簡便で確実な規則に準拠すれば，それらの方程式で表される曲線と曲線の差異の認識はたちまち可能になる．

39． ある任意の曲線に対応する一般方程式を見つけるためにここで指示された事柄は，直線に対しても適用することができる．実際，曲線の代わりに，軸 RS と平行な位置関係にある直線 LM が提示されたとしてみよう（図12）．切除線の始点 A をどこに採っても，向軸線 PM はつねに一定の大きさに保たれる．すなわち，$y = a$ ．

それゆえ，これが，軸に平行な直線の方程式である．そこで今度は，任意の軸 rs との関連のもとで直線の一般方程式を求めてみよう．$DG = g$ と置き，角 ODs の正弦を $= m$，余弦を $= n$ と設定しよう．また，切除線 DQ を $= t$，向軸線 MQ を $= u$ と名づけよう．このとき，

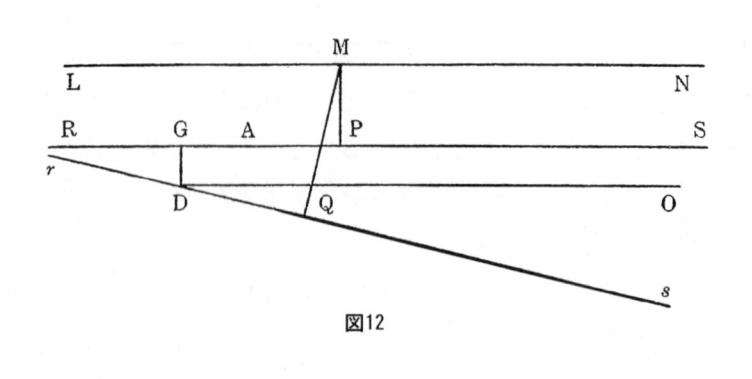

$$y = nu - mt - g.$$

よって，

$$nu - mt - g - a = 0$$

図12

となる．これが，直線の一般方程式である．この方程式に定量 k を乗じ，$nk = \alpha$，$mk = -\beta$，$(g+a)k = -b$ と置くと，直線の方程式は

$$\alpha u + \beta t + b = 0$$

という形になる．これは t と u の間の一般一次方程式であるから，これらの二つの座標の間の一次方程式がことごとくみな，曲線ではなくて直線を表すのは明らかである．

40. そこで今，座標 x と y の間に成立する

$$\alpha x + \beta y - a = 0$$

という形の方程式が手元にあるとしよう．この方程式はつねに直線を与える．軸 RS との関連のもとでこの直線の位置を考えると，それは次のようにして決定される(図13)．まずはじめに $y = 0$ と置くと，軸上に点 C が見つかるが，この直線はその点において軸と交叉する．実際，$AC = \dfrac{a}{\alpha}$ となる．次に $x = 0$ と置くと，$y = \dfrac{a}{\beta}$．これは，切除線の始点における向軸線 AB の値である．こんなふうにして，われわれの求める直線上の二点 B と C が手に入るから，これで直線が決定されて，直線 LM は提示された方程式をみたすことになる．実際，任意の切除線 $AP = x$ と，対応する向軸線 $MP = y$ を取ると，三角形 CPM，CAB の

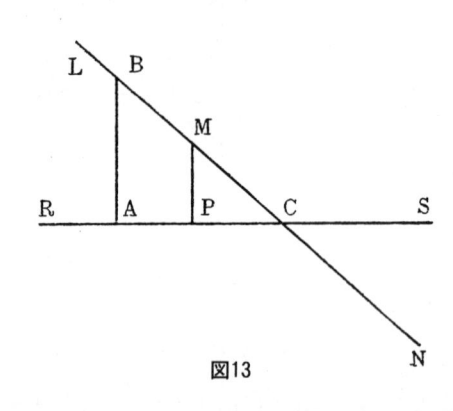

図13

第 2 章　座標の取り替え

相似性により，
$$CP : PM = CA : AB$$
となる．すなわち，
$$\frac{a}{\alpha} - x : y = \frac{a}{\alpha} : \frac{a}{\beta}.$$
これより，
$$\frac{a\,y}{\alpha} = \frac{a\,a}{\alpha\beta} - \frac{a\,x}{\beta}.$$
すなわち，
$$\alpha x + \beta y = a$$
となるが，これは提示された方程式そのものである．

41.　もし α か β のどちらかが $=0$ なら，上述のような直線の描き方は使えない．しかしこのような場合はごく簡単である．実際，$\alpha = 0$ として，直線の方程式を $y = a$ とすると，この方程式をみたす曲線は軸と平行で，しかも軸から距離 $=a$ だけ離れている直線であることは明らかである．もし $a = 0$ すなわち $y = 0$ なら，この方程式をみたす直線は軸と重なり合う．他方，$\beta = 0$ として，$x = a$ となるとすれば，この方程式をみたす曲線は軸に垂直で，しかも切除線の始点から距離 $=a$ だけ離れている直線であることは明白である．これをもう少し詳しく言うと，あらゆる向軸線は唯一の切除線に対応するということになる．したがって，この場合には切除線は変化量ではないのである．これらの考察により，直線が直交座標間の方程式で表示される様式についてはすみずみまで明るみに出された．

42.　これまでのところでは曲線の性質を規定する座標と座標は互いに直交するものとしてきたが，向軸線と軸がある角度をもって傾いている場合にも，同様の手順を踏んで，与えられた方程式により曲線が定められる．逆に，曲線の性質は，斜交する二つの座標の間の方程式でも表される．そうしてこの種の方程式は軸と切除線の始点とともに変化するから，それらは同一の曲線を表すという状勢を維持しつつ，無限に多様な様式で変化する．それゆえ，座標と座標がどのような角度で傾斜していても，その座標系との関連のもとで曲線に対応する方程式を明瞭に記述することができる．しかもこの傾斜を次々と変えていけば，同じ曲線に対応するはるかに適応域の広い方程式が見つかる．それを極大一般方程式という名で呼びたいと思う．なぜなら，

曲線の性質を表す方程式は軸と切除線上の始点に関連するばかりではなく，座標間の傾きにも対応するからである．座標と座標が相互になす角が直角になる場合には，極大一般方程式は一般方程式になる．

43. 曲線 LM に対し，直交座標間，すなわち $AP = x$ と $PM = y$ との間の方程式が与えられたとして(図14)，軸 RS と切除線の始点 A は同一のままにしたうえで，ある与えられた角度で交叉する座標間の方程式を求めてみよう．その角度を $=\varphi$ としよう．点 M から軸 RS に向かって直線 MQ を引こう．その際，角 MQA が，与えられた角度に等しくなるようにする．この角度の正弦を $=\mu$ とし，余弦を $=\nu$ としよう．そうすると AQ が新しい切除線になり，MQ が新しい向軸線になる．そこで $AQ = t$，$QM = u$ と置くと，直角三角形 PMQ において，

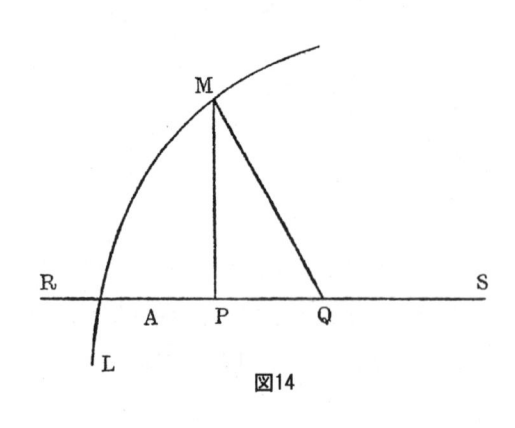

$$\frac{y}{u} = \mu \quad \text{および} \quad \frac{PQ}{u} = \nu = \frac{t-x}{u}$$

となる．それゆえ，

$$u = \frac{y}{\mu} \quad \text{および} \quad t = \nu u + x = \frac{\nu y}{\mu} + x.$$

逆に，

$$y = \mu u \quad \text{および} \quad x = t - \nu u$$

となる．したがって，x と y の間の提示された方程式において $x = t - \nu u$ および $y = \mu u$ と置けば，与えられた角度 φ で交叉する斜交座標 t, u 間の方程式が生じる．

44. 曲線 LM に対し，斜交座標 AQ，QM 間の方程式が与えられたとするなら，その方程式から逆に，同じ曲線に対する直交座標 AP，PM 間の方程式がみいだされる．実際，向軸線 MQ が切除線 AQ となす角を φ とし，その正弦を $=\mu$，余弦を $=\nu$ として，$AQ = t$ と $QM = u$ の間の方程式が与えられたとしよう．M から軸に向かって垂直な向軸線 MP を引いて，切除線 AP を $= x$ と置き，向軸線 MP を $= y$ と置こう．すると，

第2章 座標の取り替え

$$u = \frac{y}{\mu} \quad \text{および} \quad t = \frac{\nu y}{\mu} + x.$$

そこで，これらの値を，提示された t と u の間の方程式に代入すれば，x と y の間の方程式ができる．それが，われわれの求めようとしていた方程式である．

45. 今度は曲線 LM に対し，直交座標 $AP = x$ と $PM = y$ の間の方程式が与えられたとしよう(図15)．このとき同じ曲線に対応する極大一般方程式を，次のようにして見つけることができる．すなわち，軸として任意の直線 rs を採り，その直線上で点 D を始点に採る．それから，この軸に向かって向軸線 MT を引く．この向軸線は軸と角 $DTM = \varphi$ をなすとして，この角度の正弦を $= \mu$，余弦を $= \nu$ としよう．すると新たな切除線は DT になり，新たな向軸線は TM になる．求めたいのは，これらの間に成立する方程式である．D から前の軸 RS に向けて垂線 DG を降ろし，$AG = f$，$DG = g$ とする．軸 RS に平行に直線 DO を引き，角 ODs の正弦を $= m$，余弦を $= n$ とする．そうして，前にそうしたように，M から新しい軸 rs に向かって垂線 MQ を降ろし，$DQ = t$，$QM = u$ と置く．斜交座標は $DT = r$ と $TM = s$ である．すると，まずはじめに，

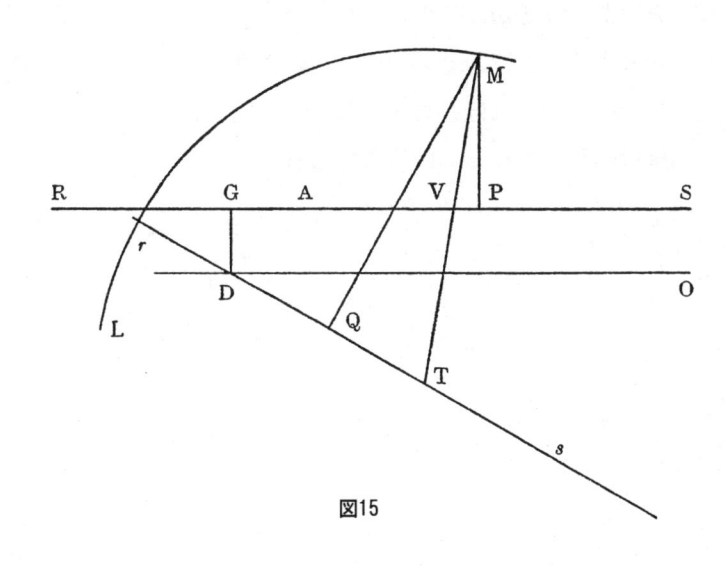

$$t = r - \nu s \quad \text{および} \quad u = \mu s \qquad \text{(第43条)}$$

となる．次に，

$$x = mu + nt - f \quad \text{および} \quad y = nu - mt - g \qquad \text{(第36条)}$$

となる．これより，

$$x = nr - (n\nu - m\mu)s - f \quad \text{および} \quad y = -mr + (\mu n + \nu m)s - g.$$

ここで $n\nu - m\mu$ は，新たな向軸線が前の軸 RS となす角 AVM の余弦であり，$\mu n + \nu m$ は同じ角 AVM の正弦である．そこではじめに提示された x と y の間の方

程式において，xとyをここでみいだされた値に置き換えると，斜交座標rとsの間の方程式が作られる．それが，曲線LMに対する極大一般方程式である．

46. 　　xとyに代入される値を見ると，新しい変化量rとsの次数は1であるから，極大一般方程式の次数が元のxとyの間の方程式の次数と同一であるのは明らかである．それゆえ，ある同じ曲線の方程式を，軸や切除線の始点や座標の傾きを自在に変更しても，方程式は同一の次数を保持し続ける．こんなふうであるから，座標と座標の間に成立する方程式は，それらの座標が直交座標であっても斜交座標であっても，無限に多くの様式でさまざまに変化して，しかもなお同一の曲線に所属するということはありうるが，そのような場合といえども，方程式の次数が高くなったり低くなったりすることはありえない．このようなわけで，次数の異なる諸方程式の間に，たとえ他の面でどれほど著しい類似性が見られたとしても，それらの方程式が提示する曲線はつねに異なっているのである．

第 3 章　代数曲線を目(もく)に区分けすること

47.　曲線の種類に無限の多様性が見られるのは関数の場合と同様であるから，曲線について認識を深めるには，無数の曲線をいくつかの類に分けて，それらのひとつひとつの類の探究に心を向け，その道筋の中から支援を受けるよりほかに道はない．われわれはすでに曲線を**代数曲線**と**超越曲線**に分けたが，これらの二つの類に所属する曲線の多様なことはいずれも無際限であるから，さらに細かく分けていく必要がある．ここでは**代数曲線**のみを考察することにして，一番適切に分類するにはどのようにするのがよいかという点を見きわめたいと思う．そこで，まずはじめに曲線の類の多様さの識別を決める目印を規定して，同じ目印を備えた曲線は同じ類に入れ，異なる目印を備えた曲線は別々の類に算入するというふうにしなければならない．

48.　このようなさまざまな類を識別する基準を与える目印の出所は，曲線の性質を内包する関数もしくは方程式以外の場所ではありえない．なぜなら，曲線というものの認識へと通じる道筋はほかには存在しないし，それに，あらゆる代数曲線を傘下におさめていっせいに把握することを可能にしてくれる既知の基準もまた，関数と方程式のほかには存在しないからである．ところで，関数もしくは二つの座標の間に成立する方程式は，すでに第一巻[1]で実行したように，いろいろな様式にしたがって，いくつかの種属に分配される．まずはじめにわれわれの眼前に現れるのは関数の多価性である．曲線をさまざまな類に配分していくうえで，関数の多価性に着目するのは何にもまして適切なのではないかという感じがする．この観点から次のような区分けのアイデアが心に浮かぶ．すなわち，一価関数から生まれる諸曲線は第一番目の種属に算入し，二価関数から生まれる諸曲線は第二番目の種属に算入し，三価関数から生まれる諸曲線は第三番目の種属に算入するというふうにして，これ以降も同様に

続けていくのである．

49． この区分けはいかにも自然なように見えるが，それでもなお，多少とも注意深く考えてみれば，曲線に備わっている本来の性質と，ある曲線を他の曲線と区別する目印という観点から見ると適切さを欠いていることに気づくであろう．なぜなら，関数の多価性は主として軸の位置に依存するが，軸の位置には任意性があり，そのために，もしある軸に対して向軸線が切除線の一価関数になるとしても，他の軸を取ると，向軸線が切除線の多価関数になることがありうる．そうすると，同じ曲線がいくつものいろいろな種属に所属するという事態が起こることになるが，これはわれわれの企図に反してしまうのである．たとえば，方程式 $a^3 y = aaxx - x^4$ で表される曲線は第一番目の種属に所属する．なぜなら，向軸線 y は x の一価関数だからである．ところが，座標を入れ換えると，言い換えると，当初の軸に垂直な軸を採用すると，同じ曲線が $y^4 - aayy + a^3 x = 0$ という方程式で表されて，第四番目の種属に所属することになってしまう．こんなわけで，関数の多価性を曲線の類別の目印に設定するというアイデアは受け入れられないのである．

50． 曲線の性質を表す方程式の単純さを，方程式を構成する項の個数に着目して規定するというアイデアは，曲線の区分けの目印とするにはやはり不十分と言わなければならない．実際，$y^m = \alpha x^n$ のように，二つの項から成る方程式でその性質が表される曲線を第一番目の種属に算入し，$\alpha y^m + \beta y^p x^q + \gamma x^n = 0$ のように，三つの項から成る方程式によりその性質が表される曲線を第二番目の種属に算入する，等々，という方式で区分けを行うと，同じ曲線がいくつもの種属に所属してしまうという現象が起こるのは明白なのである．たとえば，第36条において方程式 $yy - ax = 0$ で表される曲線の例を書き添えたが，この曲線は同時に第一番目の種属と第四番目の種属に算入しなければならない．なぜなら，軸を変換すると，この曲線は方程式

$$16uu - 24tu + 9tt - 55au + 10at = 0$$

でも表されるからである．他の軸を選んだり，切除線の原点として別の点を採ったりすれば，この曲線は同時に第二番目の種属，第三番目の種属，第五番目の種属にも所属しなければならないことになってしまう．このような事情があるため，ここで考案した区分けのアイデアはまったく採用することができないのである．

第3章　代数曲線を目に区分けすること

51．　曲線の類を作るのに，座標と座標の間の関係を表す方程式の次数を利用することにすれば，この不都合な事態は避けられる．実際，ある曲線について考えると，軸と切除線の始点と座標の傾きがどのように変化しようとも，その曲線の方程式はつねに同一の次数を保持し続けるから，同じ曲線がいろいろな類に算入されるという現象はもう見られないのである．そこで，曲線の方程式において座標が作る次元の数値(訳者註．方程式に見られるさまざまな次元数の中の最高値が，方程式の次数である)に着目し，それを曲線の目印として採用することにする．その際，座標は直交座標でも斜交座標でもどちらでもかまわない．するとこの目印のもとでは，軸や切除線の原点が変更されても，座標の傾きが変化しても，曲線の類というものの概念規定の秩序が乱されることはない．同じ曲線は，その性質を表す座標間の方程式として個々の特別の方程式に着目しても，一般方程式に目を向けても，あるいはまた極大一般方程式を取り上げても，いつでも同じ類に算入されるのである．このようなわけで，曲線を区別する目印の役割は，方程式の次数に求めるのがもっとも相応しい．

52．　われわれは方程式の次元の数値に着目し，それを目印にして方程式のさまざまな種属を定め，それらの種属の各々を目(もく)[2)]という名で呼ぶことにした．そこで，曲線の作るいろいろな種属のこともまた，それらの種属を生み出す働きを担う方程式の種属に着目し，やはり目(もく)という名を冠して呼ぶことにしたいと思う．さて，第一目の一般方程式は

$$0 = \alpha + \beta x + \gamma y$$

という形であるから，xとyを座標(直交座標としても，斜交座標としても，どちらでもかまわない)として採用すれば，この方程式から生まれるあらゆる曲線は第一目に算入されることになる．ところが，すでに前に見たように，この方程式に包摂される曲線というのは実は直線のみにすぎない．まさしくそれゆえに，第一目の仲間に数えられるのは，実はあらゆる曲線の中で一番簡単な曲線，すなわち直線だけなのである．そんなわけで，曲線という呼称は本当は第一目には相応しくないのであるから，**曲線の目**という言葉ではなくて，ずっと簡単に**線の目**という名前を使うことにしたいと思う．そうすると，第一番目の線の目(もく)にはもう曲線は含まれず，この目は直線だけで尽くされていることになる．

53. ところで，xとyを座標と定める際，その座標は直交座標としても斜交座標としても，どちらに決めても事は同様に進行する．実際，向軸線と軸が作る角をφで表し，その正弦をμ，余弦をνで表すとき，

$$y = \frac{u}{\mu} \qquad x = \frac{\nu u}{\mu} + t \qquad \text{(第44条)}$$

と置けば，斜交座標による方程式は直交座標による方程式に帰着される．このように置くと，直交座標tとuの間の方程式

$$0 = \alpha + \beta t + \left(\frac{\beta \nu}{\mu} + \frac{\gamma}{\mu}\right) u$$

が現れる．どちらの方程式にも一般性が備わっているから，後者の方程式は当初の方程式に比べて，守備範囲がせばまっているというわけではない．このことから明らかなように，向軸線と軸が作る角が直角になると設定しても，方程式の意味の及ぶ範囲が制限されるということはない．この事情はより高位の目(もく)の一般方程式(高次の一般方程式)の場合にも同様で，たとえ直交座標が設定されたとしても，そのために守備範囲がせばまるということはない．それゆえ，各々の目(もく)の一般方程式について言うと，向軸線と軸との傾きを決めることにより，方程式の効力が何ほどかそがれるということはないのであるから，直交座標を設定したからといって，そのために方程式の意味の及ぶ範囲が限定を受けるわけではない．実際，各々の目(もく)について，その目(もく)の斜交座標に関する一般方程式に何かある曲線が内包されるとき，その曲線は，直交座標が設定されたとしても，やはり一般方程式に包含されるのである．

54. さらに歩を進めて，第二目の線(二次曲線)はすべて，第二目の一般方程式

$$0 = \alpha + \beta x + \gamma y + \delta xx + \varepsilon xy + \zeta yy$$

に包摂されている．これを言い換えると，文字xとyは直交座標を表すものと諒解するとき，われわれはこの方程式に内包されるあらゆる曲線を，線の第二目に数え入れることにするのである．線の第一目には曲線は含まれていないのであるから，このような曲線は一番簡単な曲線である．そこで，ある人々の間では，これらの曲線を指して第一目の曲線と呼ぶ慣わしができているのである．ところで，この方程式に包摂される諸曲線は，普通，**円錐曲線**[3]という名で知られている．というのは，これらの曲線はすべて，円錐を平面で切断することにより生成されるからである．円錐曲線のさまざまな種類を挙げると，**円**，**楕円**，**放物線**，**双曲線**というふうになる．これら

第3章　代数曲線を目に区分けすること

の円錐曲線は，後に(訳者註．第5章参照)一般方程式から導出される．

55. 線の作る第三番目の目(もく)に数え入れるのは，次に挙げる第三目の一般方程式(三次の一般方程式)

$$0 = \alpha + \beta x + \gamma y + \delta xx + \varepsilon xy + \zeta yy + \eta x^3 + \theta xxy + \iota xyy + \kappa y^3$$

により，われわれの手にもたらされる曲線のすべてである．ここで，x と y は直交座標として採る．というのは，すでに注意を喚起したように，向軸線が傾いているという条件を課したとしても，この方程式の意味の及ぶ範囲が広がるというわけではないからである．この方程式には，定文字，すなわち定量を表す文字が前出の一般方程式に比べてずっと多く存在し，それらは任意に定めることができるのであるから，さまざまな種もまた，この第三目にははるかに多く含まれている．ニュートンはそれらの種を列挙する作業を遂行した[4]．

56. 線の作る第四番目の目(もく)に所属するのは，第四目の一般方程式(一般の四次方程式)

$$0 = \alpha + \beta x + \gamma y + \delta xx + \varepsilon xy + \zeta yy + \eta x^3 + \theta xxy + \iota xyy + \kappa y^3$$
$$+ \lambda x^4 + \mu x^3 y + \nu xxyy + \xi xy^3 + o y^4$$

によりわれわれの手にもたらされる曲線のすべてである．ここで，x と y は直交座標として採る．というのは，向軸線が傾いているとしても，この方程式の一般性が増大するわけではないからである．この方程式には，任意に決めてよい15個の定量が見られるが，この事実に起因して，この目(もく)には，前出の目(もく)に比べてずっと大量のさまざまな種が発生する．第四目の線を第三目の曲線と呼ぶ習慣もある．これは，線の第二目は曲線の第一目と見られることによる．同様に，線の第三目は曲線の第二目と合致する．

57. これまでに観察してきた事柄により，第五目，第六目，第七目・・・に所属する曲線の姿が諒解される．第五目の線のすべてを内包する一般方程式を手に入れるには，第四目の一般方程式に，項

$$x^5, \ x^4 y, \ x^3 yy, \ xxy^3, \ xy^4, \ y^5$$

を付け加えなければならないから，全部で21個の項で作られていることになる．ま

た，第六目の線のすべて含む一般方程式は28個の項をもつ．これ以降の目(もく)についても事情は同様で，順次，三角数[5]の配列と同じ様式で項数が増加していく．すなわち，第 n 目の線の一般方程式には $\frac{(n+1)(n+2)}{1\cdot 2}$ 個の項があり，しかもそこには，任意に決めることのできる同個数の定文字(定量を表す文字)が存在するのである．

58. これらの任意の定文字(定量を表す文字)をさまざまな仕方で確定していくとき，そのつど別々の曲線が作られるというわけではない．実際，前章で見たように，同じ曲線に対し，軸と切除線の始点を変えることにより，異なる方程式が無数に作られる．したがって，ある同じ目(もく)に所属するいろいろな方程式が異なっているからといって，それらの方程式により明示される曲線までもが異なっているとは言えないのである．それゆえ，ある同じ目(もく)に所属する属と種を一般方程式から導いて列挙していく際，同じ曲線を二つもしくはもっと多くの種に数え入れてしまうようなことのないよう，十分に注意する必要がある．

59. 曲線の目(もく)は座標と座標の間に成立する方程式の次数に基づいて認識されるのであるから，座標 x と y の間の任意の代数方程式が提示されたとき，その方程式により明示される曲線が算入されていく目(もく)は即座に判明する．この間の事情をもう少し詳しく説明しよう．まずはじめに，もし方程式が非有理的なら，その非有理性を解除しなければならない．そこになお分数が残されるなら，それもまた除去しなければならない．このような措置を施したうえで，最後に手に入った方程式において変化量 x と y が作る次元の極大値に着目すると，その数値は，提示された方程式により表わされる曲線が所属する目(もく)を指し示しているのである．たとえば，方程式 $yy-ax=0$ により与えられる曲線は第二目の曲線である．ところが，方程式 $yy=x\sqrt{aa-xx}$ (この方程式の非有理性を解除すると，四次方程式になる)に包含される曲線は第四目の曲線である．また，方程式 $y=\frac{a^3-axx}{aa+xx}$ により与えられる曲線は第三目の曲線である．というのは，この方程式から分数を取り払うと $aay+xxy=a^3-axx$ という形になるが，この方程式において項 xxy を見ると次元数が3に達しているからである．

60. ただひとつの方程式の中に，向軸線が軸と垂直なのか，あるいは，軸とともにある与えられた角を作るのかという状勢に応じて，いくつもの異なる曲線が包

第3章　代数曲線を目に区分けすること

摂されるという事態が見られることもある．たとえば，方程式 $yy=aa-xx$ は，もし座標が直交座標なら，われわれの手に円をもたらしてくれる．ところが，そうではなくて，もし座標が斜交座標なら，この曲線は楕円なのである．ただし，それらのさまざまな曲線はことごとくみな，同じ目(もく)に所属する．なぜなら，斜交座標を直交座標に変換しても曲線の目(もく)そのものは何の変化もこうむらないからである．このようなわけで，各々の目(もく)の曲線の一般方程式それ自体は，向軸線と軸の作る角の大きさに影響を受けて一般性が増減するようなことはないが，それにもかかわらず，ある特定の方程式が提示されたとき，座標と座標が相互に作る角が決められない限り，その方程式に内包されている曲線もまた決定されないのである．

61. ある曲線を，その曲線を表わす方程式が指し示す目(もく)に算入する手続きが適切に遂行されるためには，その方程式がいくつかの有理因子に分解されるという事態があってはならない．実際，もしその方程式が二個もしくはもっと多くの個数の因子をもつとすれば，その方程式には二個もしくはもっと多くの個数の方程式が内包されていることになり，各々の因子はそれぞれに固有の曲線を生成する．それらの曲線をみな合わせると，提示された方程式が表わす曲線の全容が現れる．それゆえ，このようないくつかの因子に分解される方程式には，一本の連続曲線ではなく，いくつもの連続曲線が内包されていて，それらの各々はそれぞれに固有の方程式で表される．そうしてそれらの曲線の間には，それぞれの曲線を表す方程式が相互に乗じられたという，ただそのことのみを別にすると，ほかには何の相互関係も認められないのである．ところが，その例外の相互関係はといえば，われわれの意のままにゆだねられているのであるから，このような諸曲線を一本の連続曲線とみなすのはとうてい不可能である．それゆえ，このような種類の，前に(訳者註．第9条)複合方程式という名で呼んだことのある方程式は非連続曲線を生成し，幾本かの連続曲線を組み合わせて作られていることになる．まさしくそれゆえに，そのような曲線は複合曲線と呼ばれるのである．

62. たとえば，方程式 $yy=ay+xy-ax$ で表される曲線は，一見すると第二目の線のように見えるが，これを0と等値して $yy-ay-xy+ax=0$ と置くと，この方程式は $(y-x)(y-a)=0$ というふうに二つの因子で組み立てられている．それゆえ，ここには二つの方程式 $y-x=0$ と $y-a=0$ が含まれている．これらはどちらも直

線の方程式である．もう少し詳しく言うと，前者の直線は切除線の始点において軸と半直角を作る．後者の直線は軸と平行で，軸からの距離は $=a$ である．これらの二本の直線を同時に考えると，それらはともに提示された方程式 $yy=ay+xy-ax$ に含まれているのである．同様に，方程式

$$y^4 - xy^3 - aaxx - ay^3 + axxy + aaxy = 0$$

は第四目の連続線(連続四次曲線)をもたらさず，複合方程式である．実際，この方程式の因子は

$$(y-x)(y-a)(yy-ax)$$

であるから，この方程式には三本の別々の線，すなわち，二本の直線と，方程式 $yy-ax=0$ に内包される一本の曲線とが含まれている．

63. このような事情により，任意に描かれた二本もしくはもっと多くの直線や曲線で構成される複合曲線を，意のままに作り出すことができる．実際，どの曲線の性質も，同一の軸と同一の切除線の始点との関連のもとで，それぞれ適切な方程式により表されるとするとき，それらの個々の方程式を0と等値される形に書き表わし，そのようにした後にそれらの方程式を互いに乗じると，すべての方程式を同時に内包するひとつの複合方程式ができる．たとえば，点 C を中心とし，半径を $CA=a$ として描いた円と，その円の中心 C を通る直線 LN が提示されたとしよう(図16)．このとき，任意の軸に対し，この円と直線の双方を同時に含むひとつの方程式を作ることができる．その様子は，さながら円と直線が合わせて一本の曲線を作るかのようである．

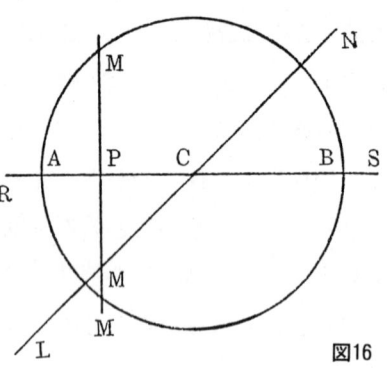

64. 直線 LN と半直角をなして交叉する直径 AB を軸に採り，切除線の始点を A に定めよう．切除線を $AP=x$，向軸線を $PM=y$ と名づけると，直線について言うと，直線上の点 M に対し，$PM=CP=a-x$ となる．直線上の点 M の位置は向軸線の負の領域内であるから，$y=-a+x$，すなわち $y-x+a=0$ となる．円に対していうと，$PM^2=AP\cdot PB$ という関係が成立するから，$BP=2a-x$ により

第3章 代数曲線を目に区分けすること

$yy = 2ax - xx$, すなわち $yy + xx - 2ax = 0$ となる．これらの二つの方程式を相互に乗じると，第三目の複合方程式(複合三次方程式)

$$y^3 - yyx + yxx - x^3 + ayy - 2axy + 3axx - 2aax = 0$$

が作られる．この方程式には円と直線が同時に内包されている．切除線 $AP = x$ に対して，三本の向軸線が対応することがわかる．二本は円の向軸線，一本は直線の向軸線である．たとえば $x = \frac{1}{2}a$ とすると，方程式は

$$y^3 + \frac{1}{2}ayy - \frac{3}{4}aay - \frac{3}{8}a^3 = 0$$

となる．これより，まずはじめに $y + \frac{1}{2}a = 0$ となる．次に，因子 $y + \frac{1}{2}a$ による割り算を実行すると，$yy - \frac{3}{4}aa = 0$．これより，y の三つの値は，

I．$y = -\frac{1}{2}a$, II．$y = \frac{1}{2}a\sqrt{3}$, III．$y = -\frac{1}{2}a\sqrt{3}$

となる．

このようにして，円と直線 LN が双方ともに，ひとつの方程式で表される．その様子は，さながら円と直線が合わさって，ひとつの連続曲線を作っているかのようである．

65. このような非複合曲線と複合曲線との区別にひとたび目(もく)を留めてしまった以上，第二目の線(二次曲線)は，連続曲線であるか，あるいは二本の直線で作られているかのいずれかであるのは明らかである．実際，もし第二目の線の一般方程式がいくつかの因子をもつなら，それらの因子は第一目の線であり，したがって直線を表すのである．第三目の線(三次曲線)は非複合曲線であるか，あるいは一本の直線と一本の第二目の線で作られているか，あるいは三本の直線で作られているかのいずれかである．さらに歩を進めると，第四目の線(四次曲線)は一本の連続曲線，言い変えると一本の非複合曲線であるか，あるいは一本の直線と一本の第三目の線で作られているか，あるいは二本の第二目の線で作られているか，あるいは一本の第二目の線と二本の直線で作られているか，あるいは，最後に，四本の直線で作られているかのいずれかである．第五目の線(五次曲線)，あるいはそれ以降の目(もく)の複合曲線(高次の複合曲線)も同じような様式で組み立てられていて，類似の方式で数え上げていくことができる．これより明らかになるように，線の目(もく)のどれにも，その目(もく)よりも低い位数(訳者註．第 n 目の位数を n と数える)の目(もく)の線がことごとくみな同時に包含さ

れている．その包含の様子について言うと，低位数の目(もく)の任意の線が単純曲線として含まれているわけではないのは言うまでもない．そうではなくて，低位数の目(もく)の複合曲線は，一本もしくは何本かの直線とともに，あるいは何本かの第二目，第三目・・・の線とともに複合曲線を形成しつつ包含されるのである．その結果，この手順の過程に現れる単純曲線が所属する各々の目(もく)の位数を示す数値の総和を作れば，その総和の数値は，形成される複合曲線の目(もく)の位数を指し示しているのである．

註記

  1)　(27頁)　オイラー『無限解析序説』の第一巻を指す．邦訳『オイラーの無限解析』(海鳴社，2001年)参照．

  2)　(29頁)　生物分類の区分け．大きい区分から下位に向かって順に記すと，界(kingdom)，門(動物ではphylum，植物ではdivision)，綱(class)，目(order)，科(family)，属(genus)，種(species)，変種(variety)というふうになる(括弧内に添えたのは英語表記)．ここから先の記述では，この分類学上の用語法にしたがって「属」や「種」という言葉が使用される．

  ガウスは『整数論』(1801年)の第5章で二次形式の分類を試みたが，そこでも生物分類の用語が使われている．ガウスはオイラーの流儀を踏襲したのであろう．

  3)　(30頁)　今日流布している用語法にしたがって「円錐曲線」という訳語を用いたが，原語をそのまま訳出すれば，「円錐の切断線」となる．

  4)　(31頁)　オイラー全集のテキストでは，脚註に，ニュートンの著作『光学』(ロンドン，1704年)が参考文献として挙げられている．オイラー全集Ⅰ－19，32頁参照．

  5)　(32頁)　三角数というのは，nは自然数として，$\frac{(n+1)(n+2)}{1\cdot 2}$という形の数のことである．小さい順に並べると，3，6，10・・・と続いていく．

第4章　各々の目の線の著しい諸性質[1]

66.　各々の目の線に備わっているいくつものめざましい性質のうち，先頭に立つ位置を占めるのは，それらの線と直線との遭遇，言い換えると交叉の重複度に関連する事柄である．この消息をもう少し詳しく述べると，第一目の線，すなわち直線は他の直線と単に一点においてのみ交叉しうるにすぎないが，曲線ならば，いくつもの点において直線と交叉するという事態が起こりうるのである．このようなわけで，各々の目について，そこに所属する曲線と，任意に引いた直線とがどれだけ多くの点において交叉しうるのかを調べるのは，正当な根拠に根ざしている．というのは，この論点の究明を通じて，さまざまな目に所属する曲線の性質が，よりよく認識されるようになるからである．第二目の線(二次曲線)と直線が，二個よりも多くの点において交叉することはありえないこと，第三目の線(三次曲線)と直線が，三個よりも多くの点において交叉することはありえないこと，等々，が判明する．

67.　われわれはすでに，ある曲線とその軸との交点の個数の決定する方法について言及した．実際，切除線 x と向軸線 y の間の方程式が与えられたとき，その方程式で表される曲線が軸上の点に出会う地点では，向軸線 y は $=0$ となる．そこで，与えられた方程式において $y=0$ と置くと，そこから帰結する方程式には x の姿のみしか見られない．するとその方程式は x の値を与え，それらの x の値に基づいて，曲線と軸との交点が軸上に指定される．この状勢を，前に(訳者註．第3章，第64条参照)見つけた円の方程式 $yy=2ax-xx$ について観察してみよう．$y=0$ と置くと，この方程式は $0=2ax-xx$ という形になる．これを解くと，x の二つの値，すなわち $x=0$ と $x=2a$ が得られる．この事実が明示しているのは次のような状勢である．すなわち，軸 RS はまずはじめに切除線の始点 A において円と出会い，続いて，$AB=2a$ となるように点 B を定めるとき，その点 B において円と出会う．このような事情は他の

曲線についても同様で，その曲線を表す方程式において $y=0$ と置けば，そこから帰結する x に関する方程式を解いて手に入る根は，曲線と軸との交点の位置を指し示している．

68. 曲線の一般方程式では，任意の直線が軸としての役割を果たす．そこで，その一般方程式において向軸線 y を $=0$ と置くと，そこから帰結する方程式が明示するのは，曲線と任意の直線との交点の個数である．この間の消息をもう少し詳しく述べるとこんなふうになる．曲線の一般方程式において $y=0$ と置くと，切除線 x のみを未知量として含む方程式が得られるが，その方程式の個々の根は，曲線と軸との交点の位置を指し示している．それゆえ，交点の個数は，方程式における x の最高次の冪指数に依拠することになり，x の一番大きい冪指数の数値を越える個数の交点は存在しえない．もしその方程式の根がみな実根なら，x の最大の冪指数の数値に等しい個数の交点が存在するが，そうではなくて，いくつかの根が虚根になる場合には，交点の個数はその分だけ少なくなる．

69. われわれはすでに，線の目の各々について，もっとも一般的な方程式を提示したのであるから，その方程式に基づいて，先ほど説明した通りの手順を踏んで，各々の目の線が任意の直線と何個の点において交叉しうるかという状勢の見きわめが可能になる．そこで第一目の線，すなわち直線の一般方程式 $0=\alpha+\beta x+\gamma y$ を取り上げよう．この方程式において $y=0$ と置くと，$0=\alpha+\beta x$ となる．この方程式は一個より多くの根をもちえない．これより明らかになるように，ある直線は他の直線とただ一個の点においてのみ，交叉可能である．ところが，もし $\beta=0$ なら，先ほどの方程式は $0=\alpha$ となるが，これは根をもたない．この事実は，この場合，軸と直線はいかなる地点においても交叉しないことを示している．実際，この場合にはこれらの二本の直線は互いに平行になるのであり，$\beta=0$ のときに得られる方程式 $0=\alpha+\gamma y$ をみれば明らかな通りである．

70. 第二目の線(二次曲線)の一般方程式
$$0=\alpha+\beta x+\gamma y+\delta xx+\varepsilon xy+\zeta yy$$
において，$y=0$ と置くと，方程式

第4章　各々の目の線の著しい諸性質

$$0 = \alpha + \beta x + \delta xx$$

が得られる．この方程式は二つの実根をもつか，実根をまったくもたないか，あるいは，これは $\delta = 0$ の場合のことだが，ただひとつの実根をもつかのいずれかである．このようなわけで，第二目の線と直線は，二点において交叉するか，一点において交叉するか，あるいはいかなる地点を見ても交点が見つからないかのいずれかであることになる．このようないろいろな場合を区別せずに，これらをみな，ひとつの場合と見て包括的にとらえることも可能である．それには，「第二目の線と直線が二個よりも多くの点において交叉することはありえない」と言えばいいのである．

71.　　第三目の線(三次曲線)の一般方程式において $y=0$ と置くと，

$$0 = \alpha + \beta x + \gamma xx + \delta x^3$$

という形の方程式が得られる．この方程式は三個より多くの根をもちえないから，第三目の線と直線が三個よりも多くの点において交叉することはありえないのは明白である．ところが，他方では，第三目の線と直線が三個よりも少ない個数の点において交叉するという事態は起こりうる，すなわち，$\delta = 0$ であって，しかも方程式 $0 = \alpha + \beta x + \gamma xx$ の二根がともに実根になる場合には，二個の点において交叉する．上に挙げた方程式 $0 = \alpha + \beta x + \gamma xx + \delta x^3$ の二根が虚根になる場合や，$\delta = 0$ かつ $\gamma = 0$ の場合には，ただひとつの点において交叉する．また，$\delta = 0$ であって，しかも方程式 $0 = \alpha + \beta x + \gamma xx$ の二根が虚根になる場合には，いかなる地点においても交叉することはない．交点が存在しないという現象は，β と γ と δ が消失し，しかも α が0と等値されない定量である場合にも観察される．

72.　　同様に，第四目の線(四次曲線)と直線は，四個よりも多くの点で交叉しえないという結論がくだされる．そうしてこの性質はあらゆる線の目に及ぼされ，第 n 目の線(n 次曲線)と直線が n 個よりも多くの点で交叉することはありえないという主張が成立する．ただし，だからといって，第 n 目の線がどれもみなきっかり n 個の点において直線と交叉するというわけではなく，交点の個数はかえって n 個よりも少なくなることが起こりうるし，それに，第二目の線と第三目の線を取り上げた際にすでに注意をうながしたように，交点がまったく存在しないことさえありうる．このようなわけで，先ほど述べた命題の力の及ぶ範囲は限定を受け，言えるのはただ，交点の個数は曲線が所属する目の位数を示す数値よりも大きくはなりえないということに尽き

るのである.

73. このような事情が介在するため,任意の直線と,ある与えられた曲線との交点の個数がわかったとしても,それに基づいて,その与えられた曲線が所属する目を決定するのは不可能である.実際,交点の個数が $= n$ であるとしても,その事実に基づいて,曲線の所属先が第 n 番目の線の目になることが明らかになるというわけではない.この場合,曲線はもっと高い位数の目に算入されるという事態も起こりうるし,そればかりか,曲線は実は代数曲線ではなく,超越曲線であることさえ起こりうるのである.そのような場合を除外しておけば,直線と n 個の点において交叉する曲線は位数が n 以下のいかなる線の目にも所属しえないと,いつでも確実に主張することができる.たとえば,ある提示された曲線が直線と四点において交叉するなら,この曲線が第二目や第三目に算入されないのはたしかである.この場合,この曲線は第四目に入るか,もっと位数の高い目のどれかに入るか,あるいはまた超越曲線になるかのいずれかであるが,この点を確定するのは不可能である.

74. 各々の目の線に対してわれわれが与えた一般方程式には,いくつかの任意定量が顔を出している.それらの任意定量に対して定値が割り当てられたなら,曲線は完全に確定し,与えられた軸との関連のもとで軌跡を描いていく.そうしてそのとき,一般方程式に包摂されている他のすべての曲線は排除されることになる.たとえば,第一目の方程式 $0 = \alpha + \beta x + \gamma y$ に内包されるのは直線のみだが,その位置を軸との関連のもとで観察すると,定量 α, β, γ に対して無限に多くの異なる値を割り当てていくのに応じて,無数の様式で変化する.ところが,これらの定量に定値が割り当てられるやいなや,直線の位置は即座に確定し,それらの定値に対応する方程式をみたす直線は,ほかにはもう存在しえないのである.

75. 三つの任意定量 α, β, γ が存在するので,一見すると,方程式 $0 = \alpha + \beta x + \gamma y$ は三通りの決定要因により確定するように見える.だが,この方程式の性質を観察すればわかるように,実際には,三つの定量 α, β, γ の比さえ規定されれば,それだけで方程式は確定する.もう少し詳しく言うと,これらの三つの定量のうちの二つの定量と,残るひとつの定量との比率が規定されればそれで十分なのである.実際,たとえば β と γ が α を用いて $\beta = -\alpha, \gamma = 2\alpha$ というふうに定められたとするな

第4章 各々の目の線の著しい諸性質

ら，そのとき，提示された方程式は $0 = \alpha - \alpha x + 2\alpha y$ という形になる．これを α で割って α を排除すれば，方程式は完全に確定する．第二目の線(二次曲線)の一般方程式には六個の任意定量が見られるが，第一目の線の場合と同様の理由により，方程式の決定要因は実際には五通り存在するにすぎない．第三目の線(三次曲線)の一般方程式の場合には九通り，いっそう一般的に，第 n 目の線(n 次曲線)の一般方程式の場合には $\dfrac{(n+1)(n+2)}{2} - 1$ 通りの決定要因が存在する．

76． 方程式の任意定量を適切に定めることにより，その方程式で表される曲線が，ある与えられた点を通過するようにするのはつねに可能である．実際にこの作業を遂行すれば，それだけですでに，方程式の決定要因のひとつが顕在化することになる．実際，何かある線の目の一般方程式が提示されたとして，それを適切に規定することにより，その方程式で表される曲線がある与えられた点 B を通るようにすることを考えてみよう(図17)．軸を任意に取り，その軸上に切除線の始点 A を取ろう．点 B から軸に向かって垂線 Bb を降ろす．すると明らかに，もし曲線が点 B を通るなら，区間 Ab を x として設定するとき，垂直線 Bb はわれわれの手に向軸線 y の値をもたらしてくれる．そこで，提示された一般方程式において，x のところに Ab を代入し，y のところに Bb を代入すると，その作業を通じて得られる方程式を基礎にして定量 $\alpha, \beta, \gamma, \delta, \varepsilon \cdots$ のうちのひとつが規定される．ひとたびこの手順を踏んでおけば，こんなふうにして定められる一般方程式に包摂されるあらゆる曲線は，与えられた点 B を通過する．

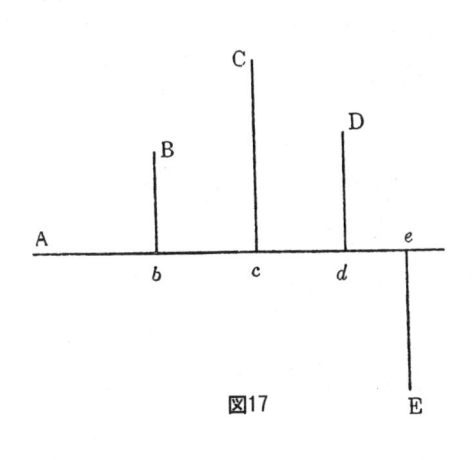

77． これに加えて，さらに，曲線に対して点 C をも通ることを要請してみよう．この場合，軸に向かって垂線 Cc を降ろし，$x = Ac$ と $y = Cc$ を方程式に代入すると新しい方程式が手に入る．すると，先ほどと同様，その方程式により定量 $\alpha, \beta, \gamma, \delta \cdots$ のうちのひとつが規定される．同様の手順を踏んでいけば諒解されるように，あらかじめ三点 B, C, D を指定しておいて，曲線に対し，それらの点を

通ることを要請すれば，その要請に応えて三つの定量が規定される．四点 B, C, D, E から出発すれば，四つの定量が決定される・・・というふうに進んでいく．曲線が通過するべき点が十分に多く指定され，一般方程式が受け入れる決定要因の個数に達するならば，そのとき曲線は完全に決定される．それは，提示されたすべての点を通る唯一の曲線である[2]．

78． 第一目の線，すなわち直線の一般方程式の決定要因はただ二つきりであるから，第一目の線，すなわち直線が通過するべき点が二つ提示されたなら，直線は完全に決定される．『原論』[3]の教えるところによりよく知られているように，与えられた二点を通る直線が一本より多く存在することはありえないのである．これに対し，提示された点がただひとつしかないのであれば，その場合には方程式はなお未確定なのであるから，提示された点を通る直線は無数に引くことができる．

79． 第二目の線(二次曲線)の一般方程式には五個の決定要因がある．したがって，曲線が通過するべき点が五つ提示されたなら，それで第二目の線は完全に決定されてしまう．このような理由により，五個の与えられた点を通る第二目の線はただ一本しか引くことができないのである．これに対し，四個の点のみ，あるいはもっと少ない点だけしか提示されないのであれば，それだけでは方程式はまだ完全には確定しないのであるから，それらの点を通過する第二目の線を無数に引くことができる．提示された五個の点のうち，三個の点が，ある同一の直線上に配置されているなら，そのような五個の点を通る第二目の連続曲線は見つからない．なぜなら，第二目の線と直線が三個の点において交叉することはありえないからである．その代わり，この場合には複合線，すなわち二本の直線が手に入る．それらの二直線は，前にすでに注意を喚起した通り，第二目の線の一般方程式に包摂されている．

80． 第三目の線(三次曲線)の一般方程式には九個の確定要因があるから，任意に九個の点を指定するとき，それらの点を通過する第三目の線を引くのはつねに可能であり，しかもそのような線はただ一本しか存在しない．だが，指定された点の個数が九個より少なければ，それらの点を通る第三目の線は，無数に引くことができる．同様に，14個の点が与えられたとき，それらの点を通る第四目の線(四次曲線)をただ一本だけ，引くことができる．これ以降の状勢も同様に進行する．そうして一般に，第

第4章　各々の目の線の著しい諸性質

n 目の線(n 次曲線)は，式

$$\frac{(n+1)(n+2)}{2} - 1 = \frac{n(n+3)}{2}$$

で表される数値に等しい個数の点により決定される．したがって，もし与えられた点の個数がこれよりも少ないなら，それらの点を通る第 n 目の線を無数に引くことができることになる．

81. このようなわけなので，提示される点の個数が $\frac{n(n+3)}{2}$ よりも多くはないなら，それらの点を通る第 n 目の線を一本，もしくは無数に引くことができる．もう少し詳しく言うと，もし与えられた点の個数がきっかり $=\frac{n(n+3)}{2}$ であれば一本だけ，この数値よりも少ないなら，無数に引けるのである．ところで，これらの点がどのように配置されていようとも，この問題が解けないという事態は決して見られない．なぜなら，係数 $\alpha, \beta, \gamma, \delta \cdots$ を決定するのに二次方程式や，より高次の方程式を解く必要はなく，すべての作業は一次方程式を解くだけで完了するからである．この点に着目すれば明らかになるように，量 $\alpha, \beta, \gamma \cdots$ の間に虚値の姿が見られることはないし，多価性をもつ量，すなわちいくつもの値を取りうる量が見つかることもない．このようなわけで，提示された点を通る実在の曲線がつねに手に入る．しかも，一般方程式の決定要因の個数の分だけの点が提示されるなら，そのような曲線はただ一本だけ，確保されるのである．

82. 軸の選定は任意になされるのであるから，与えられた諸点のひとつを通過するように軸を引き，しかも切除線の始点をその点 A に定めれば，係数の決定はいっそう容易になる．実際，$x = 0$ と置くとき $y = 0$ とならなければならないのであるから，提示された一般方程式

$$0 = \alpha + \beta x + \gamma y + \delta x x + \varepsilon x y + \zeta y y + \eta x^3 + \cdots$$

において，$\alpha = 0$ でなければならないことが即座に判明する．次に，軸は，与えられた諸点のうちのもうひとつの点をも通過しうる．そこでそのように軸を引くと，与えられた諸点の位置を規定する量の個数がまた減少する．最後に，直交向軸線の代わりに斜交向軸線を選定し，切除線の始点から引いた向軸線が，与えられた点のひとつを通るようにすることができる．というのは，向軸線の決定にあたり，軸と直交するように定めても，あるいは斜交するように定めても，いずれにしても曲線の認識と構成

は方程式を通じて行われるのは同じだし，しかも困難の度合いはどちらにしても同程度であるからである．

83. 五個の点 A, B, C, D, E が与えられたとき，これらの点を通る第二目の線(二次曲線)を求めてみよう(図18)．二点 A, B を通る軸を引き，一方の点 A に切除線の始点の位置を定めよう．それから，この点 A を第三の点 C と連結し，向軸線の傾きの指標として角 CAB を取る．このように状勢を設定したうえで，残されている点 D と E から軸に向かって向軸線 Dd と Ee を，線分 AC と平行に引く．次に，$AB=a, AC=b, Ad=c, Dd=d, Ae=e, eE=f$ と置く．第二目の線(二次曲線)の一般方程式

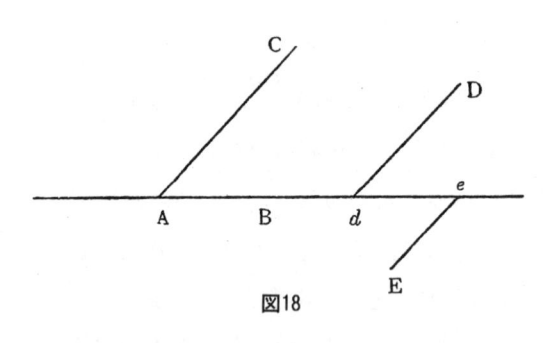

$$0 = \alpha + \beta x + \gamma y + \delta xx + \varepsilon xy + \zeta yy$$

を取ると，次のようになるのは明らかである．すなわち，

$x=0$ と置くと $y=0$ となる．
$x=0$ と置くと $y=b$ となる．
$x=a$ と置くと $y=0$ となる．
$x=c$ と置くと $y=d$ となる．
$x=e$ と置くと $y=f$ となる．

これより，次に挙げる五つの方程式が手に入る．

I. $0 = \alpha$,
II. $0 = \alpha + \gamma b + \zeta bb$,
III. $0 = \alpha + \beta a + \delta aa$,
IV. $0 = \alpha + \beta c + \gamma d + \delta cc + \varepsilon cd + \zeta dd$,
V. $0 = \alpha + \beta e + \gamma f + \delta ee + \varepsilon ef + \zeta ff$.

それゆえ，$\alpha = 0, \gamma = -\zeta b, \beta = -\delta a$ となる．これらを残る方程式に代入すると，

$$0 = -\delta ac - \zeta bd + \delta cc + \varepsilon cd + \zeta dd,$$

第4章 各々の目の線の著しい諸性質

$$0 = -\delta ae - \zeta bf + \delta ee + \varepsilon ef + \zeta ff$$

という方程式が与えられる．上の方程式に ef を乗じ，下の方程式に cd を乗じて，その後に一方から他方を引いて ε を消去すると，

$$0 = -\delta acef - \zeta bdef + \delta ccef + \zeta ddef$$
$$+ \delta acde + \zeta bcdf - \delta cdee - \zeta cdff$$

すなわち

$$\frac{\delta}{\zeta} = \frac{bdef - bcdf - ddef + cdff}{acde - acef - cdee + ccef}$$

という方程式が得られる．これより，

$$\delta = df(be - bc - de + cf),$$
$$\zeta = ce(ad - af - de + cf)$$

となる．これですべての係数が決定される．

84. こんなふうにして一般方程式 $0 = \alpha + \beta x + \gamma y + \delta xx + \cdots$ の係数がすべて確定したので，採用された軸と，向軸線の傾きとして選定された角度との関連のもとで，方程式を通じてみいだされる無数の点を指定していくことにより曲線の姿が描かれていく．この曲線は，提示されたすべての点を通過する．一般方程式の決定要因が，提示された点の個数よりも多く存在する場合もある．そのような場合には，超過する決定要因を任意に定めていく．そうすれば方程式は完全に確定し，その方程式の支援を受けて，与えられた諸点の各々を通る曲線が描かれる．それにはこんなふうにすればよい．切除線 x に，いくつかの正負の値，たとえば $0, 1, 2, 3, 4, 5, 6 \cdots$ と $-1, -2, -3, -4, -5, -6 \cdots$ のような値を割り当てていくと，個々の値に対して，それらに対応する向軸線 y の値が方程式を通じて探し求められる．こうして，十分に近い位置に配置されているおびただしい数の点が手に入るが，曲線はそれらの点を通過するのであるから，曲線の全容はこれでたやすく視圏にとらえられることになる．

註記
1) (37頁) 目次に記載されている標題は「各々の目(もく)の線を区分けすること」．
2) (42頁) ここに書き留められた規則には，適用することのできない例外の事例が

存在する．オイラー全集の編纂者は，オイラーの論文「曲線の理論におけるひとつの注目すべき矛盾について」(1747年執筆，1748年学士院提出，1750年刊行)，オイラー全集 I－26，を参考文献として挙げている(オイラー全集 I－9，41頁の脚註)．

3) (42頁) 古代ギリシアの数学者ユークリッドの著作と伝えられる『原論』を指す．

第5章　第二目の線

85. 　第一目の線の仲間に数えられるのは実は直線のみであり，その性質は初等幾何学によりすでに十分よく知られている．そこで**第二目の線**(二次曲線[1])の姿をもう少し注意深く観察することにしよう．第二目の線(二次曲線)はあらゆる曲線の中で一番簡単な曲線であり，しかもはるかに崇高な幾何学的世界全体を通じて，きわめて広範囲に及ぶ応用をもっている．第二目の線(二次曲線)は**円錐曲線**(円錐の切断線[2])とも呼ばれるが，非常に多くの際立った性質が備わっている．それらは古代の幾何学者たち[3]も発見していたが，近年の幾何学者たちの手によりその数は大幅に増大した．第二目の線(二次曲線)の諸性質の知識はきわめて必要性が高いと判断されるから，たいていの著作者は，初等幾何学に続いてすぐに第二目の線(二次曲線)の説明に移るのが習わしになっている．ただし，それらの性質はことごとくみな単一の原理から導かれるというわけではなく，方程式の力を借りて明るみに出されるものもあれば，円錐の切断に由来するものもあるし，別の道筋を通って描写されるものもある．ここでは他の手段を使わずに，方程式のみを通じてわれわれの手にもたらされる諸性質だけを調べることにしたいと思う．

86. 　そこで第二目の線(二次曲線)の一般方程式を考えよう．それは，

$$0 = \alpha + \beta x + \gamma y + \delta xx + \varepsilon xy + \zeta yy$$

という形の方程式である．すでに明らかにされたように，この方程式には，向軸線と軸がどのような角度を作って傾いているとしても，あらゆる第二目の線(二次曲線)が包摂されている．この方程式に，

$$yy + \frac{(\varepsilon x + \gamma)y}{\zeta} + \frac{\delta xx + \beta x + \alpha}{\zeta} = 0$$

という形を与えよう．これより明らかになるように，切除線 x の各々に対応して y を表示する式に現れる二つの平方根が実量になるか，あるいは虚量になるのに応じて，二本の向軸線 y が対応するか，あるいは対応する向軸線は一本も存在しないかのいずれかの状勢が現れる．もし $\zeta = 0$ なら，その場合には個々の切除線に対して一本の向軸線が対応する．この場合，もう一本の向軸線は無限遠へと退行するのである．それゆえ，このような場合があるからといって，そのためにわれわれの究明が乱されるようなことはない．

87. y の二つの値が実量になる場合というのは，向軸線 PMN が曲線と二点 M および N において交叉するときに起こるが(図19)，この場合，二つの根の和は

$$PM + PN = \frac{-\varepsilon x - \gamma}{\zeta} = \frac{-\varepsilon \cdot AP - \gamma}{\zeta}$$

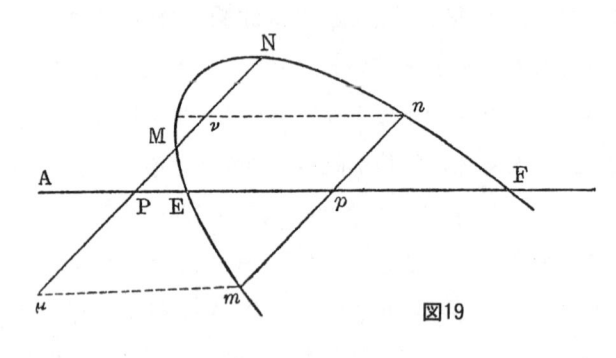

となる．ここで，直線 AEF を軸に取り，A を切除線の始点に取る．また，角 APN は向軸線と軸が作る角とする．その場合，傾斜の度合いは任意とする．同一の傾斜角をもつもう一本の任意の向軸線 npm を引き，その際，値 pm が負になるようにすると，先ほどと同様に，

$$pn - pm = \frac{-\varepsilon \cdot Ap - \gamma}{\zeta}$$

となる．この方程式から前の方程式を差し引くと，

$$PM + pm + PN - pn = \frac{\varepsilon(Ap - AP)}{\zeta} = \frac{\varepsilon \cdot Pp}{\zeta}$$

となる．点 m と n を通って軸に平行な直線を引き，それを，前の向軸線と点 μ および ν において出会うまで伸ばしていくと，

$$M\mu + N\nu = \frac{\varepsilon \cdot Pp}{\zeta}$$

となる．言い換えると，和 $M\mu + N\nu$ は Pp すなわち $m\mu$ すなわち $n\nu$ に対して，ε の ζ に対する比率と同じ定比率をもつ．すなわち，直線 MN と mn を曲線のどこに

図19

引こうとも，それらと軸とが与えられた大きさの角を作りさえすれば，しかも直線 nv と $m\mu$ を軸に平行になるように引きさえすれば，この比率はつねに同一に保たれるのである．

88. 　　向軸線 PMN を点 M と N が重なり合うまで前方に移動させていくと，やがて向軸線は曲線に接することになる(図20)．実際，二つの交点が重なる地点では，切断線は接線になるのである．そこで KCI はそのような接線としよう．それと平行に，両端で曲線に出会う任意の直線 MN, mn を引こう．このような直線のことは**弦**という名で呼ぶ慣わしになっ

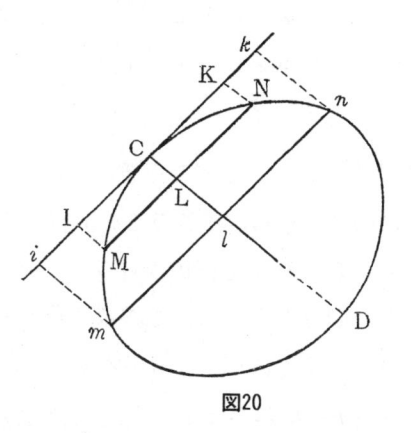

図20

ている．それから次に点 M, N, m, n から接線に向かって，前の軸に平行に直線 MI, NK と mi, nk を伸ばしていこう．その際，間隔 CK, Ck は点 C の反対側に位置を占めることになるから，それらを取り上げる際に負の符号をつけなければならない．よって，

$$CI - CK : MI = \varepsilon : \zeta \quad \text{および} \quad Ci - Ck : mi = \varepsilon : \zeta$$

となる．したがって，

$$CI - CK : MI = Ci - Ck : mi.$$

これを書き換えると，

$$MI : mi = CI - CK : Ci - Ck$$

というふうになる．

89. 　　曲線に関する軸の位置は任意であるから，直線 MI, NK, mi, nk は，相互に平行でありさえすれば，任意に引くことができる．それゆえ，つねに

$$MI : mi = CI - CK : Ci - Ck$$

となる．そこで，平行な直線 MI と NK を適切に引いて，$CI = CK$ となるようにしよう．これを実現するには，接点 C から出発して弦 MN を L において二等分する直線 CL を引き，それから次に MI と NK が CL と平行になるように定めればよい．このようにするとき，$CI - CK = 0$ より，

$$Ci - Ck = \frac{mi}{MI}(CI - CK) = 0$$

となる．そこで直線 CL を l まで延長すると，mi と nk も CL と平行であるから，$ml = Ci$ および $nl = Ck$ となる．よって $ml = nl$ となる．これより明らかになるように，接点 C を始点として引かれ，しかも接線と平行な一本の弦 MN を二等分するように引いた直線 CLl は，同じ接線と平行なあらゆる弦 mn を二つに切り分ける．

90. こうして直線 CLl は接線 ICK に平行なあらゆる弦を二つの等しい部分に切り分ける．そこでこの直線 CLl のことは，**第二目の線(二次曲線)のダイアメータ**もしくは**円錐曲線のダイアメータ**という名で呼ぶ慣わしになっている．それゆえ，曲線の個々の点において接線が描かれることを思えば，各々の第二目の線(二次曲線)には無限に多くのダイアメータを引くことが可能である．実際，場所はどこでもよいから接線 ICK が与えられたとしたなら，その接線に平行な任意の弦 MN を引く．この弦を L において二等分すると，そのとき直線 CL は第二目の線(二次曲線)のダイアメータになり，接線 IK に平行なあらゆる弦を長さの等しい二つの部分に切り分ける．

91. これよりさらに明らかになるように，もし直線 Ll が任意の二本の平行な弦 MN と mn を二等分するなら，この直線 Ll は，それらの二本の弦に平行な他のあらゆる弦をも二等分する．というのは，これらの二本の弦に平行で，しかも曲線に接する直線 IK を描けばわかるように，直線 Ll はこの曲線のダイアメータになるのである．この点に着目すれば，与えられた第二目の線(二次曲線)において，無限に多くのダイアメータを見つける新しい方法が手に入る．実際，互いに平行な二本の弦 MN と mn を任意に引き，それらを点 L および l において二等分すると，それらの二点を通って引いた直線は，二本の弦 MN と mn に平行な他のあらゆる弦をやはり二等分する．それゆえ，その直線はダイアメータなのである．そうしてこのダイアメータを延長していくとき，点 C において曲線と交叉するとすれば，その点 C を通り，しかも弦に平行に引いた直線 IK は，点 C において曲線に接する．

92. われわれをこの性質に導いてくれたのは，方程式

$$yy + \frac{(\varepsilon x + \gamma)}{\zeta} y + \frac{\delta xx + \beta x + \alpha}{\zeta} = 0$$

の二根の和の考察であった．この方程式から，二根の積は $PM \cdot PN = \dfrac{\delta xx + \beta x + \alpha}{\zeta}$ となることがわかる(図19)．この表示式 $\dfrac{\delta xx + \beta x + \alpha}{\zeta}$ は二個の実単純因子をもつか，あるいは実単純因子を全然もたないかのいずれかである．もし軸と曲線が二点 E および F において交叉するなら，前者の場合が起こる．実際，そのような状勢のもとでは $y = 0$ であるから $\dfrac{\delta xx + \beta x + \alpha}{\zeta} = 0$ となり，しかもこの方程式の根 x は AE と AF である．よって，表示式 $\dfrac{\delta xx + \beta x + \alpha}{\zeta}$ の因子は $(x - AE)(x - AF)$ である．そうして $x = AP$ であるから，

$$\dfrac{\delta xx + \beta x + \alpha}{\zeta} = \dfrac{\delta}{\zeta}(x - AE)(x - AF) = \dfrac{\delta}{\zeta} \cdot PE \cdot PF.$$

このようなわけで，

$$PM \cdot PN = \dfrac{\delta}{\zeta} \cdot PE \cdot PF$$

となる．これを言い換えると，向軸線 PMN をどこに引いても，角 NPF の大きさが軸と向軸線とのなす傾きに等しくなるように取るかぎり，積 $PM \cdot PN$ は積 $PE \cdot PF$ に対して一定の比率，すなわち δ の ζ に対する比率と同じ比率を保持するのである．同様に，向軸線 mn を引くと，Ep と pm は負であるから，

$$pm \cdot pn = \dfrac{\delta}{\zeta} pE \cdot pF$$

となる．

93.
第二目の線(二次曲線)と二点 E, F において交叉する任意の直線 PEF を引こう(図21)．このとき，平行な弦 NMP と nmp をどのように引いても，つねに

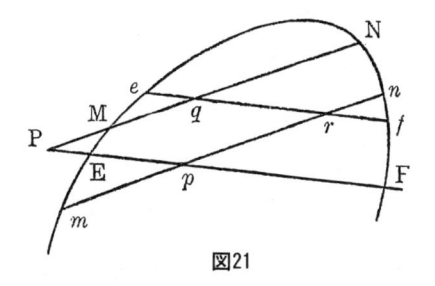

$$PM \cdot PN : PE \cdot PF = pm \cdot pn : pE \cdot pF$$

となる．実際，この比例の比率は $\delta : \zeta$ に等しい．同様に，軸の位置は任意なのであるから，直線 PMN を軸に取り，PEF に平行なもう一本の任意の直線 eqf を引くと，

$$PM \cdot PN : PE \cdot PF = qM \cdot qN : qe \cdot qf = pm \cdot pn : pE \cdot pF$$

というふうにもなる．これを書き換えると，

$$qe \cdot qf : pE \cdot pF = qM \cdot qN : pm \cdot pn$$

図21

となる．そこで，二本の平行な弦efとEFが与えられたとき，互いに平行な他の任意の二本の弦MNとmnを引き，これらの弦は点P, p, q, rにおいて交叉するとしよう．このとき，下記の四つの比率はすべて互いに等しく，等式

$$PM \cdot PN : PE \cdot PF = pm \cdot pn : pE \cdot pF = qM \cdot qN : qe \cdot qf = rm \cdot rn : re \cdot rf$$

が成立する．これは，第二目の線(二次曲線)のもうひとつの一般的性質である．

94. もし曲線上の二点MとNが一致するなら(図24)，そのとき直線PMNはそれらの二点が重なり合う点における曲線の接線になり，積$PM \cdot PN$は，一辺の長さがPMもしくはPNの正方形の面積になる．この事実に基づいて，接線の新しい性質が得られる．すなわち，直線CPpはある第二目の線(二次曲線)に点Cにおいて接するとして，互いに平行な任意の直線PMN, pmnを引こう．この場合，それらの二直線が接線となす角は同一である．すると，先ほどみいだされた性質により，

$$PC^2 : PM \cdot PN = pC^2 : pm \cdot pn$$

となる．これを言い換えると，任意の弦MNを，与えられた角度を保ちながら接線に到達するまで延長していくとき，線分CPを一辺の長さとする正方形の面積の，積$PM \cdot PN$に対する比率はつねに一定である．

95. 同じ理由により次のようなこともまた明らかになる．ある第二目の線(二次曲線)を取り上げて，その任意のダイアメータCDを引こう．そのダイアメータは，互いに平行なあらゆる弦MN, mnを二等分するとし，第二目の線(二次曲線)と二点CおよびDにおいて交叉するとしよう(図20)．このとき，

$$CL \cdot LD : LM \cdot LN = Cl \cdot lD : lm \cdot ln$$

となる．ところが$LM = LN$および$lm = ln$であるから，

$$LM^2 : lm^2 = CL \cdot LD : Cl \cdot lD$$

となる．すなわち，半弦LMを一辺とする正方形の，積$CL \cdot LD$に対する比率はつねに一定なのである．ダイアメータCDを軸に取り，半弦LMを向軸線として取ると，第二目の線(二次曲線)の方程式が見つかる．実際，ダイアメータを$CD = a$，切除線を$CL = x$，向軸線を$LM = y$とすると，$LD = a - x$より，yyの$ax - xx$に対する比率は一定である．その定比率を，hのkに対する比率と等置すると，この第二目の線(二次曲線)の方程式

第 5 章　第二目の線

$$yy = \frac{h}{k}(ax - xx)$$

が手に入る.

96.　このようにしてみいだされた第二目の線(二次曲線)の二つの性質を組み合わせると，もうひとつの性質を見つけることができる．ある第二目の線(二次曲線)において，互いに平行な二本の弦 AB と CD が与えられたとして，辺を補って四辺形 $ACDB$ を作ろう(図22)．曲線上の任意の点 M を通り，AB と CD に平行な弦 MN を引こう．この弦は直線 AC および BD と点 P および Q において交叉するとする．このとき PM と QN は互いに等しい．なぜなら，互いに平行な二本の弦 AB と CD を二等分する直線は，任意の弦 MN をも二等分する．ところが初等幾何により知られているように，辺 AB と CD を二等分する直線は線分 PQ をも二等分する．それゆえ直線 MN と PQ は同じ点において二等分されることになるから，必然的に $MP = NQ$ かつ $MQ = NP$ となる．このようなわけで，第二目の線(二次曲線)上の四つの点 A, B, C, D のほかに第五の点 M が与えられたとすると，第六の点 N で，$NQ = MP$ となるものが見つかるのである.

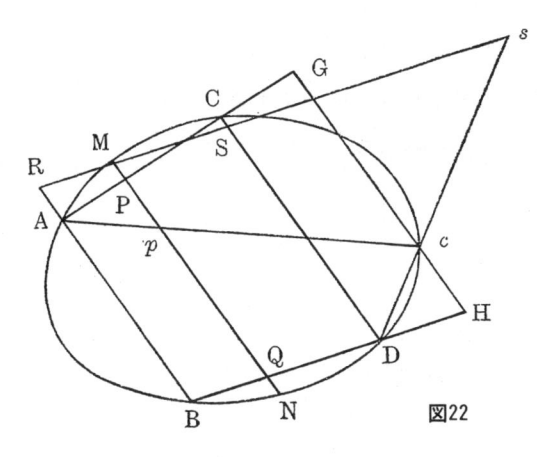

図22

97.　$MQ \cdot QN$ の $BQ \cdot DQ$ に対する比率は一定であり，しかも $QN = MP$ であるから，$MP \cdot MQ$ もまた $BQ \cdot DQ$ に対して同一の定比率を保持する．これを言い換えると，曲線上の他の任意の点，たとえば c を取り，その点を通り，しかも AB と CD に平行な直線 GcH を引き，辺 AC, BD と点 G および H において交叉するようにすると，$cG \cdot cH$ もまた $BH \cdot DH$ に対して同一の定比率をもつことになる．したがって，

$$cG \cdot cH : BH \cdot DH = MP \cdot MQ : BQ \cdot DQ$$

となる．ところで，点 M を通り，底線 BD に平行な直線 RMS を引き，この直線は平行な弦 AB, CD と R および S において交叉するとしよう．このとき，$BQ = MR$

および $DQ = MS$ により，比率 $MP \cdot MQ : MR \cdot MS$ もまた一定である．それゆえ，これを要約するとこんなふうに言える．曲線上の任意の点 M を通って二本の直線を引く．一本は，向かい合う辺 AB, CD に平行な直線 MPQ であり，もう一本は，底線 BD に平行な直線 RMS である．このとき，交点 P, Q, R, S には，$MP \cdot MQ$ と $MR \cdot MS$ との比率が一定になるという性質が備わっている．

98. 弦 AB と平行と設定された弦 CD の代わりに，点 D を始点として引いた他の任意の弦 Dc を採り，その弦 Dc に弦 Ac を合わせて考えてみよう．すると直線 MQ と RMS は前のように M を通り，辺 AB および BD と平行で，しかも四辺形 $ABDc$ と点 p, Q, R, s において交叉して(訳者註．四つの交点は四辺形 $ABDc$ の辺もしくは辺の延長線上に位置する)，先ほどと類似の性質が成立する．実際，

$$MP \cdot MQ : BQ \cdot DQ = cG \cdot cH : BH \cdot DH$$

であるから，

$$MP \cdot MQ : MR \cdot MS = cG \cdot cH : BH \cdot DH$$

となる．なぜなら，線分 RS は BD と平行で，しかも等しいからである．ところで三角形 APp と AGc は相似であるから，

$$Pp : AP = Gc : AG$$

という比例式が与えられる．そうして

$$AP : AG = BQ : BH$$

であるから，

$$Pp : BQ = Gc : BH$$

となる．三角形 DSs と cHD も相似であるから，

$$DS(MQ) : Ss = cH : DH.$$

これらを合わせると，$BQ = MR$ により，

$$MQ \cdot Pp : MR \cdot Ss = cG \cdot cH : BH \cdot DH$$

となる．この比例式を先ほどの比例式と組み合わせると，

$$MP \cdot MQ : MR \cdot MS = Pp \cdot MQ : MR \cdot Ss$$

が与えられる．これより明らかになるように，線分 Pp に先行する線分 MP を Pp に継ぎ足し，線分 Ss に追随する線分 MS を Ss に継ぎ足すと，

第 5 章　第二目の線

$$MP \cdot MQ : MR \cdot MS = Mp \cdot MQ : MR \cdot Ms$$

となる．それゆえ，点 c と M を曲線上のどこに取っても，$Mp \cdot MQ$ の $MR \cdot Ms$ に対する比率は，M を通る直線 MQ と Rs を弦 AB および BD に平行に引く限り，つねに同一である．上記の比例式から，比例式

$$MP : MS = Mp : Ms$$

が成立することが明らかになる．そうして点 c の変化に伴って変化するのは点 p と s のみなのであるから，点 c が変化するのに応じて，点 M が固定されている限り，Mp は Ms に対してある与えられた比率を保持することになる．

99.　第二目の線(二次曲線)上において四つの任意の点 A, B, C, D が与えられたとして，それらを線分で結んで不等辺四辺形 $ABDC$ が描かれるようにしよう(図23)．このとき上記の事柄から，第二目の線(二次曲線)のきわめて明瞭な一性質が導出される．すなわち，曲線上の任意の点 M から不等辺四辺形の各辺に向けて，あらかじめ与えられた角度をなすように，線分 MP, MQ, MR, MS を引こう．そうして

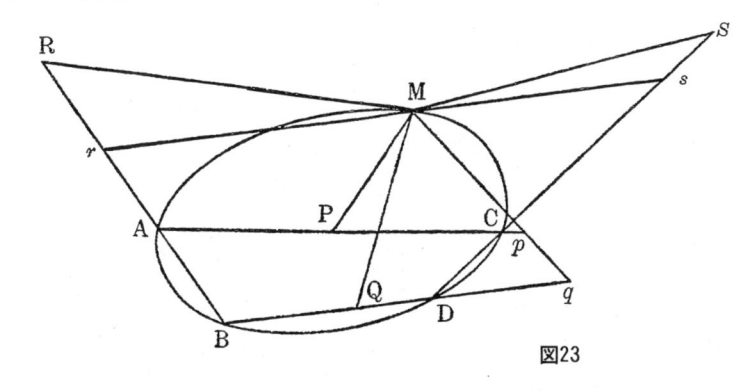

図23

これらの線分のうち，向かい合う二辺に至る二直線の積を作ると，そのようにして得られる二つの積はつねに，相互にある定比率を保持する．これを言い換えると，点 M を曲線上のどこに取っても，M から P, Q, R, S に至る線分が各辺となす角度が同一に保たれる限り，$MP \cdot MQ$ は $MR \cdot MS$ に対してある同一の定比率を保ち続けるのである．これを示すために，M を通る二本の直線 Mq と rs を，前者は辺 AB と平行，後者は辺 BD と平行になるように引こう．これらの二直線と不等辺四辺形との交点をそれぞれ p, q, r, s と表記する．このとき，前に明るみに出された事実により，$Mp \cdot Mq$ は $Mr \cdot Ms$ に対して，ある一定の比率を保持する．ところで「角度一定」という前提により，比率 $MP : Mp$, $MQ : Mq$, $MR : Mr$, $MS : Ms$ は一定に

保たれる．これより明らかになるように，

$$MP \cdot MQ \text{ の } MR \cdot MS \text{ に対する比率}$$

もまた一定に保たれるのである．

100. すでに見たように，平行な弦 MN, mn を，ある接線 CPp と交叉するまで伸ばしていって，交点をそれぞれ P および p で表すとき(図24)，

$$PM \cdot PN : CP^2 = pm \cdot pn : Cp^2$$

となる．そこで点 L と l を適切に定めて，PL が PM と PN の間の比例平均(訳者註．幾何平均と同義)になり，pl は pm と pn の間の比例平均になるようにすると，

$$PL^2 : CP^2 = pl^2 : Cp^2.$$

したがって，$PL : CP = pl : Cp$ となる．この比例式から明らかになるように，点 L と l は接点 C を通る同じ直線上にある．それゆえ，向軸線 PMN を点 L において切って $PL^2 = PM \cdot PN$ となるようにすれば，他のあらゆる向軸線 pmn に対し，点 C と L を通る直線 CLD が向軸線 pmn と点 l において交叉するとき，pl は pm と pn の間の比例平均になる．これを言い換えるとこんなふうになる．二本の向軸線 PN と pn を点 L および l において切り分けて，

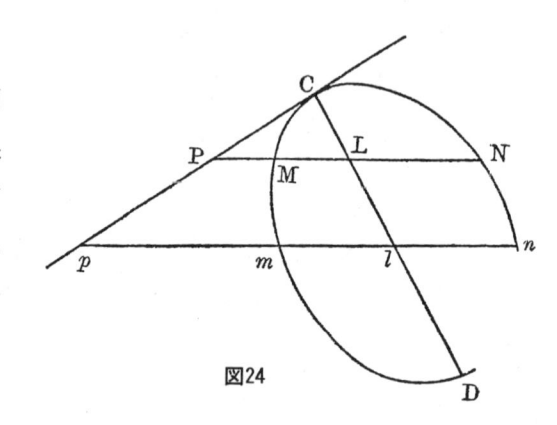

$$PL^2 = PM \cdot PN \quad \text{および} \quad pl^2 = pm \cdot pn$$

となるようにする．このとき，点 L と l を通る直線を延長していくと，やがて接点 C を通過してなお先に伸びていく．そうしてその直線は，PN や pn に平行な他のあらゆる向軸線を同一の比率をもって二つの部分に切り分ける．

101. これまでのところで明らかにされたのは，第二目の線(二次曲線)の諸性質のうち，方程式の形状を見れば即座に帰結するものばかりであった．そこで今度は，他のいっそう奥深い諸性質の調査へと歩を進めたいと思う．第二目の線(二次曲線)の一般方程式

第5章 第二目の線

$$yy + \frac{\varepsilon x + \gamma}{\zeta} y + \frac{\delta xx + \beta x + \alpha}{\zeta} = 0$$

が提示されたとしよう．この方程式を見ればわかるように，各々の切除線 $AP = x$ に対して二本の向軸線 y，すなわち PM と PN が対応するから(図25)，すべての弦 MN を二等分するダイアメータの位置を定めることができる．実際，IG をそのダイアメータとしよう．$PL = z$ と置くと，$z = \frac{1}{2}PM + \frac{1}{2}PN$ であるから，

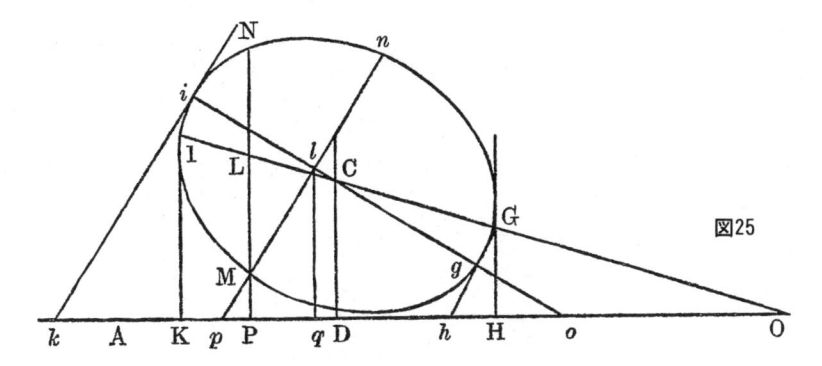

$$z = \frac{-\varepsilon x - \gamma}{2\zeta}.$$

すなわち，

$$2\zeta z + \varepsilon x + \gamma = 0$$

となる．これが，ダイアメータ IG の位置を示す方程式である．

102. これよりさらに，ダイアメータ IG の長さを確定することが可能になる．ダイアメータ IG は，曲線上に，点 M と N が重なり合う二ケ所の場所，すなわち $PM = PN$ となる場所を二ケ所与える．第二目の線(二次曲線)の方程式より，

$$PM + PN = \frac{-\varepsilon x - \gamma}{\zeta} \quad \text{および} \quad PM \cdot PN = \frac{\delta xx + \beta x + \alpha}{\zeta}.$$

これより，

$$(PM - PN)^2 = (PM + PN)^2 - 4PM \cdot PN$$
$$= \frac{(\varepsilon\varepsilon - 4\delta\zeta)xx + 2(\varepsilon\gamma - 2\beta\zeta)x + (\gamma\gamma - 4\alpha\zeta)}{\zeta\zeta}.$$

これを書き直すと，

$$xx - \frac{2(2\beta\zeta - \varepsilon\gamma)}{\varepsilon\varepsilon - 4\delta\zeta}x + \frac{\gamma\gamma - 4\alpha\zeta}{\varepsilon\varepsilon - 4\delta\zeta} = 0$$

となる．この方程式の根は AK と AH であるから，
$$AK + AH = \frac{4\beta\zeta - 2\varepsilon\gamma}{\varepsilon\varepsilon - 4\delta\zeta} \quad \text{および} \quad AK \cdot AH = \frac{\gamma\gamma - 4\alpha\zeta}{\varepsilon\varepsilon - 4\delta\zeta}.$$
よって，
$$(AH - AK)^2 = KH^2 = \frac{4(2\beta\zeta - \varepsilon\gamma)^2 - 4(\varepsilon\varepsilon - 4\delta\zeta)(\gamma\gamma - 4\alpha\zeta)}{(\varepsilon\varepsilon - 4\delta\zeta)^2}$$
となる．向軸線が軸に垂直になるように定められている場合には，
$$IG^2 = \frac{\varepsilon\varepsilon + 4\zeta\zeta}{4\zeta\zeta} KH^2$$
というふうになる．

103. これまでのところで考察を加えてきた向軸線は軸 AH に垂直だったが，今度は斜めに傾いている向軸線に対応する方程式を求めてみよう．曲線上の任意の点 M から，軸に向かって斜めに傾いた向軸線 Mp を引こう．この向軸線と軸のなす角 MpH の正弦を μ，余弦を ν としよう．新たな切除線を $Ap = t$，向軸線を $pM = u$ とすると，
$$\frac{y}{u} = \mu \quad \text{および} \quad \frac{Pp}{u} = \nu$$
となる．これより，
$$y = \mu u \quad \text{および} \quad x = t + \nu u.$$
これらの値を，x と y の間の方程式
$$0 = \alpha + \beta x + \gamma y + \delta xx + \varepsilon xy + \zeta yy$$
に代入すると，
$$0 = \alpha + \beta t + \nu\beta u + \delta tt + 2\nu\delta tu + \nu\nu\delta uu$$
$$+ \mu\gamma u \qquad + \mu\varepsilon tu + \mu\nu\varepsilon uu$$
$$+ \mu\mu\zeta uu$$
すなわち
$$uu + \frac{\bigl((\mu\varepsilon + 2\nu\delta)t + \mu\gamma + \nu\beta\bigr)u + \delta tt + \beta t + \alpha}{\mu\mu\zeta + \mu\nu\varepsilon + \nu\nu\delta} = 0$$
というふうになる．

104. したがって，この場合にも，各々の向軸線は二つの値をもつ．すなわち，pM と pn である．それゆえ，前と同様にして弦 Mn のダイアメータ ilg を定めることができる．これをもう少し詳しく言うと，弦 Mn が l において二等分されるとすれば，l はダイアメータ上の点である．そこで $pl=v$ と置くと，

$$v = \frac{pM+pn}{2} = \frac{-(\mu\varepsilon+2\nu\delta)t-\mu\gamma-\nu\beta}{2(\mu\mu\zeta+\mu\nu\varepsilon+\nu\nu\delta)}$$

となる．l から軸 AH に向かって垂線 lq を降ろし，$Aq=p$, $ql=q$ と置くと，

$$\mu = \frac{q}{\nu} \quad \text{および} \quad \nu = \frac{pq}{\nu} = \frac{p-t}{\nu}.$$

これより，

$$\nu = \frac{q}{\mu} \quad \text{および} \quad t = p - \nu\nu = p - \frac{\nu q}{\mu}.$$

これらの値を，前にみいだした t と ν に関する方程式に代入すると，

$$\frac{q}{\mu} = \frac{-\mu\varepsilon p - 2\nu\delta p + \nu\varepsilon q + 2\nu\nu\delta q : \mu - \mu\gamma - \nu\beta}{2\mu\mu\zeta + 2\mu\nu\varepsilon + 2\nu\nu\delta}$$

すなわち

$$(2\mu\mu\zeta + \mu\nu\varepsilon)q + (\mu\mu\varepsilon + 2\mu\nu\delta)p + \mu\mu\gamma + \mu\nu\beta = 0$$

すなわち

$$(2\mu\zeta + \nu\varepsilon)q + (\mu\varepsilon + 2\nu\delta)p + \gamma\mu + \nu\beta = 0$$

が得られる．ダイアメータ ig の位置はこの方程式で規定される．

105. はじめのダイアメータ IG の位置は方程式 $2\zeta z + \varepsilon x + \gamma = 0$ で定められたが，このダイアメータを延長していくと，点 O において軸に出会うとしよう．このとき，$AO = \frac{-\gamma}{\varepsilon}$. よって，

$$PO = \frac{-\gamma}{\varepsilon} - x$$

となる．そうして角 LOP の正接は

$$\frac{z}{PO} = \frac{-\varepsilon z}{\varepsilon x + \gamma} = \frac{\varepsilon}{2\zeta}$$

に等しく，ダイアメータ IG が弦 MN を二等分するとき，角 MLG の正接は，$\frac{2\zeta}{\varepsilon}$ に等しい．もうひとつのダイアメータ ig を延長していくと，点 o において軸に出会

うとしよう．このとき，

$$Ao = \frac{-\mu\gamma - \nu\beta}{\mu\varepsilon + 2\nu\delta}$$

となり，角 AoI の正接は

$$\frac{\mu\varepsilon + 2\nu\delta}{2\mu\zeta + \nu\varepsilon}$$

に等しい．そうして角 AOL の正接は $\frac{\varepsilon}{2\zeta}$ に等しいから，二本のダイアメータはある点 C において交叉して，角 $OCo = AoI - AOL$ となる．したがって，この角の正接は，

$$\frac{4\nu\delta\zeta - \nu\varepsilon\varepsilon}{4\mu\zeta\zeta + 2\nu\delta\varepsilon + 2\nu\varepsilon\zeta + \mu\varepsilon\varepsilon}$$

である．もう一本のダイアメータが弦を二等分するときの角度は $MIo = 180° - Ipo - AoI$ である．したがって，この角の正接は

$$\frac{2\mu\mu\zeta + 2\mu\nu\varepsilon + 2\nu\nu\delta}{\mu\mu\varepsilon + 2\mu\nu\delta - 2\mu\nu\zeta - \nu\nu\varepsilon}$$

である．

106. 二本のダイアメータ IG と ig が相互に交叉する点 C を求めてみよう．その点 C から軸に向かって垂線 CD を降ろし，$AD = g$，$CD = h$ と名づけよう．すると，まずはじめに，C はダイアメータ IG の上にあるから，$2\zeta h + \varepsilon g + \gamma = 0$ となる．次に，C はダイアメータ ig 上にもみいだされるのであるから，

$$(2\mu\zeta + \nu\varepsilon)h + (\mu\varepsilon + 2\nu\delta)g + \mu\gamma + \nu\beta = 0$$

となる．前者の方程式に μ を乗じて後者の方程式から差し引くと，残りは

$$\nu\varepsilon h + 2\nu\delta g + \nu\beta = 0 \quad \text{すなわち} \quad \varepsilon h + 2\delta g + \beta = 0$$

となる．これより

$$h = \frac{-\varepsilon g - \gamma}{2\zeta} = \frac{-2\delta g - \beta}{\varepsilon}.$$

したがって，$(\varepsilon\varepsilon - 4\delta\zeta)g = 2\beta\zeta - \gamma\varepsilon$ となる．よって，

$$g = \frac{2\beta\zeta - \gamma\varepsilon}{\varepsilon\varepsilon - 4\delta\zeta} \quad \text{および} \quad h = \frac{2\gamma\delta - \beta\varepsilon}{\varepsilon\varepsilon - 4\delta\zeta}.$$

g と h がこのように決定される様式を観察すると，ここには量 μ と ν の姿は見られない．そうして向軸線 pMn の傾きは量 μ と ν に依存するのであるから，傾きがど

のように変化しようとも，点 C が同じ位置を保持し続けるのは明らかである．

107.　それゆえ，ダイアメータ IG と ig はみな，ある同一の点 C において相互に交叉する．したがって，もしひとたびこの点が見つかったなら，あらゆるダイアメータはその点を通ることになる．逆に，その点を通って引いたあらゆる直線はダイアメータであり，ある一定の角度をもって引いたあらゆる弦を二等分する．このような点は任意の第二目の線(二次曲線)においてただひとつしか存在しないし，しかもあらゆるダイアメータはその点において交叉するから，この点のことを第二目の線(二次曲線)の**中心**という名で呼ぶ慣わしになっている．提示された x と y の間の方程式

$$0 = \alpha + \beta x + \gamma y + \delta xx + \varepsilon xy + \zeta yy$$

より明らかになるように，

$$AD = \frac{2\beta\zeta - \gamma\varepsilon}{\varepsilon\varepsilon - 4\delta\zeta}$$

と取れば，

$$CD = \frac{2\gamma\delta - \beta\varepsilon}{\varepsilon\varepsilon - 4\delta\zeta}$$

となる．

108.　すでに目にしたように，

$$AK + AH = \frac{4\beta\zeta + 2\gamma\varepsilon}{\varepsilon\varepsilon - 4\delta\zeta}$$

となる．ところで IK と GH は，ダイアメータ IG の端点から軸に向かって垂直に降ろされた．これより，

$$AD = \frac{AK + AH}{2}$$

となるのは明らかである．それゆえ，点 D は点 K と H の間の中点である．よって，中心 C もまたダイアメータ IG の中央に位置することになる．他の任意のダイアメータについても同じことが成立するから，あらゆるダイアメータが相互に同一の点 C において交叉するというばかりではなく，どのダイアメータもその点において二等分されることも判明する．

109. 今度は任意のダイアメータ AI を軸に取り，その軸に向かう向軸線として弦 MN を取ってみよう(図26)．角 $APM = q$ とし，その正弦を m，余弦を n とする．切除線を $AP = x$ と置き，向軸線を $PM = y$ と置こう．向軸線の二つの値は大きさが等しく，しかも一方の値はもうひとつの値と符号が反対であるから，それらの和は0に等しい．よって，第二目の線(二次曲線)の一般方程式は，

$$yy = \alpha + \beta x + \gamma xx$$

という形になる．そこで $y = 0$ と置くと軸上の点 G と I が与えられるが，曲線はこれらの点において軸と交叉する．すなわち，方程式

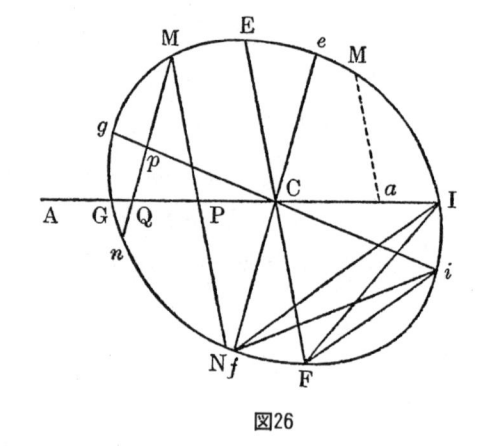

$$xx + \frac{\beta}{\gamma}x + \frac{\alpha}{\gamma} = 0$$

の二根は $x = AG$ と $x = AI$ である．したがって，

$$AG + AI = \frac{-\beta}{\gamma} \quad \text{および} \quad AG \cdot AI = \frac{\alpha}{\gamma}$$

となる．中心 C はダイアメータ GI の中央に位置するのであるから，円錐曲線の中心 C は簡単に見つかる．実際，

$$AC = \frac{AG + AI}{2} = \frac{-\beta}{2\gamma}$$

というふうになる．

110. 円錐曲線の中心 C の位置を軸上に認めたのであるから，それを切除線の始点に取ることにすればきわめて好都合である．そこで $CP = t$ と定めると，

$$x = AC - CP = \frac{-\beta}{2\gamma} - t.$$

$PM = y$ はそのままであるから，座標 t と y の間の方程式

$$yy = \alpha - \frac{\beta\beta}{2\gamma} + \frac{\beta\beta}{4\gamma} - \beta t + \beta t + \gamma tt$$

すなわち

図26

第5章　第二目の線

$$yy = \alpha - \frac{\beta\beta}{4\gamma} + \gamma tt$$

が得られる．

そこで t の代わりに x を使えば，任意のダイアメータを軸に取り，中心を切除線の始点に取るときの，第二目の線(二次曲線)の一般方程式が得られる．定数の形を変更すれば，この一般方程式は $yy = \alpha - \beta xx$ という形になる．$y = 0$ と置けば，$CG = CI = \sqrt{\frac{\alpha}{\beta}}$．したがって，ダイアメータの全体 GI の長さは $2\sqrt{\frac{\alpha}{\beta}}$ に等しい．

111.　$x = 0$ と置けば，中心を通る弦 EF がみいだされる．すなわち，$CE = CF = \sqrt{\alpha}$ となる．したがって，弦 EF 全体の長さは $2\sqrt{\alpha}$ に等しい．この弦は中心を通るからやはりダイアメータであり，GI となす角は $ECG = q$ である．このダイアメータ EF は，前のダイアメータ GI と平行なあらゆる弦を二等分する．実際，切除線 CP を負にしたから，I の側に位置する向軸線 aM は前の向軸線 PM と長さが等しい．しかも aM は PM と平行なのであるから，二つの点 M を結ぶと，ダイアメータ GI と平行な直線，したがってダイアメータ EF により二等分される直線が与えられる．それゆえ，これらの二本のダイアメータ GI と EF には，相互に次のような性質が備わっていることになる．すなわち，一方のダイアメータは，もう一本のダイアメータと平行なすべての弦を二等分する．この相互性により，これらの二本のダイアメータは互いに**共役な**ダイアメータという名で呼ばれるのである．ダイアメータ GI の端点 G と I において，もう一本のダイアメータ EF に平行な直線を引くと，それらの二直線は第二目の線(二次曲線)に接する．同様に，E および F を通って，ダイアメータ GI に平行な直線を引くと，それらの二直線は点 E および F において第二目の線(二次曲線)に接する．

112.　今度は斜めに傾いた任意の向軸線 MQ を引き，角 $AQM = \varphi$ とし，その正弦を μ，余弦を ν としよう．切除線を $CQ = t$ と置き，向軸線を $MQ = u$ と置こう．このとき，三角形 PMQ において，角 $PMQ = \varphi - q$ となる．したがって $\sin PMQ = \mu n - \nu m$．これより，

$$y : u : PQ = \mu : m : \mu n - \nu m.$$

よって，

$$y = \frac{\mu u}{m} \quad \text{および} \quad PQ = \frac{(\mu n - \nu m)u}{m}.$$

よって，
$$x = t - PQ = t - \frac{(\mu n - \nu m)u}{m}$$
となる．これらの値を上記の方程式
$$yy = \alpha - \beta xx \quad \text{すなわち} \quad yy + \beta xx - \alpha = 0$$
に代入すると，
$$\left(\mu\mu + \beta(\mu n - \nu m)^2\right)uu - 2\beta m(\mu n - \nu m)tu + \beta mmtt - \alpha mm = 0$$
が得られる．この方程式により，向軸線 u は二つの値 QM と $-Qn$ を獲得する．よって，
$$QM - Qn = \frac{2\beta m(\mu n - \nu m)t}{\mu\mu + \beta(\mu n - \nu m)^2}$$
となる．弦 Mn は p において二等分されるとすると，直線 Cpg は新たなダイアメータになり，Mn と平行なすべての弦を二等分する．よって，
$$Qp = \frac{\beta m(\mu n - \nu m)t}{\mu\mu + \beta(\mu n - \nu m)^2}$$
となる．

113.　これより，

$$\text{角}\,GCg\,\text{の正接} = \frac{\mu \cdot Qp}{CQ + \nu \cdot Qp}$$

すなわち

$$\tan GCg = \frac{\beta m(\mu n - \nu m)}{\mu + n\beta(\mu n - \nu m)}$$

および

$$\tan Mpg = \frac{\mu \cdot CQ}{pQ + \nu \cdot CQ} = \frac{\mu\mu + \beta(\mu n - \nu m)^2}{\mu\nu + \beta(\mu n - \nu m)(\mu n + \nu m)}$$

が得られる．角 Mpg は，新しい弦 Mn とダイアメータ gi との交叉角である．さらに，

$$Cp^2 = CQ^2 + Qp^2 + 2\nu \cdot CQ \cdot Qp = \frac{\mu^4 + 2\beta\mu^3 n(\mu n - \nu m) + \beta\beta\mu\mu(\mu n - \nu m)^2}{\left(\mu\mu + \beta(\mu n - \nu m)^2\right)^2} tt$$

となる．したがって，

$$Cp = \frac{\mu t \sqrt{\mu\mu + 2\beta\mu n(\mu n - \nu m) + \beta\beta(\mu n - \nu m)^2}}{\mu\mu + \beta(\mu n - \nu m)^2}.$$

$Cp = r$ および $pM = s$ と置くと，

$$t = \frac{\left(\mu\mu + \beta(\mu n - \nu m)^2\right) r}{\mu \sqrt{\mu\mu + 2\beta\mu n(\mu n - \nu m) + \beta\beta(\mu n - \nu m)^2}}$$

および

$$u = s + Qp = s + \frac{\beta m(\mu n - \nu m) r}{\mu \sqrt{\mu\mu + 2\beta\mu n(\mu n - \nu m) + \beta\beta(\mu n - \nu m)^2}}$$

となる．この値はさらに，

$$y = \frac{\mu s}{m} + \frac{\beta(\mu n - \nu m) r}{\sqrt{\cdots\cdots}},$$

$$x = -\frac{(\mu n - \nu m) s}{m} + \frac{\mu r}{\sqrt{\cdots\cdots}}$$

を与える．よって，方程式 $yy + \beta xx - \alpha = 0$ より，

$$\frac{\left(\mu\mu + \beta(\mu n - \nu m)^2\right) ss}{mm} + \frac{\beta\left(\mu\mu + \beta(\mu n - \nu m)^2\right) rr}{\mu\mu + 2\beta\mu n(\mu n - \nu m) + \beta\beta(\mu n - \nu m)^2} - \alpha = 0$$

が得られる．

114. ダイアメータの半分の長さを $CG = f$ とし，共役なダイアメータの半分の長さを $CE = CF = g$ とすると，

$$f = \sqrt{\frac{\alpha}{\beta}} \quad \text{および} \quad g = \sqrt{\alpha}$$

となる．すなわち，

$$\alpha = gg \quad \text{および} \quad \beta = \frac{gg}{ff}.$$

これより，
$$yy + \frac{ggxx}{ff} = gg.$$

さらに，角 $GCg = p$ と置くと，
$$\tan p = \frac{\beta m(\mu n - \nu m)}{\mu + n\beta(\mu n - \nu m)}$$

となる．ところで，角 $GCE = q$ であるから，角 $ECe = \pi$ (訳者註．この記号 π は円周率とは無関係)と置くと，角 $AQM = \varphi = q + \pi$ となる．したがって，
$$\mu = \sin(q+\pi), \quad \nu = \cos(q+\pi), \quad m = \sin q, \quad n = \cos q.$$

それゆえ，
$$\tan p = \frac{\beta \cdot \sin q \cdot \sin \pi}{\sin(q+\pi) + \beta \cos q \cdot \sin \pi} = \frac{\beta \cdot \tan q \cdot \tan \pi}{\tan q + \tan \pi + \beta \cdot \tan \pi}$$

および
$$\sin p = \frac{\beta \cdot \sin q \cdot \sin \pi}{\sqrt{\mu\mu + 2\beta\mu n(\mu n - \nu m) + \beta\beta(\mu n - \nu m)^2}}$$

が成立する．また，
$$\mu\mu + \beta(\mu n - \nu m)^2 = \sin(q+\pi)^2 + \beta \cdot \sin \pi^2.$$

> (訳者註．$\sin(q+\pi)^2$ は「$\sin(q+\pi)^2$ の正弦」ではなく，$\sin(q+\pi)$ の平方，すなわち今日の流儀では $\sin^2(q+\pi)$ を表す記号である．ここではオイラーの表記法をそのまま復元した．以下の記述でも同様)

これらの値に支援を求めると，r と s の間の方程式
$$\frac{\left(\sin(q+\pi)^2 + \beta \cdot \sin \pi^2\right)ss}{\sin q^2} + \frac{\beta\left(\sin(q+\pi)^2 + \beta \cdot \sin \pi^2\right)rr}{\beta\beta \cdot \sin q^2 \cdot \sin \pi^2} \sin p^2 - \alpha = 0$$

が得られる．ところで，
$$\beta = \frac{\tan p \cdot \sin(q+\pi)}{(\sin q - \cos q \cdot \tan p)\sin \pi} = \frac{\tan p(\tan q + \tan \pi)}{\tan \pi(\tan q - \tan p)} = \frac{gg}{ff} = \frac{\cot \pi \cdot \tan q + 1}{\cot p \cdot \tan q - 1}.$$

すなわち，
$$\tan q = \frac{ff + gg}{gg \cdot \cot p - ff \cdot \cot \pi}$$

となる．ここから多くの事柄が帰結する．たとえば，

$$\frac{g\,g}{f\,f} = \frac{\sin p \cdot \sin(q+\pi)}{\sin \pi \cdot \sin(q-p)}$$

が成立する．

115. ダイアメータの半分の長さを $Cg=a$ とし，このダイアメータの共役ダイアメータの半分の長さを $Ce=b$ としよう．前にみいだされた方程式(訳者註．前条で求められた r と s の間の楕円の方程式を指す)より，

$$a = \frac{\sin q \cdot \sin \pi \sqrt{\alpha \beta}}{\sin p \sqrt{\sin(q+\pi)^2 + \beta \sin \pi^2}} = \frac{g\,g \cdot \sin q \cdot \sin \pi}{\sin p \sqrt{f\,f \cdot \sin(q+\pi)^2 + g\,g \cdot \sin \pi^2}}$$

および

$$b = \frac{f\,g \cdot \sin q}{\sqrt{f\,f \sin(q+\pi)^2 + g\,g \cdot \sin \pi^2}}$$

となる．これより，

$$a : b = g \cdot \sin \pi : f \cdot \sin p.$$

さらに，

$$\sin(q+\pi)^2 + \frac{g\,g}{f\,f} \sin \pi^2 = \frac{\sin(q+\pi)}{\sin(q-p)}\left(\sin(q-p) \cdot \sin(q+\pi) + \sin p \cdot \sin \pi\right)$$

$$= \frac{\sin q \cdot \sin(q+\pi) \cdot \sin(q+\pi-p)}{\sin(q-p)}.$$

これより，

$$a = \frac{g\,g \cdot \sin \pi}{f \cdot \sin p} \sqrt{\frac{\sin q \cdot \sin(q-p)}{\sin(q+\pi) \cdot \sin(q+\pi-p)}}.$$

これを書き換えると，

$$\frac{g\,g}{f\,f} = \frac{\sin p \cdot \sin(q+\pi)}{\sin \pi \cdot \sin(q-p)}$$

により，

$$a = f\sqrt{\frac{\sin q \cdot \sin(q+\pi)}{\sin(q-p) \cdot \sin(q+\pi-p)}}$$

および

$$b = g\sqrt{\frac{\sin q \cdot \sin(q-p)}{\sin(q+\pi) \cdot \sin(q+\pi-p)}}$$

が得られる．それゆえ，

$$a : b = f \cdot \sin(q+\pi) : g \cdot \sin(q-p) \quad \text{および} \quad ab = \frac{fg \cdot \sin q}{\sin(q+\pi-p)}$$

となる．

116. それゆえ，円錐曲線において，ダイアメータとその共役の組が二組，すなわち GI, EF と gi, ef が与えられたなら，まずはじめに，

$$Cg : Ce = CE \cdot \sin ECe : CG \cdot \sin GCg.$$

それゆえ，

$$\sin GCg : \sin ECe = CE \cdot Ce : CG \cdot Cg$$

となる．そこで弦 Ee と Gg を引けば，三角形 CGg と三角形 CEe は面積が等しくなる．次に，

$$Cg : Ce = CE \cdot \sin GCe : CE \cdot \sin gCE$$

すなわち

$$Ce \cdot CG \cdot \sin GCe = CE \cdot Cg \cdot \sin gCE$$

が成立する．よって，弦 Ge と gE を引けば，三角形 GCe と gCE は面積が互いに等しい．あるいは，向かい合う位置にある三角形に移行すると，三角形 ICf の面積は三角形 iCF の面積に等しいことになる．最後の方程式

$$ab \cdot \sin(q+\pi-p) = fg \cdot \sin q$$

は

$$Cg \cdot Ce \cdot \sin gCe = CG \cdot CE \cdot \sin GCE$$

を与える．そこで弦 EG と eg を引けば，あるいは，向かい合う位置にある三角形に移って弦 FI と fi を引けば，三角形 ICF と三角形 iCf はやはり面積が等しい．これより明らかになるように，二本の共役なダイアメータの周辺に描かれる平行四辺形はすべて互いに等しい．

117. われわれの手もとには，等しい三角形の組が三つある．すなわち，

I. 三角形 FCf と三角形 ICi,

II. 三角形 fCI と三角形 FCi,

III. 三角形 FCI と三角形 fCi

の三組である.

これより明らかになるように,四辺形 $FfCI$ と $iICf$ は互いに等しい.そこでこれらの二つの四辺形から,両者に共通の同じ三角形 fCI を除去すれば,三角形 FIf と三角形 Ifi は等しいことになる.そうしてこれらの二つの三角形は同一の底辺 fI の上に作られているのであるから,弦 Fi と弦 fI は平行でなければならない.したがって三角形 FIi と三角形 ifF は等しいことになるが,これらの三角形のそれぞれに,面積が等しい三角形 FCI と fCi を付け加えると,四辺形 $FCIi$ と $iCfF$ もまた等しい.

118. これよりなお一歩を進めて,任意の第二目の線(二次曲線)上の点 M において接線 MT を引く方法が導出される(図27).実際,ダイアメータ GI を軸に取り,このダイアメータと共役なダイアメータの半分を EC としとしよう.点 M から,CE に平行な線分 MP を軸に向かって引こう.この線分の長さは弦の半分であり,$PN = PM$ となる.ダイアメータの半分になる線分 CM を引き,それと共役な,ダイアメータの半分の長さの線分 CK を探すと,それは,求める接線 MT と平行になる.角 $GCE = q$,角 $GCM = p$,角 $ECK = \pi$ としよう.すると,前に見たように(訳者註. 第114条の最後の式を指す),

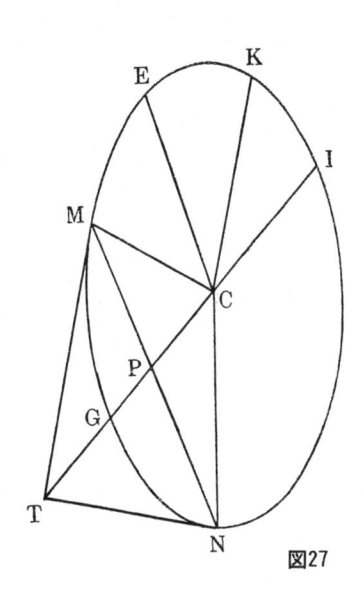

$$\frac{EC^2}{GC^2} = \frac{\sin p \cdot \sin(q+\pi)}{\sin \pi \cdot \sin(q-p)} \quad \text{および} \quad MC = CG\sqrt{\frac{\sin q \cdot \sin(q+\pi)}{\sin(q-p) \cdot \sin(q+\pi-p)}}$$

となる.ところで,三角形 CMP において,

$$MC^2 = CP^2 + MP^2 + 2PM \cdot CP \cdot \cos q$$

および

$$MP : MC = \sin p : \sin q \quad \text{および} \quad MP : CP = \sin p : \sin(q-p)$$

とが成立する.次に,三角形 CMT において,与えられた角を用いると,比例式

図27

$$CM:CT:MT = \sin(q+\pi):\sin(q+\pi-p):\sin p$$

が成立する．よって，表面から角を消去すると，

$$MC = CG\sqrt{\frac{MC \cdot CM}{CP \cdot CT}}$$

すなわち，$CG^2 = CP \cdot CT$ となる．よって，$CP:CG = CG:CT$．この結果に基づいて，接線の位置はたやすくみいだされる．ところがこの比例式から，**割り算を行う**と $CP:PG = CG:TG$ が出る．そうして $CG = CI$ であるから，これらを**組み合わせる**と $CP:IP = CG:TI$ が出る．

119.　さて，

$$\frac{CE^2}{CG^2} = \frac{\sin p \cdot \sin(q+\pi)}{\sin \pi \cdot \sin(q-p)} \quad \text{および} \quad \frac{CK^2}{CM^2} = \frac{\sin p \cdot \sin(q-p)}{\sin \pi \cdot \sin(q+\pi)}$$

が成立する．同様に，

$$\frac{CM^2}{CG^2} = \frac{\sin q \cdot \sin(q+\pi)}{\sin(q-p) \cdot \sin(q+\pi-p)} \quad \text{および} \quad \frac{CK^2}{CE^2} = \frac{\sin q \cdot \sin(q-p)}{\sin(q+\pi) \cdot \sin(q+\pi-p)}$$

ともなるから，

$$\frac{CE^2 + CG^2}{CG^2} = \frac{\sin p \cdot \sin(q+\pi) + \sin \pi \cdot \sin(q-p)}{\sin \pi \cdot \sin(q-p)}$$

および

$$\frac{CK^2 + CM^2}{CM^2} = \frac{\sin p \cdot \sin(q-p) + \sin \pi \cdot \sin(q+\pi)}{\sin \pi \cdot \sin(q+\pi)}$$

となる．ところで，

$$\sin A \cdot \sin B = \tfrac{1}{2}\cos(A-B) - \tfrac{1}{2}\cos(A+B)$$

であり，逆に

$$\tfrac{1}{2}\cos A - \tfrac{1}{2}\cos B = \sin\tfrac{A+B}{2} \cdot \sin\tfrac{B-A}{2}$$

でもある．これより，

$$\sin p \cdot \sin(q+\pi) + \sin \pi \cdot \sin(q-p)$$
$$= \tfrac{1}{2}\cos(q+\pi-p) - \tfrac{1}{2}\cos(q+\pi+p) + \tfrac{1}{2}\cos(q-\pi-p) - \tfrac{1}{2}\cos(q+\pi-p)$$
$$= \tfrac{1}{2}\cos(q-\pi-p) - \tfrac{1}{2}\cos(q+\pi+p) = \sin q \cdot \sin(p+\pi).$$

第5章 第二目の線

また，
$$\sin p \cdot \sin(q-p) + \sin\pi \cdot \sin(q+\pi)$$
$$= \tfrac{1}{2}\cos(q-2p) - \tfrac{1}{2}\cos q + \tfrac{1}{2}\cos q - \tfrac{1}{2}\cos(q+2\pi)$$
$$= \tfrac{1}{2}\cos(q-2p) - \tfrac{1}{2}\cos(q+2\pi) = \sin(q+\pi-p) \cdot \sin(p+\pi).$$

よって，
$$\frac{CE^2 + CG^2}{CG^2} = \frac{\sin q \cdot \sin(p+\pi)}{\sin\pi \cdot \sin(q-p)}$$

および
$$\frac{CK^2 + CM^2}{CM^2} = \frac{\sin(q+\pi-p) \cdot \sin(p+\pi)}{\sin\pi \cdot \sin(q+\pi)}$$

となる．これより，
$$\frac{CE^2 + CG^2}{CK^2 + CM^2} = \frac{CG^2}{CM^2} \cdot \frac{\sin q \cdot \sin(q+\pi)}{\sin(q-p) \cdot \sin(q+\pi-p)} = \frac{CG^2}{CM^2} \cdot \frac{CM^2}{CG^2}$$

が帰結する．それゆえ，
$$CE^2 + CG^2 = CK^2 + CM^2.$$

したがって，第二目の線(二次曲線)において，二本の共役な半ダイアメータの平方の和はつねに一定である．

120. それゆえ，二本の半ダイアメータ CG と CE が与えられたとき，任意に取り上げた半ダイアメータ CM に対し，
$$CK = \sqrt{CE^2 + CG^2 - CM^2}$$
と取ることにより，CM と共役な半ダイアメータ CK がすぐに見つかる．よって，前にみいだされた第二目の線(二次曲線)の諸性質(訳者註．第92条参照)により，
$$TG \cdot TI : TM^2 = CG \cdot CI : CK^2 = CG^2 : CK^2 = CG^2 : CE^2 + CG^2 - CM^2.$$
したがって，
$$TM = \frac{1}{CG}\sqrt{TG \cdot TI \left(CE^2 + CG^2 - CM^2\right)}$$

となる．同様に，線分 MP を延長して弦 MN を作り，接線 NT を引くと，二本の接線 MT と NT は同一の点 T において軸 TI に出会う．実際，どちらの接線に対して

71

も $CP:CG = CG:CT$ となるのである．ところで，直線 CN を引くと，
$$TN = \frac{1}{CG}\sqrt{TG\cdot TI\left(CE^2+CG^2-CN^2\right)}.$$
したがって，
$$TM^2:TN^2 = CE^2+CG^2-CM^2:CE^2+CG^2-CN^2$$
となる．弦 MN は P において二等分されるから，
$$\sin CTM : \sin CTN = TN:TM$$
$$= \sqrt{CE^2+CG^2-CN^2}:\sqrt{CE^2+CG^2-CM^2}$$
となる．

121. ダイアメータの端点 A と B において接線 AK, BL を引こう(図28)．そうして任意の接線 MT を，接線 AK, BL の双方と点 K および L において交叉するまで延長しよう．ECF はダイアメータ ACB と共役なダイアメータとしよう．向軸線 MP も，接線 AK と BL も，このダイアメータ ECF と平行になる．接線の性質により，
$$CP:CA = CA:CT$$
となるから，$CB = CA$ により，
$$CP:AP = CA:AT$$
および
$$CP:BP = CA:BT$$
が成立する．それゆえ，
$$CP:CA = CA:CT = AP:AT = BP:BT.$$
よって，$AT:BT = AP:BP$．ところが，$AT:BT = AK:BL$．それゆえ，
$$AK:BL = AP:BP$$
となる．次に，

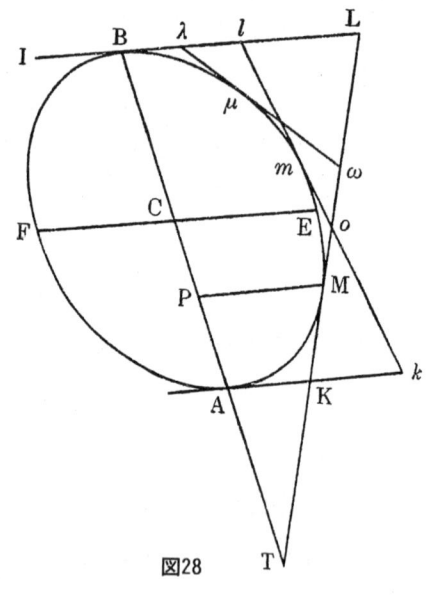

図28

第5章　第二目の線

$$AT = \frac{CA \cdot AP}{CP}, \quad BT = \frac{CA \cdot BP}{CP}$$

および

$$PT = \frac{CA \cdot AP}{CP} + AP = \frac{AP \cdot BP}{CP}.$$

よって,

$$AT : PT = CA : BP = AK : PM.$$

同様に,

$$BT : PT = CA : AP = BL : PM.$$

これより,

$$AK = \frac{CA \cdot PM}{BP}, \quad BL = \frac{CA \cdot PM}{AP}$$

および

$$AK \cdot BL = \frac{CA^2 \cdot PM^2}{AP \cdot BP}$$

となる. ところが, $AP \cdot BP : PM^2 = AC^2 : CE^2$. これより,

$$AK \cdot BL = CE^2$$

という著しい性質が導かれる. このことからさらに,

$$AK = CE\sqrt{\frac{AP}{BP}}, \quad BL = CE\sqrt{\frac{BP}{AP}}$$

および

$$AP : BP = AK^2 : CE^2 = CE^2 : BL^2 = KM : ML$$

が導出される. また,

$$AK : BL = KM : LM$$

が成立する.

122. このようなわけで, 曲線上の任意の点 M において接線を引き, その接線は平行な接線 AK, BL と K および L において交叉するとするとき, 接線 AK および BL と平行な半ダイアメータ CE はつねに, AK と BL の比例平均(訳者註. 幾何平均の意)になる. すなわち, $CE^2 = AK \cdot BL$ が成立する. そこで同じ曲線上の他の任意の点 m において同様に接線 kml を引くと, $CE^2 = Ak \cdot Bl$ ともなる. したがって,

$$AK : Ak = Bl : BL.$$

これより，$AK : Kk = Bl : Ll$ もまた成立する．接線 KL と kl が点 o において交叉するとすれば，

$$AK : Bl = Ak : BL = Kk : Ll = ko : lo = Ko : Lo$$

となる．これらは第二目の線(二次曲線)に備わっている顕著な諸性質である．ニュートンはこのような諸性質に基づいて，『自然哲学の数学的諸原理』において多くのめざましい問題を解決した[4]．

123. これで $AK : Bl = Ko : Lo$ となることがわかったが，他方，接線 LB を I まで延長して $BI = AK$ となるようにしてみよう．すると I は，KL に平行で，しかも曲線をはさんで反対側に位置する接線と接線 LB との交点としてとらえられ，その位置は，ちょうど K が接線 LK 上において占める位置と対等である．K は，BL に平行な接線 AK が接線 LK と交叉する点なのであった．直線 IK は中心 C を通り，C において二等分される．そこで，二本の任意の接線 BL, ML を上記のようにしてそれぞれ I および K に至るまで延長しよう．これらの二本の接線は第三の接線 lmo と点 l および o において交叉するとする．このとき，$BI : Bl = Ko : Lo$．**合成**すると，$IB : Il = Ko : KL$ となる．それゆえ，第三の接線 lmo をどのように引いても，つねに $IB \cdot KL = Il \cdot Ko$ となる．そこで，第四の任意の接線 $\lambda\mu\omega$ を引こう．この接線は，はじめに取り上げた二本の接線と λ および ω において交叉するとする．このとき，先ほどと同じく，

$$IB \cdot KL = I\lambda \cdot K\omega$$

が成立する．したがって，$Il \cdot Ko = I\lambda \cdot K\omega$．書き換えると $Il : I\lambda = K\omega : Ko$ となる．線分 $l\omega, \lambda o$ を引き，それらの各々を任意の同一の比率に分けよう．このとき二つの分割点を通る直線は，線分 IK を同じ比率に分割する．それゆえ，線分 $l\omega$ と λo を二等分すれば，二つの二等分点を通る直線は線分 IK をも二等分する．したがって，その直線は第二目の線(二次曲線)の中心 C を通過することになる．

124. 線分 $l\omega, \lambda o$ の各々を与えられた同一の比率に分ける直線 nmH は，もし $Il : I\lambda = K\omega : Ko$ であれば，線分 KI を同じ比率に分ける(図29)．この事実は幾何学的考察に基づいて次のようにして示される．直線 mn は線分 $l\omega$ と λo の双方

第 5 章　第二目の線

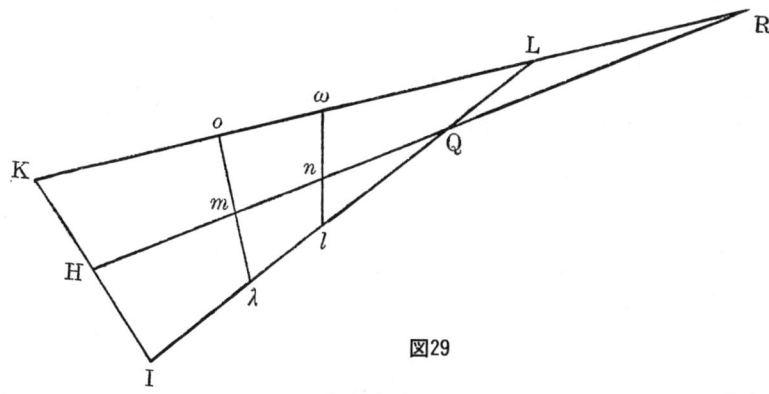

図29

を $m:n$ の比率に分けるとしよう．すなわち $\lambda m : mo = ln : n\omega = m : n$ としよう．この直線を延長していくとき，接線 IL および KL と点 Q および R において交叉するとしよう．このとき，

$$\sin Q : \sin R = \frac{ln}{Ql} : \frac{n\omega}{R\omega} = \frac{\lambda m}{Q\lambda} : \frac{mo}{Ro} = \frac{m}{Ql} : \frac{n}{R\omega}$$

が成立する．それゆえ，$Ql : R\omega = Q\lambda : Ro$．**細分すると**，

$$l\lambda : o\omega = Q\lambda : Ro = Ql : R\omega.$$

ところが $l\lambda : o\omega = I\lambda : Ko$ であるから，

$$QI : RK = l\lambda : o\omega \quad \text{および} \quad \sin Q : \sin R = \frac{m}{l\lambda} : \frac{n}{o\omega}$$

ともなる．しかもなお，

$$\sin Q : \sin R = \frac{HI}{QI} : \frac{HK}{KR} = \frac{HI}{l\lambda} : \frac{HK}{o\omega}.$$

これより

$$HI : HK = m : n = \lambda m : mo = ln : n\omega$$

となる．

125.　二本の共役な半ダイアメータ CG と CE が与えられたとし，それらは斜角 $GCE = q$ を作って相互に交叉するとしよう(図27)．このときつねに，他の二本の共役な半ダイアメータ CM と CK で，角 MCK が直角をなすものを見つけることができる．角 $GCM = p$ とし，角 $ECK = \pi$ と置くと，$q + \pi - p = 90°$ となる．したがって，

$$\sin \pi = \cos(q - p) \quad \text{および} \quad \sin(q + \pi) = \cos p$$

となる．これより

$$\frac{CE^2}{CG^2} = \frac{\sin p \cdot \cos p}{\sin(q-p) \cdot \cos(q-p)} = \frac{\sin 2p}{\sin 2(q-p)} = \frac{\sin 2p}{\sin 2q \cdot \cos 2p - \cos 2q \cdot \sin 2p}$$

となる(第119条)．よって，

$$\frac{CG^2}{CE^2} = \sin 2q \cdot \cot 2p - \cos 2q.$$

これより，

$$\cot 2\,GCM = \cot 2q + \frac{CG^2}{CE^2 \cdot \sin 2q}.$$

この方程式はつねに，実際に存在する解を与える．すなわち，

$$\frac{CM^2}{CG^2} = \frac{\sin q \cdot \cos p}{\sin(q-p)} \quad \text{および} \quad \frac{CG^2}{CM^2} = 1 - \frac{\tan p}{\tan q}$$

となるが，これより

$$\tan p = \tan q - \frac{CG^2}{CM^2} \tan q$$

が得られる．ところが，

$$CM^2 + CK^2 = CG^2 + CE^2 \quad \text{および} \quad CK \cdot CM = CG \cdot CE \cdot \sin q$$

であるから，

$$CM + CK = \sqrt{CG^2 + 2\,CG \cdot CE \cdot \sin q + CE^2}$$

および

$$CM - CK = \sqrt{CG^2 - 2\,CG \cdot CE \cdot \sin q + CE^2}$$

が成立する．これに基づいて，二本の直行する共役なダイアメータがみいだされる．

126. そこで，CA と CE は第二目の線(二次曲線)の二本の共役な直交する半ダイアメータとしよう(図30)．これらのダイアメータは**主ダイアメータ**という名で呼ばれる慣わしであり，中心 C において直角に交叉する．切除線を $CP = x$ とし，向軸線を $PM = y$ とすると，すでに見たように，$yy = \alpha - \beta xx$ となる．主半ダイアメータを $AC = a$, $CE = b$ とすると，$\alpha = bb$ および $\beta = \frac{bb}{aa}$ となる．これより

$$yy = bb - \frac{bb\,xx}{aa}$$

となる．この方程式は x と y を正に取っても負に取っても変化しないから，この方程

式を見れば，この曲線はダイアメータ AC の両側とダイアメータ EF の両側に，それぞれ等距離に位置する四つの同じ形をした部分をもつことがわかる．すなわち，四分の一部分 ACE は四分の一部分 ACF と形が同じであり，しかもこれらと同じ形の図形がダイアメータ EF の他の側にも配置されている．

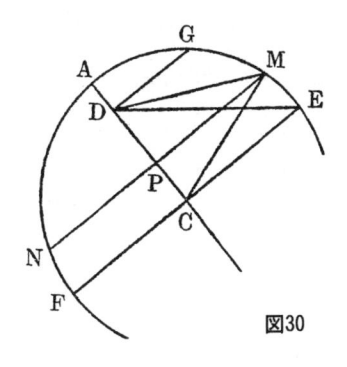

127. 中心 C を切除線の始点に取り，この点から線分 CM を引くと，

$$CM = \sqrt{xx+yy} = \sqrt{bb - \frac{bbxx}{aa} + xx}$$

となる．これを見ればわかるように，もし $b=a$ なら，言い換えると，もし $CE=CA$ なら，$CM = \sqrt{bb} = b = a$ となる．それゆえ，この場合，中心 C を出発して曲線に向かって伸びていくあらゆる線分はことごとくみな長さが等しい．ところがこれは円の性質にほかならないのであるから，二本の共役な主ダイアメータが等しいという性質を備えた円錐曲線が円であるのは明白である．$CP=x$ および $PM=y$ と置けば，直交座標に関する円の方程式が得られて，

$$yy = aa - xx$$

という形になる．この円の半径は $CA=a$ である．

128. もし $b=a$ ではないなら，線分 CM を x を用いて有理的に表示することは決してできない．だが，軸上に他の適当な点 D が存在し，その点から曲線に向かって引いた線分はすべて，x を用いて有理的に表示される．そのような点を見つけるために，$CD=f$ と置いてみよう．すると，$DP = f-x$．よって，

$$DM^2 = ff - 2fx + xx + bb - \frac{bbxx}{aa} = bb + ff - 2fx + \frac{(aa-bb)xx}{aa}$$

となる．この式は，もし

$$ff = \frac{(aa-bb)(bb+ff)}{aa} \quad \text{すなわち} \quad 0 = aa - bb - ff$$

なら，平方式になる．その場合，

$$f = \pm\sqrt{aa-bb}.$$

それゆえ，軸 AC 上に二個の点が確定する．それらはどちらも中心から距離 $CD = \sqrt{aa-bb}$ の地点にある．ところが，このとき，

$$DM^2 = aa - 2x\sqrt{aa-bb} + \frac{(aa-bb)xx}{aa}.$$

よって，

$$DM = a - \frac{x\sqrt{aa-bb}}{a} = AC - \frac{CD \cdot CP}{AC}$$

となる．$CP=0$ とすると，$DM=DE=a=AC$ となる．切除線を $CP=CD$，すなわち $x=\sqrt{aa-bb}$ と取ると，線分 DM は向軸線 DG になる．それゆえ，

$$DG = \frac{bb}{a} = \frac{CE^2}{AC}.$$

すなわち，DG は AC と CE に関する第三比例項[5]になる．

129.　このように規定された点 D には，このような著しい性質が備わっている．そのため，この主ダイアメータ上の点には確かに，注目するだけの値打ちがある．このような点は他にもなおいくつかのめざましい性質をもっているので，特別の呼称を獲得する成り行きになった．すなわち，これらの点は円錐曲線の**焦点**もしくは**中心点**と呼ばれるのである．これらの点は長いほうのダイアメータ a の上に置かれているから，このダイアメータは**主横断軸**と呼ばれる．それに対し，もう一方のダイアメータ b は，主横断軸の**共役軸**という名で呼ばれる．どちらか一方の焦点の上に伸びていく直交向軸線 DG には，**半パラメータ**という呼称が与えられる．実際，**パラメータ**というものの全体の姿はといえば D を通る弦のことにほかならず，その長さは DG の二倍である．パラメータの全体は**側心線**と呼ばれることもある．それゆえ，共役な半軸 CE は，半パラメータ DG と半横断軸 AC との間の比例平均になる．横断軸の端点，すなわち横断軸が曲線と交叉する点は**頂点**と呼ばれる．たとえば，A はそのような点である．頂点には，頂点における曲線の接線が主軸 AC と垂直になるという性質が備わっている．

130.　半パラメータを $DG=c$ と置き，頂点から焦点までの距離を $AD=d$ と置くと，

$$CD = a - d = \sqrt{aa-bb} \quad \text{および} \quad DG = \frac{bb}{a} = c$$

78

第5章　第二目の線

となる．これより

$$bb = ac \quad \text{および} \quad a - d = \sqrt{aa - ac}.$$

よって，

$$ac = 2ad - dd, \quad a = \frac{dd}{2d - c}, \quad b = d\sqrt{\frac{c}{2d-c}}$$

となる．それゆえ，頂点から焦点までの距離 $AD = d$ と半側心線 $DG = c$ が与えられたなら，円錐曲線はそれらにより決定されることになる．今，$CP = x$ と置くと，

$$DM = a - \frac{(a-d)x}{a} = \frac{dd}{2d-c} - \frac{(c-d)x}{d}.$$

$DP = t$ と置くと，

$$x = CD - t = \frac{(c-d)d}{2d-c} - t.$$

これより，

$$DM = c + \frac{(c-d)t}{d}$$

となる．角 ADM を $= v$ と呼ぶことにすると，

$$\frac{t}{DM} = -\cos v.$$

したがって，

$$d \cdot DM = cd + (d-c)DM \cdot \cos v$$

および

$$DM = \frac{cd}{d - (d-c)\cdot \cos v}, \quad \cos v = \frac{d(DM - DG)}{(d-c)DM}$$

が成立する．

註記

　1)　(47頁)　原語をそのまま訳出すると「第二目の線」となるが．今日の通有の用語を採用すると，第二目の線の実体は「二次曲線」である．そこで，「二次曲線」を書き添えて「第二目の線(二次曲線)」と表記することにした．

　2)　(47頁)　今日の流儀に習って「円錐曲線」という用語を用いたが，原語をそのまま訳出すると「円錐の切断線」となる．円錐を平面で切るとき，切り口に現れる曲線という意味である．

3) (47頁) 古代ギリシアの数学者アポロニウスなど．アポロニウスには『円錐曲線論』という著作がある．「幾何学者」は「数学者」と同義．

4) (74頁) オイラー全集I－9, 66頁の脚註を見ると，ニュートンの著作『自然哲学の数学的諸原理』(1687年)の91頁，補助的命題24の系1が指示されている．邦訳書『中公バックス　世界の名著31　ニュートン』(河辺 六男訳，中央公論社)では，147頁参照．

5) (78頁) CEはACとDGの幾何平均である．本文中には「比例平均」という言葉も見られるが，意味は同じである．

第6章　第二目の線をいくつかの種に区分けすること

131.　われわれが前章でみいだした諸性質は，第二目に所属するあらゆる線(二次曲線)に等しくあてはまる．これらの曲線の世界には著しい多様性が認められ，さまざまに区分けされるが，その様子については何も言及しなかった．だが，あらゆる第二目の線(二次曲線)には，前章で説明がなされた諸性質が共通に備わっているとはいうものの，曲線の形を見るとはなはだしく異なっている．そこで，この目に包含される曲線をいくつかの種に分け，第二目の曲線の世界に現れるさまざまな形状をいっそう容易に区別できるようにして，個々の種において，そこでしか見られることのない諸性質を次々と並べていくというふうにするほうが適切である．

132.　われわれは軸および切除線の始点を変えるだけの操作により，第二目の線(二次曲線)の一般方程式の形を変形していって，あらゆる第二目の線(二次曲線)は

$$yy = \alpha + \beta x + \gamma xx$$

という形の方程式に包摂されるという地点に到達した．ここで，xとyは直交座標を表す．それゆえ，任意の切除線xに対し，向軸線yは二つの値を受け入れる．ひとつは正の値，もうひとつは負の値である．よって，切除線xを包含する軸により，この曲線は二つのまったく同じ形の部分に切り分けられることがわかる．そればかりではなく，この軸はこの曲線の直交ダイアメータでもある．それゆえ，あらゆる第二目の線(二次曲線)は直交するダイアメータをもつのであり，そのダイアメータが軸の役割を果たす．ここではその軸上に切除線を取ったのである．

133.　この方程式には三つの定量α, β, γが入っている．それらは無限に多くの様式で相互に変化しうるから，曲線の無限の多様性が引き起こされる．曲線の形

状に着目すると，相互に大きく異なったり，小さく異なったりする．実際，まずはじめに，提示された方程式 $yy = \alpha + \beta x + \gamma xx$ から出発すると，軸上で切除線の始点が変化するのに応じて，同じ形の方程式が無数に現れる．このようなことが起こるのは，切除線 x が，ある与えられた量だけ増大したり減少したりする場合である．次に，この方程式には，同一の形の曲線がさまざまに大きさを変えて包摂されている．したがって，たとえばさまざまな半径をもつ円が異なるのと同様に，相互に大きさだけを異にする曲線が無数に生じる．これより明らかなように，文字 α, β, γ がどのように変化しても，そのつどいつも第二目の線(二次曲線)の異なる種が現れるというわけでもないのである．

134. 方程式

$$yy = \alpha + \beta x + \gamma xx$$

に包摂される諸曲線を観察してわれわれの目に映じるもっとも著しい差異は，係数 γ の性質に依拠している．すなわち，この係数が正の値をもつか，あるいは負の値をもつのに応じても，曲線の形状に顕著な相違が現れるのである．実際，もし γ が正の値をもつなら，切除線 x を無限大にすると，項 γxx の大きさは残りの項 $\alpha + \beta x$ に比べて無限大になる．そのため，式 $\alpha + \beta x + \gamma xx$ は正値を取ることになる．そうして向軸線 y もまた同時に，二つの無限に大きい値をもつ．ひとつは正の値であり，もうひとつは負の値である．$x = -\infty$ と置いても，同じ事態が起こる．その場合にも，式 $\alpha + \beta x + \gamma xx$ は無限に大きい正の値を受け入れるのである．このようなわけで，γ が正の量のときは，ここで取り上げている曲線は無限遠に伸びていく四本の分枝をもつ．そのうちの二本は切除線 $x = +\infty$ に対応し，他の二本は切除線 $x = -\infty$ に対応する．このような無限遠に伸びていく四本の分枝をもつ曲線は，第二目の線(二次曲線)のひとつの種を形成すると見なされて，**双曲線** という名で呼ばれている．

135.

だが，もし係数 γ が負の値をもつなら，$x = +\infty$ もしくは $x = -\infty$ と置くと，式 $\alpha + \beta x + \gamma xx$ は負の値をもつ．そのため，向軸線 y は虚になる．それゆえ，この曲線の姿を見ると，切除線も向軸線もいかなる場所でも無限大ではありえない．曲線のどこを見ても無限遠に伸びていく部分は見あたらず，曲線全体が，有限の広がりをもつ一定の領域内に閉じ込められている．このような第二目の線(二次曲線)の種は**楕円** という名称を獲得した．楕円の性質は，γ を負の量とするとき，方程式

$$yy = \alpha + \beta x + \gamma xx$$

第6章 第二目の線をいくつかの種に区分けすること

に包み込まれている.

136. γ の値の正負に応じて第二目の線(二次曲線)のまったく異質の性質が引き起こされて，正しく二つの異なる種が形成される．そこで正と負の中間の位置を占める値を取り上げて，$\gamma = 0$ と置くと，その場合に現れる曲線もまた，ある意味で双曲線と楕円の中間に位置する種を形成する．この種は**放物線**と呼ばれる．放物線の性質は方程式 $yy = \alpha + \beta x$ で表される．β については，正の量でも負の量でも，どちらにしても曲線の形状をめぐる状勢に本質的な差異は認められない．というのは，切除線 x を負に取っても，曲線の性質は変わらないからである．そこで β は正の量としよう．すると明らかに，切除線 x が限りなく増大していくとき，向軸線 y もまた正および負の無限大になる．このことから明らかになるように，放物線は無限遠に伸びていく二本の分枝をもつ．ただし，二本より多くはもちえない．なぜなら，$x = -\infty$ と置くと，向軸線 y は虚の値になってしまうからである．

137. これで，われわれは第二目の線(二次曲線)の種を三つ手に入れた．すなわち，楕円と放物線，それに双曲線である．これらが相互に異なっている様子はめざましく，混同するのがまったく不可能なほどである．実際，本質的な差異は，無限遠に伸びていく分枝の本数において認められる．楕円には，限りなく遠方に遠ざかっていくいかなる部分も存在せず，楕円の全体が，有限の広がりをもつ範囲内におさまっている．放物線は，無限遠に伸びていく二本の分枝をもち，双曲線はそのような分枝を四本もっている．このようなわけで，前章で円錐曲線の諸性質を一般的な視点から考察したのに続いて，今度は，各々の種に備わっている諸性質に目を向けたいと思う．

138. 楕円から始めよう(図31)．楕円の方程式は，切除線を直交ダイアメータ上に取ると，

$$yy = \alpha + \beta x - \gamma xx$$

という形になる．切除線の始点はわれわれの意のままにまかされているから，区間 $\dfrac{\beta}{2\gamma}$ の分だけ始点をずらすと，

$$yy = \alpha - \gamma xx$$

という形の方程式が得られる．この方程式では，切除線は図形の中心を始点とし，そこから出発して切り取られている．そこで C を中心とし，AB を直交ダイアメータとしよう．すると切除線は $CP = x$ となり，向軸線は $PM = y$ となる．よって，

$x=\pm\sqrt{\dfrac{\alpha}{\gamma}}$ とすると，$y=0$ となる．また，x が限界 $+\sqrt{\dfrac{\alpha}{\gamma}}$，$-\sqrt{\dfrac{\alpha}{\gamma}}$ を越えて外側に出ると，向軸線 y は虚になる．これは，曲線全体がこれらの限界の間におさまってい

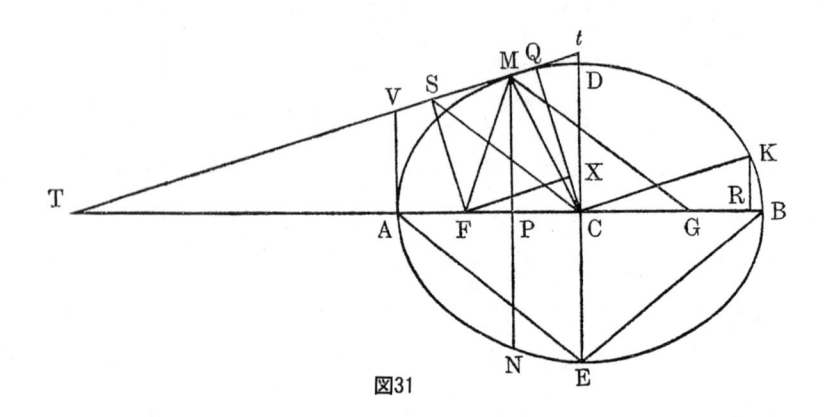

図31

ることを示している．よって $CA=CB=\sqrt{\dfrac{\alpha}{\gamma}}$．次に $x=0$ とすると，$CD=CE=\sqrt{\alpha}$ となる．そこで主半ダイアメータすなわち主半軸を $CA=CB=a$ と置き，共役な半軸を $CD=CE=b$ と置くと，$\alpha=bb$ および $\gamma=\dfrac{bb}{aa}$ となる．これより，楕円の方程式

$$yy = bb - \dfrac{bb\,xx}{aa} = \dfrac{bb}{aa}(aa-xx)$$

が手に入る．

139. もし共役な半軸 a と b が互いに等しいなら，$yy=aa-xx$ すなわち $yy+xx=aa$ により，楕円は円になる．この場合，$CM=\sqrt{xx+yy}=a$ となり，曲線上のすべての点 M は中心 C から等距離の位置にあることになるが，これは円の性質である．だが，もし a と b が互いに異なるなら，曲線は細長い恰好になる．すなわち，AB が DE より大きいか，DE が AB よりも大きいかのいずれかになる．共役な軸 AB と DE は相互に交換可能であり，どちらの軸上に切除線を取っても事の本質は変わらないから，AB を大きいほうの軸と考えることにしよう．言い換えると，a のほうが b よりも大きいものとしよう．すると，この軸上には楕円の焦点 F と G が存在する．これは，$CF=CG=\sqrt{aa-bb}$ となるように取るのである．楕円の半パラメータ，すなわち半側心線は $=\dfrac{bb}{a}$ となる．これは，焦点 F または焦点 G の地点に立つ向軸線の大きさを表している．

140. 曲線上の点 M に向けて，双方の焦点から線分 FM，GM を引こう．

第6章 第二目の線をいくつかの種に区分けすること

このとき，前に見たように(訳者註．第5章，第128条参照)，

$$FM = AC - \frac{CF \cdot CP}{AC} = a - \frac{x\sqrt{aa-bb}}{a}$$

および

$$GM = a + \frac{x\sqrt{aa-bb}}{a}$$

となる．これより，

$$FM + GM = 2a.$$

それゆえ，曲線上の任意の点 M に向けて，二つの焦点から線分 FM, GM を引くと，それらの和はつねに，大きいほうの軸 $AB = 2a$ に等しい．このことから焦点というもののひとつの著しい性質が見て取れるし，それと同時に楕円を機械的に描く簡単な方法が手に入る．

141. 点 M において接線 TMt を引こう．この接線は点 T および t において軸と出会うものとする．このとき，前に証明したように(訳者註．第5章，第118条参照)，$CP : CA = CA : CT$．これより $CT = \frac{aa}{x}$ となる．同様に，座標を入れ換えると，$Ct = \frac{aa}{y}$ となる．それゆえ，

$$TP = \frac{aa}{x} - x, \quad TF = \frac{aa}{x} - \sqrt{aa-bb}, \quad TA = \frac{aa}{x} - a.$$

したがって，

$$TP = \frac{aa - xx}{x} = \frac{aayy}{bbx} \quad \text{および} \quad TM = \frac{y\sqrt{b^4xx + a^4yy}}{bbx}.$$

よって，

$$\tan CTM = \frac{bbx}{aay}, \quad \sin CTM = \frac{bbx}{\sqrt{b^4xx + a^4yy}}$$

および

$$\cos CTM = \frac{aay}{\sqrt{b^4xx + a^4yy}}$$

となる．そこで，点 A において軸に垂線 AV を立てよう．この垂線は同時に接線でもある．このとき，$ay = b\sqrt{aa-xx}$ により，

$$AV = \frac{a(a-x)}{x} \cdot \frac{bbx}{aay} = \frac{bb(a-x)}{ay} = b\sqrt{\frac{a-x}{a+x}}$$

となる．

142. ところで，

$$FT = \frac{aa - x\sqrt{aa-bb}}{x} \quad \text{および} \quad FM = \frac{aa - x\sqrt{aa-bb}}{a}$$

であるから，$FT:FM = a:x$ となる．同様に，

$$GT = \frac{aa + x\sqrt{aa-bb}}{x} \quad \text{および} \quad GM = \frac{aa + x\sqrt{aa-bb}}{a}$$

であるから，$GT:GM = a:x$．よって $FT:FM = GT:GM$ となる．ところが，

$$FT:FM = \sin FMT : \sin CTM \quad \text{および} \quad GT:GM = \sin GMt : \sin CTM.$$

それゆえ，$\sin FMT = \sin GMt$．したがって，

$$\text{角}\,FMT = \text{角}\,GMt$$

となる．こうして，焦点から曲線上の任意の点 M に向けて引いた二本の線分は，その点 M における曲線の接線と，同じ角度を作って傾いている．これが，焦点というものの主性質である．

143. 上記のように $GT:GM = a:x$ となる．また，$CT = \frac{aa}{x}$ であるから，$CT:CA = a:x$ ともなる．よって，$GT:GM = CT:CA$．それゆえ，中心 C を始点として，線分 GM と平行に線分 CS（この線分は点 S において接線に出会うものとする）を引くと，$CS = CA = a$ となる．同様に，C を始点として，線分 FM と平行に，接線に到達する線分を引くと，その長さは $=CA=a$ となる．ところで，

$$TM = \frac{y}{bbx}\sqrt{b^4 xx + a^4 yy}$$

であるから，$aayy = aabb - bbxx$ により，

$$TM = \frac{y}{bx}\sqrt{a^4 - xx(aa-bb)}.$$

ところが，

$$FT \cdot GT = \frac{a^4 - xx(aa-bb)}{xx}.$$

よって，

$$TM = \frac{y}{b}\sqrt{FT \cdot GT}$$

となる．それゆえ，$TG:TC = TM:TS$ により，

$$TS = \frac{TM \cdot CT}{TG}.$$

したがって，

$$TS = \frac{y \cdot CT}{b}\sqrt{\frac{FT}{GT}} = \frac{y}{b} \cdot \frac{CT \cdot FT}{\sqrt{FT \cdot GT}} = \frac{yy \cdot CT \cdot FT}{bb \cdot TM}$$

となる．次に，

第6章 第二目の線をいくつかの種に区分けすること

$$PT = \frac{aayy}{bbx} = \frac{CT \cdot yy}{bb}.$$

よって，

$$TS = \frac{PT \cdot FT}{TM}.$$

したがって，

$$TM : PT = FT : TS$$

となる．このことから諒解されるように，三角形TMPとTFSは相似である．したがって，焦点Fから接線に向けて引かれた線分FSは接線と直交する．また，$SV = \frac{AF \cdot MV}{GM}$ (訳者註．点Vの位置については図31参照)．これは，ここまでに得られた諸式に基づいて認識される．

144. 一方の焦点Fから接線に向かって垂線FSを引き，中心Cを線分CSを介して点Sと結ぶと，この線分CSの長さはつねに，大きいほうの半軸$AC=a$に等しい．ところで，$TM:y=TF:FS$により，

$$FS = \frac{y \cdot TF}{TM} = \frac{b \cdot TF}{\sqrt{FT \cdot GT}} = b\sqrt{\frac{FT}{GT}}.$$

よって，

$$GT : FT = GM : FM = CD^2 : FS^2$$

となる．ところで，もうひとつの焦点から接線に降ろした垂線は$=b\sqrt{\frac{GT}{FT}}$となる．それゆえ，小さいほうの半軸$CD=b$は，これらの二本の垂線の比例平均(訳者註．幾何平均と同じ)である．さて，今度もまた中心Cから接線に向けて垂線CQを降ろすと，$TF:FS=CT:CQ$となる．よって，

$$CQ = \frac{b \cdot CT}{\sqrt{FT \cdot GT}} = \frac{bx \cdot CT}{a\sqrt{FM \cdot GM}} = \frac{ab}{\sqrt{FM \cdot GM}}.$$

これより，接線と平行に線分FXを引くと，

$$CQ - FS = \frac{b \cdot CF}{\sqrt{FT \cdot GT}} = CX$$

となる．よって，

$$CQ - CX = \frac{b \cdot TF}{\sqrt{FT \cdot GT}} \quad \text{および} \quad CQ + CX = \frac{b \cdot TG}{\sqrt{FT \cdot GT}}.$$

これより，

$$CQ^2 - CX^2 = bb \quad \text{および} \quad CX = \sqrt{CQ^2 - bb}$$

となる．こうして，短いほうの軸が与えられたとき，垂線CQ上に点Xが見つかり，

その点の上に立てた垂線は焦点 F を通過する.

145.
これで焦点の諸性質の説明が終ったので，二本の任意の共役なダイアメータの考察に移ることにしよう．そこで CM を半ダイアメータとすると，これと共役な半ダイアメータは，中心を始点として接線 TM に平行な線分 CK を引けばみいだされる．$CM = p$, $CK = q$ と置き，角 $MCK = CMT$ を $= s$ と置くと，前に見たように，まずはじめに $pp + qq = aa + bb$, 次に $pq \cdot \sin s = ab$ となる．ところが，

$$pp = xx + yy = bb + \frac{(aa-bb)xx}{aa}$$

および

$$qq = aa + bb - pp = aa - \frac{(aa-bb)xx}{aa} = FM \cdot GM.$$

同様に，$pp = FK \cdot GK$ となる．さらに，$CQ = \dfrac{ab}{\sqrt{FM \cdot GM}}$ であるから，

$$\sin CMQ = \sin s = \frac{ab}{p\sqrt{FM \cdot GM}}$$

となる．次に，

$$TM : TP = \frac{y}{b}\sqrt{FT \cdot GT} : \frac{aayy}{bbx} = \sqrt{FM \cdot GM} : \frac{ay}{b} = CK : CR.$$

これより，

$$CR = \frac{ay}{b} \quad \text{および} \quad KR = \frac{bx}{a}.$$

したがって，

$$CR \cdot KR = CP \cdot PM$$

となる．それから次に，

$$\sin FMS = \frac{b}{\sqrt{GM \cdot FM}} = \frac{b}{q}.$$

そうして，

$$x = CP = \frac{a\sqrt{pp-bb}}{\sqrt{aa-bb}} \quad \text{および} \quad y = \frac{b\sqrt{aa-pp}}{\sqrt{aa-bb}} = PM$$

となり，さらに

$$CR = \frac{a\sqrt{aa-pp}}{\sqrt{aa-bb}} \quad \text{および} \quad KR = \frac{b\sqrt{pp-bb}}{\sqrt{aa-bb}}$$

であるから，

$$\tan ACM = \frac{y}{x} \quad \text{および} \quad \tan 2ACM = \frac{2yx}{xx-yy} = \frac{2ab\sqrt{(aa-pp)(pp-bb)}}{(aa+bb)pp - 2aabb}$$

第6章　第二目の線をいくつかの種に区分けすること

となる．ところで，
$$ab = pq\sin s, \quad aa + bb = pp + qq.$$
また，$\cos s$ は負であるから，
$$\sqrt{(aa-pp)(pp-bb)} = -pq\cos s.$$
これより，
$$\tan 2ACM = \frac{-qq\sin 2s}{pp + qq\cos 2s}$$
となる．最後に，$CK^2 = MT \cdot Mt$．上述の事柄により，
$$MV = q\sqrt{\frac{AP}{BP}} \quad \text{および} \quad AV = b\sqrt{\frac{AP}{BP}}$$
がみいだされる．よって，$AV : MV = b : q = CE : CK$．それゆえ，線分 AM と EK を引けば，これらは互いに平行である．

146. $pq \cdot \sin s = ab$ であるから，pq は ab より大きい．そうして $pp + qq = aa + bb$ であるから，量 p と q との間の隔たりは，a と b との間の隔たりに比してはるかにせばまっている．したがって，あらゆる共役ダイアメータの組の中にあって，相互の隔たりという点に着目すると，直交する共役ダイアメータの場合が一番大きいことになる．相互に等しい二つのダイアメータを見つけるために，$p = q$ としよう．このとき，
$$2pp = aa + bb \quad \text{および} \quad p = q = \sqrt{\frac{aa+bb}{2}}.$$
また，
$$\sin s = \frac{2ab}{aa+bb} \quad \text{および} \quad \cos s = \frac{-aa+bb}{aa+bb}.$$
これより，
$$\sin \tfrac{1}{2}s = \sqrt{\frac{aa}{aa+bb}} \quad \text{および} \quad \cos \tfrac{1}{2}s = \sqrt{\frac{bb}{aa+bb}}$$
となる．よって，
$$\tan \tfrac{1}{2}s = \frac{a}{b} = \tan CEB \quad \text{および} \quad MCK = 2CEB = AEB$$

(訳者註．点 E の位置については図31参照)

となる．さらに，
$$CP = \frac{a}{\sqrt{2}}, \quad CM = \frac{b}{\sqrt{2}}.$$
それゆえ，互いに等しい二本の共役な半ダイアメータ CM, CK は，それぞれ弦 AE

と BE に平行である．

147. 　　切除線を頂点 A を始点として計算することにして，$AP=x$, $PM=y$ と置くと，前は x であったものが今度は $a-x$ になるのであるから，

$$yy = \frac{bb}{aa}(2ax-xx) = \frac{2bb}{a}x - \frac{bb}{aa}xx$$

という方程式が得られることになる．この場合，$\frac{2bb}{a}$ が楕円のパラメータ，言い換えると側心線であることは明白である．半側心線，すなわち焦点における向軸線の長さを $=c$ と置き，頂点から焦点までの距離を $AF=d$ と置くと，

$$\frac{bb}{a} = c \quad \text{および} \quad a - \sqrt{aa-bb} = d = a - \sqrt{aa-ac}$$

となる．これより，

$$2ad - dd = ac \quad \text{および} \quad a = \frac{dd}{2d-c}.$$

よって，

$$yy = 2cx - \frac{c(2d-c)xx}{dd}$$

となる．これが，切除線 x を主軸 AB 上で頂点 A を始点として計算するときの，直交座標 x と y の間の楕円の方程式である．この方程式は，頂点から焦点までの距離 $AF=d$ と半側心線 $=c$ が与えられれば，それらに基づいて手に入る．ここで注意しなければならないのは，$2d$ はつねに c よりも大きくなければならないという一事である．なぜなら，

$$AC = a = \frac{dd}{2d-c} \quad \text{および} \quad CD = b = d\sqrt{\frac{c}{2d-c}}$$

であるからである．

148. 　　もし $2d=c$ なら，$yy=2cx$ となる．前に目にしたように，この方程式は放物線の方程式である(図32)．実際，以前書き留めた方程式 $yy=\alpha+\beta x$ は切除線の始点を区間 $=\frac{\alpha}{\beta}$ だけずらせば，この形に帰着される．そこで MAN は放物線線としよう．その性質は切除線 $AP=x$ と向軸線 $PM=y$ の間の方程式 $yy=2cx$ により表される．焦点から頂点までの距離は $AF=d=\frac{1}{2}c$，半パラメータは $FH=c$ となる．よって，いたるところで $PM^2 = 2FH \cdot AP$ となる．これより明らかになるように，切除線 AP が無限大になるとき，向軸線 PM と PN もまた限りなく増大する．したがって，この曲線は軸 AP の両側において無限遠に向かってどこまでも伸びていく．だが，切除線 x を負と設定すると，向軸線は虚になってしまう．そのため，点 A を越

第6章 第二目の線をいくつかの種に区分けすること

えて T の方向に伸びていく軸には，この曲線のいかなる部分も対応しない．

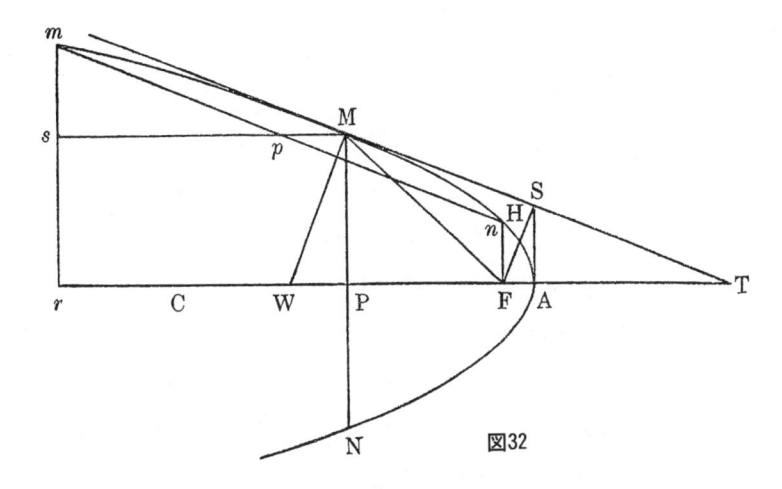

図32

149. 楕円の方程式は，その方程式において $2d = c$ とすれば放物線になるのであるから，放物線というものは明らかに，その半軸 $a = \dfrac{dd}{2d-c}$ が無限大になる楕円にほかならない．この事情に起因して，楕円を対象にしてみいだされた諸性質はことごとくみな，軸 a を無限大に設定するとき，放物線に移されていく．まずはじめに，

$$AF = \tfrac{1}{2}c$$

であるから，

$$FP = x - \tfrac{1}{2}c$$

となる．そこで焦点 F から曲線上の点 M に向かって線分 FM を引くと，

$$FM^2 = xx - cx + \tfrac{1}{4}cc + yy = xx + cx + \tfrac{1}{4}cc$$

となる．したがって，

$$FM = x + \tfrac{1}{2}c = AP + AF.$$

これは，放物線の焦点に固有のめざましい性質である．

150. 放物線は，楕円の長軸が限りなく増大していくときに生じるのであるから，放物線をさながら楕円であるかのようにみなして考察を加えたいと思う．そこでその半軸を $AC = a$ として，a は無限大量とする．すると，中心 C は頂点 A から見て無限遠の距離だけ離れた位置にある．点 M において，この曲線に接線 MT を引こう．

$$CP:CA = CA:CT$$

であったから，$CP = a-x$により，

$$CT = \frac{aa}{a-x}.$$

よって，$AT = \frac{ax}{a-x}$となる．ところがaは無限大量なのであるから，切除線xはaに比べると消失してしまい，$a-x = a$となる．したがって，$AT = x = AP$．これは次のようにしても示される．$AT = \frac{ax}{a-x}$であるから，$AT = x + \frac{xx}{a-x}$．ところが分数$\frac{xx}{a-x}$の分母は無限大であり，分子は有限であるから，この分数の値は消失してしまう．したがって$AT = AP = x$となる．

151. 　　点Mから，限りなく遠く離れている放物線の中心Cに向かって直線MCを引こう．この直線は軸ACと平行になるが，放物線のダイアメータでもあり，接線MTと平行なあらゆる弦を二等分する．もう少し詳しく言うと，接線MTに平行な弦mnを引くと，それはダイアメータMpにより点pにおいて二等分されるのである．それゆえ，放物線において軸APと平行に引いたあらゆる直線は，傾斜したダイアメータである．このようなダイアメータの性質を明るみに出すために，$Mp = t$, $pm = u$と置こう．mから軸に向かって垂線msrを降ろすと，$PT = 2x$により，

$$MT = \sqrt{4xx + 2cx}, \quad \sqrt{4xx + 2cx} : 2x : \sqrt{2cx} = pm : ps : ms$$

となる．これより，

$$ps = \frac{2xu}{\sqrt{4xx+2cx}} = u\sqrt{\frac{2x}{2x+c}} \quad \text{および} \quad ms = u\sqrt{\frac{c}{2x+c}}$$

が得られる．よって，

$$Ar = x + t + u\sqrt{\frac{2x}{2x+c}} \quad \text{および} \quad mr = \sqrt{2cx} + u\sqrt{\frac{c}{2x+c}}.$$

ところが$mr^2 = 2c \cdot Ar$であるから，

$$2cx + 2cu\sqrt{\frac{2x}{2x+c}} + \frac{cuu}{2x+c} = 2cx + 2ct + 2cu\sqrt{\frac{2x}{2x+c}}.$$

よって，

$$uu = 2t(2x+c) = 4FM \cdot t \quad \text{すなわち} \quad pm^2 = 4FM \cdot Mp$$

となる．傾斜角mpsについて言うと，

$$\text{正弦} = \sqrt{\frac{c}{2x+c}} = \sqrt{\frac{AF}{FM}}, \quad \text{余弦} = \sqrt{\frac{2x}{2x+c}} = \sqrt{\frac{AP}{FM}}.$$

したがって，

第6章　第二目の線をいくつかの種に区分けすること

$$\sin 2mps = \frac{2\sqrt{2cx}}{2x+c} = \frac{y}{FM} = \sin MFP.$$

それゆえ，

$$角\, mps = MTP = \frac{1}{2}MFr$$

となる．

152.　$MF = AP + AF$ であるから，$AP = AT$ により $FM = FT$．したがって三角形 MFT は二等辺三角形であり，先ほど目にしたように，角 $MFr = 2MTA$ となる．次に $MT = 2\sqrt{x\left(x + \frac{1}{2}c\right)}$ であるから，$MT = 2\sqrt{AP \cdot FM}$．これより明らかになるように，焦点 F から接線に向けて垂線 FS を降ろすと，

$$MS = TS = \sqrt{AP \cdot FM} = \sqrt{AT \cdot TF}$$

となる．よって，$AT:TS = TS:TF$．この類比から，点 S は，頂点 A において軸に垂直な線分 AS 上にあることが見て取れる．ところで，

$$AS = \frac{1}{2}PM \quad \text{および} \quad AS:TS = AF:FS.$$

よって $FS = \sqrt{AF \cdot FM}$ となり，FS は AF と FM の間の比例平均(幾何平均)である．これに加えて，

$$AS:MS = AS:TS = FS:FM = \sqrt{AF}:\sqrt{FM}$$

となる．点 M において，接線と垂直な直線 MW を引こう．この垂線は点 W において軸と交叉するとする．このとき，

$$PT:PM = PM:PW \quad \text{すなわち} \quad 2x:\sqrt{2cx} = \sqrt{2cx}:PW.$$

これより $PW = c$ となる．それゆえ，軸上で向軸線 PM と垂線 WM の間にはさまって切り取られる区間 PW は，いたるところで一定の大きさをもつことになる．しかもその一定値は半側心線，すなわち向軸線 FH に等しい．また，

$$FW = FT = FM \quad \text{および} \quad MW = 2\sqrt{AF \cdot FM}$$

となる．

153.　さて，いよいよ双曲線の番になった．双曲線の性質は，方程式

$$yy = \alpha + \beta x + \gamma xx$$

で表される．ここで，切除線は直交ダイアメータの上に取るものとする．切除線の始点を区間 $\frac{\beta}{2\gamma}$ だけずらせば，$yy = \alpha + \gamma xx$ という形の方程式が得られる．この方程式では，切除線の大きさは中心を基点として測定されている．γ は正の量でなければならないが，α に関して言うと，正の量であっても負の量であっても，どちらでも事

態は同様に進行する．なぜなら，座標 x と y を入れ換えれば，正の量 α は負の量に変わるし，この逆の事態もまた見られるからである．そこで α は負の量とすることにし

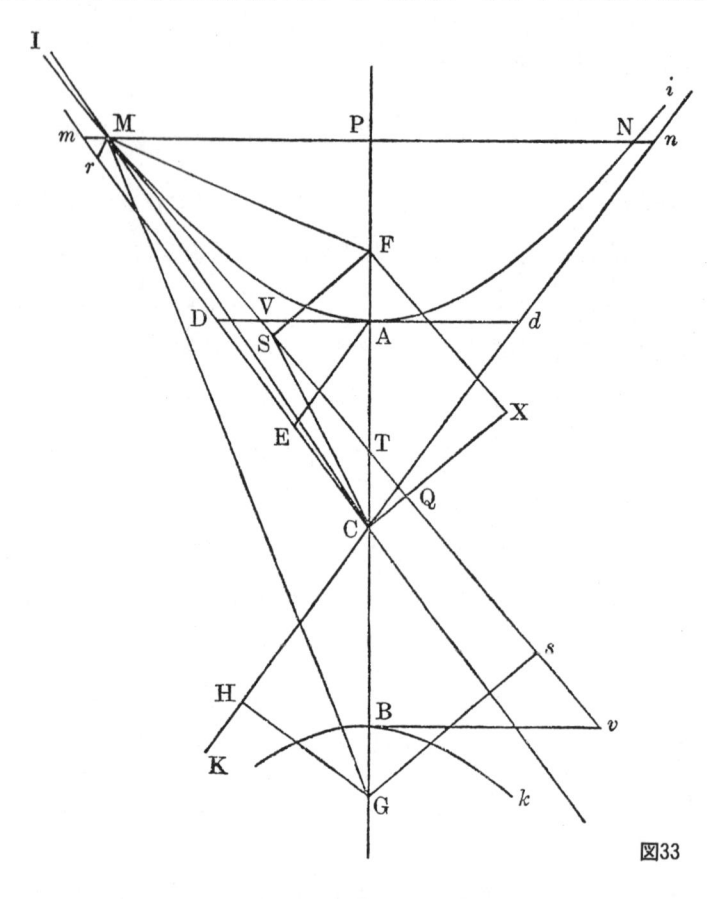

図33

て，方程式を $yy = \gamma xx - \alpha$ という形に設定しよう (訳者註. このように置いた方程式では α は正の量とされている). すると明らかに，向軸線 y は二度にわたって消失する．すなわち，

$$x = +\sqrt{\frac{\alpha}{\gamma}} \quad \text{および} \quad x = -\sqrt{\frac{\alpha}{\gamma}}$$

のとき，向軸線は消失するのである．そこで中心を C で表し，軸と曲線との交点を A および B としよう (図33). そうして半軸を $CA = CB = a$ と置くと，$a = \sqrt{\frac{\alpha}{\gamma}}$ および $\alpha = \gamma aa$ となる．これより，

$$yy = \gamma xx - \gamma aa$$

となる．それゆえ，x^2 が a^2 より小さい限り，向軸線は虚になる．これより明らかになるように，軸 AB の全体にわたって観察すると，そこには双曲線のいかなる部分も対応していない．ところが，xx を aa より大きく取れば，向軸線は連続して増大を

第6章 第二目の線をいくつかの種に区分けすること

続け，そのまま最後には無限遠に及んでいく．それゆえ，双曲線は，無限遠に伸びていき，しかもまったく同じ形状の四本の分枝 AI, Ai, BK, Bk をもつことになる．これが，双曲線の主性質である．

154. $x=0$ と置くと $yy=-\gamma aa$ となるから，双曲線は楕円とは様相を異にしていて，共役な軸というものをもたない．というのは，向軸線は中心 C において虚になるからである．このため，共役な軸は虚になるが，楕円との類似性を多少とも維持するため，その長さを $=b\sqrt{-1}$ と置いてみよう．すると，$\gamma aa=bb$ および $\gamma = \frac{bb}{aa}$ となる．切除線を $CP=x$ と名づけ，向軸線を $PM=y$ と名づけると，

$$yy = \frac{bb}{aa}(xx-aa)$$

となる．したがって，前に取り扱った楕円の方程式

$$yy = \frac{bb}{aa}(aa-xx)$$

は，bb を $-bb$ に置き換えると双曲線の方程式に変わる．このような近親関係が認められるため，前にみいだされた楕円の諸性質はたやすく双曲線へと移されていく．たとえば，まず，楕円では焦点中心から焦点までの距離は $=\sqrt{aa-bb}$ であるから，双曲線の場合には $CF=CG=\sqrt{aa+bb}$ となる．これより，

$$FP = x - \sqrt{aa+bb} \quad \text{および} \quad GP = x + \sqrt{aa+bb}.$$

よって，$yy = -bb + \frac{bbxx}{aa}$ により，

$$FM = \sqrt{aa+xx+\frac{bbxx}{aa} - 2x\sqrt{aa+bb}} = \frac{x\sqrt{aa+bb}}{a} - a$$

および

$$GM = \sqrt{aa+xx+\frac{bbxx}{aa} + 2x\sqrt{aa+bb}} = \frac{x\sqrt{aa+bb}}{a} + a$$

となる．そこで二つの焦点の各々から曲線上の点 M に向かって線分 FM, GM を引くと，

$$FM + AC = \frac{CP \cdot CF}{CA} \quad \text{および} \quad GM - AC = \frac{CP \cdot CF}{CA}$$

となる．よって，二本の線分の差 $GM-FM$ は $2AC$ に等しい．これでわかるように，楕円の場合にはこれらの二本の線分の和は主軸 AB に等しいが，双曲線の場合には，差が主軸 AB に等しくなるのである．

155. 接線 MT の位置を規定することも可能である．実際，第二目の線(二

次曲線)に対してつねに $CP:CA = CA:CT$ が成立するが，これより
$$CT = \frac{aa}{x} \quad \text{および} \quad PT = \frac{xx-aa}{x} = \frac{aayy}{bbx}$$
となる．よって，
$$MT = \frac{y}{bbx}\sqrt{b^4x^2 + a^4y^2} = \frac{y}{bx}\sqrt{aaxx + bbxx - a^4}.$$
ところが，
$$FM \cdot GM = \frac{aaxx + bbxx - a^4}{aa}.$$
よって，$MT = \frac{ay}{bx}\sqrt{FM \cdot GM}$ となる．次に，
$$FT = \sqrt{aa+bb} - \frac{aa}{x} \quad \text{および} \quad GT = \sqrt{aa+bb} + \frac{aa}{x}.$$
それゆえ，
$$FT:FM = a:x \quad \text{および} \quad GT:GM = a:x$$
となる．これより，$FT:GT = FM:GM$ となることが明らかになる．この比例関係は，角 FMG が接線 MT で二分され，$FMT = GMT$ となることを示している．線分 CM を延長していくと斜ダイアメータになり，接線 MT と平行なあらゆる弦を二分する．

156. 　中心 C から接線に向かって垂線 CQ を降ろすと，
$$TM:PT:PM = CT:TQ:CQ$$
すなわち
$$\frac{ay}{bx}\sqrt{FM \cdot GM} : \frac{aayy}{bbx} : y = \frac{aa}{x} : TQ : CQ$$
となる．これより，
$$TQ = \frac{a^3 y}{bx\sqrt{FM \cdot GM}} \quad \text{および} \quad CQ = \frac{ab}{\sqrt{FM \cdot GM}}$$
が得られる．同様に，焦点 F から接線に向かって垂線 FS を降ろすと，
$$TM:PT:PM = FT:TS:FS$$
すなわち
$$\frac{ay}{bx}\sqrt{FM \cdot GM} : \frac{aayy}{bbx} : y = \frac{a \cdot FM}{x} : TS : FS$$
となり，これより
$$TS = \frac{aay \cdot FM}{bx\sqrt{FM \cdot GM}} \quad \text{および} \quad FS = \frac{b \cdot FM}{\sqrt{FM \cdot GM}}$$
が得られる．これと同様に，もうひとつの焦点 G から接線 Gs を降ろすと，

第6章　第二目の線をいくつかの種に区分けすること

$$Ts = \frac{aay \cdot GM}{bx\sqrt{FM \cdot GM}} \quad \text{および} \quad Gs = \frac{b \cdot GM}{\sqrt{FM \cdot GM}}$$

となる．よって，

$$TS \cdot Ts = \frac{a^4 yy}{bbxx} = \frac{aa(xx-aa)}{xx} = CT \cdot PT \quad \text{および} \quad TS : CT = PT : Ts$$

が得られる．次に，$FS \cdot Gs = bb$．そうして $QS = Qs$ であるから，

$$QS = \frac{TS + Ts}{2} = \frac{aay(FM + GM)}{2bx\sqrt{FM \cdot GM}} = \frac{ay\sqrt{aa+bb}}{b\sqrt{FM \cdot GM}} = Qs.$$

これより，

$$CS^2 = CQ^2 + QS^2 = \frac{aab^4 + a^4 yy + aabbyy}{bb \cdot FM \cdot GM}$$

$$= \frac{aab^4 + (aa+bb)(bbxx - aabb)}{bb \cdot FM \cdot GM} = \frac{(aa+bb)xx - a^4}{FM \cdot GM} = aa$$

となることが明らかになる．それゆえ，楕円の場合と同様に，$CS = a = CA$ となる．
次に，

$$CQ + FS = \frac{bx\sqrt{aa+bb}}{a\sqrt{FM \cdot GM}}.$$

したがって，

$$(CQ + FS)^2 - CQ^2 = \frac{bbxx(aa+bb) - a^4 bb}{aa \cdot FM \cdot GM} = bb$$

となる．そこで焦点 F を始点として，接線に平行な直線 FX を引いてみよう．この直線は，垂線 CQ を延長して形成される直線と点 X において交叉するものとする．このとき，$CX = \sqrt{bb + CQ^2}$ となることになるが，これはすでに楕円の場合にみいだされた性質と類似の性質である．

157. 頂点 A および B において軸に垂線を立てよう．それらは点 V および点 v において接線と出会うものとする．このとき，

$$AT = \frac{a(x-a)}{x} \quad \text{および} \quad BT = \frac{a(x+a)}{x},$$

$$PT : PM = AT : AV = BT : Bv$$

により，

$$AV = \frac{bb(x-a)}{ay} \quad \text{および} \quad Bv = \frac{bb(x+a)}{ay}$$

となる．よって，

$$AV \cdot Bv = \frac{b^4(xx-aa)}{aayy} = bb.$$

すなわち，
$$AV \cdot Bv = FS \cdot Gs$$
となる．次に，$PT : TM = AT : TV = BT : Tv$．よって，
$$TV = \frac{b(x-a)}{xy}\sqrt{FM \cdot GM} \quad \text{および} \quad Tv = \frac{b(x+a)}{xy}\sqrt{FM \cdot GM}.$$
これより，
$$TV \cdot Tv = \frac{aa}{xx} FM \cdot GM = FT \cdot GT$$
となる．こんなふうにして，他にも多くの帰結を導き出される．

158. $CT = \frac{aa}{x}$ であるから，切除線 $CP = x$ を大きく取れば取るほど，区間 CT はますます小さくなっていくのは明らかである．そうして曲線を無限遠まで伸ばしていくとき，無限遠において曲線に接する接線は中心 C を通過して，$CT = 0$ となる．ところで，
$$\tan PTM = \frac{PM}{PT} = \frac{bbx}{aay}$$
であるから，点 M が無限遠に遠ざかるとき，言い換えると $x = \infty$ と置くとき，
$$y = \frac{b}{a}\sqrt{xx - aa} = \frac{bx}{a}$$
となる．それゆえ，曲線を無限遠まで延長していくとき，無限遠において曲線に接する接線は中心 C を通り，軸とともに角 ACD を作る．その角の正接は $= \frac{b}{a}$ である．そこで，頂点 A において軸に垂直な線分 $AD = b$ を引き，線分 CD を左右双方向に無限遠まで伸ばしていくと，そのようにして描かれる直線はいかなる点においても曲線に接することはないが，曲線はその直線 CI に向かって間断なく近接していき，ついには無限遠において直線 CI と完全に重なり合ってしまう．この直線の一部分 Ck についても同じことが成立し，この断片は最後には分枝 Bk と重なり合うことになる．そうして反対側でも同じ角度をもって直線 KCi を引くと，この直線は，分枝 BK および Ai を無限遠に伸ばしていくとき，これらの分枝と一致する．この種の直線，すなわち，ある曲線がそこに向かって間断なく近接していって，無限遠に伸びていくとき最後には重なり合うという性質を備えた直線は**漸近線**という名で呼ばれる．そこで，直線 ICk，KCi は双曲線の二本の漸近線であることになる．

159. 二本の漸近線は双曲線の中心 C において相互に交叉する．軸との傾きは角 $ACD = ACd$ であり，この角の正接は $= \frac{b}{a}$，この角の二倍正接は $= \frac{2ab}{aa-bb}$ で

第6章 第二目の線をいくつかの種に区分けすること

ある．これより明らかになるように，もし $b=a$ なら，二本の漸近線の交叉角 DCd は直角になる．この場合，双曲線は**等辺双曲線**と呼ばれる．ところで，$AC=a$，$AD=b$ であるから，$CD=Cd=\sqrt{aa+bb}$ となる．それゆえ，二本の漸近線のどちらかに向かって焦点 G から垂線 GH を降ろすと，$CG=\sqrt{aa+bb}=CD$ により，

$$CH=AC=BC=a \quad \text{および} \quad GH=b$$

となる．

160. 弦 $MPN=2y$ を左右両側に向かって，二本の漸近線とそれぞれ点 m および点 n において交叉するまで延長しよう．すると，

$$Pm=Pn=\frac{bx}{a} \quad \text{および} \quad Cm=Cn=\frac{x\sqrt{aa+bb}}{a}=FM+AC=GM-AC$$

となる．それからまた，

$$Mm=Nn=\frac{bx-ay}{a} \quad \text{および} \quad Nm=Mn=\frac{bx+ay}{a}.$$

これより，$aayy=bbxx-aabb$ により，

$$Mm\cdot Nm=Mm\cdot Mn=\frac{bbxx-aayy}{aa}=bb.$$

それゆえ，いたるところで

$$Mm\cdot Nm=Mm\cdot Mn=Nn\cdot Nm=Nn\cdot Mn=bb=AD^2$$

となる．点 M を始点として，漸近線 Cd と平行な線分 Mr を引くと，

$$2b:\sqrt{aa+bb}=Mm:mr(Mr)$$

となる．よって，

$$mr=Mr=\frac{(bx-ay)\sqrt{aa+bb}}{2ab}$$

および

$$Cm-mr=Cr=\frac{(bx+ay)\sqrt{aa+bb}}{2ab}.$$

これより，

$$Mr\cdot Cr=\frac{(bbxx-aayy)(aa+bb)}{4aabb}=\frac{aa+bb}{4}$$

が帰結する．これを言い換えるとこんなふうになる．点 A を始点として，漸近線 Cd と平行な線分 AE を引くと，$AE=CE=\frac{1}{2}\sqrt{aa+bb}$ となる．したがって，

$$Mr\cdot Cr=AE\cdot CE.$$

これは，双曲線の，漸近線との関連で認められるめざましい性質である．

161.　一本の漸近線上に，中心を始点として切除線 $CP=x$ を取り，もう一本の漸近線と平行に向軸線 $PM=y$ を定めると，$yx=\dfrac{aa+bb}{4}$ となる(図34)．ここで，

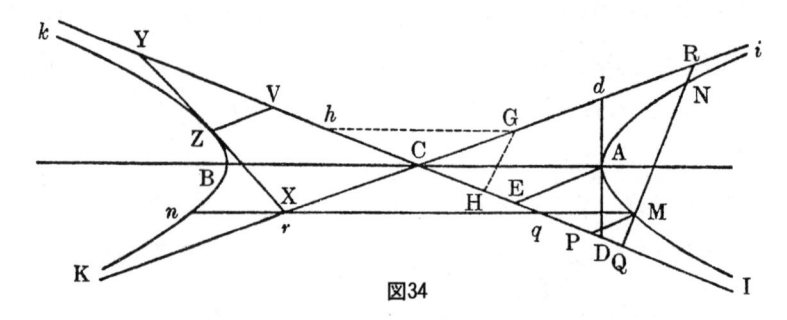

図34

$AC=BC=a$ および $AD=Ad=b$．すなわち，$AE=CE=h$ と置くと，$yx=hh$ および $y=\dfrac{hh}{x}$ となることになる．それゆえ，$x=0$ と置くと $y=\infty$ となり，逆に $x=\infty$ と置けば $y=0$ となる．さて，今度は曲線上の任意の点 M を始点として，前もって任意に引いた線分 GH と平行な直線 $QMNR$ を引き，$CQ=t$，$QM=u$ と置くと，

$$GH:CH:CG=u:PQ:PM$$

となる．よって，

$$PQ=\dfrac{CH}{GH}u,\quad PM=\dfrac{CG}{GH}u.$$

これより，

$$y=\dfrac{CG}{GH}u\quad\text{および}\quad x=t-\dfrac{CH}{GH}u$$

となる．これらの値を代入すると，

$$\dfrac{CG}{GH}tu-\dfrac{CH\cdot CG}{GH^2}\cdot uu=hh$$

すなわち

$$uu-\dfrac{GH}{CH}tu+\dfrac{GH^2}{CH\cdot CG}hh=0$$

となる．それゆえ，向軸線 u が二つの値，すなわち QM と QN をもつとき，それらの和は $=\dfrac{GH}{CH}t=QR$ となり，それらの積は $=\dfrac{GH^2}{CH\cdot CG}hh$ となる．

162.　$QM+QN=QR$ であるから，$QM=RN$ および $QN=RM$ となる．それゆえ，もし点 M と点 N が一致するなら，線分 $QMNR$ はその点において二分される．このようなことが起こるのは，線分 QR は曲線に接する場合である．これを言い換えるとこんなふうになる．すなわち，もし線分 XY が双曲線に接するなら，接触点 Z は線分 XY の中央に位置する．これより明らかになるように，点 Z を始点とし

第6章　第二目の線をいくつかの種に区分けすること

てもう一本の漸近線に平行な線分 ZV を引けば，$CV = VY$ となる．この事実を基礎にすれば，双曲線上の任意の点 Z においてたやすく接線を引くことができる．すなわち，$VY = CV$ となるように点 Y を取ると，この点 Y と曲線上の点 Z を通る直線は，点 Z において双曲線に接するのである．

$CV \cdot ZV = hh = \dfrac{aa+bb}{4}$ であるから，
$$CX \cdot CY = aa + bb = CD^2 = CD \cdot Cd$$
となる．したがって，線分 DX と線分 dY を引くと，それらは互いに平行になる．この事実により，曲線に接線を引くためのきわめて簡単な方法が生じる．

163. 次に，QM と QN の積は $QM \cdot QN = \dfrac{GH^2}{CH \cdot CG}hh$ であるから，どこであろうと HP に平行に線分 QR を引くとき，積 $QM \cdot QN$ がつねに同じ大きさになるのは明らかである．それゆえ，
$$QM \cdot QN = QM \cdot MR = QN \cdot NR = \dfrac{CH^2}{CH \cdot CG}hh$$
というふうにもなる．そこで，QR と平行に接線が引かれた状態を心に描くと，その接線の，二本の漸近線の間にはさまれる部分は接点において二分されるから，接線の半分の長さを $= q$ と名づけるとき，つねに
$$QM \cdot QN = QM \cdot MR = RN \cdot RM = RN \cdot NQ = qq$$
となる．これは，二本の漸近線の間に描かれた双曲線の著しい性質である．

164. 双曲線は正反対の位置にある二つの部分 IAi と KBk で作られているから，ここまでのところで目にした諸性質は，二本の漸近線の間に引かれて，双曲線の同一の部分と二点で交叉する直線についてのみ成立するわけではなく，反対側の位置にある部分にまで伸びていく直線に対しても，同じ諸性質が観察される．すなわち，点 M を通る直線 $Mqrn$ を双曲線の反対側の部分に届くように引き，その直線と平行な線分 Gh を引く．そうして $Cq = t$ および $qM = u$ とする．三角形 CGh と三角形 PMq は相似であるから，
$$PM = y = \dfrac{CG}{Gh}u \quad \text{および} \quad qP = x - t = \dfrac{Ch}{Gh}u.$$
これより $x = t + \dfrac{Ch}{Gh}u$ となる．ところが $xy = hh$ であるから，
$$\dfrac{CG}{Gh}tu + \dfrac{CG \cdot Ch}{Gh^2}uu = hh$$
すなわち

$$uu + \frac{Gh}{Ch}tu - \frac{Gh^2}{CG \cdot Ch}hh = 0$$

となる.

165. それゆえ，向軸線 u は二つの値をもつことになる．すなわち，qM と $-qn$ である．ここで qn は負としたが，その理由は，qn は，軸に採った漸近線 CP の(qM が伸びていく方向とは別の)もう一方の側に向かって伸びているからである．よって，これらの二根の和は

$$qM - qn = -\frac{Gh}{Ch}t = -qr$$

となる．したがって，$qn - qM = qr$．これより $qM = rn$ および $qn = rM$ となる．次に，先ほどみいだされた方程式から，二根の積は

$$-qM \cdot qn = -\frac{Gh^2}{CG \cdot Ch}hh$$

となること，すなわち

$$qM \cdot qn = qM \cdot rM = rn \cdot qn = rn \cdot rM = \frac{Gh^2}{CG \cdot Ch}hh$$

となることがわかる．それゆえ，この積は，Gh と平行な線分 Mn をどのように引いても，つねに同一の大きさを保持する．第二目の線(二次曲線)の各々の種の際立った諸性質の姿はこんなふうである．これらを一般的な諸性質と合わせると，おびただしい数にのぼる注目に値する性質が作り上げられていく．

第7章　無限遠に伸びていく分枝の研究

166.　ある曲線が，無限遠に伸びていく分枝をもつとする．これを言い換えると，この場合，その曲線の一部分が無限遠に伸びていくとして，その曲線上の無限遠の地点に配置されている点から，どちらかの軸に向かって垂線を降ろすと，切除線 x または向軸線 y またはそれらの座標の両方がともに無限大になる．実際，もし切除線と向軸線のどちらか，または双方が無限大になることがないとするなら，始点から曲線上の点までの距離は有限になる．すなわち，その距離は $\sqrt{xx+yy}$ に等しいことになるが，これは仮定された状勢に反してしまう．それゆえ，もし曲線が無限遠に伸びていく分枝をもつなら，ある有限な大きさをもつ切除線に対応して，無限大の大きさの実在する向軸線が伸びていくか，あるいは無限大の大きさをもつ切除線に対応して，有限または無限大の大きさの実在する向軸線が伸びていくかのいずれかの状勢が見られることになる．そこでこのような観点を源泉と見て，この泉から，無限遠に伸びていく曲線の分枝の研究を汲むことが可能になる．

167.　座標 x と y の間に成立する代数方程式が提示されたとして，その次数を，たとえば n としよう．また，その方程式の諸項のうち，変化量 x と y の次元の和が n になるものの総和，すなわち

$$\alpha y^n + \beta y^{n-1}x + \gamma y^{n-2}xx + \delta y^{n-3}x^3 + \cdots + \xi x^n$$

という部分を別個に考察することにする．この式は $Ay+Bx$ という形の，実または虚の単純因子に分解される．しかも，この式が虚因子をもつ場合，その個数は偶数であり，二つずつ組み合わせることにより，

$$AAyy - 2ABxy\cdot\cos\varphi + BBxx$$

という形の実二次因子が与えられる．このような因子は（x または y または双方を ∞

と等値するとき)つねに，無限に大きい値 = ∞^2 を受け入れる．なぜなら，A も B も $=0$ ではありえないので，項 $2ABy x \cos\varphi$ はつねに，残る二つの項 $AAyy + BBxx$ より小さいからである．よって，このような因子

$$AAyy - 2ABxy \cdot \cos\varphi + BBxx$$

は 0 でも有限量でもありえないし，無限大量 ∞ とも等値されえない．なぜなら，x または y またはそれらの双方をともに無限大と設定するとき，この因子は $=\infty^2$ となるからである．

168. こんなふうな状勢であるから，もし方程式の n 次の項の総和

$$\alpha y^n + \beta y^{n-1} x + \gamma y^{n-2} xx + \cdots + \xi x^n$$

が単純実因子をもたないなら(n が偶数でなければ，そのような事態は起こりえない)，そのときこの総和は，

$$AAyy - 2ABxy \cdot \cos\varphi + BBxx$$

という形のいくつかの二次因子のみで作られる．それゆえ，x または y またはそれらの双方をともに無限大と設定するとき，この総和は無限大の値 $=\infty^n$ を与える．それは有限量ではありえないし，冪指数 m が n より小さいの無限大量 ∞^m と等値されることもありえない．そこで方程式の残りの部分，すなわち変化量 x と y の次元の総計が n よりも小さい諸項のすべての総和を考えると，そのような部分は冪指数が n より小さい無限大量を与えるのであるから，それを最高冪指数の無限大量と等値することはできない．したがって，x または y またはそれらの双方を無限大に設定すると，もはや方程式は成立しえないことになる．

169. よって，座標 x と y の間の，最高冪指数項の総和が実単純因子をもたない方程式で表される曲線は，無限遠に伸びていく分枝をもたない．したがって曲線の全体は，楕円や円のように，有限の広がりをもつ範囲内におさまることになる．そこで，第二目の一般方程式

$$\alpha yy + \beta xy + \gamma xx + \delta y + \varepsilon x + \zeta = 0$$

において，最高冪指数項の総和部分 $\alpha yy + \beta xy + \gamma xx$(この部分では，各項において，変化量 x と y の次元の総計は 2 になっている)は実単純因子をもたないとしよう．もし $\beta\beta$ が $4\alpha\gamma$ より大きいなら，実単純因子をもつという現象が見られるが，そうで

第7章 無限遠に伸びていく分枝の研究

なければ，曲線は無限遠に伸びていく分枝をもたず，楕円になる．

170. このような状勢をもっと明瞭に解明するために，座標xとyの間の提示された方程式をいくつかの部分に分けよう．方程式の諸項のうち，変化量xとyが同じ最高次元(その次元を示す指数をnとする)を保持するもののすべてを，主部，すなわち第一番目の部分に参入する．二つの変化量が次元$n-1$を作る項目はすべて，第二番目の部分に参入する．第三番目の部分には，xとyの次元数が$n-2$になる諸項が包摂される．以下も同様にして，最後の部分に到達するまでこの手順を続けていく．最後の部分に入るのはxとyの次元が0の項である．したがって，その最後の部分は定量のみから成る．Pは第一番目の部分，言い換えると主部とし，Qは第二番目の部分，Rは第三番目の部分，Sは第四番目の部分としよう．これ以降も同様である．

171. それゆえ，もし主部Pが実単純因子をもたないなら，方程式$P+Q+R+S+\cdots=0$で表される曲線は無限遠に伸びる分枝をもたない．そこで，主部Pは一個の実単純因子$ay-bx$をもつとすると，$P=(ay-bx)M$という形になる．ここでMはxとyの$n-1$次元の関数であり，これは実単純因子をもたない．xまたはyまたはこれらの双方を無限大に設定すると，$M=\infty^{n-1}$となる．QはMと同じレベルで無限大になりうるが，$R, S\cdots$はMよりももっと低いレベルで無限大になる．したがって，もし$ay-bx$が有限量であるか，または0なら，方程式

$$P+Q+R+\cdots=0$$

は成立する可能性があることになり，その場合，この方程式で表される曲線は無限遠に伸びていく．

172. そこでpは有限量として，$ay-bx=p$としてみよう．この量pには，曲線が無限の遠方に消えていくとき，

$$pM+Q+R+S+\cdots=0$$

すなわち

$$p=\frac{-Q-R-S-\cdots}{M}$$

となるという性質が備わっていなければならない．ところがMは$R, S\cdots$より高位

の無限大量なので，分数 $\frac{R}{M}, \frac{S}{M}\cdots$ は $=0$ となる．したがって $p=\frac{-Q}{M}$．それゆえ分数 $\frac{-Q}{M}$ は，x と y が無限大になるとき，p の値を与えることになる．そうして $ay-bx=p$ であるから，$y=\frac{bx+p}{a}$．そうして

$$x=\infty \quad \text{なら} \quad \frac{p}{ax}=0$$

となることに基づいて，

$$\frac{y}{x}=\frac{b}{a}+\frac{p}{ax}=\frac{b}{a}$$

となることがわかる．よって，曲線が無限の遠方に消えていくとき，$y=\frac{bx}{a}$ となる．

173. Q と M は $n-1$ 次元の同次関数であるから，$\frac{-Q}{M}$ は 0 次元の関数である．したがって $y=\frac{bx}{a}$ と置くと，この関数 $\frac{-Q}{M}$ は p に対し定値を与えることになる．これを言い換えると，関数 $\frac{-Q}{M}$ の値が確定するためには y と x の間の比率(それは $b:a$ である)が定まりさえすればよいのであるから，式 $\frac{-Q}{M}$ においていたるところで y の代わりに b を書き，x の代わりに a を書けば p の値が得られるのである．こんなふうにして p がみいだされたなら，そのとき $ay-bx=p$ となる．曲線が無限遠に伸びていくなら，この方程式 $ay-bx=p$ は，提示された方程式 $P+Q+R+\cdots=0$ に包摂される．

174. それゆえ，ここで取り上げられた曲線の，無限遠に伸びていく部分は方程式 $ay-bx=p$ で表される．これは直線の方程式である．この直線を無限遠に伸ばしていくと，ついには曲線と一体となってしまう．よって，この直線は曲線の漸近線である．なぜなら曲線をどこまでも延長していくと，ついにはこの直線と重なり合う．したがって，この直線に向かって間断なくますます接近していくばかりだからである．提示された方程式 $P+Q+R+\cdots=0$ は x か y のいずれかを $=\infty$ と設定すると，方程式 $ay-bx=p$ になるから，これと同時に諒解されるように，この直線は両方向に無限遠まで伸びていき，究極の地点において曲線と重なり合う．このようなわけで，曲線は，互いに反対の方向に進んで無限遠に伸びていく二本の分枝をもつことになる．それらの二本の分枝の一本は，一方の方向に沿って無限遠に伸びていく上記の直線と無限遠において一致し，もう一本の分枝は，反対の方向に沿って無限遠に伸びていく直線と無限遠において一致する．

第7章 無限遠に伸びていく分枝の研究

175. それゆえ，もし方程式 $P+Q+R+\cdots=0$ の主部 P がただひとつの実単純因子をもつなら，この方程式で表される曲線は，無限遠に伸びていく二本の分枝をもち，しかもそれらは双方ともに同じ直線に収斂する．その直線はこの曲線の漸近線と呼ばれる．そこで今度は主部 P は二つの実単純因子 $ay-bx$ と $cy-dx$ をもつと仮定してみよう．このとき $P=(ay-bx)(cy-dx)M$ という形になる．ここで，M は $n-2$ 次元の同次関数である．ここで，これらの二つの因子が互いに等しいか，あるいは異なるのに応じて，考察を加えるべき二通りの場合が現れる．

176. これらの二つの因子は互いに異なるとしよう．すると明らかに，無限大の切除線もしくは無限大の向軸線に対し，方程式
$$(ay-bx)(cy-dx)M+Q+R+S+\cdots=0$$
は二通りの仕方で成立する可能性がある．ひとつは $ay-bx$ がある有限量に等しい場合であり，もうひとつは，$cy-dx$ がある有限量に等しい場合である．そこで $ay-bx=p$ としてみよう．すると，p は有限量であるから，無限遠において $\frac{y}{x}=\frac{b}{a}$ となる．そうして，前のように
$$p=\frac{-Q-R-S-\cdots}{(cy-dx)M}=\frac{-Q}{(cy-dx)M}$$
となる．これは x と y の 0 次元の関数である．したがって，$\frac{y}{x}=\frac{b}{a}$ と置くと，あるいは同じことになるが，随所で y の代わりに b を書き，x の代わりに a を書くと，求める定量 p の真の値が生じる．よって，
$$p=\frac{-Q}{(bc-ad)M}$$
となる．そうして二つの因子は異なるのであるから，$bc-ad$ は $=0$ とはならない．M もまた $=0$ にはなりえない．なぜなら M には実単純因子がないからである．これより p の有限な値が得られるが，その値はまた 0 でもありうる．そのようなことが起こるのは，部分 Q がまったく欠けている場合か，あるいは Q が因子 $ay-bx$ をもつ場合かのいずれかである．

177. 先ほどの場合におけるように，主部 P の実単純因子 $ay-bx$ に起因して，曲線は一本の漸近線をもつ．その位置は方程式 $ay-bx=p$ で示される．同様に，もうひとつの因子 $cy-dx$ に起因して，曲線は，方程式 $cy-dx=q$ により明示され

る漸近線をももつことになる．ここで，y と x に随所でそれぞれ d と c を代入すると，$q = \dfrac{-Q}{(ay-bx)M}$ となる．それゆえ，曲線は二本の漸近線をもち，無限遠に伸びていく四本の分枝をもつことになる．それらの分枝は究極において直線と重なり合うのである．このような場合に該当する状勢は，前に双曲線を取り上げた際に出会ったことがある．よって，もし二次曲線の方程式 $\alpha yy + \beta xy + \gamma xx + \delta y + \varepsilon x + \zeta = 0$ において主部 $\alpha yy + \beta xy + \gamma xx$ が二つの異なる実単純因子をもつとすれば(もし $\beta\beta$ が $4\alpha\gamma$ を越えるなら，このような事態が起こる)，そのときこの曲線は双曲線になる．

178. 二つの因子 $ay-bx$ と $cy-dx$ が互いに等しくて，$P = (ay-bx)^2 M$ となるとしよう．すると，$P + Q + R + S + \cdots = 0$ であるから，

$$(ay-bx)^2 = \frac{-Q-R-S-\cdots}{M}$$

となる．ところが Q は $n-1$ 次元の関数，R は $n-2$ 次元の関数，S は $n-3$ 次元の関数であるから，M が $n-2$ 次元の関数であることにより，無限遠に移行すると $\dfrac{S}{M} = 0$ となる．したがって，

$$(ay-bx)^2 = -\frac{Q}{M} - \frac{R}{M} = -\frac{Q}{M(\mu y + \nu x)}(\mu y + \nu x) - \frac{R}{M}.$$

ところで $\dfrac{Q}{M(\mu y + \nu x)}$ と $\dfrac{R}{M}$ は x と y の 0 次元の関数である．そうして無限遠において $y : x = b : a$ であるから，比 $\dfrac{y}{x}$ を $\dfrac{b}{a}$ に置き換えれば，すなわち y のところに b を代入し，x のところに a を代入すれば，これらの二つの関数は双方とも有限量になる．

179. この代入を実行すると，

$$\frac{Q}{M(\mu y + \nu x)} = A \quad \text{および} \quad \frac{R}{M} = B$$

となるとしよう．このとき，

$$(ay-bx)^2 = -A(\mu y + \nu x) - B \quad {}^{1)}$$

となる．これは，方程式

$$P + Q + R + S + \cdots = 0$$

で表される曲線が，無限遠に達したときに重なり合っていく曲線の方程式である．量 μ と ν は任意であるから，$\mu = b$ および $\nu = a$ と取ろう．そうして座標を変換して

$$ay - bx = u\sqrt{aa+bb} \qquad by + ax = t\sqrt{aa+bb}$$

としよう．すると，この曲線の方程式は

$$uu + \frac{At}{\sqrt{aa+bb}} + \frac{B}{aa+bb} = 0$$

となるが，これが放物線の方程式であることは明白である．よって，ここで探究されている曲線には，無限遠に伸びていくとき放物線に重なっていくという性質が備わっている．それゆえ，この曲線は無限遠に伸びていく分枝をきっかり二本だけもつことになり，しかもその分枝の漸近線は直線ではなく，上記の方程式で表される放物線である[2)]．

180. 上述したような事態が起こるのは A が 0 ではない場合である．もし $A=0$ なら(このようなことが起こるのは，第二部分 Q が存在しないか，または Q が $ay-bx$ で割り切れる場合である)，そのとき方程式はもう放物線の方程式ではなくなってしまい，$uu + \frac{B}{aa+bb} = 0$ という形になる．三通りの場合に分けて考察しなければならない．まずはじめに，B が負の量であれば，$\frac{B}{aa+bb} = -ff$ と置くと，方程式 $uu - ff = 0$ の中には二つの方程式 $u-f=0$ と $u+f=0$ が包摂されている．一番はじめに考察した場合におけるように，これらは互いに平行な二本の直線の方程式であり，双方とも漸近線である．したがって曲線は無限遠に伸びていく四本の分枝をもち，それらの分枝は二本の直線に重なり合っていく．

181. 第二の場合は B が正の量，すなわち $+ff$ という形の量の場合である．この場合，方程式 $uu+ff=0$ は成立しえないから，曲線は無限遠に伸びていく分枝をもたず，全体として有限な広がりしかもたない範囲内におさまることになる．それゆえ，方程式 $P+Q+R+S+\cdots=0$ で表される曲線が無限遠に伸びていく分枝をもたないのは，主部 P が実単純因子をもたないときばかりではなく，たったいま目にしたように，P が実単純因子をもつ場合にも同じ現象が起こりうるのである．ほかにもいろいろな場面でこのような場合に出会う．

182. 第三の場合は，B もまた 0 になる場合である．これに先行する二通りの場合はどちらも，この第三の場合に遭遇する可能性があり，そのことに起因して，曲線はどんな性質を帯びることになるのか，あいまいなところがある．このため，曲線の姿形を確定するには，引き続いて現れる諸項に目を向けなければならない．もう

少し詳しく言うと，$P+Q+R+S+\cdots=0$ および $P=(ay-bx)^2 M$ であるから，無限遠において

$$\frac{y}{x}=\frac{b}{a} \quad \text{および} \quad (ay-bx)^2+\frac{Q}{M}+\frac{R}{M}+\frac{S}{M}+\frac{T}{M}+\cdots=0$$

となる．そこで，前のように代入 $\frac{y}{x}=\frac{b}{a}$ を行って，

$$\frac{Q}{M}=A(by+ax), \quad \frac{R}{M}=B$$

と置こう．$S, T, V \cdots$ は $(n-3), (n-4) \cdots$ 次元の関数であり，M は $(n-2)$ [3)] 次元の関数であるから，

$$\frac{S(by+ax)}{M}=C, \quad \frac{T(by+ax)^2}{M}=D, \quad \frac{V(by+ax)^3}{M}=E \cdots$$

となる．よって，

$$(ay-bx)^2+A(by+ax)+B+\frac{C}{by+ax}+\frac{D}{(by+ax)^2}+\frac{E}{(by+ax)^3}+\cdots=0 \text{ [4)]}$$

というふうになる．この方程式はある曲線の性質を表している．その曲線の無限遠に位置する部分(そのような部分が生じるのは $by+ax$ が無限大のときである)は，方程式 $P+Q+R+S+\cdots=0$ に包摂される曲線と重なり合う．実際，その曲線が無限遠に伸びていくとき，たとえ $(ay-bx)^2$ が有限値もしくは無限に大きい値(ただしその位数は ∞^2 以下)を取るとしても，$by+ax$ のほうは無限に大きい値をもつのである．

183. 軸を取りかえて，これまでのところでみいだされた漸近線との関連のもとで，新しい軸を設定することにしよう．この軸上で，

$$\text{切除線} \frac{ax+by}{\sqrt{aa+bb}}=t \quad \text{と} \quad \text{向軸線} \frac{ay-bx}{\sqrt{aa+bb}}=u$$

を取ろう．表記を簡潔にするため，$\sqrt{aa+bb}=g$ と置く．すると方程式は

$$uu+\frac{At}{g}+\frac{B}{gg}+\frac{C}{g^3 t}+\frac{D}{g^4 tt}+\frac{E}{g^5 t^3}+\cdots=0$$

という形になる．われわれが今ここで解明を迫られている場合には $A=0$ かつ $B=0$ であるから，

$$uu+\frac{C}{g^3 t}+\frac{D}{g^4 tt}+\frac{E}{g^5 t^3}+\cdots=0$$

となる．そこで，もし $C=0$ ではないとすれば，t が無限大のとき，$\frac{D}{g^4 tt}+\frac{E}{g^5 t^3}+\cdots$ の諸項は $\frac{C}{g^3 t}$ との比較のもとでは消失してしまい，方程式は

第 7 章　無限遠に伸びていく分枝の研究

$$uu + \frac{C}{g^3 t} = 0$$

という形になる．この方程式は，$t = \infty$ と置くとき，求める曲線と重なり合う曲線の性質を表している．この方程式より $u = \pm\sqrt{\frac{-C}{g^3 t}}$ となるから，求める曲線は，軸の同一の部分に向かって両側から収斂していく二本の分枝をもつことになる．

184.　これに加えてさらに $C = 0$ でもあるとすれば，方程式

$$uu + \frac{D}{g^4 tt} = 0$$

を取り上げなければならない．ここでもまた，D が正の量なのか，負の量なのか，あるいは 0 なのかという状勢に応じて，三通りの場合が現れる．第一の場合には方程式は成立しえないから，曲線は無限遠に伸びていく分枝をもたず，全体として有限な広がりをもつ範囲内におさまることになる．第二の場合，$\frac{D}{g^4} = -ff$ と置くと，$uu = \frac{ff}{tt}$ となる．よって，$t = +\infty$ とするとき，あるいは $t = -\infty$ とするとき，それぞれの場合において向軸線 u は正および負の二つの消失する値をもつ．それゆえ，曲線は，軸の両端において，軸に向かって両側から収斂していく四本の分枝をもつことになる．$D = 0$ という第三の場合には，方程式 $uu + \frac{E}{g^5 t^3} = 0$ を取り上げなければならないが，この方程式の形状は，前条で取り上げた方程式の形と似通っている．こんなふうにして，方程式 $P + Q + R + S + \cdots = 0$ が次々と新たな項を与えてくれる限り，どこまでも考察を継続していかなければならない．

185.　さて，方程式

$$P + Q + R + S + \cdots = 0$$

の主部 P は三つの実単純因子をもつとしよう．もしそれらの因子が互いに異なるなら，前に一個の実因子について述べた事柄は，それらの各々に対しても明らかに有効である．それゆえ，曲線は，三本の漸近直線に向かって収斂していく，六本の無限遠に伸びる分枝をもつことになる．もし三つの因子のうち二つまでが等しいなら，それらと異なる第三の因子については，前述した通りの事柄をそのままあてはめていけばよい．二つの等しい因子については，われわれが前に与えたものと同じ規則に目を留めればよい．解明を要する場合として，三つの因子がすべて互いに等しいという第三の場合がなお残されている．そこで $P = (ay - bx)^3 M$ と置こう．方程式

$$P + Q + R + S + \cdots = 0$$

が無限遠において成立しうるのは，$(ay-bx)^3$ が有限値をもつか，あるいは無限大になるにしても，主部 P に起因する無限大の冪が ∞^n 以下になるようにするために，∞^3 以下の位数で無限大になるかのいずれかの場合に限られる．よって，いずれにしても，無限遠において $\frac{y}{x} = \frac{b}{a}$ となる．

186. このような場合を解明するため，まずはじめに第二の部分 Q が同じ因子 $ay-bx$ をもつか否かを考察しなければならない．ここで注意しなければならないのは，もし Q がまったく存在しないなら，そのような場合は前者の場合に包含されているという一事である．なぜなら，0はどのような因子をも受け入れるからである．そこでまず Q は $ay-bx$ で割り切れないとしよう．すると，Q は $n-1$ 次元の関数，M は $n-3$ 次元の関数であるから，$\dfrac{Q}{(ax+by)^2 M}$ は0次元の関数である．したがって $\frac{y}{x} = \frac{b}{a}$ と置くと定量になる．その定量を $= A$ と置くと，$(ay-bx)^3 + A(ax+by)^2 = 0$ となる．なぜなら，左辺の二つの項に続いて現れる諸項は，$(ax+by)^2$ と比べると無限遠において消失してしまうからである．

187. それゆえ，この方程式で表される曲線には，無限遠に伸びていくとき，方程式
$$P + Q + R + S + \cdots = 0$$
で表される曲線と重なり合うという性質が備わっている．その曲線についていっそう認識を深めるために，他の軸との関連のもとで考えてみよう．その軸上で，
$$\text{切除線を } t = \frac{ax+by}{g} \text{ とし，向軸線を } u = \frac{ay-bx}{g}$$
としよう．$\sqrt{aa+bb} = g$ と置くと，
$$u^3 + \frac{Att}{g} = 0$$
となる．この方程式は，$t = \infty$ と置けば，求める曲線
$$P + Q + R + \cdots = 0$$
の，無限遠に伸びていく部分を与える．それゆえ，曲線 $u^3 + \frac{Att}{g} = 0$ の形がわかれば，それと同時に曲線 $P + Q + R + S + \cdots = 0$ の無限遠の部分の形もわかることになる．次章では，このような漸近曲線の解明につとめたいと思う．

第7章　無限遠に伸びていく分枝の研究

188.　もし第二の部分 Q が因子 $ay-bx$ をもつなら，同時に $(ay-bx)^2$ で割り切れるか否かのいずれかへと，場合が分かれていく．まず Q は $(ay-bx)^2$ で割り切れないと仮定して，0 次元の関数 $\dfrac{Q}{(ay-bx)(ax+by)M}$ を取り上げよう．ここで $\dfrac{y}{x}=\dfrac{b}{a}$ と置くと，定量 A が与えられる．そうして

$$(ay-bx)^3 + A(ay-bx)(ax+by) + \frac{R}{M} + \frac{S}{M} + \cdots = 0$$

となる．ここで $\dfrac{R}{M}$ は，$\dfrac{y}{x}=\dfrac{b}{a}$ と置くと，R が $ay-bx$ で割り切れるか否かに応じて，$B(ay-bx)$ もしくは $B(ax+by)$ となる．$\dfrac{S}{M}$ のほうは定量 C になる．よってこの方程式を，前に設定したように，座標 t と u の間の他の軸との関連のもとで考察することにすると，

$$u^3 + \frac{Atu}{g} + \frac{Bu}{g} + \frac{C}{g^3} = 0$$

または

$$u^3 + \frac{Atu}{g} + \frac{Bt}{g} + \frac{C}{g^3} = 0$$

という形になる．ところが，ここで注目されているのは $t=\infty$ の場合のみなのであるから，最終項は消失する．よって，前者の場合には，

$$u^3 + \frac{Atu}{g} + \frac{Bu}{g} = 0$$

という形の方程式が得られるが，この方程式により，二本の漸近線，すなわち $u=0$ と $uu+\dfrac{At}{g}=0$ が与えられる．一方は直線であり，もう一方は放物線である．後者の場合にも，$t=\infty$ のとき，u は有限値をもつことがある．そうして有限量は無限大量と比べるとき消失してしまうから，

$$\frac{Atu}{g} + \frac{Bt}{g} = 0 \quad \text{したがって} \quad u = \frac{-B}{Ag}$$

となる．これは直線の方程式である．これに加えて，u が無限に大きい値をもつこともありうる．その場合，第三項は消失するから，

$$uu + \frac{At}{g} = 0$$

となる．これは放物線の方程式である．それゆえ，双方の場合において二本の漸近線が現れる．一本は直線，もう一本は放物線である．したがって，これらの二通りの場合を区別する必要はないことになる．

189. 今度は Q が $(ay-bx)^2$ で割り切れるとしよう．R が $ay-bx$ で割り切れるか否かに応じて，前にそうしたのと同じ手順を踏むと，t と u の間の方程式

$$u^3 + \frac{Auu}{g} + \frac{Bu}{gg} + \frac{C}{g^3} = 0 \quad \text{もしくは} \quad u^3 + \frac{Auu}{g} + \frac{Bt}{gg} = 0$$

が得られる．前者の場合は，もし方程式

$$u^3 + \frac{Auu}{g} + \frac{Bu}{gg} + \frac{C}{g^3} = 0$$

のすべての根が実根なら，互いに平行な三本の直線の方程式であり，もし二根が虚根なら，ただ一本の漸近直線の方程式である．これらの三本の平行な漸近線のうち，二本もしくは三本すべてが重なり合うこともあり，それに応じて状況の多様性が現れる．これに対し，後者の場合，u が無限大でない限り，方程式

$$u^3 + \frac{Auu}{g} + \frac{Bt}{gg} = 0$$

は，$t = \infty$ と置くとき，成立しえない．そうして $u = \infty$ のとき，項 $\frac{Auu}{g}$ は初項 u^3 に比べて消失してしまい，その結果，方程式は

$$u^3 + \frac{Bt}{gg} = 0$$

という形になる．これは三次の漸近曲線の方程式である．

190. もし $A = 0$，$B = 0$，$C = 0$ なら，方程式 $P + Q + R + S + \cdots = 0$ の，引き続いて現れる諸項へと立ち返っていかなければならない．それらの項は

$$u^3 + \frac{D}{g^4 t} + \frac{E}{g^5 tt} + \frac{F}{g^6 t^3} + \cdots = 0$$

という形の方程式を与える．この方程式において，もし $D = 0$ でなければ，第三項は第三項以降の諸項とともに消失し，この方程式は $u^3 + \frac{D}{g^4 t} = 0$ という形になる．だが，もし $D = 0$ なら，方程式は $u^3 + \frac{E}{g^5 tt} = 0$ という形になる．さらに $E = 0$ でもあれば，$u^3 + \frac{F}{g^6 t^3} = 0$ となる．以下も同様に続いていく．これらの方程式で表される曲線は，$t = \infty$ と置くとき，方程式 $P + Q + R + S + \cdots = 0$ で表示される曲線と合致する．奇数冪 u^3 が存在するから，これらの方程式はつねに実である．したがって，これらの方程式により明示されているのはたしかに，無限遠に伸びていく分枝なのである．ところが，この場合，方程式 $u = 0$ で表される直線もまた漸近線である．なぜなら，この直線は曲線

第7章　無限遠に伸びていく分枝の研究

$$u^3+\frac{D}{g^4t}=0,\quad u^3+\frac{E}{g^5tt}=0\quad\cdots$$

の漸近線であるからである．

191.　このような次第で，ある漸近直線に収斂していく曲線の分枝と分枝は大きく食い違うことがありうるのであるから，この食い違いに目を留めていっそう精密に考察を加えるのがよいと思う．この作業は，同じ漸近直線に関わりながら，提示された曲線と重なり合っていく一番簡単な曲線を規定することにより達成される．たとえば，方程式

$$u^3+\frac{Auu}{g}+\frac{Bu}{gg}+\frac{C}{g^3}=0$$

は，もしすべての根が実根であれば，互いに平行な三本の漸近直線を与える．だが，それでもなお，無限遠に伸びていく曲線の分枝は双曲線，すなわち方程式 $u=\frac{C}{t}$ で表される曲線なのか，あるいは $u=\frac{C}{tt}$ や $u=\frac{C}{t^3}$ などのような方程式で表される他の種類の曲線なのかどうかという点はなお明らかではないのである．ここのところを識別するために，上記の方程式が与えてくれる諸項に続いてすぐ次に現れる項，すなわち $\frac{D}{g^4t}$ を取り上げよう．あるいは，もしこの項が存在しないなら，$\frac{E}{g^5tt}$ を取り上げよう．あるいは，この項もまた欠如しているのであれば，$\frac{F}{g^6t^3}$ を取り上げよう．一般的に状況を描くために，すぐ次に現れる項は $\frac{K}{t^k}$ であるものとしてみよう．すると，次元が n の方程式

$$P+Q+R+\cdots=0$$

の性質により，k が $n-3$ より大きい数ではありえないのは明白である．方程式

$$u^3+\frac{Auu}{g}+\frac{Bu}{gg}+\frac{C}{g^3}=0$$

の根，言い換えると因子を $(u-\alpha)(u-\beta)(u-\gamma)$ とすると，

$$(u-\alpha)(u-\beta)(u-\gamma)-\frac{K}{t^k}=0$$

となる．$u-\alpha=\frac{I}{t^\mu}$ と置こう．この方程式は一本の漸近線の性質を表しているが，このように置くとき，

$$\frac{I}{t^\mu}\left(\alpha-\beta+\frac{I}{t^\mu}\right)\left(\alpha-\gamma+\frac{I}{t^\mu}\right)=\frac{K}{t^k}$$

となる．そこで t を無限大にもっていくと，

$$\frac{(\alpha-\beta)(\alpha-\gamma)I}{t^\mu} = \frac{K}{t^k}$$

となる．

192. 根 α が残る二根 β，γ と異なるなら，この方程式が得られるが，この場合，

$$I = \frac{K}{(\alpha-\beta)(\alpha-\gamma)} \quad \text{および} \quad \mu = k$$

となる．それゆえ，根 $u = \alpha$ により，漸近曲線

$$u - \alpha = \frac{K}{(\alpha-\beta)(\alpha-\gamma)t^k}$$

がわれわれの手にもたらされる．よって，もし三つの根のすべてが互いに異なるなら，ひとつひとつの根が，このような漸近線を与えるのである．だが，もし二つの根が等しいなら，たとえば $\beta = \alpha$ とすると，二本の漸近線は重なり合って一本の漸近線になってしまい，

$$\frac{II(\alpha-\gamma)}{t^{2\mu}} = \frac{K}{t^k}$$

となる．これより，

$$II = \frac{K}{\alpha-\gamma} \quad \text{および} \quad 2\mu = k$$

となる．それゆえ，この二本の漸近線の性質は，方程式

$$(u-\alpha)^2 = \frac{K}{(\alpha-\gamma)t^k}$$

で表されることになる．もし三つの根のすべてが等しく，したがって三本の漸近線が一本の漸近線に融合するなら，その漸近線の性質は方程式

$$(u-\alpha)^3 = \frac{K}{t^k}$$

で表される．

193. 方程式 $P + Q + R + \cdots = 0$ の主部 P は四つの実単純因子をもつとし，しかも四根ともすべて互いに相異なるか，あるいは二根が等しいか，あるいは三根が等しいとしよう．これらの場合には，無限遠に伸びていく分枝の性質は，前述の通りの事柄に基づいて類推される．なお解明を要するのは，すべての根が互いに等しいと

第7章　無限遠に伸びていく分枝の研究

いう場合のみである．そこで $P = (ay-bx)^4 M$ と置こう．ここで M は $n-4$ 次元の関数である．そうして前にそうしたように，0次元の関数において $\frac{y}{x} = \frac{b}{a}$ と置くと定量が与えられる．また，同時に，軸を変換して

$$t = \frac{ax+by}{g} \quad \text{および} \quad u = \frac{ay-bx}{g}$$

と置こう．ここで $g = \sqrt{aa+bb}$．このようにすると，漸近線に対し，次に挙げるような形の t と u の間の方程式が生じる．すなわち，まずはじめに Q は $ay-bx$ で割り切れないとすると，

$$u^4 + \frac{At^3}{g} = 0$$

という方程式が得られる．

194. 次に，Q は $ay-bx$ で割り切れるが，$(ay-bx)^2$ では割り切れないとすると，方程式

$$u^4 + \frac{Attu}{g} + \frac{Btt}{gg} = 0$$

が得られる．この方程式において $t = \infty$ と置くとき，向軸線 u のほうはといえば，有限量でもありうるし，無限量でもありうる．それゆえ，二本の漸近線が生じる．すなわち，漸近直線 $u + \frac{B}{gA} = 0$ と漸近曲線 $u^3 + \frac{Att}{g} = 0$ である．前者の漸近直線のほうについて，もっと精密に認識を深めるために，方程式の左辺の二項に続いてすぐ次に現れる項を取り上げよう．それを $\frac{K}{t^k}$ とする．すると，

$$u + \frac{B}{gA} + \frac{gK}{At^{k+2}} = 0$$

という曲線の方程式がみいだされるが，この曲線の，切除線 $t = \infty$ に対応する部分は，ここで探究されている曲線と重なり合う．

195. さて今度は，Q は $(ay-bx)^2$ で割り切れるが，$(ay-bx)^3$ では割り切れないとしよう．R が $ay-bx$ で割り切れるか否かという点に目を注がなければならない．前者の場合には，方程式

$$u^4 + \frac{Atuu}{g} + \frac{Btu}{gg} + \frac{Ct}{g^3} = 0$$

が得られ，後者の場合には，方程式

$$u^4 + \frac{A t u u}{g} + \frac{B t t}{g g} + \frac{C t}{g^3} = 0$$

が得られる．前者の場合，u が有限であるか，または無限であるのに応じて二つの方程式が与えられ，二つの方程式

$$u u + \frac{B u}{g A} + \frac{C}{g g A} = 0 \quad \text{と} \quad u u + \frac{A t}{g} = 0$$

に分解される．これらのうち，第一の方程式は，もし二つの異なる実根をもつなら，二本の平行な直線を与える．だが，もしそれらの二根が虚根なら，この方程式が指し示しているのは，無限遠に伸びていく分枝ではない．第二の方程式 $u u + \frac{A t}{g} = 0$ は漸近放物線を与える．後者の方程式

$$u^4 + \frac{A t u u}{g} + \frac{B t t}{g g} = 0$$

(このような形になるのは，$t = \infty$ とするとき，$\frac{C t}{g^3}$ は $\frac{B t t}{g g}$ と対比して消失するからである)には，$u u + \alpha t = 0$ という形の二つの方程式が内包されている．したがって，もし $A A$ が $4 B$ より大きいなら，二本の漸近放物線が生じる．もし $A A = 4 B$ なら，これらの二本の放物線は重なり合って一本の放物線になる．ところが，もし $A A$ が $4 B$ より小さいなら，これらの二つの方程式は完全に虚になってしまう．この場合には，これらの方程式により無限遠に伸びていく曲線の分枝が表されることはない．

196. 今度は Q は $(a y - b x)^3$ で割り切れるとしよう．すると，R と S が $a y - b x$ で割り切れるか否かに応じて，次に挙げる方程式が得られる．

$$u^4 + \frac{A u^3}{g} + \frac{B u u}{g g} + \frac{C u}{g^3} + \frac{D}{g^4} = 0,$$

$$u^4 + \frac{A u^3}{g} + \frac{B u u}{g g} + \frac{C t}{g^3} = 0,$$

$$u^4 + \frac{A u^3}{g} + \frac{B u t}{g g} + \frac{C t}{g^3} = 0,$$

$$u^4 + \frac{A u^3}{g} + \frac{B t t}{g g} = 0.$$

これらの方程式のうち，一番はじめの方程式は，もしその根がすべて実根で，しかも異なるなら，互いに平行な四本の直線の方程式である．だが，もし二つまたはそれ以上の個数の根が等しいなら，四本の直線のうちの二本またはもっと多くの直線が重なり合って一本の直線になる．虚根が存在する場合には，二本の直線または四本の直線のすべてが取り除かれてしまうことになる．第二の方程式では，$t = \infty$ により，向軸

線 u は無限大であるほかはない．よって，$u^4 + \dfrac{Ct}{g^3} = 0$．これは第四目の漸近曲線である．第三の方程式からは有限値 $u + \dfrac{C}{gB} = 0$ が手に入る．これに加えて，この第三の方程式には $u^3 + \dfrac{Bt}{gg} = 0$ という第三目の曲線の方程式も内包されている．これも漸近曲線である．最後に第四の方程式は，$t = \infty$ のとき u が無限大になることにより，$u^4 + \dfrac{Btt}{gg} = 0$ という形になる．もし B が正なら，この方程式は成立しえない．しかしもし B が負であれば，この方程式は，同じ頂点を共有し，反対側に開いていく二本の放物線を表している．これらの放物線を無限遠に伸ばしていくと，元の曲線と重なり合う．

197. ここまでのところで見てきた事柄の数々を通じ，主部 P のもっと多くの単純因子が互いに等しい場合にも，さらに歩を進めていくことを可能にしてくれる道筋が明るみに出される．実際，異なる諸因子に関して言うと，それらのひとつひとつを別々に考察することが可能であり，各々の因子に由来する漸近直線が規定される．だが，もし二つの因子が等しいなら，第178条以下の諸条で報告された通りの事柄に基づいて，曲線の性質が確立される．同様に，等しい因子が三個の場合については，第185条以下の諸条で明示された通りの道筋に沿って歩みが運ばれていく．四個の因子が等しい場合については，たった今，説明したばかりである．そのことから同時に，もっと多くの因子が等しい場合の取扱いも可能になる．そのうえ，このような考察を通じて，ただ単に無限遠に伸びていく分枝を顧慮するだけでも，曲線の世界にはこれほどまでに多種多様な現象が起こりうることが明らかになる．われわれはまだ，有限の大きさの範囲内で観察される多様さに遭遇する段階には達していないのである．

註記

1) (108頁) オイラー全集に出ている脚註(オイラー全集，I-9, 97頁)によればこの式は不完全で，初項と第二項の間に $C\sqrt{\mu y + \nu x}$ を書き加えなければならない．一例として方程式

$$xy^2 - 2xy - x^2 - x - 1 = 0$$

が挙げられて，この方程式は

$$y^2 = x + 2\sqrt{x} + 3 + \dfrac{2}{\sqrt{x}} + \dfrac{1}{x}$$

を与えることが指摘されている．

2) (109頁) オイラー全集，I-9, 97頁の脚註は次の通り．漸近線は

$$(ay - bx + c)^2 = -A(\mu x + \nu y)$$

という形である．すなわち，本文に出ている放物線と平行な放物線である．

3) (110頁) オイラー全集をテキストにして$(n-3)$, $(n-4)\cdots$および$(n-2)$としたが，初版本では数字が少しずれて$(n-2)$, $(n-3)\cdots$および$(n-1)$と書かれている．オイラー全集，Ⅰ-9, 97頁の脚註参照．

4) (110頁) オイラー全集，Ⅰ-9, 98頁の脚註に，この$by+ax$に関する展開は不完全であることが指摘されている．

第 8 章　漸近線

198.　前章では，きわめて多くの種類の漸近線が存在する様子を目の当たりにした．実際，直線のほかにも，方程式 $u^\mu = C t^\nu$ で表される多くの漸近曲線が見つかった．そうして一本の漸近直線があれば，そこから派生して何本もの漸近曲線がわれわれの手にもたらされた．それらの漸近曲線は，元の漸近直線よりもはるかによく近接して，提示された曲線に向かって収斂していくのである．ところで，ある直線がある曲線の漸近線であることが判明したなら，同じ直線を漸近線にもつ曲線を指定することができて，しかもその曲線は，提示された曲線の漸近線でもある．そのうえ，このような漸近曲線は，それを漸近線にもつ曲線の性質をはるかに精密に表している．実際，この種の漸近曲線は，元の漸近直線といっしょになって収斂していく分枝の本数を教えてくれるし，それに，それらの分枝はその直線の上下どちらの側に位置を占め，前後どちらの方向に向かってその直線に近接していくのかということも教えてくれるのである．

199.　漸近線のこのような無限の多様さは，源泉に立ち返り，それがわれわれの手に入ることになった道筋をたどりなおせば，きわめて適切に区分けされ，階層化される．すなわち，主部の互いに異なる個々の因子はある一群の漸近線を与えるし，二つの等しい因子は別の種類の一群の漸近線を与え，三つの等しい因子はまた別の種類の一群の漸近線を与え，四つの等しい因子はそられのどれとも別の種類の一群の漸近線を与えるというふうで，これ以降も同様の状勢が続いていく．そこで座標 x と y の間の n 次方程式が提示されたとして，それを $P + Q + R + S + \cdots = 0$ としよう．ここで P は主部であり，ここには n 次元の項がことごとくみな集められている．Q は，$n-1$ 次元の項を集めた第二の部分である．同様に R は第三の部分，S は第四の部分

である．これ以降も同様に続いていく．

200． さて，$ay-bx$ は P の単純因子とし，これと同じ因子は他には存在しないとしよう．そうして $P=(ay-bx)M$ と置こう．ここで M は $n-1$ 次元の同次関数であり，しかも $ay-bx$ で割り切れない．AZ を軸とし，この軸において切除線を $AP=x$ とし，向軸線を $PM=y$ としよう(図35)．因子 $ay-bx$ をいっそう簡潔に表示するために，他の直線 AX を軸に取ろう．この直線は前の直線と切除線の始点 A において角 XAZ を作って交叉するものとし，その際，その角の

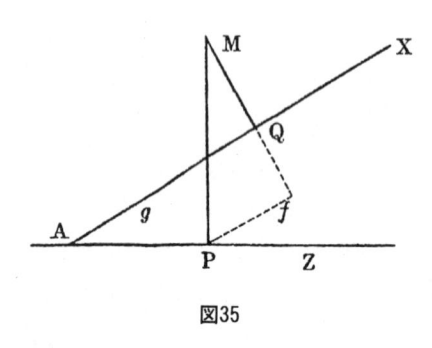

$$正接=\frac{b}{a}, \quad したがって, \quad 正弦=\frac{b}{\sqrt{aa+bb}} \quad および \quad 余弦=\frac{a}{\sqrt{aa+bb}}$$

となるようにする．この軸上で，切除線 $AQ=t$ と向軸線 $QM=u$ を設定しよう．新しい座標 u および t と平行に線分 Pg と Pf を引くと，

$$Pg=Qf=\frac{bx}{\sqrt{aa+bb}}, \quad Ag=\frac{ax}{\sqrt{aa+bb}},$$
$$Mf=\frac{ay}{\sqrt{aa+bb}}, \quad Pf=Qg=\frac{by}{\sqrt{aa+bb}}$$

となる．したがって，

$$t=Ag+Qg=\frac{ax+by}{\sqrt{aa+bb}} \quad および \quad u=Mf-Qf=\frac{ay-bx}{\sqrt{aa+bb}}$$

となる．それゆえ，今度は向軸線 u は主部 P の因子になっている．

201． これらの事柄から，逆に

$$y=\frac{au+bt}{\sqrt{aa+bb}} \quad および \quad x=\frac{at-bu}{\sqrt{aa+bb}}$$

となる．これらの値を方程式 $P+Q+R+S\cdots=0$ に代入すると，t と u の間の，軸 AX に関する同じ曲線の方程式が得られる．係数の個数がおびただしい量にのぼるのを避けるため，$M, Q, R, S, T\cdots$ の各々のすべての係数を，それぞれ同じひとつ

第8章 漸近線

の文字 α, β, γ, δ ⋯ 使って表すことにする．代入を実行すると，各々の文字は次に挙げるような形に表示される．

$$M = \alpha t^{n-1} + \alpha t^{n-2} u + \alpha t^{n-3} u u + \cdots,$$

$$Q = \beta t^{n-1} + \beta t^{n-2} u + \beta t^{n-3} u u + \cdots,$$

$$R = \gamma t^{n-2} + \gamma t^{n-3} u + \gamma t^{n-4} u u + \cdots,$$

$$S = \delta t^{n-3} + \delta t^{n-4} u + \delta t^{n-5} u u + \cdots,$$

$$T = \varepsilon t^{n-4} + \varepsilon t^{n-5} u + \varepsilon t^{n-6} u u + \cdots,$$

$$\cdots\cdots\cdots\cdots$$

ところで，漸近線を見つけるためには切除線 t を無限大としなければならないのであるから，各々の部分において，すべての項は，一番先頭に出ている項と対比して消失してしまう．それゆえ，もし各々の部分について，その初項が存在するなら，第二項以下に続く諸項はみな無視してさしつかえない．だが，もし初項が存在しないなら，第二番目の項を取る．初項も第二項も存在しないなら，第三項から始めることになる．

202. u は関数 M を割り切らないから，M の初項が欠如することはありえない．よって $\alpha t^{n-1} u + \beta t^{n-1} = 0$ となる．これより u に対して有限値が得られるが，それを $=c$ とする．すなわち，軸 AX に平行で，この軸から距離 c だけ離れている位置に引かれた直線は漸近線である．そこで今度は，提示された曲線にいっそう高い精度で近接していく漸近曲線を見つけるために，初項は除くことにして，いたるところで $u = c$ と置いてみよう．すると，

$$\alpha t^{n-1} u + \beta t^{n-1} + t^{n-2}(\alpha c c + \beta c + \gamma) + t^{n-3}(\alpha c^3 + \beta c c + \gamma c + \delta) + \cdots = 0$$

という方程式が見つかる．あるいは，$\alpha u + \beta = u - c$ [1])により，

$$(u-c) t^{n-1} + t^{n-2}(\alpha c c + \beta c + \gamma) + t^{n-3}(\alpha c^3 + \beta c c + \gamma c + \delta) + \cdots = 0$$

という形になる．もし第二項が欠如しているのでなければ，第二項以下に続く項はすべて切り捨ててさしつかえない．そこでそのようにすると，

$$(u-c) + \frac{A}{t} = 0$$

という形になる．もし第二項が欠如しているなら，第三項を取り上げる．すると，

$$(u-c) + \frac{A}{tt} = 0$$

という形になる．第三項も欠けているなら，

$$(u-c) + \frac{A}{t^3} = 0$$

となる．これ以降も同様に続いていく．もし一番最後の定数項を除いてすべての項が欠けているなら，

$$(u-c) + \frac{A}{t^{n-1}} = 0$$

という形になる．あらゆる項がまったく存在しないなら，方程式の全体が $u-c$ で割り切れることになる．したがって，この場合，直線 $u-c=0$ は，提示された曲線の一部分であることになる．

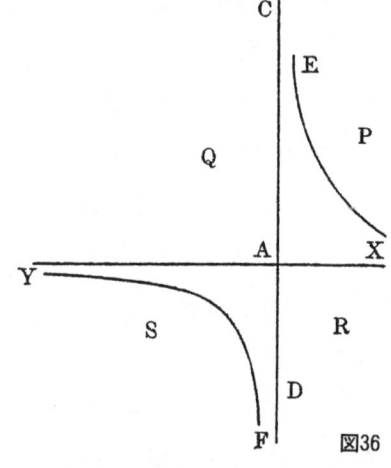

203. $u-c=z$ と置くと，すなわち切除線を漸近直線上に取ると，主部の一個の因子に起因して与えられる漸近曲線はことごとくみな，$z = \frac{C}{t^k}$ という一般方程式に包摂される．ここで k は冪指数 n よりも小さい任意の整数を表す．そこで，切除線 t を無限大にするときの，これらの漸近曲線の振る舞いを調べよう．漸近直線 XY を軸に採り，A を切除線の始点としよう(図36)．直線 CD を引くと，四つの領域ができる．それらを文字 P, Q, R, S で表そう．まずはじめに $z = \frac{C}{t}$ としよう．t を負に取ると，z もまた負になるから，この曲線は，相対する領域 P および S 内に位置する二本の分枝 EX と FY をもつ．これらの分枝は直線 XY に向かって収斂していく．k が任意の奇数の場合にも同じ事柄が成立する．だが，$k=2$ 言い換えると $z = \frac{C}{tt}$ の場合には，t を正負のどちらに定めても z はつねに正のままに保たれるから，曲線は，領域 P および Q 内に位置し，直線 XY に向かっ

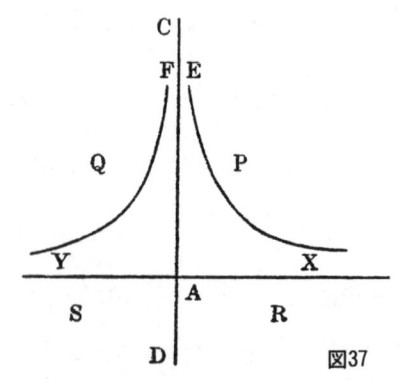

第8章 漸近線

て収斂する二本の分枝 EX と FY から成る(図37).k が任意の偶数の場合にも同じ状勢が現れる.異なる点はといえば,冪指数 k が大きくなればなるほど,収束の度合いが速くなることのみである.

204. 主部 P は互いに等しい二つの因子 $ay-bx$ をもつとしよう.前と同じ軸の移転を遂行すると,

$$P = \quad\quad\quad + \alpha t^{n-2}uu + \alpha t^{n-3}u^3 + \cdots,$$
$$Q = \beta t^{n-1} + \beta t^{n-2}u + \beta t^{n-3}uu + \beta t^{n-4}u^3 + \cdots,$$
$$R = \gamma t^{n-2} + \gamma t^{n-3}u + \gamma t^{n-4}uu + \gamma t^{n-5}u^3 + \cdots,$$
$$S = \delta t^{n-3} + \delta t^{n-4}u + \delta t^{n-5}uu + \delta t^{n-6}u^3 + \cdots,$$
$$\cdots\cdots\cdots\cdots$$

というふうになる.これより,第二の部分 Q の初項が存在するかしないかに応じて,次に挙げるような二つの方程式が得られる.

I.
$$\alpha t^{n-2}uu + \beta t^{n-1} = 0 \quad すなわち \quad \alpha uu + \beta t = 0$$

II.
$$\alpha t^{n-2}uu + \beta t^{n-2}u + \gamma t^{n-2} = 0 \quad すなわち \quad \alpha uu + \beta u + \gamma = 0$$

よって,もし前者の方程式 $\alpha uu + \beta t = 0$ が成立するなら,漸近線は放物線であり,その二本の分枝は無限遠において,提示された曲線の二本の分枝と重なり合う(図38).それゆえ,曲線は二つの領域 P および R 内に位置する分枝をもち,それらの分枝は最後には放物線 EAF と一致する.

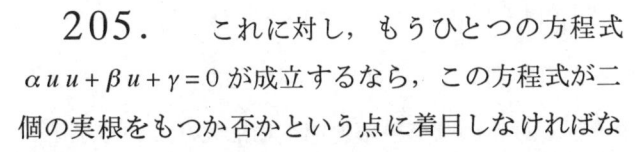

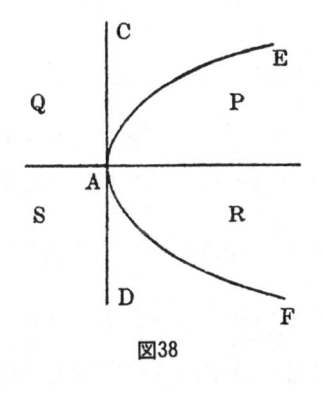

図38

205. これに対し,もうひとつの方程式 $\alpha uu + \beta u + \gamma = 0$ が成立するなら,この方程式が二個の実根をもつか否かという点に着目しなければならない.実際,後者の場合,すなわち実根をもたない場合には,この方程式は決して無限遠に伸びていく分枝を表さないのである.そこで二つの根は実根で,しかも相異

125

なるとし，ひとつの根を $u=c$，もうひとつの根を $u=d$ としてみよう．このとき曲線は，互いに平行な二本の漸近直線をもつ．前のように，それらの性質を調べよう．

$$\alpha uu + \beta u + \gamma = (u-c)(u-d)\ ^{2)}$$

であるから，いたるところで $u=c$ と置くと(ただし因子 $u-c$ は別で，この因子においては $u=c$ とは置かないことにする)，方程式

$$(c-d)t^{n-2}(u-c) + t^{n-3}(\alpha c^3 + \beta cc + \gamma c + \delta)$$
$$+ t^{n-4}(\alpha c^4 + \beta c^3 + \gamma cc + \delta c + \varepsilon) + \cdots = 0$$

が得られる．よって，もし第二項が消失しないならば，引き続いて現れる諸項はすべて，$t=\infty$ と置くと消えてしまい，漸近線は

$$(u-c) + \frac{A}{t} = 0$$

という形になる．第二項が消失してしまうなら，漸近線は

$$(u-c) + \frac{A}{tt} = 0$$

という形になる．これ以降の状勢も同様である．一番最後の定量の項を除いてすべての項が $=0$ となる場合には，漸近線は

$$(u-c) + \frac{A}{t^{n-2}} = 0$$

という形になる．われわれはすでに以前，これらの曲線の形状を，$t=\infty$ のとき，ことごくみな描出した．

206. 方程式 $\alpha uu + \beta u + \gamma = 0$ の二根が等しい場合，言い換えると $\alpha uu + \beta u + \gamma = (u-c)^2$ $^{3)}$ となる場合には，この方程式の根は $u=c$ となる．そこでこの値を他の諸項に代入すると，方程式

$$t^{n-2}(u-c)^2 + t^{n-3}(\alpha c^3 + \beta cc + \gamma c + \delta) + t^{n-4}(\alpha c^4 + \beta c^3 + \gamma cc + \delta c + \varepsilon) + \cdots = 0$$

が得られる．これより，一番はじめの項は別にして，第二項が存在する，あるいは第二項は欠けているが第三項は存在する，あるいは第二項と第三項は欠けているが第四項は存在する，という状勢に応じて，下記のような漸近線の方程式が手に入る．

第 8 章　漸近線

$$(u-c)^2 + \frac{A}{t} = 0$$

$$(u-c)^2 + \frac{A}{t\,t} = 0$$

$$(u-c)^2 + \frac{A}{t^3} = 0$$

これ以降も同様の状勢が継続し，一番最後の定量の項を除いてすべての項が存在しない場合，

$$(u-c)^2 + \frac{A}{t^{n-2}} = 0$$

という方程式に到達する．もし一番最後の項も消失するなら，漸近線の方程式は

$$(u-c)^2 = 0$$

となる．したがってこの場合，この方程式で表される漸近直線は曲線の一部分なのであり，曲線の形状はそれだけ複雑さを増すことになる．

207.　こんなふうにして二個の等根に起因して現れるさまざまな場合はことごとく数え上げられたように見えるが，それにもかかわらず，最終的に得られた方程式はなお別の形を受け入れる余地があり，その結果，種々の漸近線が手に入る．冪 t^{n-3} に乗じられている因子が $u-c$ で割り切れるとき，そのようなことが実際に起こる．実際，この場合，その因子には，初項におけるのと同じように $u-c$ が残されることになる．そこでそのすぐ次に出てくる項を加えると，次に挙げるような方程式が現れる．

$$(u-c)^2 + \frac{A(u-c)}{t} + \frac{B}{t\,t} = 0,$$

$$(u-c)^2 + \frac{A(u-c)}{t} + \frac{B}{t^3} = 0,$$

$$\cdots\cdots$$

$$(u-c)^2 + \frac{A(u-c)}{t} + \frac{B}{t^{n-2}} = 0.$$

もし第二項がまったく存在しないか，あるいは $(u-c)^2$ で割り切れるなら，第三番目の項を考察する．もしその項が $u-c$ で割り切れるなら，そこに $u-c$ を残し，さらにすぐ次に出てくる項を加える．こうしてこの場合，次に挙げるような方程式が現れる．

$$(u-c)^2 + \frac{A(u-c)}{t\,t} + \frac{B}{t^3} = 0,$$

$$(u-c)^2 + \frac{A(u-c)}{t\,t} + \frac{B}{t^4} = 0,$$

$$\cdots\cdots$$

$$(u-c)^2 + \frac{A(u-c)}{t\,t} + \frac{B}{t^{n-2}} = 0.$$

第三項も存在せず,しかも第四項が $u-c$ で割り切れるなら,あるいは第四項も欠けているなら第五項を,というふうに考察を続けていくと,

$$(u-c)^2 + \frac{A(u-c)}{t^p} + \frac{B}{t^q} = 0$$

という形の漸近曲線の方程式が得られる.ここで冪指数 p はつねに q より小さく,q は $n-1$ よりも小さい.

208.

$u-c=z$ と置くと,これまでに得られた方程式はすべて,

$$z\,z - \frac{A\,z}{t^p} + \frac{B}{t^q} = 0$$

という形の方程式に包摂される.この方程式を解明するには,q が $2p$ より大きいか,あるいは $2p$ に等しいか,あるいは $2p$ より小さいかに応じて,三通りの場合を考察しなければならない.

第一の場合,すなわち q が $2p$ より大きい場合には,この方程式には二つの方程式

$$z - \frac{A}{t^p} = 0 \quad \text{と} \quad A\,z - \frac{B}{t^{q-p}} = 0$$

が含まれている.実際,$t = \infty$ と置くと,どちらの方程式も要請に応えている.なぜなら,$z = \frac{A}{t^p}$ と置くと,上記の方程式は

$$\frac{A\,A}{t^{2p}} - \frac{A\,A}{t^{2p}} + \frac{B}{t^q} \quad \text{すなわち} \quad A\,A - A\,A + \frac{B}{t^{q-2p}} = 0$$

となる.q は $2p$ より大きいから,これは正しい.他方,p について言うと,これは $\frac{n-2}{2}$ より小さい.

ところで,$z = \frac{B}{A\,t^{q-p}}$ なら,

$$\frac{B\,B}{A\,A\,t^{2q-2p}} - \frac{B}{t^q} + \frac{B}{t^q} \quad \text{すなわち} \quad \frac{B\,B}{A\,A\,t^{q-2p}} - B + B = 0$$

第 8 章　漸近線

となる．これも正しい．なぜなら，$t=\infty$ と置くと，第一項は消失するからである．それゆえ，この場合，同一の漸近直線に沿って二本の漸近曲線が得られる．したがって，無限遠に伸びていく四本の分枝が存在することになる．

　第二の場合，すなわち $q=2p$ の場合には，

$$zz - \frac{Az}{t^p} + \frac{B}{t^{2p}} = 0$$

という方程式が与えられる．もし AA が $4B$ よりも小さいなら，この方程式の二根は虚根である．この場合，漸近線は存在しない．もし AA が $4B$ よりも大きいなら，この方程式は，$z=\frac{C}{t^p}$ という類似の形をした二本の漸近線を与える．

　第三の場合，すなわち q が $2p$ より小さい場合には，一番はじめに提示された方程式の中央の項は，$t=\infty$ と置くとき，つねに消失する．それゆえ，漸近線の方程式は $zz+\frac{B}{t^q}=0$ という形になる．この形の漸近線に先立って現れた漸近線の形状についてはすでに説明した．そこで，$zz=\frac{C}{t^k}$ という形状に包含される漸近線を調べることにしたいと思う．

209.　　軸を漸近直線 $u=c$ 上に採り，向軸線 $u-c$ を $=z$ と置くと，ここで取り上げられる漸近曲線はことごとくみな，$zz=\frac{C}{t^k}$ という形の方程式に包摂されることになる．ここで，k は $n-1$ よりも小さい整数を表す．これらの曲線の無限遠に伸

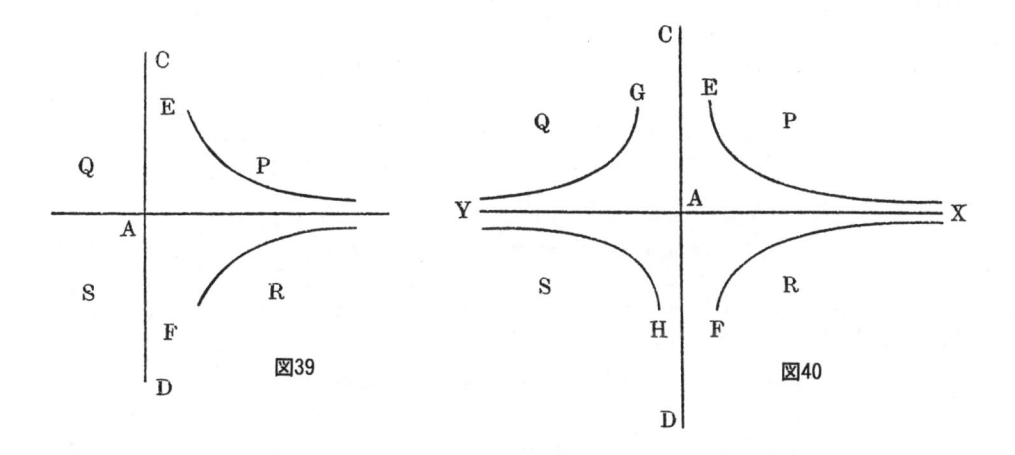

図39

図40

びていく分枝，すなわち $t=\infty$ とするときに現れる分枝は次のようにして手に入る．$k=1$，すなわち $zz=\frac{C}{t}$ なら，t は負にはなりえないのであるから，曲線は領域 P と

領域 R 内に，無限遠に伸びていく二本の分枝 EX と FX をもつ(図39)．k が任意の奇数の場合にも，同じ現象が見られる．これに対し，k が偶数，たとえば2として，方程式が $zz = \dfrac{C}{tt}$ という形になるとすれば，まずはじめに C は負の量なのか，あるいは正の量なのかという点を見きわめなければならない．前者の場合，この方程式は実根をもちえない．したがって，曲線は無限遠に伸びていく分枝をひとつももたないことになる．後者の場合，曲線は，無限遠に伸びていき，しかも漸近線 XY に向かって収斂していく四本の分枝，すなわち四つの領域 P, R, Q, S 内に散らばる分枝 EX, FX, GY, HY をもつ(図40)．

210. 方程式の主部 P は三つの等因子をもつとしよう．方程式を座標 t と u を用いて表示して，u が P の三重因子になるようにすると，

$$P = \qquad\qquad + \alpha t^{n-3} u^3 + \alpha t^{n-4} u^4 + \cdots,$$
$$Q = \beta t^{n-1} + \beta t^{n-2} u + \beta t^{n-3} uu + \beta t^{n-4} u^3 + \beta t^{n-5} u^4 + \cdots,$$
$$R = \gamma t^{n-2} + \gamma t^{n-3} u + \gamma t^{n-4} uu + \gamma t^{n-5} u^3 + \gamma t^{n-6} u^4 + \cdots,$$
$$S = \delta t^{n-3} + \delta t^{n-4} u + \delta t^{n-5} uu + \delta t^{n-6} u^3 + \delta t^{n-7} u^4 + \cdots,$$
$$\cdots\cdots\cdots\cdots$$

となる．これより，部分 Q と R のさまざまな組成により，次に挙げるようないろいろな方程式が得られる．

I.
$$\alpha t^{n-3} u^3 + \beta t^{n-1} = 0$$

II.
$$\alpha t^{n-3} u^3 + \beta t^{n-2} u + \gamma t^{n-2} = 0$$

III.
$$\alpha t^{n-3} u^3 + \beta t^{n-3} uu + \gamma t^{n-2} = 0$$

IV.
$$\alpha t^{n-3} u^3 + \beta t^{n-3} uu + \gamma t^{n-3} u + \delta t^{n-3} = 0$$

第8章　漸近線

211.　第一の方程式は $\alpha u^3 + \beta t t = 0$ となる．したがって，この漸近線は第三目の線(三次曲線)である．切除線 t を，点 A から出発して軸 XY 上に取ると，この曲線の形状は次の通り．すなわち，この曲線は，領域 P および Q 内に位置し，無限遠に伸びていく二本の分枝 E と F をもつ(図41)．第二の方程式は $\alpha u^3 + \beta t u + \gamma t = 0$ という形になる．これより，$t = \infty$ と置くと，u は二つの値をもちうる．ひとつは有限値であり，もうひとつは無限に大きい値である．したがって，この方程式は二つの方程式 $\beta u + \gamma = 0$ と $\alpha u u + \beta t = 0$ に分解する．後者の方程式は，前に見たように，放物線の方程式である．したがって曲線は，無限遠に伸びて，しかも放物線に向かって近接していく二本の分枝をもつことになる．前者の方程式は $u - c = 0$ を与えるとしよう．これは漸近直線の方程式であり，その性質は，$\beta u + \gamma = u - c$ を除いて，いたるところで u の代わりに c と書けば認識される．そこでそのようにすると，

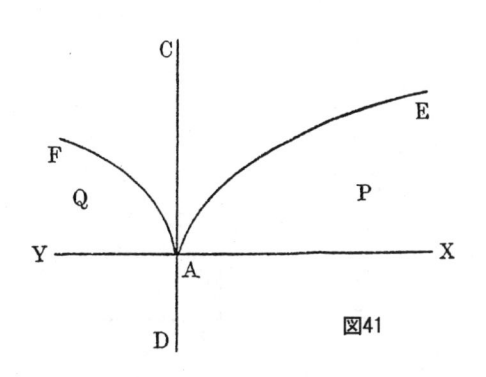

$$t^{n-2}(u-c) + t^{n-3}(\alpha c^3 + \beta c c + \gamma c + \delta) + t^{n-4}(\alpha c^4 + \beta c^3 + \gamma c c + \delta c + \varepsilon) + \cdots = 0$$

となる．これより，前のように，

$$(u-c) + \frac{A}{t} = 0 \quad \text{または} \quad (u-c) + \frac{A}{tt} = 0 \quad \text{または} \quad \cdots\cdots$$

となることが明らかになる．一番最後に現れる方程式は $(u-c) + \frac{A}{t^{n-2}} = 0$ という形である．こうして，この場合，曲線は二本の漸近線をもつことになる．一本は直線であり，その性質はたった今，明らかにされたところである．もう一本の漸近線は放物線である．

212.　第三の方程式 $\alpha u^3 + \beta u u + \gamma t = 0$ が $t = \infty$ と置くとき成立するのは，$u = \infty$ となる場合に限られる．したがって，項 $\beta u u$ は αu^3 との対比のもとで消失し，その結果，漸近線の方程式として第三目の方程式 $\alpha u^3 + \gamma t = 0$ が得られる．その形状は次の通り．すなわち，この漸近線は対置する領域 P と S 内に，無限遠に伸びていく二本の分枝 AE と AF をもつ(図42)．

第四の方程式 $\alpha u^3 + \beta u u + \gamma u + \delta = 0$ は一本または三本の互いに平行な漸近直線を与える．二本の漸近直線が同じ直線になったり，三本の漸近直線のすべてが同一の直線になったりする場合には三本にはならない．それらの漸近直線の性質を探究するため，まずはじめに $u = c$ はこの方程式のひとつの根とし，しかもこの方程式は他にはこれと同じ根をもたないとする．そうして，

$$\alpha u^3 + \beta u u + \gamma u + \delta = (u-c)(f u u + g u + h)$$

と置こう．因子 $u - c$ は別にして，随所で $u = c$ と置くと，

$$t^{n-3}(u-c) + A t^{n-4} + B t^{n-5} + C t^{n-6} + \cdots = 0$$

という方程式が得られる．これより，$u - c = \dfrac{K}{t^k}$ という形の漸近線が手に入る．ここで，k は $n - 2$ よりも小さい数である．

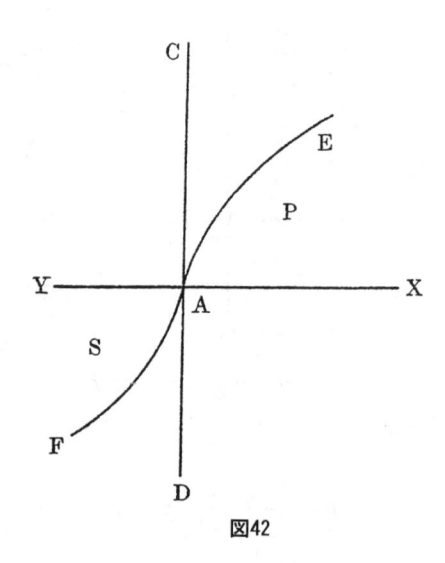

213. 方程式 $\alpha u^3 + \beta u u + \gamma u + \delta = 0$ の二つの根が等しいとして，この方程式の左辺の式を $= (u-c)^2 (f u + g)$ と置こう．そうして因子 $u - c$ が存在する部分は除外して随所で $u = c$ と定めると，

$$(u-c)^2 + \frac{A(u-c)}{t^p} + \frac{B}{t^q} = 0$$

という形の方程式に到達する．ここで，q は $n - 2$ より小さく，p は q よりも小さい．このような場合については，すでに以前，解明した．すると，なお残されているのは，方程式 $\alpha u^3 + \beta u u + \gamma u + \delta = 0$ が三つの等根をもつ場合，すなわちこの方程式の左辺の式が $(u-c)^3$ という形になる場合である．この場合，

$$(u-c)^3 t^{n-3} + P t^{n-4} + Q t^{n-5} + R t^{n-6} + S t^{n-7} + \cdots = 0$$

という方程式が得られる．もし P が $u-c$ で割り切れないなら，$u = c$ と置くと，

$$(u-c)^3 + \frac{A}{t} = 0$$

となる．だが，もし P が因子 $u - c$ を一度だけもつなら，この因子 $u - c$ は別にして随

図42

第8章　漸近線

所で $u = c$ と置くと，

$$(u-c)^3 + \frac{A(u-c)}{t} + \frac{B}{t^q} = 0$$

という形の方程式が得られる．ここで，q は $n-2$ より小さい数である．$\frac{B}{t^q}$ は，項 P に続く諸項の中で，$u = c$ と置いても消失しない一番はじめの項である．P は $(u-c)^2$ で割り切れるが，Q は因子 $u-c$ をもたないとすれば，

$$(u-c)^3 + \frac{A(u-c)^2}{t} + \frac{B}{t\,t} = 0$$

という形の方程式が得られる．もしこの第二の部分 P が $(u-c)^3$ で割り切れるなら，$(u-c)^3$ で割り切れない項に達するまで，順々に歩を進めていかなければならない．もしその $(u-c)^3$ で割り切れない項が $u-c$ で割り切れるなら，さらになお $u-c$ で割り切れない項に達するまで進んでいく．しかし，もしその $(u-c)^3$ で割り切れない項が $(u-c)^2$ で割り切れるなら，さらに歩を進めていくと，$(u-c)^2$ では割り切れない項に達する．その項は $u-c$ で割り切れないこともあれば，割り切れることもある．前者の場合には方程式はその段階で終焉する．後者の場合，なお先に進んでいくと，$u-c$ で割り切れない項に到達する．このようにしてつねに，

$$(u-c)^3 + \frac{A(u-c)^2}{t^p} + \frac{B(u-c)}{t^q} + \frac{C}{t^r} = 0$$

という一般的な形状に包摂される方程式が得られる．ここで r は $n-2$ より小さく，q は r より小さく，p は q よりも小さい．

214. 　この方程式には $u - c = \frac{K}{t^k}$ という形の三つの方程式が含まれているか，そのような形のひとつの方程式と $(u-c)^2 = \frac{K}{t^k}$ という形のひとつの方程式が含まれているか，あるいは $(u-c)^3 = \frac{K}{t^k}$ という形のただひとつの方程式が含まれているかのいずれかである．一番最後の場合が起こるのは，$3p$ が r より大きく，しかも $3q$ が $2r$ よりも大きいときである．二つの方程式が虚方程式になるという場合も起こりうるが，その場合には，それらの方程式は漸近線を一本も示さないことになる．また，これらの漸近線の形状については，方程式 $(u-c)^3 = \frac{K}{t^k}$ で表される最後の漸近線を別にすると，すでに以前，説明した．この方程式が与える図形は，もし k が奇数なら第36図で示されている通りであり，対置する領域 P と S 内に位置して，無限遠に伸びていく二本の分枝 EX と FY をもつ．だが，もし k が偶数なら，第37図で表される形状が得

られる．その図では，漸近直線 XY の同じ側，すなわち領域 P と Q 内に位置して無限遠に伸びていく二本の分枝 EX と FY が描かれている．

215. 方程式の主部において四個またはそれ以上の個数の単純因子が等しいとき，漸近線の形状がどのようになるかを調べなければならないが，ここまでの事柄によりその様子を見て取るのは容易である．そこで，ここではこれ以上は立ち入らないことにする．その代わり，これまでに与えられた諸規則をひとつの例に適用し，それをもってこの章を終えたいと思う．

例

方程式
$$y^3 xx(y-x) - xy(yy+xx) + 1 = 0$$
で表される曲線が提示されたとしよう．この方程式の主部 $y^3 xx(y-x)$ は一個の単独因子 $y-x$ と二個の等因子 xx，それに三個の等因子 y^3 をもつ．

まずはじめに単純因子 $y-x$ を考察しよう．$y=x$ と置くと，$y-x-\dfrac{2}{x}=0$．$x=\infty$ により，$y-x=0$ となる．これは漸近直線 BAC の方程式である．この漸近直線は切除線の始点において軸 XY と交叉して，半直角 BAY を作る (図43)．この直線を軸と見て，方程式を書き直そう．この作業は，
$$y = \frac{u+t}{\sqrt{2}} \quad \text{および} \quad x = \frac{t-u}{\sqrt{2}}$$
と置けば遂行される．そこでそのようにすると，
$$\frac{(u+t)(tt-uu)^2 u}{4} - \frac{(tt-uu)(tt+uu)}{2} + 1 = 0$$
という方程式が得られる．これに 4 を乗じると，

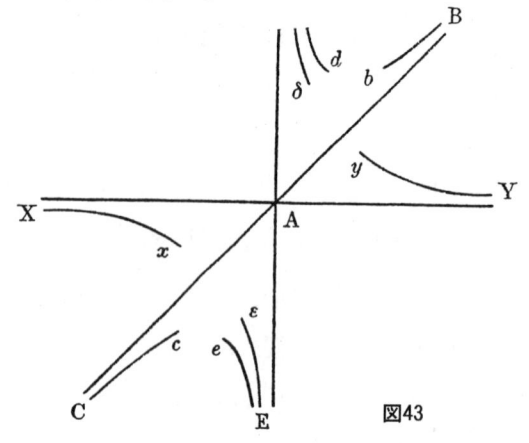

第8章 漸近線

$$0 = \quad t^5u + t^4uu - 2t^3u^3 - 2ttu^4 + tu^5 + u^6$$
$$-2t^4 \qquad\qquad\qquad +2u^4$$
$$+4$$

となる．この方程式により，$t=\infty$ と置くと $u=0$ となることがわかる．したがって，二つの項 t^5u, $-2t^4$ を除いて，残りの項は消失する．これより，漸近曲線として $u=\frac{2}{t}$ が与えられる．それゆえ，この因子に起因して，ここで調べている曲線は無限遠に伸びていく二本の分枝 bB, cC をもつことになる．

216. 今度は重複する二つの等因子 xx を取り上げよう．すると，

$$xx = \frac{xy(yy+xx)-1}{y^3(y-x)}$$

となる．当初の軸 XY に垂直な直線 AD を軸に取ると，$y=t$ および $x=u$ となる．そこでこれらの座標を用いると，曲線の方程式は

$$0 = \qquad\qquad t^4uu - t^3u^3$$
$$-t^3u \quad -tu^3$$
$$+1$$

という形になる．t を無限大にすると，この方程式は $t^4u^2 - t^3u + 1 = 0$ となる．これより二つの方程式

$$u = \frac{1}{t} \quad \text{および} \quad u = \frac{1}{t^3}$$

が得られる．それゆえ，この因子は無限遠に伸びていく四本の分枝を与える．すなわち，まず方程式 $u=\frac{1}{t}$ に由来する二本の分枝 dD, eE, それに，それらと同じ側に位置し，方程式 $u=\frac{1}{t^3}$ に由来する二本の分枝 δD, εE を合わせて全部で四本である．

217. 三個の等因子 y^3 については，同じ軸 XY との関連のもとで考察が加えられる．したがって，$x=t$ および $y=u$ と置くことになる．これより

$$0 = -t^3u^3 + ttu^4 - t^3u - tu^3 + 1$$

という方程式が得られる．t を無限大と設定すると，この方程式は $t^3u^3 + t^3u = 0$ すなわち $u(uu+1) = 0$ を与える．そうして $uu+1=0$ は成立しえない方程式であるから，軸 XY に一致するただひとつの漸近直線 $u=0$ が得られる．その性質は方程式

$t^3u=1$ すなわち $u=\frac{1}{t^3}$ で表される．したがってこの三重因子は，無限遠に伸びていくただ二本の分枝 yY と xX を与える．それゆえ，ここで調べている曲線は，無限遠に伸びていく分枝を全部で八本もつことになる．有限の広がりをもつ領域内で，それらの分枝が相互にどのようにつながっているのかという点については，ここでは説明を加えない．

218. ここで説明した事柄と前章で目にした事柄により，無限遠に伸びていく分枝の多様性がはっきりと見て取れる．実際，まずはじめに，たとえば双曲線のように，ある直線を漸近直線として，その直線に向かって収斂していく分枝が存在する．あるいはまた，放物線のように，漸近直線をもたない分枝も存在する．前者の場合，曲線の分枝は**双曲線状**であると言い，後者の場合には**放物線状**であると言う．どちらの範疇にも，無限に多くの種類の分枝が存在する．実際，双曲線状の形の分枝の仲間は，座標 t と u のうち，t を無限大と定めるとき，これらの座標間の次に挙げるような形の方程式で表される．

$$u=\frac{A}{t},\quad u=\frac{A}{tt},\quad u=\frac{A}{t^3},\quad u=\frac{A}{t^4}\cdots,$$

$$uu=\frac{A}{t},\quad uu=\frac{A}{tt},\quad uu=\frac{A}{t^3},\quad uu=\frac{A}{t^4}\cdots,$$

$$u^3=\frac{A}{t},\quad u^3=\frac{A}{tt},\quad u^3=\frac{A}{t^3},\quad u^3=\frac{A}{t^4}\cdots,$$

$$\cdots\cdots$$

また，放物線状の形の分枝の仲間は，次に挙げる方程式で示される．

$$uu=At,\quad u^3=At,\quad u^4=At,\quad u^5=At\cdots,$$

$$u^3=Att,\quad u^4=Att,\quad u^5=Att,\quad u^6=Att\cdots,$$

$$u^4=At^3,\quad u^5=At^3,\quad u^6=At^3,\quad u^7=At^3,$$

$$\cdots\cdots$$

これらの方程式のどれも，もし t と u の冪指数が双方ともに偶数になっているのでなければ，無限遠に伸びていく分枝を少なくとも二本，与える．だが，もし双方の冪指数が偶数なら，その場合には，無限遠に伸びていく分枝は一本も存在しないか，または四本存在するかのいずれかである．すなわち，もし方程式が成立しえないなら前

第 8 章　漸近線

者の場合が起こり，もし方程式が成立しうるなら，後者の場合が起こるのである．

註記
　1)　(123頁)　厳密に言うと，因子 α をつけて $\alpha u + \beta = \alpha(u-c)$ としなければならない．
　2)　(126頁)　ここも，厳密には $\alpha u u + \beta u + \gamma = \alpha(u-c)(u-d)$ としなければならないところである．
　3)　(126頁)　ここも，厳密には $\alpha u u + \beta u + \gamma = \alpha(u-c)^2$ としなければならない．

第9章　第三目の線をいくつかの種に区分けすること

219.　無限遠に伸びていく分枝の性質と個数は，曲線の世界において，本質的な識別の基準として正しく働くように思われる．そうしてこの泉から，各々の目(もく)の線をさらに細かく区分けしていく際の論拠がきわめて適切に汲みとれる．たとえば第二目の線(二次曲線)の区分けも手に入るが，その特徴は以前すでに与えられた細分(訳者註．第6章参照)の場合と同じである．

実際，第二目の線(二次曲線)の一般方程式

$$\alpha yy + \beta yx + \gamma xx + \delta y + \varepsilon x + \zeta = 0$$

が提示されたとしよう．ここで特に注視しなければならないのは，この方程式の主部 $\alpha yy + \beta yx + \gamma xx$ が実単純因子をもつか否かという論点である．もしそのような因子が存在しないなら，**楕円**という名で呼ばれる第一番目の種の第二目の線(二次曲線)が現れる．しかし，この主部の二つの因子がともに実因子になる場合には，それらの因子は異なるのか，あるいは等しいのかという点に着目しなければならない．前者の場合には**双曲線**が生じ，後者の場合には**放物線**が生じる．

220.　それゆえ，主部の二つの因子がともに実因子で，しかも異なる場合には，第二目の線(二次曲線)は二本の漸近直線をもつことになる．それらの漸近直線の性質を調べるために，

$$\alpha yy + \beta yx + \gamma xx = (ay - bx)(cy - dx)$$

と設定してみよう．したがって，提示された方程式は

$$(ay - bx)(cy - dx) + \delta y + \varepsilon x + \zeta = 0$$

という形になる．まずはじめに因子 $ay-bx$ を考察しよう．無限遠に移行すると，この因子は $\frac{y}{x}=\frac{b}{a}$ を与える．したがって，

$$ay-bx+\frac{\delta b+\varepsilon a}{bc-ad}+\frac{\zeta}{cy-dx}=0$$

となる．これより，方程式

$$ay-bx+\frac{\delta b+\varepsilon a}{bc-ad}=0$$

が得られるが，この方程式は一本の漸近直線の位置を規定する．同様に，方程式

$$cy-dx+\frac{\delta d+\varepsilon c}{ad-bc}=0$$

はもう一本の漸近直線の姿を明示する．

221.
これらの漸近直線の各々の性質を究明するために，

$$y=\frac{au+bt}{\sqrt{aa+bb}} \quad \text{および} \quad x=\frac{at-bu}{\sqrt{aa+bb}}$$

と置いて軸を他の軸に変更し，さらに $\sqrt{aa+bb}=g$ と置けば，新たな軸に関し，方程式は

$$u\big((ac+bd)u+(bc-ad)t\big)+\frac{(\delta a-\varepsilon b)u+(\delta b+\varepsilon a)t}{g}+\zeta=0$$

したがって，

$$g(bc-ad)tu+g(ac+bd)uu+(\delta b+\varepsilon a)t+(\delta a-\varepsilon b)u+\zeta g=0$$

という形になる．そこで，この方程式の主部以外の部分(次数 1 以下の部分)において

$$u=-\frac{\delta b+\varepsilon a}{g(bc-ad)}$$

と置くと，

$$\big(g(bc-ad)u+\delta b+\varepsilon a\big)t+\frac{(ac+bd)(\delta b+\varepsilon a)^2}{g(bc-ad)^2}-\frac{(\delta a-\varepsilon b)(\delta b+\varepsilon a)}{g(bc-ad)}+\zeta g=0$$

すなわち

$$g(bc-ad)u+\delta b+\varepsilon a+\frac{g(\delta d+\varepsilon c)(\delta b+\varepsilon a)}{(bc-ad)^2 t}+\frac{\zeta g}{t}=0$$

となる．それゆえ，漸近線は $u=\frac{A}{t}$ という種類の双曲線になる．同様の手順を踏んで，因子 $cy-dx$ に起因してもう一本の漸近線が定められる．よって，この場合，第二目の線(二次曲線)は，無限遠に伸びていく分枝の組を二組，もつことになる．それらの組

をなす分枝は，どちらの組についても，$u = \frac{A}{t}$ という形の方程式で表される．

222. 　今度は主部の二つの因子が等しいとしよう．言い換えると，
$$\alpha yy + \beta xy + \gamma xx = (ay - bx)^2$$
というふうに分解されるとしよう．そうして，
$$y = \frac{au + bt}{g} \quad \text{および} \quad x = \frac{at - bu}{g}$$
と置いて軸の移転を実行すると，提示された方程式は
$$gguu + \frac{(\delta a - \varepsilon b)u}{g} + \frac{(\delta b + \varepsilon a)t}{g} + \zeta = 0$$
という形になる．ここで t を無限大にもっていくと，
$$uu + \frac{(\delta b + \varepsilon a)t}{g^3} = 0$$
となる．この方程式は，$uu = At$ という種類の放物線の二本の分枝を示している．すると，提示された第二目の線(二次曲線)はそれ自体，その漸近線と同じく放物線であることになる．ところが，もし $\delta b + \varepsilon a = 0$ なら，方程式は
$$gguu + \frac{\delta g u}{a} + \zeta = 0$$
という形になる．これは，相互に平行な二本の直線の方程式である．これは，二次方程式の全体が二つの単純因子に分解する場合である．

　たとえ第二目の線(二次曲線)の区分けについてまだ何も知らないとしても，こんなふうにして第二目の線(二次曲線)の種がことごとくみないだされた．

223. 　そこで第三目の線(三次曲線)についても，同じ道筋をたどりながら考察を加えてみよう．第三目の線(三次曲線)の一般方程式は
$$\alpha y^3 + \beta yyx + \gamma yxx + \delta x^3 + \varepsilon yy + \zeta yx + \eta xx + \theta y + \iota x + \kappa = 0$$
という形になる．この方程式の主部 $\alpha y^3 + \beta yyx + \gamma yxx + \delta x^3$ は奇数次元であり，一個の実単純因子をもつか，あるいは三個の実単純因子をもつかのいずれかである．そこで，次に挙げるようないくつかの場合に分けて解明の歩を進めていかなければならない．

第9章　第三目の線をいくつかの種に区分けすること

I.

一個の実単純因子が存在する場合.

II.

三個の因子がすべて実因子で，しかも相互に異なる場合.

III.

二つの因子が等しい場合.

IV.

三個の因子がみな等しい場合.

これらの場合の各々において，ただひとつの因子を対象にして計算を進めれば十分である．そこで，その因子を $ay-bx$ としよう．この因子はただひとつしか存在しないかもしれないし，あるいは他の二つの因子(これらは等しいかもしれないし，異なっているかもしれない)を伴って現れるのかもしれない．これまでにもそうしてきたように，この因子の形に着目して軸の位置を変更すると，

$$\alpha t t u + \beta t u u + \gamma u^3 + \delta t t + \varepsilon t u + \zeta u u + \eta t + \theta u + \iota = 0$$

という形の方程式が得られる．一般性という面ではどちらも等しく広々と開かれているのであるから，はじめに与えられた方程式の代わりに，これからはこの新しい方程式を使うことにする．この方程式の主部 $\alpha t t u + \beta t u u + \gamma u^3$ は少なくともひとつの因子 u をもっている．

場合 1

224.　そこで，方程式の主部は実因子を u だけしかもたないとしてみよう．このような現象が見られるのは，$\beta\beta$ が $4\alpha\gamma$ より小さい場合である．t を無限大にもっていくと，$\alpha u + \delta = 0$．これは漸近直線の方程式である．この方程式によりわれわれの手にもたらされる u の値を $=c$ と置くと，

$$\alpha t t(u-c) + t(\beta c c + \varepsilon c + \eta) + \gamma c^3 + \zeta c c + \theta c + \iota = 0$$

となる．これが，漸近線の性質を表す方程式である．それゆえ，$\beta c c + \varepsilon c + \eta$ が $=0$ とはならないか，あるいは $=0$ となるのに応じて，二種類の漸近線，すなわち，

$$u - c = \frac{A}{t} \quad \text{もしくは} \quad u - c = \frac{A}{tt}$$

が手に入る．この状勢に基づいて，第三目の線(三次曲線)のはじめの二つの種類が作られる．それらは次の通りである．

1.

第一種の第三目の線 (三次曲線)は $u = \frac{A}{t}$ という形の唯一の漸近線をもつ．

2.

第二種の第三目の線 (三次曲線)は $u = \frac{A}{tt}$ という形の唯一の漸近線をもつ．

場合 2

225.　　方程式の主部の三個の単純因子はみな実因子で，しかも互いに異なるとしよう．このような現象が見られるのは，方程式

$$\alpha t t u + \beta t u u + \gamma u^3 + \delta t t + \varepsilon t u + \zeta u u + \eta t + \theta u + \iota = 0$$

において $\beta\beta$ が $4\alpha\gamma$ より大きい場合である．この場合には，先ほどただ一個の因子の場合について説明した通りの事柄が，三個の単純実因子の各々に対してあてはまる．すなわち，各々の因子に起因して，$u = \frac{A}{t}$ という形もしくは $u = \frac{A}{tt}$ という形の二本の双曲線状の分枝が与えられる．よって，この場合，第三目の線(三次曲線)の異なる四つの種類が存在することになるが，それらの各々の場合について，相互に何らかの角度をもって交叉する三本の漸近直線も伴っている．四種類の第三目の線(三次曲線)は次に挙げる通りである．

3.

第三種の第三目の線 (三次曲線)は $u = \frac{A}{t}$ という形の三本の漸近線をもつ．

4.

第四種の第三目の線(三次曲線)は $u = \frac{A}{t}$ という形の二本の漸近線と，$u = \frac{A}{tt}$ という形の一本の漸近線をもつ．

第五種の第三目の線(三次曲線)は $u = \frac{A}{t}$ という形の一本の漸近線と，$u = \frac{A}{tt}$ という形の二本の漸近線をもつ[1]．

第9章　第三目の線をいくつかの種に区分けすること

第六種の第三目の線(三次曲線)は $u = \frac{A}{tt}$ という形の三本の漸近線をもつ.

226. このようなさまざまな第三目の線(三次曲線)の種は，はたして本当に実在しうるのであろうか．その可能性を検討しよう．そのために，

$$y(\alpha y - \beta x)(\gamma y - \delta x) + \varepsilon xy + \zeta yy + \eta x + \theta y + \iota = 0$$

という形の，非常に大きな一般性を備えた方程式を取り上げよう．この方程式の主部は三個の実因子をもっている．項 xx の姿は見られないが，だからといって方程式の守備範囲がせばめられるというわけではない．すでに見た事柄により諒解されるように，因子 y は，もし $\eta = 0$ でなければ，$u = \frac{A}{t}$ という形の漸近線をわれわれの手にもたらしてくれる．そこで，因子 $\alpha y - \beta x$ はどのような漸近線を与えてくれるのか，その様子を観察しよう．そのために $y = \alpha u + \beta t$ および $x = \alpha t - \beta u$ と置こう．それと，これはいつでも許されることだが，表記を簡潔なものにするため，$\alpha^2 + \beta^2 = 1$ と仮に定めておくことにする．このように状勢を設定すると，上記の方程式は

$$\begin{aligned}
&\beta(\beta\gamma - \alpha\delta)ttu + (2\alpha\beta\gamma - (\alpha\alpha - \beta\beta)\delta)tuu + \alpha(\alpha\gamma + \beta\delta)u^3 \\
&+ \beta(\alpha\varepsilon + \beta\zeta)tt + (2\alpha\beta\zeta + (\alpha\alpha - \beta\beta)\varepsilon)tu \quad + \alpha(\alpha\zeta - \beta\varepsilon)uu \\
&\qquad\qquad\qquad + (\alpha\eta + \beta\theta)t \qquad\qquad\qquad + (\alpha\theta - \beta\eta)u \\
&\qquad\qquad\qquad\qquad\qquad\qquad + \iota \qquad\qquad\qquad\qquad = 0
\end{aligned}$$

という形に変換される．ここでは，因子 $\alpha y - \beta x$ は u に変換されるのである．そこで t を無限大と置くと，まずはじめに

$$u = \frac{\alpha\varepsilon + \beta\zeta}{\alpha\delta - \beta\gamma} = c$$

となる．この値を，上記の方程式の第二番目に出てくる t を含む項において u のところに代入すると，因子 u すなわち $\alpha y - \beta x$ に起因して，

$$\frac{\alpha\eta + \beta\theta}{\beta} + \frac{(\alpha\varepsilon + \beta\zeta)(\gamma\varepsilon + \delta\zeta)}{(\alpha\delta - \beta\gamma)^2} = 0$$

とならない限りにおいて，$u = \frac{A}{t}$ という形の漸近線が発生することが判明する．同様に，因子 $\gamma y - \delta x$ により，

$$\frac{\gamma\eta+\delta\theta}{\delta}+\frac{(\alpha\varepsilon+\beta\zeta)(\gamma\varepsilon+\delta\zeta)}{(\alpha\delta-\beta\gamma)^2}=0$$

とならない限りにおいて，$u=\frac{A}{t}$ という形の漸近線が与えられる．

227. これより明らかなように，η も，つい先ほどみいだされたばかりの二つの表示式のどちらも，0になることはないという事態はたしかに起こりうる．それゆえ，第三種の第三目の線(三次曲線)は実際に存在する．第四種の第三目の線(三次曲線)に関して言うと，まず $\eta=0$ と置くと，$u=\frac{A}{tt}$ という形の漸近線が手に入る．次に，この場合，先ほどの二つの表示式は合致してひとつになってしまう．したがって，残りの二本の漸近線は，

$$\theta+\frac{(\alpha\varepsilon+\beta\zeta)(\gamma\varepsilon+\delta\zeta)}{(\alpha\delta-\beta\gamma)^2}=0$$

とならない限りにおいて，$u=\frac{A}{t}$ という形になる．こうして，第四種の第三目の線(三次曲線)もまた実在する．だが，$\eta=0$ に加えて，もし先ほどの二つの表示式のうちの一方が $=0$ となるなら，そのとき同時にもうひとつの表示式もまた $=0$ となってしまう．そのため，三本の漸近線のうち，二本の漸近線が $u=\frac{A}{tt}$ という形になるときは，残る一本の漸近線も同時にこの形になるほかはない．これより判明するように，第五種の第三目の線(三次曲線)は実在しないのである．ところが，まさしく同じ理由により，第六種の第三目の線(三次曲線)は実在する．なぜなら，$\eta=0$ であって，しかも

$$\theta=-\frac{(\alpha\varepsilon+\beta\zeta)(\gamma\varepsilon+\delta\zeta)}{(\alpha\delta-\beta\gamma)^2}$$

なら，そのとき第六種の第三目の線(三次曲線)が得られるからである．このようなわけで，われわれが前に第五種と数えた第三目の線(三次曲線)は捨てなければならないことになった．そのため，ここまでに取り上げた二通りの場合(場合1と場合2)から実際にわれわれの手にもたらされるのは，五種類の第三目の線(三次曲線)のみである．そこで，第五種の第三目の線(三次曲線)を次のように設定する．

5.

第五種の第三目の線 (三次曲線)は $u=\frac{A}{tt}$ という形の三本の漸近線をもつ．

第9章　第三目の線をいくつかの種に区分けすること

場合 3

228. 方程式の主部は二つの等因子 u をもつとしよう．このような現象が見られるのは，前記の方程式において初項 αttu が消失する場合である．この場合に所属する一般方程式は

$$\alpha tuu - \beta u^3 + \gamma tt + \delta tu + \varepsilon uu + \zeta t + \eta u + \theta = 0$$

という形になる．それゆえ，主部は二つの等因子 u と，それらと異なる第三の因子 $\alpha t - \beta u$ をもつ．この第三因子に起因して，表示式

$$(\alpha\delta + 2\beta\gamma)(\alpha\alpha\varepsilon + \alpha\beta\delta + \beta\beta\gamma) - \alpha^3(\alpha\eta + \beta\zeta)\ ^{2)}$$

が $= 0$ とはならないか，あるいは $= 0$ となるのに応じて，$u = \dfrac{A}{t}$ もしくは $u = \dfrac{A}{tt}$ という形の漸近線が現れる．

229. 二つの等因子に関して言うと，まずはじめに現れるのは，γ が $= 0$ とならない場合である．実際，その場合，$t = \infty$ とすると，$\alpha uu + \gamma t = 0$ となる．これは，$uu = At$ という種類の放物線状の漸近線の方程式である．それゆえ，新たな二つの第三目の線(三次曲線)の種が得られる．それらは次に挙げる通りである．

6.

第六種の第三目の線(三次曲線)は $u = \dfrac{A}{t}$ という形の一本の漸近線と，$uu = At$ という形の一本の漸近線をもつ．

7.

第七種の第三目の線(三次曲線)は $u = \dfrac{A}{tt}$ という形の一本の漸近線と，$uu = At$ という形の一本の放物線状の漸近線をもつ．

230. 今度は $\gamma = 0$ としよう．この場合，第三因子 $\alpha t - \beta u$ は，もし

$$\delta(\alpha\varepsilon + \beta\delta) = \alpha(\alpha\eta + \beta\zeta)$$

となるなら，$u = \dfrac{A}{tt}$ という形の漸近線を与える．だが，もしこの等式が成立しないなら，漸近線は $u = \dfrac{A}{t}$ という形になる．$\gamma = 0$ の場合には，

$$+\alpha t u u - \beta u^3$$
$$+\delta t u \quad +\varepsilon u u$$
$$+\zeta t \quad +\eta u$$
$$+\theta \quad \quad = 0$$

という形の方程式が手に入る．ここで $t=\infty$ とすると，$\alpha u u + \delta u + \zeta = 0$ となる．

まずはじめに，$\delta\delta$ が $4\alpha\zeta$ より小さいとすると，この方程式からは漸近線は得られない．それゆえ，この場合，次に挙げる二通りの種が発生する．

8.

第八種の第三目の線 (三次曲線) は $u = \dfrac{A}{t}$ という形のただ一本の漸近線をもつ．

9.

第九種の第三目の線 (三次曲線) は $u = \dfrac{A}{tt}$ という形のただ一本の漸近線をもつ．

231. 方程式 $\alpha u u + \delta u + \zeta = 0$ の二つの根は実根であって，しかも異なるとしよう．すなわち，$\delta\delta$ は $4\alpha\zeta$ よりも大きいとする．この場合，二本の互いに平行な漸近直線が得られる．それらは双方とも $u = \dfrac{A}{t}$ という形である．こうしてまたも二種類の第三目の線(三次曲線)の種が与えられる．

10.

第十種の第三目の線(三次曲線) は $u = \dfrac{A}{t}$ という形の一本の漸近線と，$u = \dfrac{A}{t}$ という形の互いに平行な二本の漸近線をもつ．

11.

第十一種の第三目の線(三次曲線) は $u = \dfrac{A}{tt}$ という形の一本の漸近線と，$u = \dfrac{A}{t}$ という形の互いに平行な二本の漸近線をもつ．

232. 方程式 $\alpha u u + \delta u + \zeta = 0$ の二根は互いに等しいとしよう．すなわち，$\delta\delta = 4\alpha\zeta$ としよう．言い換えると，$\alpha u u + \delta u + \zeta = \alpha(u-c)^2$ となるとしよう．このとき，

$$\alpha t (u-c)^2 = \beta c^3 - \varepsilon c c - \eta c - \theta$$

となる．これより，$uu = \frac{A}{t}$ という形の漸近線が得られる．それゆえ，新しい二種類の第三目の線(三次曲線)の種が生れる．

12.

第十二種の第三目の線(三次曲線)は $u = \frac{A}{t}$ という形の一本の漸近線と，$uu = \frac{A}{t}$ という形の一本の漸近線をもつ．

13.

第十三種の第三目の線(三次曲線)は $u = \frac{A}{tt}$ という形の一本の漸近線と，$uu = \frac{A}{t}$ という形の一本の漸近線をもつ．

場合 4

233. 主部の三つの因子がすべて等しいなら，方程式は
$$\alpha u^3 + \beta tt + \gamma tu + \delta uu + \varepsilon t + \zeta u + \eta = 0$$
という形をもつ．まずはじめに注目しなければならないのは項 βtt である．もしこの項が欠如しているのでなければ，この方程式で表される曲線は，$u^3 = Att$ [2)] という形の放物線状の漸近線をもつことになり，これでまたひとつの種が発生する．

14.

第十四種の第三目の線(三次曲線)は $u^3 = Att$ という形のただ一本の放物線状の漸近線をもつ．

234. 項 βtt が欠けているなら，方程式は
$$\alpha u^3 + \gamma tu + \delta uu + \varepsilon t + \zeta u + \eta = 0$$
という形になる．そこで t を無限大にすると，γ と ε がともに $= 0$ となるのではない限り，$\alpha u^3 + \gamma tu + \varepsilon t = 0$ となる．$\gamma = 0$ とはならないとしよう．その場合，この方程式には二つの方程式 $\alpha uu + \gamma t = 0$ と $\gamma u + \varepsilon = 0$ が内包されている．前者の方程式は $uu = At$ という形の放物線状の漸近線の方程式である．これに対し後者の方程式は，$\frac{-\varepsilon}{\gamma} = c$ と置くとき，方程式
$$\gamma t(u - c) + \alpha c^3 + \delta cc + \zeta c + \eta = 0$$

を与える．これは，$u = \frac{A}{t}$ という形の双曲線状の漸近線の方程式である．この状勢に基づいて，第三目の線(三次曲線)の新しい種が得られる．

15.

第十五種の第三目の線(三次曲線)は $uu = At$ という形の一本の放物線状の漸近線と，$u = \frac{A}{t}$ という形の一本の漸近線をもつ．そうして放物線の軸は，もう一本の漸近直線と平行である．

235. $\gamma = 0$ でもあるとすると，方程式は
$$\alpha u^3 + \delta uu + \varepsilon t + \zeta u + \eta = 0$$
という形になる．ここで，この方程式で表される図形が曲線であることを止めない限り，ε が消失することはありえない．t を無限大にすると，u もまた必然的に無限大にならなければならない．これより，$\alpha u^3 + \varepsilon t = 0$．この方程式は，第三目の線(三次曲線)の最後の種をわれわれの手にもたらしてくれる．

16.

第十六種の第三目の線(三次曲線)は $u^3 = At$ という形の一本の放物線状の漸近線をもつ．

236. こうして，われわれは第三目の線(三次曲線)のすべてを16個の種に帰着させた．ニュートンは第三目の線(三次曲線)を**72個の種**に区分けしたが，それらの種は，ここで提示された16個の種に包含される．われわれの区分けとニュートンによる区分けの間には著しい差異が認められるが，驚くには当たらない．なぜなら，われわれはここでは無限遠に伸びていく分枝の性質のみを基礎にして第三目の線(三次曲線)の種の多様性を区別したが，ニュートンは有限の範囲内の曲線の状態をも考慮に入れ，そこに認められる多様性に基づいて第三目の線(三次曲線)のさまざまな種を確定したのである．このような分類の仕方には決まった様式はないように見えるが，それにもかかわらずニュートンは，自分の流儀に沿って非常に多くの種を作り出すことができた．他方，私の方法を使って見つけることのできる種は，ニュートンが明示した数々の種に比べて，多くもなく少なくもない．

第9章 第三目の線をいくつかの種に区分けすること

237. 各々の種の性質と構造の認識をいっそう深めるために,個々の種の一般方程式を,普遍性が損なわれることのない範囲において一番簡単な形で書き留めておきたいと思う.同時に,各々の種について,そこに所属するニュートンの種を書き添えておく.

第一種

$$y(xx - 2mxy + nnyy) + ayy + bx + cy + d = 0$$

ここで,mmはnnより小さい.また,$b=0$ではない.

この種には,ニュートンの種 33, 34, 35, 36, 37, 38 が所属する.

第二種

$$y(xx - 2mxy + nnyy) + ayy + cy + d = 0$$

ここで,mmはnnより小さい.

ここにはニュートンの種 39, 40, 41, 42, 43, 44, 45 が所属する.

第三種

$$y(x - my)(x - ny) + ayy + bx + cy + d = 0$$

ここで,$b=0$ではなく,$mb + c + \dfrac{aa}{(m-n)^2} = 0$ではなく,$nb + c + \dfrac{aa}{(m-n)^2} = 0$でもない.ここにはニュートンの種 1, 2, 3, 4, 5, 6, 7, 8, 9 が所属する.$a=0$の場合には,ニュートンの種 24, 25, 26, 27 もここに所属する.

第四種

$$y(x - my)(x - ny) + ayy + cy + d = 0$$

ここで,$c + \dfrac{aa}{(m-n)^2} = 0$ではなく,$m=n$でもない.

ここにはニュートンの種 10, 11, 12, 13, 14, 15, 16, 17, 18, 19, 20, 21 が所属する.$a=0$のときには,ニュートンの種 28, 29, 30, 31 も所属する.

第五種

$$y(x-my)(x-ny) + ayy - \frac{aay}{(m-n)^2} + d = 0$$

ここで，$m = n$ ではない．

ここにはニュートンの種 22, 23, 32 が所属する．

第六種

$$yy(x-my) + axx + bx + cy + d = 0$$

ここで，$a = 0$ ではなく，$2m^3aa - mb - c = 0$ でもない．

ここにはニュートンの種 46, 47, 48, 49, 50, 51, 52 が所属する．

第七種

$$yy(x-my) + axx + bx + m(2mmaa - b)y + d = 0$$

ここで，$a = 0$ ではない．

ここにはニュートンの種 53, 54, 55, 56 が所属する．

第八種

$$yy(x-my) + bbx + cy + d = 0$$

ここで，$c = -mbb$ ではなく，$b = 0$ でもない．

ここにはニュートンの種 61 と 62 が所属する．

第九種

$$yy(x-my) + bbx - mbby + d = 0$$

ここで，$b = 0$ ではない．

ここにはニュートンの種 63 が所属する．

第十種

$$yy(x-my) - bbx + cy + d = 0$$

ここで，$c = mbb$ ではなく，$b = 0$ でもない．

第9章　第三目の線をいくつかの種に区分けすること

ここにはニュートンの種 57, 58, 59 が所属する．

第十一種

$$yy(x-my)-bbx+mbby+d=0$$

ここで，$b=0$ ではない．

ここにはニュートンの種 60 が所属する．

第十二種

$$yy(x-my)+cy+d=0$$

ここで，$c=0$ ではない．

ここにはニュートンの種 64 が所属する．

第十三種

$$yy(x-my)+d=0$$

ここにはニュートンの種 65 が所属する．

第十四種

$$y^3+axx+bxy+cy+d=0$$

ここで，$a=0$ ではない．

ここにはニュートンの種 67, 68, 69, 70, 71 が所属する．

第十五種

$$y^3+bxy+cx+d=0$$

ここで，$b=0$ ではない．

ここにはニュートンの種 66 が所属する．

第十六種

$$y^3+ay+bx=0$$

ここで， $b = 0$ ではない．

ここにはニュートンの種72が所属する．

238. ここに挙げた第三目の線(三次曲線)の種の大部分の守備範囲は非常に広く，有限の広がりをもつ範囲内での曲線の形状を顧慮することにするならば，各々の種のもとに優に注目に値する多様性が認められる．そこでニュートンは，有限の広がりをもつ範囲内で著しく形状を異にする曲線を相互に区別しようというねらいをもって，種の個数を増やしたのである．それゆえ，われわれが**種**と呼んだものは，むしろ**属**という名で呼ぶことにして，各々の属のもとでわれわれの目に映じる多様性のほうを，さまざまな**種**に割り振っていくというふうにするほうが状勢認識のうえでいっそう適切である．第四目の線(四次曲線)や，より位数の高い目の線(高次曲線)を同様の流儀で細分したいと望むのであれば，このことを特に意に留めておかなければならない．なぜなら，これからこれまでの流儀にならってみいだされることになる種の各々には，これまでよりはるかに大きな多様性が見られるからである．

註記

1) (142頁) ここに「第五種の第三目の線(三次曲線)」が出てくるが，後述される第227条においてこれは実在しないことが論証される．

2) (147頁) オイラー全集，I－9, 129頁の脚註より．漸近線は
$$u = c + A\sqrt[3]{t} + B\sqrt[3]{t^2}$$
という形である．ここで $\alpha = 1$ と置くと，
$$B = -\sqrt[3]{\beta},\ A = \frac{\gamma}{3\sqrt[3]{\beta}},\ c = -\frac{\delta}{3}$$
となる．

第10章　第三目の線の著しい諸性質

239. われわれは以前，第二目の線(二次曲線)のもつ著しい諸性質を一般方程式から出発して導出したが，まさしくそのように，第三目の線(三次曲線)の顕著な諸性質もまた一般方程式に基づいて明らかになる．同様に，第四目の線(四次曲線)や，より高位の線(高次曲線)の諸性質は，それらの曲線を表す方程式を基礎にしてひとつひとつ確定していくことができるのである．そこで，第三目の線(三次曲線)のもっとも一般的な方程式

$$\alpha y^3 + \beta yyx + \gamma yxx + \delta x^3 + \varepsilon yy + \zeta yx + \eta xx + \theta y + \iota x + \kappa = 0$$

を考察しよう．この方程式は，座標 x と y との関連のもとで，第三目に所属する各々の線(三次曲線)の性質を表している．ここで，座標 x と y は任意の角度をもって傾いているものとし，軸として採る直線は任意とする．

240. $\alpha = 0$ ではないなら，各々の切除線 x に対し，一本もしくは三本の実在の向軸線が対応する．今，三本の実在の向軸線が存在するとしてみよう．このとき，それらの相互関係が方程式を通じて規定されるのは明らかである．$\alpha = 1$ と置くと，方程式は

$$y^3 + (\beta x + \varepsilon)yy + (\gamma xx + \zeta x + \theta)y + \delta x^3 + \eta xx + \iota x + \kappa = 0$$

という形になる．そうして，同じ切除線 x に対応する三本の向軸線の和は $= -\beta x - \varepsilon$ となる．向軸線を二本ずつ取って三つの積を作り，和を作ると，$= \gamma xx + \zeta x + \theta$ となる．最後に，すべての向軸線の積，言い換えると，三本の向軸線で形成される平行六面体の体積は $= -\delta x^3 - \eta xx - \iota x - \kappa$ となる．三本の向軸線のうちの二本が実在しなくても，これらの事柄はそのまま成立するが，その場合にはもう曲線の姿形を知るうえで役にたつことはない．というのは，それらの事柄を踏まえても，二本の虚の向軸

線，すなわち実在しない向軸線の和や積のイメージを心に描くのは不可能だからである．

241. 何かある第三目の線(三次曲線)が，軸 AZ との関連のもとで描かれているとしよう(図44)．この軸との間である与えられた角度を作って，縦線 LMN, lmn (訳者註．図44では横線のように見えるが，はじめに引いた軸 AZ を横線と見て，対応して縦線という訳語を選定した)が引かれているとし，これらの縦線は曲線と三点において交叉するものとする．すると，切除線を $AP=x$ と置くとき，向軸線 y は三つの値 $PL, PM, -PN$ を取ることになる．これより，

$$PL+PM-PN=-\beta x-\varepsilon$$

となる．それゆえ，

$$PO=z=\frac{PL+PM-PN}{3}$$

と取れば，点 O は三点のちょうど中央の位置を占めることになり，$LO=MO+NO$ という関係が成立する．そうして $z=-\frac{\beta x+\varepsilon}{3}$ であるから，この点 O は，次のような性質を備えた直線 OZ 上にある．すなわち，縦線 LMN と平行なすべての縦線 lmn に対し，直線 OZ は縦線 lmn と点 o において交叉するとするとき，$lo+mo=no$ となる．この性質は，第二目の線(二次曲線)のダイアメータの性質の類似物である．それゆえ，こんなふうに言える．すなわち，二本の平行な縦線があるとし，それらはいずれも曲線と三点において交叉するとする．そうして，それぞれ点 O および o において左側と右側に分けられるとする．このとき，一方の側に位置する二本の向軸線を合わせて和を作ると，その和は，もう一方の側に位置する第三の向軸線に等しい．点 O と o を通る直線を引くと，その直線は，ここで取り上げた二本の縦線と平行な他のあらゆる縦線と同じ様式で交叉する．その様相は，さながら第三目の線(三次曲

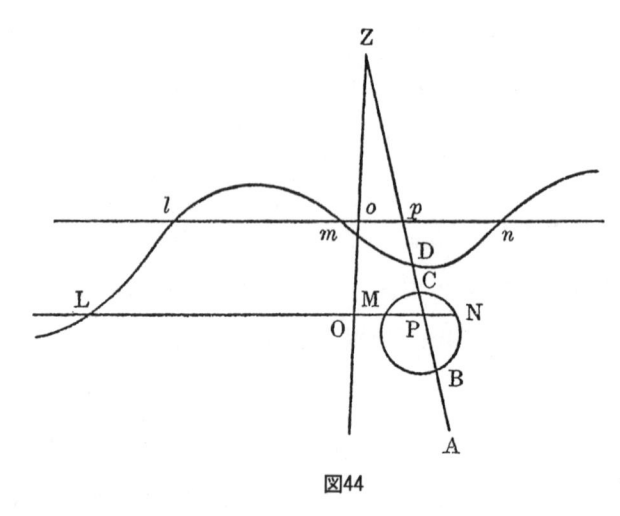

図44

第10章 第三目の線の著しい諸性質

線)のダイアメータであるかのようである.

242. 第二目の線(二次曲線)では,あらゆるダイアメータはある同一の点において相互に交叉する.そこで今度は,第三目の線(三次曲線)を対象にして,このような性質を備えた幾本かのダイアメータを見つけるにはどのようにしたらよいか,その様子を観察したいと思う.そこで,同じ軸 AP に対し,ある角度をもって交叉する向軸線を念頭に描き,切除線を $=t$ とし,向軸線を $=u$ としよう.すると,$y=nu$ および $x=t-mu$ となる.これらの値を一般方程式

$$y^3 + \beta yyx + \gamma yxx + \delta x^3 + \varepsilon yy + \zeta yx + \eta xx + \theta y + \iota x + \kappa = 0$$

に代入すると,方程式

$$\begin{aligned}
&+n^3u^3 &&+\beta nnuut &&+\gamma nutt + \delta t^3 &&+\varepsilon nnuu + \zeta nut + \eta tt + \theta nu + \iota t + \kappa \\
&-\beta mnnu^3 &&-2\gamma mnuut - 3\delta mutt &&&&-\zeta mnuu - 2\eta mut &&- \iota mu \\
&+\gamma mmnu^3 &&+3\delta mmuut &&&&+\eta mmuu \\
&-\delta m^3 u^2 &&&&&&&&= 0
\end{aligned}$$

が与えられる.この方程式を見ればわかるように,ダイアメータの役割を担う直線を考えて,同じ傾斜角のもとで切除線 t を取り,それに対応してそのダイアメータに向かって向軸線を引き,それを $=v$ と名づけると,

$$3v = \frac{-\beta nnt + 2\gamma mnt - 3\delta mmt - \varepsilon nn + \zeta mn - \eta mm}{n^3 - \beta mnn + \gamma mmn - \delta m^3}$$

となる.

243. 今度は,このような性質を備えた二本のダイアメータの交点を O とし,この点から軸 AZ に向かって,まずはじめに当初の向軸線に平行に線分 OP を引き,次に,二番目の向軸線に平行に線分 OQ を引こう(図45).すると $AP = x$,$PO = z$,$AQ = t$,$OQ = v$ となる.このとき,

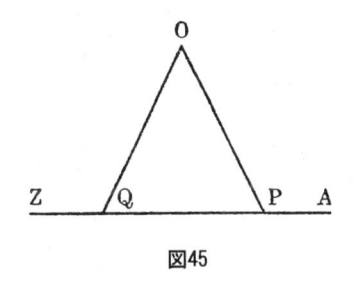

$$z = nv \quad \text{および} \quad x = t - mv.$$

したがって,

図45

$$v = \frac{z}{n} \quad \text{および} \quad t = x + \frac{m}{n}z$$

となる．よって，まず $3z = -\beta x - \varepsilon$．さらに

$$3v = -\frac{\beta x}{n} - \frac{\varepsilon}{n} \quad \text{および} \quad t = x - \frac{\beta m x}{3n} - \frac{\varepsilon m}{3n}$$

となる．これらの値を前にみいだされた方程式に代入すると，

$$\begin{aligned}
&-\beta nnx &&+ \beta\beta mnx &&- \beta\gamma mmx &&+ \frac{\beta\delta m^3 x}{n} \\
&-\varepsilon nn &&+ \beta\varepsilon mn &&- \gamma\varepsilon mm &&+ \frac{\delta\varepsilon m^3}{n} \\
&+\beta nnx &&- \frac{\beta\beta mnx}{3} &&- \frac{\beta\varepsilon mn}{3} &&+ \varepsilon nn \\
&-2\gamma mnx &&+ \frac{2\beta\gamma mmx}{3} &&+ \frac{2\gamma\varepsilon mm}{3} &&- \zeta mn \\
&+3\delta mmx &&- \frac{\beta\delta m^3 x}{n} &&- \frac{\delta\varepsilon m^3}{n} &&+ \eta mm &&= 0
\end{aligned}$$

という方程式が得られる．これを書き換えると，

$$\begin{aligned}
&\tfrac{2}{3}\beta\beta mnx - \tfrac{1}{3}\beta\gamma mmx - 2\gamma mnx + 3\delta mmx \\
&+ \tfrac{2}{3}\beta\varepsilon mn - \tfrac{1}{3}\gamma\varepsilon mm - \zeta mn + \eta mm = 0
\end{aligned}$$

という形になる．

244. これでわかるように，二本のダイアメータの交点 O は，向軸線と軸が作る角度に依拠している．その角度は文字 m と n で表される．したがって，(もしあらゆるダイアメータの交点のことを**中心**という名で呼びたいのであれば)第三目の線(三次曲線)がどれもみな中心をもつと言うわけにはいかない．だが，すべてのダイアメータの交点が，ある同じ定点になるという場合が見つかることもある．これを詳しく言うと，mn を伴う諸項と mm を伴う諸項を別々に集め，それぞれを 0 と等値し，そのとき手に入る x の二つの値が等しいなら，実際にこのような場合が起こるのである．こうして設定される二つの等式により，

$$x = \frac{3\zeta - 2\beta\varepsilon}{2\beta\beta - 6\gamma} = \frac{3\eta - \gamma\varepsilon}{\beta\gamma - 9\delta}$$

となるが，この二つの値が同一であるためには，

$$6\beta\beta\eta - 2\beta\beta\gamma\varepsilon - 18\gamma\eta + 6\gamma\gamma\varepsilon = 3\beta\gamma\zeta - 2\beta\beta\gamma\varepsilon - 27\delta\zeta + 18\beta\delta\varepsilon$$

第10章　第三目の線の著しい諸性質

すなわち
$$\beta\gamma\zeta - 2\beta\beta\eta - 9\delta\zeta + 6\gamma\eta + 6\beta\delta\varepsilon - 2\gamma\gamma\varepsilon = 0$$
とならなければならない．これより，
$$\eta = \frac{\beta\gamma\zeta - 9\delta\zeta + 6\beta\delta\varepsilon - 2\gamma\gamma\varepsilon}{2\beta\beta - 6\gamma}$$
となる．η がこのような値をもつなら，あらゆるダイアメータはあるひとつの同じ点において交叉する．したがって，この種の第三目の線(三次曲線)は中心をもつことになる．その中心は，軸上で
$$AP = \frac{3\zeta - 2\beta\varepsilon}{2\beta\beta - 6\gamma}$$
と取り，続いて
$$PO = \frac{-\beta\zeta + 2\gamma\varepsilon}{2\beta\beta - 6\gamma}$$
と取ればみいだされる．

245.　第一番目の係数 α を1と仮定しない場合にも，中心が存在するのであれば，上記のような中心の定め方はそのまま成立する．実際，第三目の線(三次曲線)の極大一般方程式
$$\alpha y^3 + \beta yyx + \gamma yxx + \delta x^3 + \varepsilon yy + \zeta xy + \eta xx + \theta y + \iota x + \kappa = 0$$
が提示されたとき，もし
$$\eta = \frac{\beta\gamma\zeta - 9\alpha\delta\zeta + 6\beta\delta\varepsilon - 2\gamma\gamma\varepsilon}{2\beta\beta - 6\alpha\gamma}$$
なら，これらの曲線には中心がある．その場合，
$$AP = \frac{3\alpha\zeta - 2\beta\varepsilon}{2\beta\beta - 6\alpha\gamma} \quad \text{および} \quad PO = \frac{2\gamma\varepsilon - \beta\zeta}{2\beta\beta - 6\alpha\gamma}$$
と定めれば，中心の位置は点 O になる．それゆえ，こんなふうに言える．曲線と三点において交叉する一本の縦線が左右に二分されたとし，一方の側に位置する二本の向軸線はもう一方の側に位置する第三の向軸線に等しくなるとしよう．このとき，中心とその分割点とを通る直線を引くと，その直線は，はじめに提示された直線と平行な他のあらゆる縦線と，同じ様式で交叉する．

246. これらの事柄を，前に列挙した第三目の線(三次曲線)のさまざまな種の方程式にあてはめると，第一種，第二種，第三種，第四種，それに第五種の線は，$a=0$でありさえすれば，中心をもつことが明らかになる．この場合，中心の位置は切除線の始点になる．第六種と第七種の線には中心はまったく欠如している．というのは，係数aが欠けることはありえないからである．第八種，第九種，第十種，第十一種，第十二種，それに第十三種の線は，つねに切除線の始点に位置する中心をもつ．第十四種，第十五種，第十六種の線では，中心は無限に遠く離れた位置にある．したがって，ダイアメータとみなされるあらゆる直線は互いに平行である．

247. 各々の向軸線の三つの値の和に関して注意事項を書き留めたので，今度はそれらの値の積を考察することにしたいと思う．というのは，二つずつの値の積の和については，注目に値する事柄は何も見あたらないからである．第239条の一般方程式により，
$$-PM \cdot PL \cdot PN = -\delta x^3 - \eta xx - \iota x - \kappa$$
となる．この表示式の意味するところを解明するために，$y=0$と置けば$\delta x^3 + \eta xx + \iota x + \kappa = 0$となることに注意しよう．この方程式の根は軸$AZ$と曲線との交点の位置を教えてくれる．そこで，軸$AZ$と曲線が点$B, C, D$において交叉するとすると，
$$\delta x^3 + \eta xx + \iota x + \kappa = \delta(x-AB)(x-AC)(x-AD)$$
となる．それゆえ，
$$PL \cdot PM \cdot PN = \delta \cdot PB \cdot PC \cdot PD.$$
したがって，はじめに提示された縦線と平行な他の縦線lmnを任意に取ると，
$$PL \cdot PM \cdot PN : PB \cdot PC \cdot PD = pl \cdot pm \cdot pn : pB \cdot pC \cdot pD$$
という関係式が成立する．この性質は，前に第二目の線(二次曲線)に対し，向軸線の積をめぐって考察を加えた際に目にした性質の完全な類似物である．これに類似の性質は，第四目の線(四次曲線)，第五目の線(五次曲線)，それにもっと位数の高い目(もく)の線(高次曲線)にもみいだされる．

248. 今度は，ある第三目の線(三次曲線)が三本の漸近直線FBf, GDg, HChをもつとしよう(図46)．この場合，もしこの曲線の方程式が$py + qx + r$という

第10章　第三目の線の著しい諸性質

形の三つの単純因子に分解されるなら，この曲線は退化して三本の漸近線 FBf, GDg, HCh に合致する．それゆえ，これらの三本の漸近線を一本の複合直線と見るとき，それを表示するある特定の方程式を書き下すことができる．すなわち，その方程式の主部が，提示された曲線の方程式の主部と一致するようにするのである．それから次に，漸近線の位置は方程式の第二部分により決定されるから，漸近線の方

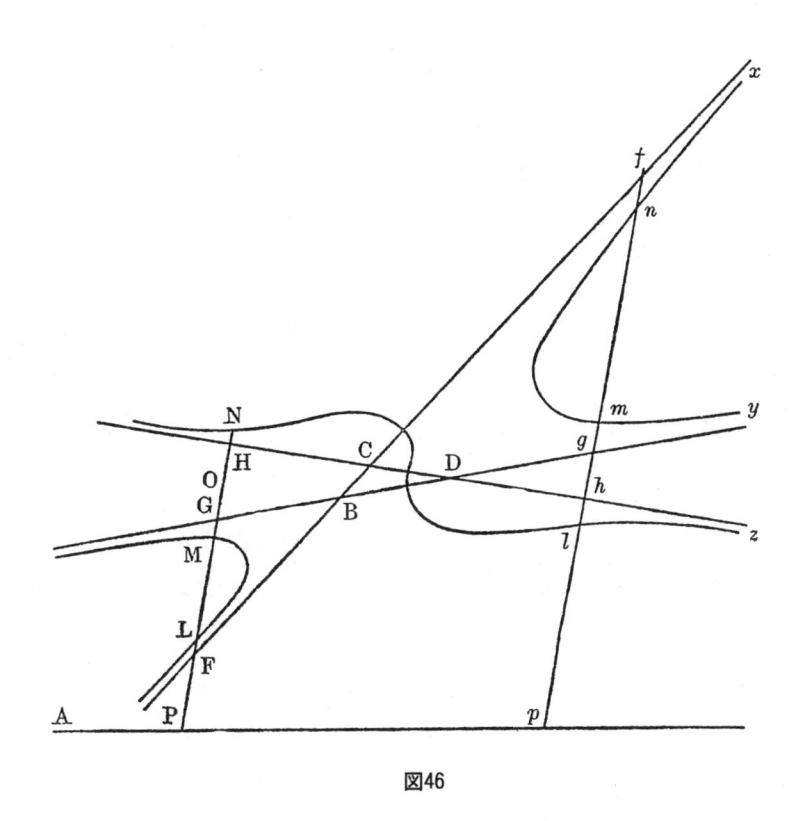

図46

程式と曲線の方程式は第二部分をも共有する．そこで，提示された曲線の方程式を軸 AP との関連のもとで書くとき，切除線 $AP = x$ と向軸線 $PM = y$ の間に，方程式

$$y^3 + (\beta x + \varepsilon)yy + (\gamma xx + \zeta x + \theta)y + \delta x^3 + \eta xx + \iota x + \kappa = 0$$

が成立するとすれば，漸近線に対しては，同じ軸 AP との関連のもとで，切除線 $AP = x$ と向軸線 $PG = z$ の間に次に挙げるような方程式が成立する．

$$z^3 + (\beta x + \varepsilon)zz + (\gamma xx + \zeta x + B)z + \delta x^3 + \eta xx + Cx + D = 0.$$

この方程式は三つの単純因子に分解されるが，係数 B, C, D には，その分解が可能になるように規定する．

249. 提示された曲線と三点において交叉する向軸線 PN を任意に引き，三つの交点を L, M, N で表す．このとき，この向軸線は漸近線とも三点において交叉する．それらの交点を F, G, H で表す．曲線の方程式により，

$$PL + PM + PN = -\beta x - \varepsilon$$

となる．また，漸近線の方程式により，

$$PF + PG + PH = -\beta x - \varepsilon.$$

よって，

$$PL + PM + PN = PF + PG + PH \quad \text{すなわち} \quad FL - GM + HN = 0$$

となる．同様に，もう一本の向軸線 pf を任意に引くと，

$$fn - gm + hl = 0$$

となる．それゆえ，もしある直線が曲線とも三本の漸近線とも三点において交叉するなら，漸近線と曲線にはさまれる三つの直線の部分のうち，同じ領域内にある二つの部分は，反対側の領域内に位置するもうひとつの部分に等しい．

250. これより明らかになるように，三本の漸近直線をもつ第三目の線(三次曲線)では，それらの漸近線に向かって収斂していく三本の分枝のすべてが，漸近線の同じ側に配置されるという事態はありえない．すなわち，二本の分枝が漸近線の同じ側にあって漸近線に向かって伸びていくのであれば，第三の分枝は必ず，漸近線の反対側の位置を占めて漸近線に向かって伸展していくのである．このようなわけであるから，〈図47〉で表されているような第三目の線(三次曲線)というのはありえない．なぜなら，この図で見ると，漸近線と三点 f, g, h において交叉し，曲線とは三点 l, m, n において交叉する直線は三つの部分 fn, gm, hl を与えるが，それらは同じ側に位置する．そのために，それらの和は0に等しくはなりえないのである．実際，同じ側に位置を占める部分は同じ符号，たとえば+をもつ

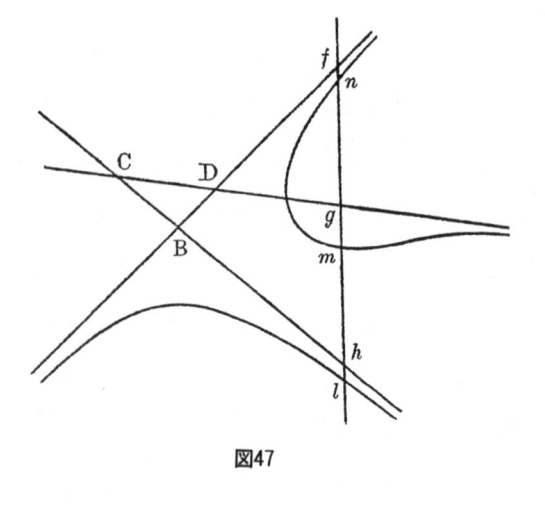

図47

のに対し，反対側に伸びていく部分は符号−をもつことになる．これより明らかになるように，上記の三つの部分のあれこれに異なる符号がついているのでなければ，それらの和は0にはなりえないのである．

251. 第三目の線(三次曲線)の世界では，$u = \frac{A}{tt}$ というタイプの漸近曲線を伴う二本の漸近直線が存在するとともに，$u = \frac{A}{t}$ というタイプの漸近曲線を伴う第三番目の一本の漸近直線が存在するということはありえないが，ここにいたってはじめてその理由が見て取れる．それは，はじめの二本の双曲線タイプの分枝は，第三の $u = \frac{A}{t}$ という双曲線タイプの分枝に比べ，はるかに速い速度でそれぞれの漸近線に向かって限りなく収斂していくからである．実際，直線 fl を無限の遠方にもっていくと，区間 fn, gm, hl は限りなく小さくなる．ところが，二本の分枝 nx, my は $u = \frac{A}{tt}$ 型とし，第三の分枝 lz は $u = \frac{A}{t}$ 型とすると，二つの区間 fn と gm は区間 hl に比べて限りなく小さくなっていく．そのため，$gm = fn + hl$ とはなりえないのである．

252. これより明らかになるように，もっと位数の高い目の線(高次曲線)の世界では，次元の数値の分だけの本数の漸近線をもつ曲線の場合，一本の漸近線だけが $u = \frac{A}{t}$ 型で，他の漸近線はもっと位数の高い $u = \frac{A}{tt}, u = \frac{A}{t^3} \cdots$ というタイプになることはありえない．もし一本の漸近線が $u = \frac{A}{t}$ というタイプなら，そのときは必ず，同じタイプの漸近線がもう一本存在しなければならないのである．同じ理由により，$u = \frac{A}{t}$ 型の漸近線が存在しない場合，$u = \frac{A}{tt}$ 型の漸近線が一本だけ存在するという事態は起こりえず，もしこの型の漸近線があるのであれば，少なくとも二本，存在しなければならない．実際，$u = \frac{A}{t^3}, u = \frac{A}{t^4} \cdots$ という双曲線型の分枝は，$u = \frac{A}{tt}$ 型の分枝に比べてはるかに速い速度で，それぞれの漸近線に向かって収斂していくのである．このような状勢に着目すると，ある高位の目(もく)に包摂されるさまざまな種を列挙していく際，ありえない場合をやすやすと排除して，あまりにもわずらわしい計算を避けることができるようになる．

253. さて今度は，何かある第三目の線(三次曲線)が，ある直線と二点のみにおいて交叉するとしよう．このとき，その直線と平行な他の直線はどれも，提示された曲線と二点において交叉するか，あるいはまったく交叉しないかのいずれかである．

それゆえ，ある任意の軸上に，その直線と平行な向軸線 y が伸びている様子を思い浮かべると，提示された方程式は

$$yy + \frac{(\gamma xx + \zeta x + \theta)y}{\beta x + \varepsilon} + \frac{\delta x^3 + \eta xx + \iota x + \kappa}{\beta x + \varepsilon} = 0$$

という形になる．切除線 AP を $=x$ と呼ぶと，それに対応して二本の向軸線 y，すなわち PM と $-PN$ が得られる(図48)．ところが，方程式の性質により，

$$PM - PN = \frac{-\gamma xx - \zeta x - \theta}{\beta x + \varepsilon}$$

となる．弦 MN を点 O において二等分すると，

$$PO = \frac{1}{2} \frac{\gamma xx + \zeta x + \theta}{\beta x + \varepsilon}.$$

そこで $PO = z$ と置くと，

$$z(\beta x + \varepsilon) = \frac{1}{2}(\gamma xx + \zeta x + \theta)$$

となる．これより明らかになるように，もし $\gamma xx + \zeta x + \theta$ が $\beta x + \varepsilon$ で割り切れないなら，弦 MN と平行な弦を二等分する点 O の位置はどれもみな，ある双曲線上になる． $\gamma xx + \zeta x + \theta$ が $\beta x + \varepsilon$ で割り切れない場合には，点 O はある直線上に配置される．

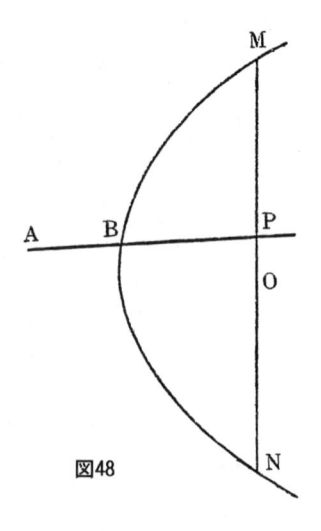

図48

254. もし $\gamma xx + \zeta x + \theta$ が $\beta x + \varepsilon$ で割り切れるなら，曲線はダイアメータをもつ．言い換えると，それは，MN と平行なあらゆる弦を二等分する直線である．この性質はあらゆる第二目の線(二次曲線)に見られる性質である．実際，もし $\gamma xx + \zeta x + \theta$ が $\beta x + \varepsilon$ で割り切れるなら，$\gamma xx + \zeta x + \theta$ は，$x = \frac{-\varepsilon}{\beta}$ と置くとき，消失しなければならない．それゆえ，もし $\gamma \varepsilon \varepsilon - \beta \varepsilon \zeta + \beta \beta \theta = 0$ なら，そのとき第三目の線(三次曲線)はダイアメータをもつことになるのである．

255. この考察を基礎にして，第三目の線(三次曲線)がダイアメータをもつ場合をことごとくみな，きわめて一般的な様式で決定することが可能になる．実際，第三目の線(三次曲線)の一般方程式

$$\alpha y^3 + \beta yyx + \gamma yxx + \delta x^3 + \varepsilon yy + \zeta yx + \eta xx + \theta y + \iota x + \kappa = 0$$

第10章　第三目の線の著しい諸性質

が提示されたとしよう．この曲線の向軸線 y は三つの値を取るか，あるいはただひとつの値を取るかのいずれかなのであるから，ダイアメータとしての性質はもちえない．そこで，同じ軸に対してある角度をもって斜交する他の向軸線 u を引くと，$y = nu$ および $x = t - mu$ というふうになる．これを，提示された方程式に代入すると，

$$\begin{array}{l}
+\alpha n^3 u^3 \quad +\beta nnuut \quad +\gamma nutt+\delta t^3+\varepsilon nnuu+\zeta nut+\eta tt+\theta nu+\iota t+\kappa \\
-\beta mnnu^3 -2\gamma mnuut-3\delta mutt \quad -\zeta mnuu-2\eta mut \quad -\iota mu \\
+\gamma mmnu^3+3\delta mmuut \quad\quad\quad\quad\quad +\eta mmuu \\
-\delta m^3 u^3 \quad\quad\quad\quad\quad\quad\quad\quad\quad\quad\quad\quad\quad\quad\quad\quad\quad\quad\quad =0
\end{array}$$

となる．まずはじめに，この新しい向軸線がダイアメータとして相応しい資格を備えるためには，取りうる値は二つだけでなければならない．したがって，

$$\alpha n^3 - \beta mnn + \gamma mmn - \delta m^3 = 0$$

となる．

256.　これに加えて，u に乗じられている量，すなわち

$$(\gamma n - 3\delta m)tt + (\zeta n - 2\eta m)t + \theta n - \iota m$$

は，uu に乗じられている量

$$(\beta nn - 2\gamma mn + 3\delta mm)t + \varepsilon nn - \zeta mn + \eta mm$$

により割り切れることも要請される．これを言い換えると，前者の量において

$$t = \frac{-\varepsilon nn + \zeta mn - \eta mm}{\beta nn - 2\gamma mn + 3\delta mm}$$

と置くと，0 に等しくならなければならないということである．これを遂行すると，

$$\iota = \frac{\theta n}{m} - \frac{(\zeta n - 2\eta m)(\varepsilon nn - \zeta mn + \eta mm)}{(\beta nn - 2\gamma mn + 3\delta mm)m} + \frac{(\gamma n - 3\delta m)(\varepsilon nn - \zeta mn + \eta mm)^2}{(\beta nn - 2\gamma mn + 3\delta mm)^2 m}$$

となる．

257.　ここまでのところで判明した事柄を，前に数え上げたさまざまな種に対して適用すると，第一番目の種にはダイアメータは一本も存在しないことが明らかになる．第二番目の種には一本のダイアメータが存在し，切除線 x を切り取る軸と平行な弦は，そのダイアメータにより二等分される．第三番目の種はダイアメータをまっ

たく受け入れない．第四番目の種はつねに一本のダイアメータをもち，そのダイアメータは，漸近線の一本に平行な弦を二等分する．第五番目の種は三本のダイアメータをもち，それらはそれぞれ，三本の漸近線の各々に平行な弦を二等分する．第六番目の種はダイアメータを一本ももちえない．第七番目の種はつねに一本のダイアメータをもち，それは，因子 $x-my$ に起因して生じる漸近線に平行な弦を二等分する．第八番目の種も一本のダイアメータをもち，それは軸に平行な弦を二等分する．第九番目の種は二本のダイアメータをもつ．一本のダイアメータは軸に平行な弦を二等分し，もう一本のダイアメータは，他の漸近線に平行な弦を二等分する．第十番目の種については第八番目の種の場合と同様である．第十一番目の種は第九番目の種と同様である．第十二番目の種は，ダイアメータに着目する限り，第八番目の種と同様であり，第十三番目の種は第九番目の種と同様である．第十四番目の種は一本のダイアメータをもち，それは，軸と平行な弦を二等分する．第十五番目の種と第十六番目の種について言うと，これらの種の曲線には，二点において曲線と交叉する弦は存在しないから，ダイアメータをもちえない．このようなダイアメータの諸性質はニュートンには正しく知られていた．まさしくそれゆえに，この場を借りてニュートンの事蹟を語り，ニュートンを回想したいと思ったのである．

258. ここまでのところで第三目の線(三次曲線)の種の各々に対して与えられた方程式では，座標 x と y は相互に直交するものとされた．だが，たとえ座標と座標が相互にどんなふうに傾斜していようとも，種の性質は変わらない．実際，直交座標が設定された場合，無限遠に伸びていく何本かの分枝を方程式が与えるとしてみよう．その場合，たとえ向軸線が軸に対してどのように傾いていても，同じ方程式により，無限遠に伸びていく分枝が同じ本数だけ，われわれの手にもたらされる．それに，座標の傾きが変化しても，無限遠に伸びていく分枝の性質もまた変わらない．実際，放物線状の分枝は方物線状のままに保たれるし，双曲線状の分枝の性質もまたそのまま保存される．そればかりではなく，分枝の種についても，それが放物線状であっても双曲線状であっても，やはり変化しない．それゆえ，第一種の範疇におさまる方程式により与えられる曲線はことごとくみな，その方程式の座標が直交座標であっても斜交座標であっても，つねに同じ第一種の範疇に算入される．他のあらゆる種についても同様の状勢が観察される．

第10章　第三目の線の著しい諸性質

259.　そこで座標の傾斜を任意に設定し，さまざまな種を対象にして前に与えられた諸方程式(訳者註. 第9章，第237条参照)において y のところに vu を代入し，x のところに $t-\mu u$ を代入しても，それらの方程式の有効性は何ら限定されない．ここで，$\mu\mu+vv=1$．傾斜角を自在に取ることにより，前に与えられた諸方程式は簡易化される．個々の種に対し，斜交座標 t と u の間に成立する一番簡単な形の方程式が作られるが，その模様は次に挙げる通りである．

第一種

$$u(tt+nnuu)+auu+bt+cu+d=0$$

ここで，$n=0$ ではなく，$b=0$ でもない．

第二種

$$u(tt+nnuu)+auu+cu+d=0$$

ここで，$n=0$ ではない．

第三種

$$u(tt-nnuu)+auu+bt+cu+d=0$$

ここで，$n=0$ ではなく，$b=0$ ではなく，$\pm nb+c+\dfrac{aa}{4nn}=0$ でもない．

第四種

$$u(tt-nnuu)+auu+cu+d=0$$

ここで，$n=0$ ではなく，$c+\dfrac{aa}{4nn}=0$ でもない．

第五種

$$u(tt-nnuu)+auu-\dfrac{aau}{4nn}+d=0$$

ここで，$n=0$ ではない．

第六種

$$tuu+att+bt+cu+d=0$$

ここで，$a=0$ ではなく，$c=0$ でもない．

第七種

$$tuu+att+bt+d=0$$

ここで，$a=0$ ではない．

第八種

$$tuu + bbt + cu + d = 0$$

ここで，$b=0$ ではなく，$c=0$ でもない．

第九種

$$tuu + bbt + d = 0$$

ここで，$b=0$ ではない．

第十種

$$tuu - bbt + cu + d = 0$$

ここで，$b=0$ ではなく，$c=0$ でもない．

第十一種

$$tuu - bbt + d = 0$$

ここで，$b=0$ ではない．

第十二種

$$tuu + cu + d = 0$$

ここで，$c=0$ ではない．

第十三種

$$tuu + d = 0$$

第十四種

$$u^3 + att + cu + d = 0$$

第十五種

$$u^3 + atu + bt + d = 0 \quad [1]$$

ここで，$a=0$ ではない．

第十六種

$$u^3 + at = 0$$

註記

[1] (166頁) u の代わりに $u - \dfrac{b}{a}$，t の代わりに $t + \dfrac{3b}{a^2}u - \dfrac{3b^2}{a^3}$ を用いると，この方程

第10章 第三目の線の著しい諸性質

式は $u^3+atu+e=0$ という，いっそう簡単な形になる．ここで，$e=d-\dfrac{b^3}{a^3}$．(オイラー全集 I －9, 145頁の脚註より)

第11章　第四目の線

260.　第四目の線(四次曲線)の一般方程式は

$$\alpha y^4 + \beta y^3 x + \gamma yyxx + \delta yx^3 + \varepsilon x^4 + \zeta y^3 + \eta yyx + \theta yxx + \iota x^3 + \kappa yy$$
$$+ \lambda yx + \mu xx + \nu y + \xi x + o = 0$$

という形になる．この方程式は(座標の傾きや軸の位置や切除線の始点を変えることにより)，いろいろな場合に対応して，多様な道筋をたどりながらいっそう簡単な形に還元されていく．そこで既述の方法にしたがって，この目(もく)に包摂される線の**種**，あるいはむしろ線の**属**をことごとくみな数え上げるためには，主部(訳者註．次数4の項の総和．すなわち，$\alpha y^4 + \beta y^3 x + \gamma yyxx + \delta yx^3 + \varepsilon x^4$)の様子を観察しなければならない．すると次に挙げるようなさまざまな場合が現れる．

I.

主部の四つの単純因子がすべて虚の場合．

II.

二つの因子のみが実で，しかもそれらは互いに異なっている場合．

III.

二つの因子のみが実で，しかも等しい場合．

IV.

四個の因子がすべて実で，しかも異なっている場合．

V.

二つの因子は互いに等しいが，残る二つの因子は異なる場合．

第11章　第四目の線

VI.

二つの等しい因子とは別に，残る二つの因子も互いに等しい場合．

VII.

三個の単純因子が互いに等しい場合．

VIII.

四個の因子がみな互いに等しい場合．

場合 I

261. 主部の因子がすべて虚因子なら，無限の遠方に伸びていく曲線の分枝はまったく存在しない．無限分枝の様相の差異に基づいて種の区別が要請されるのであるから，この場合には，ただひとつの属が与えられる．この第一番目の属の姿は次のようである．

属 I

この属の曲線には，無限遠に伸びる分枝がまったく存在しない．このような曲線の性質を表す一番簡単な方程式は，

$$(yy + mmxx)(yy - 2pxy + qqxx) + ayyx + byxx + cyy + dyx + exx + fy + gx + h = 0$$

という形になる．ここで pp は qq より小さい．それに，主部には項 y^4 と x^4 が必ず存在するから，座標 x と y をある与えられた量だけ増減させて，項 y^3 と x^3 が消失するようにすることができる．

場合 II

262. 主部の諸因子のうち二つだけが実因子で，しかもそれらの二つの因子が異なるなら，座標の傾きと軸の位置を適切に変えることにより，一方の実因子は y，もう一方の実因子は x になるようにすることができる．すると，方程式は

$$yx(yy-2myx+nnxx)+ayyx+byxx+cyy+dyx+exx+fy+gx+h=0$$

という形になる．ここで，mm は nn より小さい．それに，主部には項 y^3x と yx^3 が必ず存在するから，第二部分において項 y^3 と x^3 を取り除くことができる．よって，この曲線は二本の漸近直線をもつ．一本の漸近直線は方程式 $y=0$ で表され，もう一本の漸近直線は方程式 $x=0$ で表される．それゆえ，前者の漸近線の属性は方程式

$$nnyx^3+exx+gx+h=0 \quad ^{1)}$$

で表され，後者の漸近線の属性は方程式

$$xy^3+cyy+fy+h=0 \quad ^{2)}$$

で表される．この考察に基づいて，以下に挙げるようないくつかの属が形成される．

属 II

この属の曲線は二本の漸近直線をもち，それらには二本とも $u=\dfrac{A}{t}$ という属性が備わっている．この属が現れるのは，量 c と e がどちらも 0 ではない場合である．

属 III

この属の曲線は二本の漸近直線をもつ．一本の漸近直線には $u=\dfrac{A}{t}$ という属性が備わり，もう一本の漸近直線には $u=\dfrac{A}{tt}$ という属性が備わっている．この属は方程式

$$yx(yy-2myx+nnxx)+ayyx+byxx+cyy+dyx+fy+gx+h=0$$

で表される．ここで，$c=0$ ではなく，$g=0$ でもない．

属 IV

この属の曲線は二本の漸近直線をもつ．一本の漸近直線には $u=\dfrac{A}{t}$ という属性が備わり，もう一本の漸近直線には $u=\dfrac{A}{t^3}$ という属性が備わっている．この属の曲線は，方程式

$$yx(yy-2myx+nnxx)+ayyx+byxx+cyy+dyx+fy+h=0$$

に包み込まれている．ここで，$c=0$ ではない．

属 V

第11章　第四目の線

この属の曲線は二本の漸近直線をもつ．それらは二本とも $u = \frac{A}{tt}$ という種類の漸近直線である．この属の曲線は，方程式

$$yx(yy - 2myx + nnxx) + ayyx + byxx + dyx + fy + gx + h = 0$$

に包み込まれている．ここで，$f = 0$ ではなく，$g = 0$ でもない．

属VI

この属の曲線は二本の漸近直線をもつ．一本の漸近直線には $u = \frac{A}{tt}$ という属性が備わり，もう一本の漸近直線には $u = \frac{A}{t^3}$ という属性が備わっている．この属の曲線は，方程式

$$yx(yy - 2myx + nnxx) + ayyx + byxx + dyx + fy + h = 0$$

に包み込まれている．ここで，$f = 0$ ではない．

属VII

この属の曲線は二本の漸近直線をもつ．それらには二本とも $u = \frac{A}{t^3}$ という属性が備わっている．この属の曲線は，方程式

$$yx(yy - 2myx + nnxx) + ayyx + byxx + dyx + h = 0$$

に包摂される．ここで，nn はいたるところで mm より大きい．

場合III

263. 　主部の諸因子のうち二つだけが実因子で，しかもそれらの二つの因子は等しいとすれば，方程式は

$$yy(yy - 2myx + nnxx) + ayxx + bx^3 + cyy + dyx + exx + fy + gx + h = 0$$

という形になる．ここで，nn は mm より大きい．もし $b = 0$ でなければ，この方程式は次のような属を与える．

属VIII

この属の曲線は，$uu = At$ という形の一本の放物線状の漸近線をもつ．

これに対し，もし $b=0$ なら，$x=\infty$ と置くと，方程式は

$$yy + \frac{ay}{nn} + \frac{e}{nn} + \frac{g}{nnx} + \frac{h}{nnxx} = 0$$

という形になる．これを見ればわかるように，もし aa が $4nne$ より小さいなら，次のような属が得られる．

属 IX

この属の曲線は無限遠に伸びていく分枝をもたない．

$b=0$ で，しかも aa は $4nne$ より大きく，そのうえ $g=0$ ではないとするなら，次のような属が得られる．

属 X

この属の曲線は，$u = \frac{A}{t}$ という形の，互いに平行な二本の漸近線をもつ．

[属 X^a

この属の曲線は二本の漸近線をもつ．一本の漸近線は $u = \frac{A}{t}$ という形であり，もう一本の漸近線は $u = \frac{A}{tt}$ という形である．] [3)]

$b=0$ かつ $g=0$ で，しかも aa が $4nne$ より大きいなら，次に挙げる属が得られる．

属 XI

この属の曲線は，$u = \frac{A}{tt}$ という形の，互いに平行な二本の漸近線をもつ．

$b=0$ で，しかも $aa = 4nne$ だが，$g=0$ ではないという場合には，次に挙げる属が得られる．

属 XII

この属の曲線は $uu = \dfrac{A}{t}$ という形の一本の漸近線をもつ．

　もし $b=0$, $g=0$ で，しかも $aa=4nne$ でもあり，そのうえ h は負の量とするなら，次に挙げる属が得られる．

属XIII

この属の曲線は $uu = \dfrac{A}{tt}$ という形の一本の双曲線状の漸近線をもつ． [4]

　だが，$b=0$, $g=0$, $aa=4nne$ であって，しかも h は正の量とするなら，次のような属が得られる．

属XIV

この属の曲線は無限遠に伸びていく分枝をまったくもたない．

場合IV

264.　　方程式の主部は四個の実単純因子をもち，しかもそれらはみな異なっているとしよう．この場合，方程式は

$$yx(y-mx)(y-nx) + ayyx + byxx + cyy + dyx + exx + fy + gx + h = 0$$

という形になる．

　それゆえ，曲線は，$u = \dfrac{A}{t}$ もしくは $u = \dfrac{A}{tt}$ もしくは $u = \dfrac{A}{t^3}$ という形の四本の漸近直線をもつ．よって，第251条で与えられた規則により，次に挙げるような属が得られる．

属XV

この属の曲線は四本の双曲線状の漸近線をもつ．それらの漸近線はみな $u = \dfrac{A}{t}$ という形である．

属XVI

この属の曲線も四本の双曲線状の漸近線をもつ．それらの漸近線のうち，三本は $u=\frac{A}{t}$ という形であり，一本は $u=\frac{A}{tt}$ という形である．

属XVII

この属の曲線も四本の双曲線状の漸近線をもつ．それらの漸近線のうち，三本は $u=\frac{A}{t}$ という形であり，一本は $u=\frac{A}{t^3}$ という形である．

属XVIII

この属の曲線も四本の双曲線状の漸近線をもつ．それらの漸近線のうち，二本は $u=\frac{A}{t}$ という形であり，あと二本は $u=\frac{A}{tt}$ という形である．

属XIX

この属の曲線も四本の双曲線状の漸近線をもつ．それらの漸近線のうち，二本は $u=\frac{A}{t}$ という形であり，一本は $u=\frac{A}{tt}$ という形であり，残る一本は $u=\frac{A}{t^3}$ という形である．

属XX

この属の曲線も四本の双曲線状の漸近線をもつ．それらの漸近線のうち，二本は $u=\frac{A}{t}$ という形であり，あと二本は $u=\frac{A}{t^3}$ という形である．

属XXI

この属の曲線も四本の双曲線状の漸近線をもつ．それらの漸近線はみな $u=\frac{A}{tt}$ という形である．

属XXII

この属の曲線も四本の双曲線状の漸近線をもつ．それらの漸近線のうち，三本は $u=\frac{A}{tt}$ という形であり，一本は $u=\frac{A}{t^3}$ という形である．

属XXIII

この属の曲線も四本の双曲線状の漸近線をもつ．それらの漸近線のうち，二本は $u=\frac{A}{tt}$ という形であり，あと二本は $u=\frac{A}{t^3}$ という形である．[5]

属XXIV

この属の曲線も四本の双曲線状の漸近線をもつ．それらの漸近線はみな $u=\frac{A}{t^3}$ という形である．

場合V

265. 方程式の主部の二つの因子は互いに等しく，あとの二つの因子は異なるとすると，方程式は

$$yyx(y+nx)+ayxx+bx^3+cyy+dyx+exx+fy+gx+h=0$$

という形になる．まずはじめに，二つの因子が等しいという事実に起因して，**場合III** に現れたすべての属が手に入る．それらの各々の属には，いくつかの異なる因子，すなわち場合IIに包括される因子によりもたらされる多様性が伴っている．これを言い換えると，この場合には，全部で7の6倍，すなわち42個[6]の属が発生するのである．ところが，これらのうち二つの属は存在しえない．すなわち，それらは，二本の漸近線が $u=\frac{A}{tt}$ という形になり，残る二本の漸近線のうちの一本は $u=\frac{A}{t}$ という形，もう一本は $u=\frac{A}{tt}$ もしくは $u=\frac{A}{t^3}$ という形になるという属のことである．それで，この場合には40[7]個の属が与えられる．これらを，前に得られた属と合わせると，全部で64[8]個の属が形成されることになる．それらの各々をここに書き下すのはあまりに冗長である．これらの属のひとつひとつについて立ち入って説明を加えるだけの時間もないし，これらの属がすべて実在すると明言することはできない．だが，前に与えられた規則にしたがってこの作業を遂行しようと企図する者はだれしも，もし必要なら，属の個数を調整して正しく数え上げることができるであろう．

場合VI

266. この場合には，方程式の主部の等因子の組が二組存在する．この場合，方程式は

$$yyxx+ay^3+bx^3+cyy+dyx+exx+fy+gx+h=0$$

という形の方程式に包摂される．等因子の組の各々を別々に取り上げて考察すると，それらはそれぞれ七通りの属をわれわれの手に与えてくれる．したがって，二つの等因子の組に起因して全部で49個[9]の属がもたらされることになる．ところが，h が同時に正かつ負になることはありえないから，二つの属は存在しえない．したがって，この場合には，属の個数は全部で47[10]個になる．この個数は大きすぎて，それらのひとつひとつをこの場で吟味するというわけにはいかない．ともあれこれで，ここまでのところで111[11]個の属が手に入った．

場合VII

267. 方程式の主部の三個の因子が互いに等しい場合には，方程式は

$$y^3x+ayxx+bx^3+cyy+dyx+exx+fy+gx+h=0$$

という形になる．因子 x は，もし $c=0$ でなければ，$u=\frac{A}{t}$ という形の漸近線をわれわれの手にもたらしてくれる．だが，$c=0$ であって，しかも $f=0$ ではないなら，因子 x は $u=\frac{A}{tt}$ という形の漸近線を与える．$c=0$ かつ $f=0$ の場合には，$u=\frac{A}{t^3}$ という形の漸近線が与えられる．次に，因子 y^3 は，$b=0$ ではない限り，放物線状の漸近線 $u^3=Att$ を与える．だが，もし $b=0$ なら，x を無限大にすると，方程式は

$$y^3+ayx+dy+ex+g+\frac{cyy+fy+h}{x}=0$$

という形になる．よって，もし $e=0$ ではないなら，$y^3+ayx+ex=0$ となる．これより明らかになるように，もし $a=0$ ではないなら，$yy+ax=0$ かつ $ay+e=0$ となる．それゆえ，$uu=At$ という形の放物線状の漸近線とともに，方程式

$$(ay+e)x-\frac{e^3}{a^3}-\frac{de}{a}+g+\frac{cee-afe+aah}{aax}=0 \quad [12]$$

で表される双曲線状の漸近線が同時に手に入る．これを見ればわかるように，後者の漸近線は，もし $e^3+aade-a^3g=0$ でなければ $u=\frac{A}{t}$ という形になるし，そうでなければ $u=\frac{A}{tt}$ という形になる．ところで，もし $a=0$ であって，しかも $e=0$ ではないなら，$y^3+ex=0$ となる．これは，$u^3=At$ という形の放物線状の漸近線を与える．しかし，もし $e=0$ かつ $a=0$ なら，$y^3+dy+g=0$ となる．この方程式は，$u=\frac{A}{t}$ という形のただ一本の漸近線を与えるか，あるいは $u=\frac{A}{t}$ という形の一本の漸近線と

$uu = \frac{A}{t}$ という形の一本の漸近線を与えるか，あるいは $u^3 = \frac{A}{t}$ という形の一本の漸近線を与えるかのいずれかである．これを要するに全部で八通りに及ぶ多様性が見られることになるが，これを，因子 x に起因して発生する三通りの場合と組み合わせると，二十四個の属が与えられる．それゆえ，ここまでのところで取り上げられたさまざまな場合を全部合わせると，135個[13]の属が与えられる．

場合VIII

268. 方程式の主部の因子がすべて互いに等しい場合には，

$$y^4 + ayyx + byxx + kx^3 + cyy + dyx + exx + fy + gx + h = 0$$

という形の方程式が成立する．もし $k=0$ でなければ，次に挙げる属が得られる，

属CXXXVI

この属の曲線は， $u^4 = At^3$ という形のただ一本の放物線状の漸近線をもつ．

$k=0$ だが， $b=0$ ではないとすると， $y^4 + byxx + exx = 0$ となる．これより， $y^3 + bxx = 0$ および $by+e=0$．したがって，漸近直線 $by+e=0$ に対応して，

$$(by+e)xx + \frac{e^4}{b^4} + \frac{aeex}{bb} + \frac{cee}{bb} - \frac{dex}{b} - \frac{ef}{b} + gx + h = 0 \quad [14]$$

となる．それゆえ，もし $aee - bde + bbg = 0$ でなければ，漸近線は $u = \frac{A}{t}$ という形になるし，そうでなければ漸近線は $u = \frac{A}{tt}$ という形になる．これより，次に挙げる属が得られる．

属CXXXVII

この属の曲線は， $u^3 = Att$ という形の一本の放物線状の漸近線と， $u = \frac{A}{t}$ という形の一本の双曲線状の漸近線をもつ．

属CXXXVIII

この属の曲線は， $u^3 = Att$ という形の一本の放物線状の漸近線と， $u = \frac{A}{tt}$ という形

の一本の双曲線状の漸近線をもつ．

269. 今度は $k=0$ であって，しかも $b=0$ でもあるとしよう．このとき，方程式は

$$y^4 + ayyx + cyy + dyx + exx + fy + gx + h = 0$$

という形になる．$e=0$ でなければ $y^4 + ayyx + exx = 0$ となるが，もし aa が $4e$ より小さいなら，この方程式は成立しない．だが，もし aa が $4e$ より大きいなら，この方程式は，$uu = At$ という形の，同じ軸との関連のもとで描かれる二本の放物線状の漸近線を与える．もし $aa=4e$ なら，それらの二本の放物線状の漸近線は重なり合って一本の漸近線[15)]になる．これで，属CXXXIX，CXL，CXLIが定められる．

ところで，$e=0$ の場合には，方程式は

$$y^4 + ayyx + cyy + dyx + fy + gx + h = 0$$

という形になる．もし $a=0$ ではないなら，$y^4 + ayyx + cyy + dyx + gx = 0$．これより，$yy + ax = 0$ および $y=$ 定量．よって，$ayy + dy + g = 0$．それゆえ，y は二つの異なる値をもつか，二つの等しい値をもつか，実値をひとつももたないかのいずれかである．第一番目の場合には，曲線は，一本の放物線状の漸近線のほかに，$u = \frac{A}{t}$ という形の二本の双曲線状の漸近線をもつ．第二の場合には，一本の放物線状の漸近線のほかに，$uu = \frac{A}{t}$ という形の一本の漸近線をもつ．第三の場合には，一本の放物線状の漸近線を別にして，そのほかには漸近線をもたない．これでまたも三つの属，すなわちCXLII，CXLIII，CXLIVが作られる．

270. 今度は $a=0$ としよう．このとき，方程式は

$$y^4 + cyy + dyx + fy + gx + h = 0$$

という形になる．$d=0$ ではない場合，この方程式で表される曲線は，$u^3 = At$ という形の一本の放物線状の漸近線と，方程式 $dy + g = 0$ で表される $u = \frac{A}{t}$ という形の漸近直線をもつ．最後に，もし $d=0$ なら，この曲線は $u^4 = At$ という形の一本の放物線状の漸近線をもつ．このようなわけで，第四目の線(四次曲線)の全体は 146 個[16)]の属を作る．しかも個々の属のもとには，たいていの場合，相互に著しい差異を示す非常に多くの種が包含されている．

第11章　第四目の線

271.　このような状勢を見れば明瞭に諒解されるように，第五目の線(五次曲線)やもっと高い位数の目の線(高次曲線)の世界に移ると属の個数はあまりにもはなはだしく増大してしまい，第三目の線(三次曲線)を対象にしたときのように精密に数え挙げる作業を遂行するのは，一冊の書物を丸ごと使ってこの仕事に捧げるのではない限り，もはやまったくの不可能事なのである．第四目の線(四次曲線)もしくはもっと位数の高い目の線(高次曲線)の主だった諸性質に関して言うと，それらは，前に第三目の線(三次曲線)の場合に使ったのと同様の手法により，一般方程式に基づいて導き出されるであろう．そこで，われわれはもうこれ以上，その模様を説明する作業には立ち入らないことにしたいと思う．

註記

1), 2)　(170頁)　オイラー全集 I－9, 148頁の脚註より．これらの二つの方程式は不完全である．完全な方程式は，それぞれ

$$n^2 y x^3 + e x^2 + \left(g - \frac{eb}{n^2}\right)x + \left(-2m\frac{e^2}{n^4} + \frac{b^2 e}{n^4} - \frac{bg}{n^2} - \frac{de}{n^2} + h\right) = 0,$$

$$xy^3 + cy^2 + (f - ac)y + (-2mc^2 + a^2 c - af - dc + h) = 0.$$

3)　(172頁)　この属X^aはオイラー全集の編纂者が補ったもので，オイラーの原書にはない．オイラー全集 I－9, 149頁の脚註の記述は次の通り．方程式$n^2 y^2 + ay + e = 0$の二根をαとβとするとき，二本の漸近直線は$y = \alpha$と$y = \beta$である．第263条の冒頭に出ている主方程式のxの係数において$y = \alpha$を代入すると，$g(\alpha) = -2m\alpha^3 + d\alpha + g$という形の式ができる．また，$y = \beta$を代入すると，式$g(\beta) = -2m\beta^3 + d\beta + g$ができる．属Xと属XIの考察にあたり，着目するべきなのはgではなく，$g(\alpha)$と$g(\beta)$である．もしこれらが双方ともに$=0$なら，属XIが手に入る．もし$g(\alpha) = 0$かつ$g(\beta) \neq 0$なら，属X^aが得られるが，オイラーはこれを見落としたのである．

4)　(173頁)　オイラー全集 I－9, 150頁の脚註より．この漸近線は，$u = \frac{B}{t}$という形の二本の漸近線に分解する．

5)　(175頁)　オイラー全集 I－9, 151頁の脚註より．この属は存在しえない．

6)　(175頁)　オイラー全集 I－9, 152頁の脚註より．場合IIには6個の属II－VIIが含まれる．場合IIIでは，属VIIIから属XIVまで，属X^aも含めてを8個の属が与えられる．組み合わせを考慮すると，全部で48個の属が生じることになるが，そのうち12個の属は存在しえない．具体的に言うと，ありえない組み合わせは次の通り．VIIとX，X^a，XII．VIとX^a，XI，XIII，XIV．VとX^a，XIII，XIV．IVとXI．IIIとXI．これらを差し引くと，結局，場合Vに現れる属の個数は36個になる．

7)　(175頁)　オイラー全集 I－9, 152頁の脚註より．正確には30．

8)　(175頁)　オイラー全集 I－9, 152頁の脚註より．正確には60．

9) (176頁) オイラー全集Ⅰ－9, 152頁の脚註より. 場合Ⅲの属の個数は8個である. 異なる組み合わせのみを作ると, 全部で36個になる. それらのうち, 6個の組はありえない. すなわち, ⅪとⅩ^a, ⅩⅢ, ⅩⅣの3組, ⅩⅢとⅩⅢ, ⅩⅣの組, それにⅩⅣとⅩⅣの組である. これらを差し引くと, 全部で30個の属ができることになる.

10) (176頁) オイラー全集Ⅰ－9, 152頁の脚註より. 正確には30.

11) (176頁) オイラー全集Ⅰ－9, 152頁の脚註より. 正確には90.

12) (176頁) オイラー全集Ⅰ－9, 153頁の脚註より. 完全な方程式は

$$(ay+e)x + \alpha + \frac{\beta}{x} = 0.$$

ここで,

$$\alpha = -\frac{e^3}{a^3} - \frac{ed}{a} + g \quad \text{および} \quad \beta = -\frac{ce^2 - aef + a^2h}{a^2} - \alpha\frac{3e^2 + da^2}{a^3}.$$

13) (177頁) オイラー全集Ⅰ－9, 153頁の脚註より. 正確には114個.

14) (177頁) オイラー全集Ⅰ－9, 154頁の脚註より. 完全な方程式は次の通り.

$$(by+e)x^2 + \frac{ae^2 - bde + gb^2}{b^2}x + \frac{e^4}{b^4} + \frac{ce^2}{b^2} + h - \frac{ef}{b} + \frac{(ae^2 - bde + gb^2)2(ae - bd)}{b^4} = 0.$$

この方程式は, この条の主方程式において $y = \alpha + \frac{\beta}{x} + \frac{\gamma}{x^2} + \cdots$ と置き, x^2, x, x^0 の係数を0と等値すれば見つかる.

15) (178頁) オイラー全集Ⅰ－9, 154頁の脚註より. この漸近線は,

$$y = \alpha x^{\frac{1}{2}} + \beta x^{\frac{1}{4}} + \gamma$$

という形である. たとえば, $y = x^{\frac{1}{2}} + x^{\frac{1}{4}}$ なら, 方程式

$$(y^2 - x)^2 - 4xy - x = 0$$

が与えられる.

16) (178頁) オイラー全集Ⅰ－9, 155頁の脚註より. 正確な数値は125個. 8通りの場合に分けて属の個数を数えてきたが, その結果は, 順に1個, 6個, 8個, 9個, 36個, 30個, 24個, 11個である.

第12章　曲線の形の研究

272.　これまでの諸章で説明がなされてきた事柄は，もっぱら無限遠に伸びていく曲線の形状を認識するためのものであった．これに対し，ある曲線が有限の広がりの範囲内でどのような形状をもつのかということを，その曲線の方程式を元にして知るのは，しばしばきわめて困難である．実際，そのためには各々の有限な切除線に対して，方程式に基づいて対応する個々の向軸線の値を見つけて，しかも実値を虚値から識別しなければならない．ところがこの作業は，方程式の次数が高くなると，たいていの場合，よく知られている解析学の力を越えてしまうのである．実際，もしある既知の値が切除線に割り当てられたなら，方程式において，向軸線のほうが未知量の役割を担うことになる．よって，この方程式を解く作業は，向軸線が獲得する次元数に依拠するのである．だが，この作業は，一番都合のよい軸を採用したり，座標の傾きを適切に定めるなどして方程式をいっそう単純な形に帰着させることにより，大幅に緩和される．それに，二つの座標のどちらを切除線に採用しても事情は変わらないのであるから，方程式に現れる次元が小さいほうの座標を向軸線に採れば，仕事ははなはだしく軽減されるのである．

273.　そこで，もし第一種に所属する第三目の線(三次曲線)の形状を調べたいのであれば，この種の曲線の，第259条で明示された通りの一番簡単な方程式を採用することになる．そうして座標 t と u のうち，はじめの座標 t を向軸線として採り，もう一つの座標 u を切除線として採用する．なぜなら，t は次元 2 をもつにすぎないからである．このようにして，

$$yy = \frac{2by + axx + cx + d - nnx^3}{x}$$

という形の方程式が得られる．これを解くと，

$$y = \frac{b \pm \sqrt{bb + dx + cxx + ax^3 - nnx^4}}{x}$$

という表示式が与えられる．ここで，b も n も $=0$ ではないものとする．

274.　　x の値が関数 $bb+dx+cxx+ax^3-nnx^4$ に正の値を与えるとき，そのような x の値の各々に対して，二本の向軸線が対応する．x のある値に対してこの関数の値が消失する場合には，そのような切除線 x に対して適合する向軸線は一本のみである．言い換えると，そのような切除線 x に対しては，二本の向軸線は互いに等しくなる．だが，もしこの関数が負の値を取るなら，その場合には，いかなる向軸線も決して切除線には対応しない．ところで，この関数の諸値は，もしそれらが正であるなら，まずはじめに二本の向軸線が等しくなることがない限り，言い換えると，この関数の値が消失することがない限り，決して負にはなりえない．それゆえ，主として考察を加えなければならないのは，関数 $bb+dx+cxx+ax^3-nnx^4$ が $=0$ となる場合である．このような関数値の正から負への移行という事態は，二通りの場合において，まちがいなく起こる．というのは，x がある限界を越えて正の方向もしくは負の方向に進んでいくとき，関数 $bb+dx+cxx+ax^3-nnx^4$ の値は負になるからである．よって，曲線の全体はある定められた切除線の範囲内に対応することになり，切除線がその限界を超えると，向軸線はことごとくみな虚になってしまうのである．

275.　　表示式 $bb+dx+cxx+ax^3-nnx^4$ は二つの実因子のみをもつとしよう．言い換えると，この関数は二通りの場合においてのみ消失しうるとしてみよう．そこで，このような事態が実際に生起するとして，切除線上に点 P と点 S を定め，これらの点ではただ一本の向軸線が見つかるだけという状勢を設定しよう(図49)．すると，点 P から点 S に至る範囲の全域にわたり，一対の向軸線が対応し，しかもそれらはともに実である．だがこの範囲 PS の外側では，あらゆる向軸線は虚になってしまう．したがって，曲線の全体は向軸線 Kk と Nn の間にはさまれることになる．切除線の始点 A における向軸線は曲線の漸近線であり，しかも，ある点において曲線と交叉する．実際，$x=0$ と置くと，

$$\sqrt{bb+dx+cxx+ax^3-nnx^4} = b + \frac{dx}{2b}$$

となる．これより，

第12章　曲線の形の研究

$$y = \frac{b \pm \left(b + \dfrac{dx}{2b}\right)}{x}$$

すなわち $y = \infty$ もしくは $y = -\dfrac{d}{2b}$ となる．それゆえ，この場合，曲線は〈図50〉に描かれているような形をもつことになる．

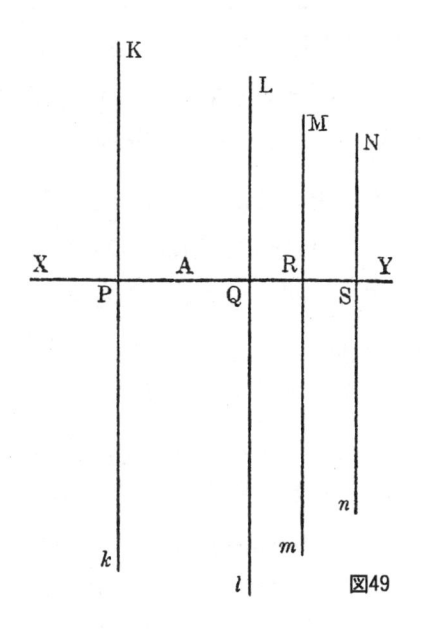

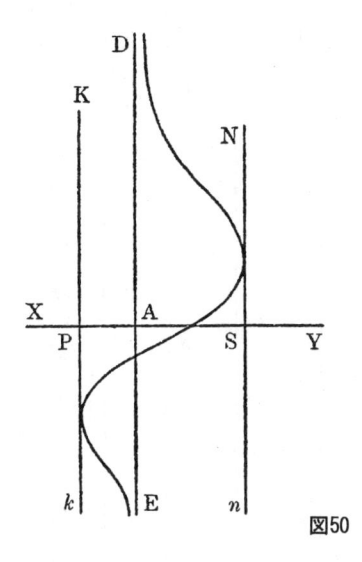

図49

図50

276. 　表示式 $bb + dx + cxx + ax^3 - nnx^4$ は四個の異なる実単純因子をもつとしよう．すると，この表示式が消失する場合は四通りあることになる．それゆえ，向軸線は四個の場所 P, Q, R, S において，曲線とただ一つの点で接触する．向軸線は軸の範囲 XP の全域にわたって虚になり，範囲 PQ では実になるが，範囲 QR では再び虚になり，範囲 RS に移るとまたも実になる．ところが，S の外側に出て Y の方向に向かうと，もう一度，虚になるのである．これより明らかになるように，この曲線は互いに切り離された二つの部分から作られている．それらのうちの一方は直線 Kk と Ll の間にはさまれ，もう一方は直線 Mm と Nn の間にはさまれている．ところが，切除線の始点 A では向軸線は実なのであるから，始点 A は軸上の区間 PQ 内に位置するか，あるいは区間 RS 内に位置するかのいずれかでなければならない．それゆえ，この場合，この曲線は〈図51〉に示されているような形をもつ．すなわち，この曲線は，漸近線 DE に関連する部分と，その部分から切り離された一個の卵形

(たまごがた)の曲線から作られている．その卵形曲線は，**共役卵形線**という名で呼ばれる．

277. もし四つの根のうちの二根が互いに等しいなら，P と Q，または Q と R，または R と S が一致する．もし第一の場合が起こるなら，A が P と Q の間に位置する以上，その等しい二根は 0 でなければならないことになる．だが，b が存在しないことはありえないのであるから，このような事態は起こりえない．だが，もし点 R と点 S が一致するなら，共役卵形線は限りなく小さくなり，**共役点**へと退化してしまう．ところが，もし Q と R が一致するなら，この卵形線は曲線の残りの部分とつながって，〈図52〉のような**結節点**をもつ曲線が生じる．もし三つの根，たとえば Q, R, S が一致するなら，結節点は鋭く尖っていきながら消失し，〈図53〉に示されているように，**尖点**になる．こうして第一種の第三目の線(三次曲線)の場合には，五通りのバリエーションが見られることになる．ニュートンはこれらの各々が別々の種を作るものと見て考察した．

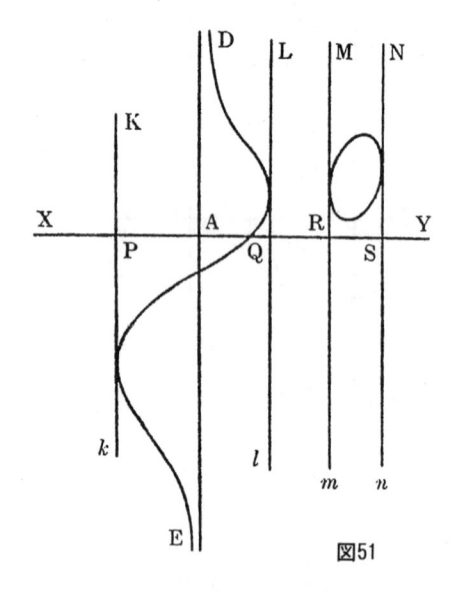

図51

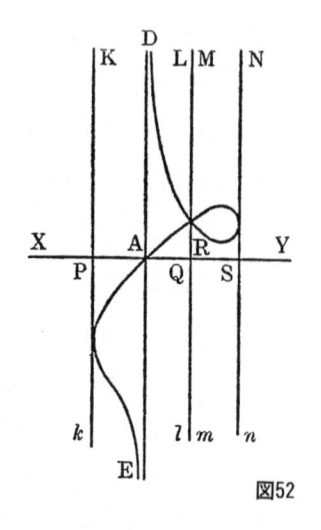

図52

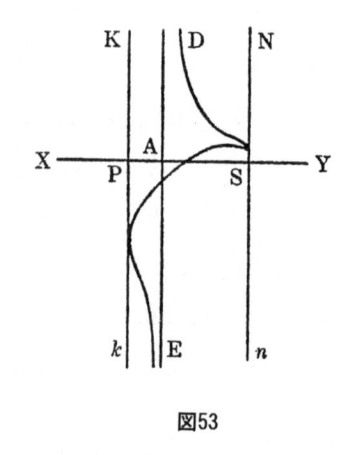

図53

第12章　曲線の形の研究

278.　ニュートンは第三目の線(三次曲線)のなお残されている種についても，同様にして細分を行った．というのは，あらゆる方程式には，どちらかの座標は次元2よりも高い次元をもたないという性質が備わっているからである．どちらかの座標が次元1をもつときには，曲線の形状を知るのはきわめて容易である．実際，この場合，方程式は$y=P$という形になる．ここで，Pは切除線xのある有理関数である．それゆえ，xにどんな値を割り当てても，向軸線もまたつねに一つの値を獲得する．したがって，曲線は軸が左右双方向に伸びていくのに伴って，連続的に延長されていく．もしPが分数関数なら，一箇所もしくは何箇所かで，向軸線が無限大になるということが起こりうる．したがって，それらの向軸線は曲線の漸近線であることになる．このような事態は，関数Pの分母が消失する場所で起こるのである．

279.　そこで$y=\dfrac{P}{Q}$と置くと，上記のような無限大になる向軸線の位置を明示するのは，方程式$Q=0$の実根のすべてである．実際，この方程式の任意の根，たとえば$x=f$は，切除線$x=f$を取るとき，向軸線yが無限大になるという状勢を指し示すことになるが，そのわけはといえば$Q=0$となるからなのである．それと，この場合には明らかなことだが，向軸線yはxがfよりも大きいなら正で，xがfより小さいなら負になるとするなら，向軸線は$u=\dfrac{A}{t}$という種類の漸近線になる．これと同じことが，異なる因子のどれについても成立する．次に，分母Qは二個の等しい因子をもつとし，たとえば$(x-f)^2$という因子をもつとしてみよう．この場合，もしxをfより大きく取るとき向軸線が正になるなら，xがfより小さいとしても，向軸線は依然として正のままである．そうして向軸線yは，$x=f$とすると，$uu=\dfrac{A}{t}$という種類の漸近線になる．次に，分母が三つの等根をもつとし，たとえば$(x-f)^3$という因子をもつとしてみよう．この場合，向軸線は，無限大になる前と後とで異なる符号をもつ．これは一番はじめの場合と同様である．

280.　ここまでのところで出会った方程式に続いて，$yy=\dfrac{2Py-R}{Q}$という形状に包摂される方程式を取り扱うのはきわめて容易である．ここで，P,Q,Rは切除線xの任意の整関数(訳者註．多項式と同義)である．この場合，各々の切除線xに対し，一対の向軸線が対応するか，あるいは対応する向軸線は一つも存在しないかのいずれかである．もう少し詳しく言うと，もしPPがQRより大きいなら二本の向軸線が生じるし，もしPPがQRより小さいなら，対応する向軸線は現れないのである．

実の向軸線を虚の向軸線，すなわち「存在しない向軸線」から切り離す境目の地点では，$PP=QR$ となる．したがって $y=\dfrac{P}{Q}$．これを言い換えると，この向軸線は曲線とただ一点において交叉するか，あるいは接触するかのいずれかであることになる．それゆえ，曲線の形を知るには，方程式 $PP-QR=0$ を考察しなければならない．この方程式の個々の実根は，向軸線が曲線とただ一点で交叉することになる地点を与えてくれるのである．それらの場所を示す点を軸上に記入していくと，もしすべての根が異なるなら，これらの点と点にはさまれる軸上の諸部分では，二本の実向軸線と二本の虚向軸線が交互に現れることになる．このようなわけで，この曲線はいくつかの互いに切り離された部分から作られていて，しかもそれらの部分は，実向軸線と虚向軸線の入れ代わりが観察される回数の分だけ現れる．共役卵形線の存在はここに起源をもつのである．

281. もし方程式 $PP-QR=0$ の二根が等しいなら，先ほど軸上に記入された諸点のうちの二つは一致する．よって，軸上で一つの部分が消失することになるが，その部分に対応する向軸線は虚であるか，または実であるかのいずれかである．前者の場合，曲線は〈図52〉におけるように結節点をもち，後者の場合には，共役卵形線が消失して一個の共役点になってしまう．もし上記の方程式が三個の等根をもつなら，結節は限りなく小さくなっていって，〈図53〉に見られるように，退化して尖点になる．もし方程式の四つの根が等しいなら，切り離された位置にある二個の卵形線が縮小して一点に退化するか，あるいは，ある尖点において結節が生じる，すなわち対置する位置にある二個の尖点が先端で接合するかのいずれかの現象が見られる．五個の根が等しい場合，新たな形状が現れることはほとんどない．実際，この場合には，ある尖点において，前のように一個ではなく二個の卵形線が縮小して尖点の端点に退化するという現象が見られる．もっと多くの等根が存在する場合にも，そこから帰結する形状に，新たな差異が認められるということはない．

282. 結節点すなわち曲線の二本の分枝の交点は，**二重点**という名で呼ばれる慣わしになっている．なぜなら，この点において曲線と交叉する直線は，この曲線を二個の点において交叉すると見るのが至当だからである．また，もし曲線のもう一本の分枝が結節点を通るなら，この交点において曲線の**三重点**が生じることになる．二個の二重点が重なり合うなら，**四重点**が現れる．ここから，任意の重複度を

もつ**重複点**というものの発生と性質が洞察される．一点に退化した卵形線，すなわち共役点は二重点である．共役点が，曲線の残りの部分と接合して現れる尖点についても，事情は同様である．

283.
向軸線 y を切除線 x を用いて表示する働きを示す方程式が三次，もしくはもっと高い次数になるとし，その結果，y は x の多価関数と等値されるとしよう．この場合，個々の切除線に対応する向軸線の本数は，方程式において y がもつ次元に等しいか，あるいはそれよりも二本または四本または六本・・・だけ少なくなる．それゆえ，つねに二本の向軸線が対をなして同時に虚になっていくことになるが，虚になるのに先立って，それらの二本の向軸線は互いに等しくなる．このため，虚から実への移行に際し，大きな多様性を伴う状勢が発生する．それらの中には，ここまでのところで説明を加えてきたような多様さと一致するものもあるし，記述の多様さのあれこれを組み合わせて認識されるものもある．他方，正や負の多くの切除線に対し，向軸線の値をことごとくみな求めておけば，それらの点を通る曲線の概形が簡単に描かれて，その形状がわかるようになる．

284.
このような状況を一例を挙げて明らかにしたいと思う．この例では，向軸線は相当に高次の方程式から導かれるが，それにもかかわらず平方根のみを用いて表示される．今，

$$2y = \pm\sqrt{6x-xx} \pm \sqrt{6x+xx} \pm \sqrt{36-xx}$$

と置こう．この方程式により，各々の切除線に対して八本の向軸線が対応する．ところで，切除線 x を負と定めれば，そのとき向軸線が虚になるのは明らかである．切除線を 6 より大きく取っても，同じことが起こる．このことから，曲線の全体は限界 $x=0$ と $x=6$ の間にはさまれていることが明らかになる．そこで x に対して次々と値 0, 1, 2, 3, 4, 5, 6 をあてはめていくと，関数 $\sqrt{6x-xx}$, $\sqrt{6x+xx}$, $\sqrt{36-xx}$ の値およびそれらの和は次に挙げる表の通りになる．

	$x=0$	$x=1$	$x=2$	$x=3$	$x=4$	$x=5$	$x=6$
$\sqrt{6x-xx}$	0.000	2.236	2.828	3.000	2.828	2.236	0.000
$\sqrt{6x+xx}$	0.000	2.646	4.000	5.196	6.325	7.416	8.485

$\sqrt{36-xx}$	6.000	5.916	5.657	5.196	4.472	3.317	0.000
値の総和	6.000	10.798	12.485	13.392	13.625	12.969	8.485

三つの関数値の正負の符号をさまざまに取るとき，y の値は次に挙げる表の通りになる．

+	+	+	3.000	5.399	6.242	6.696	6.812	6.484	4.242
−	+	+	3.000	3.163	3.414	3.696	3.984	4.248	4.242
+	−	+	3.000	2.753	2.242	1.500	0.487	0.932	−4.242
+	+	−	−3.000	−0.517	0.586	1.500	2.341	3.167	4.242

符号の組み合わせは，ほかにもなお四通りあるが，それらから帰結する総和は，上記の表に示されている値と符号が変わるだけにすぎない．こんなふうにして，任意の切除線に対して八本の向軸線が対応することになる．その様子は〈図54〉に示されている通りであり，二本の絡まり合った曲線 $AFBEcagbcDA$ と $afbECAGBCDa$ を組み合わせた恰好で，曲線の全体が作られている．この曲線は二点 A, a において尖点をもち，四個の点 D, E, C, c において二重点，言い換えると，分枝と分枝の交点をもっている．

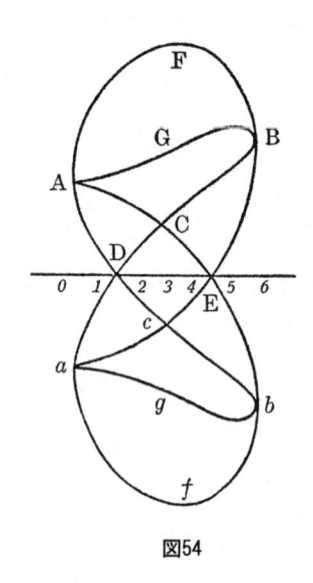

図54

第13章 曲線の諸性質

285. これまでのところでは，無限遠に伸びていく分枝の性質の描写を重ね，直線もしくはいっそう単純な形の曲線を指定して，無限の遠方ではそれらが提示された曲線それ自体と重なり合うように状勢を設定した．そこでこの章では，有限の広がりをもつ範囲内におさまる曲線の一部分を調べ，少なくとも極小の範囲内では曲線それ自体と重なり合う直線もしくは非常に簡単な形状の曲線を探索してみたいと思う．まずはじめに，曲線に接する直線はどれも，その接点において曲線の道筋と重なり合うこと，言い換えると，そのような直線は少なくとも二点を曲線と共有することは明らかである．ところが，提示された曲線の与えられた一部分といっそう精密に重なり合う他の曲線，言わばキッスをするかのような曲線を提示することもまた可能である．これらの事柄にあらかじめ精通しておけば，各々の地点での曲線の状態やさまざまな性質は，きわめて明瞭に認識できるようになる．

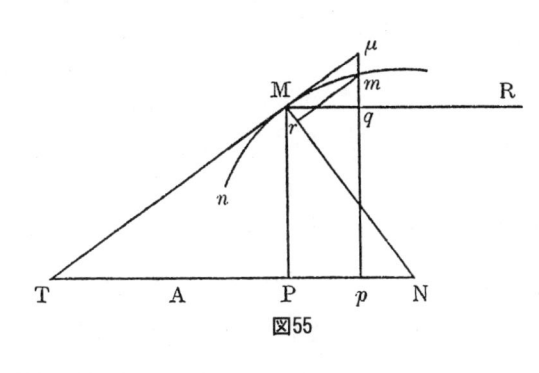

図55

286. そこで何かある曲線に対し，座標 x と y に成立するある方程式が提示されたとしよう．切除線 x に対してある値 $AP = p$ を割り当てて，この切除線に対応する向軸線 y の値を求めよう(図55)．もしそのような値がいくつもあるなら，任意にひとつの値を取り，それを $PM = q$ とする．M は曲線上の点とする．すなわち，曲線が通過する点とする．このとき，x と y の方程式において x の代わりに p を書き，y の代わりに q を書くと，方程式の諸項はことごとくみな相殺されてしまい，その後には何も残らない．点 M を通過する曲線の一部分の性質を探求す

るために，M から出発して，軸 AP に平行な直線 Mq を引こう．そうして今度はその直線を軸として採用し，新しい切除線を $Mq = t$ と呼び，向軸線を $qm = u$ と呼ぼう．点 m もまた提示された曲線上に配置されている．そこで線分 mq を延長していって，はじめに指定された軸に到達するまで続けると，点 p において当初の軸に出会うものとする．このような状勢のもとで，提示された方程式において x の代わりに $Ap = p + t$ を代入し，y の代わりに $pm = q + u$ を代入すると，やはり同じ形の方程式が姿を現すはずである．

287. 提示された x と y の間の方程式においてこの代入を実行すると，t の姿も u の姿も見られない項はことごとくみな，おのずから相殺してしまう．残存するのは，新たな座標 t と u を含む項のみである．それゆえ，

$$0 = At + Bu + Ctt + Dtu + Euu + Ft^3 + Fttu + Htuu + \cdots$$

という形の方程式が手に入る．ここで，$A, B, C, D \cdots$ は，はじめに提示された方程式の定量と p と q とを組み合わせて構成される定量である．p と q もまた定量とみなされているのである．この新たな方程式で表されるのは同じ曲線の性質だが，この方程式は軸 Mq との関連のもとで書き下されている．その軸において，曲線上の点 M は切除線の始点として取り上げられている．

288. まずはじめに明らかなのは，$Mq = t = 0$ と置けば，$qm = u = 0$ ともなるという事実である．なぜなら，この場合，点 m は M と重なるからである．次に，われわれが探究したいのは，M の近くに位置を占めている曲線の極小部分のみである．これは，t としてごく小さな値を取り上げることにすれば達成される．その場合，$qm = u$ もまた非常に小さい値をもつ．実際のところ，われわれが強く欲しているのは，ほとんど消失してしまうかのような弧 Mm の性質のみなのである．t および u としてごく小さな値を取れば，項 tt, tu, uu はもっと小さくなるし，引き続く諸項 $t^3, ttu, tuu, u^3 \cdots$ はといえば，先行する諸項に比べてはるかに小さくなる．これ以降の諸項についても同様の状勢が続いていく．このようなわけで，他の諸項に比べていわば無限小量だけ大きい諸項は省いてしまってもさしつかえないのであるから，残存するのは $0 = At + Bu$ という形の方程式である．これは，点 M を通る線分 $M\mu$ の方程式である．この方程式を見れば，点 m が M に近接していくのにつれて，この線分 $M\mu$ は曲線そのものにぴったり重なっていく様子が諒解される．

第13章 曲線の諸性質

289. それゆえ，この直線 $M\mu$ は点 M における曲線の接線である．これに基づいて，曲線上の任意の点 M において接線 μMT を引くことが可能になる．すなわち，方程式 $At + Bu = 0$ により，

$$\frac{u}{t} = -\frac{A}{B} = \frac{q\mu}{Mq}$$

であるから，

$$q\mu : Mq = MP : PT = -A : B$$

となる．したがって，$PM = q$ より，$PT = -\dfrac{Bq}{A}$ となる．この軸上の一部分 PT は**接線影**という名で呼ばれる慣わしになっている．これより，次に挙げる規則が導出される．

接線影をみつけるための規則

曲線の方程式において，切除線 $x = p$ に対応して向軸線 $y = q$ が曲線の方程式をみたすことが判明した後に，$x = p + t$ および $y = q + u$ と置く．これらを方程式に代入して生じる諸項のうち，t と u が次元 1 をもつ項だけを確保して，残りの項はすべて捨ててしまう．このような手順を踏むと，二項のみから成る $At + Bu = 0$ という形の方程式にたどり着く．これで A と B が既知となり，接線影 $PT = -\dfrac{Bq}{A}$ が与えられる．

例 I

放物線が提示されたとし，その性質は方程式 $yy = 2ax$ で表されるとしよう．ここで，AP は主軸とし，A は頂点とする．

$AP = p$ と取り，$PM = q$ と名づけると，$qq = 2ap$．すなわち $q = \sqrt{2ap}$ となる．そこで今，$x = p + t$ および $y = q + u$ と置くと，

$$qq + 2qu + uu = 2ap + 2at$$

となる．よって，上記の規則により，二つの項 $2qu = 2at$ のみが保存される．この方程式により，

$$at - qu = 0, \quad \frac{u}{t} = \frac{a}{q} = -\frac{A}{B}$$

が与えられる．よって，$qq = 2ap$ より，接線影は $PT = \dfrac{qq}{a} = 2p$ となる．それゆえ，接線影は切除線 AP の二倍になる．

例 II

今度は曲線は A を中心にして描かれた楕円とし，その方程式を

$$yy = \frac{bb}{aa}(aa - xx) \quad \text{すなわち} \quad aayy + bbxx = aabb$$

としよう．

$AP = p$ と取り，$PM = q$ と置くと $aaqq + bbpp = aabb$ となる．そこで $x = p + t$ および $y = q + u$ と置こう．保存しなければならないのは t と u が次元 1 をもつ項のみであり，残りの諸項は即座に捨ててしまってよいのであるから，帰結する方程式は

$$2aaqu + 2bbpt = 0$$

という形になる．これより，

$$\frac{u}{t} = -\frac{bbp}{aaq} = -\frac{A}{B}.$$

よって，接線影は

$$PT = -\frac{B}{A}q = -\frac{aaqq}{bbp} = \frac{-aa + pp}{p}$$

となる．この表示式は負であるから，点 T の位置は反対側にくることを示している．また，この表示式は，楕円の接線に関して前に報告した事柄と完全に一致している (訳者註．第6章，第141条参照)．

例 III

第三目に所属する第七種の線(第七種の三次曲線)

$$yyx = axx + bx + c$$

が提示されたとしよう．

$AP = p$ と取り，$PM = q$ と置くと，$pqq = app + bp + c$ となる．$x = p + t$ および $y = q + u$ と定めると，

$$(p + t)(qq + 2qu + uu) = a(pp + 2pt + tt) + b(p + t) + c$$

となる．不要な項をすべて除去すると，$2pqu + qqt = 2apt + bt$ となる．これより，

$$\frac{u}{t} = \frac{2ap + b - qq}{2pq} = -\frac{A}{B}.$$

したがって，接線影は

第13章　曲線の諸性質

$$PT = -\frac{B}{A}q = \frac{2pqq}{2ap+b-qq} = \frac{2app+2bp+2c}{2ap+b-qq} = \frac{2ap^3+2bpp+2cp}{app-c}$$

すなわち

$$PT = \frac{2ppqq}{app-c}$$

となる．

290. 　　こんなふうにして曲線の接線についての認識が深まったが，それと同時に，曲線が点 M において進んでいく方向もまた判明する．実際，曲線というものを，ある点が連続的に方向を変えながら動いていくときに描かれる軌跡として認識するとき，曲線の考察はもっとも適切になされるのである．したがって，曲線を描きながら動いていく点は，M において，接線 $M\mu$ の方向に沿って進んでいく．もしその方向が一定に定まったまま保持されるなら，点 M は直線 $M\mu$ を描いていくことになる．だが，M が真に曲線を描くのであれば，その動きは瞬間ごとに進行方向を変えていく．このようなわけで，曲線が進んでいく道筋を認識するためには，個々の点において接線の位置を規定していかなければならないのである．これは，上述の通りの方法によりたやすく実行される．実際，もし提示された曲線の方程式が有理的で，しかもそこには分数の姿が見られないのであれば，いかなる困難にも出会わない．どの方程式もつねに，そのような形に帰着される．これに対し，もし方程式が非有理的であるか，あるいは方程式のどこかに分数の姿が見えて，しかも有理的かつ整的な形への還元を遂行する手間が惜しいというのであれば，若干の修正を施したうえで，同じ方法を適用することも可能である．この修正の工夫の中から**微分計算**が生れたのである．そこで，提示された曲線の方程式が有理整方程式ではない場合については，接線を見つける方法は微分計算のために留保しておくことにしたいと思う．

291. 　　これで接線 $M\mu$ の軸 AP に対する傾き，あるいは AP と平行な直線 Mq に対する傾きが判明する．実際，$q\mu : Mq = -A : B$ であるから，座標と座標が直交しているなら，すなわち角 $Mq\mu$ が直角なら，$-\frac{A}{B}$ は角 $qM\mu$ の正接である．もし座標と座標が斜交しているなら，与えられた角 $Mq\mu$ と辺 Mq, $q\mu$ の比を元にして，三角法により角 $qM\mu$ がみいだされる．ところで，一連の手順の後に帰結する方程式 $At + Bu = 0$ において，もし $A = 0$ なら，そのとき角 $qM\mu$ は消失する．したがって，接線 $M\mu$ は軸 AP と平行になる．他方，もし $B = 0$ なら，接線 $M\mu$ は向軸線

PM と平行になる．言い換えると，向軸線 PM は点 M において曲線に接する．

292. 接線 MT がみいだされたので，接点 M から接線 MT に垂直な直線 MN を引くと，この直線は同時に曲線それ自体とも垂直である．それゆえ，どんな場合にも，その位置は簡単に判明する．それがもっとも適切に表されるのは，座標 AP と PM が直交する場合である．実際，その場合，三角形 $Mq\mu$ と MPN は相似になる．したがって，

$$Mq : q\mu = MP : PN \quad \text{すなわち} \quad -B : A = q : PN$$

となる．これより，

$$PN = -\frac{Aq}{B}.$$

このようにして，向軸線と垂線 MN にはさまれて軸の一部分が切り取られたが，これは**法線影**という名で呼ばれる慣わしになっている．座標と座標が直交している場合には，法線影は接線影を元にしてごく簡単に規定される．というのは，

$$PT : PM = PM : PN \quad \text{すなわち} \quad PN = \frac{PM^2}{PT}$$

となるからである．さらに，もし角 APM が直角なら，接線は

$$MT = \sqrt{PT^2 + PM^2}$$

となり，法線は

$$MN = \sqrt{PM^2 + PN^2}$$

となる．また，$PT : TM = PM : MN$ であるから，

$$MN = \frac{PM \cdot TM}{PT} = \frac{PM}{PT}\sqrt{PT^2 + PM^2}$$

となる．

293. すでに見たように，もし方程式 $At + Bu = 0$ において $A = 0$ もしくは $B = 0$ となるなら，接線は軸と平行になるか，あるいは向軸線と平行になる．それゆえ，なお残されているのは，二つの係数 A と B が同時に $=0$ となる場合の考察である．このような事態が起こるときには，前に(第286条)みいだされた方程式において，At と Bu に続く諸項，すなわち t と u の作る次元が2になる諸項は，$At + Bu$(これら自体は消失するが)と対比して，もはや無視することは許されない．このようなわけで，

第13章　曲線の諸性質

方程式 $0 = Ctt + Dtu + Euu$　を考察しなければならないことになる．ここで，Ctt, Dtu, Euu に続く諸項は無視する．なぜなら，それらは，t と u が無限に小さいとき，Ctt, Dtu, Euu に比べると消失すると見てさしつかえないからである．この方程式により，一般方程式からもわかるように，$t = 0$ と置くと $u = 0$ ともなること，したがって M は曲線上の点であることは明らかである．これは，仮定されている事柄と合致する．

294.　　方程式 $0 = Ctt + Dtu + Euu$ により，点 M の近傍での曲線の状態が明るみに出される．もし DD が $4CE$ より小さいなら，この方程式は，t と u が $= 0$ となる場合を除いて，虚になってしまうのは明らかである．それゆえ，この場合，点 M はもとより曲線に所属するが，他の曲線上の点とは切り離されている．したがって，点 M は，一点に縮退する共役卵形線である．このような場合については，前章で注意を喚起した通りである(訳者註．第12章，第276条参照)．それゆえ，この場合，接線の観念は出る幕がない．なぜなら，接線というのは近接する二点を曲線と共有する直線なのであり，そうである以上，直線が一個の点にそんなふうな仕方で接触するのは不可能だからである．もし曲線上に共役点が存在するなら，その点はこんなふうにして認識される．共役点は曲線上の他の諸点とは切り離されている．

295.　　もし DD が $4CE$ より大きいなら，方程式

$$0 = Ctt + Dtu + Euu$$

は $\alpha t + \beta u = 0$ という形の二つの方程式に分解する(図56)．それらはどちらも，曲線の性質を知るうえで等しく適切な情報を与えてくれる．双方ともに点 M における接線の位置，すなわち曲線の進行方向を示しているのであるから，曲線の二本の分枝が点 M において交叉して，しかもそこで二重点を作らなければならない．もう少し詳しく言うと，$Mq = t$ と取り，$q\mu$ と qv は，上記の方程式が与える u の二つの値とする．すると，直線 $M\mu$ と Mv は点 M における曲線の二本の接線である．よって，M において曲線の二本の分枝が交叉する．一本の分枝は $M\mu$ に沿って進み，もう一本の分枝は Mv に沿って進んでいく．そうして共役点もまた二重点と見るべきであるから，方程式 $Ctt + Dtu + Euu = 0$ はつねに二重点

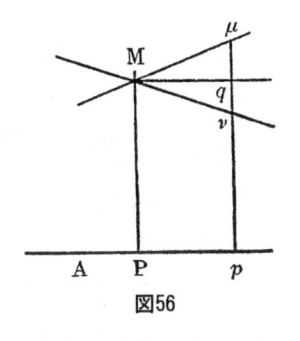

図56

を指し示すことが明らかになる．これはちょうど，方程式 $At+Bu=0$ が成立するごとに，曲線上の一個の単純点のみが明示されるのと同様である．

296. $DD=4CE$ の場合には，二本の接線 $M\mu$ と $M\nu$ は合致して，角 $\mu M\nu$ は消失してしまう．この事実から諒解されるように，曲線の二本の分枝[1]は単に M において出会うというだけにとどまらず，方向もまた同一になる．したがって，それらの二分枝は相互に接触し合うのである．この場合，点 M は依然として二重点である．なぜなら，この点を通って引いた直線は，この地点において，曲線と二点で交叉すると見てしかるべきだからである．このようなわけで，第286条で得られた方程式において，二つの第一係数 A と B がともに消失するときには，提示された曲線は M において二重点をもつという状勢が帰結することになり，しかもその二重点には三つの異なる種類が存在する．すなわち，一点に縮退する卵形線，言い換えると共役点か，あるいは曲線の二本の分枝が交叉する点，言い換えると尖点か，あるいは曲線の二本の分枝の接触点のいずれかである．このような異なる三種類の二重点は，方程式 $0=Ctt+Dtu+Euu$ の三通りの状態に応じて規定される．

297. 係数 A と B のほかに，三つの係数 C, D, E もまたすべて消失する場合には，その次の諸項，すなわち t と u が次元3をもつ諸項を取り上げなければならない．これを実行すると，$Ft^3+Gttu+Htuu+Iu^3=0$ という形の方程式が手に入る．もしこの方程式が実単純因子を一個しかもたないなら，その因子は，点 M を通る曲線の一本の分枝が存在することを教えるとともに，その分枝の方向，言い換えると接線をも明るみに出している．残る二つの虚因子が明示するのは，点 M において縮退する卵形線である．これに対し，もし上記の方程式の根がすべてみな実根なら，それらの根が異なるか，あるいは等しいのに応じて，曲線の三本の分枝が点 M において交叉するか，あるいは接するかのいずれかであることがわかる[2]．これらのうち，どの場合が見られるとしても，提示された曲線は点 M においてつねに三重点をもつ．そうして M を通って引いた直線は，同時に三個の点において曲線と交叉すると見なければならない．

298. 先行するすべての係数に加えて，四つの係数 F, G, H, I もまた消失する場合には，曲線上の点 M の性質を知るには，その次の諸項，すなわち t と u が

次元4をもつ諸項に目を向けなければならない．すると，点 M は四重点であることが明らかになる．実際，この点 M において，二個の共役卵形点(一点に縮退する卵形線)が融合することがある．このような現象が見られるのは，四次方程式の根がすべて虚根になる場合である．あるいは，M において，曲線の二本の分枝が共役点と交叉するか，もしくは接することがある．このような現象が見られるのは，四次方程式の二根が実根で，他の二根が虚根になる場合である．最後に，四次方程式の根がすべて実根の場合には，M において，曲線の四本の分枝が交叉する．しかも，四つの根のうちの二つ，あるいは三つ，あるいは四つのすべてが等しいなら，それに応じて，二本の分枝の交点，あるいは三本の分枝の交点，あるいは四本の分枝のすべての交点は実は接点にほかならない．もし t と u が次元4をもつ諸項もまた消失するのであれば，ここまでの歩みと同様にして，t と u が次元5もしくはもっと高い次元をもつ諸項へと順々に歩を進めていかなければならない．

299. ここまでのところで考察を加えてきた事柄を踏まえると，単に点 M を通るというだけにとどまらず，M において単純点もしくは二重点もしくは三重点，あるいはまた欲するだけの重複度の点をもつあらゆる曲線の一般方程式を見つけるのは容易である．実際，$AP = p$，$PM = q$ と置き，$P, Q, R, S \cdots$ は座標 x と y の任意の関数とすると，方程式
$$P(x-p) + Q(y-q) = 0$$
は明らかに点 M を通る曲線を表している．というのは，$x = AP = p$ と置くとき，P が $y-p$ で割り切れず，Q が $x-p$ で割り切れないなら，言い換えると，曲線が点 M を通るかどうかを左右する二つの因子 $x-p$ と $y-q$ が，割り算を遂行することにより方程式から消去されないなら，$y = PM = q$ となる．点 M を通る曲線がことごとくみな方程式 $P(x-p) + Q(y-q) = 0$ に包摂されているのは明らかである．もしこの方程式の形が，重複点を対象にしてこれから明示する予定の方程式の形とは異なっているなら，M は単純点である．

300. 点 M が二重点であることが要請されたなら，曲線の方程式は
$$P(x-p)^2 + Q(x-p)(y-q) + R(y-q)^2 = 0$$
という形の一般方程式に包括される．ただし，割り算を遂行することにより，この形

がくずれてしまう場合はこの限りではない．これより明らかになるように，第二目の線(二次曲線)には二重点は存在しえない．実際，上記の方程式が次数2にとどまるためには，P, Q, R は定量でなければならない．ところが，その場合，この方程式は曲線の方程式ではなく，二本の直線の方程式になってしまうのである．これに対し，今度は P, Q, R は $\alpha x + \beta y + \gamma$ という形の一次関数としてみよう．この場合，第三目の線(三次曲線)が手に入るが，その線は M において二重点をもつ．だが，第三目の線(三次曲線)は，三本の直線を組み合わせて作られているのではない限り，一個より多くの二重点をもちえない．実際，二個の二重点が存在すると仮定して，それらの二点を通る直線を引いたとしてみよう．すると，その直線は四個の点において曲線と交叉することになるが，これは第三目の線(三次曲線)の性質に反しているのである．第四目の線(四次曲線)は二重点を二つしかもたない．第五目の線(五次曲線)は二重点を三個より多くはもちえない．これ以降の状勢も同様に続いていく[3]．

301. M はある曲線の三重点とし，その曲線の性質は方程式

$$P(x-p)^3 + Q(x-p)^2(y-q) + R(x-p)(y-q)^2 + S(y-q)^3 = 0$$

によって表されるとしよう．もしこの方程式が実際にある曲線を規定するなら，この方程式が所属する目の位数は3よりも大きい．というのは，第三目の線(三次曲線)の性質により要請される通り P, Q, R, S は定量になるが，その場合，上記の方程式は $\alpha(x-p) + \beta(y-q)$ という形の三つの因子をもつことになる．したがって，この方程式は三本の直線の方程式であることになってしまうのである．このようなわけで，第四目よりも位数の低い目(もく)の曲線には三重点は存在しない．また，第五目の線は一個より多くの三重点をもちえない．実際，そうでなければ，ある第五目の線と六個の点において交叉する直線が存在することになってしまう．これに対し，第六目の線が二個の三重点をもつことを妨げる要因は何もない．

302. もしある曲線の方程式が

$$P(x-p)^4 + Q(x-p)^3(y-q) + R(x-p)^2(y-q)^2 + S(x-p)(y-q)^3 + T(y-q)^4 = 0$$

という形なら，この曲線は点 M において四重点をもつ．それゆえ，四重点をもつ曲線の中で一番簡単なものは第五目(五次曲線)の線の仲間である．位数8の線もしくはもっと位数の高い線のほかには，二個の四重点が存在することはない．同様に，M にお

第13章　曲線の諸性質

いて五重点もしくは任意の度数の重複点をもつ曲線に対し，一般方程式を書き下すこ
とも可能である．

303.　M はある曲線の二重点もしくは三重点もしくはある任意の重複度を
もつ重複点としよう．このとき，その重複度に見合う分だけの本数の曲線の分枝が，
点 M において相互に交叉するか，あるいは接する．あるいはまた，もし相互に交叉
する分枝の本数が重複の度数を示す数値よりも少ないなら，その場合には，一個もし
くはもっと多くの共役点が同一の点 M において融合しているのである．このような
曲線の状態は，前述の通りの事柄に基づいて認識される．すなわち，関数 $P, Q, R,$
S においていたるところで x と y の代わりに p と q を書き，因子 $x-p$ と $y-p$ の代わ
りに t と u を書かなければならない．そのようにして手に入る方程式に基づいて，曲
線の性質を確定するとともに，M において交叉する曲線の分枝の接線を明示するこ
とが可能になる．

註記
　1)　(196頁)　ここで語られている二本の分枝は実在しないこともありうる．オイラー
全集Ⅰ-9，168頁の脚註では，一例として方程式 $x^2+y^4=0$ を挙げている．
　2)　(196頁)　二根が等しい場合には，実在しない二本の分枝が現れることがありうる
(オイラー全集Ⅰ-9，168頁の脚註)．
　3)　(198頁)　n 次曲線の二重点の個数は $\dfrac{(n-1)(n-2)}{2}$ を越えない．オイラー全集Ⅰ-
9，169頁の脚註によると，この事実はマクローリンの著作『綜合幾何学』(1720年)に出
ているという．コリン・マクローリン(1698-1746年)はスコットランドの数学者．

第14章　曲線の曲率

304.　前章では，曲線上の個々の点において，曲線の方向を指し示す直線を探究した．それと同様に，今度は提示された曲線上の個々の地点において曲線に近接し，少なくとも非常に小さな範囲内に限定して観察するとさながらぴったり重なり合ってしまうかのような曲線で，しかも，提示された曲線に比べて形状がより簡単になっているものについて調べたいと思う．このような手順を踏んで，簡単な形の曲線の性質が判明したなら，それに基づいて，提示された曲線の性質もまた同時に手に入るのである．ここでは，前に無限遠に伸びていく分枝の性質を究明した際に採用したのと同様の方法を使いたいと思う．すなわち，まずはじめに曲線に接する直線を調べ，次に，提示された曲線にはるかによく近接し，単に接するというだけでは足らず，さながらキッスをするかのように膚接する曲線で，しかもいっそう簡単な形のものを調べるという順序で歩を進めていく．提示された曲線にこのように緊密に近接する曲線は，通常，**接曲線**という名で呼ばれる慣わしになっている．

305.　直交座標 x と y の間に成立する何かある方程式が提示されたとしよう．その方程式で表される曲線の，点 M の近傍に位置するきわめて小さな部分 Mm (図55)の性質を究明するために，まず切除線 $AP=p$ と向軸線 $PM=q$ を確定し，次に軸 MR 上にごく短い切除線 $Mq=t$ と向軸線 $qm=u$ を取る．すると，$x=p+t$ および $y=q+u$ となる．これらの値を提示された方程式に代入すると，

$$0 = At + Bu + Ctt + Dtu + Euu + Ft^3 + Gttu + \cdots$$

という形の方程式が手に入る．この方程式は，軸 MR との関連のもとで，同じ曲線の性質を表している．新しい座標 t と u は極度に小さいものと設定したから，先行する諸項に比べ，後続する諸項は限りなく小さい．したがって，後続の諸項は取り除い

第14章　曲線の曲率

てしまっても，誤った道筋に迷い込む恐れはない．

306. このようなわけで，冒頭の二つの係数 A と B が消失しないなら，引き続く諸項をすべてみな除去してしまうと，方程式 $0 = At + Bu$ が得られる．この方程式は，点 M において曲線に接する直線 $M\mu$ を表すが，それと同時に，この地点において進行方向をも曲線と共有している．それゆえ，$Mq : q\mu = B : -A$．したがって，量 A と B がわかれば，曲線と M においてのみ接触する接線 $M\mu$ の位置が判明することになる．そこで，曲線 Mm と直線 $M\mu$ を隔てる距離は，少なくともごく小さな範囲内でどの程度になるのか，その様子を観察したいと思う．このねらいを念頭において垂線 MN を軸に採り，この軸に向かって点 m から垂直な向軸線 mr を引き，$Mr = r$, $rm = s$ と名づけよう．このとき，

$$t = \frac{-Ar + Bs}{\sqrt{AA + BB}}, \quad u = \frac{-As - Br}{\sqrt{AA + BB}}$$

および

$$r = \frac{-At - Bu}{\sqrt{AA + BB}}, \quad s = \frac{Bt - Au}{\sqrt{AA + BB}}$$

となる．これより明らかになるように，

$$-At - Bu = Ctt + Dtu + Euu + Ft^3 + Gttu + \cdots$$

であることにより，r は t と u に比べて限りなく小さい．したがって，r は s に比べてもまた限りなく小さい．というのは，s は t と u を用いて定められるが，r のほうはといえば，t と u の平方もしくはより高次の冪によって定められるからである．

307. 項 $Ctt + Dtu + Euu$ をも計算に取り込み，これ以降の諸項を無視することにすれば，曲線 Mm の性質はずっと精密に認識される．これを実行すると，t と u の間で，

$$-At - Bu = Ctt + Dtu + Euu$$

という形の方程式が得られる．この方程式において，t と u のところに，前にみいだされた値を代入すると，

$$r\sqrt{AA + BB} = \frac{(AAC + ABD + BBE)rr}{AA + BB}$$

$$+\frac{(AAD-BBD-2ABC+2ABE)rs}{AA+BB}+\frac{(AAE-ABD+BBC)ss}{AA+BB}$$

となる．ところが，r は s よりも限りなく小さいのであるから，項 rr と rs は項 ss に比べると消失してしまう．よって，

$$ss=\frac{(AA+BB)r\sqrt{AA+BB}}{AAE-ABD+BBC}$$

となる．この方程式は，提示された曲線に M において接触する曲線の性質を表している．

308. それゆえ，極小の弧 Mm は，軸 MN 上に描かれた放物線の先端と重なり合う．この放物線の側心線，言い換えるとパラメータは

$$=\frac{(AA+BB)\sqrt{AA+BB}}{AAE-ABD+BBC}$$

である．このようなわけで，提示された曲線の点 M における曲率は，ここでみいだされた放物線の頂点における曲率にほかならない．ところが，曲線の曲率というものが明確に把握されるという点に着目すると，円にまさるものはない．というのは，円の曲率はいたるところで同一であり，しかも半径が小さくなればなるほど大きくなるから，曲線の曲率を規定するには，等しい曲率をもつ円を使うのが適切なのである．そのような円は**接触円**という名で呼ばれる慣わしになっている．このようなわけで，提示された放物線の，その頂点における曲率と一致する曲率をもつ円を確定し，その円を，接触放物線の代わりに使うというふうにしなければならないのである．

309. この作業を遂行するために，円の曲率はわかっていないものと考えて，それを，先ほど説明がなされた通りの流儀にならって放物線の曲率を用いて表してみよう．実際，そのようにすれば，逆に接触円のほうを，接触放物線の代わりに使うことができるようになるのである．そこで，提示された曲線 Mm は半径 $=a$ をもって描かれた円として，その性質は方程式 $yy=2ax-xx$ で表されるとしよう．$AP=p$ および $PM=q$ と取ると，$qq=2ap-pp$ となる．そこで，

$$x=p+t \quad および \quad y=q+u$$

と置くと，方程式

第14章　曲線の曲率

$$qq+2qu+uu=2ap+2at-pp-2pt-tt$$

が得られる．$qq=2ap-pp$により，この方程式は

$$0=2at-2pt-2qu-tt-uu$$

という形の方程式に帰着される．これを前にみいだされた方程式と比較すると，

$$A=2a-2p,\ B=-2q,\ C=-1,\ D=0,\ E=-1$$

が与えられる．これより，

$$AA+BB=4(aa-2ap+pp+qq)=4aa$$

および

$$(AA+BB)\sqrt{AA+BB}=8a^3$$

および

$$AAE-ABD+BBC=-AA-BB=-4aa$$

となる．よって，半径$=a$の円は各点において，方程式$ss=2ar$により性質が表される放物線の頂点に接触する．したがって，逆に，放物線$ss=br$の頂点が接触する曲線には，半径$=\frac{1}{2}b$の円もまた接触することになる．

310.　すでに明らかにされたように(訳者註．第307条参照)，曲線Mmには，方程式

$$ss=\frac{(AA+BB)\sqrt{AA+BB}}{AAE-ABD+BBC}r$$

で表される放物線が接触する．それゆえ，明らかに，点Mにおけるこの曲線の曲率は，半径が

$$=\frac{(AA+BB)\sqrt{AA+BB}}{2(AAE-ABD+BBC)}$$

となる円の曲率と一致する．この表示式は接触円の半径を与えているが，この半径のことを通常**接触半径**という名で呼ぶ慣わしになっている．**彎曲半径**とか**曲率半径**などと呼ばれることもしばしばである．点Mにおける曲線の接触半径，すなわちMにおいて曲線に接する円の半径は，提示されたxとyの間の方程式から取り出されたtとuの間の方程式に基づいて即座に確定される．実際，tとuの間の方程式において，tとuが2よりも大きい次元をもつ諸項を削除すると，

$$0 = At + Bu + Ctt + Dtu + Euu$$

という形の方程式が手に入る．この方程式により，接触半径

$$= \frac{(AA+BB)\sqrt{AA+BB}}{2(AAE - ABD + BBC)}$$

がみいだされるのである．

311. 平方根 $\sqrt{AA+BB}$ の符号には二義性があるから，上記の表示式は正負のどちらなのか，言い換えると，点 N の側から見て目に映じるのは曲線の凹状の形と凸状の形のどちらなのかという点は定かではない．この疑問を払拭するには，曲線上の点 m は軸 AN に向かって接線 $M\mu$ の内側と外側のどちらに位置するのかと問わなければならない．前者の場合，曲線は N の方向に向かって凹状であり，接触円の中心は直線 MN の，軸に向かって伸びていく部分の上にある．これに対し後者の場合には，接触円の中心は直線 NM の，M を越えて伸びていく部分の上にある．それゆえ，qm は $q\mu$ よりも小さいのか，あるいは大きいのかという点を究明すれば，あらゆる疑問は消失してしまうことになる．実際，前者の場合には曲線は N の方向に向かって凹状であり，後者の場合には凸状になるのである．

312. ところで，$q\mu = -\frac{At}{B}$ および $qm = u$ となる．それゆえ，$-\frac{At}{B}$ と u はどちらが大きくて，どちらが小さいのかという点に着目しなければならない．$m\mu$ はきわめて短い線分である．そこでこれを $m\mu = w$ と置くと，$u = -\frac{At}{B} - w$．これを代入すると，

$$0 = -Bw + Ctt - \frac{ADtt}{B} - Dtw + \frac{AAEtt}{BB} + \frac{2AEtw}{B} + Eww$$

となる．w は t に比べて極小であるから，項 tw と ww は消失する．よって，

$$w = \frac{(BBC - ABD + AAE)tt}{B^3}$$

となる．それゆえ，w が正の量なら，曲線は N の方向に向かって凹状である．w が正の量になるのは，

$$\frac{BBC - ABD + AAE}{B^3} \quad \text{すなわち} \quad \frac{AAE - ABD + BBC}{B}$$

第14章　曲線の曲率

が正の量のときである．これに対し，$\dfrac{AAE-ABD+BBC}{B}$ が負の量であれば，曲線は N の方向に向かって凸状である．

313. このような諸状勢をいっそう明瞭にするために，起こりうるさまざまな場合を別個に取り上げて考察を加えてみよう(図57)．そこでまずはじめに $B=0$ としよう．この場合，向軸線 PM それ自体が曲線 Mm に接し，接触半径は $=\dfrac{A}{2E}$ となる．曲線は図に示されているように R の方向に向かって凹状なのか，あるいは，凸状なのか，という点については，方程式 $0 = At + Ctt + Dtu + Euu$ を基礎にして判定される．実際，$Mq=t$ および $qm=u$ であり，t は u よりも限りなく小さいから，項 tt と tu は uu に比べて消失してしまい，上記の方程式は $At + Euu = 0$ という形になる．この方程式を見ればわかるように，もし係数 A と E が反対符号をもつなら，言い換えると，$\dfrac{E}{A}$ が負の量であれば，曲線は R の方向に向かって凹状である．だが，係数 A と E が同符号をもって，$\dfrac{E}{A}$ が正の量になるのであれば，曲線は接線のもう一方の側に位置することになる．なぜなら，切除線 Mq は，それに対応する向軸線 qm が実在するためには，負でなければならないからである．

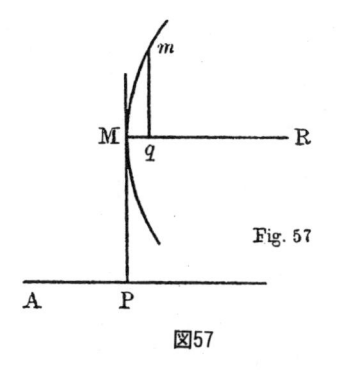

314. 今度は接線 $M\mu$ は軸 AP に対して，すなわち軸 AP と平行な直線に対して傾いていて，角 $RM\mu$ は鋭角になり，法線 MN は，P を越えた地点に位置する点 N において軸と交叉するとしてみよう(図55)．この場合，切除線 t に対して，正の向軸線 u が対応する．これより明らかになるように，係数 A と B は異なる符号をもち，分数 $\dfrac{A}{B}$ は負になる．この場合には，前に見たように，もし

$$\dfrac{AAE-ABD+BBC}{B}$$

が正の量なら，あるいは，$\dfrac{B}{A}$ は負の量であることに着目すると，

$$\dfrac{AAE-ABD+BBC}{A}$$

が負の量であれば，曲線は N の方向に向かって凹状になる．これに対し，もし

$$\dfrac{AAE-ABD+BBC}{B}$$

が負の量なら，あるいは

$$\frac{AAE - ABD + BBC}{A}$$

が正の量なら，曲線は N の方向に凸状に向けられている．いずれの場合にも，接触半径は

$$= \frac{(AA+BB)\sqrt{AA+BB}}{2(AAE - ABD + BBC)}$$

となる．

315. 今度は $A = 0$ としてみよう．この場合，直線 MR は軸と平行であり，しかも同時に曲線に接し，u は t よりも限りなく小さい(図58)．これより，$0 = Bu + Ctt$．それゆえ，もし B と C が同符号をもつなら，言い換えると BC が正の量なら，u は負の値をもたなければならない．したがって，曲線は点 P の方向に向かって凹状である．この場合，点 N の位置は P の地点になる．この事実は，前に与えられた規則(訳者註．第13章，第292条に出ている「法線影を確定する規則」を指す)において，$A = 0$ と置けば明らかになる．また，接触半径は $= \frac{B}{2C}$ となる．接線 MT が P を越えた地点で軸と出会うという場合(図59)にも，先ほど与えられた規則はそのまま有効に適用される．実際，その場合にもやはり，表示式

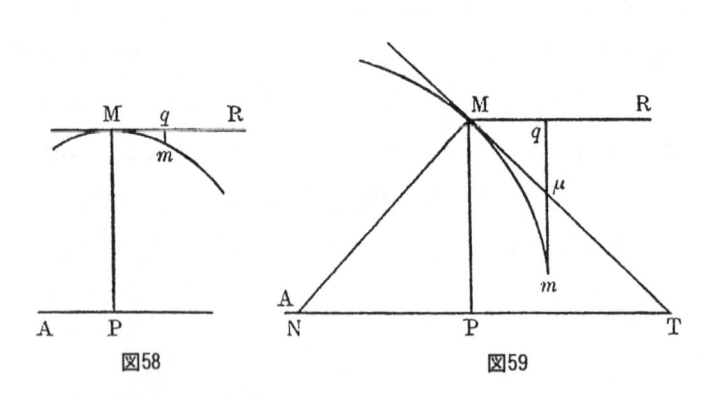

$$\frac{AAE - ABD + BBC}{B}$$

の正負に応じて，曲線は N の方向に向かって凹状もしくは凸状になる．そうして接触半径もまた，前のように

$$= \frac{(AA+BB)\sqrt{AA+BB}}{2(AAE - ABD + BBC)}$$

となるのである．

第14章 曲線の曲率

316. 楕円が提示されたとしてみよう．あるいは，少なくとも楕円の四分の一部分 DMC が提示されたとしよう(図60)．楕円の中心を A とし，横向きの半軸を $AD=a$，共役な半軸を $AC=b$ とする．切除線 x を，中心 A を始点として軸 AD 上に取ると，楕円の方程式

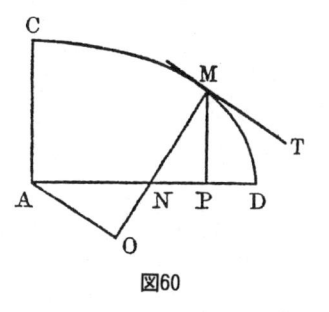

$$aayy+bbxx=aabb$$

が手に入る．任意の切除線 $AP=p$ を取り，対応する向軸線を $PM=q$ と置くと，

$$aaqq+bbpp=aabb$$

となる．$x=p+t$ および $y=q+u$ と置くと，

$$aaqq+2aaqu+aauu+bbpp+2bbpt+bbtt=aabb$$

すなわち

$$2bbpt+2aaqu+bbtt+aauu=0$$

となる．まずはじめに，t と u の［正の］係数に起因して，法線 MN は P の手前で軸に出会う．そして $A=2bbp$ および $B=2aaq$ により，

$$PM:PN=B:A=aaq:bbp.$$

よって，

$$PN=\frac{bbp}{aa}$$

となる．さらに，$C=bb$，$D=0$，$E=aa$ により，

$$\frac{AAE-ABD+BBC}{B}=\frac{4aabb(aaqq+bbpp)}{2aaq}=\frac{4a^4b^4}{2aaq}.$$

この量は正の量であり，曲線は N の方向に向かって凹状であることを示している．

317. 接触半径をみいだすために，

$$AA+BB=4(a^4qq+b^4pp) \quad \text{および} \quad AAE-ABD+BBC=4a^4b^4$$

となることに留意しよう．これより，接触半径は $=\dfrac{(a^4qq+b^4pp)^{\frac{3}{2}}}{a^4b^4}$ となる．ところが，

$$MN = \sqrt{qq + \frac{b^4 pp}{a^4}}.$$

これより，

$$\sqrt{a^4 qq + b^4 pp} = aa \cdot MN$$

となる．したがって，接触半径は $= \frac{aa \cdot MN^3}{b^4}$ となる．法線 MN の延長線に向かって中心 A から垂線 AO を引くと，$AN = p - \frac{bbp}{aa}$ であることと，三角形 MNP と ANO は相似であることとにより，

$$NO = \frac{aabbpp - b^4 pp}{a^4 \cdot MN}$$

および

$$MO = NO + MN = \frac{aaqq + bbpp}{aa \cdot MN} = \frac{bb}{MN}$$

となる．これより，$MN = \frac{bb}{MO}$．よって，接触半径は $= \frac{aabb}{MO^3}$ となる．この表示式は，軸 AD と AC の双方に等しく関わっている．

318. 曲線上の個々の地点において接触半径が見つかれば，曲線の性質は十分に明瞭に見て取れる．実際，曲線の一部分をおびただしい個数の極微の部分に分けると，各々の細片は，その地点での接触半径に等しい半径をもつ円の弧とみなされる．このように曲線を見ることにより，曲線上に指定する点が多ければ多いほど，曲線の姿の描写はますます精密になっていく．実際，曲線が通る点をたくさん指定して印をつけてから，個々の点に対し，まずはじめに接線を探索し，続いて法線を引き，それから接触半径を求める．そうすると，指定された点と点の間に位置する曲線の小さな断片を，コンパスを使って描くことができる．こんなふうにして，はじめに印をつけた諸点間の距離が近ければ近いほど，曲線の姿はそれだけ精密に描かれていく．

319. 曲線上の M における細片は，この点 M における接触半径をもって描かれた円の弧と重なり合うのであるから，線素 Mm ばかりではなく，それに先行する線素 Mn もまた同一の曲率をもつ(図55)．実際，曲線の極小部分 Mm の性質は座標 $Mr = r$ と $rm = s$ の間の $ss = \alpha r$ という形の方程式で表されるから，この方程式により，各々の極小切除線 $Mr = r$ に対して二本の向軸線が対応する．一本は正であり，

もう一本は負である．したがって，曲線はnの方向とmの方向の双方に向かって延長されていく．接触半径は$=\frac{1}{2}\alpha$だが，こんなふうな状勢であるので，曲率半径が有限値をもつ地点ではどこでも，少なくともその地点の極小の範囲内では，曲率はその地点の双方向において変化しない．それゆえ，そのような場合には，曲線がMの地点からいきなり反転して尖点を作ったりすることはないし，曲率が変化して，部分MnではNに向かって凸状だが，もう一方の部分MmはNに向かって凹状になるということもまたありえない．ここで言われているような曲率の変化のことは，通常，**屈曲**とか，**彎曲**という名で呼ばれている．このようなわけで，接触半径が有限のときには，尖点も彎曲点も存在しえない[1]．

320. tとuの間の方程式

$$0 = At + Bu + Ctt + Dtu + Euu + Ft^3 + Gttu + Htuu + \cdots$$

により，接触半径

$$= \frac{(AA+BB)\sqrt{AA+BB}}{2(AAE - ABD + BBC)}$$

がみいだされた．それゆえ，もし$AAE - ABD + BBC = 0$なら，そのとき接触半径は無限大になること，したがって接触円が直線になることは明らかである．このような現象が見られるときには，曲線はもう曲率をもたず，曲線の二つの線素はさながら直線上に位置しているかのようである．このようなことが起こる場合において，曲線の性質をいっそう精密に認識するためには，

$$t = \frac{-Ar + Bs}{\sqrt{AA+BB}} \quad \text{および} \quad u = \frac{-As - Br}{\sqrt{AA+BB}}$$

を$Ft^3 + Gttu + Htuu + Iu^3$に代入する作業を実行しなければならない．一番はじめに出てくる項$r\sqrt{AA+BB}$にくらべると，引き続いて現れる諸項のうち，rを含むものはことごとくみな消失してしまう．そこで，それらの項を除去し，上述の代入を方程式の全体にわたって遂行すると，

$$r\sqrt{AA+BB} = \alpha ss + \beta s^3 + \gamma s^4 + \delta s^5 + \cdots$$

という形の方程式が得られる．

321. この方程式から即座に，前にそうしたようにして，接触半径

$$= \frac{\sqrt{AA+BB}}{2\alpha}$$

が手に入る．ただし，もし $\alpha=0$ なら，接触半径は無限大になる．この場合，曲線の性質をいっそう正確に知るには，その次の項 βs^3 を取り上げなければならない．方程式は

$$r\sqrt{AA+BB} = \beta s^3$$

という形になる．というのは，$\beta=0$ ではないなら，続く諸項 γs^4, $\delta s^5 \cdots$ はすべて，一番はじめの項 βs^3 に比べて消失してしまうからである．それゆえ，この場合，提示された曲線には，M において方程式

$$r\sqrt{AA+BB} = \beta s^3$$

で表される曲線が接触する(図61)．この事実により，同時に，点 M の周辺での曲線の形が判明する．切除線 r として負の値を取れば，対応する向軸線 s の値もまた負になるのであるから，曲線は M の周辺でさながら蛇のようにまがりくねった形 $mM\mu$ をもつ．したがって，この曲線は M において彎曲点をもつことになる．

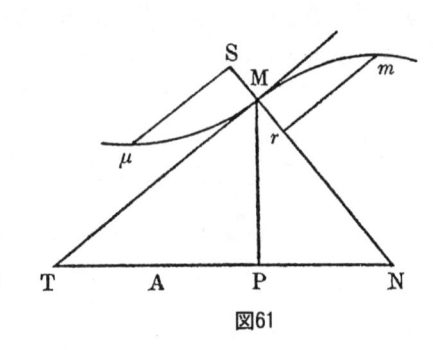

図61

322. α のほかに β もまた $=0$ となるなら，曲線の性質は，M の周辺において

$$r\sqrt{AA+BB} = \gamma s^4$$

という形の方程式で表される(図62)．この方程式により，個々の切除線 r に対し，二本の向軸線 s が対応する．一本は正の向軸線，もう一本は負の向軸線である．だが，切除線 r は正負の値を両方とも取ることはできない．それゆえ，曲線の二つの部分 Mm と $M\mu$ は，接線をはさんで同じ側に配置されている．もし α, β, γ がみな消失するなら，M の周辺での曲線の性質は，

図62

$$r\sqrt{AA+BB} = \delta s^5$$

という形の方程式で表される．この場合，曲線は再び M において，〈図61〉におけ

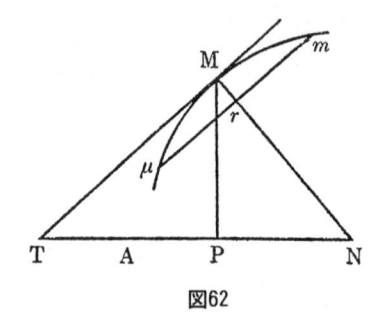

第14章　曲線の曲率

るように，彎曲点をもつ．ところが，これに加えて $\delta = 0$ でもあるとすれば，方程式は

$$r\sqrt{AA+BB} = \varepsilon s^6$$

という形になる．この場合，曲線はまたも，〈図62〉におけるように，彎曲点をもたない．一般に，s の冪指数が奇数なら，曲線は M において彎曲点をもつが，s の冪指数が偶数なら，〈図62〉におけるように，曲線には彎曲点が欠けている．

323. これまでのところで曲線にまつわるさまざまな現象を観察してきたが，それらは，点 M が単純点の場合，すなわち，方程式

$$0 = At + Bu + Ctt + Dtu + Euu + Ft^3 + \cdots$$

において，二つの係数 A と B が同時に消失することはないという場合に認められる諸現象である．これに対し，$A=0$ で，しかも $B=0$ でもあるとすれば，曲線は，点 M において交叉する二本もしくはもっと多くの分枝をもつ(図56)．各々の分枝の M における曲率と性質は，前述の通りの手順により個別に調べるのである．実際，ある分枝の接線の方程式を $mt+nu=0$ として，座標 r と s の間に成立するこの分枝の方程式を求めてみよう．これらの座標のうち，r のほうを法線 MN 上に取ると，r は s よりも限りなく小さくなる(図55)．そうして曲線の方程式において

$$t = \frac{-mr+ns}{\sqrt{mm+nn}} \quad \text{および} \quad u = \frac{-ms-nr}{\sqrt{mm+nn}}$$

と置かなければならないが，この代入を実行し，他の諸項に比べて限りなく小さいために消失してしまう諸項を取り除くと，M が二重点の場合には

$$rs = \alpha s^3 + \beta s^4 + \gamma s^5 + \delta s^6 + \cdots$$

という形の方程式が得られ，M が三重点の場合には

$$rss = \alpha s^4 + \beta s^5 + \gamma s^6 + \cdots$$

という形の方程式が得られる．これ以降も同様の状勢が続いていく．これらの方程式はことごとくみな，

$$r = \alpha ss + \beta s^3 + \gamma s^4 + \delta s^5 + \cdots$$

という形の方程式に帰着される．

324. この方程式を見ればわかるように，われわれが考察を加えている曲線

の分枝の M における接触半径は $=\frac{1}{2\alpha}$ である．もし $\alpha=0$ なら，接触半径は $=\infty$ となる．$\alpha=0$ の場合には，曲線の性質は方程式 $r=\beta s^3$ もしくは $r=\gamma s^4$ もしくは $r=\delta s^5$ …で表される．このような状勢を基礎にして，前にそうしたのと同様の手順を踏んで，曲線の分枝は M において彎曲点をもったりもたなかったりする場合の識別が可能になる．これをもう少し詳しく言うと，s の冪指数が奇数なら彎曲点をもち，偶数なら，彎曲点は存在しないのである．点 M を通る各々の分枝について，その分枝の接線が見つかって，しかも同じ点 M において交叉する他の諸分枝の接線とは異なっているという場合には，こんなふうにして個別に判断しなければならない．

325. これに対し，二本もしくはもっと多くの分枝の点 M における接線が一致するのであれば，別の識別を工夫しなければならない（図55）．実際，A と B は消失するとして，方程式

$$0 = Ctt + Dtu + Euu + Ft^3 + Gttu + \cdots$$

において，冒頭の部分 $Ctt + Dtu + Euu$ の二つの単純因子は等しいとしよう．言い換えると，点 M において交叉する二本の分枝が共通の接線をもつとしよう．この場合，

$$Ctt + Dtu + Euu = (mt + nu)^2$$

という形になる．方程式を座標 $Mr=r$ と $rm=s$ に関する方程式に書き直すことにして，

$$t = \frac{-mr+ns}{\sqrt{mm+nn}} \quad \text{および} \quad u = \frac{-ms-nr}{\sqrt{mm+nn}}$$

と置くと，

$$rr = \alpha rss + \beta s^3 + \gamma rs^3 + \delta s^4 + \varepsilon rs^4 + \zeta s^5 + \cdots$$

という形の方程式が得られる．というのは，r が次元2もしくは2を越える次元をもつ諸項は，先頭の項 rr に比べて消失してしまうからである．

326. まずはじめに考慮しなければならないのは，項 βs^3 である．もしこの項が存在するなら，この項に比べると，他の諸項はことごとくみな消失してしまう．なぜなら，r は s よりも限りなく小さいからである．それゆえ，$\beta=0$ でなければ，曲線の性質は方程式 $rr = \beta s^3$ で表される．よって，$r = s\sqrt{\beta s} = ss\sqrt{\frac{\beta}{s}}$ となる．こ

第14章 曲線の曲率

れを見ればわかるように，M における接触半径は $=\frac{1}{2}\sqrt{\frac{s}{\beta}}$ となる．ところが s は M において消失するから，この接触半径もまた $=0$ となる．それゆえ，M における曲率は無限大になる．これを言い換えると，M における線素は，無限に小さい円の弧であることになる．さらに，向軸線 s は，切除線 r を負に取っても正に取っても同一の値を保持するから，曲線は明らかに M において尖点をもち，しかも二本の分枝 Mm，$M\mu$ に分れて伸び広がっていく(図63)．それらの二分枝は M において相互に接触し，接線 Mt に向かって凸状を示している．

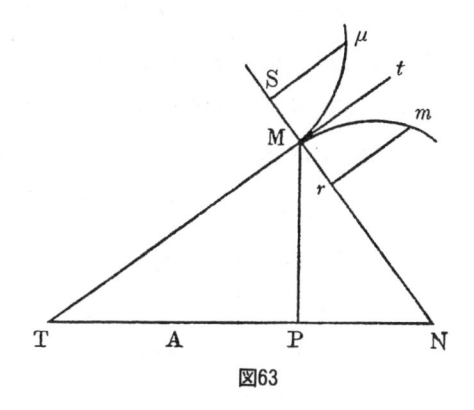

図63

327. $\beta=0$ とし，項 δs^4 が存在するとしよう．このとき，この項 δs^4 に比べて $\gamma r s^3$ は消失してしまい，M の周辺での曲線の性質は方程式 $rr = \alpha \gamma s s + \delta s^4$ で表される．もし $\alpha\alpha$ が -4δ より小さいなら虚因子が存在し，そのため曲線は M において共役点をもつ．これに対し，もし $\alpha\alpha$ が -4δ より大きいなら，上記の方程式は $r = fss$ および $r = gss$ という形の二つの方程式に分解される．それゆえ，M において，曲線の二本の分枝が接触する．一本の分枝の M における接触半径は $=\frac{1}{2f}$ であり，もう一本の分枝の M における接触半径は $=\frac{1}{2g}$ である．それゆえ，もしこれらの二本の分枝が，同じ区域に向かって凹状を示しているなら，曲線の形状は，内向きに接している二つの円弧の形になる(図64)．これに対し，これらの二本の分枝の凹状の姿形が，接線をはさんで反対側の区域に向かっている場合には，曲線の形状は，外向きに接する二つの円弧の形になる(図65)．

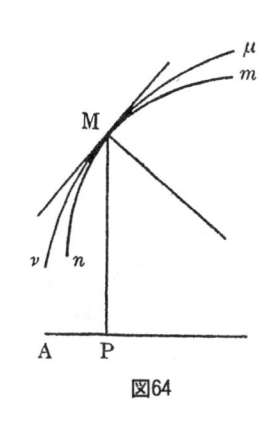

図64

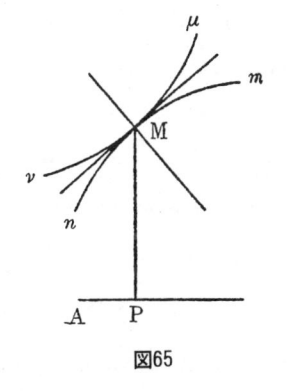

図65

328. 今度は δ もまた消失するとしよう．この場合，ここで考察を加えてい

る方程式は二つの方程式に分解されるか,あるいはそのような分解を受け入れないかのいずれかである.前者の場合には,二本の分枝が点Mにおいて接する.それらの分枝の性質はともに,$r=\alpha s^m$という形の方程式で表される.それゆえ,われわれの目に映じる曲線の姿形には,Mにおいて単純点をもつ二本の分枝の組み合わせの個数に応じて,それに見合う分だけの多様さが備わっている.このような分枝は**第一目の分枝**という名で呼ばれる.それらはすべて,$r=\alpha s^m$という形の方程式に包摂されている.これに対し,後者の場合,すなわち,ここで取り上げている方程式が他の二つの方程式に分解されることはありえないという場合には,曲線の性質は方程式$rr=\alpha s^5$により,あるいは方程式$rr=\alpha s^7$により,あるいは方程式$rr=\alpha s^9$により・・・表される.これらの分枝のを,前に見つけた分枝$rr=\alpha s^3$と合わせて,**第二目の分枝**と呼びたいと思う.というのは,この種の分枝は,Mにおいて接する第一目の二本の分枝に代わる位置を占めるからである.ところで,このような第二目の分枝はことごとくみな,方程式$rr=\alpha s^3$の場合に明示されたのと同様,Mにおいて尖点をもつ(図63).ただし,方程式$rr=\alpha s^3$と他の方程式との間には相違もある.それは,方程式$rr=\alpha s^3$に対してはMにおける接触半径は無限小になるが,他の方程式に対しては,Mにおける接触半径は無限大になるという点である.実際,方程式$rr=\alpha s^5$より$r=ss\sqrt{\alpha s}$となるから,Mにおける接触半径は$=\dfrac{1}{2\sqrt{\alpha s}}$となるが,$s=0$に起因して,この接触半径の大きさは無限大なのである.

329. Mにおいて相互に交叉する三本の分枝の接線が合致するという場合には,三本の第一目の分枝が同じ点Mにおいて接するか,あるいは一本の第二目の分枝と一本の第一目の分枝がMにおいて接するか,あるいは,Mを通る**第三目の分枝**がただ一本だけ存在するかのいずれかである.第三目の分枝というものの性質は,方程式$r^3=\alpha s^4$, $r^3=\alpha s^5$, $r^3=\alpha s^7$, $r^3=\alpha s^8\cdots$により,一般に,nは3よりも大きいが3で割り切れない任意の整数として,$r^3=\alpha s^n$という形の方程式により表される.このような分枝の姿形に着目すると,nが奇数ならMにおいて彎曲点をもち,nが偶数ならMにおいて彎曲は認められず,(図62に見られるような)連続的な流れを作っている.さらに,このような曲線では,nが6よりも小さいなら,Mにおける接触半径は無限小になり,nが6よりも大きいなら無限大になる.

330. 同様に,Mにおいて交叉する四本の分枝の接線が一致するという場

合には，四本の第一目の分枝が同じ点 M において接するか，二本の第一目の分枝と一本の第二目の分枝が M において接するか，一本の第一目の分枝と一本の第三目の分枝が接するか，あるいは，最後に，M を通る**第四目の分枝**がただ一本だけ存在するかのいずれかである．第四目の分枝というものの性質は，n は 4 よりも大きい奇整数として，$r^4 = \alpha s^n$ という形の一般方程式に包摂されている．このような方程式はどれもみな，第二目の分枝の場合のように，尖点をもっている(図63)．ただし，n が 8 よりも小さいなら，M において接触半径は無限小になり，n が 8 よりも大きいなら，M における接触半径は無限大になる．

331. 同様の手順を踏んでいくと，**第五目**の分枝や，もっと位数の高い目(もく)の分枝の性質が，われわれの眼前に次々と繰り広げられていく．第五目，第七目，第九目，およびあらゆる奇位数の目(もく)の分枝の姿形について考えると，第一目の分枝と似通っている．ただし，二通りの形があり，彎曲点をもったりもたなかったりする．これに対し，第六目，第八目，およびあらゆる偶位数の目(もく)の分枝の姿形について考えると，第二目と第四目の分枝と似通っている．すなわち，それらはすべて，〈図63〉に示されているように，M において尖点をもつのである．接触半径に関して言うと，これらの弧は，n は m よりも大きい数として，$r^m = \alpha s^n$ という形の方程式で表されるのであるから，もし n が $2m$ より小さいなら，接触半径は無限小であること，および，もし n が $2m$ より大きいなら接触半径は無限大になることは明らかである．

332. このようなわけで，あらゆる曲線に認められる諸現象は三つの種類に帰着される．すなわち，第一番目の現象が観察されるのは，**連続な曲率**を保持しながら進んでいき，どこかで彎曲点をもつことはなく，尖点をもつこともないという曲線である．このようなことが起こるのは，まずはじめに，接触半径がいたるところで有限な大きさになる場合である．ただし，接触半径の大きさが無限大になったり無限小になったりするにもかかわらず，連続的に描かれていく曲線の流れが妨げられることはないという場合もまた存在する．m は奇数とし，n は m よりも大きい偶数として，点 M の附近での曲線の性質が $\alpha r^m = s^n$ という形の方程式で表されるなら，そのような場合が現れる．第二番目の現象は**彎曲点**である．接触半径が無限大になったり無限小になったりしないのであれば，このような点が出現する現象には出会えない．

これは，二つの冪指数 m と n がともに奇数で，n はつねに m よりも大きいとするとき，$\alpha r^m = s^n$ という形の方程式で指し示される現象である．実際，n が $2m$ より大きいなら接触半径は無限大になるが，n が $2m$ より小さいなら，接触半径は無限小になる．第三番目の現象は**折り返し点**，言い換えると**尖点**である．このような地点では，互いに他方に向かって凸状を示す二本の分枝が出会い，相互に接し合い，それぞれ終点に達する．このような点は，m は偶数，n は奇数として，$\alpha r^m = s^n$ という形の方程式で明示される．それゆえ，尖点においては，接触半径はつねに無限小になるか，あるいは無限大になるかのいずれかである[1]．

333. 曲線が連続的な軌跡を描いて進んでいくときに示す多種多様な姿形は，ことごとくみな上記の通りの三種類の現象に集約される．それゆえ，まずはじめに諒解されるように，点 C において有限の大きさの角 ACB を作って折り返すような曲線の分枝(図66)は存在しない．次に，折り返し点では二本の分枝は互いに他方に対して凸状を示して向かい合っているのであるから，〈図67〉に見られるような C における折り返し点 ACB は存在しない．この図では，分枝 AC と BC は C において共通の接線をもっているが，一方の分枝は凹状を示し，もう一方の分枝は凸状を示して向かい合っている．もしこのような折り返し点が存在するかのように見えたなら，その場合，曲線の全体の姿はまだ完全には描かれていないのである．そこで，曲線を表す方程式の示す規約にしたがって曲線の欠けた部分を補い，あらゆる部分が表されるようにすれば，〈図64〉に見られるような姿が出現する．ACB のような形の尖点が発生するような曲線の描き方もある．そこでロピタルはそのような点を**第二種の尖点**[2]と呼んだのである．留意しなければならないのは，曲線を機械的に描いていくとき，必ずしも方程式に包摂されている曲線の全体像が現れるとはかぎらず，一部分だけしか描かれないこともしばしばであるという一事である．この点に注意しさえすれば，それだけで，第二種の尖点をめぐって持ち上がった論争には終止符が打たれてしまう．

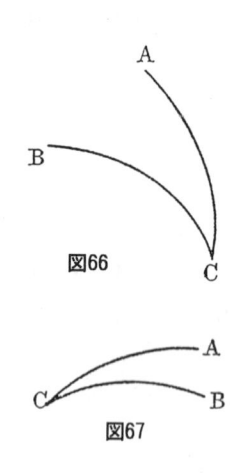

*) 〈オイラーのノートより〉[3]

このような論証により，M における第二種の尖点の存在の根拠は崩れ去った

第14章 曲線の曲率

ように見えるが，それにもかかわらず，その種の尖点をもつ代数曲線は無数に存在する．それらの中に，方程式 $y^4 - 2y^2 x - 4yxx - x^3 + x^2 = 0$ で表される第四目の線がある．この方程式は表示式 $y = \sqrt{x} \pm \sqrt[4]{x^3}$ から帰結する．ここには冒頭に項 $\sqrt{x}$ が現れるが，その符号は二通りではなく，必ず + でなければならない．というのは，もしこの項に負の符号を割り当てたなら，もうひとつの項 $\sqrt[4]{x^3} = \sqrt{x\sqrt{x}}$ は虚になってしまうからである．この例を見れば，ここにいたるまでに繰り広げられた論証の及ぶ範囲をどのように限定しなければならないかということが，はっきりと見て取れる．

334. M において共通の接線をもつ二本の分枝，したがってこの点 M を始点として伸びていく四本の弧，すなわち Mm，$M\mu$，Mn，$M\nu$ を描き出す二本の分枝が別々の方程式で表されるとしよう(図64)．この場合，これらの弧のどれとどれが連続してつながっているのかという点について，疑問をさしはさむ余地はない．すなわち，同一の方程式に包摂される弧と弧はつながっている．それで，弧 Mm は弧 Mn の延長線であり，弧 $M\mu$ は弧 νM (訳者註．原文のまま．$M\nu$ ではなく，νM と記されている)の延長線である．だが，二本の分枝がともに同一の方程式で表されている場合には，先ほどの論拠はもう通用せず，弧 Mm は弧 νM の延長線と見てもよいし，弧 nM の延長線と見てもよい．ところが，二つの弧 Mn と $M\nu$ はともに弧 Mm の延長線と見てよいのであるから，一方を他方の延長線と見てもさしつかえないことになる．よって，弧 mM と $M\mu$ は一本の連続した曲線を作っていると見るべきである．他の任意の二つの弧についても事情は同様である．このようなわけで，この場合には，M において二つの第二種尖点 $mM\mu$ と $nN\nu$ が向かい合っている．

335. このような現象が観察されるのは，彎曲点も尖点ももたず，M において相互に接し，しかもある同じ方程式で表されるような二本の分枝に対してばかりではない．M において互いに接する二本の分枝の種類がどのようなものであっても，それらが共通の方程式で表されるなら，弧と弧のつながりに関する同じ論証が適用されるのである．r と s の間で，

$$\alpha\alpha r^{2m} - 2\alpha\beta r^m s^n + \beta\beta s^{2n} = 0$$

という形の方程式に出会ったなら，そのつどこのような現象が見られる場面に直面する．なぜなら，このとき，二本の分枝は同じ方程式 $\alpha r^m = \beta s^n$ で表されるからである．

このようなわけで，この場合，点 M から伸びていく四本の分枝のうち，任意の二本の分枝は一本の連続した線とみなされる．こうして無数の第二種尖点が生じる．ある種の機械的な操作にしたがって曲線を描いたり構成したりする際，しばしば第二種尖点が発生するが，それはこのような論拠に根ざしているのである．ただし，曲線の描写が方程式に包摂されている曲線の全体に及ばずに，単に一本もしくは幾本かの分枝が描かれるにすぎないという場合を別にすると，このような事態は起こりえない．

註記

1) (216頁) 少し後に，第333条で，「第二種の尖点」という概念が導入される．接触半径が有限のときにも，第二種の尖点が存在する場合がある．註記3)参照．

2) (216頁) 「第二種の尖点」という言葉はロピタルの著作『曲線を理解するための無限小の解析学』(「ロピタルの無限小解析」と略称されることが多い)の第109条(102-103頁)に出ている．「鳥のくちばしのように尖っている点」のことをいう．ギヨーム・フランソア・アントワーヌ・マルキ・ド・ロピタル(1661-1704年)はフランスの数学者．

3) (216頁) オイラー全集Ⅰ-9, 185頁の脚註より．ここに記載される数行の記述は，オイラーが『無限解析序説』の原稿を書き上げてブスケ氏のもとに送付した後に書き添えたノートである．オイラーは，ロピタルのいう第二種の尖点の存在に疑問を抱き，存在しえないと思い，『無限解析序説』第二巻の本文中に明記されたようにその根拠を解明したと信じたが，原稿送付の直後に誤解を認識し，具体例に沿って説明を加えるという主旨の註記を書いたのである．オイラーの希望は本文の余白や行間などに添えてもらうことだったが，実際には本文の一部の形になってしまい，そのために全体としてみるとあからさまな矛盾をはらむ状勢になってしまった．

オイラーはこれを残念に思い，この間の消息と心情を1744年12月15日付のクラーメル(ガブリエル・クラーメル．1704-1752年．スイスに生れ，フランスで亡くなった数学者)宛の書簡や1744年9月28日付のダランベール(ジャン・ル・ロン・ダランベール．1717-1783年．フランスの数学者)宛の書簡の中で語り伝えた．オイラー全集の編纂者はオイラーの註記を欄外に移したが，この措置はオイラーの本来の意図にかなっていると思う．この邦訳書では，第333条の本文のあとに書き添えるという体裁にした．

オイラーが例示した曲線は，パラメータ t を使うと，
$$x = t^4,\ y = t^2 + t^3$$
と表示される．この曲線上の，$t = 0$ に対応する点における接触半径は $= -\frac{1}{2}$ である．

オイラーには，

「マルキ・ド・ロピタルの第二種尖点について」

ベルリン科学学士院紀要5(1747年執筆，1749年学士院提出，1751年刊行)．オイラー全集Ⅰ-27, 236-252頁

という標題の論文がある．ほかに，論文

「負数と虚数の対数について」

第14章　曲線の曲率

遺稿(1747年執筆，1862年刊行)．オイラー全集Ⅰ－19，417-438頁．422頁に関数 $y=\sqrt{ax}+\sqrt[4]{a^3x}$ (a は定量)が現れる．

「負数と虚数の対数に関するライプニッツとベルヌーイの論争」

ベルリン科学士院紀要5(1747年執筆，1749年学士院提出，1751年刊行)．オイラー全集Ⅰ－17，195-232頁

でも第二種尖点が論じられている．また，『微分計算教程』後編，第350章，例4(オイラー全集Ⅰ－17，201頁)では，関数

$$y=\sqrt{x}+\sqrt[4]{x^3}$$

の微分計算が取り上げられている．

高木貞治の著作『解析概論』改訂第三版軽装版314頁に出ている「例4」も参考になると思う．そこでは関数 $y=x^2\pm x^{\frac{3}{2}}$ が紹介され，そのグラフの二本の分枝が x 軸の同じ側（$y>0$ の側）において原点で接することが語られている．この場合，原点はこのグラフの第二種尖点である．『解析概論』では**嘴点**（くちばしてん）という名で呼ばれている．

第15章　一本またはより多くのダイアメータ
　　　　をもつ曲線

336. すでに見たように，第二目の線(二次曲線)はどれも，少なくとも一本の直交ダイアメータをもつ．それは，曲線の全体をぴったりと重なり合う二つの部分に切り分ける．たとえば，放物線はそのようなダイアメータを一本だけもっている．したがって放物線はぴったりと重なり合う二つの部分から作られていることになる．これに対し，楕円と双曲線はそのようなダイアメータを二本もっていて，それらは中心において互いに直角に交叉する．したがって，楕円と放物線には，相互にぴったりと重なり合う四本の弧，すなわち四本の分枝が存在することになる．円について言うと，円は，中心を通って引いたあらゆる直線により，ぴったりと重なり合う二つの部分に分けられるのであるから，長さの等しい部分を無数にもつことになる．すなわち，長さの等しい弦に対する弧はすべて長さが等しいのである．

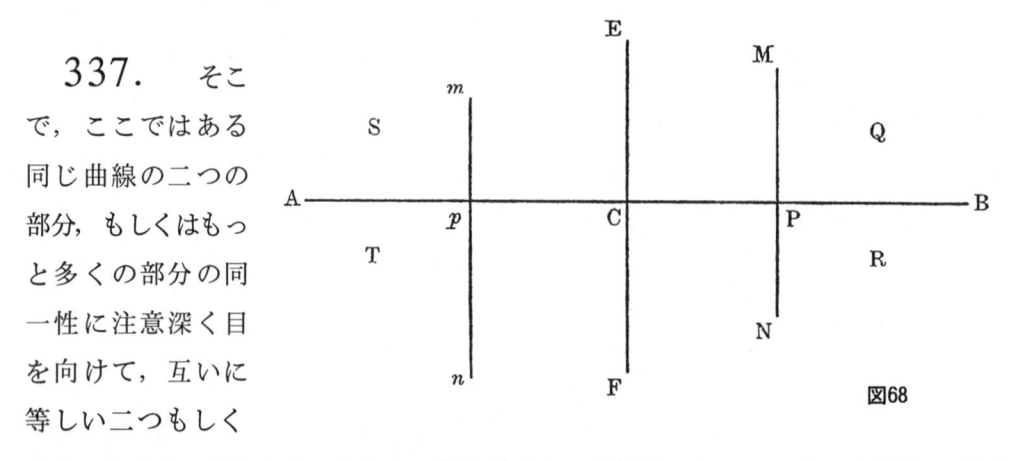

337. そこで，ここではある同じ曲線の二つの部分，もしくはもっと多くの部分の同一性に注意深く目を向けて，互いに等しい二つもしくはもっと多くの部分をもつ曲線と一般方程式との関係を明らかにしたいと思う．まずはじめに，直交座標 x と y の間の方程式を考察しよう．C において直角に交叉する二

図68

第15章 一本またはより多くのダイアメータをもつ曲線

本の直線 AB, EF により平面の全体を四つの領域に分け，それらを文字 Q, R, S, T で表そう(図68)．このとき，x と y を正に取れば，領域 Q 内に配置された曲線の一部分が手に入る．切除線 x を正に取り，弧 y を負に取れば，領域 R 内に配置された曲線の一部分が手に入る．これに対し，x を負とし，y は正のままにしておけば，領域 S 内に配置された曲線の一部分が得られる．最後に，二つの座標 y と x をともに負と置けば，領域 T 内に配置された曲線の一部分がみいだされる．

338. このようなわけで，もし提示された方程式に，y を $-y$ に書き換えても変化しないという性質が備わっているなら，領域 Q と R 内に配置された曲線の一部分は互いにぴったりと重なり合う．偶数の冪指数をもつ y の冪はことごとくみなこの性質をもっているから，もし曲線の方程式に y の奇冪指数の冪の姿が見られないなら，領域 Q と R 内に配置された曲線の一部分は相互にぴったりと重なり合う．したがって，この場合，切除線 $CP = x$ を切り取る場所として設定された直線 AB は，曲線のダイアメータになる．それゆえ，このような曲線は，もし代数曲線であれば，

$$0 = \alpha + \beta x + \gamma xx + \delta yy + \varepsilon x^3 + \zeta xyy + \eta x^4 + \theta xxyy + \iota y^4 + \cdots$$

という形の一般方程式に包摂されることになる．この表示式により，x と yy の有理関数が書き表わされていると見てよい．そこで Z は x と yy の任意の有理関数とすると，方程式 $Z = 0$ で表される曲線は，直線 AB により，二つのぴったり重なり合う部分に分かたれる．それゆえ，領域 S と T 内に位置する部分もまた相互にぴったり重なり合う．

339. もし提示された方程式に，x を $-x$ に置き換えても変わらないという性質が備わっているなら，領域 Q 内の曲線の一部分と S 内の曲線の一部分はぴったりと重なり合う．それゆえ，Z は xx と y の任意の有理関数とすると，方程式 $Z = 0$ で表される曲線は直線 EF により，二つのぴったり重なり合う部分に分かたれる．よって，このような曲線の方程式は，

$$0 = \alpha + \beta y + \gamma xx + \delta yy + \varepsilon xxy + \zeta y^3 + \eta x^4 + \theta xxyy + \iota y^4 + \cdots$$

という形になる．この場合，この方程式で表される曲線の S 内に位置する部分は，Q 内の部分とぴったり重なり合う．T 内の部分と R 内の部分についても事情は同様である．

340. もし座標 x と y の間の曲線の方程式に，x と y の双方を負に置き換えても何の変化も受けないという性質が備わっているなら，対置する位置にある領域 Q 内の曲線の一部分と T 内の曲線の一部分，それに R 内の部分と S 内の部分もまたぴったり重なり合う．$Z=0$ はそのような曲線の方程式とすると，まずはじめに明らかなように，もし Z が x と y のそれぞれの偶数次元の関数であれば，あるいはまた，個数はどれほど多くてもよいから x と y の偶数次元の同次関数を組み合わせて作られているとするなら，そのとき方程式 $Z=0$ は上述の通りの性質をもつ．これに対し，もし Z が，個数はどれほど多くてもよいから x と y の奇数次元の同次関数を組み合わせて作られているとするなら，x と y を負に取ると，Z は $-Z$ になる．したがって，当初は $Z=0$ であったから，$-Z=0$ ともなる．それゆえ，対置する領域 Q と T 内において，それに R と S 内においてそれぞれぴったり重なり合う部分をもつという性質を備えた曲線に対し，二通りの一般方程式が手にはいる．すなわち，ひとつは

$$0 = \alpha + \beta xx + \gamma xy + \delta yy + \varepsilon x^4 + \zeta x^3 y + \eta xxyy + \theta xy^3 + \iota y^4 + \kappa x^6 + \cdots$$

という形の方程式であり，もうひとつは

$$0 = \alpha x + \beta y + \gamma x^3 + \delta xxy + \varepsilon xyy + \zeta y^3 + \eta x^5 + \theta x^4 y + \iota x^3 yy + \cdots$$

という形の方程式である．

341. このようなわけで，二つのぴったり重なり合う部分をもつ曲線は二種類存在する．実際，ひとつの種類の曲線では，ぴったり重なり合う二つの部分はある直線の両側に配置されていて，その直線と直交する弦はどれもみなその直線により二等分される．この場合，そのような直線は，曲線の**直交ダイアメータ**という名で呼ばれる．第338条と第339条で語られた方程式はどちらもこの仲間に所属する．もうひとつの種類の曲線では，二つのぴったり重なり合う部分は，対置する領域 Q と T の中に，もしくは R と S の中にある．したがって，点 C を通って引いた直線はどれも，曲線を互い違いに二等分する．この種の曲線は前条で挙げられた方程式に包摂されている．このようにして，ぴったり重なり合う二つの部分は状勢に応じて異なる位置を占めて描かれていく．そこで，二つの重なり合う部分の重なり方が前者の状勢に合致する場合，それらは**ダイアメータ的に等しい**と呼び，二つの部分の重なり方が後者の状勢に合致する場合には，それらは**互い違いに等しい**と呼ぶことにしたいと思う．後者の様式で重なり合う場合には点 C が存在して，この点を通る直線を曲線に到達

第15章 一本またはより多くのダイアメータをもつ曲線

するまで両方向に伸ばしていって線分を作るとき，その線分はどれもみな点 C において二等分される．そこでこの点のことは**中心**という名で呼ぶのが相応しい．このようなわけで，二つの互い違いに等しい部分をもつ曲線は**中心をもつ**と言われる．これに対し，ダイアメータ的に等しい二つの部分をもつ曲線は**ダイアメータをもつ**と称されるのである．

342. 方程式 $Z=0$ が与える曲線では，もし関数 Z において座標 y が偶数次元のみしかもたないなら，直線 AB がダイアメータになっている．また，もし関数 Z においてもうひとつの座標 x がいたるところで偶数の冪指数をもつなら，同じ方程式 $Z=0$ で表される曲線のダイアメータとして指定されるのは直線 EF である．これより明らかになるように，Z は x と y の関数として，しかも x の冪指数も y の冪指数もことごとくみな偶数になるとするなら，その場合，直線 AB と直線 EF はどちらもともに，方程式 $Z=0$ で与えられる曲線の直交ダイアメータになることになる．したがって，領域 Q, R, S, T 内に配置される曲線の四つの部分は互いにぴったりと重なり合う．それゆえ，このような曲線はすべてみな，

$$0 = \alpha + \beta xx + \gamma yy + \delta x^4 + \varepsilon xxyy + \zeta y^4 + \eta x^6 + \theta x^4 yy + \cdots$$

という形の方程式に包摂される．

343. こうして，このようにしてみいだされた方程式で表される曲線は，点 C において互いに直角に交叉する二本の直交ダイアメータ AB と EF をもつ．これらの曲線はみな，第二目の線(二次曲線)もしくは第四目の線(四次曲線)もしくは第六目の線(六次曲線)・・・に所属する．したがって，いかなる奇位数の線の目の中にも，互いに直角に交叉する二本のダイアメータをもつ曲線の姿は見あたらないことになる．次に，この方程式は第340条の第一番目の方程式にも包摂されているから，この種の曲線は同時に点 C において中心をもっている．したがって，その点 C を通る直線を曲線に到達するまで両方向に伸ばしていって線分を作るとき，その線分はすべて点 C において二等分される．このような性質を備えていて，しかも二本のダイアメータをもつ曲線は，Z は xx と yy の任意の有理関数とするとき，方程式 $Z=0$ により与えられる．

344. われわれはこのような道筋をたどって二本のダイアメータをもつ曲線へと導かれた. そこで今度は, もっと多くのダイアメータをもつ曲線の方程式を探索してみよう. まずはじめに, 簡単に示されるように, もし何かある曲線がダイアメータを二本しかもたないとするなら, それらのダイアメータは互いに直交していなければならない. したがって, 先ほどみいだされた形の方程式に包摂されない曲線で, しかもきっかり二本のダイアメータをもつというものは存在しない. 実際, ある曲線が二本のダイアメータ AB と EF をもち, しかもそれらは点 C において直角に交叉しないとしてみよう (図69). EC はダイアメータであるから, 曲線はその両側で同じ形で配置されている. そうして一方の側にはダイアメータとして直線 AC があるのであるから, もう一方の側にも, 同じ点 C を通るダイアメータ GC があるはずであり, しかもそれは EC とともに角 $GCE = ACE$ を作る. 同様に, GC はダイアメータなのであるから, 角 $GCI = GCE$ を作る線分 IC もまた, EC と同じ性質を備えたダイアメータでなければならない. さらに, 角 $ICL = ICG$ となるように線分 LC を取れば, この線分もまたダイアメータである. こんなふうに歩みを進めていくと, 一番はじめのダイアメータ AC にもどるまで, 次々と新たなダイアメータがみいだされる. もし角 ACE が直角に対して有理比をもつなら, この手順は完結して当初の AC に立ち返ることになる.

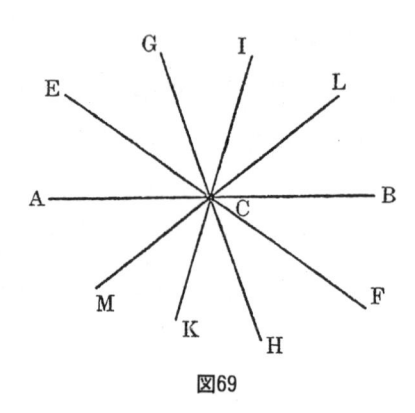

図69

345. それゆえ, 角 ACE が直角に対して有理比をもたないなら, ダイアメータの個数は無限になる. この場合, 曲線は円になる. なぜなら, そのような曲線では, 中心を通って引いたあらゆる直線が直交ダイアメータになるからである. この議論では, ダイアメータという呼称はもとより直交ダイアメータのみに限定して使われている. というのは, 曲線は直交ダイアメータによってのみ, 二つのぴったり重なり合う部分に分かたれるからである. これによって諒解されるように, いかなる代数曲線も, 互いに平行な二本のダイアメータをもつことはできない. 実際, すでに述べた通りの論拠により, もし二本の平行なダイアメータが存在するなら, それと同時に, 互いに平行で, しかも等間隔に配列される無数のダイアメータが存在しなければならない. したがって, そのような曲線と無限に多くの点において交叉しうる直線が存在するこ

第15章　一本またはより多くのダイアメータをもつ曲線

とになるが，このような性質は代数曲線にはあてはまらないのである．

346． ある曲線が幾本かのダイアメータをもつとすると，それらのダイアメータはすべて，ある同一の点 C において互いに交叉する．しかも，どの二本のダイアメータについても，それらが相互に作る角度はみな等しい．これらのダイアメータには二つの種類があり，交互に入れ代わりながら並んでいる．実際，ダイアメータ CG の性質はダイアメータ CA の性質と同じであり，ダイアメータ CG を軸に取るときの曲線の方程式は，ダイアメータ CA を軸に取るときの曲線の方程式と一致する．それで，ひとつおきに現れるダイアメータ $CA, CG, CL\cdots$ が曲線に対して果たす役割はみな同等である．同様に，ダイアメータ $CE, CI\cdots$ のそれぞれは曲線に対して対等の資格をもって関わっている．こんなわけなので，もしダイアメータの個数が有限なら，角 ACG をいくつか集めるときっかり四直角(訳者註．360度＝2π)になる．言い換えると，角 ACE をいくつか集めるときっかり180度，すなわち半円に等しい大きさになる．半円を $=\pi$ と呼ぶことにしよう．

347． 角 $ACE = 90° = \frac{1}{2}\pi$ とすると，すでに前に論究ずみの場合が現れる(図70)．この場合，曲線は，互いに直交する二本のダイアメータをもつ．そこで，この種の曲線を再度，ただし前の方法とは別の方法で究明してみたいと思う．その方法は，もっと多くのダイアメータをもつ曲線を調べる際にも適用可能である．そこで今，提示された曲線は二本のダイアメータ AB と EF をもつとしよう．この曲線上で任意の点 M を取り，中心 C から線分 CM を引き，$CM = z$ および角 $ACM = s$ と置く．このようにしたうえで，z と s の間に成立する方程式を求めてみよう．まずはじめに諒解されるように，線分 AC はダイアメータなのであるから，z は s の関数であって，しかも s を $-s$ に置き換えても変わらないという性質を備えていなければならない．実際，角 $ACM = s$ と同じ大きさをもつ負の角 ACm を作ると，線分 Cm は $= CM$ でなければならないのである．ところで，$\cos s$ は s の関数であって，しかも s を $-s$ に置き換えても変わらない．それゆえ，もし z が $\cos s$ の何らかの

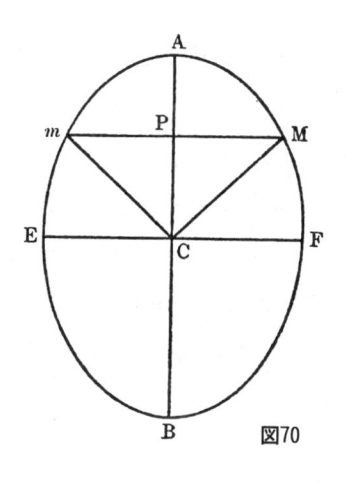

有理関数であれば，ここで要請されている事柄に応えられることになる．

348. 切除線CPを$CP=x$と置き，向軸線PMを$PM=y$と置くと，
$$z=\sqrt{xx+yy} \quad \text{および} \quad \cos s = \frac{x}{z}$$
となる．曲線の方程式を$Z=0$とし，線分CAはこの曲線のダイアメータとしよう．このとき，Zはzと$\frac{x}{z}$の有理関数，すなわちzとxの有理関数でなければならない．有理性を考慮に入れて，これをさらに言い換えると，Zは$xx+yy$とxの有理関数でなければならない．ところが，もしZが$xx+yy$とxの関数であれば，Zはyyとxの関数でもある．実際，$xx+yy=u$と置くと，Zはxとuの関数でなければならない．そこで$u=t+xx$と置いて$t=yy$となるようにすると，Zはtとxの関数，すなわちyyとxの関数になる．それゆえ，こんなふうに言える．Zがyyとxの有理関数であれば，線分CAはそのつど，方程式$Z=0$で表される曲線のダイアメータになる．これは一本のダイアメータをもつ曲線の性質であり，前に(訳者註．第338条参照)みいだされたものと同じである．

349. ところで，求める曲線は二本のダイアメータABとEFをもたなければならない．よって，CBはCAと同じ性質をもつダイアメータである．それゆえ，線分$CM=z$をダイアメータCBとの関連のもとで考えると，角$BCM=\pi-s$により，zはsの関数であって，sを$\pi-s$に置き換えても変わらないという性質を備えていなければならない．$\sin s = \sin(\pi-s)$であるから，$\sin s$はそのような関数である．だが，この関数は先行条件をみたさない．そこで，角sと$-s$と$\pi-s$に対して同じ値を保持するような表示式を見つけなければならないが，$\cos 2s$はそのような表示式である．なぜなら，
$$\cos 2s = \cos(-2s) = \cos 2(\pi-s)$$
となるからである．したがって，Zはzと$\cos 2s$の有理関数とすると，方程式$Z=0$は，二本のダイアメータABとEFをもつ曲線の方程式である．ところで，
$$\cos 2s = \frac{xx-yy}{zz}.$$
これによってわかるように，Zは$xx+yy$と$xx-yy$の関数である．すなわち，前に探し当てたように(第342，343条参照)，Zはxxとyyの関数である．

第15章　一本またはより多くのダイアメータをもつ曲線

350.　三本のダイアメータ AB, EF, GH をもつ曲線の探索へと歩を進めよう(図71)．これらのダイアメータはある同一の点 C において互いに交叉し，角 $ACE, ECG, GCB = 60° = \frac{1}{3}\pi$ を作る．交互に現れるダイアメータ CA, CG, CF の性質は同じである．それゆえ，$CM = z$ および角 $ACM = s$ と置けば，$GCM = \frac{2}{3}\pi - s$ より，曲線の方程式 $Z = 0$ には次のような性質が備わっていなければならない．すなわち，Z は z とある量 w の有理関数で，w は s に依拠し，s をあるいは $-s$ で，またあるいは $\frac{2}{3}\pi - s$ で置き換えても w は不変である．たとえば，$w = \cos 3s$ はそのような関数である．というのは，

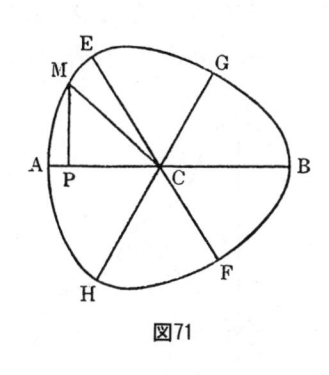

$$\cos 3s = \cos(-3s) = \cos(2\pi - 3s)$$

となるからである．ところで，座標を $CP = x, PM = y$ と置くと，

$$\cos 3s = \frac{x^3 - 3xyy}{z^3}$$

となる．したがって，Z は $xx + yy$ と $x^3 - 3xyy$ の有理関数でなければならない．

351.　そこで $xx + yy = t$ および $x^3 - 3xyy = u$ と置くと，三本のダイアメータをもつ曲線の一般方程式は

$$0 = \alpha + \beta t + \gamma u + \delta tt + \varepsilon tu + \zeta uu + \eta t^3 + \cdots$$

という形になる．これは，x と y の間の方程式

$$0 = \alpha + \beta(xx + yy) + \gamma x(xx - 3yy) + \delta(xx + yy)^2 + \cdots$$

を与える．方程式 $0 = \alpha + \beta xx + \beta yy$ は円の方程式であり，円は無限に多くのダイアメータをもつから，円は，三本のダイアメータをもつ曲線を求める問題にも応えている．きっかり三本のダイアメータをもつ曲線の中で一番簡単なのは，方程式

$$x^3 - 3xyy = axx + ayy + b^3$$

で表される第三目の線(三次曲線)である．この曲線は，等辺三角形(正三角形)を囲む三本の漸近線をもち，その三角形の中心に点 C がある．これらの漸近線の各々は $u = \frac{A}{tt}$ という形である．それゆえ，この三次曲線は，われわれが前に遂行した数え上げ

の流儀によれば，第五種に所属する．

352. 今度は曲線は四本のダイアメータ AB, EF, GH, IK をもつとしよう(図72)．それらは点 C において互いに交叉するとする．二本ずつの交叉角は半直角 $= \frac{1}{4}\pi$ になる．この場合，ダイアメータ CA, CG, CB, CH の性質は同じである．それゆえ探索しなければならないのは，$CM=z$ および角 $ACM=s$ と置くとき，s の関数であって，s を $-s$ もしくは $\frac{2}{4}\pi-s$ で置き換えても変わらないという性質を備えているものである．このような関数としては $\cos 4s$ がある．そこで Z は z と $\cos 4s$ の関数とすると，あるいは，同じことになるが，$xx+yy$ と $x^4-6xxyy+y^4$ の関数とすると，方

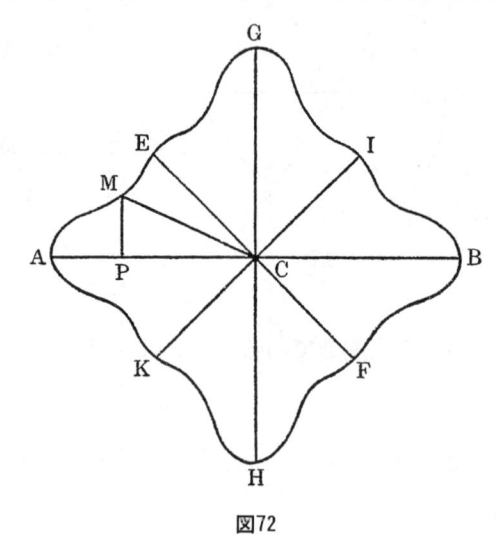

図72

程式 $Z=0$ は四本のダイアメータをもつ曲線を与える．それゆえ，

$$t = xx+yy \quad \text{および} \quad u = x^4-6xxyy+y^4$$

と置くと，Z は t と u の関数になる．ところで，$v=tt-u$ と置くと，Z は t と v の関数，すなわち $xx+yy$ と $xxyy$ の関数になる．あるいはまた，Z を適切に規定して，二つの量 $xx+yy$ と x^4+y^4 の関数と見ることも可能である．

353. 方程式 $Z=0$ で表される曲線が五本のダイアメータをもつためには，Z は z と $\cos 5z$ の関数でなければならない．直交座標 x と y を取ると，

$$\cos 5s = \frac{x^5 - 10x^3yy + 5xy^4}{z^5}.$$

よって，Z は表示式

$$xx+yy \quad \text{と} \quad x^5 - 10x^3yy + 5xy^4$$

の有理関数でなければならない．それゆえ，円は別にして，五個のダイアメータをもつ曲線の中で一番簡単なものは，方程式

$$x^5 - 10x^3yy + 5xy^4 = a(xx+yy)^2 + b(xx+yy) + c$$

第15章　一本またはより多くのダイアメータをもつ曲線

で表される第五目の線(五次曲線)である．この曲線は，主部の因子がすべて実因子であるという事実に起因して，五本の漸近線をもっている．それらは交叉して正五角形を作り，その五角形の中心には点 C がある．

354.　これらの事柄により明らかになるように，一般に，Z は z と $\cos ns$ の関数とするとき，あるいは，これを直交座標を使って言い換えて，表示式 $xx+yy$ と

$$x^n - \frac{n(n-1)}{1\cdot 2}x^{n-2}yy + \frac{n(n-1)(n-2)(n-3)}{1\cdot 2\cdot 3\cdot 4}x^{n-4}y^4 - \cdots$$

との任意の有理関数とすると，方程式 $Z=0$ で表される曲線は n 本のダイアメータをもつ．隣接する二本のダイアメータがはさむ角の大きさは $=\frac{\pi}{n}$ である．ここでさらに $t=xx+yy$ および

$$u = x^n - \frac{n(n-1)}{1\cdot 2}x^{n-2}yy + \frac{n(n-1)(n-2)(n-3)}{1\cdot 2\cdot 3\cdot 4}x^{n-4}y^4 - \cdots$$

と置いて方程式 $Z=0$ を書き直すと，

$$0 = \alpha + \beta t + \gamma u + \delta tt + \varepsilon tu + \zeta uu + \eta t^3 + \theta ttu + \cdots$$

という形の方程式が与えられる．このようにして，相互に等角度を作りながら，同じ点 C において交叉する任意個数のダイアメータをもつ曲線を見つけることができる．また，同時に，これらの方程式には，ある与えられた個数のダイアメータをもつ代数曲線がことごとくみな包摂されている．

355.　このような何本ものダイアメータをもつ曲線は，互いにぴったり重なり合う部分を二つよりも多くもっている．たとえば，二本のダイアメータをもつ曲線は，ぴったり重なり合う四つの部分 AE, BE, AF, BF をもっている(図70)．三本のダイアメータをもつ曲線には，ぴったり重なり合う六個の部分 AE, GE, GB, FB, FH, AH がある(図71)．また四本のダイアメータをもつ曲線には，ぴったり重なり合う八個の部分 AE, AK, GE, GI, BI, BF, HF, HK が存在する(図72)．同様に，等部分の個数はつねに，ダイアメータの個数の二倍になっている．ところで，前に見たように，二つの重なり合う部分をもちながら，ダイアメータのない曲線が存在する．それと同様に，もっと多くの重なり合う部分をもつ曲線の中にも，ダイアメー

タが欠如しているものが存在する．

356. 対置する領域の中に二つの等部分 AME, BKF が配置されているという，前に取り扱ったことのある場合から始めよう(図73)．というのは，もし曲線がきっかり二つの等部分をもつとするなら，それらの等部分は必然的に対置していなければならないからである．もっと多くの個数の等部分を考察すれば，この間の事情はいっそう明瞭に諒解される．そこで，前のように，$CM = z$ および角 $ACM = s$ と置こう．このとき，明らかに，角 s と $\pi + s$ に対応する z の値は同一でなければならない．なぜなら，角 ACM を $= \pi + s$ と取ると，$z = CK$ となるが，$CK = CM$ でなければならないからである．そこで，角 s と $\pi + s$ に共通する表示式を探さなければならない．たとえば，$\tan s = \tan(\pi + s)$ となるから，$\tan s$ はそのような表示式である．それゆえ，Z は z と $\tan s$ の関数

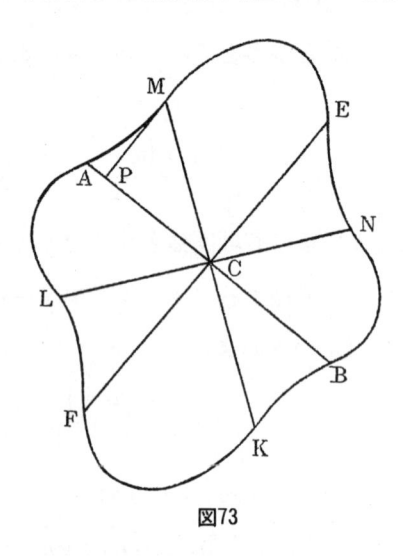

図73

とすると，言い換えると $xx + yy$ と $\frac{x}{y}$ の関数とすると，方程式 $Z = 0$ は目下探索中の曲線の方程式になる．$\frac{x}{y} = t$ と置くと，$xx + yy = yy(1 + tt)$．それゆえ，Z は t と $yy(1 + tt)$ の関数，すなわち t と yy の関数でなければならないことになる．これより，前にみいだされたものと同じ方程式が帰結する．

357. 正接の表示式に出てくる分数を避けるため，同じ作業を正弦と余弦を使って遂行することも可能である．実際，

$$\sin 2s = \sin 2(\pi + s) \quad \text{および} \quad \cos 2s = \cos 2(\pi + s)$$

であるから，Z として三つの式 $z, \sin 2s, \cos 2s$，言い換えると $xx + yy, 2xy$ それに $xx - yy$ の任意の有理関数を取れば，われわれの求めるものが手に入る．ここで留意しなければならないのは，表示式 $\sin 2s$ と $\cos 2s$ のどちらか一方が欠如していれば，ここで考えている曲線はさらにダイアメータをももつという一事である．このような状勢により，ここで提示されている問題の解決は，Z として xx, yy, xy の有理関数を取ることに帰着される．これより，

第15章　一本またはより多くのダイアメータをもつ曲線

$$0 = \alpha + \beta xx + \gamma xy + \delta yy + \varepsilon x^4 + \zeta x^3 y + \eta xxyy + \theta xy^3 + \iota y^4 + \cdots$$

という形の方程式が得られる．そうして，もしxが存在しない諸項が消失するなら，そのとき方程式の全体がxで割り切れて，

$$0 = \beta x + \gamma y + \varepsilon x^3 + \zeta xxy + \eta xyy + \theta y^3 + \kappa x^5 + \cdots$$

という形の方程式が得られる．これらは前にみいだされた二つの方程式にほかならない(訳者註．第340条参照).

358. 今度は，きっかり三個のぴったり重なり合う部分AM, BN, DLをもつ曲線を探索してみよう(図74)．この曲線には次の述べるような性質が備わっている．すなわち，中央の点Cを始点として，三本の線分CM, CN, CLを等角度を作るように引くと，これらの線分はつねに互いに等しい．そこで，角ACMを$=s$と置き，線分CMを$=z$と置くと，線分zはsの関数として規定されて，三つの角

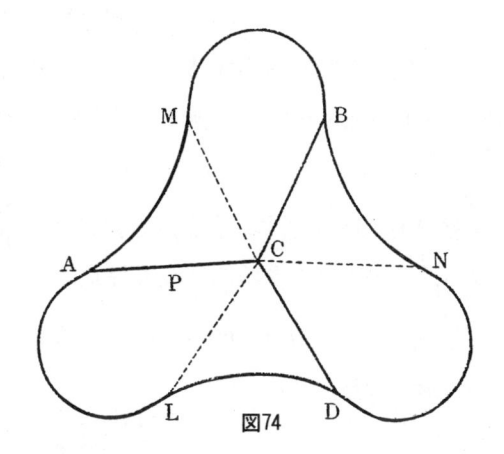

$$s,\ \frac{2}{3}\pi + s,\ \frac{4}{3}\pi + s$$

に対してzの同じ値が対応する．というのは，$MCN = NCL = \frac{2}{3}\pi$となるからである．ところで，これらの三つの角に対して共通の値を保持する表示式として，$\sin 3s$と$\cos 3s$がある．それゆえ，Zは三つの量$xx+yy$, $3xxy-y^3$, x^3-3xyyの有理関数とすると，方程式$Z=0$は，ここで探し求められているあらゆる曲線を与える．そのような曲線の一般方程式は

$$0 = \alpha + \beta(xx+yy) + \gamma(3xxy-y^3) + \delta(x^3-3xyy) + \varepsilon(xx+yy)^2$$
$$+ \zeta(xx+yy)(3xxy-y^3) + \eta(xx+yy)(x^3-3xyy) + \cdots$$

という形である．よって，この性質をもつ第三目の線(三次曲線)は，

$$0 = \alpha + \beta xx + \beta yy + \delta x^3 + 3\gamma xxy - 3\delta xyy - \gamma y^3$$

という方程式に包摂されている．

359. ある曲線が四個の等部分 AM, EN, BK, FL をもたなければならないものとしよう(図73). この場合, 中央の点 C を始点として四本の任意の線分 CM, CN, CK, CL を等角度を作るように引くと, それらは等しい. そこで, 角 ACM を $=s$ と置き, 線分 CM を $=z$ と置こう. すると,

$$\text{角}\, MCN = NCK = KCL = 90° = \frac{1}{2}\pi$$

により, 線分 z を角 s を用いて表すとき, 角

$$s,\ \frac{1}{2}\pi+s,\ \pi+s,\ \frac{3}{2}\pi+s$$

に対して同一の値が対応するというふうになっていなければならない. この性質は, 表示式 $\sin 4s$ と $\cos 4s$ には備わっている. それゆえ, Z は三つの量

$$xx+yy,\ 4x^3y-4xy^3,\ x^4-6xxyy+y^4$$

の任意の有理関数とするとき, 方程式 $Z=0$ は四個の等部分をもつ曲線を与えることになる. そのような曲線の一般方程式は

$$0 = \alpha + \beta xx + \beta yy + \gamma x^4 + \delta x^3y + \varepsilon xxyy - \delta xy^3 + \gamma y^4 + \cdots$$

という形になる.

360. 同様の道筋をたどって明らかになるように, ダイアメータはないが, 五つのぴったり重なり合う部分をもつような曲線を探したいのであれば, 方程式 $Z=0$ において, Z は三つの量

$$xx+yy,\ 5x^4y-10xxy^3+y^5,\ x^5-10x^3yy+5xy^4$$

の有理関数でなければならない. また, 等部分の個数が $=n$ となるようにしたいのであれば, Z は三つの量

$$xx+yy,$$

$$nx^{n-1}y - \frac{n(n-1)(n-2)}{1\cdot 2\cdot 3}x^{n-3}y^3 + \frac{n(n-1)(n-2)(n-3)(n-4)}{1\cdot 2\cdot 3\cdot 4\cdot 5}x^{n-5}y^5 - \cdots,$$

$$x^n - \frac{n(n-1)}{1\cdot 2}x^{n-2}yy + \frac{n(n-1)(n-2)(n-3)}{1\cdot 2\cdot 3\cdot 4}x^{n-4}y^4 - \cdots$$

の有理関数でなければならない. もし後者の二つの表示式のどちらかが方程式の中に姿を見せないなら, その場合, その方程式で表される曲線は n 本のダイアメータをもつ.

第15章 一本またはより多くのダイアメータをもつ曲線

361. ここまでのところでは，いくつかの等部分をもつ曲線を二通りの仕方で列挙してきた．すなわち，ダイアメータをもつ曲線の系列と，ダイアメータを欠く曲線の系列であり，二個もしくはもっと多くの重なり合う部分をもつ代数曲線は，これですっかり汲み尽くされている．これを示すために，ある連続曲線は，互いにぴったり重なり合う二つの部分 OAa, OBb [1]をもつとしてみよう(図75)．二点 A, B を結んで線分 AB を引き，これを底辺として二等辺三角形 ACB を作ろう．その際，角 C が角 O と等しくなるようにする．角 OAC と角 OBC は等しいから，曲線の一部分 CAa と CBb もまたぴったり重なり合う．そうして連続性の法則により，角 BCD, $DCE\cdots$ をそれぞれ角 ACB と等しくなるように取り，しかも同時に

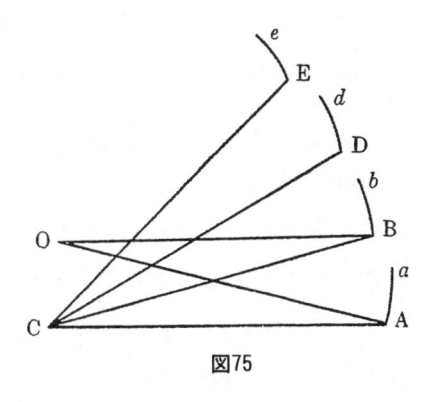

$$CD = CE = CA = CB$$

となるようにすれば，提示された曲線は，これらの個々の線分のほかに，部分 Aa, Bb とぴったり重なり合う部分 Dd, $Ee\cdots$ をもつ．それゆえ，もし角 ACB の $360°$ に対する比率が非有理的ではなければ，等部分の個数は有限になる．そうでなければ等部分の個数は無限になるが，その場合，ここで考えている曲線は代数曲線の仲間には入らないことになってしまう．このようなわけで，この曲線は，前に調べたことのあるダイアメータをもたない代数曲線の世界に所属することになる．

図75

362. これに対し，二つのぴったり重なり合う部分が，線分 AO と BO に関して反対側の領域内に伸びていて，部分 OAa と部分 OBb がぴったり重なり合うようになっているとしてみよう(図76)．この場合，直線 AR と BS を適切に引いて，

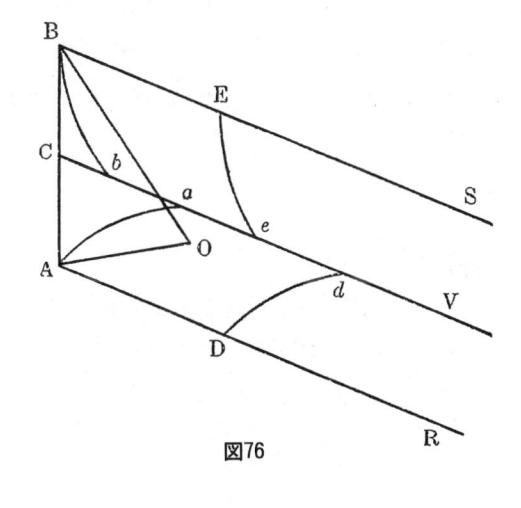

図76

$$\text{角 } OAR = OBS = \frac{1}{2}AOB$$

となるようにすると，AR と BS は互いに平行になる．二点 A, B を結んで線分 AB を引き，その中央の点 C を通って AR と BS に平行に直線 CV を引くと，二つの部分 aA, bB は直線 CV に関してぴったり重なり合う．このようなわけで，もし $ba=0$ ではないとすれば，b から a に向かって進んでいくとき，弧 bB に対し，もう一方の側において bB とぴったり重なり合う弧 aA が対応する．そうしてまた，a から e に向かって距離 $ae=ba$ を経由して進んでいくとき，この弧 aA に対し，反対側において aA にぴったり対応する弧 eE が対応する．さらに eE に対して弧 dD が対応する．こんなふうに手順を進めていくと，ここで取り上げられている曲線は，直線 CV の両側に配置された無限に多くのぴったり重なり合う部分をもつことになる．それゆえ，このような曲線は代数的ではありえない．

363. もし直線 AB が平行線 AR と BS に対して傾いているなら，言い換えると(同じことになるが)，三角形 AOB において辺 AO と BO が異なるなら，上述した通りの状況が現出する．これに対し，もし $AO=BO$ なら，直線 AB は平行線 AR と BS，それに CV と垂直になる．直線 CV は同時に点 O をも通過する．それゆえ，この場合，点 b と a は合致する．そうして部分 aA と bB はぴったり重なりあうというだけではなく，直線 CV の両側に同じ様式で配置されているのであるから，この直線 CV は，ここで取り上げている曲線のダイアメータである．この場合，この曲線は，前に説明がなされたダイアメータをもつ曲線の仲間に所属する．このようなわけで，二つもしくはもっと多くのぴったり重なり合う部分をもつ代数曲線は，ことごとくみな，この章で説明された種々の場合のいずれかに算入されるのである．

註記

1) (233頁) 詳しく言うと次の通り．弧 Aa と弧 Bb は等しく，角 OAa と角 OBb も等しい．だが，一般に OA と OB は長さが異なっている．(オイラー全集Ⅰ－9，198頁の脚註より)

第16章　向軸線の与えられた諸性質に基づいて
　　　　曲線を見つけること

364.　　P と Q は切除線 x の任意の有理関数とし，曲線の性質は方程式 $yy - Py + Q = 0$ で表されるとしよう．この場合，各々の切除線 x に対し，対応する向軸線は全然存在しないか，あるいは二本存在するかのいずれかである．それらの二本の向軸線の和は $= P$ となり，積は $= Q$ となる．それゆえ，もし P が定量なら，個々の切除線に対応する二本の向軸線の和はつねに一定で，曲線はダイアメータをもつことになる．P が $P = a + nx$ という形のときにも，同じ現象が見られる．実際，この場合には，ダイアメータという呼称をいっそう広い意味合いで受け止めて，斜傾するダイアメータも除外しないことにするとき，方程式 $z = \frac{1}{2}a + \frac{1}{2}nx$ で表される直線がダイアメータになる．もし Q が定量なら，二本の向軸線の積はいたるところで一定になる．それゆえ，軸と曲線がどこかで交叉するということはありえない．ところが，Q は $Q = \alpha + \beta x + \gamma xx$ という形とし，しかもこの表示式は二つの実因子をもつとするなら，曲線は軸を二点において横切ることになり，Q は，軸上で切り取られた二本の線分の積の倍数になる．したがって二本の向軸線の積は，上記のような手順を経て軸上に指定された二線分の積との間で，ある一定の比率を保持し続けることになる．

365.　　これらの性質は円錐曲線に対して適合し，その様子は前に観察した通りだが，そればかりではなく，他にも無限に多くの曲線にあてはまる．たとえば，前に双曲線の漸近線を軸に取ったときに双曲線を観察し，同一の切除線に対応する双曲線の二本の向軸線の積は一定になるという性質を目のあたりにしたが，この性質は方程式 $yy - Py \pm aa = 0$ で表されるすべての曲線にも共有される．次に，直線 EF を軸に取り，この直線は曲線と二点 E, F において交叉するものとすると，円錐曲線の場

合には，積 $PM \cdot PN$ は積 $PE \cdot PF$ に対して一定の比率をもつ(図19)．この円錐曲線の性質は，方程式

$$yy - Py + ax - nxx = 0$$

で表されるあらゆる曲線にも共有されている．もし方程式の形が $yy - Py = ax - xx$ というふうであれば，$PM \cdot PN = PE \cdot PF$，もしくは $pm \cdot pn = Ep \cdot pF$ となる．この性質が円に備わっていることは初等的な事柄として知られているが，もっと次数の高い無数の曲線にも同じ性質が見られるが，そればかりではなく，他の円錐曲線にもあてはまる．実際，$P = b + nx$ とすると，方程式は

$$yy - nxy + xx = ax + by$$

という形になる．この方程式は，もし $n = 0$ なら円の方程式であり，角 EPM は直角になるが，この方程式には楕円も双曲線も放物線も包摂されている．すなわち，nn が 4 より小さいなら，この方程式は楕円になり，nn が 4 よりも大きいなら双曲線になり，$nn = 4$ なら放物線になる．

366. これより次に挙げる事柄が帰結する．あらゆる円錐曲線 $AEBF$ において，その軸，すなわち主ダイアメータを AB, EF として，主軸と半直角をなして傾いている二本の直線 pq と mn を任意に引こう．そうして，それらは点 h において交叉するとしよう．このとき，$mh \cdot nh = ph \cdot qh$ となる(図77)．これは，既知の非常に重要な諸性質を基礎にして明らかになる．実際，中心 C を通り，主軸と半直角をなす直線 PQ と MN を引くと，それらは互いに等しい．したがって $MC \cdot NC = PC \cdot QC$．そうして，これらのそれぞれの直線に平行な直線と直線はどれもまた同じ法則に制御されて互いに交叉するのであるから，$mh \cdot nh = ph \cdot qh$ ともなる．これによりなおもうひとつの事実が判明する．すなわち，同じ主軸に対して等角度をもって傾いている直線 MN と PQ を引く．言い換えると，角 PCA = 角 NCA となるように引くと，$CP = CN$ により，これらの直線に平行なあらゆる直線は相互に交叉して，該当する諸線分の作る積が等しくなる．すなわち，$mh \cdot hn = ph \cdot hq$ というふうになる．

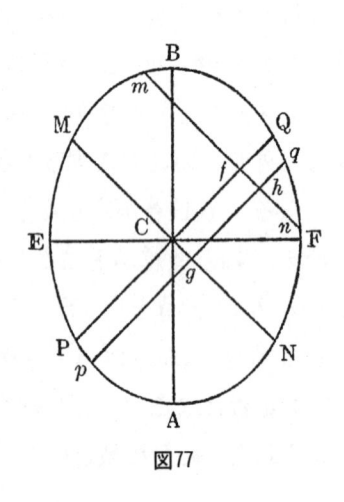

図77

第16章　向軸線の与えられた諸性質に基づいて曲線を見つけること

367. これらの事柄の報告がすんだので，各々の切除線に対して，方程式 $yy - Py + Q = 0$ を通じて対応する二本の向軸線に関連する他の諸問題の考察に移りたいと思う．$AP = x$ は切除線とし，この切除線に対して二本の向軸線 PM, PN が対応するとしよう(図78). まずはじめに，$PM^2 + PN^2$ がある定量 aa に等しくなるという性質をもつあらゆる曲線を求めてみよう．

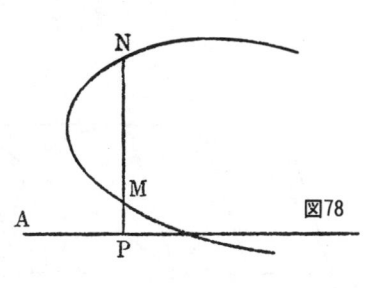

$$PM + PN = P \quad \text{および} \quad PM \cdot PN = Q$$

であるから，

$$PM^2 + PN^2 = PP - 2Q$$

となる．よって，もし

$$PP - 2Q = aa \quad \text{すなわち} \quad Q = \frac{PP - aa}{2}$$

となれば，ここで課された課題はみたされることになる．この前提条件が成立しているなら，求める曲線に対し，

$$yy - Py + \frac{PP - aa}{2} = 0$$

という方程式が得られる．そこで $P = 2nx$ と置くと，提示された性質をみたす円錐曲線

$$yy - 2nxy + 2nnxx - \frac{1}{2}aa = 0$$

が得られる．これは楕円の方程式であり，切除線は中心を起点として算出されている．

368. この事実に基づいて，楕円のもつひとつの美しい性質が明らかになる．楕円の任意の二本の共役なダイアメータ AB と EF の回りに平行四辺形 $GHIK$ を描こう(図79)．その辺々は点 A, B, E, F において楕円に接するとする．この平行四辺形の対角線 GK と HI は，一方のダイアメータ EF と平行な弦 MN と点 P および p において交叉するとする．このとき，どの弦 MN に対しても，平方の和 $PM^2 + PN^2$ もしくは $pM^2 + pN^2$ はつねに定量になる．すなわち，$2CE^2$ に等しい．同様に，もう一方のダイアメータ AB と平行な弦 RS を引くと，

$$PR^2 + PS^2 = \pi R^2 + \pi S^2 = 2CA^2$$

となる．実際，$CA = CB = a$, $CE = CF = b$, $CQ = t$, $QM = u$ と置くと，

$$aauu+bbtt=aabb$$

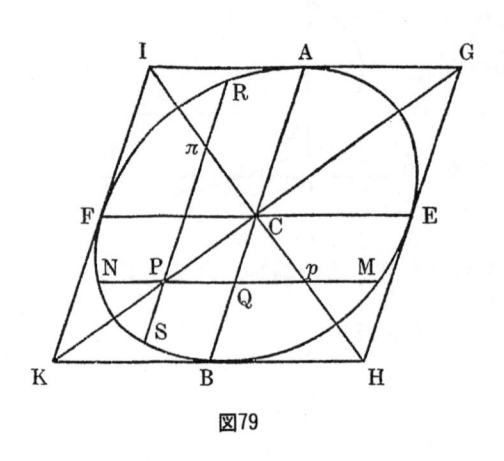

となる．そうして $a:b=CQ(t):PQ$．また，CP と CQ は，ある与えられた比率を保持する．その比率を，たとえば $m:1$ とする．このとき，$CP=x$, $PM=y$ と置くと，

$$x = mt \quad \text{および} \quad y = u + \frac{bt}{a}$$

すなわち

$$t = \frac{x}{m} \quad \text{および} \quad u = y - \frac{bx}{ma}$$

となる．これらの値を代入すると，方程式

図79

$$aayy - \frac{2abxy}{m} + \frac{2bbxx}{mm} = aabb$$

が得られる．$\frac{b}{ma}=n$ と置くと，

$$yy - 2nxy + 2nnxx = bb$$

となる．これは前に見つかった形の方程式であり(訳者註．第367条参照)，$PM^2 + PN^2$ が一定の大きさになることを示している．

369． 今度は，三乗の和 $PM^3 + PN^3$ がつねに定量になるような曲線を求めてみよう(図78)．$PM + PN = P$ であるから，

$$PM^3 + PN^3 = P^3 - 3PQ$$

となる．そこで $PM^3 + PN^3 = a^3$ と置くと，$Q = \frac{P^3 - a^3}{3P}$ となる．したがって，ここで求めようとしている曲線の一般方程式は，

$$yy - Py + \frac{1}{3}PP - \frac{a^3}{3P} = 0$$

という形になる．ここで，P としては，x の任意の有理関数を使ってよい．それゆえ，要請されている性質をもつ曲線の中で一番簡単なのは第三目の線(三次曲線)であり，$P=3nx$ および $a=3nb$ と置いて，

$$xyy - 3nxxy + 3nnx^3 - 3nnb^3 = 0$$

という方程式で表される．この方程式は，前になされた分類にしたがうなら，第二種

第16章　向軸線の与えられた諸性質に基づいて曲線を見つけること

に所属する(訳者註．第9章，第237条参照)．

370. 同様に，今度は四乗の和 PM^4+PN^4 が定量になるようにすることが要請されているとしてみよう．この場合，

$$PM^4+PN^4=P^4-4PPQ+2QQ$$

であるから，量 Q は P を用いて，

$$P^4-4PPQ+2QQ=a^4 \quad \text{すなわち} \quad Q=PP+\sqrt{\tfrac{1}{2}P^4+\tfrac{1}{2}a^4}$$

となるように定めなければならない．P と Q はどちらも x の有理関数，言い換えると一価関数[1]でなければならないのであるから，各々の切除線 x に対応する y の値の個数が二個を越えるという事態が起こらないようにするには，量 $\sqrt{\tfrac{1}{2}P^4+\tfrac{1}{2}a^4}$ は有理的でなければならないことになる．ところが，そういうことはありえない[2]のであるから，関数 Q はつねに二価であり，そのため向軸線 y は四価関数になる．ところが方程式 $yy-Py+Q=0$ から，

$$y=\tfrac{1}{2}P\pm\sqrt{-\tfrac{3}{4}PP\pm\sqrt{\tfrac{1}{2}P^4+\tfrac{1}{2}a^4}}$$

という表示式が取り出される．これより明らかなように，$\sqrt{\tfrac{1}{2}P^4+\tfrac{1}{2}a^4}$ を正に取らなければ，向軸線 y は実量ではありえない．それゆえ，関数 Q は二価であるにもかかわらず，向軸線 y は決して二個よりも多くの値をもつことはなく，しかもそれらの二つの値の四乗の和は，ここで提示された問題の性質により要請されているように，定量になるのである．

371. さらに歩を進め，各々の切除線 x に対応する y の二つの値の五次の冪の和が定量になるという性質を備えた曲線，言い換えると $PM^5+PN^5=a^5$ となるような曲線が要求されているのであれば，

$$P^5-5P^3Q+5PQQ=a^5$$

とならなければならない．曲線の方程式 $yy-Py+Q=0$ により $Q=-yy+Py$ となるから，

$$P^5-5P^4y+10P^3yy-10PPy^3+5Py^4=a^5$$

すなわち

$$(P-y)^5 + y^5 = a^5$$

となる．同様に，もし $PM^6 + PN^6 = a^6$ でなければならないのであれば，

$$(P-y)^6 + y^6 = a^6$$

という方程式がみいだされる．一般に，もし $PM^n + PN^n = a^n$ となるような曲線が求められているのであれば，方程式

$$(P-y)^n + y^n = a^n$$

が得られる．ここで，P としては，x の任意の一価関数を好きなように取ってよい．この方程式の論拠は明白である．実際，二つの向軸線の和は $=P$ なのであるから，一方の向軸線を y とすれば，もう一方の向軸線は $=P-y$ となる．これよりただちに，

$$(P-y)^n + y^n = a^n$$

となるのである．

372. P と Q の間の関係を表す方程式において，$P = \dfrac{yy+Q}{y}$ と置き，Q の代わりに P のほうを消去することにすれば，$PM^n + PN^n = a^n$ に代わって，

$$y^n + \frac{Q^n}{y^n} = a^n$$

という方程式が得られる．実際，二つの向軸線の積は $=Q$ であるから，一方の向軸線を $=y$ と置くと，もう一方の向軸線は $=\dfrac{Q}{y}$ となる．ここから，前にみいだされた方程式が即座に導出される．このようにして，$PM^n + PN^n = a^n$ となる曲線に対し，二つの一般方程式がわれわれの手に入った．ひとつの方程式は

$$(P-y)^n + y^n = a^n$$

であり，もうひとつの方程式は

$$y^n + \frac{Q^n}{y^n} = a^n$$

である．後者の方程式から，

$$y^{2n} = a^n y^n - Q^n \quad \text{および} \quad y^n = \frac{1}{2}a^n \pm \sqrt{\frac{1}{4}a^{2n} - Q^n}$$

が出る．したがって，

$$y = \sqrt[n]{\frac{1}{2}a^n \pm \sqrt{\frac{1}{4}a^{2n} - Q^n}}$$

となる．これは二価関数[3]にほかならず，Q^n が x の有理関数すなわち一価関数で

第16章　向軸線の与えられた諸性質に基づいて曲線を見つけること

ある以上，各々の切除線に対して二本よりも多くの向軸線がもたらされることはない．他方，前者の方程式 $y^n + (P-y)^n = a^n$ には，次数が低いという利点がある．

373.　これらの方程式がここで提示された問題に解決を与えているのは，n が正の整数のときに限られているわけではなく，負の整数のときや分数のときにもやはり同じ問題が解決されている．この様子は次の通りである．

二本の向軸線の間の関係	獲得される方程式
$\dfrac{1}{PM} + \dfrac{1}{PN} = \dfrac{1}{a}$	$aP = Py - yy$
	あるいは
	$aQ + ayy = Qy$
$\dfrac{1}{PM^2} + \dfrac{1}{PN^2} = \dfrac{1}{aa}$	$aayy + aa(P-y)^2 = yy(P-y)^2$
	あるいは
	$aaQQ + aay^4 = QQyy$
$\dfrac{1}{PM^3} + \dfrac{1}{PN^3} = \dfrac{1}{a^3}$	$a^3 y^3 + a^3 (P-y)^3 = y^3 (P-y)^3$
	あるいは
	$a^3 Q^3 + a^3 y^6 = Q^3 y^3$

. . . .

冪指数が分数のときは，諸状勢は次のようになる．

二本の向軸線の間の関係	獲得される方程式
$\sqrt{PM} + \sqrt{PN} = \sqrt{a}$	$\sqrt{y} + \sqrt{P-y} = \sqrt{a}$　あるいは　$y = \sqrt{ay} - \sqrt{Q}$
	有理化すると，
	$yy - Py + \dfrac{1}{4}(a-P)^2 = 0$
	あるいは
	$yy - (a - 2\sqrt{Q})y + Q = 0$

$$\sqrt[3]{PM} + \sqrt[3]{PN} = \sqrt[3]{a} \qquad \sqrt[3]{y} + \sqrt[3]{P-y} = \sqrt[3]{a}$$

すなわち

$$yy - Py + \frac{1}{27a}(a-P)^3 = 0$$

あるいは

$$\sqrt[3]{y} + \sqrt[3]{\frac{Q}{y}} = \sqrt[3]{a}$$

すなわち

$$yy - \left(a - 3\sqrt[3]{aQ}\right)y + Q = 0$$

・・・・・・・・・・・・・・・・

こんなふうにして，いたるところで関係式

$$PM^n + PN^n = a^n$$

が成立するあらゆる代数曲線は，n が正の整数でも負の整数でも分数でも，ひとつの一般方程式に包摂される．

374. ここまでのところでは，同じ切除線 x に対応する二本の向軸線に課される条件をめぐって説明を行ってきたが，これと同じ方法は，個々の切除線に対応して三本の向軸線が現れる場合にも移される．個々の向軸線と三点において交叉する曲線の一般方程式は，

$$y^3 - Pyy + Qy - R = 0$$

という形になる．ここで，文字 P, Q, R は x の任意の一価関数を表す．p, q, r は，切除線 x に対応する三本の向軸線としよう．これらのうちの一本はつねに実在するが，ここでは特に，曲線上のさまざまな部分のうち，三本の向軸線がみな実在するような場所に着目することにしたいと思う．方程式の性質により，$P = p + q + r$，$Q = pq + pr + qr$，$R = pqr$．それゆえ，もし $p + q + r$ もしくは $pq + pr + qr$ もしくは pqr が定量になるような曲線が欲しいのであれば，なすべきことは，P もしくは Q もしくは R のいずれかを定量と定め，残る二つは任意のままにしておくこと以外にはない．

375. $p^n + q^n + r^n$ がいたるところで定量になるような曲線を見つけること

第16章　向軸線の与えられた諸性質に基づいて曲線を見つけること

もできる．実際，第一巻で報告されたことにより，

$$p + q + r = P,$$
$$p^2 + q^2 + r^2 = P^2 - 2Q,$$
$$p^3 + q^3 + r^3 = P^3 - 3PQ + 3R,$$
$$p^4 + q^4 + r^4 = P^4 - 4PPQ + 2QQ + 4PR,$$
$$p^5 + q^5 + r^5 = P^5 - 5P^3Q + 5PQQ + 5PPR - 5QR$$
$$\cdots\cdots$$

となる．次に，もし n が負の数なら，$z = \frac{1}{y}$ と置くと，

$$z^3 - \frac{Qzz}{R} + \frac{Pz}{R} - \frac{1}{R} = 0$$

となる．この方程式の三つの根は $\frac{1}{p}, \frac{1}{q}, \frac{1}{r}$ である．よって，同様に，

$$\frac{1}{p} + \frac{1}{q} + \frac{1}{r} = \frac{Q}{R},$$
$$\frac{1}{p^2} + \frac{1}{q^2} + \frac{1}{r^2} = \frac{QQ - 2PR}{RR},$$
$$\frac{1}{p^3} + \frac{1}{q^3} + \frac{1}{r^3} = \frac{Q^3 - 3PQR + 3RR}{R^3},$$
$$\frac{1}{p^4} + \frac{1}{q^4} + \frac{1}{r^4} = \frac{Q^4 - 4PQQR + 4QRR + 2PPRR}{R^4}$$
$$\cdots\cdots$$

となる．そこでこのような表示式を定量と等値すると，関数 P, Q, R の間に成立する適切な関係式が与えられる．その支援を受けて，方程式 $y^3 - Pyy + Qy - R = 0$ から関数 P, Q, R のうちのひとつを消去すると，求める曲線の方程式が得られる．たとえば，$p^3 + q^3 + r^3 = a^3$ となるような曲線を求めたいのであれば，$P^3 - 3PQ + 3R = a^3$ となる．そして $R = y^3 - Pyy + Qy$ により，提示された問題に応える曲線の方程式

$$3y^3 - 3Pyy + 3Qy + P^3 - 3PQ = a^3$$

が手に入る．

376.　　n が正の整数であっても負の整数であっても，問題解決への道は，与えられた諸公式を基礎にしてたやすく踏破される．だが，n が分数の場合には，より

大きな困難が現れる．今，

$$\sqrt{p} + \sqrt{q} + \sqrt{r} = \sqrt{a}$$

となるような曲線を見つける問題が提示されたとしてみよう．両辺の平方を作ると，$p + q + r = P$ により，

$$P + 2\sqrt{pq} + 2\sqrt{pr} + 2\sqrt{qr} = a$$

すなわち

$$\frac{a-P}{2} = \sqrt{pq} + \sqrt{pr} + \sqrt{qr}$$

が得られる．再度，平方を作ると，$pq + pr + qr = Q$ により，

$$\frac{(a-P)^2}{4} = Q + 2\sqrt{ppqr} + 2\sqrt{pqqr} + 2\sqrt{pqrr}$$

$$= Q + 2(\sqrt{p} + \sqrt{q} + \sqrt{r})\sqrt{pqr} = 2\sqrt{aR} + Q$$

となる．これより $(a-P)^2 = 4Q + 8\sqrt{aR}$，すなわち

$$Q = \frac{(a-P)^2}{4} - 2\sqrt{aR}$$

が得られる．それゆえ，求める曲線は方程式

$$y^3 - Pyy + \left(\frac{1}{4}(a-P)^2 - 2\sqrt{aR}\right)y - R = 0$$

に包摂される．言い換えると(すなわち，非有理性が表面に出ないようにすると，

$$R = \frac{(aa - 2aP + PP - 4Q)^2}{64a}$$

により)，方程式

$$y^3 - Pyy + Qy - \frac{(aa - 2aP + PP - 4Q)^2}{64a} = 0$$

に包摂されることになる．

377. もっと冪指数の高い冪根が提示された場合には，この手順ははなはだわずらわしいものになってしまう．それゆえ，次に挙げる例を通じて見て取れるような，他の道を通って進んでいかなければならない．すなわち，

第16章　向軸線の与えられた諸性質に基づいて曲線を見つけること

$$\sqrt[3]{p} + \sqrt[3]{q} + \sqrt[3]{r} = \sqrt[3]{a}$$

となるような曲線を求めてみよう．

$$\sqrt[3]{pq} + \sqrt[3]{pr} + \sqrt[3]{qr} = v$$

と置くと，$\sqrt[3]{pqr} = \sqrt[3]{R}$ であるから，

$$\sqrt[3]{pp} + \sqrt[3]{qq} + \sqrt[3]{rr} = \sqrt[3]{aa} - 2v$$

と

$$p + q + r = a - 3v\sqrt[3]{a} + 3\sqrt[3]{R} = P$$

が成立する．次に，

$$\sqrt[3]{ppqq} + \sqrt[3]{pprr} + \sqrt[3]{qqrr} = vv - 2\sqrt[3]{aR}$$

および

$$pq + pr + qr = Q = v^3 - 3v\sqrt[3]{aR} + 3\sqrt[3]{RR}.$$

これで P と Q に対して適切な値が見つかった．そこで v として x の任意の関数を取れば，求める曲線の方程式

$$y^3 - \left(a - 3v\sqrt[3]{a} + 3\sqrt[3]{R}\right)yy + \left(v^3 - 3v\sqrt[3]{aR} + 3\sqrt[3]{RR}\right)y - R = 0$$

が手に入る．

378.　だが，このようなさまざまな困難にもかかわらず，一般解の構成は可能である．実際，方程式 $y^3 - Pyy + Qy - R = 0$ において，y は三本の向軸線 p, q, r を表すから，$p = y$ と置くと，

$$P = y + q + r \quad \text{および} \quad Q = qy + ry + qr$$

すなわち

$$q + r = P - y \quad \text{および} \quad qr = Q - y(q + r) = Q - Py + yy$$

が成立する．これより，

$$q - r = \sqrt{PP + 2Py - 3yy - 4Q}$$

が得られる．したがって，

$$q = \tfrac{1}{2}(P - y) + \tfrac{1}{2}\sqrt{PP + 2Py - 3yy - 4Q}$$

および

$$r = \frac{1}{2}(P-y) - \frac{1}{2}\sqrt{PP + 2Py - 3yy - 4Q}$$

となる．そこで，$p^n + q^n + r^n = a^n$ となるような曲線を求めたいというのであれば，方程式

$$y^n + \left(\frac{1}{2}(P-y) + \frac{1}{2}\sqrt{PP + 2Py - 3yy - 4Q}\right)^n$$
$$+ \left(\frac{1}{2}(P-y) - \frac{1}{2}\sqrt{PP + 2Py - 3yy - 4Q}\right)^n = a^n$$

が，この要請に応えている．この方程式は，n が整数であっても分数であっても，提示された問題に等しく解決を与えている．

379. 三本の向軸線に条件を課して設定される問題に関連してもう少し話を続けると，ほかにも限りなく多くの問題を同様の方法で解くことができる．たとえば，a^n の代わりに x の任意の関数を取り上げて問題を提示しても，やはり同じ方法で解けるのである．p, q, r の任意の冪の和のほかに，別の関数を持ち出すことも可能である．ただし，それが可能なのは，その関数には量 p, q, r が同等の資格をもって存在している場合，すなわちこれらの量の置換を行っても何も変化が起こらない場合の話である．たとえば，同じ切除線 x に対応する三つの量 p, q, r を適切に規定して，それらを辺々と定めて作られる三角形が，ある定まった面積をもつようにすることができる．実際，その三角形の面積は

$$= \frac{1}{4}\sqrt{2ppqq + 2pprr + 2qqrr - p^4 - q^4 - r^4}$$

と表示される．そこでこれを $= aa$ と置く．すると，

$$p^4 + q^4 + r^4 = P^4 - 4PPQ + 4PR + 2QQ$$

および

$$ppqq + pprr + qqrr = QQ - 2PR$$

により，

$$16a^4 = 4PPQ - 8PR - P^4 \quad \text{および} \quad R = \frac{1}{2}PQ - \frac{1}{8}P^3 - \frac{2a^4}{P}$$

となる．したがって，

$$y^3 - Pyy + Qy - \frac{1}{2}PQ + \frac{1}{8}P^3 + \frac{2a^4}{P} = 0$$

第16章　向軸線の与えられた諸性質に基づいて曲線を見つけること

という方程式が得られる．Pを定量$=2b$と取れば，ここで考えられているあらゆる三角形の周の長さもまた定量になる．そこで$Q=mxx+nbx+kaa$と取れば，

$$y^3+mxxy-2byy+nbxy-mbxx+kaay-nbbx+\frac{a^4}{b}-kaab+b^3=0$$

という方程式で表される第三目の線(三次曲線)が生じる．この曲線の性質は次の通り．すなわち，個々の切除線に対応する三本の向軸線p，q，rの和は定量$=2b$になり，p，q，rを辺として作られる三角形の面積はつねに同一で，$=aa$となる．

380.　同じ切除線に対応する四本の向軸線もしくは四本よりも多くの向軸線に関する類似の問題も，同じ方法の支援を受けて解くことができる．この作業の遂行にあたり，いっそう困難な事態に出会うということはもうないから，別の種類の問題へと移りたいと思う．それは，同じ切除線に対してではなく，異なる向軸線に対応する向軸線同士を相互に比較するという問題である．もう少し詳しく説明するために，向軸線PMとQNの間に，何かある関係が提示されたとしてみよう(図80)．一方の向軸線は切除線$AP=+x$に対応し，もう一方の向軸線は切除線$AQ=-x$に対応するものとする．この曲線の方程式を$y=X$としよう．ここでXはxの何らかの関数を表す．この関数Xは向軸線PMを与える．また，$+x$をいたるところで$-x$に置き換えると，この関数Xはもう一本の向軸線QNを与える．それゆえ，もしXがxの偶関数$=P$なら，$QN=PM$となる．他方，もしXがxの奇関数$=Q$なら，$QN=-PM$となる．そうしてPとRはxの偶関数を表し，QとSはxの奇関数を表すとして，そのうえで曲線の方程式が$y=\dfrac{P+Q}{R+S}$という形になるとすると，そのような曲線では，

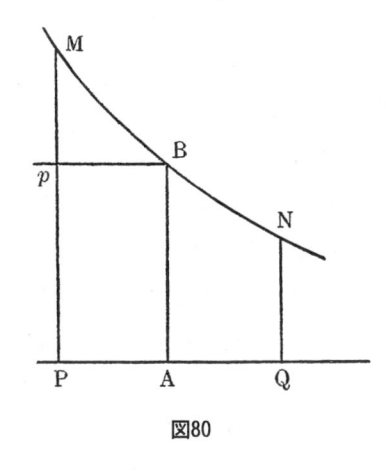

$$PM=\frac{P+Q}{R+S} \quad \text{および} \quad QN=\frac{P-Q}{R-S}$$

という表示が成立する．

図80

381.　$PM+QN$が定量，すなわち$=2AB=2a$となるという性質を備えた曲線を求めることが要請されているとしてみよう．Qはxの奇関数を表すとするとき，方程式$y=a+Q$がこの問題に応えていることは明白である．この場合，$PM=a+Q$および$QN=a-Q$となる．したがって，要請されているように，$PM+QN=2a$と

なるのである．そこで $y-a=u$ と置くと， $u=Q$ となる．直線 Bp を軸に取り，点 B を切除線 x の始点に取って， $Bp=x$ および $pM=u$ となるようにすると，この方程式 $u=Q$ は，方程式 $y=a+Q$ が表す曲線と同じ曲線の方程式である．ところで，方程式 $u=Q$ が示しているのは，この曲線は中心 B の左右両側に交互に配置された同じ形の諸部分を組み合わせて作られているという事実である．そこでそのような曲線 MBN を任意に描き，それから任意の直線 PQ を軸に取る．この軸に向かって中心 B から垂線 BA を降ろし，二本の同じ長さの切除線 $AP=AQ$ を取れば，そのとき和 $PM+QN$ はつねに定量 $=2AB$ となる．これで，課された問題は解決されたのである．

382. 中心 B のまわりに交互に配置された同じ形の諸部分を組み合わせて作られている曲線に対し，すでに以前，二通りの方程式がみいだされた．座標 x と u の間の方程式の形で表示すると，それらは次に挙げるような方程式である．

I.
$$0 = \alpha x + \beta u + \gamma x^3 + \delta x x u + \varepsilon x u u + \zeta u^3 + \eta x^5 + \theta x^4 u + \cdots$$

II.
$$0 = \alpha + \beta x x + \gamma x u + \delta u u + \varepsilon x^4 + \zeta x^3 u + \eta x x u u + \theta x u^3 + \cdots$$

そこで，これらの方程式の双方において $u=y-a$ と置くと，座標 x と y の間の二つの一般方程式が得られるが，それらはわれわれに課された問題に応える代数曲線の方程式である．まずはじめに，点 B を通って引いた直線はどれも，課された問題に応えている．次に，点 B に中心をもつ円錐曲線もまたどれも，課された問題に応えている．後者の場合，切除線 AP と AQ のそれぞれに対し，二本の向軸線が対応する（ただし，その円錐曲線が双曲線になり，向軸線が漸近線の一本と平行になるという場合は除外する）．それゆえ，この場合には，同じ和を作る二本の向軸線の組が二組，手に入ることになる．

383. 二本の向軸線 PM と QN の和ではなく，それらの何らかの冪の和が定量になるような曲線 MBN が求められているとしてみよう．この問題もまた同様の手続きを経て解決される．実際， $PM^n + QN^n = 2a^n$ となることが要請されたとしてみると， Q を x の任意の奇関数とするとき，方程式 $y^n = a^n + Q$ がこの条件をみた

第16章　向軸線の与えられた諸性質に基づいて曲線を見つけること

すのは明らかである．なぜなら，このとき，

$$PM^n = a^n + Q \quad \text{および} \quad QN^n = a^n - Q.$$

したがって，$PM^n + QN^n = 2a^n$ となるからである．そこで $y^n - a^n = u$ と置くと，座標 x と u の間の方程式 $u = Q$ は，中心 B のまわりに交互に配置された二つの同じ形の諸部分を組み合わせて作られる曲線の性質を表している．このような理由により，前節で与えられた方程式においていたるところで u の代わりに $y^n - a^n$ と書けば，ここで提示された問題に応える曲線の一般方程式が得られる．

384. こんなわけで，この種の問題には何ら困難が見られない．そこで，次に挙げるような問題を提示しよう．すなわち，軸上で固定点 A から両方向に向かって長さの等しい切除線 AP，AQ を取るとき，向軸線の積 $PM \cdot QN$ がある一定の大きさになる曲線を求めるという問題である．その一定の大きさを $= aa$ としよう．この問題にはいくつかの個別的な解法を与えることができる．一般的な究明に先立って，それらのうちの主だったものの二，三について，ここで説明を加えておきたいと思う．P は切除線 $AP = x$ の偶関数，Q は奇関数として，向軸線 PM を $= y = P + Q$ と置こう．すると，x を負に取ると，$QN = P - Q$ となる．それゆえ，

$$PM \cdot QN = PP - QQ = aa \quad \text{すなわち} \quad P = \sqrt{aa + QQ}$$

とならなければならない．QQ は x の偶関数であるから，表示式 $\sqrt{aa + QQ}$ もまたそれ自身，偶関数であり，P に対し，目的にかなう適切な値を与えている．よって，求める曲線に対し，$y = Q + \sqrt{aa + QQ}$ という方程式が得られる．ここで，Q としては x の任意の奇関数を取る．

385. ところが，平方根の符号にはそれ自身に二義性があるから，各々の切除線 x に対し二本の向軸線が対応する．一本は正の向軸線であり，もう一本は負の向軸線である．そこで，切除線 AP に対して向軸線

$$Q + \sqrt{aa + QQ} \quad \text{と} \quad Q - \sqrt{aa + QQ}$$

が対応し，切除線 AQ には向軸線

$$-Q + \sqrt{aa + QQ} \quad \text{と} \quad -Q - \sqrt{aa + QQ}$$

が対応することになる．これより明らかになるように，曲線は，点 A をさながら中心であるかのように見るとき，その回りに交互に配置された二つの同じ形の諸部分を組

み合わせて描かれている．Qとして，たとえば $\frac{aa}{4x} - x$ のような奇関数を取り上げれば，$aa + QQ$ はある関数を平方した形になるが，このような手立てを工夫して平方根の符号に由来する二義性を取り除くのは不可能である．なぜなら，これを実行すると $\sqrt{aa + QQ} = \frac{aa}{4x} + x$ となるが，これは奇関数であり，もはや P として用いることはできなくなってしまうのである．それゆえ，Q としては，$aa + QQ$ がある関数の平方の形にならないような x の奇関数を採るようにしなければならない．

386. 同様に，$y = (P + Q)^n$ と置くと，$QN = (P - Q)^n$ となる．したがって，$(P^2 - Q^2)^n = aa$ とならなければならない．よって，

$$P^2 = a^{\frac{2}{n}} + Q^2 \quad \text{および} \quad P = \sqrt{a^{\frac{2}{n}} + Q^2}.$$

この量が非有理的であれば，これを P として採用することができる．それゆえ，その場合，課された問題に応える曲線に対し，方程式

$$y = \left(Q + \sqrt{a^{\frac{2}{n}} + Q^2}\right)^n$$

が得られることになる．このような曲線の構成はたやすい．中心 A の回りに交互に配置された二つの同じ形の諸部分を組み合わせて作られている曲線を任意に描こう．その曲線の，切除線 $AP = x$ に対応する向軸線を $= z$ としよう．すると，z は x の奇関数になり，Q として使うことができる．ところが，先ほど見つかった方程式により，

$$y^{\frac{1}{n}} - Q = \sqrt{a^{\frac{2}{n}} + Q^2}$$

が得られる．したがって，

$$Q = z = \frac{y^{\frac{2}{n}} - a^{\frac{2}{n}}}{2 y^{\frac{1}{n}}}.$$

そこで $\frac{1}{n} = m$ と置こう．そうして z と x の間に成立する与えられた方程式において，いたるところで $z = \frac{y^{2m} - a^{2m}}{2 y^m}$ と置くと，求める曲線を表す x と y の間の方程式が得られるのである．z と x の間では，すでに二つの方程式が見つかっている．すなわち，

$$0 = \alpha + \beta xx + \gamma xz + \delta zz + \varepsilon x^4 + \zeta x^3 z + \eta xxzz + \theta xz^3 + \cdots$$

と

$$0 = \alpha x + \beta z + \gamma x^3 + \delta xxz + \varepsilon xzz + \zeta z^3 + \eta x^5 + \theta x^4 z + \cdots$$

第16章　向軸線の与えられた諸性質に基づいて曲線を見つけること

である．これらの方程式において$z = y^m - \dfrac{a^{2m}}{y^m}$と置くと(因子2は無視する．というのは，$Q$としては$z$の任意の倍数を採れるから)，課された問題に応える曲線の二つの一般方程式が得られる．

387.　PのほかにRもまたxの偶関数とし，QのほかにSもまたxの奇関数として，求める曲線の方程式として，

$$y = \dfrac{P+Q}{R+S} = PM$$

という形の方程式を立てると，$QN = \dfrac{P-Q}{R-S}$となる．よって，$\dfrac{PP-QQ}{RR-SS} = aa$．この条件は，$y = \dfrac{P+Q}{P-Q}a$と置いても，$y = \left(\dfrac{P+Q}{P-Q}\right)^n a$と定めても，いずれにしてもきわめて簡単にみたされる．各々の切除線に対して二本もしくはもっと多くの向軸線が対応するという，前に遭遇した不都合な事態はこんなふうにして回避される．そうして上記の条件をみたす一番簡単な曲線は，方程式$y = \dfrac{b+x}{b-x}a$で表される第二目の線(二次曲線)，すなわち双曲線にほかならない．双曲線は，前にみいだされた方程式$y = Q + \sqrt{aa+QQ}$をもみたす．実際，この方程式において$Q = nx$と置くと，$yy - 2nxy = aa$となる．こうして，ここで提起された問題は，双曲線を用いることにより，二通りの仕方で解くことができるのである．

388.　ここまでのところで観察されたさまざまな事柄を踏まえると，求める曲線の方程式には，次に述べるような性質が備わっていなければならないのは明らかである．すなわち，xを$-x$で置き換えても，yを$\dfrac{aa}{y}$で置き換えても，この方程式はいかなる変化も受け入れない．このような性質をもつ表示式は，Pはxの偶関数を表し，Qはxの奇関数を表すとするとき，

$$\left(y^n + \dfrac{a^{2n}}{y^n}\right)P \quad \text{と} \quad \left(y^n - \dfrac{a^{2n}}{y^n}\right)Q$$

である．そこで，このような表示式を何個でも望むだけ用いて構成される方程式を作れば，それは，課された問題に応える曲線の方程式である．そこで$M, P, R, T \cdots$はxの任意の偶関数を表すとし，$N, Q, S, V \cdots$はxの任意の奇関数を表すとするとき，次に挙げるような一般方程式が手に入る．

$$0 = M + \left(\frac{y}{a} + \frac{a}{y}\right)P + \left(\frac{yy}{aa} + \frac{aa}{yy}\right)R + \left(\frac{y^3}{a^3} + \frac{a^3}{y^3}\right)T + \cdots$$
$$+ \left(\frac{y}{a} - \frac{a}{y}\right)Q + \left(\frac{yy}{aa} - \frac{aa}{yy}\right)S + \left(\frac{y^3}{a^3} - \frac{a^3}{y^3}\right)V + \cdots$$

この方程式に x の奇関数を乗じると，偶関数は奇関数に変わり，逆に奇関数は偶関数に変わる．これより，次のような方程式もまた同じ問題に応えている．

$$0 = N + \left(\frac{y}{a} + \frac{a}{y}\right)Q + \left(\frac{yy}{aa} + \frac{aa}{yy}\right)S + \left(\frac{y^3}{a^3} + \frac{a^3}{y^3}\right)V + \cdots$$
$$+ \left(\frac{y}{a} - \frac{a}{y}\right)P + \left(\frac{yy}{aa} - \frac{aa}{yy}\right)R + \left(\frac{y^3}{a^3} - \frac{a^3}{y^3}\right)T + \cdots$$

この方程式から分数を消すと，次に挙げるような，不定次数 n の有理方程式が与えられる．

I.

$$0 = a^n y^n M + a^{n-1} y^{n+1}(P+Q) + a^{n-2} y^{n+2}(R+S) + a^{n-3} y^{n+3}(T+V) + \cdots$$
$$+ a^{n+1} y^{n-1}(P-Q) + a^{n+2} y^{n-2}(R-S) + a^{n+3} y^{n-3}(T-V) + \cdots$$

II.

$$0 = a^n y^n N + a^{n-1} y^{n+1}(P+Q) + a^{n-2} y^{n+2}(R+S) + a^{n-3} y^{n+3}(T+V) + \cdots$$
$$- a^{n+1} y^{n-1}(P-Q) - a^{n+2} y^{n-2}(R-S) - a^{n+3} y^{n-3}(T-V) - \cdots$$

389. ところで，式

$$\left(y^n + \frac{a^{2n}}{y^n}\right)P \quad \text{および} \quad \left(y^n - \frac{a^{2n}}{y^n}\right)Q$$

において，n のところに分数を書くこともできる．そこで n として数 $\frac{1}{2}, \frac{3}{2}, \frac{5}{2}, \frac{7}{2}$ $\cdots$ を書き込んでいくと，そのようにして生じる一般方程式では非有理性はおのずと消失する．実際，方程式

$$0 = \frac{y+a}{\sqrt{ay}}P + \frac{y^3+a^3}{ay\sqrt{ay}}R + \frac{y^5+a^5}{aayy\sqrt{ay}}T + \cdots$$
$$+ \frac{y-a}{\sqrt{ay}}Q + \frac{y^3-a^3}{ay\sqrt{ay}}S + \frac{y^5-a^5}{aayy\sqrt{ay}}V + \cdots$$

もしくは方程式

第16章　向軸線の与えられた諸性質に基づいて曲線を見つけること

$$0 = + \frac{y+a}{\sqrt{ay}} Q + \frac{y^3+a^3}{ay\sqrt{ay}} S + \frac{y^5+a^5}{aayy\sqrt{ay}} V + \cdots$$
$$+ \frac{y-a}{\sqrt{ay}} P + \frac{y^3-a^3}{ay\sqrt{ay}} R + \frac{y^5-a^5}{aayy\sqrt{ay}} T + \cdots$$

が得られる．これらの方程式から分数を消すと，

III.

$$0 = + a^n y^{n+1}(P+Q) + a^{n-1} y^{n+2}(R+S) + a^{n-2} y^{n+3}(T+V) + \cdots$$
$$+ a^{n+1} y^n (P-Q) + a^{n+2} y^{n-1}(R-S) + a^{n+3} y^{n-2}(T-V) + \cdots$$

および

IV.

$$0 = + a^n y^{n+1}(P+Q) + a^{n-1} y^{n+2}(R+S) + a^{n-2} y^{n+3}(T+V) + \cdots$$
$$- a^{n+1} y^n (P-Q) - a^{n+2} y^{n-1}(R-S) - a^{n+3} y^{n-2}(T-V) - \cdots$$

という形の方程式になる．

390.　このようにして得られた四個の方程式，それに個々の線が所属する目に着目することにより，提示された問題に解決を与える曲線が簡単にみいだされる．まずはじめに，第一目の線(直線)の場合，軸 AP と平行で，しかも点 B を通る直線は問題の要請に応えている．次に，第二目の線(二次曲線)の場合，はじめの二つの方程式において $n=1$ とすると，方程式 $\alpha a x y + y y - a a = 0$ が与えられる．これは，第二の方程式において $N = \alpha x$，$P = 1$，$Q = 0$ と置くと得られる．第一の方程式は何も曲線を与えない．後の二つの方程式において $n = 0$ とすると，

$$y(\alpha + \beta x) \pm a(\alpha - \beta x) = 0$$

が与えられる．第三目の線(三次曲線)については，はじめの二つの方程式において $n = 1$ とすると，方程式

$$0 = ay(\alpha + \beta x x) + yy(\gamma + \delta x) + aa(\gamma - \delta x)$$

と，方程式

$$0 = \alpha a y x + y y(\gamma + \delta x) - a a(\gamma - \delta x)$$

が与えられる．また，後の二つの方程式において $n = 0$ および $n = 1$ と置けば，方程式

$$0 = y(\alpha + \beta x + \gamma x x) \pm a(\alpha - \beta x + \gamma x x)$$

と，方程式

$$0 = a y y (\alpha + \beta x) + y^3 \pm a a y (\alpha - \beta x) \pm a^3$$

が与えられる．引き続く線の目についても同様の手順を踏んでいけば，問題の要請に応えるあらゆる曲線がことごとくみなみいだされる．

註記

　1)　(239頁)　P と Q は「x の有理関数，言い換えると一価関数」と言われ，「有理関数」と「一価関数」はここでは同じ意味で使われている．だが，すぐに続いて主張されているように，Q は実際には(二つの多項式の商の形に表示されるという意味合いでの)有理関数ではありえない．

　2)　(239頁)　量 $\sqrt{\frac{1}{2}P^4 + \frac{1}{2}a^4}$ は有理量になりえないと言われているが，これを一般的に言い表わすと，関数方程式

$$f(x)^4 + g(x)^4 = h(x)^2$$

をみたす有理関数 $f(x)$, $g(x)$, $h(x)$ は存在しないという命題が成立する．不定解析におけるフェルマの定理(の特別の場合)によれば，方程式 $a^4 + b^4 = c^2$ をみたす整数 a, b, c は($a=1$, $b=0$, $c=1$ のような自明なものは除いて)存在しないが，これを証明するのと同じ方法により，関数方程式に関する前記の命題もまた証明される．(オイラー全集Ⅰ－9，203頁の脚註．この脚註では，オイラー全集Ⅰ－2，42頁を参照するよう，指示されている．)

　3)　(240頁)　n が偶数のときは四価関数になる．(オイラー全集Ⅰ－9，205頁の脚註より)

第17章　他の諸性質に基づいて曲線を見つけること

391.　われわれが前章で解決した諸問題は，直交するか，もしくは斜交する座標間の方程式に容易に帰着されるという性質を備えているものばかりであった．そこで今度は，向軸線と向軸線が互いに平行になっていることと直接的には何も関係のない諸性質を考察したいと思う．たとえば，ある与えられた点から曲線に向かって引いた直線の性質を調べるということなどが，そのような問題に数えられる(図81)．その与えられた点を C とし，この点から曲線に向かって直線 CM, CN を引こう．そうして，これらの直線に関する何らかの性質が提示されたとしよう．これらの直線を方程式の世界に取り込むには，曲線の性質を座標を用いて表そうとする目的をもってこれまで使ってきた方法は，放棄してしまうほうがよい．

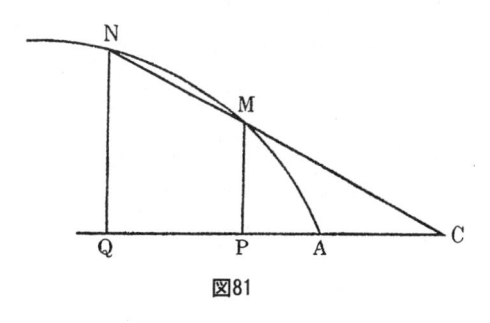

図81

392.　曲線の性質は，二個の変化量の間に成立する方程式を通じて，いく通りもの仕方で把握することができるから，当面の状勢のもとでは，二個の変化量のうちのひとつとして，与えられた点 C から曲線に向かって引いた直線 CM の長さを採用する．次に，直線 CM の位置を規定する役割を担うもうひとつの変化量が必要になる．そこで，点 C を通って引いたある直線 CA を軸に採ろう．角 ACM，あるいはこの角に依拠する何らかの量もまた，必要とされるもうひとつの変化量としてきわめて相応しい．直線 $CM=z$ とし，角 $ACM=\varphi$ としよう．この角の正弦や正接も方程式の中に顔を出す．z と $\sin\varphi$, $\tan\varphi$ の間に成立する何らかの方程式が存在するとすれば，その場合，その方程式により曲線 ACM の性質が決定されるのは明らかで

ある．実際，各々の角ACMに対応して直線CMの長さが規定され，それにより曲線上の点Mが定められるのである．

393. 曲線を表示するこのような方法を，もう少し注意深く吟味してみよう．まずはじめに，距離zを，角φの正弦の何らかの関数と等値してみよう．もしこの関数が一価なら，直線CMはただひとつの点において曲線と出会うように見える．なぜなら，この場合，角$ACM=\varphi$に対応する直線CMの値はただひとつにすぎないからである．だが，角φが二直角分(180度)だけ増大するとき，点Cを通って引いた直線CMはもとの位置に留まって不変であり，異なるところといえばただ，向きが反対になるだけである．この事実に起因して，たとえzが角φの正弦の一価関数と等値されるとしても，直線CMと曲線とのもうひとつの交点が得られることがあるのである．たとえば，Pは角φの正弦の関数で，$z=P$となるものとすると，曲線上の点Mが得られる(図82)．そこで角φを二直角分だけ増大させる．言い換えると，この角φの正弦の符号を負に変えてみよう．そのようにするとPはQになり，$z=Q$となる．こうして，直線CMを延長していくとき，その延長された直線と曲線との新しい交点mが得られる．すなわち，直線CMの延長上に，$Cm=Q$となる点mを取るのである．

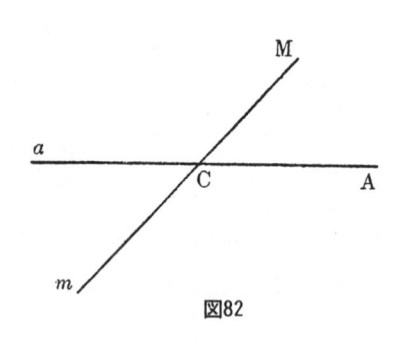

394. このようなわけで，たとえPが角φの正弦の一価関数であるとしても，点Cを通り，与えられた角$ACM=\varphi$をもって引いた直線CMは，二点Mとmにおいて曲線に出会う．ただし，これは$Q=-P$とはならない場合の話である．それゆえ，もし各々の直線CMが曲線と出会う点がただひとつに限定されるのであれば，この量Pは角φの正弦の奇関数でなければならない．Pが角φの余弦の奇関数の場合にも，同じことが言える．このような次第であるから，点Cを通って引いた個々の直線との交点がただひとつに限定される曲線はことごとくみな，Pを角$ACM=\varphi$の正弦および余弦の奇関数とするとき，$z=P$という形の方程式に包み込まれている．

第17章　他の諸性質に基づいて曲線を見つけること

395. こうして，点Cから出発して引いた直線とただひとつの点において交叉する曲線(図81)はみな，方程式$z=P$に包み込まれている．ここで，Pは角φの正弦と余弦の奇関数である．言い換えると，角φの正弦および余弦を負に取るのに応じて，負の値を受け入れるという性質をもつ関数である．この事実に基づいて，ここで取り上げられている種類の曲線に対し，その性質を表す直交座標間の方程式が容易にみいだされる．実際，点Mから軸に向かって垂線MPを降ろし，$CP=x$，$PM=y$と名づけると，$\frac{y}{z}=\sin\varphi$および$\frac{x}{z}=\cos\varphi$となる．これより明らかになるように，Pは$\frac{x}{z}$と$\frac{y}{z}$の奇関数とすると，この種の曲線はすべて$z=P$という形の方程式に包摂される．そこで一番簡単なものから始めることにすると，

$$z=\frac{\alpha x}{z}+\frac{\beta y}{z}+\frac{\gamma z}{x}+\frac{\delta z}{y}$$

となる．続いて，より高次の冪に移ると，

$$z=\frac{\alpha x}{z}+\frac{\beta y}{z}+\frac{\gamma z}{x}+\frac{\delta z}{y}+\frac{\varepsilon x^3}{z^3}+\frac{\zeta xxy}{z^3}+\frac{\eta xyy}{z^3}+\frac{\theta y^3}{z^3}+\frac{\iota xx}{yz}+\frac{\kappa yy}{xz}+\frac{\lambda yz}{xx}+\cdots$$

という形になる．

396. この方程式をzで割ると，その結果として現れるzの冪は，いたるところ偶数冪のみになる．そうして$z=\sqrt{xx+yy}$なのであるから，zを消去すると，そのようにして獲得される方程式にはもう非有理性は見あたらず，xとyの間の有理方程式が得られることになる．それゆえ，一般方程式は，1もしくはある定量が，xとyの-1次元の関数と等値されるという形になる．今，Pはそのような関数とすると，$C=P$となる．したがって，$\frac{1}{C}=\frac{1}{P}$．ところが$\frac{1}{P}$はxとyの1次元の関数なのであった．これより明らかになるように，xとyの何かある1次元の関数を定量と等値すると，その方程式は，点Cを通って引いた直線とただ一点において交叉するという性質をもつ曲線の方程式になる．

397. Pはxとyのn次元の関数とし，Qはxとyの$n+1$次元の関数としよう．このとき，$\frac{Q}{P}$はxとyの1次元の関数である．したがって，ここで考察されているあらゆる曲線は，$\frac{Q}{P}=c$すなわち$Q=cP$という形の方程式に包み込まれている．それゆえ，nは任意の数を表すとするとき，この種の曲線の一般方程式は

$$\alpha x^{n+1}+\beta x^n y+\gamma x^{n-1}yy+\delta x^{n-2}y^3+\varepsilon x^{n-3}y^4+\cdots$$

$$= c\left(A x^n + B x^{n-1} y + C x^{n-2} yy + D x^{n-3} y^3 + \cdots\right)$$

という形になる．このことからわかるように，点 C を通って引いた直線とただひとつの点において交叉する各々の目の線は，次に挙げるような形の方程式に包摂される．

I.
$$\alpha x + \beta y = c,$$
II.
$$\alpha xx + \beta xy + \gamma yy = c(Ax + By),$$
III.
$$\alpha x^3 + \beta xxy + \gamma xyy + \delta y^3 = c(Axx + Bxy + Cyy),$$
IV.
$$\alpha x^4 + \beta x^3 y + \gamma xxyy + \delta xy^3 + \varepsilon y^4 = c(Ax^3 + Bxxy + Cxyy + Dy^3),$$
$$\cdots\cdots$$

398. まずはじめに諒解されるように，直線はここで要請されている性質を備えていて，ある与えられた点を通って引いた他の直線との交点はただひとつでしかありえない．第二の方程式は，点 C を通る円錐曲線の一般方程式である．この交点 C は，C を始点として引いたあらゆる直線に共通の点なのであるから，勘定に入れない．そうして円錐曲線と直線は単に二点において交叉しうるにすぎないから，曲線上に任意に取った点 C を通るあらゆる直線は，点 C を勘定に入れない以上，われわれの手にただひとつの交点をもたらしてくれるにすぎないことになる．引き続く目（もく）に所属する曲線(高次曲線)もまたすべて点 C を通る．この交点は，C を通って引いたあらゆる直線と共通の点であるから，やはり勘定には入れない．このようなわけで，上に挙げた方程式のうち，次数が 2 よりも高い方程式で表されるのは，C を通って引いたすべての直線とただひとつの点で交叉するという性質をもつ曲線のみである．それゆえ，われわれはこれで，ある与えられた点 C を通って引いた直線と一点においてのみ交叉するという性質をもつあらゆる代数曲線を数え上げたことになる．

399. 今度は，点 C を通って引いた個々の直線と二点において交叉するか，

第17章　他の諸性質に基づいて曲線を見つけること

あるいは，交点をひとつももたないような曲線の探索へと歩を進めよう．後者の場合が見られるのは，二つの交点の位置を指し示す方程式の根が虚になる場合である．各々の角 $ACM = \varphi$ に対し，直線 $CM = z$ は二つの値をもち，それらは二次方程式

$$zz - Pz + Q = 0$$

で規定される．ここで，P と Q は角 φ の関数，もしくはその正弦または余弦の関数である．直線 CM は曲線と二点 M, N において交叉するにすぎないから，P と Q は角 φ の一価関数でなければならないばかりではなく，角 φ が二直角分(180度)だけ増大する場合に新たな交点が現れないことを要請しなければならない．P は角 φ の正弦と余弦の奇関数として，角の正弦と余弦を負に取るとき，P もまた負の値を取るという性質が備わっているなら，そのような関数 P はこの要請に応えている[1]．他方，Q は角 φ の正弦と余弦の偶関数でなければならない．

400.　直交座標を $CP = x$ および $PM = y$ と設定すると，

$$\frac{y}{z} = \sin\varphi \quad \text{および} \quad \frac{x}{z} = \cos\varphi$$

となる．したがって，P は $\frac{x}{z}$ と $\frac{y}{z}$ の奇関数，Q は $\frac{x}{z}$ と $\frac{y}{z}$ の偶関数でなければならない．これより帰結するように，$\frac{P}{z}$ は x と y の有理関数であり，しかも -1 次元の同次関数である．同様に，$\frac{Q}{zz}$ は x と y の -2 次元の同次有理関数である．そこで L は x と y の $n+2$ 次元の同次関数，M は $n+1$ 次元の同次関数，N は n 次元の同次関数とすると，分数関数 $\frac{M}{L}$ は $\frac{P}{z}$ として採用可能な関数を表し，$\frac{N}{L}$ は $\frac{Q}{zz}$ として採用可能な関数を表している．そうして $zz - Pz + Q = 0$ であるから，$1 - \frac{P}{z} + \frac{Q}{zz} = 0$．これより，点 C を通って引いた直線と二点で交叉する曲線の一般方程式は，

$$1 - \frac{M}{L} + \frac{N}{L} = 0 \quad \text{すなわち} \quad L - M + N = 0$$

という形になることがわかる．ここで，

$$P = \frac{Mz}{L} \quad \text{および} \quad Q = \frac{Nzz}{L} = \frac{N(xx + yy)}{L}.$$

よって，$z = \sqrt{xx + yy}$ により，P は x と y の非有理関数であることになる[2]．Q のほうは 0 次元の有理関数である．

401.　こうして，線の目を個別に指定するとき，ある与えられた点 C を通って引いた直線と二点において交叉するか，あるいはひとつも交点をもたない曲線の姿

を明示するのは今では容易である．すなわち，第二目が指定された場合には $n=0$ とする．すると，もっとも一般的な円錐曲線の方程式

$$\alpha xx + \beta xy + \gamma yy - \delta x - \varepsilon y + \zeta = 0$$

が得られる．それゆえ，点 C をどのような位置に取っても，その点を通って引いたあらゆる直線は円錐曲線と二点において交叉するか，あるいはまったく交叉しないかのいずれかである．実際には，ある直線がただ一点においてのみ円錐曲線と交叉するという現象も起こりうるが，そのような事態が見られるのは，C を通って引いた無限に多くの直線のうち，一本または二本の直線に対してのみにすぎないから，この例外の現象に重要性はない．それに，このパラドックスを解消するには，もうひとつの交点が無限遠点になるというふうに説明してもよい．そんなわけで，この例外はわれわれの主張する事柄に何も圧迫を加えることはないと見てさしつかえないのである．

402. もう少し詳しく，どのような場合にこの例外の現象が起こるのかという点を明確に諒解するために，x と y の間の方程式を，z と角 $ACM = \varphi$ の間の方程式に書き換えよう．$y = z \cdot \sin\varphi$ および $x = z \cdot \cos\varphi$ により，z と φ の間の方程式は

$$zz\left(\alpha(\cos\varphi)^2 + \beta \cdot \sin\varphi \cdot \cos\varphi + \gamma(\sin\varphi)^2\right) - z(\delta \cdot \cos\varphi + \varepsilon \cdot \sin\varphi) + \zeta = 0$$

という形になる．これより明らかになるように，もし zz の係数が 0 に等しいなら，交点はただひとつしか存在しない．それゆえ，このようなことが起こるのは，

$$\alpha + \beta \cdot \tan\varphi + \gamma(\tan\varphi)^2 = 0$$

となるときである．そこで，もしこの方程式が二つの実根をもつなら，C を通って引いた直線がただ一点においてのみ曲線と交叉するという場合は，二通り存在する．この方程式の根は曲線の漸近線を教えてくれるのであるから，双曲線は明らかに，二本の漸近線のうちのどちらかと平行な直線とただひとつの点において交叉する．点 C を通るそのような直線は二本だけ存在する．放物線では，この種の例外を受け入れるのは，軸に平行な一本の直線のみである．円錐曲線が楕円になるなら，点 C をどこに取っても，この点を通って引いた直線はどれもみな，曲線とまったく交叉しないか，あるいは二点において交叉するかのいずれかである[3]．

403. このような性質を備えた第三目の線(三次曲線)は，$n=1$ と置けば，

第17章　他の諸性質に基づいて曲線を見つけること

$$\alpha x^3 + \beta xxy + \gamma xyy + \delta y^3 - \varepsilon xx - \zeta xy - \eta yy + \theta x + \iota y = 0$$

という方程式で表されるが，この方程式にはあらゆる三次曲線が包み込まれている．したがって，第三目の線(三次曲線)はどれも，点Cを曲線上に取ることにすれば，ここで提示された課題に応えていることになる．なぜなら，$x=0$とすれば，それと同時にyもまた値0をもつからである．同様に，ここで提示された課題に応える第四目の線(四次曲線)に対しては，点Cは単に曲線上にあるばかりではなく，同時に曲線の二重点でなければならない．それゆえ，二重点をもつ第四目の線(四次曲線)はすべて，点Cをその二重点の位置に定めれば，ここで提示された課題に応えることになる．だが，もしCが三重点なら，この点を通って引いたあらゆる直線は，ただ一点において曲線と交叉する．このような場合は，一番はじめに考察された場合に該当する．同様に，第五目の線(五次曲線)については，もし点Cがその曲線の三重点の位置に定められたなら，等々．絶えず注意を払わなければならないのは，もし点Cを通って引いた直線が漸近線の一本と平行なら，あるいは放物線の漸近線の軸と平行なら，そのときつねに交点はただひとつしか存在しないという一事である．このような場合，もうひとつの交点は無限に遠い地点に位置するのである．

404.　これらの事柄は，各々の目の線の性質ときわめてよく調和する．実際，各々の目の線と直線との交点の個数は，その線が所属する目の位数を示す数値に達しうる(そうして，交点のいくつかが実在しなかったり，無限遠の位置に移動したりすることがない限り，実際にそれだけの個数の点において交叉する)．ここで，実在する交点も，無限遠に位置する交点も，実在しない交点も，あらゆる交点を数え上げてみよう．ただし，点Cの位置と重なる交点だけは除外することにする．第n目の線(n次曲線)はどの直線ともn個の点において交叉するから，2個の交点が現れるためには，点Cを，重複度$n-2$の点の位置に配置しなければならないのは明らかである．

405.　以上のような注意事項を踏まえると，zの任意の二つの値CMとCNとの関係に関連して提示される慣わしになっている諸問題を解決したり，あるいは解法の不具合の所在を明るみに出したりするのは容易である．実際，zの二つの値CMとCNは二次方程式$zz-Pz+Q=0$の根なのであるから，それらの和は$=P$となり，それらの積は$CM\cdot CN=Q$となる．そこで，まずはじめにいたるところで和$CM+CN$が一定になるような曲線を探究してみると，関数Pは定量にならなけれ

ばならない．ところが，究明しようとしている問題の性質により，点 C を通って引いた各々の直線と曲線との交点は二個のみに限定されるのであるから，必ず

$$P = \frac{Mz}{L} = \frac{M\sqrt{xx+yy}}{L}$$

となる(第400条)．ここには非有理量が含まれるから，P は決して定量ではありえない[4]．したがって，ここで提示された要請にあてはまる曲線は存在しない．

406. 点 C を通って引いた各々の直線が曲線と二点においてのみ交叉することを要請する条件を捨て去って，二個よりも多くの交点があり，しかもそれらのうち二つの交点 M と N に対して $CM + CN$ が定量になるという性質を備えた曲線を探してみよう．このような曲線は，P を定量 $CM + CN = a$ と等値すれば，無数にもたらされる．実際，そのとき $zz - az + Q = 0$ となる．ここで，Q は $\frac{Nzz}{L}$ を表す．この方程式にはなお非有理性が見られるが，これを取り除くと，

$$aazz = (zz+Q)^2 \quad \text{すなわち} \quad aa = zz\left(1+\frac{N}{L}\right)^2$$

となる．さらに書き換えると，

$$aaLL = (xx+yy)(LL+2LN+NN)$$

となる．この方程式において，L は x と y の $n+2$ 次元の同次方程式であり，N は x と y の n 次元の同次方程式である．この意味において，ここで提示されている課題に応えている一番簡単な曲線は，

$$L = xx + yy \quad \text{および} \quad N = \pm bb$$

と置けば手に入る．このとき，

$$aa(xx+yy) = (xx+yy \pm bb)^2$$

となるが，これは第四目の複合線(複合四次曲線)の方程式である．実際，この方程式には，点 C を共通の中心とする二つの円が包含されている．ここで提示された課題に応える曲線で，その次に簡単なのは第六目の線(六次曲線)である．これは，

$$L = \alpha xx + \beta xy + \gamma yy \quad \text{および} \quad N = \pm bb$$

と置けば手に入り，該当する曲線の方程式は

$$aa(\alpha xx + \beta xy + \gamma yy)^2 = (xx+yy)(\alpha xx + \beta xy + \gamma yy \pm bb)^2$$

という形になる．$\alpha = 1$，$\beta = 0$，$\gamma = 0$ と設定すると，

第17章　他の諸性質に基づいて曲線を見つけること

$$yy + xx = \frac{aax^4}{x^4 \pm 2bbxx + b^4}$$

すなわち

$$y = \frac{x\sqrt{aaxx - x^4 \mp 2bbxx - b^4}}{xx \pm bb}$$

となる.

407. ところが，もしこのような解法を放棄すれば，すなわち点 C を通って引いた直線が二個よりも多くの点において曲線と交叉することという，問題の性質そのものに由来して要請されているように見える条件を前提とする解法を捨て去るならば，ここで提示された課題に応える曲線について語るべきことは何もない．したがって，点 C を通って引いた直線と二点 M および N においてのみ交叉して，しかも和 $CM + CN$ が一定になるような連続曲線は存在しないことになる．だが，他方，これらの交点に対し，積 $CM \cdot CN$ が一定になるべきことを要請してみよう．これは円には備わっている性質だが，点 C の位置をどのように定めても，同じ性質をもつ曲線をほかにも無数に見つけることができる．実際，Q は定量，すなわち積 $CM \cdot CN$ に等しくなければならない．この定量を $= aa$ としよう．このように置いても矛盾は生じない．なぜなら，$Q = \frac{Nzz}{L}$．したがって Q は x と y の有理関数だからである．

408. そこで $\frac{Nzz}{L} = aa$，すなわち $L = \frac{Nzz}{aa} = \frac{N(xx+yy)}{aa}$ としよう．すると，ここで提示された課題に応える曲線はことごとくみな，

$$\frac{N(xx+yy)}{aa} - M + N = 0 \quad \text{すなわち} \quad Maa = N(xx + yy + aa)$$

という方程式に包み込まれることになる．ここで，M は x と y の $n+1$ 次元の任意の同次関数を表し，N は，x と y の n 次元の任意の同次関数を表す．このとき，

$$\frac{M}{N} = \frac{xx + yy + aa}{aa}.$$

これは x と y の 1 次元の関数である．それゆえ，この方程式には，点 C を通って引いた直線と二点 M, N においてのみ交叉し，しかも積 $CM \cdot CN$ がいたるところで定量 $= aa$ になる曲線がすべて包摂されている.

409.　$\dfrac{M}{N}$ は x と y の1次元の同次関数であるから，$\dfrac{M}{N} = \dfrac{\alpha x + \beta y}{a}$ と置けば，一番簡単な場合が現れる．このように置くと，方程式

$$xx + yy - a(\alpha x + \beta y) + aa = 0$$

が得られる．これはつねに円の方程式である．そうしてこれは直交座標間での円の一般方程式なのであるから，点 C の位置をどこに定めても，『原論』[5] により周知のように，円が，ここで提示された課題に応えていることは明白である．円のほかには，円錐曲線の仲間の間に，この課題に応える他の曲線は見あたらない．だが，第二目以降の線の目の各々について，提示された課題に応える無限に多くの曲線がわれわれの手にもたらされる．しかも，個々の目の中に，適合する曲線のすべてがみいだされる．たとえば，ここで語られている性質をもつ第三目の線(三次曲線)は，方程式

$$\dfrac{\alpha xx + \beta xy + \gamma yy}{a(\delta x + \varepsilon y)} = \dfrac{xx + yy + aa}{aa}$$

すなわち

$$(\delta x + \varepsilon y)(xx + yy) - a(\alpha xx + \beta xy + \gamma yy) + aa(\delta x + \varepsilon y) = 0$$

に包み込まれている．そうして同様に，第三目以降の線の目のどれからも，提示された課題に応える曲線がみいだされる．

410.　今度は，点 C を通って引いた直線と二点において交叉するという性質を備えたあらゆる曲線の間で，平方和 $CM^2 + CN^2$ が定量になるものを確定するという問題を提示しよう．この平方和を $= 2aa$ と置こう．ここで，$CM + CN = P$ および $CM \cdot CN = Q$ であるから，$CM^2 + CN^2 = PP - 2Q$．それゆえ，

$$PP - 2Q = 2aa \quad \text{すなわち} \quad Q = \dfrac{PP - 2aa}{2}$$

とならなければならない．よって，$P = \dfrac{Mz}{L}$ および $Q = \dfrac{Nzz}{L}$ により，

$$\dfrac{2Nzz}{L} = \dfrac{MMzz}{LL} - 2aa.$$

したがって，

$$N = \dfrac{MM}{2L} - \dfrac{aaL}{zz}$$

となる．L は x と y の $n+2$ 次元の関数，M は $n+1$ 次元の関数，N は n 次元の関数なのであるから，この方程式には理解しがたい点は何もない．そこで L および M としてそのような種類の関数を採ると，

第17章　他の諸性質に基づいて曲線を見つけること

$$N = \frac{MM}{2L} - \frac{aaL}{zz}$$

となる．これより，ここで提示された課題に応える曲線に対し，一般方程式

$$L - M + \frac{MM}{2L} - \frac{aaL}{zz} = 0$$

すなわち

$$2LL(xx+yy) - 2LM(xx+yy) + MM(xx+yy) - 2aaLL = 0$$

が帰結する．もし $M=0$ なら，この方程式は，点 C に中心をもつ円を与える．この円が問題に応えていることはおのずと明らかである．

411. $n+1=0$ とすると，M は定量 $=2b$ になる．また，$L = \alpha x + \beta y$．よって，方程式

$$(\alpha x + \beta y)^2 (xx+yy-aa) - 2b(\alpha x + \beta y)(xx+yy) + 2bb(xx+yy) = 0$$

で表される第四目の線(四次曲線)が得られる．また，

$$L = xx+yy \quad \text{および} \quad M = 2(\alpha x + \beta y)a$$

と置けば，もうひとつの第四目の方程式(四次方程式)がみいだされる．実際，この場合，指定された通りに設定して得られる方程式を $2xx+2yy$ で割れば，方程式

$$(xx+yy)^2 - 2a(\alpha x + \beta y)(xx+yy) + 2aa(\alpha x + \beta y)^2 - aa(xx+yy) = 0$$

が与えられるのである．もし $xx+yy$ による割り算ができないなら，先ほどみいだされた方程式は(M の代わりに $2M$ と置くとき)，

$$LL(xx+yy) - 2LM(xx+yy) + 2MM(xx+yy) - aaLL = 0$$

という形になるが，これはつねに第 $2n+6$ 目の方程式(次数 $2n+6$ の方程式)である．したがって，任意の偶位数の目の中から，ここで提示された課題に応える曲線の方程式が取り出されることになる．さらに，もし L が $xx+yy$ で割り切れるなら，すなわち，N は x と y の任意の n 次元の同次関数を表すとして，$L = (xx+yy)N$ という形になるなら，もうひとつの一般方程式

$$NN(xx+yy)^2 - 2MN(xx+yy) + 2MM - aaNN(xx+yy) = 0$$

が得られる．これは第 $2n+4$ 目の方程式(次数 $2n+4$ の方程式)である．これより帰結するように，各々の偶次数に対して，提示された性質をもつ曲線の方程式が二つ，得られる．たとえば次数6について言うと，次に挙げる二つの方程式

$$(\alpha xx + \beta xy + \gamma yy)^2 (xx + yy - aa)$$
$$- 2a(\delta x + \varepsilon y)(xx + yy)\Big(\alpha xx + \beta xy + \gamma yy - a(\delta x + \varepsilon y)\Big) = 0 \quad {}^{6)}$$

および

$$(\delta x + \varepsilon y)^2 (xx + yy)(xx + yy - aa)$$
$$= 2a(\alpha xx + \beta xy + \gamma yy)\Big((\delta x + \varepsilon y)(xx + yy) - a(\alpha xx + \beta yy + \gamma yy)\Big) \quad {}^{7)}$$

で表される曲線は, ここで提示された課題に応えている. こんなわけで, 線の作る奇位数の目(もく)の中には, ここで提示された問題に解決を与える曲線は存在しない.

412. 今度は平方和 $CM^2 + CN^2$ が定量になる曲線ではなく,

$$CM^2 + CM \cdot CN + CN^2$$

あるいは, いっそう一般的に

$$CM^2 + n \cdot CM \cdot CN + CN^2$$

が定量になるような曲線を探索してみよう. この問題もこれまでと同様の手法で解決される. 実際,

$$CM^2 + n \cdot CM \cdot CN + CN^2 = PP + (n-2)Q.$$

そこで $PP + (n-2)Q = aa$ と置くと, $Q = \dfrac{aa - PP}{n-2}$ となる. この方程式には不都合な事態は見られない. そうして

$$P = \frac{Mz}{L} \quad \text{および} \quad Q = \frac{Nzz}{L}$$

であるから,

$$\frac{MMzz}{LL} + \frac{(n-2)Nzz}{L} = aa$$

となる. したがって,

$$N = \frac{aaL}{(n-2)zz} - \frac{MM}{(n-2)L}.$$

曲線の方程式は $L - M + N = 0$ であるから, $CM^2 + n \cdot CM \cdot CN + CN^2$ が一定の大きさ $= aa$ でなければならないという性質により, 方程式

$$(n-2)LLzz - (n-2)LMzz + aaLL - MMzz = 0$$

が得られる. これを書き換えると, $zz = xx + yy$ により,

第17章　他の諸性質に基づいて曲線を見つけること

$$aaLL+(xx+yy)\left((n-2)LL-(n-2)LM-MM\right)=0$$

となる．ここで，Lはxとyの$m+2$次元の関数，Mは$m+1$次元の関数である．Nは任意のm次元の同次関数として，$L=(xx+yy)N$と置くと，もうひとつの一般方程式

$$aa(xx+yy)NN+(n-2)(xx+yy)^2NN-(n-2)(xx+yy)MN-MM=0$$

が得られる．

413. $n=2$と定めると，$(CM+CN)^2=aa$．この場合，

$$aaLL=(xx+yy)MM \quad \text{もしくは} \quad MM=aa(xx+yy)NN$$

となる．これらの方程式は双方とも同次方程式であるから，どちらの方程式にも，$\alpha y=\beta x$という形の方程式が二個もしくはもっと多く包摂されている．したがって，点Cを通って引いた二本もしくはもっと多くの直線をもってするのでなければ，ここで提示された課題に応えることはできないことになる．ところが，それらの直線は，ここで表明された意味では課題に応えていないのであるから，すでに前に目にした通り，この問題が解を受け入れないのは明白である．実際，ここでは$CM+CN=$定量aでなければならないのである．$n=-2$と定めると，差の平方$(CN-CM)^2$，したがって差MNは一定でなければならないことになり，二つの方程式

$$aaLL=(xx+yy)(2L-M)^2$$

と

$$aa(xx+yy)NN=(2(xx+yy)N-M)^2$$

が得られる．そこで$N=1$および$M=2bx$と置けば，一番簡単な解が得られる．実際，そのとき，

$$aa(xx+yy)=4(xx+yy-bx)^2.$$

これを，$aa=8cc$と置いて書き直すと，

$$(xx+yy)^2=2(cc+bx)(xx+yy)-bbxx$$

となる．よって，

$$xx+yy=cc+bx\pm c\sqrt{cc+2bx}.$$

そうして，

$$y = \sqrt{cc + bx - xx \pm c\sqrt{cc + 2bx}}$$

となる.

414. それゆえ，点 C を通って引いた直線と二点 M, N において交叉して，間隔 MN の長さがつねに一定に保たれるという性質を備えた曲線は無数に存在する．まずはじめに，C に中心をもつ円がこの条件をみたすのは明らかである．実際，その場合，間隔 MN はつねに，円の直径に等しくなるのである．円は，一般方程式において $M = 0$ と置けば得られる．円の次にこの条件をみたす曲線は，方程式

$$aa(xx + yy) = 4(xx + yy - bx)^2$$

および方程式

$$aaxx = (xx + yy)(2x - 2b)^2$$

に包摂される第四目の線(四次曲線)である．これらの曲線の形状を知るには，これらの方程式を z と角 φ の間の方程式に書き直しておくとよい．$xx + yy = zz$ および $x = z \cdot \cos\varphi$, $y = z \cdot \sin\varphi$ であるから，$a = 2c$ と置くと，まずはじめに

$$cczz = (zz - bz \cdot \cos\varphi)^2 \quad \text{すなわち} \quad b \cdot \cos\varphi \pm c = z$$

となる．それから次に，

$$cc(\cos\varphi)^2 = (z \cdot \cos\varphi - b)^2 \quad \text{すなわち} \quad z = \frac{b}{\cos\varphi} \pm c$$

となる．これらの方程式を観察すれば，曲線の描き方は容易に見て取れる．

415. 実際，方程式 $z = b \cdot \cos\varphi \pm c$ で表される曲線(図83, 84, 85)を描くために，C を通る直線 ACB を引き，この直線上に $CD = b$ を取ろう．そうして D から双

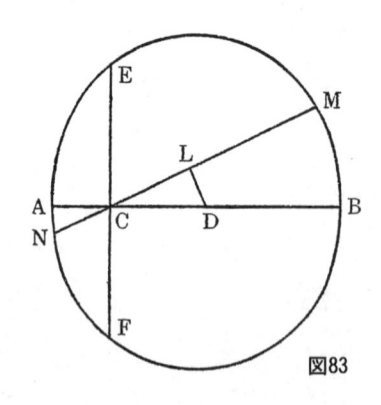

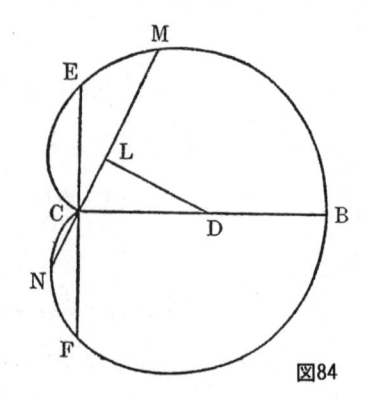

図83

図84

第17章　他の諸性質に基づいて曲線を見つけること

方向に $DA = DB = c$ と取ると，まずはじめに点 A と B が曲線上に求められる．次に，C を通る任意の直線 NCM を引き，D からこの直線に向かって垂線 DL を降ろし，L から双方向に $LM = LN = c$ を取る．すると，点 M と N は求める曲線上にある．したがって，ここで取り上げられている問題により要請されているように，つねに間隔 $MN = 2c$ となる．ここで，もし $CD = b$ が c よりも小さいなら，曲線は C において共役点をもつことに注意しなければならない(図83)．

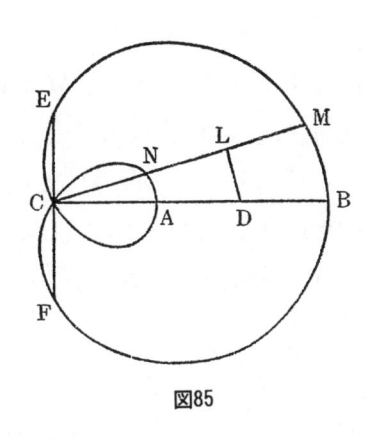

図85

だが，もし $b = c$ なら，曲線は C において尖点をもち，区間 AC は消失してしまう(図84)．

最後に，もし b が c よりも大きいなら，点 A は C と B の間に落ち，曲線は C において結節点，すなわち二重点をもつ(図85)．さらに，これらの曲線のダイアメータは直線 ACB であり；この直線に垂直な線分 ECF の長さは $= 2c$ である．

416.　これらの自己回帰する第四目の線(四次曲線)のほかに，無限遠に伸びていく第四目の線(四次曲線)が無数に存在する．それらは方程式 $z = \dfrac{b}{\cos\varphi} \pm c$ に包摂されている．この曲線の構成は次のような手順を踏んで行われる．点 C を通って主直線 CAB を引いて，点 D を $CD = b$ と取る(図86)．そうして点 A と点 B を $DA = DB = c$

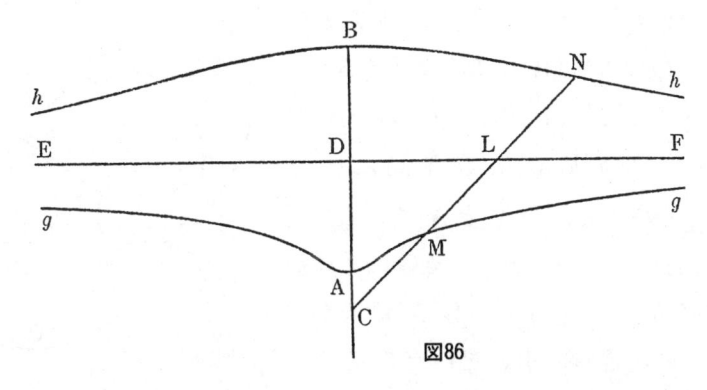

図86

と取ると，A と B は曲線上にある．次に，点 D を通って垂線 EDF を引く．点 C を始点にして直線 CL を任意に引き出していくと，角 $DCL = \varphi$ と名づけるとき，CL

$=\dfrac{b}{\cos\varphi}$ となる．そうして直線 CL を引くたびに，そのつど絶えず線分 $LM=LN=c$ を切り取り続けていくと，点 M と N は，ここで探究している曲線を定めるのである．この構成法を見れば明らかなように，このようにして描かれた曲線は**コンコイド**[8] にほかならない．この曲線は極 C と漸近線 EF をもち，四本の分枝は無限遠において漸近線 EF に向かって収斂していく．曲線の一部分 hBh を**外的コンコイド**と呼び，gAg **を内的コンコイド**と呼ぶ．これらの部分のほかに，C において共役点もまた存在する．

417. これらの曲線は線の第四目の中から取り出された曲線(四次曲線)であり，提示された課題に応えている．より高位の，望むだけの位数の目に所属する曲線(任意の高次曲線)を見つけるのも容易である．実際，P は角 φ の正弦と余弦の奇関数とすると，方程式 $z=bP\pm c$ は，C を通って引いたどの直線とも二点 M,N において交叉して，間隔 MN の長さが定量 $=2c$ となる連続曲線を与える．これらの曲線はみな，一種のコンコイドの仲間と見ることができる．その場合，準線 EF の代わりに，方程式 $z=bP$ で表される任意の曲線を使うことにするのである．ところで，前に見たように，この方程式には，点 C を通って引いた直線と一点のみにおいて交叉する曲線が包摂されている．そうして隔たり c は任意なのであるから，各々の曲線 $z=bP$ を使って，当面の企図にかなう無数の曲線が描かれることになる．

418. たとえば，曲線 $CEDLF$ を任意に取り，この曲線は，点 C を通って引いたどの直線とも，一点 D,L においてのみ交叉するとしよう(図87)．そうしてこれらの各々の直線を伸ばしていって，L の両側に等間隔に線分 $LM=LN=c$ を取ると，点 M と N は，ここで探索している曲線上の点である．連続的に動かしていくと曲線 $AMPCQBNRC$ が描かれるが，この曲線は，C を通って引いた個々の直線と

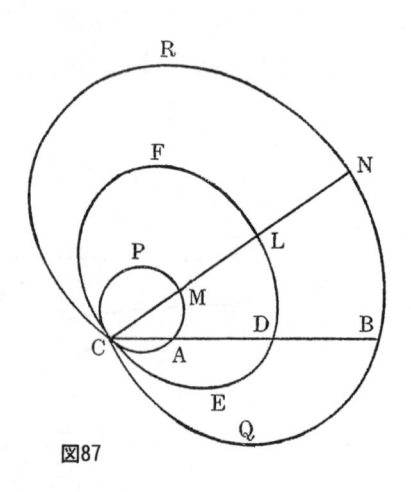

図87

二点 M,N において交叉し，間隔 MN の長さはつねに定量 $=2c$ となる．ここで注意しなければならない一事がある．すなわち，曲線 $CEDF$ が点 C を通る円の場合，ここで描かれた曲線は，まずはじめに第414節でみいだされたものと同じ第四目の線

第17章 他の諸性質に基づいて曲線を見つけること

(四次曲線)になるのである.

419. われわれはこんなふうにして，点 C を通って引いた直線と二点 M, N において交叉し，しかも $CN-CM$ もしくは $CM^2-2CM\cdot CN+CN^2$ がつねに定量になるという性質を備えた曲線 AMN を探索する問いに応えた．まだほとんど考察が加えられていないのは，

$$CM^2+CM\cdot CN+CN^2$$

が定量になることが要請された場合である(図81)．そこで第412節で手にした方程式において $n=1$ と置くと，L は x と y の $m+1$ 次元の関数，M は m 次元の関数として，方程式

$$aaLL=(xx+yy)(LL-LM+MM)$$

が得られる．あるいはまた，関数 M は関数 N よりも1次元だけ高い次元をもつ x と y の同次関数として，

$$aa(xx+yy)NN=(xx+yy)^2NN-(xx+yy)MN+MM$$

という，もうひとつの方程式が得られる．

420. まずはじめに明らかなように，$M=0$ と置けば，点 C に中心をもつ円が得られる．C を通り，曲線に向かって引いたあらゆる線分は長さが等しいから，円は，ここで取り上げられている種類のあらゆる問題に応えている．今ここで当面している場合について言うと，前者の方程式において $M=b$, $L=x$ と置けば，円の次に簡単な曲線が得られる．このように置くと，前者の方程式は

$$aaxx=(xx+yy)(xx-bx+bb)$$

となる．すなわち

$$yy=\frac{xx(aa-bb+bx-xx)}{bb-bx+xx}.$$

また，もうひとつの方程式において $N=1$, $M=bx$ と置くと，第四目の線(四次曲線)

$$aa(xx+yy)=(xx+yy)^2-bx(xx+yy)+bbxx$$

もまた手に入る．これを書き換えると，

$$xx+yy=\tfrac{1}{2}bx+\tfrac{1}{2}aa\pm\sqrt{\tfrac{1}{4}a^4+\tfrac{1}{2}aabx-\tfrac{3}{4}bbxx}.$$

この曲線もまた，前の曲線とともに，提示された課題に応えている．

421. これらの諸問題が解決されたので，方程式 $zz - Pz + Q = 0$ に由来する z の二つの値の，より高次の冪の考察に移りたいと思う．ここで，

$$P = \frac{Mz}{L} \quad \text{および} \quad Q = \frac{Nzz}{L}$$

であり，L は x と y の $n+2$ 次元の同次関数，M は $n+1$ 次元の同次関数，N は n 次元の同次関数である．切除線は $x = CP$ であり，向軸線は $y = PM$ である．そこで，$CM^3 + CN^3 = a^3$ という性質をもつ二つの交点 M と N の探索という問題が提示されたとしてみよう．方程式

$$zz - Pz + Q = 0$$

の性質により，

$$CM^3 + CN^3 = P^3 - 3PQ.$$

よって，$P^3 - 3PQ = a^3$ とならなければならない．ところが P^3 と PQ は非有理量であるから，この方程式は成立しえない．それゆえ，厳密に言うと，この問題には応えることができないのである．だが，交点の個数を問題にしないことにして，二個もしくはもっと多くの交点があってもかまわないことにするならば，ここで提示された問題に応える曲線が無数に見つかる．実際，そのためには P として角 $ACM = \varphi$ の正弦と余弦の任意の関数を取り，$Q = \dfrac{P^3 - a^3}{3P}$ と置けばよい．

422. 今度は，

$$CM^4 + CN^4 = a^4$$

となるような曲線を探索してみよう．この場合，

$$P^4 - 4PPQ + 2QQ = a^4$$

と置かなければならない．この方程式には非有理性は存在しないから，ここには矛盾は見られない．それゆえ，

$$Q = PP + \sqrt{\tfrac{1}{2}P^4 + \tfrac{1}{2}a^4}$$

とならなければならないことになるが，この関数は，冪根の符号をどう決めるかという問題に悩まされることなく，一価関数と見てさしつかえない．というのは，もし

第17章 他の諸性質に基づいて曲線を見つけること

$\sqrt{\frac{1}{2}P^4 + \frac{1}{2}a^4}$ を正に取れば，z に対し，虚の値が帰結することになってしまうからである．それゆえ，

$$\frac{Nzz}{L} = \frac{MMzz}{LL} - \sqrt{\frac{M^4 z^4}{2L^4} + \frac{1}{2}a^4}.$$

そうして，ここで取り上げている曲線に対し，$L - M + N = 0$，すなわち

$$zz - \frac{Mzz}{L} + \frac{Nzz}{L} = 0$$

となるから，

$$zz - \frac{Mzz}{L} + \frac{MMzz}{LL} - \sqrt{\frac{M^4 z^4}{2L^4} + \frac{1}{2}a^4} = 0$$

となる．冪を作って非有理性を除去すると，

$$\frac{z^4}{L^4}(LL - LM + MM)^2 = \frac{M^4 z^4}{2L^4} + \frac{1}{2}a^4$$

すなわち

$$(xx + yy)^2 \left(2(LL - LM + MM)^2 - M^4\right) = a^4 L^4$$

という形になる．ここには，提示された課題に応えるあらゆる曲線が包摂されている．

423. ここで提示された問題や他の類似の諸問題は，第372条で目にしたような，もっと簡単な別の方法で解くこともできる．実際，$CM \cdot CN = Q$ であるから，二つの量 CM と CN のどちらか一方を $= z$ とすると，もう一方の量は，$Q = \frac{Nzz}{L}$ により，$= \frac{Q}{z} = \frac{Nz}{L}$ となる．それゆえ，今，

$$CM^n + CN^n = a^n$$

となることを要請するのであれば，

$$z^n + \frac{N^n z^n}{L^n} = a^n$$

となる．これより，

$$z^n = \frac{a^n L^n}{L^n + N^n}.$$

もし n が偶数なら，この方程式は有理的であり，ここで提示された課題に応えている．だが，n が奇数であれば，非有理性を除去するために，平方を作らなければならない．そこでこれを実行すると，交点の個数は二倍になってしまい，ここで望まれている通りの意味では課題に応えているとは言えない曲線が現れる．たとえば，

$$CM^2 + CN^2 = a^2$$

となることを要請すると，

$$zz = xx + yy = \frac{aaLL}{LL+NN}$$

となる．これは，$L - M + N = 0$ に基づいて前に(第410条)みいだされた方程式，すなわち

$$xx + yy = \frac{2aaLL}{(L-M)^2 + L^2}$$

と一致する．一般に，n は偶数として，$CM^n + CN^n = a^n$ となることを要請すると，方程式

$$z^n = (xx + yy)^{\frac{n}{2}} = \frac{a^n L^n}{L^n + N^n} = \frac{a^n L^n}{L^n + (L-M)^n}$$

が得られる．ここで，L は x と y の $m+2$ 次元の関数，M は $m+1$ 次元の関数，N は m 次元の関数である．

424. これと同じ解は，和 $CM + CN = P$ を考察しても見つかる．実際，CM と CN のうちのどちらか一方を $= z$ と置くと，もう一方は $= P - z$ となる．よって，$CM^n + CN^n$ が定量であることを要請すると，$z^n + (P-z)^n = a^n$ となる．ところで，すでに見たように，

$$P = \frac{Mz}{L} \quad \text{および} \quad Q = \frac{Nzz}{L}$$

でなければならない．ここで，$L - M + N = 0$．これより，

$$z^n + \frac{z^n(M-L)^n}{L^n} = a^n$$

すなわち

$$z^n = \frac{a^n L^n}{L^n + (M-L)^n} \quad \text{あるいは} \quad z^n = \frac{a^n L^n}{L^n + N^n}$$

となる．あるいはまた，L を消去すると，

$$z^n = \frac{a^n (M-N)^n}{(M-N)^n + N^n}$$

という形になる．これらの方程式は，もし n が偶数なら，提示された条件を完全にみたす．だが，もし n が奇数なら，$CM^n + CN^n = a^n$ となる二つの交点 M, N は確か

第17章 他の諸性質に基づいて曲線を見つけること

に存在するが，それらのほかにもなお，同じ性質を備えた二つの交点が存在する．したがって，点 C を通って引いた任意の直線には，ここで提示された性質が二通りの仕方で備わっている．

425. ここまでのところで説明がなされた事柄を踏まえると，他のきわめてむずかしい諸問題も解くことができる．実際，点 C を通って引いたあらゆる直線と二点 M, N において交叉して，しかも

$$CM^n + CN^n + \alpha CM \cdot CN \left(CM^{n-2} + CN^{n-2} \right)$$
$$+ \beta \cdot CM^2 \cdot CN^2 \left(CM^{n-4} + CN^{n-4} \right) + \cdots$$

が定量 $= a^n$ となるものを見つけることが要請されたとしてみよう．一方の値を $CM = z$ と置くと，もう一方の値は

$$CN = \frac{Q}{z} = \frac{Nz}{L}$$

となる．これらの値を代入すると，求める曲線の性質を表す方程式

$$z^n \left(L^n + N^n + \alpha LN \left(L^{n-2} + N^{n-2} \right) + \beta LLNN \left(L^{n-4} + N^{n-4} \right) + \cdots \right) = a^n L^n$$

が得られる．ところが $L - M + N = 0$ であり，L, M, N は，上述のように，それぞれ x と y の $m+2$ 次元，$m+1$ 次元，m 次元の同次関数である．これより $L = M - N$ もしくは $N = M - L$．こうして無数の解が導出される．

426. ある固定された点 C を通って引いた個々の直線と，三点において交叉する曲線の探索へと歩を進めよう．このような曲線の性質は，一般方程式

$$z^3 - Pzz + Qz - R = 0$$

で表される．ここで，z は点 C から曲線上の個々の点までの距離を表し，P, Q, R は角 $ACM = \varphi$ の関数，もしくは角 $ACM = \varphi$ の正弦と余弦の関数である．ところで，前に述べたのと同じ理由により，三個よりも多くの交点が現れたりすることがないためには，P と R は $\sin\varphi$ と $\cos\varphi$ の奇関数でなければならず，Q は，$\sin\varphi$ と $\cos\varphi$ の偶関数でなければならないのは明らかである．直交座標 $CP = x, PM = y$ を取ると，$xx + yy = zz$．そうして K, L, M, N はそれぞれ x と y の $n+3$ 次元，$n+2$ 次元，$n+1$ 次元，n 次元の同次関数を表すとすると，

$$P = \frac{Lz}{K}, \quad Q = \frac{Mzz}{K} \quad \text{および} \quad R = \frac{Nz^3}{K}$$

となる．したがって，直交座標 x と y の間で，ここで考察の対象にされている曲線に対し，一般方程式

$$K - L + M - N = 0$$

が得られる．これより明らかになるように，点 C は次数 n の重複点である．

427. まずはじめに，第三目の線(三次曲線)はことごとくみな，点 C をその曲線の外部の任意の位置に取るとき，今ここで考察している曲線の範疇に所属する．次に，第四目の線(四次曲線)もみな，点 C をその曲線上に取れば，やはりこの範疇に所属する．第三に，第五目の線(五次曲線)に二重点が存在するとして，点 C の位置をその二重点の場所に定めれば，そのような第五目の線(五次曲線)はすべて，同じ範疇に所属する．同様に，もっと位数の高い目の線(高次曲線)についても，その曲線の方程式が所属する目の位数を $n+3$ とするとき，もし曲線上に n 重点が存在するなら，点 C の位置をその n 重点の場所に定めれば，その曲線はここで提示された条件をみたす．

428. 角 $CAM = \varphi$ の各々の値に対し，方程式

$$z^3 - Pzz + Qz - R = 0$$

から得られる z の三つの値を p, q, r としよう．すると，方程式の性質により，

$$P = p + q + r, \quad Q = pq + pr + qr \quad \text{および} \quad R = pqr$$

となる．P と R を x と y を用いて有理的に表すことはできないから，ここで考察している種類の曲線の中に，$p+q+r$ もしくは pqr が定量になるものが存在しないのは明らかである．また，p, q, r のいかなる奇関数も，定量と等値することはできない．だが，偶関数なら，何の問題もなく定値を獲得することができる．そこで，

$$pq + pr + qr = aa$$

と置くと，

$$Q = \frac{Mzz}{K} = aa$$

となる．したがって，$M(xx+yy) = aaK$．この値を方程式 $K - L + M - N = 0$ に代入すると，ここで要請されている性質を備えたあらゆる曲線を内包する一般方程式

第17章 他の諸性質に基づいて曲線を見つけること

$$M(xx+yy)-aaL+aaM-aaN=0$$

が与えられる．あるいは，M を消去すると，この方程式は

$$(xx+yy)K-(xx+yy)L+aaK-(xx+yy)N=0$$

という形になる．

429. 同様にして，他の類似の諸問題も容易に解ける．点 C を通って引いた直線と三点において交叉する曲線で，しかも

$$pp+qq+rr=aa$$

となるものを探索してみよう．まず，

$$pp+qq+rr=PP-2Q \quad \text{および} \quad P=\frac{Lz}{K}.$$

また，

$$Q=\frac{Mzz}{K}$$

であるから，

$$\frac{LLzz}{KK}-\frac{2Mzz}{K}=aa$$

となる．すなわち

$$(xx+yy)LL-2(xx+yy)KM=aaKK.$$

ところで，三つの交点を受け入れる曲線については，われわれの手にはすでに一般方程式 $K-L+M-N=0$ がある．この方程式において本質的な事柄は，x と y に関する最大次元を示す数値は，最小次元を示す数値を3だけ超えているという事実である．このような方程式を手中にするとともに，同時に，方程式

$$(xx+yy)LL-2(xx+yy)KM=aaKK$$

もまた成立するようにするために，前者の方程式に $2(xx+yy)K$ を乗じて M を消去すると，提示された課題に応える一般方程式

$$2(xx+yy)KK-2(xx+yy)KL+(xx+yy)LL-aaKK-2(xx+yy)KN=0$$

が得られる．実際，この方程式の諸項の中で最大の次元をもつのは $2(xx+yy)KK$ であり，この項の x と y に関する次元を示す数値は $2n+8$ である．そうして最小の次元をもつ項は $2(xx+yy)KN$ で，その次元を示す数値は $2n+5$ であり，ここで要請されている状勢によく合致している．

430. 一番高い次元をもつ項も一番低い次元をもつ項も,どちらも消失するわけにはいかない.そこで一番簡単な曲線を見つけるため,$n=0$ とし,さらに $N=b^3$, $K=x(xx+yy)$, $L=0$ と設定すると,方程式

$$2(xx+yy)^3 xx - aaxx(xx+yy)^2 - 2b^3 x(xx+yy)^2 = 0$$

が得られる.これを $2x(xx+yy)^2$ で割ると,方程式

$$x(xx+yy) - \frac{1}{2}aax - b^3 = 0$$

が与えられる.これは第三目に所属する方程式(三次方程式)である.$L=0$ ではないにしても,

$$L = 2c(xx+yy)$$

となるとすると,第四目の方程式(四次方程式)

$$xx(xx+yy) - 2cx(xx+yy) + 2cc(xx+yy) - \frac{1}{2}aaxx - b^3 x = 0$$

すなわち

$$xx(xx+yy) + (2c-x)^2(xx+yy) = aaxx + 2b^3 x$$

が得られる.

同様にして,もっと高い位数の目(もく)からも,ここで提示されている課題に応える非常に多くの曲線が見つかる.

431. 次に,$p^4 + q^4 + r^4$ が定量になる曲線を見つけることもできる.実際,

$$p^4 + q^4 + r^4 = P^4 - 4PPQ + 2QQ + 4PR$$

であるから,

$$P^4 - 4PPQ + 2QQ + 4PR = c^4$$

と置くことになる.よって,

$$z^4(L^4 - 4KLLM + 2KKMM + 4KKLN) = c^4 K^4.$$

したがって,

$$4KKLN z^4 = c^4 K^4 - z^4(L^4 - 4KLLM + 2KKMM)$$

となる.ここから N の値を取り出して,それを方程式 $K - L + M - N = 0$ に代入すると,ここで提示された課題に応える曲線の一般方程式が与えられる.

第17章　他の諸性質に基づいて曲線を見つけること

432. この条件 $p^4+q^4+r^4=c^4$ が，前の条件 $pp+qq+rr=aa$ と同時にみたされるようにすることも可能である．実際，前の条件により，

$$zzLL - 2zzKM = aaKK$$

とならなければならないが，これより

$$2zzKM = zzLL - aaKK$$

となる．次に，

$$4KKLNz^4 = c^4K^4 - L^4z^4 + 4KLLMz^4 - 2KKMMz^4$$

であるから，

$$4KKLNz^4 = c^4K^4 + L^4z^4 - 2aaKKLLzz - 2KKMMz^4$$

および

$$4KKLMz^4 = 2KL^3z^4 - 2aaK^3Lzz$$

となる．

これらの方程式から M と N の値を取り出し，それらを方程式 $K - L + M - N = 0$，すなわち

$$4K^3Lz^4 - 4KKLLz^4 + 4KKLMz^4 - 4KKLNz^4 = 0$$

に代入すると，曲線の方程式

$$4K^3Lz^4 - 4KKLLz^4 + 2KL^3z^4 - 2aaK^3Lzz - c^4K^4 - L^4z^4$$
$$+ 2aaKKLLzz + 2KKMMz^4 = 0$$

が得られる．ところが，

$$KMzz = \tfrac{1}{2}LLzz - \tfrac{1}{2}aaKK$$

により，

$$2KKMMz^4 = \tfrac{1}{2}L^4z^4 - aaKKLLzz + \tfrac{1}{2}a^4K^4.$$

したがって，ここで探索している曲線に対し，一般方程式

$$8K^3Lz^4 - 8KKLLz^4 + 4KL^3z^4 - 4aaK^3Lzz - 2c^4K^4 - L^4z^4$$
$$+ 2aaKKLLzz + a^4K^4 = 0$$

が得られることになる．

433. K は同次関数であり，その x と y に関する次元を示す数値は L よりも 1 だけ大きい．それゆえ，$K = zz$ および $L = bx$ と置けば，三つの交点に対応して同時に $pp + qq + rr = aa$ と $p^4 + q^4 + r^4 = c^4$ が与えられる曲線の中で，一番簡単なものが手に入る．これを遂行すると，

$$8bxz^6 - 8bbxxz^4 + 4b^3x^3zz - 4aabxz^4 - 2c^4z^4 - b^4x^4$$
$$+ 2aabbxxzz + a^4z^4 = 0$$

となる．$zz = xx + yy$ であるから，この方程式は有理的であり，第七目の線(七次曲線)をわれわれの手にもたらしてくれる．この曲線上の点 C は四重点である．$K = x$ および $L = b$ と置くと，ここで提示された課題に応えるもうひとつの第七目の線(七次曲線)が手に入る．その曲線の方程式は，

$$8bx^3z^4 - 8bbxxz^4 + 4b^3xz^4 - 4aabx^3zz - 2c^4x^4 - b^4z^4$$
$$+ 2aabbxxzz + a^4x^4 = 0$$

すなわち

$$z^4 = \frac{4aabx^3zz - 2aabbxxzz + 2c^4x^4 - a^4x^4}{8bx^3 - 8bbxx + 4b^3x - b^4}$$

である．これより，

$$zz = \frac{2aabx^3 - aabbxx \pm xx\sqrt{(2bx - bb)(2c^4(bb - 2bx + 4xx) - 2a^4(bb - 2bx + 2xx))}}{b(2x - b)(4xx - 2bx + bb)}$$

となる．

434. さらに，点 C を通って引いた直線と四点において交叉する曲線へと歩を進めていくことが可能であり，そのような曲線の中で，与えられた諸性質を備えているものを見つけ出すこともできる．しかし，前述の通りの諸規則に注意を払いさえすれば，むずかしいことはもう何も残されていない．この種の事柄の中で望みうるもののいっさいはほとんど何の苦労もなしに手に入るし，あるいはまた，もし提示された問題が真の解を受け入れないのであれば，その事実は即座に認識されるのである．それゆえ，このテーマにこれ以上，立ち入るのはやめて，曲線というものを認識するうえで有益な他の論題へと移りたいと思う．

第17章 他の諸性質に基づいて曲線を見つけること

註記

1) (259頁) オイラーは z に負の値をも与えているのであるから，P が消失する場合も書き添えておかなければならない．(オイラー全集の編纂者による註記．オイラー全集 I－19, 220頁の脚註)

2) (259頁) $P=M=0$ の場合は除く．(オイラー全集の編纂者による註記．オイラー全集 I－19, 221頁の脚註)

3) (260頁) 楕円の場合，z に関する方程式は二つの根をもつが，それらは等しくなる可能性がある．(オイラー全集の編纂者による註記．オイラー全集 I－19, 222頁の脚註参照)

4) (262頁) 定量が $=0$ となる場合は除外する．この場合には $M=0$ となり，たとえば円のような曲線が現れる(第414条)．(オイラー全集の編纂者による註記．オイラー全集 I－19, 223頁の脚註)

5) (264頁) ユークリッドの著作と伝えられる古代ギリシアの数学書．

6) (266頁) $N=\alpha xx+\beta xy+\gamma yy$, $M=a(\delta x+\varepsilon y)(xx+yy)$ と置いた．(オイラー全集の編纂者による註記．オイラー全集 I-19, 226頁の脚註)

7) (266頁) $N=\delta x+\varepsilon y$, $M=a(\alpha xx+\beta xy+\gamma yy)$ と置いた．(オイラー全集の編纂者による註記．オイラー全集 I－19, 226頁の脚註)

8) (270頁) 古代ギリシアの数学者ニコメデス(紀元前270年ころの人と言われる)が考案したと伝えられる超越曲線．「コンコイド」は「貝殻状」の意．

第18章　曲線の相似性と近親性

435.　曲線の方程式にはどれにも，直交座標 x と y のほかに，a, b, c ⋯ のような記号で表されるひとつもしくはいくつかの定量が必ず存在する．それらは線定量という名で呼ばれ，変化量 x と y とともに，方程式の諸項の線の次元を示す数値がいたるところで同一に保たれるよう，維持する役割を担っている．実際，もしあるひとつの項に，n 個の線が互いに乗じられて積を作って現れていたなら，残りの各項においても，同個数の線が互いに乗じられている．なぜなら，もしそうでなければ，異質の諸量を相互に比較しなければならないことになるが，そのような比較を行うのは不可能だからである．したがって，あらゆる曲線の方程式において，線定量 a, b, c ⋯ は変化量 x と y とともに，いたるところで同一の次元を形成する．ただし，ある線定量のひとつがたまたま数値 1 で表されたり，あるいは他の数値で表されたりすることがあるが，そのような場合は別である．このような事柄をあらかじめ註記したうえで曲線の方程式に立ち返ると，もしその方程式に線定量の姿が見られないなら，その場合には，変化量 x と y のみですでに，いたるところで同一の次元数に達している．したがって，その場合には，変化量 x と y はひとつの同次関数を形成することになる．ところが，前に見たように，そのような方程式が曲線を表すことはなく，この種の方程式によりわれわれの手にもたらされるのは，ある同じ点において互いに交叉する何本かの直線にすぎないのである．

436.　そこで，二つの変化量 x と y のほかに，一個だけ，線定量 a が現れる方程式を考察してみよう．この場合，三つの線定量 a, x, y は，方程式のいたるところで同一の次元数を作る．このような方程式は，線定量 a に割り当てられるさまざまな値に応じて無数の曲線を生み出すが，それらは線定量 a の大きさの違いにより区別されるだけであり，形状はことごとくみな互いに相似である．それゆえ，こんなふう

第18章 曲線の相似性と近親性

な状勢のもとである同じ方程式に包み込まれているすべての曲線は，同じ種類に所属する仲間に算入するのが至当であり，互いに相似と見てさしつかえない．それらの曲線の間に認められる区別といえば，半径の大きさの異なるさまざまな円の間に見られる区別という程度のものにすぎないのである．

437. この相似性の姿をよりよく感知するために，変化量 x と y のほかに一個の線定量 a を含む特定の方程式

$$y^3 - 2x^3 + ayy - aax + 2aay = 0$$

を考えてみよう．線定量 a は**パラメータ**と呼ばれる．AC をパラメータ a の値としよう(図88)．上記の方程式で表される曲線を AMB とし，直線 AB を軸に取り，座標 $AP = x$ と $PM = y$ を設定しよう．パラメータ a に他の任意の値 $ac = a$ を割り当てて，その値に対応して，提示された方程式によりもたらされる曲線を amb としよう(図89)．すると，曲線 AMB と曲線 amb は互いに相似である．実際，$AC = a$, $AP = x$, $PM = y$ はそのまま保存しておいて $ac = \frac{1}{n}AC = \frac{a}{n}$ と置き，そのうえでさらに続けて $ap = \frac{1}{n}AP = \frac{x}{n}$ と取ると，$pm = \frac{1}{n}PM = \frac{y}{n}$ となる．なぜなら，ここで提示された方程式において a, x, y をそれぞれ $\frac{a}{n}, \frac{x}{n}, \frac{y}{n}$ に置き換えると，すべての項を n^3 で割った場合と同じ方程式が帰結するからである．

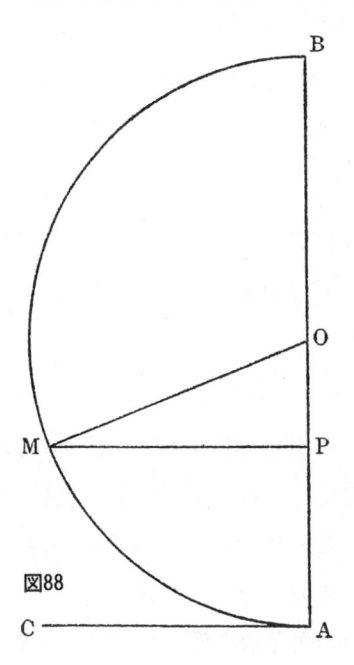

図88

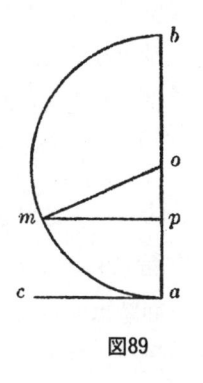

図89

438. 次に見る性質は，相似な諸曲線の相似性をいっそう明瞭に明るみに出してくれる．すなわち，切除線 AP, ap を，それらの比がパラメータ AC, ac の比と同一になるように取ると，そのとき向軸線 PM, pm もまた同時に同じ比をもつ．これを言い換えると，

$$AP : ap = AC : ac$$

と取れば，

$$PM : pm = AC : ac$$

ともなるのである．それゆえ，

$$AP : PM = ap : pm$$

となるから，これらの二曲線は幾何学的な意味合いにおいて相互に相似であり，大きさに関する事柄は別にして，完全に同じ諸性質をもつことになる．切除線 AP, ap をパラメータ AC および ac とホモローグになるように，言い換えると，比例するように取れば，向軸線 PM と pm がパラメータ同士の比を維持するばかりではなく，同じ様式で引いた他のあらゆる線分同士もまた，同じ比をもつ．そればかりではなく，曲線の弧 AM と am も， AC, ac と同じ比をもつ．それに，この場合，相似な領域 APM と apm の面積の比は，平方の比，すなわち AC^2 の ac^2 に対する比率と同一になる．また，二つの任意のホモローグな点 O と o を取って $AO : ao = AC : ac$ となるようにして，これらの点から曲線に向かって直線 OM と om を引こう．その際，角 AOM と角 aom が等しくなるようにする．このとき，

$$OM : om = AC : ac$$

もまた成立する．最後に，相似性により，ホモローグな点 M, m のそれぞれにおける接線が軸となす傾きは等しい．また，それぞれの点における接触円の半径同士は，パラメータ AC と ac の比と同一の比率を保持し続ける．

439. これより明らかになるように，あらゆる円は相似であり，それらはすべて方程式 $yy = 2ax - xx$ に包み込まれている．同様に，方程式 $yy = ax$ に包摂されている曲線はすべて放物線だが，これらはすべて互いに相似な図形である．このような方程式には相似な曲線がすべて包摂されていることを見たところだが，そこでは座標 x と y がパラメータ a とともにいたるところで同一の次元数を作っている．それゆえ，この種の方程式から明らかになるように，もし y の値を定めたいのであれば，それは a と x の次元 1 の同次関数と等値される．逆に， P は a と x の次元 1 の同次関数を表すとするとき，方程式 $y = P$ には無数の相似曲線が包摂されている．それらは，パラメータ a に次々といろいろな値を割り当てていくと得られるのである．同様に，この種の相似曲線の方程式により，切除線 x は a と y の何かある次元 1 の関数と等値

第18章　曲線の相似性と近親性

され，パラメータ a は x と y の何かある次元1の関数に等しい．

440. 　ある任意の曲線 AMB が与えられたとき，その曲線と相似な他の曲線 amb を，簡単な作業により無数に描くことができる．実際，何かある比率を設定し，与えられた曲線と描かれるべき曲線との互いにホモローグな切片同士は，いつでもその比率を保持するものとしてみよう．その比を $1:n$ とする．与えられた曲線は直交座標 AP と PM を仲介して軸 AB に関係づけられているとして，その軸と相似な軸 ab 上に切除線 ap を取り，$AP:ap=1:n$ となるようにする．そうして p を始点にして垂直な向軸線 pm を立て，やはり $PM:pm=1:n$ となるようにする．このようにすると，点 m は，与えられた曲線と相似な曲線 amb 上にあり，点 M と点 m はホモローグになる．任意の固定点 O から出発しても，相似な曲線を描くことができる．実際，描くべき曲線上に，点 O と相似な位置にある固定点 o を取り，角 aom がつねに角 AOM と等しくなるようにして，それから線分 om を，

$$OM:om=1:n$$

となるように切り取る．そうすると，点 m はやはり相似な曲線 amb 上にあるのである．それゆえ，こんなふうにして，任意に採用した各々の比 $1:n$ に対し，相似な曲線が描かれる．そのためには普通，機械的な用具を製作する．その支援を受けると，与えられた図形と相似な任意の大きさの図形を描くことができるようになる．

441. 　提示された曲線 AM の性質が，座標 $AP=x$ と $PM=y$ の間の何かある方程式で表されるとすると，その方程式を元にして，提示された曲線と相似な曲線 am の方程式がやすやすとみいだされる．実際，ホモローグな切除線を $ap=X$ とし，向軸線を $pm=Y$ としよう．相似曲線の描き方によれば，$x:X=1:n$ および $y:Y=1:n$．これより，

$$x=\frac{X}{n} \quad \text{および} \quad y=\frac{Y}{n}$$

となる．これらの値を，x と y に関する与えられた方程式に代入すれば，X と Y の間に成立する相似曲線の方程式が得られる．そこで，もしこの新しい方程式において次元の形成に寄与するのは，文字 n と，座標 X と Y のみと見ることにするなら，次元を示す数値はいたるところで0になる．あるいはまた，この方程式から分数を消すために n の適当な冪を乗じれば，そのようにして得られる方程式では，三つの量

X, Y, n がいたるところで同一の次元数をもつ．前に見たように，相似な諸曲線のどの方程式においても，二つの座標は，定量とともに，いたるところで同一の次元数を作る．その定量の変化に応じて，さまざまな相似曲線の姿が現れるのである．これが，種々の相似曲線を包摂する方程式の特性である．

442. 相似な諸曲線の世界では，ホモローグな切除線と向軸線は同じ比率を保ちながらふくらんだり縮んだりする．これに対し，もし切除線の伸び縮みを示す比率と向軸線の伸び縮みを示す比率が異なるなら，曲線同士はもはや相似とは言いえない．だが，その場合にも，そのようにして現れるさまざまな曲線の間には，相互にある種の近親性が保たれているのであるから，それらの曲線は**近親的**であるというふうに言うことにしたいと思う．相似性は，近親性の特別の種類として近親性に包括される．なぜなら，近親的な曲線と曲線は，切除線同士と向軸線同士がそれぞれ従属する二つの比率が等しくなる場合には，相似になるからである．それゆえ，ある与えられた曲線 AMB から出発して，次のような手順を踏んで無数の近親曲線がみいだされる(図88，89)．すなわち，切除線 ap を $AP:ap=1:m$ となるように取り，それから次に $PM:pm=1:n$ となるように向軸線 pm を作る．この比率 $1:m$ と $1:n$ のいずれか一方，もしくは双方を変化させていくことにより，はじめの曲線 AMB と近親的な曲線が無数に描かれていくのである．

443. 与えられた曲線 AMB は直交座標 $AP=x$ と $PM=y$ の間に成立する何かある方程式で表されるとしよう．上述した通りの様式で描かれた近親曲線 amb において，切除線を $ap=X$ と置き，向軸線を $pm=Y$ と置こう．すると，

$$x:X=1:m \quad および \quad y:Y=1:n$$

により，

$$x=\frac{X}{m} \quad および \quad y=\frac{Y}{n}$$

となる．これらの値を，x と y の間に成立する与えられた方程式に代入すると，X と Y の間に成立する近親曲線の一般方程式が得られる．この方程式の性質をいっそう精密に解明するために，与えられた曲線 AMB の方程式は，向軸線 y が何かある x の関数と等値されるという形に作られているとしてみよう．すなわち，その関数を $=P$ とするとき，曲線 AMB の方程式は $y=P$ という形になっているものとする．関数 P

第18章　曲線の相似性と近親性

において，xのところに$\frac{X}{m}$を代入すると，PはXとmの次元0の関数になる．したがって，近親曲線の一般方程式には，$\frac{Y}{n}$がXとmの次元0の関数と等値されるという性質が備わっている．あるいは，同じことになるが，Yとnの次元0の関数が，Xとmの次元0の関数と等値されるということになる．

444.　ところで，相似曲線と近親曲線の相違について言うと，主として次の点に着目するべきである．すなわち，ある軸に関して，もしくはある固定点に関して相似な曲線同士は，他のどのような軸に関しても，もしくは他のどんなホモローグな点に関してもやはり相似である．これに対し，単に近親的であるというだけの曲線同士の場合には，それらの曲線が近親的であると言いうるのは，それらがそれぞれ関係づけられる軸に関してのみのことであり，他の軸や他のホモローグな点を任意に取って，その軸や点に関して曲線同士の近親性を語るということはできない．これに加えて，さらにもうひとつ，注目しておかなければならないことがある．すなわち，あらゆる相似曲線は同一の線の目に算入される．しかも同一の属に算入される．同様に，あらゆる近親曲線もまたつねに同一の線の目に包摂される．しかも同一の属に包摂されるのである．このあたりの消息をもっとはっきりと諒解するために，よく知られた曲線に範例を求めて相似性と近親性に光をあてるのがよいと思う．

445.　そこで，与えられた曲線を，直径を軸として描かれた円としてみよう．そのような円の性質は方程式$yy = 2cx - xx$により表される．そこで，この方程式において

$$x = \frac{X}{n} \quad \text{および} \quad y = \frac{Y}{n}$$

と置くと，そこから帰結するXとYの間の方程式には，相似な曲線がことごとくみな包み込まれている．この代入を実行すると，

$$\frac{YY}{nn} = \frac{2cX}{n} - \frac{XX}{nn}$$

すなわち，

$$YY = 2ncX - XX$$

となる．これより明らかになるように，円と相似な曲線はどれもみなやはり円なのであり，その直径$2nc$は円ごとに異なっている．これに対し，円と近親関係にある曲

線を見つけるには，

$$x = \frac{X}{m} \quad \text{および} \quad y = \frac{Y}{n}$$

というふうに置くことになる．すると，

$$\frac{YY}{nn} = \frac{2cX}{m} - \frac{XX}{mm}$$

すなわち

$$mmYY = 2mncX - nnXX$$

が得られるが，これは，二本の主軸のうちの一本の回りに描かれた楕円の一般方程式である．これより諒解されるように，あらゆる楕円は円の近親曲線である．それゆえ，楕円はすべて，相互に近親的な曲線でもあることになる．同様にして，あらゆる双曲線は相互に近親的な曲線であることがわかる．楕円と楕円，それに双曲線と双曲線についても，二本の主軸の間で同一の比率が保たれているなら．それらは相互に相似である．

446． 方程式 $yy = cx$ で表される放物線に関して言うと，この放物線と相似な曲線はどれもみなやはり放物線になること，したがってあらゆる放物線は互いに相似になることは明白である．ところで，放物線と近親関係にある曲線を手に入れるため，この方程式において

$$y = \frac{Y}{n} \quad \text{および} \quad x = \frac{X}{m}$$

と置くと，方程式 $YY = \frac{nnc}{m}X$ が得られる．これもまた放物線の方程式であるから，放物線と近親関係にある曲線は，同時に放物線と相似でもあるのは明らかである．したがって，この場合，相似性の意味するところは近親性と同程度の広がりをもっていることになる．二項のみから成る方程式，たとえば $y^3 = ccx$, $y^3 = cxx$, $yyx = c^3$ のような方程式で性質が表される曲線にはどれにも，同じ現象が観察される．これらの曲線はあるいは放物線のようでもあり，またあるいは双曲線のようでもあり，同じ仲間に所属する他の曲線と近親関係にあるが，同時に相似でもある．このように近親性と相似性とが一致する現象は，前に円と楕円との関連で目の当たりにしたように，他の種類の曲線には見られない．

447． x と y の間に成立する与えられた方程式には定量 $a, b, c \cdots$ が入っ

ていて，それらの定量の個数は何個でもかまわない．それらの定量の各々にある定まった値を割り当てると，一本の定曲線が確定する．まさしくそのように，一個の定量，たとえば a を変化しうる状態にしておくと，その定量に次々とさまざまな値を割り当てていくとき，ひとつひとつの特定の値から一本の曲線が確定するのであるから，もし a のほかに他の線定量が方程式の中に入っていないなら，互いに相似な無数の曲線が描かれることになるし，そうでなければ，それらの曲線は非相似である．もし a のほかにもうひとつの定量 b もまた変化しうるものとするならば，b の可変性に起因して，a の各々の値に応じて無数の曲線が現れる．そうして二つの定量 a と b をいっせいに変化させることにより，「無限大の無限大」ともいうべき本数に達する異なる曲線が得られるのである．これに加えてさらに第三の定量 c も変化しうるという状勢を設定すれば，その定量 c に起因して無数の曲線が帰結する．こんなふうにして，変化しうるとされる定量の個数が増えれば増えるほど，それらの定量に起因して描かれる曲線の本数を表す無限大の冪指数は，ますます大きくなっていくばかりである．

448. ある方程式において，線定量のうちのひとつだけを可変と要請して発生する無数の曲線について，もう少し綿密に考察してみよう．このような方程式は，軸と切除線の始点とを同一のままに保っておくなら，前述の通りの無数の曲線をわれわれの手にもたらしてくれるばかりではなく，それらの曲線の位置もまた明示する．したがって，これらの無数の曲線はある範囲の領域を埋め尽くすことになり，その領域内では，それらの無数の曲線のどれか一本が通過しない点を指定するのは不可能である．方程式の性質に応じ，これらの無数の曲線は非相似であったり相似であったりする．その判定は上述した通りの事柄により可能になる．あらゆる曲線が互いに相似になるばかりではなく，位置が異なるだけで，形が同一になることも起こりうる．たとえば，方程式

$$y = a + \sqrt{2cx - xx}$$

において a は可変とすると，この方程式は，半径 $= c$ で，軸に垂直な直線上に中心をもつ無数の円を与えている．

449. 逆に，ある同じ曲線が，ある一定の規則に制御されつつ平面上の無数の異なる位置に描かれているとするなら，一個の可変定量を用いることにより，それらの相互に重なり合う無数の曲線を同時に与えてくれる働きを示すひとつの方程式を

見つけることができる．たとえば，無数の異なる位置に置かれた曲線が，半径 $=c$ の円であるものとしてみよう(図90)．この円を無数に描いていく際，頂点 A, a が，**準線**という名で呼ばれるある与えられた曲線 AaL の軌跡をたどるようにする．また，直径 ab はつねに軸 AB と平行に保たれるようにする．これらの無数の円を表す方程式を見つけるため，準線上の任意の点 a を取り，その点から主軸に向かって垂線 aK を降ろす．$AK=a$ と置こう．すると，準線は与えられているのであるから，a を用いて Ka が与えられる．そこで $Ka=A$ とすると，A は，与えられた a の何かある関数になる．次に，a から主軸と平行な線分 ab を引くと，この線分は，準線上の点 a において頂点をもつ円の直径である．その円上の任意の点 m から向軸線 $mP=y$ を降ろす．この向軸線は切除線 $AP=x$ に対応する．このとき，

$$ap = x-a \quad \text{および} \quad pm = y-A$$

となる．ところで，$ap=t$ および $pm=u$ と置くと，円の性質により $uu=2ct-tt$ となる．そうして $t=x-a$ および $u=y-A$ であるから，方程式

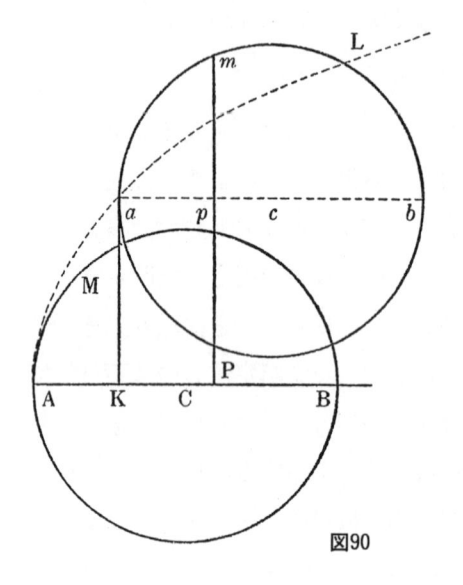

$$(y-A)^2 = 2c(x-a) - (x-a)^2$$

が得られる．これが，準線 AaL に沿って上述したような様式で配置されたあらゆる円を包摂する一般方程式である．言い換えると，そのような円はことごとくみな，線定量 a が変化することを要請することにより(この線定量 a には，A もまた同時に依存する)，このような手順を踏んでみいだされた一般方程式から生れるのである．

図90

450. 同様に，円の代わりに他の何らかの曲線 amb を準線 AaL に沿って動かしてみよう．その際，頂点，言い換えると切除線の始点 a は準線上にあるようにし，軸 ab はつねに自分自身と平行に保たれるようにする．このようにすると同じ曲線が無数に描かれるが，それらのすべての曲線の性質を同時に包摂するひとつの方程式を見つけることができる．この動かされていく曲線の性質は，座標 $ap=t$ と $pm=u$ の間の方程式で与えられるとしよう．そうして，すべての曲線をまとめて考

察するとき，それらが関係づけられる主軸として，軸 ab に平行な直線 AB を取る．それは，同時に準線 AaL の軸でもあるものとする．前のように $AK=a$ および $Ka=A$ と置き，A が a の何かある関数になるようにする．それから切除線を $AP=x$，向軸線を $Pm=y$ と名づけると，$t=x-a$ および $u=y-A$ となる．そこでこれらの値を t と u の間に成立する与えられた方程式において t と u のところに代入すると，あらゆる曲線 amb をまとめて包み込む一般方程式が手に入る．実際，ひとつひとつの定まった値を a に割り当てると，そのつど，準線に沿う移動により描かれていく無数の曲線のうちのひとつ amb が確定するのである．たとえば，曲線 amb は方程式 $uu=ct$ で表される放物線としてみよう．このとき，方程式

$$(y-A)^2 = c(x-a)$$

には，準線 AaL に沿って頂点が配置され，しかも直線 AB と平行な軸をもつ無数の同一の放物線が包み込まれている．

451. ここまでのところでは，曲線の頂点 A は，与えられた準線上を動いていくという状勢を設定し，曲線の軸はつねに自分自身と平行に保たれるものとした．それと同様に，今度は曲線の頂点が，与えられた曲線に沿って移動するものとして，曲線の軸 ab の位置もまた任意に変化しうるとしてみよう．そのように状勢を設定すると，与えられた平面上に，ある規則にしたがって無数に描かれた同一の曲線を表示する働きを示す，はるかに一般的な方程式が得られる．この状勢をもっとはっきりと説明するために，まずはじめに曲線の頂点 A は円周に沿って動いていくとする．その際，曲線の軸 ab はつねに，その円の中心 O の方向を向いているものとしてみよう(図91)．すると，軸 BAO をもつ曲線 AMB が点 O の回りを回転しながら動いていくとき，この曲線 AMB と同じ曲線が無数に与えられる．それらはみな異なる位置を占めるが，ことごとくみな，あるひとつの方程式に包摂されるのでなければならない．その方程式には何かある一個の定量が含まれていて，しかもそ

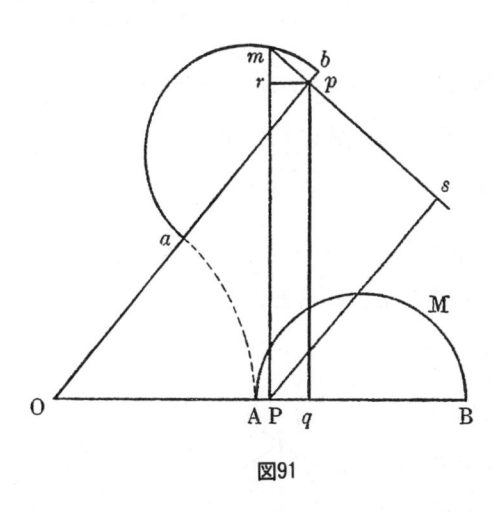

図91

の定量は変化しうると見なされるのである．

452. 変化しない半径を $AO = aO = c$ と定めよう．また，角 $AOa = \alpha$ と置き，この角は変化しうるものとする．ある任意の位置を占める曲線 amb 上に任意の点 m を取り，その点から，主軸と設定された直線 OAB に向かって向軸線 mP を降ろし，$OP = x$ および $Pm = y$ としよう．次に，点 m から曲線 amb の固有の軸 ab に向かって垂線 mp を降ろし，$ap = t$ および $pm = u$ と名づけよう．このように状勢を設定すると，曲線 amb の性質を表す t と u の間の不変方程式が得られる．点 P から，線分 Ob に平行に直線 Ps を引こう．この直線は，向軸線 mp を伸ばしていった直線と，点 s において交叉するものとする．このとき，

$$ps = x \cdot \sin\alpha, \quad Op - Ps = x \cdot \cos\alpha$$

となる．角については，

$$\text{角}\, Pms = \text{角}\, AOa = \alpha$$

であるから，

$$Ps = y \cdot \sin\alpha \quad \text{および} \quad ms = y \cdot \cos\alpha.$$

これより，

$$Op = c + t = x \cdot \cos\alpha + y \cdot \sin\alpha \quad \text{および} \quad mp = u = y \cdot \cos\alpha - x \cdot \sin\alpha$$

となる．そこで，t と u の間に成立する与えられた方程式に，

$$t = x \cdot \cos\alpha + y \cdot \sin\alpha - c \quad \text{と} \quad u = y \cdot \cos\alpha - x \cdot \sin\alpha$$

を代入すると，座標 x と y の間に成立する一般方程式が得られる．角 α を変化可能と見ると，その方程式には曲線 amb がことごとくみな包み込まれている．

453. 今度は曲線 AMB の頂点を任意の準線 AaL に沿って動かしてみよう(図92)．その間，軸 ab の位置は連続的に変化するものとする．したがって，角 AOa は点 a に何らかの様式で依存することになる．この様子をもう少し詳しく観察しよう．頂点は点 a の位置にあるとして，$AK = a$ および $Ka = A$ と置こう．また，角を $AOa = \alpha$ としよう．すると，与えられた準線に起因して，A は a の何か

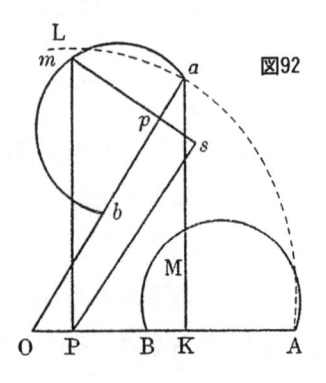

第18章 曲線の相似性と近親性

ある既知の関数になる．このように状勢を設定すると，

$$KO = \frac{A}{\operatorname{tang} \alpha} \quad \text{および} \quad Oa = \frac{A}{\sin \alpha}$$

となる．曲線 amb 上の任意の点 m から，まずはじめに主軸 AO に向かって垂線 mP を降ろし，次に，曲線 amb に固有の軸に向かって垂線 mp を降ろそう．そうして $AP = x$, $Pm = y$ および $ap = t$, $pm = u$ と置こう．座標 t と u の間には不変方程式が与えられるが，その方程式を元にして，すべての曲線 amb を包摂する x と y の間の可変方程式を規定しなければならない．

454. この作業を遂行するために，点 P から mp の延長線に向かって垂線 Ps を降ろそう．これは，曲線の軸 abO と平行である．角 $Pms = $ 角 $AOa = \alpha$ であるから，

$$Ps = y \cdot \sin \alpha \quad \text{および} \quad ms = y \cdot \cos \alpha$$

となる．次に，

$$OP = a + \frac{A}{\operatorname{tang} \alpha} - x$$

であるから，

$$ps = a \cdot \sin \alpha + A \cdot \cos \alpha - x \cdot \sin \alpha$$

および

$$Op - Ps = a \cdot \cos \alpha + \frac{A \cdot \cos \alpha}{\operatorname{tang} \alpha} - x \cdot \cos \alpha.$$

これより

$$Op = a \cdot \cos \alpha + \frac{A \cdot \cos \alpha}{\operatorname{tang} \alpha} - x \cdot \cos \alpha + y \cdot \sin \alpha = \frac{A}{\sin \alpha} - t$$

となる．したがって，

$$t = A \cdot \sin \alpha - a \cdot \cos \alpha + x \cdot \cos \alpha - y \cdot \sin \alpha$$

および

$$u = -a \cdot \sin \alpha - A \cdot \cos \alpha + x \cdot \sin \alpha + y \cdot \cos \alpha.$$

そこで，t と u の間に成立する与えられた方程式に

$$t = (x-a) \cdot \cos \alpha - (y-A) \cdot \sin \alpha$$

と

$$u = (x-a)\cdot \sin\alpha + (y-A)\cdot \cos\alpha$$

を代入すれば，xとyの間の，求める方程式が手に入る．こんなふうにして，平面上に同一の曲線ambが無数に描かれていく際の規則がどのようなものであっても，それらの曲線をみな同時に包み込む一般方程式がみいだされる．

455. こんなふうにして，ある曲線を表示するtとuの間の方程式が不変であって，しかもそこには可変定量aが内包されていないならば，その曲線の位置だけを変えて描いていくときに得られる無数の曲線が，一個の方程式の中に包括される．だが，もしtとuの間の方程式に一個もしくはいくつかの定量が存在して，それらは同時にaに依存するとするならば，その場合には相似もしくは非相似な無数の異なる曲線が描かれて，それらはみないっしょに，あるひとつの同じ方程式に包括される．このあたりの消息をもう少し詳しく述べると，tとuの間の方程式において，fはaに依存する何らかの量として，もしuがtとfの何かある次元1の同次関数と等値されるなら，描かれる曲線はすべて相似になる．もしそのような事態が起こらないなら，描かれる諸曲線は非相似になる．

456. このテーマを，さまざまな曲線の作る例をひとつ挙げて明瞭に理解するために，ある与えられた点Bを通り，しかもすべて直線AE上に中心をもつ無数の円AB, αB, amBが描かれた状態を思い浮かべてみよう(図93)．このような一群の円は地球全図の子午線を表すのに用いられる．点Bから直線ACに向かって垂線を降ろし，$BC = c$と置こう．この間隔は不変量である．次に，無数に描かれた円の中で，ある任意の円amBを考えよう．この円から向軸線mPを降ろし，$CP = x$および$Pm = y$とする．この円の半径は同一の円に関する限り定量ではあるが，あらゆる円に関して言うと，可変である．$aE = BE = a$と置くと，

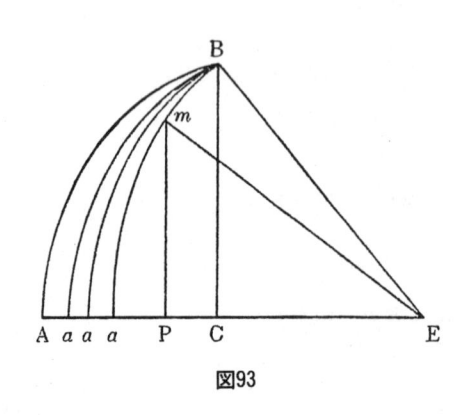

$$CE = \sqrt{aa-cc} \quad \text{および} \quad PE = x + \sqrt{aa-cc}$$

となる．そうして$PE^2 + Pm^2 = aa$であるから，

第18章　曲線の相似性と近親性

$$yy + xx + 2x\sqrt{aa-cc} + aa - cc = aa$$

すなわち

$$yy = cc - 2x\sqrt{aa-cc} - xx$$

となる．ところが，間隔CEが定量ではなくて変化量として方程式に導入されたとして，$CE = a$と置けば，多少とも簡単な方程式

$$yy = cc - 2ax - xx$$

が得られる．aは変化しうるから，この方程式は，Bを通過して，しかも直線AE上に中心をもつあらゆる円を表している．同様に，ある曲線がある一定の規則に制御されつつ無数に配置されたとき，変化量と定量の差異に適切に注意を払えば，それらの曲線はあるひとつの方程式に帰着される．

第19章　曲線と曲線の交叉

457.　曲線が直線と交叉する様子については，ここまでの諸章においてすでにしばしば目にしてきた．われわれが随所で示して明らかにしたところによれば，第二目の線(二次曲線)は二個よりも多くの点において直線と交叉することはありえないし，第三目の線(三次曲線)は三個より多くの交叉点を許容しえず，第四目の線(四次曲線)は四個より多くの交点を許容しえない．このような状勢がこれ以降も続いていく．そこで本章では，二本の任意の曲線が相互に相俟って形成する交点というものの姿を明確に把握したいと思う．そのためにはこの解明を直線から説き起こし，ある与えられた直線がある与えられた曲線と交叉する点を見つけることから始めなければならない．なぜなら，そのようにすることにより，曲線相互の交点を決定するための道筋が整えられるからである．このテーマは普通，高次方程式の構成にあたってきわめて有用な働きを示すが，これについては次章で詳細にわたって取り上げる予定である．

458.　そこである任意の曲線 AMm が提示されたとし，その性質は直交座標 $AP=x$, $PM=y$ の間の方程式で与えられるとしよう(図94)．そうして任意の直線 BMm を引き，この直線がどれほど多くの点において曲線 AMm と交叉するのか，また，それらの交点はどのような位置にあるのかという状勢を明示することが要請されているとしよう．この要請に応えるため，この直線に対しても，同じ軸 AP と同じ切除線の始点 A に関して，直交座標 x と y の間に成立する方程式を求めたいと思う．直線の方程式は $\alpha x + \beta y = \gamma$ という形である．この方程

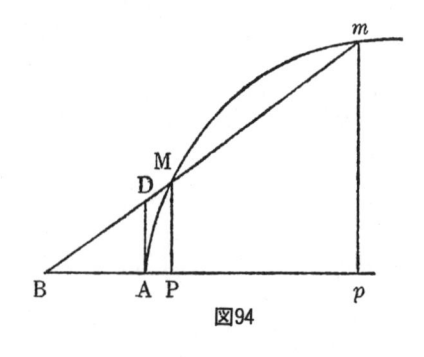

式が教えてくれるように，$x=0$ と置けば $y=AD=\dfrac{\gamma}{\beta}$ となり，$y=0$ と置けば，$x=-AB=\dfrac{\gamma}{\alpha}$ となる．これより，この直線と軸との交点 B と，この直線と軸が B において作る角が判明する．この角の正接は $=\dfrac{AD}{AB}=-\dfrac{\alpha}{\beta}$ である．こんなふうにして，曲線と直線がともに，共通の座標 x と y の間の方程式で表される．

459. これらの双方の方程式において，切除線 x をつねに等しく取ることにしてみよう．そのとき，もしそれぞれの方程式から得られる向軸線 y の大きさが異なるなら，それらの差異は，同じ切除線に対応する曲線上の点と直線上の点がどの程度，離れているかを示している．それゆえ，もし両方の方程式から向軸線 y の等しい値が得られことがあったなら，そのとき曲線と直線は共通点をもつことになり，その共通点の地点において交点が出現すると言えるのである．したがって交点を見つけるには，双方の方程式において，切除線 x のほかに向軸線 y もまた等しくなるようにしなければならない．こうしてわれわれの手元には二個の未知量 x と y を含む二つの方程式があることになり，これらを解くと，交点に対応する切除線 x もしくは向軸線 y が見つかる．これをもう少し詳しく言うと，これらの二つの方程式から未知量 y を消去すると，未知量 x のみを含む方程式が得られる．その未知量 x の値は切除線 AP，Ap を示しているのである．そこで向軸線 PM，pm を引けば，それらは交点 M と m を通過することになる．

460. 直線 BMm の方程式は $\alpha x+\beta y=\gamma$ であるから，$y=\dfrac{\gamma-\alpha x}{\beta}$ となる．この値を曲線の方程式において y のところに代入すると，x のみを含む方程式が得られる．その方程式の実根は，交点に対応するあらゆる切除線を与えている．したがって，交点の個数は，このような手順を経てみいだされた方程式によりもたらされる x の実根の個数に基づいて算出されることになる．ところが，$y=\dfrac{\gamma-\alpha x}{\beta}$ の値において，未知量 x は次元1を保持するにすぎないのであるから，上記の代入を行った後に現れる方程式における x の次元は，この方程式に先行する曲線の方程式における二つの未知量 x と y の次元の総和を越えることはない．代入後の方程式における x の次元が，代入前の方程式における x と y の次元の総和より小さくなることもある．それは，この代入の結果，x の最高次の冪がみな消失しまう場合に見られる現象である．

461.　こんなふうにして交点に対応する切除線 AP, Ap が見つかったなら，それらを元にして，交点 M, m が簡単に規定される．実際，点 P, p において立てた向軸線は交点を通るのであるから，それらの向軸線が直線 BMm と交叉する点だけに印をつけておけばいいのである．これらの向軸線が曲線 AMm と出会う諸点に印をつけることも，もとより可能である．ところが，これはしばしば見られる現象だが，ある向軸線がいくつもの点において曲線に出会うということがあり，そのために曲線上のどの点が同時に直線との交点をも与えているのかという論点が不確かになってしまう．直線 BMm との交点を採ることにすれば，この不都合な事態は起こらない．なぜなら，どの向軸線もこの直線とはただひとつの点においてのみ，交叉しうるにすぎないからである．もし x の二つの値が互いに等しくなるという事態が起こるなら，そのとき二個の交点 M と m は融合して一点になる．この場合，直線 BM は曲線に接するか，あるいは曲線の二重点と交叉しているかのいずれかである．

462.　未知量 y を消去して得られる方程式は x を規定する役割を果たすが，もしこの方程式が実根をもたないなら，それは，直線 BMm がいかなる地点においても曲線と交叉したり接したりすることのないことを示している．これに対し，この方程式の実根が存在する場合には，それらがどれほど多いとしても，根の個数の分だけの交点が存在する．実際，各々の実在する切除線に対し，直線 BMm の一本の実在する向軸線が対応するし，しかもその向軸線は曲線の向軸線とも等しくなる以上，交点が存在しないということは起こりえないのである．ここで注意しなければならないのは，曲線と曲線の交叉を考える場合には，根のひとつひとつがつねに交点を与えるとは必ずしも言えないという一事である．その理由は，二本の曲線を考えて，それらの交叉を調べるという場面に当たり，まもなく明らかになる．

463.　そこで，互いに交叉する二本の任意の曲線 MEm, MFm が描かれているとしてみよう(図95)．これらの曲線の交点を定めるために，どちらの曲線の性質も，共通の軸 AB と同一の切除線の始点 A に関連する直交座標 x と y の間の方程式で表されるものとしよう．これらの二曲線の交点が存在する場所で，双方の曲線において等し

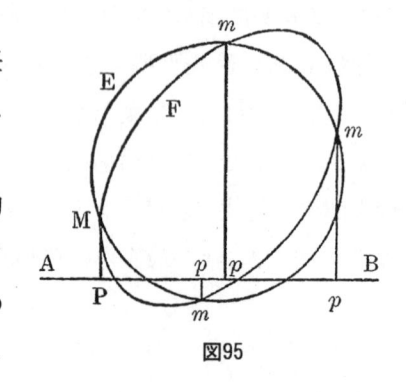

図95

第19章　曲線と曲線の交叉

い切除線 x を切り取ると，それぞれに対応する二本の向軸線 y もまた同じ大きさになる．それゆえ，提示された二曲線の方程式から y を消去するとき，未知量 x のみを含む新しい方程式が作られたなら，すべての交点 M, m, m の位置は，たとえどれほど多いとしても，その方程式の実根により指定される．すなわち，交点 $M, m, m \cdots$ に対応する切除線 $AP, Ap, Ap \cdots$ は，その方程式を満たす x の値になるのである．

464.　だが，交点に対応する切除線 $AP, Ap \cdots$ がみいだされたとしても，交点そのものを定めるのはそれほどやさしくはない．実際，双方の曲線について，ある同一の切除線に対していくつもの向軸線が対応するとしてみよう．もし両方の曲線において y が x の多価関数になるなら，そのような事態が実際に起こる．その場合，この向軸線の二重の多様性の中から，互いに等しい向軸線を選び出さなければならないが，これを調べるのは，向軸線 y が双方の曲線において多くの値をもてばもつほど，その分だけやっかいになる．それでもこの困難はたやすく回避される．そのためには，提示された二つの方程式から向軸線 y を消去する際，y を x により定めるのに用いる方程式を補助手段とすればよい．実際，その方程式により，みいだされた x の個々の値に対し，点 P から交点に至るまでの向軸線の長さがわかるのである．それと，この手順を踏んで歩を進めていく際，二本の曲線のうちのどちらか一方の性質，もしくは両方の性質を考慮する必要はない．

465.　一本の曲線は放物線とし，その性質は方程式
$$yy - 2xy + xx - 2ax = 0$$
で表されるとしよう．もう一本の曲線は，方程式
$$yy + xx - cc = 0$$
で表される円としよう．y を消去するため，後者の方程式から前者の方程式を差し引くと，残余は
$$2xy + 2ax - cc = 0$$
となる．これより $y = \dfrac{cc - 2ax}{2x}$．これを見れば明らかなように，x のところにどのような値をあてはめても，つねに y の実値が見つかる．そこでこの y に対してみいだされた値を第二の方程式に代入すると，
$$c^4 - 4accx + 4(aa - cc)xx + 4x^4 = 0$$

という方程式が得られる．この方程式のひとつひとつの実根は，実際に交点を与える．
$c = 2a$ としてみると，

$$4a^4 - 4a^3 x - 3aaxx + x^4 = 0.$$

この方程式のひとつの根は $x = 2a$ である．そこでこの根を取り去ると，その後に残されるのは

$$x^3 + 2aax + aax - 2a^3 = 0$$

という方程式である．この方程式もまたひとつの実根を与える．これで二つの実根が得られたが，方程式 $y = \dfrac{2aa - ax}{x}$ により，それらに対応する向軸線がみいだされる．たとえば，一番はじめの根 $x = 2a$ には $y = 0$ が対応する．したがって，軸の上に交点があることになる．

466. このような状勢観察を通じて諒解されるように，x と y の間の二つの方程式から y を消去する作業を続けていく途上，y と等値される x の有理関数がみいだされるとするなら，（y を完全に消去した後に獲得される）最終的な方程式により与えられる x の各々の実根は，われわれの手に実在の交点をもたらしてくれるのである．だが，もし消去作業の途中で y と等値される x の有理関数が見つからないのであれば，その場合には，最後に手に入った方程式の実根のどれもが実在の交点を与えるとは言えないという事態が起こりうる．事実，どちらの曲線を見ても実在の向軸線が対応してくれないような x の値が，しばしば現れることがあるのである．このような場合，計算間違いのせいにしてはならない．実際，双方の曲線において，そのような切除線に対応するのは虚の向軸線だが，虚の向軸線同士の場合にも，実の向軸線同士の場合と同様，等しくなったり異なったりする．それゆえ，虚の向軸線同士が互いに等しくなって，実際には実在しない交点があたかも存在するかのような現象が見られることを妨げるものは何もないのである．

467. この状勢をいっそう明確に把握するため，同一の軸 BAE 上にパラメータ $= 2a$ の放物線 EM を描き，その外側に半径 $= c$ の円 AmB を描こう（図96）．これらの二曲線の間の距離を $AE = b$ とする．したがって両曲線の交点がまったく存在しないのはまちがいない．切除線の始点に A を取り，E の方向を正，B の方向を負と定めよう．すると放物線に対して $yy = 2ax - 2ab$ という方程式が得られ，円に対し

てば $yy = -2cx - xx$ という方程式が得られる．交点を見つけたいと思って y を消去すれば，即座に方程式

$$xx + 2(a+c)x - 2ab = 0$$

が得られる．この方程式から，x に対して二つの実根がみいだされる．すなわち，それらは

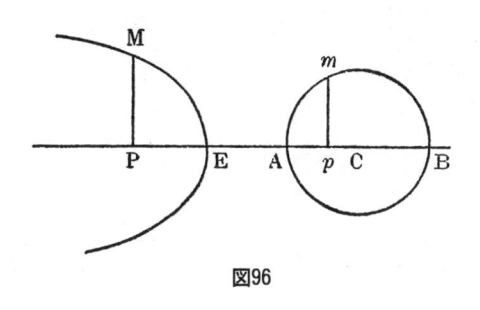

$$x = -a - c \pm \sqrt{(a+c)^2 + 2ab}$$

である．一方は正の根であり，もう一方は負の根である．だが，そもそも交点は存在しないのである．もう少し詳しく言うと，これらの二つの切除線に対し，放物線と円はどちらも虚の向軸線を与える．双方の向軸線は虚とはいうものの，しかも互いに等しい．上記の x の値を代入すると，

$$y = \sqrt{-2aa - 2ac - 2ab \pm 2a\sqrt{aa + 2ac + cc + 2ab}}$$

となるが，この表示式はたしかに虚量を表している．

468. この例により諒解されるように，曲線同士の虚の交点というものもまた考えられる．そのような交点は実際には存在しないが，それでもなお，実在する交点を見つける場合と同じ計算を経て見つかるのである．このようなわけで，最後に到達した方程式に包摂される x の実根の個数を見て，そこからすぐさま交点の個数が帰結するとは必ずしも言えないことになる．実際，交点よりも多くの実根が存在することも起こりうるし，x の二個もしくはもっと多くの実根が手に入るとしても，交点はひとつも存在しないということさえ起こりうる．ところが他方では，どの交点もつねに，最終的に得られる方程式において，x のひとつの実根を与える．それゆえ，たとえ実際にはしばしば交点よりもはるかに多くの実根が存在することがあるとしても，少なくとも交点の個数だけの x の実根はつねに存在する．x の各々の実根に対して実際に交点が対応するかどうかを判別するのは，対応する y の値が求められさえすれば，容易である．もしその y の値が実量なら交点は実在し，もし y の値が虚量なら，交点もまた虚である．言い換えると，その場合には交点は実在しないのである．

469. このような例外的な場合，言い換えると x の実根の個数と交点の個数との食い違いが起こるのは，両方の方程式において，向軸線 y がいたるところで偶数次元をもち，しかも主軸が両曲線の共通のダイアメータになっている場合のみである．これを言い換えると，二つの方程式から yy を消去する際，y もまた同時に計算の推移の中から消失していくという性質が，これらの方程式に備わっている場合に限定されるのである．その場合，y を x の有理関数で表すのは不可能である．たとえば，一方の方程式を

$$yy - xy = aa$$

とし，もう一方の方程式を

$$y^4 - 2xy^3 + x^3 y = bbxx$$

としてみよう．前者の方程式より，

$$(yy - xy)^2 = a^4 \quad \text{すなわち} \quad y^4 - 2xy^3 = a^4 - xxyy$$

となる．この値をもう一方の方程式に代入すると，

$$a^4 - xxyy + x^3 y = bbxx \quad \text{すなわち} \quad yy - xy = \frac{a^4 - bbxx}{xx} = aa.$$

これより

$$xx = \frac{a^4}{aa + bb}$$

となる．したがって，

$$x = \frac{\pm aa}{\sqrt{aa + bb}}$$

となる．

470. 軸が同時に両曲線のダイアメータになっていることがないか，あるいは y の高次の冪を消去する際，それに伴って y 自身が消去されるという事態が起こらないとしよう．この場合には途中で y と等値される x の有理関数に到達するから，最終的に得られた方程式の個々の実根は，そのような根の個数に見合う分だけの実在する交点を与える．したがって，このような場合には特に注意を払う必要はない．もし一方の曲線が直線なら，あるいは，一方の曲線の向軸線が x の一価関数で表されるなら，前に目にしたように，このようなことが本当に起こる．実際，その場合，いかなる切除線に対しても，虚の向軸線が対応することはない．したがって，x の個々の根

第19章 曲線と曲線の交叉

は実在する交点を与えるのである．たいていの場合，たとえ y が双方の方程式においてより高い次元をもつとしても，y の消去の途次，ある方程式に到達し，その方程式のおかげで y の値は x の有理関数で，したがって x の一価関数で表されるというふうになるのが通常の姿である．

471. 計算により示された交点のうちのいくつかが虚になる場合が起こるのは，二曲線のどちらにも，探し当てられた切除線に対応する向軸線が実在しないという場合(上述したような放物線と円の例ではそうなっていた)に限定されるわけではない．一方の曲線ではすべての切除線に対して実在の向軸線が与えられるが，x のどの実根にも，対応する交点が存在しないという場合も起こりうる．このような例のひとつは，方程式

$$y^3 - 3ayy + 2aay - 6axx = 0$$

で表される第三目の線(三次曲線)である．この曲線は，すべての実切除線に対応して，われわれの手に向軸線を与えてくれる．しかも，x が $\dfrac{a}{3}\sqrt[4]{\dfrac{1}{3}}$ より小さいなら，そのような x で表される切除線に対応して三個の向軸線が与えられる．この曲線を方程式 $yy - 2ax = 0$ で表される放物線と組み合わせてみよう．この放物線は，もし x が負なら，実在の向軸線を与えない．したがって，負の切除線 x に対しては，これらの二曲線の交点はひとつも対応しえないのである．

472. y を消去すると，後者の方程式より $yy = 2ax$ となるから，前者の方程式は

$$2axy - 6aax + 2aay - 6axx = 0$$

という形になる．これより，

$$y = \frac{6aax + 6axx}{2aa + 2ax} = 3x.$$

上に挙げた方程式は $y - 3x$ で割り切れる．そこでこの割り算を遂行すると，y の姿の見えない $2aa + 2ax = 0$ という方程式が得られる．これより $x = -a$．それゆえ，切除線 $x = -a$ に対応する二曲線の交点が存在するはずのところ，放物線では，この切除線にはいかなる実向軸線も対応しない．ところが，他方，三次曲線において $x = -a$ と置くと，

$$y^3 - 3ayy + 2aay - 6a^3 = 0$$

となる．これより，一本の実向軸線 $y = 3a$ が手に入る．残る二つの y の値は方程式 $yy + 2aa = 0$ に含まれているが，それらは虚値である．すなわち，この地点 $x = -a$ で見つかる二本の虚の向軸線は，同じ地点 $x = -a$ での放物線の虚の向軸線に等しいのである．これに対し，方程式の上記の因子 $y - 3x = 0$ に起因して，なお二個の実在の交点が得られる．$y - 3x = 0$ より，$9xx - 2ax = 0$．それゆえ，まずはじめに切除線の始点において交点が見つかる．その地点では $x = 0$ であり，しかも同時に $y = 0$ でもある．もうひとつの交点は切除線 $x = \frac{2a}{9}$ に対応する．この地点では $y = 3x = \frac{2a}{3}$ となる．

473. こうしてこの例の場合，y の消去作業を進めていく途次，

$$2axy - 6aax + 2aay - 6axx = 0$$

という方程式が得られる．この方程式では y は次元1をもつにすぎないから，y は x の有理関数の形で表示可能であることが見て取れる．これは，以前，虚の交点が存在しないための判定基準として書き留められた事柄にほかならない．だが，それにもかかわらず，われわれはここで虚の交点に遭遇する成り行きになった．実際のところ，もしこの方程式が因子をひとつももたないなら，虚の交点が現れる余地はなかったのである．ところが，この場合には，向軸線 y を含まない方程式が見つかるのは割り算を遂行した結果なのであるから，y を x の有理関数を用いて表示することができないのと同様の状勢が現出する．すなわち，もしこの種の方程式がいくつかの因子に分解されるなら，因子のひとつひとつを個別に検討していかなければならない．すると，ある因子は虚の交点を完全に拒絶するし，他の因子は虚の交点を受け入れるという事態が見られることになる．

474. これまで積み重ねてきた考察に基づいて，二本の任意の曲線が提示されたとき，それらの交点を決定するにはどのようにしなければならないかという論点をめぐって，もう少し詳しく解明したいと思う．この論点の究明は，座標のひとつである y が消去される様式に依拠しているのであるから，着目しなければならないのは，この座標 y が双方の方程式において獲得する次元のみであることになる．実際，もうひとつの座標 x が双方の方程式に現れる姿がどのようであろうとも，y の消去はいつでも同じ様式で行われるのである．そこで $P, Q, R, S, T \cdots$ および p, q, r, s, t

第19章　曲線と曲線の交叉

…は x の任意の有理関数としよう．まずはじめに，交点を求めようとする二曲線は，

I.
$$P + Qy = 0$$

II.
$$p + qy = 0$$

という形の方程式で表されるとしよう．前者の方程式に p を乗じ，後者の方程式に P を乗じよう．そうして一方から他方を差し引くと，y の姿がまったく見えない方程式

$$pQ - Pq = 0$$

が残される．この方程式には定量のほかには未知量 x だけしか表れないが，この方程式のすべての実根 x により軸上に点が指定され，それらの点に対して二曲線の交点が対応する．このようにしてみいだされた x の各々の値に対し，二つの方程式のどちらかを用いて y の値が得られる．すなわち，

$$y = -\frac{P}{Q} = -\frac{p}{q}$$

というふうになるが，これで交点の位置が指定される．これより明らかになるように，各々の曲線の向軸線 y が x の有理関数，すなわち一価関数により表されるなら，虚の交点が見つかる心配はない．

475. 今度は一方の曲線の向軸線 y は前のように x の一価関数で表され，もうひとつの曲線の向軸線 y は x の二価関数で表されるとしよう．したがって，二曲線を表す方程式はそれぞれ

I.
$$P + Qy = 0$$

II.
$$p + qy + ryy = 0$$

というふうになるものとしてみよう．前者の方程式に p を乗じ，後者の方程式に P を乗じてから差を作り，それからさらに y で割ると，

III.

$$pQ - Pq - Pry = 0 \quad \text{すなわち} \quad (Pq - pQ) + Pry = 0$$

となる．次に，前者の方程式にPrを乗じ，第三の方程式にQを乗じてから差を作ると，yを含まない方程式

$$PPr - PQq + pQQ = 0$$

が現れる．それゆえ，この方程式の個々の根は，交点に対応する切除線を与える．しかもそれらの切除線には実向軸線

$$y = -\frac{P}{Q} = \frac{pQ - Pq}{Pr}$$

が対応するから，交点は実際に存在する．

476. 一方の曲線の向軸線は前のようにxの一価関数とし，もう一方の曲線の向軸線は三次方程式，言い換えると，xの三価関数で表されるとしよう．したがって，提示された二つの方程式は

I.
$$P + Qy = 0$$

II.
$$p + qy + ryy + sy^3 = 0$$

という形になる．前者の方程式にpを乗じ，後者の方程式にPを乗じる．そのうえで差を作り，さらにyで割ると，

III.
$$(Pq - pQ) + Pry + Psyy = 0$$

となる．ここでyのところに，一番はじめの方程式から導かれる値$y = -\frac{P}{Q}$を代入し，分数を消すと，

$$PQQq - pQ^3 - PPQr + P^3 s = 0$$

すなわち

$$Q^3 p - PQQq + PPQr - P^3 s = 0$$

という方程式に到達する．第二の方程式においてyのところに$-\frac{P}{Q}$を代入しても，即座に同じ方程式が得られる．それゆえ，このような手順を踏んで最後に手に入る方程式のすべての実根は，それらの実根の個数だけの実在の交点を定めることになる．な

第19章　曲線と曲線の交叉

ぜなら，各々の x に対し，一番はじめの方程式により，実向軸線 $y = -\dfrac{P}{Q}$ が対応するからである．

477.　　同様に，一方の曲線の向軸線は次元4の方程式，もしくはいっそう高次元の方程式で表されるとし，もう一方の曲線の向軸線は x の一価関数，言い換えると有理関数のままとしよう．このとき，未知量 y は簡単に消去される．実際，二つの方程式

I.
$$P + Qy = 0$$

II.
$$p + qy + ryy + sy^3 + ty^4 = 0$$

が提示されたとしよう．前者の方程式から $y = -\dfrac{P}{Q}$ が取り出される．そこでこの値をもうひとつの方程式に代入すると，x と既知量のみの間の方程式

$$Q^4 p - PQ^3 q + PPQQr - P^3 Qs + P^4 t = 0$$

が与えられる．それゆえ，この方程式の個々の実根は実在の交点を与え，しかも実根の個数と同個数の実在の交点がもたらされることになる．なぜなら各々の切除線 x に対し，一番はじめの方程式によりひとつの実向軸線 y，すなわち $y = -\dfrac{P}{Q}$ が割り当てられるからである．

478.　　今度は双方の曲線の向軸線 y が二次方程式で表されるとし，しかもはじめはまず純粋方程式で表されるものとしよう．したがって，二つの方程式は

I.
$$P + Ryy = 0$$

II.
$$p + ryy = 0$$

という形になる．これらの方程式から yy を消去すると，即座に

$$Pr - Rp = 0$$

という方程式が得られる．この方程式の個々の実根が実在の交点の所在地点を指し示すのは，ここからみいだされた x の値に対し，$-\dfrac{P}{R}$ すなわち $-\dfrac{p}{r}$ が正の値になる場合

に限られている．実際，その場合には，$yy = -\frac{P}{R} = -\frac{p}{r}$ により，向軸線 y は二つの実値をもつ．一方は正で，もう一方は負である．したがって，方程式 $Pr - Rp = 0$ からみいだされる切除線 x の各々の値に対し，軸から測って左右に等距離だけ離れている二つの交点が対応することになる．このような現象が見られるのは，軸が両方の曲線のダイアメータであるからなのであり，さもなければこのようなことは起こりえない．他方，もし方程式 $Pr - Rp = 0$ からみいだされる x の値が表示式 $-\frac{P}{R} = -\frac{p}{r}$ に付与する値が負なら，その場合には y は虚になるのであるから，交点もまた実在しないことになる．

479. 今度は，提示された二つの二次方程式のどちらにも，y を含む第二番目の項が存在するとしよう．したがって，

I.
$$P + Qy + Ryy = 0$$

II.
$$p + qy + ryy = 0$$

という形の二つの方程式が提示されたとしよう．これらの方程式から未知量 y を消去するため，まずはじめに前者の方程式に p を乗じ，後者の方程式に P を乗じ，そのうえで差を作り，それからさらに y で割ると，

III.
$$(Pq - Qp) + (Pr - Rp)y = 0$$

となる．次に，一番はじめの方程式に r を乗じ，二番目の方程式に R を乗じ，そのうえで一方から他方を引くと，方程式

IV.
$$(Pr - Rp) + (Qr - Rq)y = 0$$

が得られる．これらの二つの方程式より，

$$y = \frac{Qp - Pq}{Pr - Rp} = \frac{Rp - Pr}{Qr - Rq}.$$

よって，

$$(Qp - Pq)(Qr - Rq) + (Pr - Rp)^2 = 0$$

すなわち

第19章　曲線と曲線の交叉

$$PPrr - 2PRpr + RRpp + QQpr - PQqr - QRpq + PRqq = 0$$

となる．この方程式の個々の実根は，それらの実根の個数に見合う分だけの実在の交点の位置を指し示している．ただし，これは，それらの x の各々の値に対し，方程式IIIおよび方程式IVにより y の実値が対応する場合の話であり，交点が実在しないという事態も起こりうる．それは，方程式IIIと方程式IVがいくつかの因子をもち，割り算を行うだけですでに y を含まない方程式が見つかるという場合である．実際，その場合，その方程式を，先ほどの消去手順で一番最後に得られた方程式の代わりに使って x の値を求め，その値をもとにして一番はじめの二つの方程式により，対応する y の値を求めなければならない．もしその y の値が虚なら，それは，交点が実在しないことの証拠なのである．

480. さらに歩を進め，一方の曲線では向軸線 y が x の二価関数であり，もう一方の曲線では向軸線 y は x の三価関数になっているとしよう．言い換えると，提示された二つの曲線の方程式は，

I.
$$P + Qy + Ryy = 0$$

II.
$$p + qy + ryy + sy^3 = 0$$

という形になっているとしよう．前者の方程式に p を乗じ，後者の方程式に P を乗じて，そのうえで差を作ると，方程式

III.
$$(Pq - Qp) + (Pr - Rp)y + Psyy = 0$$

が残される．これを一番はじめの方程式と合わせると，前条で考察されたのと同じ場合が出現する．前条で p, q, r と表記された量はここでは $Pq - Qp, Pr - Rp, Ps$ となるから，

$$y = \frac{PQq - QQp - PPr + PRp}{PPs - PRq + QRp}$$

および

$$y = \frac{PRq - QRp - PPs}{PQs - PRr + RRp}$$

となる．これより，

$$0 = (PRq - QRp - PPs)^2 + (PQs - PQr + RRp)(PQq - QQp - PPr + PRp)$$

となる．この方程式を展開すると，

$$P^4ss - 2P^3Rqs + 3PPQRps - PQRRpq + QQRRpp$$
$$- P^3Qrs + PPRRqq - PQ^3ps - QQRRpp$$
$$+ P^3Rrr + PPQQqs + PQQRpr$$
$$- PPQRqr + PR^3pp$$
$$- 2PPRRpr = 0$$

が与えられる．ここで，最後に出てくる項$QQRRpp$と$-QQRRpp$は打ち消し合って消失する．全体をPで割ると，方程式

$$+P^3ss - 2PPRqs - PPQrs + PPRrr + 3PQRps + PRRqq + PQQqs$$
$$- PQRqr - 2PRRpr - QRRpq - Q^3ps + QQRpr + R^3pp = 0$$

が得られる．この方程式の実根に対してyの実値が対応することが判明したなら，その実根を通じて二曲線の交点が認識されることになる．

481. 今度は向軸線が二本とも，三次方程式で表されるとして，提示された二つの方程式は

I.
$$P + Qy + Ryy + Sy^3 = 0$$

II.
$$p + qy + ryy + sy^3 = 0$$

という形になるとしよう．前者の方程式にpを乗じ，後者の方程式にPを乗じて，そのうえで差を作ると，方程式

III.
$$(Pq - Qp) + (Pr - Rp)y + (Ps - Sp)yy = 0$$

が残される．次に，前者の方程式にsを乗じ，後者の方程式にSを乗じて，そのうえで差を作ると，方程式

IV.

第19章 曲線と曲線の交叉

$$(Sp-Ps)+(Sq-Qs)y+(Sr-Rs)yy=0$$

が残される．これらの方程式IIIとIVを§479で取り扱われた二つの方程式と比較すると，次のようになる．

$$P = Pp - Qp \qquad p = Sp - Ps$$
$$Q = Pr - Rp \qquad q = Sq - Qs$$
$$R = Ps - Sp \qquad r = Sr - Rs.$$

最後に得られた方程式にこれらを代入すると，

$$+(Pq-Qp)^2(Sr-Rs)^2 - 2(Pq-Qp)(Ps-Sp)(Sp-Ps)(Sr-Rs)$$
$$+(Ps-Sp)^2(Sp-Ps)^2 + (Pr-Rp)^2(Sp-Ps)(Sr-Rs)$$
$$-(Pq-Qp)(Pr-Rp)(Sq-Qs)(Sr-Rs)$$
$$-(Pr-Rp)(Ps-Sp)(Sp-Ps)(Sq-Qs)$$
$$+(Pq-Qp)(Ps-Sp)(Sq-Qs)^2 = 0$$

という方程式が現れる．この方程式には七個の項があるが，初項と第五項を除いて，すべて $Sp-Ps$ で割り切れる．初項と第五項を合わせて取り上げると，二つの因子が得られる．ひとつは $(Pq-Qp)(Sr-Rs)$ であり，もうひとつは

$$(Pq-Qp)(Sr-Rs)-(Pr-Rp)(Sq-Qs)$$

である．後者の因子の括弧をはずしてを展開すると，

$$= PQrs + RSpq - PRqs - QSpr$$

となる．したがって，

$$=(Sp-Ps)(Rq-Qr).$$

これより，第一項と第五項は

$$(Pq-Qp)(Sr-Rs)(Sp-Ps)(Rq-Qr)$$

という形になり，やはり $Sp-Ps$ で割り切れる．これで，方程式

$$0 = (Pq-Qp)(Sr-Rs)(Rq-Qr) + 2(Pq-Qp)(Sp-Ps)(Sr-Rs) + (Sp-Ps)^3$$

$$+(Pr-Rp)^2(Sr-Rs)+(Pr-Rp)(Sp-Ps)(Sq-Qs)-(Pq-Qp)(Sq-Qs)^2$$

が得られる．括弧をはずして展開すると，方程式

$$+S^3p^3-3PSSpps+PPSr^3+2PRRprs-PPRrrs+PPQrss$$
$$+PRSqqr-P^3s^3+3PPSpss-R^3pps-2PRSprr$$
$$+RRSppr-RSSppq-QQRprs-PRRqqs-PQSqrr$$
$$+PQRqrs+3PSSpqr-3PPSqrs+PQSprs+QQSprr$$
$$+QRRpqs-QRSpqr-3PQRpss+3QRSpps-PRSpqs$$
$$+2PPRqss+2PQSqqs-PSSq^3-PQQqss-2QSSppr-2QQSpqs$$
$$+Q^3pss+QSSpqq=0$$

が与えられる．

482.

もっと高い次数をもつ二つの方程式から y を消去する方法をいっそう明確に理解するために，提示された方程式は，次に挙げるように二つとも第四目の方程式(四次方程式)としてみよう．

I.
$$P+Qy+Ryy+Sy^3+Ty^4=0$$

II.
$$p+qy+ryy+sy^3+ty^4=0$$

前者の方程式に p を乗じ，後者の方程式に P を乗じて，そのうえで差を作ると，方程式

III.
$$(Pq-Qp)+(Pr-Rp)y+(Ps-Sp)yy+(Pt-Tp)y^3=0$$

が残される．次に，方程式 I に t を乗じ，方程式 II に T を乗じて，それから差を作ると，その手続きの後に残されるのは，

IV.
$$(Pt-Tp)+(Qt-Tq)y+(Rt-Tr)yy+(St-Ts)y^3=0$$

第19章　曲線と曲線の交叉

という方程式である．そこで，表記を簡単にするため，

$$Pq - Qp = A \qquad Pt - Tp = a \qquad Sq - Qs = \alpha$$
$$Pr - Rp = B \qquad Qt - Tq = b \qquad Rq - Qr = \beta$$
$$Ps - Sp = C \qquad Rt - Tr = c$$
$$Pt - Tp = D \qquad St - Ts = d$$

と置くと，ここで注意しなければならないのは，$a = D$ であることに加えて，

$$Ad - Cb = (Pt - Tp)(Sq - Qs) = D\alpha,$$
$$Ac - Bb = (Pt - Tp)(Rq - Qr) = D\beta$$

ともなるという一事である．これらを代入すると，方程式IIIとIVは

III.

$$A + By + Cyy + Dy^3 = 0$$

IV.

$$a + by + cyy + dy^3 = 0$$

という形になる．今度はこれらの方程式にそれぞれ d と D を乗じ，そのうえで差を作ると，

V.

$$(Ad - Da) + (Bd - Db)y + (Cd - Dc)yy = 0$$

が得られる．次に，同じ二つの方程式に a と A を乗じ，それから差を作ると，その後に残されるのは

VI.

$$(Ab - Ba) + (Ac - Ca)y + (Ad - Da)yy = 0$$

という方程式である．ここで再び，表記を簡単にするために，

$$Ab - Ba = E \qquad Ad - Da = e$$
$$Ac - Ca = F \qquad Bd - Db = f \qquad Cb - Bc = \zeta$$
$$Ad - Da = G \qquad Cd - Dc = g$$

と定めると，$G = e$ および $Eg - Ff = G\zeta$ となる．したがって $Eg - Ff$ は G で割り切

れる．これで次に挙げる方程式が得られる．

V.
$$E + Fy + Gyy = 0$$

VI.
$$e + fy + gyy = 0.$$

これらの方程式から，前にそうしたのと類似の手順を踏んで(訳者註．本章，第479条参照)，方程式

VII.
$$(Ef - Fe) + (Eg - Ge)y = 0$$

VIII.
$$(Eg - Ge) + (Fg - Gf)y = 0$$

がみいだされる．

最後に，再び表記を簡単にするために

$$Ef - Fe = H \qquad Eg - Ge = h$$
$$Eg - Ge = I \qquad Fg - Gf = i$$

と置くと，$I = h$ となる．そうして上に得られた方程式は

VII.
$$H + Iy = 0$$

VIII.
$$h + iy = 0$$

という形になる．これらの方程式から，最後にようやく，y を含まない方程式

$$Hi - Ih = 0$$

が手に入る．この方程式において，これまでのところで設定した諸値を次々と代入していくと，一番はじめに与えられた二つの方程式に出ている関数 $P, Q, R \cdots, p, q, r \cdots$ のみで作られる方程式が得られる．E, F, G, e, f, g の間の方程式は $G = e$ で割り切れる．そうして文字 A, B, C, D, a, b, c, d を対象にして歩を進めていけば，その結果として得られる方程式は $D^2 = a^2$ で割り切れる．このようなわけ

で，最終的に獲得される方程式において，各々の項には八個の文字，すなわち四個の大文字と四個の小文字が含まれている．こんなふうにして，一般に，提示された二つの方程式に見られる y の次元がどれほど大きくとも，未知量 y はつねに消去することができて，未知量 x のみを含む方程式がみいだされる．

483. このようにして二つの方程式から一個の未知量を消去する方法ははるかに広範囲にわたって使えるが，それはさておき，ここではなおもうひとつ，代入を繰り返していく必要のない方法を付け加えておきたいと思う．そこで，任意の次元をもつ二つの方程式

I.
$$Py^m + Qy^{m-1} + Ry^{m-2} + Sy^{m-3} + \cdots = 0$$

II.
$$py^n + qy^{n-1} + ry^{n-2} + sy^{n-3} + \cdots = 0$$

が提示されたとして，これらを元にして，もはや y の姿の見られないひとつの方程式を見つけることが要請されたとしてみよう．この目的地に到達するため，後者の方程式に，任意の $k-n$ 個の文字 $A, B, C \cdots$ を含む量

$$Py^{k-n} + Ay^{k-n-1} + By^{k-n-2} + Cy^{k-n-3} + \cdots = 0$$

を乗じよう．前者の方程式には，量

$$py^{k-m} + ay^{k-m-1} + by^{k-m-2} + cy^{k-m-3} + \cdots = 0$$

を乗じよう．ここには任意の $k-m$ 個の文字 $a, b, c \cdots$ が顔を出している．そうして，このようにして作られる二つの積を等置して，y の冪を伴う項がすべて相殺されてしまうようにする．そのようにすれば，y を欠く左右両辺の最終項が，求める方程式をわれわれの手にもたらしてくれるのである．冒頭に出てくる左右の最高次の冪はおのずと相殺される．なぜなら，二つの積の双方において，最高次の冪の項はどちらも Ppy^k となるからである．まだ $k-1$ 個の項が残っているが，それらは消失しなければならず，そのためにはそれに見合う分だけの個数の任意定量を定めなければならない．導入された任意定量の個数は $2k-m-n$ であり，これが $k-1$ に等しくなければならないのであるから，$k = m+n-1$ となる．

484. このようなわけで，第一番目の方程式には量
$$py^{n-1}+ay^{n-2}+by^{n-3}+cy^{n-4}+\cdots=0$$
を乗じ，第二の方程式には量
$$Py^{m-1}+Ay^{m-2}+By^{m-3}+Cy^{m-4}+\cdots=0$$
を乗じることになる．これらの積の両辺において，y の同一の冪指数をもつ冪を伴う項と項を等値すると，次に挙げるような方程式が得られる．
$$Pp=Pp$$
$$Pa+Qp=pA+qP$$
$$Pb+Qa+Rp=pB+qA+rP$$
$$Pc+Qb+Ra+Sp=pC+qB+rA+sP$$
$$\cdots\cdots$$

このような方程式は，一番はじめの方程式 $Pp=Pp$ も算入すると，全部で $m+n$ 個ある．これらの方程式により任意文字 $A, B, C\cdots, a, b, c, \cdots$ を決定すれば，最後に得られる方程式に姿を見せるのは，与えられた文字 $P, Q, R\cdots, p, q, r, \cdots$ のみである．その方程式は，ここで課された要請に応えている．

485. このような任意文字の決定は，各々の方程式の両辺を新しい不定量 $\alpha, \beta, \gamma\cdots$ と等値すれば，ずっと簡単に遂行される．これは，次に挙げる例を見ればいっそう明確になる．

二つの方程式

I.
$$Pyy+Qy+R=0$$

II.
$$py^3+qyy+ry+s=0$$

が提示されたとしよう．はじめの方程式に $pyy+ay+b$ を乗じ，もうひとつの方程式に $Py+A$ を乗じると，等式
$$Pp=Pp,$$

第19章　曲線と曲線の交叉

$$Pa + Qp = pA + qP = \alpha,$$
$$Pb + Qa + Rp = qA + rP = \beta,$$
$$Qb + Ra = rA + sP,$$
$$Rb = sA$$

が得られる．一番はじめの方程式は恒等式なので省くことにして，第二の方程式から，

$$a = \frac{\alpha - Qp}{P},$$
$$A = \frac{\alpha - qP}{P}$$

となる．第三の方程式から，

$$b = \frac{\beta}{P} - \frac{Qa}{P} - \frac{Rp}{P} = \frac{\beta}{P} - \frac{\alpha Q}{PP} + \frac{QQp}{PP} - \frac{Rp}{P}$$

および

$$\beta = \frac{\alpha q}{p} - \frac{qqP}{p} + rP$$

が手に入る．この β の値を代入すると，

$$b = \frac{\alpha q}{Pp} - \frac{qq}{p} + r - \frac{\alpha Q}{PP} + \frac{QQp}{PP} - \frac{Rp}{P}$$

すなわち

$$b = \frac{\alpha(Pq - Qp)}{PPp} + \frac{(QQpp - PPqq)}{PPp} + \frac{(Pr - Rp)}{P}$$

となる．この値を第四の方程式に代入すると，

$$\frac{\alpha Q(Pq - Qp)}{PPp} - \frac{Q(Pq - Qp)(Qp + Pq)}{PPp} + \frac{Q(Pr - Rp)}{P} + \frac{\alpha R}{P} - \frac{RQp}{P}$$
$$= \frac{\alpha r}{p} - \frac{Prq}{p} + Ps$$

が与えられる．あるいは，PPp を乗じると，

$$\alpha Q(Pq - Qp) + \alpha P(Rp - Pr) - Q(Pq - Qp)(Pq + Qp)$$
$$+ PQp(Pr - 2Rp) + P^3 qr - P^3 ps = 0$$

となる．よって，

$$\alpha = \frac{PPQqq - Q^3 pp - PPQpr + 2PQRpp - P^3 qr + P^3 ps}{PQq - QQp + PRp - PPr}$$

となる．ところで，最後の方程式は

$$\frac{\alpha R(Pq-Qp)}{PPp} - \frac{R(PPqq-QQpp)}{PPp} + \frac{R(Pr-Rp)}{P} = \frac{\alpha S}{p} - \frac{Pqs}{p}$$

を与える．これより，

$$\alpha = \frac{PPRqq - QQRPP - PPRpr + PRRpp - P^3qs}{PRq - QRp - PPs}.$$

これらの二通りの α の値により，求める方程式がもたらされる．それは結局のところ，ここで取り上げたのと同一の場合について，前に第480条でみいだされたものと同じ形に帰着されるのである．

第20章　方程式の構成

486.　前章では曲線と曲線の交叉について説明したが，これは主として高次方程式の構成のために使う習慣が定着している．実際，二本の曲線が提示されたとき，それらの交点の位置を示す根をもつ方程式が見つかるが，逆に，二本の曲線の交点は方程式の根を知るのに役立つのである．この方法は，ある方程式の諸根を曲線を通じて表示しなければならないというときには，きわめて有用である．というのは，この目的にかなう二本の曲線が描かれたなら，それらの交点に目印をつけるのは容易である．そこでそれらの交点から軸に向かって向軸線を降ろせば，それに対応する切除線は方程式の本当の根を与えてくれるのである．前に言及したことのある不都合な事態が起こることもあるが，その場合，ここで述べたような手順を踏んでみいだされる切除線はことごとくみな方程式の根を与える．ただし，提示された方程式が，このような構成を通じて見つかる根よりも多くの根をもつということは起こりうる．

487.　そこで未知量 x を含む代数方程式が提示されたとして，その根を指定することが要請されているとしてみよう．この場合，二本の曲線，言い換えると x と y の間に成立する二つの方程式を探して，それらから向軸線 y を消去するとき，提示された方程式が帰結するという状勢を実現しなければならない．この作業が遂行されたなら，これらの二曲線が，共通の軸の上方に，切除線の始点も同じにしたうえで描かれて，交点に目印がつけられる．続いてそれらの交点から軸に向かって垂直な向軸線を降ろせば，軸上に切除線が明示される．それらの切除線の各々は，提示された方程式の根に等しいのである．こんなふうにして，求めようとしているすべての根の本当の値が指定される．ただし，方程式に含まれる根の個数が交点よりも多いこともあり，そのような場合はこの限りではない．

488. 与えられた方程式を構成するのに使う二本の曲線を見つける方法について語る前に，話の順序は逆になるが，与えられた二曲線に基づいて解くことのできる方程式を考察したいと思う．まずはじめに，取り上げられる二曲線は二本の直線 EM, FM とし，それらは点 M において交叉するものとする(図97)．直線 EF を軸に取り，この軸上で点 A を切除線の始点に取ろう．この始点の上に垂直線 ABC を立てると，それは直線 EM と点 B において交叉し，直線 FM とは点 C において交叉するとする．$AE=a, AF=b, AB=c, AC=d$ としよう．そうして切除線 AP を $AP=x$，向軸線 PM を $PM=y$ と置くと，直線 EM に対して $a:c=a+x:y$ が成立する．すなわち $ay=c(a+x)$ となる．もう一本の直線 EM に対しては $b:d=b-x:y$ が成立する．すなわち $by=d(b-x)$ となる．これらの方程式から y を消去すると，

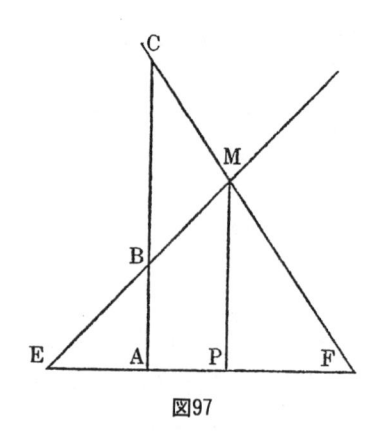

$$bc(a+x)=ad(b-x)$$

すなわち

$$x=\frac{abd-abc}{bc+ad}=\frac{ab(d-c)}{bc+ad}$$

が得られる．それゆえ，二直線の交点を通じて，一次方程式

$$x=\frac{ab(d-c)}{bc+ad}$$

が構成されることになる．あらゆる一次方程式はこの形に帰着される．

489. 直線に続いて描くのが簡単なのは円である．そこで，直線と円の交叉に着目するとどのような方程式が構成されるのか，その様子を観察してみよう．AP を軸に取り，A を切除線の始点に取る(図98)．直線 EM を引き，$AE=a, AB=b$ と置き，座標を $AP=x, PM=y$ と設定すると，$a:b=a+x:y$ となる．したがって，$ay=b(a+x)$．これは直線の方程式である．次に，円の半径を $CM=c$ とし，円の中心 C から軸に向かって垂線 CD を降ろし，$AD=f, CD=g$ と名づけると，$DP=x-f, PM-CD=y-g$ となる．そうして円の性質により，

第20章　方程式の構成

$$CM^2 = DP^2 + (PM - CD)^2$$

が成立するから，円の方程式は

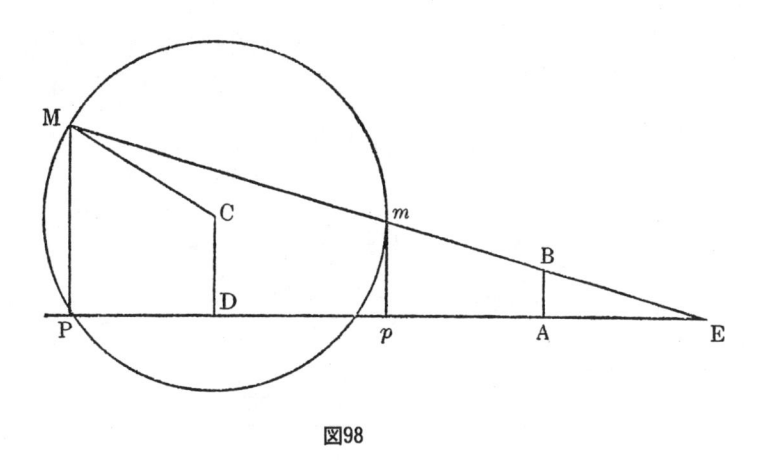

図98

$$cc = xx - 2fx + ff + yy - 2gy + gg = (x-f)^2 + (y-g)^2$$

となる．ところが直線の方程式は $y = \dfrac{ab+bx}{a}$ を与える．これより，

$$y - g = \frac{a(b-g)+bx}{a} = b - g + \frac{bx}{a}.$$

この値をもうひとつの方程式に代入すると，

$$cc = xx - 2fx + ff + (b-g)^2 + \frac{2b(b-g)x}{a} + \frac{bbxx}{aa}$$

すなわち

$$\begin{array}{l} +aaxx + 2ab(b-g)x + aa(b-g)^2 = 0 \\ +bb \quad\quad - 2aaf \quad\quad + aaff \\ \quad\quad\quad\quad\quad\quad\quad\quad\quad\quad\quad -aacc \end{array}$$

という方程式が現れる．この方程式の根は直線と円の交点を仲介してみいだされる．すなわち，M および m から軸に向かって垂線 MP, mp を降ろすと，x の値は AP と Ap になる．

490. この方程式にはあらゆる二次方程式が包摂されているから，これにより二次方程式の一般的構成がわれわれの手にもたらされる．この様子をもう少し詳し

く観察するため，二次方程式

$$Axx + Bx + C = 0$$

が提示されたとしよう．この方程式を上述の形の二次方程式に帰着させるために，まずはじめに初項と初項が一致するように調整しよう．そこで $\frac{aa+bb}{A}$ を乗じると，

$$(aa+bb)xx + \frac{B(aa+bb)x}{A} + \frac{C(aa+bb)}{A} = 0$$

という形になる．他の項についても，対応する項と項を等値すると，

$$2Aab(b-g) - 2Aaaf = B(aa+bb).$$

したがって，

$$af = b(b-g) - \frac{B(aa+bb)}{2Aa}$$

となる．そうして

$$aa(b-g)^2 + aaff - aacc = \frac{C(aa+bb)}{A}$$

なのであるから，

$$(aa+bb)(b-g)^2 - \frac{Bb(b-g)(aa+bb)}{Aa} + \frac{BB(aa+bb)^2}{4AAaa} - aacc = \frac{C(aa+bb)}{A}.$$

したがって，

$$(b-g)^2 = \frac{Bb(b-g)}{Aa} - \frac{BB(aa+bb)}{4AAaa} + \frac{aacc}{aa+bb} + \frac{C}{A}.$$

それゆえ，

$$b - g = \frac{Bb}{2Aa} \pm \sqrt{\frac{aacc}{aa+bb} + \frac{C}{A} - \frac{BB}{4AA}}$$

となる．まだ三つの不定量 a, b, c が未確定のままになっているが，これらは量

$$\frac{aacc}{aa+bb} + \frac{C}{A} - \frac{BB}{4AA}$$

が正の量になるように取らなければならない．なぜなら，そうでなければ $b-g = AB - CD$ は虚量になり，そのために CD もまた虚量になってしまうからである．

491. このようなわけで，$b = 0$ と設定することを妨げるものは何もない．

第20章　方程式の構成

そこでそのようにすると，
$$g = \sqrt{cc + \frac{-BB+4AC}{4AA}} \quad \text{および} \quad f = -\frac{B}{2A}$$
となる．次に，提示された方程式 $Axx+Bx+C=0$ は，もし BB が $4AC$ よりも大きくないなら，実根をもたない．BB が $4AC$ よりも大きい場合には，$\frac{BB-4AC}{4AA}$ は正の量になる．そこでこれを cc と等値すると，
$$c = \frac{\sqrt{BB-4AC}}{2A}.$$
このようにすると g もまた $=0$ となる．それから a について言うと，これは完全に任意であり，数値を算出する必要はない．直線 EM は軸 AP と重なり合う．円の中心 C は，
$$AD = -\frac{B}{2A}$$
と定めて点 D の位置に配置しなければならない．この点を中心にして，半径
$$c = \frac{\sqrt{BB-4AC}}{2A}$$
の円を描けば，その円と軸との交点は提示された方程式の根を指し示している．他方，ここに見られるような非有理式を作らなくてもすむようにするために，$g = c - \frac{k}{2A}$ と置いてみよう．すると，
$$cc - \frac{2ck}{2A} + \frac{kk}{4AA} = cc + \frac{-BB+4AC}{4AA}.$$
これより，
$$c = \frac{kk+BB-4AC}{4kA} \quad \text{および} \quad g = \frac{BB-4AC-kk}{4kA}$$
となる．量 k の決定はわれわれの意のままにまかされている．この量をどのように取っても，線分 CM は軸上に落ちていくから，円を描くには次に述べるようにしなければならない．すなわち，$AD = -\frac{B}{2A}$ と取り，垂線
$$CD = \frac{BB-4AC-kk}{4Ak}$$
を引く．そうして C を中心として，半径が
$$= \frac{BB-4AC+kk}{4Ak}$$
の円を描くと，その円と軸との交点は，提示された方程式の根を明示しているのであ

る．$k=-B$ と定め，$AD=-\dfrac{B}{2A}$ と取ると，$CD=\dfrac{C}{B}$，そうして円の半径は

$$=\dfrac{-BB+2AC}{2AB}=-\dfrac{B}{2A}+\dfrac{C}{B}$$

となる．これより，円の半径は $=AD+CD$ となる．実際上，このように構成するのが一番便利である．

492. 今度は互いに交叉する二つの円を考えよう(図99)．まずはじめに $AD=a$, $CD=b$ とし，この円の半径を $CM=c$ としよう．そうして $AP=x$ および $PM=y$ と置くと，

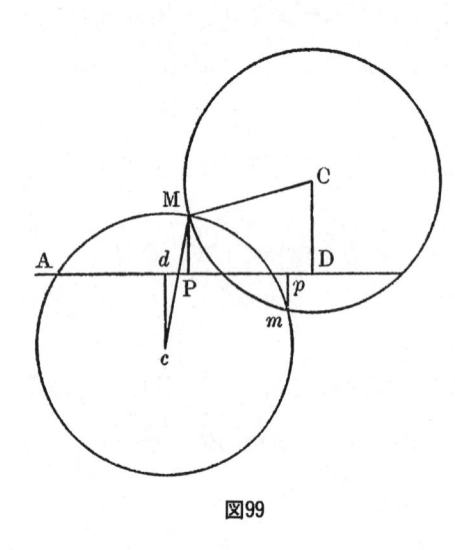

$$DP=a-x,\quad CD-PM=b-y$$

となる．したがって，円の性質により，方程式

$$xx-2ax+aa+yy-2by+bb=cc$$

が得られる．これと同様に，もうひとつの円については $Ad=f$, $dc=g$ と置き，半径を $cM=h$ とすると，

$$xx-2fx+ff+yy+2gy+gg=hh$$

図99

となる．これらの方程式の差を作ると，

$$2(f-a)x+aa-ff-2(b+g)y+bb-gg=cc-hh$$

という方程式が残される．よって，

$$y=\dfrac{aa+bb-ff-gg-cc+hh-2(a-f)x}{2(b+g)}.$$

これより，

$$b-y=\dfrac{bb+2bg-aa+ff+gg+cc-hh+2(a-f)x}{2(b+g)}$$

および

$$a-x=\dfrac{2a(b+g)-2(b+g)x}{2(b+g)}.$$

そして $(a-x)^2+(b-y)^2=cc$ であるから，ここに代入すると，

第20章　方程式の構成

$$+4(a-f)^2xx-4(a+f)(b+g)^2\ x\ +(b+g)^4\ =0$$
$$+2(aa-cc)(b+g)^2$$
$$+4(b+g)^2\ -4(a-f)(aa-ff)\ +2(ff-hh)(b+g)^2$$
$$+4(a-f)(cc-hh)\ +(aa-cc-ff+hh)^2$$

となる．それゆえ，この方程式の支援を受けて，無限に多様な仕方で二次方程式

$$Axx+Bx+C=0$$

が構成される．だが，これと同時に，もっと次数の高い方程式を二つの円の交叉の観察を通じて作るのは不可能であることもまた諒解される．なぜなら，二つの円が二点より多くの点において交叉することはありえないからである．直線と円との交叉を仲介しても二次方程式が構成されるから，その作り方のほうが，二つの円を必要とする上記の構成法よりも好ましい．ただし，線分 a，b，f，g，c，h がごく自然にたやすく決定されてしまうという，いく通りかの特別の場合がたまたま現れることもあり，そんな場合には二つの円のほうが有利である．

493.　今度は円と放物線が交叉する状況を考えよう (図100)．すなわち，円の中心 C から軸 AP に向かって垂線 CD を降ろし，$AD=a$，$CD=b$ とし，円の半径を $CM=c$ とする．このとき，直交座標 $AP=x$，$PM=y$ の間に成立する円の方程式は $(x-a)^2+(y-b)^2=cc$ となる．放物線の軸 FB を，ここで取り上げた軸 AP と垂直に定め，$AE=f$，$EF=g$ とし，放物線のパラメータを $=2h$ とする．このとき，放物線の性質により $EP^2=2h(EF+PM)$．これを記号で表すと，$(x-f)^2=2h(g+y)$ となる．これより，

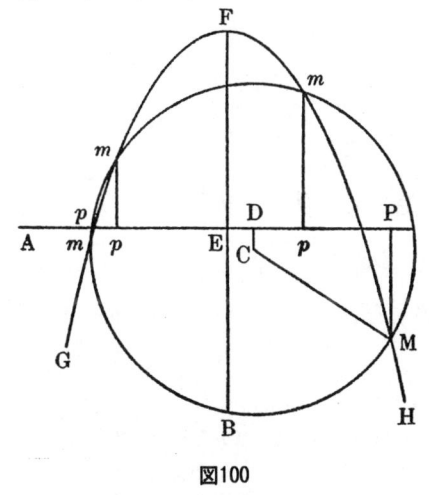

$$y=\frac{(x-f)^2}{2h}-g$$

および

$$y-b=\frac{(x-f)^2}{2h}-(b+g).$$

図100

この値を前の方程式に代入すると，y が消去されて，

$$\frac{(x-f)^4}{4hh} - \frac{(b+g)(x-f)^2}{h} + (b+g)^2 + (x-a)^2 = cc$$

すなわち

$$\begin{array}{llll} x^4 - 4fx^3 + 6ff & xx - 4f^3 & x + f^4 & = 0 \\ & -4h(b+g) & +4fh(b+g) & -4ffh(b+g) \\ & +4hh & -8ahh & +4hh(b+g)^2 \\ & & & +4aahh \\ & & & -4cchh \end{array}$$

となる．この方程式の根は切除線 AP, Ap, Ap, Ap であり，それらに対応する向軸線は交点 M, m, m, m を通過する．

494. この方程式には六個の定量 a, b, c, f, g, h が存在するが，それらのうちの二つの和 $b+g$ は一個の量と見るのが至当である．そこで $b+g=k$ と置くと，定量は五個だけ存在すると見てよいことになる．$CD+EF=b+g=k$ と置くと，方程式

$$\begin{array}{llll} x^4 - 4fx^3 + 6ff\, xx - 4f^3 & x + f^4 & = 0 \\ & -4hk & +4fhk & -4ffhk \\ & +4hh & -8ahh & +4hhkk \\ & & & +4aahh \\ & & & -4cchh \end{array}$$

が得られる．あらゆる四次方程式はこの形に帰着される．実際，方程式

$$x^4 - Ax^3 + Bxx - Cx + D = 0$$

が提示されたとしてみよう．二つの方程式を比較すると，

$$4f = A \quad \text{すなわち} \quad f = \frac{1}{4}A,$$
$$6ff - 4hk + 4hh = B \quad \text{すなわち} \quad \frac{3}{8}AA - 4hk + 4hh = B$$

となる．これより，

第20章　方程式の構成

$$k = \frac{3}{32}\frac{AA}{h} + h - \frac{B}{4h}.$$

また，

$$4f^3 - 4fhk + 8ahh = C.$$

これを書き換えると，

$$\frac{1}{16}A^3 - \frac{3}{32}A^3 - Ahh + \frac{1}{4}AB + 8ahh = C$$

となる．よって，

$$a = \frac{A^3}{256hh} + \frac{A}{8} - \frac{AB}{32hh} + \frac{C}{8hh}.$$

最後に，

$$(ff - 2hk)^2 + 4aahh - 4cchh = D.$$

ところが，

$$ff - 2hk = \frac{B}{2} - 2hh - \frac{AA}{16}$$

および

$$2ah = \frac{A^3}{128h} + \frac{Ah}{4} - \frac{AB}{16h} + \frac{C}{4h}$$

である．これらの値を代入するとcとhを含む方程式が姿を表すが，これらの量を適切に定めて，双方ともに実値をもつように調整しなければならない．

495. あらゆる四次方程式において，第二項は簡単に取り去ることができる．そこでこの除去作業はすでに遂行されたものとして，

$$x^4 + Bxx - Cx + D = 0$$

という形の方程式を構成することを問題にしよう．まずはじめに$f=0$，第二に$k = h - \frac{B}{4h}$，第三に$a = \frac{C}{8hh}$となる．すると，

$$2hk - ff = 2hh - \frac{B}{2} \quad \text{および} \quad 2ah = \frac{C}{4h}$$

となるから，第四に，

$$4h^4 - 2Bhh + \frac{1}{4}BB + \frac{CC}{16hh} - 4cchh = D$$

となる．これより

$$64cch^4 = CC + 4BBhh - 32Bh^4 + 64h^6 - 16Dhh.$$

したがって，

$$8chh = \sqrt{4hh(B-4hh)^2 + CC - 16Dhh}$$

となる．ここで特に留意しなければならないのは，c と h がどちらも実値を取るように調整するというところである．そこで $c = h - \dfrac{B+q}{4h}$ と置くと，

$$CC - 16Dhh + 8Bhhq - 32h^4 q - 4hhqq = 0$$

となる．それゆえ，ここで課されている問題に応えるためには，二通りの場合を区別して考えなければならない．ひとつは D が負の量の場合であり，もうひとつは D が正の量の場合である．

I.

D は正の量 $= +EE$ として，方程式

$$x^4 + Bx^2 - Cx + EE = 0$$

を構成しなければならないものとしよう．この目的のために $q = 0$ と置くと，$c = \dfrac{4hh - B}{4h}$. また，

$$hh = \frac{CC}{16EE} \quad \text{および} \quad h = \frac{C}{4E}$$

となる．これより，

$$c = \frac{CC - 4BE}{4CE}.$$

さらに，

$$k = c = \frac{CC - 4BE}{4CE}, \quad a = \frac{2EE}{C} \quad \text{および} \quad f = 0$$

となる．

II.

今度は D は負の量として，$D = -EE$ と置き，方程式

$$x^4 + Bx^2 - Cx - EE = 0$$

を構成することが課されたとしよう．この場合，

第20章　方程式の構成

$$64cch^4 = CC + 4hh(4hh-B)^2 + 16EEhh$$

となるが，この方程式により，hをどのように取ってもcの実値が与えられる．なぜなら，

$$c = \frac{\sqrt{CC + 4hh(4hh-B)^2 + 16EEhh}}{8hh}$$

となるからである．hは意のままに取ってよいが，各々の場合に応じてcの構成がなるべく簡単になされるようにするのである．この作業ももう遂行されたとする．このとき，前のように，

$$AE = f = 0,\ CD + EF = k = \frac{4hh - B}{4h}$$

および

$$AD = a = \frac{C}{8hh}$$

となる．$E = 0$ と置けば，三次方程式

$$x^3 + Bx - C = 0$$

の構成法が手に入ったことになる．非常によく知られているベイカー[1]の規則はこの構成法に基づいている．

496. 二本の任意の第二目の線(二次曲線)，すなわち円錐曲線を取ろう．それらの方程式は同一の軸と同一の切除線の始点との関連のもとで記述されるものとすると，それぞれ

$$ayy + bxy + cxx + dy + ex + f = 0$$

および

$$\alpha yy + \beta yx + \gamma xx + \delta y + \varepsilon x + \zeta = 0$$

という形に設定される．これらの方程式から，上述した通りの方法によりyを消去しよう．この作業は，これらの方程式を§479で取り扱われた方程式，すなわち

$$P + Qy + Ryy = 0$$

および

$$p + qy + ryy = 0$$

という形の方程式と比較することにより遂行される．ここでPとpはxの二次関数，

Q と q は x の一次関数，R と r は定量である．これより明らかになるように，最終的に帰結する方程式は四次方程式なのである．それゆえ，二本の任意の円錐曲線の交点を通じて，四次よりも高い次数の方程式を構成するのは不可能である．これに対し，四次方程式については，円と放物線により構成可能であることはすでに目にした通りである．これと同じことは第二目の線(二次曲線)の性質からも理解される．第二目の線(二次曲線)は直線と二点において交叉しうる．よって二本の直線は第二目の線(二次曲線)と四個の交点を作りうるが，二本の直線を合わせて考えると第二目の線(二次曲線)のひとつの種が作られる．これより明らかになるように，二本の第二目の線(二次曲線)は互いに四個の点において交叉しうることになる．

497. 二本の曲線を採り，一本は第二目の線(二次曲線)とし，もう一本は第三目の線(三次曲線)として，それらの作る交点を考えよう．これらの曲線は，

$$P + Qy + Ryy = 0$$

および

$$p + qy + ryy + sy^3 = 0$$

という方程式で表されるとする．ここで，P は x の二次元の関数，Q は x の一次元の関数，R は定量である．また，p は x の三次元の関数，q は x の二次元の関数，r は x の一次元の関数，s は定量である．これらの事柄を考慮すると，y を消去して得られる方程式(第480条)が第六目の方程式(六次方程式)になるのは明白である．このようなわけで，第三目の線(三次曲線)と円錐曲線(二次曲線)との交点に着目することにより，六次より高次の方程式を作ることはできないのである．これと同じ事実は，これらの二つの方程式の双方が所属する目の性質に留意しても明らかになる．実際，第三目の線(三次曲線)は直線と三点で交叉するから，二本の直線とは六個の点において交叉する．そうして二本の直線を合わせて取り上げると，第二目の線(二次曲線)のひとつの種が作られるのである．

498. 上述した通りの消去法，それに直線との交点をめぐって繰り広げられた議論とを，より高次の方程式へと移していけば，二本の第三目の線(三次曲線)の交点を通じて九次方程式が構成されること，および二本の第四目の線(四次曲線)の交点を通じて十六次を越えない次数の方程式が構成されることは明らかである．一般に，二本

第20章 方程式の構成

の曲線を採り，一本は位数 m の目の線（m次曲線）とし，もう一本は位数 n の目の線（n次曲線）とすると，mn 次を越えない次数の方程式がことごとくみな構成される．たとえば次数100の方程式を構成するには，二本の第十目の線（十次曲線）か，あるいは第五目の線（五次曲線）を一本と第二十目の線（二十次曲線）を一本等々，100という数を二つの因子に分解する仕方に応じ，適切な二本の曲線が必要になる．構成するべき方程式の次数が非常に大きくて，しかも素数で表されていたり，都合のよい因子をもたない数で表されるという場合には，その次数を表す数値の代わりに，適切な因子をもつ別の数を取って代用する．というのは，何かある二本の曲線を使ってある高次方程式の構成が可能になるとするなら，同じ二曲線により，もっと次数の低い方程式もまた構成されるからである．たとえば，三十九次の方程式を構成するためには，六次曲線と七次曲線を使うことができる．なぜなら，そのような二本の曲線を使うと四十二次の方程式が構成されるが，この構成法は第三目の線（三次曲線）と第十三目の線（十三次曲線）を用いる構成よりも簡明と見てしかるべきなのである．

499. ここまでの事柄を見れば明らかなように，どの方程式もさまざまな仕方で，というよりもむしろ無限に多くの仕方で，二本の曲線の交点を通じて構成可能であり，構成された方程式の実根もまたこの手順を踏んで指定される．だが，そのような無限に多くの構成様式のうち，もっとも単純で，しかももっとも簡単に描くことのできる曲線が登場するものを選択するようにするとよい．しかもこの選択の実行に当たり，わけても交点への着目を通じてわれわれの手にあらゆる実根がもたらされるように留意しなければならない．これは，虚の交点をもたない二曲線を採れば実現される．ところで，すでに見たように，もし一方の曲線の方程式において向軸線 y が x の一価関数に等しいなら，虚の交点が現れることはない．実際，その場合，その曲線は虚の向軸線をもたないから，たとえもう一方の曲線にどれほど多くの虚の向軸線が含まれていようとも，虚の交点が現れるという事態は起こりえない．そこで，この構成作業において，一方の曲線としてはつねに，その方程式が $P+Qy=0$ という形になるものを採用することにする．ここで P と Q は x の一価関数を表す．

500. そこで，ある任意の方程式が提示されたとき，方程式 $P+Qy=0$ で表される一本の適切な曲線を選定する．もう一本の曲線の方程式には，y のところに値 $-\dfrac{P}{Q}$ を代入すると提示された方程式が帰結する，という性質が備わっていなければ

ならない．それゆえ，逆に，提示された方程式において$-\frac{P}{Q}$のところにyを代入することにより，もう一本の曲線の方程式が作り出される．たとえば，方程式

$$x^4 + Ax^3 + Bxx + Cx + D = 0$$

が提示されたとして，一方の曲線として方程式$ay = xx + bx$で表される放物線を取ろう．この方程式より，$xx = ay - bx$．この値を提示された方程式に何回でも自由に繰り返して代入すると，

$$x^4 = aayy - 2abxy + bbxx$$
$$Ax^3 = \qquad + Aaxy - Abxx$$

となる．したがって，

$$aayy + a(A-2b)xy + (B - Ab + bb)xx + Cx + D = 0$$

という形の第二目の方程式(二次方程式)が得られる．この方程式で表される曲線と曲線$ay = xx + bx$との交点は，提示された方程式の根を教えてくれる．

501. これらの二曲線は，任意の不定定量aとbに起因して無限に多様な仕方で変化しうるが，それよりもはるかに多彩な多様性もまた引き起こされる．実際，前の方程式より$xx - ay + bx = 0$となるから，$acxx - aacy + abcx = 0$ともなるが，これを上記の通りの道筋を通って一番最後に得られた方程式に加えると，非常に守備範囲の広い第二目の線(二次曲線)の方程式が手に入る．その曲線と当初の曲線との交点もまた，提示された方程式の根を教えてくれるのである．もう少し詳しく言うと，この構成に際して使われる二本の曲線の方程式は次の通りである．

I.
$$ay = xx + bx$$

II.
$$aayy + a(A-2b)xy + (B - Ab + bb + ac)xx - aacy + (C + abc)x + D = 0$$

後者の方程式を適切に調節すると，任意の円錐曲線がそこに包摂されるようにすることが可能になる．詳しく言うと，注目しなければならないのは量

$$AA - 4B - 4ac$$

であり，もしこの量が正なら，曲線は双曲線になり，$=0$なら放物線になり，負なら楕円になる．また，

第20章　方程式の構成

$$b = \frac{1}{2}A \quad \text{および} \quad aa = B - \frac{1}{4}AA + ac$$

すなわち

$$c = a + \frac{AA}{4a} - \frac{B}{a}$$

と取れば，曲線は円になる．実際，このとき，曲線の方程式は

$$aayy + aaxx - \left(a^3 + \frac{AAa}{4} - Ba\right)y + \left(C + \frac{Aaa}{2} + \frac{A^3}{8} - \frac{AB}{2}\right)x + D = 0$$

すなわち

$$\left(y - \frac{a}{2} - \frac{AA}{8a} + \frac{B}{2a}\right)^2 + \left(x + \frac{C}{2aa} + \frac{A}{4} + \frac{A^3}{16aa} - \frac{AB}{4aa}\right)^2$$

$$= \left(\frac{a}{2} + \frac{AA}{8a} - \frac{B}{2a}\right)^2 + \left(\frac{C}{2aa} + \frac{A}{4} + \frac{A^3}{16aa} - \frac{AB}{4aa}\right)^2 - \frac{D}{aa}$$

となる．ここで，右辺は円の半径の平方である．

502. このようなわけで，円錐曲線を考えるだけで無限に多くの曲線が手に入り，それらの各々を放物線 $ay = xx + bx$ といっしょに描くとき，そのつど交点への着目を通じて，提示された方程式の根がもたらされる．どの曲線を選んでも，放物線 $ay = xx + bx$ との交点はつねに同じである．したがって，これらの曲線同士もまたどれもみな相互に同一の諸点において交叉することになる．それゆえ，これらの無限に多くの曲線の中から任意に二本の曲線を取り出して(ただし，はじめに取り上げた放物線は除く)，それらを共通の軸の上に描くと，交点に着目することにより，提示された方程式の諸根がつねに明示されるのである．こんなふうにして，円と放物線により(この様子はすでに目にした通りである)，あるいは二本の放物線により，あるいは放物線と楕円もしくは放物線と双曲線により，あるいは二本の楕円により，あるいは二本の双曲線により，あるいは楕円と双曲線を組み合わせることにより，方程式を構成することができる．この目的を念頭に置いて，もっと高い位数の曲線を利用すれば，構成法の多様さは著しく増大する．

503. 同様に，一方の曲線として方程式 $y = P$ で表される放物線状の曲線を採用すれば，いっそう次数の高い方程式の構成が可能になる．たとえば，方程式

$$x^{12} - f^{10}xx + f^9 gx - g^{12} = 0$$

が提示されて，この方程式の構成が課題として課されたとして，放物線状の第四目の方程式(四次方程式) $x^4 = a^3 y$ を取り上げよう．すると $x^{12} = a^9 y^3$．これを代入すると，第三目の線(三次曲線)の方程式

$$a^9 y^3 - f^{10} xx + f^9 g x - g^{12} = 0$$

が現れる．この方程式に当初の方程式 $x^4 - a^3 y = 0$ の任意の倍数を加えると，無限に多くの第四目の線(四次曲線)の方程式が作られるが，それらのどの二つを組み合わせても，提示された方程式が構成される．

504. 上述の構成法に基づいて手順をすすめるとき，構成の対象として提示された方程式をもとにして，十分に適切な構成法が導かれないこともある．そのようなことが起こるのであれば，提示された方程式に x または xx または x^3 または x のより高次の冪を乗じる．そのようにすると元の方程式の根にいくつかの根 0 が付け加わるが，それらは切除線の始点において観察される交点により明示される．したがって，提示された方程式の真の諸根とは簡単に区別される．それゆえ，提示された方程式の次数が高くなるとしても，かえっていっそう便利な構成法が得られることがある．たとえば，三次方程式

$$x^3 + A xx + B x + C = 0$$

が提示されたとしてみよう．$xx = ay$ と置き，方程式の構成に使う曲線のひとつを放物線とすると，もうひとつの曲線は双曲線になる．なぜなら，xx の代わりに ay を代入すると，

$$a x y + A a y + B x + C = 0$$

という方程式が得られるからである．あるいは，この方程式に当初の方程式 $cxx - acy = 0$ を加えると，いっそう一般的な方程式

$$a x y + c x x + a(A - c) y + B x + C = 0$$

が得られる．ところがこれもまたつねに双曲線の方程式なのである．円か楕円か放物線を使うほうがいっそう便利のように見えるのであれば，提示された方程式に x を乗じる．すると，

$$x^4 + A x^3 + B xx + C x = 0$$

という方程式が得られるが，これを前に構成した四次方程式と比較すると，$D = 0$ となっている．この方程式はつねに，円と放物線を用いて構成される．

第20章　方程式の構成

505.　個々の次数を指定するとき，その次数をもつ方程式はどれもみな二本の代数曲線の交点への着目を通じて構成することができるし，しかもこれは無限に多くの仕方で可能なのであるから，それらの二曲線の一方を別の曲線に取り替えることも許されることになり，ここにひとつの問題が発生する．それは，ある与えられた方程式は，ある与えられた一本の曲線の助けを借りてどのようにして構成されうるであろうか，という問題である．まずはじめに留意しなければならないのは，その与えられた曲線には，その向軸線が x の一価関数で表されるという性質が備わっていなければならないという一事である．これは，虚の交点が現れて方程式の構成の妨げにならないようにするための配慮である．実際には，それでもなお十分とは言えない．なぜなら，曲線は，あるいは曲線の一部分が指定されたのであればその部分について言うと，方程式のあるひとつの根に等しい切除線をもつことがある．これは，普通，求められているものが，提示された方程式のひとつの根のみの場合に付け加えられる条件である．ところが，たとえその曲線もしくは曲線弧上のある点に対応する切除線が本当の根を与えるとしても，それにもかかわらずこの曲線弧の上には交点がまったく見られないという現象が起こりうるのである．というのは，その根は虚の交点に由来して現れるのかもしれないし，あるいはまた，同じ切除線に対応する曲線の別の分枝の交点に由来して現れることがあるのかもしれないからである．このようなわけなので，この種の構成法の全般にわたり，真の根幹を形作る事柄についてはすでに十分に解明を行ってきたことでもあるし，この有益というよりはむしろ奇妙な印象の伴う問題にこれ以上立ち入るのは差し控えたいと思う．

註記

1)　(329頁)　トマス・ベイカー(1625？-1689年)は数学を愛好したイギリスの聖職者で，『幾何学の鍵，あるいは錠のはずれた方程式の扉』(1684年)の著者である．デカルトは円と放物線を用いて5次以下の次数のあらゆる方程式を構成する方法を提示したが，ベイカーはそれを改良した．

第21章　超越的な曲線

506.　これまでのところ，われわれの議論の対象は代数曲線であった．代数曲線には，軸上で任意の切除線を切り取るとき，それに対応する向軸線が切除線の代数関数を用いて書き表わされるという性質，言い換えると，同じことではあるが，切除線と向軸線との間の関係が代数方程式を用いて表わされるという性質が備わっている．これよりおのずと明らかになるように，もし向軸線の値が切除線の代数関数として表示されないのであれば，その曲線は代数曲線の仲間には数えられない．代数的ではない曲線は**超越的な曲線**と呼ぶ慣わしになっている．それゆえ，超越曲線を規定するには，「その切除線と向軸線の間の関係が代数方程式では書き表わされない曲線は超越的と言われる」というふうに言えばよい．したがって向軸線 y が切除線 x のある超越関数と等値される場合，その曲線は超越関数の範疇に算入しなければならないのである．

507.　先行する諸条で説明を加えてきたのは，主として二種類の超越量である．一方は対数量であり，もう一方は円弧，言い換えると角である．それゆえ，もし向軸線 y が切除線 x の対数に等しくて $y = \log x$（訳者註．対数の原文表記は lx）となるか，あるいは，その正弦または余弦または正接が切除線 x で表されて $y = \arcsin x$（訳者註．逆正弦関数の原文表記は $A \cdot \sin. x$）または $y = \arccos x$（訳者註．逆余弦関数の原文表記は $A \cdot \cos. x$）または $y = \arctan x$（訳者註．逆正接関数の原文表記は $A \cdot \tang. x$）となるなら，あるいはまた，ある曲線を表す x と y の間の方程式の中にこの種の対数や角の値が顔を出すだけでもすでに，その曲線は超越曲線なのである．これらの曲線はごくわずかな種類の超越曲線にすぎない．実際，これらのほかにもなお，無数の超越的表示式が存在する．それらの出所については無限解析の中で立ち入って説明がなされるであろう．このような

第21章　超越的な曲線

次第で，超越曲線の数は代数曲線の数をはるかに凌駕するのである．

508. 　関数は代数的でなければ超越的である．それゆえ，ある曲線の方程式の中に超越関数の姿が見られるなら，その曲線は，その超越関数が存在するために超越曲線になる．代数方程式について言うと，代数方程式というものは，有理的であって整数以外の冪指数の姿が見えないか，あるいは非有理的ではあるが，そこに見られるのは分数冪指数のみであるかのいずれかである．後者の場合，方程式はつねに，前者の場合のような有理的な形に帰着される．曲線の方程式は座標 x と y の間の関係を表わすが，その方程式には，有理的ではなく，しかも有理的な形に帰着させることもできないという性質が備わっているとしよう．そのとき，その曲線は超越曲線である．もし方程式の中に，整数でも分数でもない冪指数をもつ冪が現われるなら，その方程式はいかなる仕方でも有理的な形に帰着させることはできない．したがって，そのような方程式で表される曲線は超越曲線である．こうして第一種の超越曲線，すなわち，もっとも単純な種類の超越曲線が生じる．そのような曲線の方程式には非有理的な冪指数が実際に姿を見せるのである．この種の方程式には対数も円弧も姿を見せず，ただ非有理数の概念の認識のみを元にして発生するから，第一種の超越曲線はどちらかといえばむしろ通常の幾何学の守備範囲に所属するようにも見える．そうしてまさしくこの状勢に論拠に求めて，このような曲線はライプニッツにより**内越的**(インターセンデンタル)[1]）という名で呼ばれたのである．代数的曲線と超越的曲線の真ん中あたりの位置を占めるというほどの意味合いである．

509. 　方程式 $y = x^{\sqrt{2}}$ で表される曲線は超越的である．実際，この方程式のどれほど高次の冪を作っても，この方程式は決して有理的な形には還元されない．このような方程式を幾何学的な手法をもって作るのは不可能である．なぜなら，冪指数が有理数であるもの以外の冪は，幾何学的に明示することができないからである．このようなわけで，この種の曲線は代数的な曲線とは著しく異なっている．冪指数 $\sqrt{2}$ を単に近似的に提示したいのであれば，$\sqrt{2}$ の代わりに，値 $\sqrt{2}$ を近似的に表示する分数の系列

$$\frac{3}{2},\ \frac{7}{5},\ \frac{17}{12},\ \frac{41}{29},\ \frac{96}{70}$$

に所属する分数を用いるとよい．そのようにすると，探究したい曲線に接近していく

第三目，第七目，第十七目，第四十一目・・・の代数曲線(3次，7次，17次，41次・・・の代数曲線)の系列が作られる．$\sqrt{2}$ は，無限に大きな数を分子と分母にもつ分数を用いるのではない限り，有理的に表示するのは不可能である．そのため，この方程式 $y=x^{\sqrt{2}}$ で表される曲線は無限に大きな位数をもつ線の目(もく)に入れなければならないことになり，まさしくそれゆえに代数曲線と見ることは許されないのである．これに加えて，$\sqrt{2}$ は二つの値を包含する．一方の値は正で，もう一方の値は負である．この事情に起因して y はつねに二つの値を獲得し，二本の曲線が対をなして描かれることになる．

510. 次に，もしこの曲線を精密に描きたいというのであれば，対数の支援なしにこの作業を遂行するのは不可能である．実際，$y=x^{\sqrt{2}}$ として対数を取ると，$\log y = \sqrt{2} \log x$ となるから，切除線の対数に $\sqrt{2}$ を乗じると向軸線の対数が与えられることになる．そこで対数表を使えば，任意の切除線 x に対して，対応する向軸線が指定される．たとえば $x=0$ なら $y=0$ となる．$x=1$ なら $y=1$ となる．これらの値は対数を取る前の元の方程式を見ればごく簡単に導かれる．ところが $x=2$ なら $\log y = \sqrt{2} \log 2 = \sqrt{2} \cdot 0.3010300$．そうして $\sqrt{2} = 1.41421356$ より $\log y = 0.4257207$．したがって，近似的に $y=2.665144$．$x=10$ なら $\log y = 1.41421356$．よって $y=25.954554$ となる．こんなふうにして個々の切除線に対して，対応する向軸線の数値が算出され，曲線が描かれる．ただしこれは切除線 x に正の値が割り当てられるときの話である．そうではなくて切除線 x が負の値を取るなら，そのとき y の値が実になるか虚になるかを明言するのはむずかしい．たとえば $x=-1$ なら y の値は $(-1)^{\sqrt{2}}$ になるが，$\sqrt{2}$ の分数の系列による近似は何の助けにもならず，この値を規定するのは不可能である．

511. 虚の構成要素が入り込んでいる方程式は超越的な種類の方程式の仲間に繰り込むべきであり，これに疑いをはさむ理由はきわめてとぼしい．他方，虚の構成要素を内包する表示式が実の確定値をもたらすという事態は確かにありうる．このような現象の事例のいくつかは以前すでに姿を見せたことがあるから，ここでは一例を挙げれば十分である．それは，

$$2y = x^{+\sqrt{-1}} + x^{-\sqrt{-1}}$$

という例である．この例では $x^{+\sqrt{-1}}$ と $x^{-\sqrt{-1}}$ のどちらも虚量だが，それにもかかわら

第21章　超越的な曲線

ず両者の和は実の値をもつのである．実際，$\log x = v$ としよう．e は，その双曲線対数(訳者註．自然対数ともいう)が 1 に等しい数とすると，$x = e^v$ となる．この値を x のところに代入すると，

$$2y = e^{+v\sqrt{-1}} + e^{-v\sqrt{-1}}$$

となる．ところで第138条(訳者註．『無限解析序説』第一巻の第138条)で見たように，

$$\frac{e^{+v\sqrt{-1}} + e^{-v\sqrt{-1}}}{2} = \cos v.$$

これより

$$y = \cos v = \cos \log x$$

となる．すなわち，x の任意の正の数値が提示されたとき，その双曲線対数を取れば，半径 1 の円周上で，その対数値に等しい長さの弧が切り取られる．その弧の余弦を作ると，向軸線 y の値が与えられるのである．たとえば $x = 2$ と取ると，

$$2y = 2^{+\sqrt{-1}} + 2^{-\sqrt{-1}}$$

となるが，このとき

$$y = \cos \log 2 = \cos 0.6931471805599$$

となる．ところで長さが $3.1415926535\cdots$ に等しい弧のもとには 180° の大きさの角が広がっているから，黄金則(訳者註．ゴールデン・ルール＝比例の規則のこと)により，長さが $\log 2$ に等しい弧のもとには $39°, 42', 51'', 52''', 8''''$ の大きさの角が広がっていることがわかる．この角の余弦は 0.76923890136400 だが，この数値は切除線 $x = 2$ に対応する向軸線 y の値を与えている．このような表示式には対数と円弧がともに現れているから，正しく超越的表示式の仲間に数えられる．

512.　超越曲線の世界で先頭の位置を占めるのは，代数的量のほかに対数が含まれている方程式で表される曲線である．そのような曲線のうちでもっとも単純なのは，方程式

$$\log \frac{y}{a} = \frac{x}{b} \quad \text{すなわち} \quad x = b \log \frac{y}{a}$$

で表される曲線である．ここで，対数はどのような種類のものを採用しても同じことになる．というのは，定量 b を適切に選んで乗じることにより，あらゆる対数系は，ある同一の対数系に帰着されるからである．そこで文字 log は双曲線対数を表わすも

のとしよう．方程式 $x = b \log \dfrac{y}{a}$ で表される曲線は普通，**対数曲線**という名で知られている．e は，その対数が 1 になる数，すなわち $e = 2.71828182845904523536028$ とすると，

$$e^{x:b} = \dfrac{y}{a} \quad \text{すなわち} \quad y = a e^{x:b}$$

となる．この方程式を見れば，対数曲線というものの性質がたやすく認識される．すなわち x のところに，あるアリトメチカ的数列に沿って並んでいく値を次々と代入すると，対応する向軸線 y の諸値はある幾何学的数列を作っていく．この構成の状況がいっそう簡明に目に見えるようにするために，

$$e = m^n \quad \text{および} \quad b = n c$$

と置くと，

$$y = a m^{x:c}$$

となる．ここで m は，1 よりも大きい任意の正の数を表わすものとしてよい．そこで

$$x = 0, c, 2c, 3c, 4c, 5c, 6c \cdots$$

とすると，

$$y = a, a m, a m m, a m^3, a m^4, a m^5, a m^6 \cdots$$

となる．x に負の値を割り当てて，

$$x = -c, -2c, -3c, -4c, -5c \cdots$$

と置くと，

$$y = \dfrac{a}{m}, \dfrac{a}{m m}, \dfrac{a}{m^3}, \dfrac{a}{m^4}, \dfrac{a}{m^5} \cdots$$

となる．

513. これより明らかなように(図101)，向軸線 y はいたるところで正の値をもち，しかも向軸線 x が正の方向に限りなく増大していくのにつれて，向軸線 y もまた無限に大きくなっていく．他方，向軸線 x が軸のもう一方の負の方向に沿って限りなく増大していくと，向軸線 y は無限に減少していく．したがって向軸線の軸は曲線の漸近線 Ap である．もう少し詳しく言うと，A を軸の原点に取ると，この点において向軸線 $AB = a$ となる．切除線 $AP = x$ を取ると，向軸線は

第21章　超越的な曲線

$$PM = y = a m^{x:c} = a e^{x:b}$$

となる．したがって，

$$\log \frac{y}{a} = \frac{x}{b}$$

となる．それゆえ，切除線 AP を定量 b で割ると，比 $\dfrac{PM}{AB}$ の対数が表わされることになる．切除線の始点を軸上の他の点 a に定めても，方程式は依然として類似の形を保持する．実際，$Aa = f$ として，$aP = t$ と置くと，$x = t - f$ により，

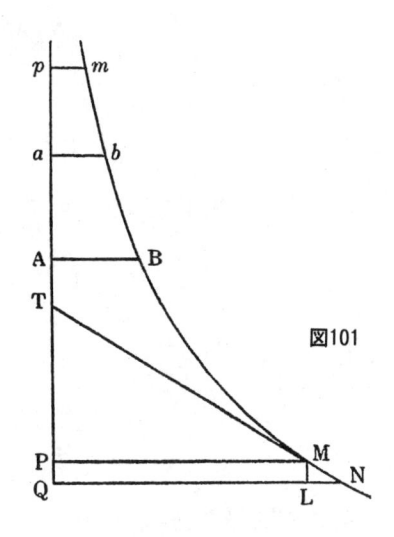

$$y = a e^{(t-f):b} = a e^{t:b} : e^{f:b}$$

図101

となる．定量 $a : e^{f:b}$ を g と等値すると，$y = g e^{t:b}$ となる．よって，$ab = g$ より，

$$\frac{aP}{b} = \log \frac{PM}{ab}$$

となることがわかる．そこで相互に距離 Pp だけ離れている二本の任意の向軸線 PM と pm を引くと，

$$\frac{Pp}{b} = \log \frac{PM}{pm}$$

となる．この関係式は定量 b に依存している．定量 b はさながら対数曲線のパラメータとでもいうような役割を果たしている．

514. 対数曲線上の任意の点における接線もまたたやすく規定される．実際，$Ap = x$ と置くと，$PM = a e^{x:b}$ となる．はじめに引いた向軸線との距離が $PQ = u$ だけ離れた位置に，もう一本の向軸線 QN を引いて配置すると，

$$QN = a e^{(x+u):b} = a e^{x:b} \cdot e^{u:b}$$

となる．軸に平行に線分 ML を引くと，

$$LN = (QN - PM) = a e^{x:b} (e^{u:b} - 1).$$

点 M と N を通り，軸と点 T において交叉する直線 NMT を引くと，

$$LN:ML=PM:PT$$

となる．よって，

$$PT=u:\left(e^{u:b}-1\right).$$

前に示したように，無限級数を用いて，

$$e^{u:b}=1+\frac{u}{b}+\frac{uu}{2bb}+\frac{u^3}{6b^3}+\cdots$$

と表示される．したがって，

$$PT=\frac{1}{\frac{1}{b}+\frac{u}{2bb}+\frac{uu}{6b^3}+\cdots}$$

となる．そこで間隔 $PQ=u$ を 0 にしてみよう．すると点 M と点 N は重なり合うから，直線 NMT は曲線の接線になる．接線影 PT は b に等しく，したがって定量である．これは対数曲線というものの際立った性質である．対数曲線のパラメータ b は同時に，いたるところで同じ大きさの定量をもつ接線影の長さでもあるのである．

515. ここでひとつの問題が発生する．それは，こんなふうにしてはたして対数曲線の全体像が描かれるのか，あるいは双方向に無限に伸びていく分枝 MBm のほかにも，対数曲線は他の分枝をもつことはないのかどうかという問題である．実際，前にすでに目にしたように，二本の分枝が収斂していくことのない漸近線というものは存在しない．そこで対数曲線は，軸の両側に位置して，しかも類似の形をもつ二つの部分から作られていて，漸近線はダイアメータになると信じた人もいるのである．だが，方程式 $y=ae^{x:b}$ はこのような性質を決して語らない．実際，$\frac{x}{b}$ が整数もしくは奇分母をもつ分数のときは，向軸線 y はただひとつの実値，しかも正の値をもつ．しかしもし分数 $\frac{x}{b}$ が偶分母をもつとするなら，そのとき向軸線 y は二つの値を与える．ひとつは正の値であり，もうひとつは負の値である．よって，漸近線のもう一方の側にもこの曲線の点が存在する．それゆえ，対数曲線は漸近線の下方に無限に多くの離散点をもつことになる．それらの点は連続曲線を作らない．たとえ点と点との間隔が無限に小さいため，連続曲線かと惑わされるようなことがあるとしてもである．ところがこれは代数曲線には決して見られないパラドックスである[2]．このパラドックスから，不思議さにおいて隔絶するもうひとつのパラドックスも生じる．実際，負の数の対数は虚量であるから(このことについては，おのずから明らかであると言っ

てもいいし，$\log(-1)$ と $\sqrt{-1}$ の比が有限値をもつ[2]ことによりわかると言ってもいい），$\log(-n)$ は虚量である．これを i と等値しよう．ところで平方数の対数はその平方数の平方根の対数の二倍に等しいから，$\log(-n)^2 = \log n^2 = 2i$ となる．ところが $\log nn$ は実量で，$2\log n$ に等しい．すると実量 $\log n$ と虚量 i はどちらも実量 $\log nn$ の半分であることになってしまう．そのうえ任意の数は，その半分に等しい数を二つもつ．ひとつは実量であり，もうひとつは虚量である．同様に任意の数について，その三分の一に等しい量が三つ存在する．それらのうちひとつだけが実量である．また，任意の数について，その四分の一に等しい量が四つ存在する．それらのうちひとつだけが実量である．この状勢は以下も同様に続いていく．このパラドックスを通常の量の観念をもって解消するにはどのようにしたらよいのであろうか．この点は明瞭ではない．

516. 先ほど言い添えた事柄が承認されたなら，数 a の半分は $\frac{a}{2} + \log(-1)$ と $\frac{a}{2}$ であることが明らかになる．実際，前者の量の二倍は，

$$a + 2\log(-1) = a + \log(-1)^2 = a + \log 1 = a$$

となる．ここで，たとえ $\log(-1) = 0$ ではないとしても，

$$+ \log(-1) = -\log(-1)$$

であることに留意しなければならない．実際，$-1 = \frac{+1}{-1}$ であるから，

$$\log(-1) = \log(+1) - \log(-1) = -\log(-1)$$

となるのである．同様に，$\sqrt[3]{1}$ の値は 1 ばかりではなく $\frac{-1 \pm \sqrt{-3}}{2}$ でもあるから，

$$3\log\frac{-1 \pm \sqrt{-3}}{2} = \log 1 = 0$$

となる．したがって同一の量 a の三分の一は，

$$\frac{a}{3}, \quad \frac{a}{3} + \log\frac{-1 + \sqrt{-3}}{2} \quad \text{および} \quad \frac{a}{3} + \log\frac{-1 - \sqrt{-3}}{2}$$

となる．実際，これらの各々の表示式を三倍すると同じ量 a が手に入るのである．この疑問をそのまま受け入ることはできそうにないが，これを解決する方向に向かうべく，もうひとつのパラドックスを報告しておかなければならない．すなわち，どの数にも無限に多くの対数が存在し，しかもそれらのうち実量であるものはひとつより多くは存在しないのである．たとえば 1 の対数は 0 に等しいが，それにもかかわらずそ

のほかにも1の虚の対数が無限に多く存在する．それらは

$$2\log(-1), \quad 3\log\frac{-1\pm\sqrt{-3}}{2}, \quad 4\log(-1) \quad \text{および} \quad 4\log(\pm\sqrt{-1})$$

などである．これらのほかにも1の冪根を作ることにより与えられるものが無数に存在する．この命題は，これに先行する命題に比べてはるかにもっともらしい感じがある．なぜなら，$x = \log a$ と置くと，$a = e^x$ となる．したがって

$$a = 1 + x + \frac{xx}{2} + \frac{x^3}{6} + \frac{x^4}{24} + \cdots$$

となるが，これは無限次元の方程式であるから，x が無限に多くの根をもっても驚くほどのことはないのである．後者のパラドックスについてはこんなふうに解明がなされたが，それにもかかわらず前者のパラドックスのほうは依然としてその力を保持している．われわれは軸の下方において無数の離散点が対数曲線に所属することを示したが，この事実がある限り，前者のパラドックスはなお生きて働いているのである．

517. ところでこのような無限に多くの離散点が存在することははるかに明白な一事であり，その様子は方程式 $y = (-1)^x$ を考察することにより明確に示される．実際，x が偶整数であるか，あるいは偶数の分子をもつ分数であれば，そのつど $y = 1$ となる．しかし，もし x が奇整数であるか，あるいは分子も分母も奇数の分数であるなら，$y = -1$ となる．そのほかのあらゆる場合，すなわち x が偶数の分母をもつ分数の場合や，あるいは非有理数の場合には，y の値は虚量である．それゆえ，方程式 $y = (-1)^x$ は軸の両側に，軸から距離1だけ離れた位置にある無限に多くの離散点をもたらすことになる．それらの点はどの二つも隣接しない．だが，それにもかかわらず，次に述べるような事態が妨げられるわけではない．すなわち，指定可能ないかなる量よりも小さな距離が与えられたとしても，その距離ほどの隔たりしかない二点が軸の同じ側に存在するのである．実際，切除線のどれほど近接する二つの値の間にも，分母が奇数である分数がひとつといわず無限に多く現われて，それらの各々から，提示された方程式に所属する点が生じる．これらの点は，軸に平行な，いずれも軸から距離1だけ離れたところに配置されている二本の直線上にのっている．これらの直線上には，方程式 $y = (-1)^x$ で表される点がひとつも配分されない区間，というよりもむしろそのような点が無限に多く配分されない区間は存在しえないのである．これと同じ変則的な事態は方程式 $y = (-a)^x$ でも起こるし，負の量の不定冪指数を作ることになる他の類似の方程式にも見られる．ともあれこの時点で必要だったのは，

第21章　超越的な曲線

このような超越曲線にのみ起こりうるパラドックスを開示することであった．

518.　対数が姿を見せる方程式のみならず，変化量を冪指数にもつ冪が現われる方程式もまたすべて，この種の対数に依拠する曲線の仲間に所属する．というのは，そのような冪指数が変化量になっている冪は，対数を使って作られる数へと姿を変えていくからである．そこでこのタイプの曲線は**指数曲線**とも呼ばれる慣わしになっている．方程式 $y = x^x$ すなわち $\log y = x \log x$ という方程式で表される曲線はこの種の曲線である．$x = 0$ と置くと $y = 1$ となる．$x = 1$ と置くと $y = 1$ となる．$x = 2$ と置くと $y = 4$ となる．$x = 3$ と置くと $y = 27$ となる．BDM（図102）は軸 AP に関するこの曲線の形を表わしている．$AC = 1$ と取ると，$AB = CD = 1$ となる．A と C の間では向軸線は 1 より小さい．実際，$x = \frac{1}{2}$ なら，

$$y = \frac{1}{\sqrt{2}} = 0.7071068$$

となる．引き続く叙述の中で示されるように，向軸線が極小になるのは，切除線が

$$x = \frac{1}{e} = 0.36787944$$

になるときで，そのとき向軸線は $y = 0.6922005$ となる．この曲線は，点 B を越えていった先ではどんなふうになっているのであろうか．その様子を観察しよう．そのような地点では切除線 x は負になるはずであるから，$y = \frac{1}{(-x)^x}$ となる．これでわかるように，その該当部分は，軸に向かって収斂していく離散点のみで作られていることになる．軸はさながら漸近線であるかのようである．これらの点は，x が偶数であるか，あるいは奇数であるのに応じて，軸の両側に配分されていく．もとより軸 AP の下側にも，x として偶数の分母をもつ分数を取れば，このような点が無限に多く分布する．実際，$x = \frac{1}{2}$ と置けば，

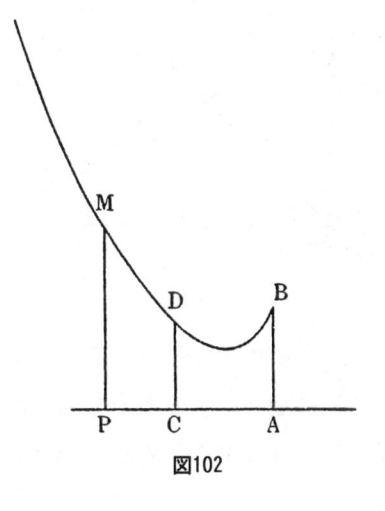

$$y = +\frac{1}{\sqrt{2}} \quad \text{および} \quad y = -\frac{1}{\sqrt{2}}$$

図102

となる．このようなわけで，連続曲線 MDB は点 B において突如として終末点に達

することになるが，これは代数曲線に備わっている性質には反する事態である．連続性が延長されていくのではなく，さながらその代わりでもあるかのように，この曲線は離散点をもつのである．こうして，あたかも間断なくつながっているかのように見えるこのような諸点の実在感が，いっそう明瞭に感知される．実際，もしこれらの点の存在が承認されないのであれば，曲線の全形は点Bにおいて唐突に途切れるという判断を余儀なくされてしまうほかはない．ところがそれは連続性の法則に反し，したがって不合理なのである[3]．

519. 図を描く作業が対数を用いて遂行可能なこの種の曲線はほかにも無数にあるが，それらのうちには，図を描くのがそれほど容易ではなさそうに見えるもの，それにもかかわらず変化量の適切な置き換えの支援を受けて作業を仕上げることができるものが存在する．方程式

$$x^y = y^x$$

で表される曲線はそのような曲線である．この方程式を見ればすぐに洞察されるように，向軸線 y がつねに切除線 x に等しいなら，この方程式はみたされる．したがって軸に対して半直角の角度の傾きをもって伸びていく直線はこの方程式をみたす．ところがそれにもかかわらず，この方程式の力の及ぶ範囲は直線の方程式 $y = x$ よりもはるかに広い範囲にわたっていて，方程式 $y = x$ は方程式 $x^y = y^x$ の内容を汲み尽くしていないことは明らかである．実際，たとえ $x = y$ ではないとしても，この方程式はみたされることがある．たとえば，もし $x = 2$ なら，$y = 4$ でもありうるのである．それゆえ，提示された方程式には，直線 EAF のほかにもなお，他の部分が包摂されていることになる．その部分を見つけて方程式の内容を作る曲線の全体像(図103)が目に見えるようにするために，$y = tx$ と置いてみよう．すると $x^{tx} = t^x x^x$ となる．次数 x の冪根を作ると，

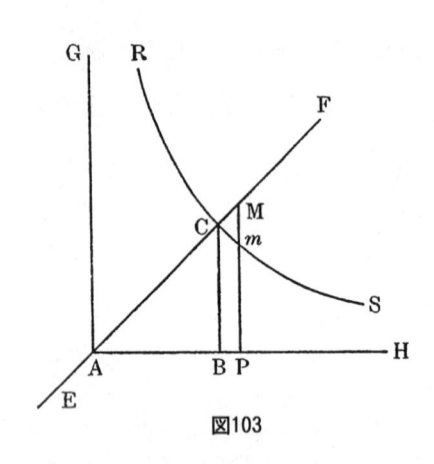

$$x^t = tx \quad \text{よって} \quad x^{t-1} = t$$

となる．したがって，

図103

第21章　超越的な曲線

$$x = t^{\frac{1}{t-1}} \quad \text{および} \quad y = t^{\frac{t}{t-1}}.$$

そこで $t-1 = \frac{1}{u}$ と置くと,

$$x = \left(1 + \frac{1}{u}\right)^u \quad \text{および} \quad y = \left(1 + \frac{1}{u}\right)^{u+1}$$

となる．よって，提示された曲線は直線 EAF のほかに，直線 AG と AH に向かって漸近的に収斂していく分枝 RS をもつ．直線 AF はこの分枝のダイアメータである．ところでこの曲線は直線 AF と点 C において交叉するが，このとき $AB = BC = e$ となる．ここで e は，その対数が1になる数を表わす．これに加えて，方程式 $x^y = y^x$ は無限に多くの離散点を与える．それらの点は直線 EF と曲線 RCS といっしょになって方程式 $x^y = y^x$ を汲み尽くす．そこで二つの数 x と y の組で，$x^y = y^x$ となるものを無数に目の前に並べることができる．実際，そのような数の組を有理数の範囲で例示すると,

$$x = 2 \qquad y = 4$$
$$x = \frac{3^2}{2^2} = \frac{9}{4} \qquad y = \frac{3^3}{2^3} = \frac{27}{8}$$
$$x = \frac{4^3}{3^3} = \frac{64}{27} \qquad y = \frac{4^4}{3^4} = \frac{256}{81}$$
$$x = \frac{5^4}{4^4} = \frac{625}{256} \qquad y = \frac{5^5}{4^5} = \frac{3125}{1024}$$
$$\cdots\cdots \qquad \cdots\cdots$$

というふうになる．もう少し詳しく言うと，これらの二つの数の組の各々において，一方の数の，もう一方の数に等しい冪次数をもつ冪，すなわち x の y 次の冪と y の x 次の冪を作ると，同一の量が生じるのである．たとえば,

$$2^4 = 4^2 = 16$$
$$\left(\frac{9}{4}\right)^{\frac{27}{8}} = \left(\frac{27}{8}\right)^{\frac{9}{4}} = \left(\frac{3}{2}\right)^{\frac{27}{4}}$$
$$\left(\frac{64}{27}\right)^{\frac{256}{81}} = \left(\frac{256}{81}\right)^{\frac{64}{27}} = \left(\frac{4}{3}\right)^{\frac{256}{27}}$$
$$\cdots\cdots \qquad \cdots\cdots$$

というふうになる．

520. この曲線や，これと類似の他の曲線において，無限に多くの点を代数的に定めることが可能だが，それでもなおこれらの曲線を代数曲線の仲間に入れるのは許されない．なぜなら，代数的な様式では明示することのできない点が，ほかにも無数に存在するからである．別の種類の超越曲線に移ろう．それは，円弧を必要とする曲線である．ところで，ここではつねに，余分な記号を使って計算に混乱をきたさないようにするために，弧を作る手がかりにする円の半径を1で表わすことにする．この種の曲線の仲間に所属する曲線が代数的ではないことは，たとえ円の正方形化(訳者註．円と面積の等しい正方形を作ること)が不可能であることの証明はまだなされていないとしても，簡単に示される．実際，この種の方程式のうち，一番簡単な方程式 $\frac{y}{a} = \arcsin \frac{x}{c}$ だけを考えることにしてみよう．この場合，向軸線 y は，その正弦が $\frac{x}{c}$ になる円弧に比例する．同じ正弦 $\frac{x}{c}$ に対応して無限に多くの弧があてはまるから，向軸線 y は無限多価関数である．したがって，向軸線と同様，他の直線もまたこの曲線と無限に多くの点において交叉する．この性質は，この曲線と代数曲線とをきわめて明確に区別する．s は正弦 $\frac{x}{c}$ に対応する最小の弧とし，π は半円周の長さを表わすとしよう．このとき，$\frac{y}{a}$ の値は次のように配列される．

$$s, \ \pi-s, \ 2\pi+s, \ 3\pi-s, \ 4\pi+s, \ 5\pi-s, \cdots$$
$$-\pi-s, \ -2\pi+s, \ -3\pi-s, \ -4\pi+s, \ -5\pi-s, \cdots$$

そこで直線 CAB を軸に取り，A を切除線の始点に取ろう(図104)．まずはじめに $x = 0$ と置けば，向軸線は $AA^1 = \pi a$, $AA^2 = 2\pi a$, $AA^3 = 3\pi a \cdots$ というふうに並んでいく．同様に，軸のもう一方の側では，向軸線は $AA^{-1} = \pi a$, $AA^{-2} = 2\pi a$, $AA^{-3} = 3\pi a \cdots$ というふうに次々と取り上げられていく．曲線はこれらの点の各々を通過する．切除線 $AP = x$ を取ると，向軸線はこの曲線と無限に多くの点 M において交叉して $PM^1 = as$, $PM^2 = a(\pi - s)$, $PM^3 = a(2\pi + s) \cdots$ となる．それゆえ曲線の全体は，類似の形をもつ無限に多くの部分 $A^1 F^1 A^2$, $A^2 E^2 A^3$, $A^3 F^2 A^4 \cdots$ をつないで作られている．軸 BC と平行で，点 E を通って引いた直線と点 F を通って引いた直線はいずれもみなこの曲線のダイアメータである．ところで $AC = AB = c$．また，間隔 $E^1 E^2$, $E^2 E^3$, $E^1 E^{-1}$, $E^{-1} E^{-2}$ と間隔 $F^1 F^2$, $F^1 F^{-1}$, $F^{-1} F^{-2}$ はそれぞれみな $2a\pi$ に等しい．ライプニッツはこの曲線を**正弦曲線**と呼んだ．その理由は，この曲線の支援を受けることにより，任意の弧の正弦がたやすくみいだされるからである．実際，

第21章　超越的な曲線

$$\frac{y}{a} = \text{arc} \sin \frac{x}{c}$$

であるから，逆に

$$\frac{x}{c} = \sin \frac{y}{a}$$

となるのである．そこで

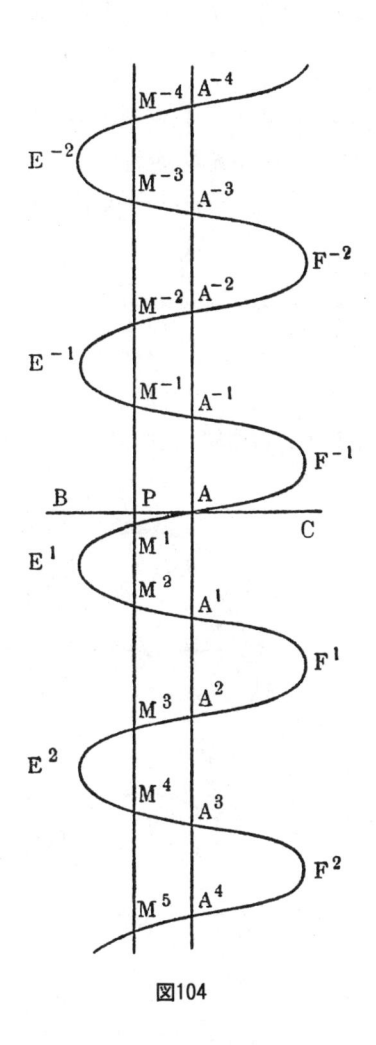

$$\frac{y}{a} = \frac{1}{2}\pi - \frac{z}{a}$$

と置くと，

$$\frac{x}{c} = \cos \frac{z}{a}$$

となる．こうして**余弦曲線**もまた同時に手に入ることになる．

521. 同様に，この考察を通じて**正接曲線**も得られる．正接曲線の方程式は $y = \text{arc} \tan x$ である．ただし，ここでは表記を簡単にするため $a = 1$ および $c = 1$ と置いた．主客を入れ替えると，

$$x = \tan y = \frac{\sin y}{\cos y}$$

という形になる．この曲線の形状は，正接の性質に基づいてたやすく認識される．この曲線は，互いに平行な，無限に多くの漸近線をもっている．同様にして，方程式

$$y = \text{arc} \sec x \quad \text{すなわち} \quad x = \sec y = \frac{1}{\cos y}$$

に基づいて，**正割曲線**を描くことができる．この曲線も，無限遠に伸びていく無限に多くの分枝をもっている．この種の曲線のうち，非常によく知られているのは**サイクロイド**または**トロコイド**という名の曲線である．これは，直線上を転がっていく円周の一点により描かれる曲線で，その方程式は，直交座標では

$$y = \sqrt{1 - xx} + \text{arc} \cos x$$

という形になる．この曲線は描くのが容易であることと，多くの際立った性質を備え

図104

ていることとのために，きわめて注目に値する．しかし，たいていの性質は無限解析がなければ説明することができないから，ここでは曲線の描出それ自体から即座に導き出されるいくつかのめざましい性質のみを，手短に考察することに留めたいと思う．

522. そこで円ACBが直線EA上をころがっていくとしてみよう(図105)．また，究明の及ぶ範囲がいっそう広々と広がっていくようにするために，円周上の点Bではなく，直径の延長上にある点Dが，曲線Ddを描いていくものとしよう．この円の半径を$CA = CB = a$とし，距離CDを$= b$とする．そうしてその地点に位置する点Dにおいて，曲線Ddは，直線EAから測定して最大の距離を獲得するとしよう．円が回転していく途次，あるとき位置$aQbR$に到達したとして，距離AQを$= z$と置くと，弧$aQ = z$となる．これを半径aで割ると，角$acQ = \frac{z}{a}$が与えられる．曲線を描く点はdの位置にある．したがって$cd = b$であり，角

$$dcQ = \pi - \frac{z}{a}$$

となる．dは，探究しつつある曲線上の点である．まずdから直線AQに向かって垂直線dpを降ろし，それから次に直線QRに向かって垂直線dnを降ろそう．このとき，

$$dn = b\sin\frac{z}{a} \quad \text{および} \quad cn = -b\cos\frac{z}{a}$$

となる．よって，

$$Qn = dp = a + b\cos\frac{z}{a}$$

となる．線分dnを，点Pにおいて直線ADに出会うまで延長して，座標を

$$DP = x, \quad Pd = y$$

と名づけよう．このとき，

$$x = b + cn \quad \text{すなわち} \quad x = b - b\cos\frac{z}{a}$$

および

$$y = AQ + dn = z + b\sin\frac{z}{a}$$

となる．それゆえ

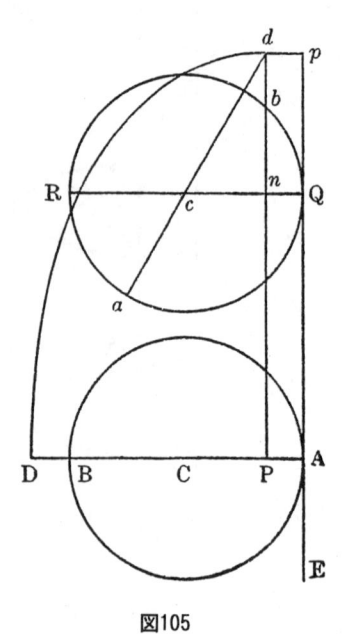

図105

第21章 超越的な曲線

$$b\cos\frac{z}{a} = b - x.$$

よって，

$$b\sin\frac{z}{a} = \sqrt{2bx - xx}$$

および

$$z = a\arccos\left(1 - \frac{x}{b}\right) = a\arcsin\frac{\sqrt{2bx-xx}}{b}$$

となる．これらの値を代入すると，

$$y = \sqrt{2bx-xx} + a\arcsin\frac{\sqrt{2bx-xx}}{b}$$

となる．あるいは，切除線を円の中心を始点にして算出することにして，$b-x=t$ と置くと，

$$\sqrt{2bx-xx} = \sqrt{bb-tt}$$

となる．そうして t と y の間には

$$y = \sqrt{bb-tt} + a\arccos\frac{t}{b}$$

という方程式が成立する．もし $b=a$ なら，この方程式は**通常のサイクロイド**を与える．そうでなければ，b が a よりも大きいか，あるいは b は a よりも小さいかのいずれかの状勢に応じて，この曲線は**短縮サイクロイド**または**伸長サイクロイド**と呼ばれる．y はつねに x または t の無限多価関数である．これを言い換えると，底線 AQ に平行な任意の直線は，底線 AQ との距離を表わす量 x もしくは t が非常に大きくなって $\sqrt{2bx-xx}$ もしくは $\sqrt{bb-tt}$ が虚量になってしまう場合は別として，無限に多くの点において曲線と交叉する．

523. 特によく知られているこの種の曲線の仲間に，**外サイクロイド**と**内サイクロイド**を加えなければならない（図106）．これらの曲線は次に述べるような様式に即して描かれる．すなわち，円 ACB が他の円周 OAQ に沿って転がっていくとき，動いていく円の内側もしくは外側のどこかに位置する点 D に着目すると，この点は円の回転に伴ってある曲線を描き出していくのである．動かない円の半径を $OA=c$，動く円の半径を $CA=CB=a$ と置き，動く円の中心から見て，曲線を描いて移動していく点 D までの距離を $CD=b$ と置こう．直線 OD を，探究したい曲線

Dd の軸として採用しよう．最初の時点では点 O, C, D は一直線上に配置されているが，動く円はこの状態から出発して進んでいき，弧 $AQ = z$ を描きながら位置 QcR に達したとしよう．すると，角 $AOQ = \frac{z}{c}$．また，弧 $Qa = AQ = z$．よって，

$$\text{角}\, acQ = \frac{z}{a} = \text{角}\, Rcd$$

となる．そこで直線 $cd = CD = b$ を取ると，d は曲線 Dd 上の点になる．点 d から軸に向かって垂直線 dP を降ろそう．同様に，点 c から軸 OD に垂直に直線 cm を降ろし，平行に直線 cn を引こう．このとき，

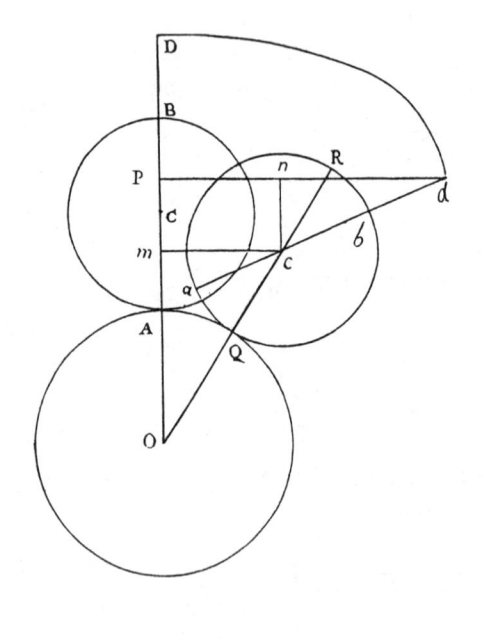

$$\text{角}\, Rcn = \text{角}\, AOQ = \frac{z}{c}$$

図106

であるから，

$$\text{角}\, dcn = \frac{z}{c} + \frac{z}{a} = \frac{(a+c)z}{ac}$$

となる．これより

$$dn = b \sin \frac{(a+c)z}{ac}$$

および

$$cn = b \cos \frac{(a+c)z}{ac}$$

となる．次に，$OC = Oc = a + c$ であるから，

$$cm = (a+c) \sin \frac{z}{c}$$

および

$$Om = (a+c) \cos \frac{z}{c}$$

となる．そこで座標を $OP = x$ および $Pd = y$ と定めると，

$$x = (a+c) \cos \frac{z}{c} + b \cos \frac{(a+c)z}{ac}$$

第21章　超越的な曲線

および
$$y = (a+c)\sin\frac{z}{c} + b\sin\frac{(a+c)z}{ac}$$

となる．これより明らかなように，もし $\frac{a+c}{a}$ が有理数なら角 $\frac{z}{c}$ と $\frac{(a+c)z}{ac}$ は通約可能であることになり，未知量 z を消去して x と y の間の代数方程式を見つけることができる．その他の場合については，このように描かれる曲線は超越曲線である．

　ここで留意しなければならないのは，a を負に採れば内サイクロイドが生じるという一事である．なぜなら，その場合には動く円が動かない円の内側に位置を占めることになるからである．普通は b を半径 a に等しく定め，その場合に描かれる二通りの曲線のことを外サイクロイド，内サイクロイドと呼ぶ．この呼称は適切である．それに比べると，ここでみいだされた二種類の曲線は通常よりもはるかに大きな一般性を備えているが，それらを表示する方程式がむずかしくなるわけではない．そこで，それらの曲線もまた外サイクロイド，内サイクロイドの仲間に加えることにしたのである．平方 xx と yy を加えると，
$$xx + yy = (a+c)^2 + b^2 + 2b(a+c)\cos\frac{z}{a}$$

となる．この方程式の支援を受けることにより，量 a と c が通約可能な場合，z の消去はいっそう容易に遂行される．

524.

　二つの円の半径 a と c が互いに通約可能な場合，ここで取り上げられる曲線は代数的になるが，ほかにもなお注目に値する場合がある．それは $b = -a-c$ となる場合，すなわち曲線上の点 D が，動かないほうの円の中心 O に重なるという場合である．そこで $b = -a-c$ としてみると，
$$xx + yy = 2(a+c)^2\left(1 - \cos\frac{z}{a}\right) = 4(a+c)^2\left(\cos\frac{z}{2a}\right)^2$$

となる．これより，
$$\cos\frac{z}{2a} = \frac{\sqrt{xx+yy}}{2(a+c)}$$

となる．そうして
$$x = (a+c)\left(\cos\frac{z}{c} - \cos\frac{(a+c)z}{ac}\right) \quad \text{および} \quad y = (a+c)\left(\sin\frac{z}{c} - \sin\frac{(a+c)z}{ac}\right)$$

であるから，
$$\frac{x}{y} = -\tan\frac{(2a+c)z}{2ac}$$
となる．よって，
$$\sin\frac{(2a+c)z}{2ac} = \frac{x}{\sqrt{xx+yy}}.$$
また，
$$\cos\frac{(2a+c)z}{2ac} = \frac{-y}{\sqrt{xx+yy}}.$$
そうして，
$$\sqrt{xx+yy} = 2(a+c)\cos\frac{z}{2a}$$
であるから，
$$x = 2(a+c)\cos\frac{z}{2a}\sin\frac{(2a+c)z}{2ac}$$
および
$$y = -2(a+c)\cos\frac{z}{2a}\cos\frac{(2a+c)z}{2ac}$$
というふうになる．たとえば $c = 2a$ としてみよう．すると，
$$x = 6a\cos\frac{z}{2a}\sin\frac{z}{a} \quad \text{および} \quad y = -6a\cos\frac{z}{2a}\cos\frac{z}{a}$$
となる．よって，
$$\sqrt{xx+yy} = 6a\cos\frac{z}{2a}$$
となる．そこで
$$\cos\frac{z}{2a} = q$$
と置くと，
$$\sin\frac{z}{2a} = \sqrt{1-qq}, \quad \sin\frac{z}{a} = 2q\sqrt{1-qq} \quad \text{および} \quad \cos\frac{z}{a} = 2qq - 1$$
となる．これより，
$$q = \frac{\sqrt{xx+yy}}{6a}$$

および
$$y = -6aq(2qq-1) = (1-2qq)\sqrt{xx+yy} = \left(1 - \frac{xx-yy}{18aa}\right)\sqrt{xx+yy}$$
となる．すなわち，
$$18aay = (18aa - xx - yy)\sqrt{xx+yy}$$
となる．$18aa = ff$ と置き，この方程式の両辺の平方を作ると，第六目の方程式(六次方程式)
$$(xx+yy)^3 - 2ff(xx+yy)^2 + f^4xx = 0$$
が得られる．ところで，ここでわれわれに課されているのは，代数曲線ではなくて超越曲線を考察することである．そこで代数曲線を語るのはこれでやめて，構成にあたって対数と円弧の双方を必要とする超越曲線へと歩を進めたいと思う．

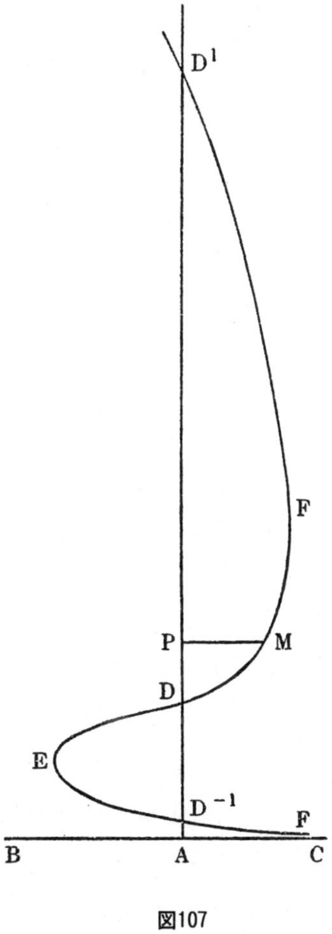

525.
われわれはすでに以前，方程式
$$2y = x^{+\sqrt{-1}} + x^{-\sqrt{-1}}$$
を通じて，ひとつの曲線を手に入れた(図107)．われわれはこの方程式を $y = \cos \log x$ という方程式に書き換えた．この方程式はさらに，
$$\arccos y = \log x \quad および \quad x = e^{\arccos y}$$
という形にもなる．そこで直線 AP を軸に取り，この軸上で点 A を切除線の始点に取ると，まずはじめに明らかなのは，負の切除線の方向に点 A を超えて進んでいくと，そこにはこの曲線の連続につながる部分は存在しないという事実である．他方，軸 AP は無限に多くの点 D においてこの曲線と交叉し，それらの点の A からの距離を並べていくと幾何数列が形成される．すなわち，

図107

$$AD = e^{\frac{\pi}{2}}, \quad AD^1 = e^{\frac{3\pi}{2}}, \quad AD^2 = e^{\frac{5\pi}{2}}, \quad AD^3 = e^{\frac{7\pi}{2}} \cdots$$

というふうになる．それからまた，点 A に向かって近づいていく無限に多くの交点が存在して，

$$AD^{-1} = e^{\frac{-\pi}{2}}, \quad AD^{-2} = e^{\frac{-3\pi}{2}}, \quad AD^{-3} = e^{\frac{-5\pi}{2}} \cdots$$

というふうに並んでいく．次に，この曲線は軸の両側に距離 $AB = AC = 1$ に達するまで伸びていき，しかもその到達地点に位置する無限に多くの点 E および F において，軸と平行な直線に接する．B から E までの距離，および C から F までの距離もまたそれぞれ幾何級数を作りながら並んでいく．このような状勢であるから，この曲線は軸をはさんで無限に折り返しを重ねながら直線 BC に接近していって，最後にはその直線とひとつになってしまう．こうしてこの曲線の際立った性質は，その漸近線が無限直線ではなくて，長さの有限な直線 BC であるという点に認められる．まさしくそれゆえに，この曲線の性質は代数的な曲線の性質とは大きく区別されるのである．

526. その構成にあたり角のみが必要とされるか，または角と対数との組み合わせが必要になる超越曲線に加えて，無数の種類がある**螺旋**(らせん)についても報告しておかなければならない．ところで螺旋というものはある固定点 C との関わりのもとで描かれていく．その固定点はさながら螺旋の中心点とも言うべき点であるかのようであり，一般に螺旋はその点の回りを際限なくぐるぐると回っている(図108)．この種の曲線の性質を表すには，中心 C から曲線上の点 M までの距離 CM と，その直線 CM が，ある与えられた位置を占める直線 CA とともに作る角との間の方程式の力を借りるのがもっとも適切である．そこで角 $ACM = s$ と置こう．言い換えると，半径が 1 に等しい円周上で，角 ACM の大きさにに対応して区分けされた弧を s とし，直線 CM を z と等値するのである．このような状勢のもとで，変化量 s と z の間に成立する何らかの方程式が与えられたなら，その方程式から帰結する曲線は螺旋である．実際，角 ACM を表示しようと思えば，それを s と表記するほかにも無限に多くの仕方で可能である．というのは，角 $2\pi + s, 4\pi + s, 6\pi + s \cdots$ や $-2\pi + s, -4\pi + s$

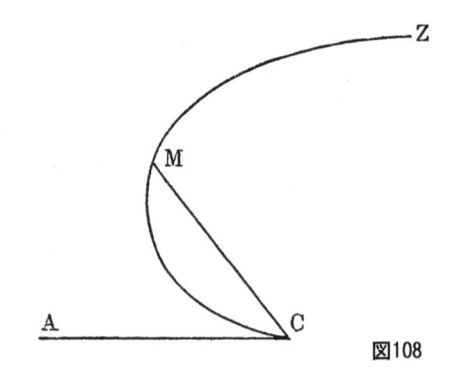

第21章　超越的な曲線

・・・もまた直線 CM の同じ位置を指し示すからである．変化量 s と z の間の方程式において，これらの値を s のところに代入していけば，それに伴って距離 CM は無限に多くの異なる値を獲得する．したがって，直線 CM を延長していくと，その延長されていく直線はこの曲線と無限に多くの点において交叉することになる．ただし，これらの値に起因して，量 z が虚量になる場合は除外することにする．一番簡単な場合，すなわち $z=as$ という場合から始めることにしよう．直線 CM の同一の位置に対応して，z の値は $a(2\pi+s)$, $a(4\pi+s)$, $a(6\pi+s)$ $\cdots$，および $-a(2\pi-s)$, $-a(4\pi-s)$, $-a(6\pi-s)$ $\cdots$ となる．これに加えて，s のところに $\pi+s$ を代入しても，直線 CM は同一の位置を保持する．ただし，この場合には，z の値は負に取らなければならない．よって，すでに指定された z の諸値に，$-a(\pi+s)$, $-a(3\pi+s)$, $-a(5\pi+s)$ $\cdots$，および $a(\pi-s)$, $a(3\pi-s)$, $a(5\pi-s)$ $\cdots$ を付け加えなければならない．それゆえ，この曲線の形状は〈図109〉のようになる．この様子をもう少し

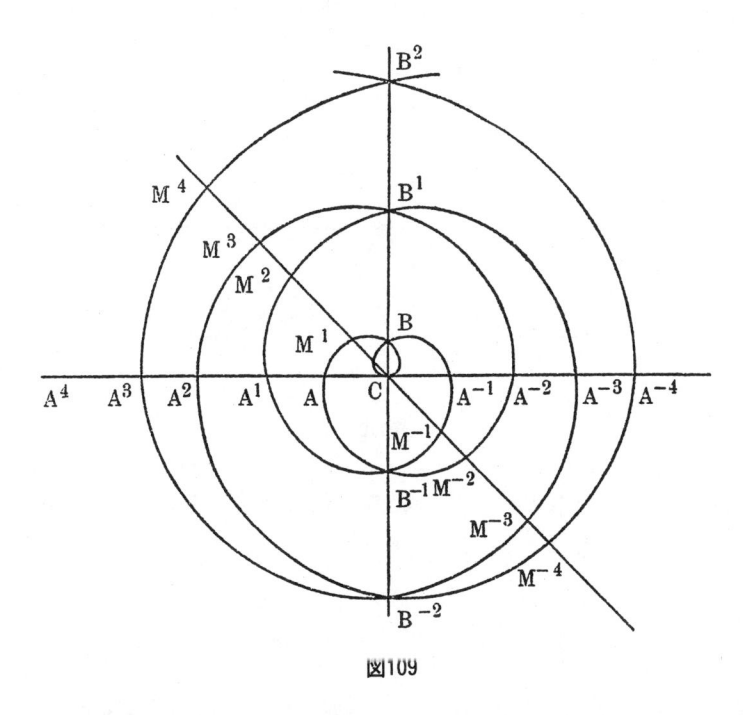

図109

詳しく述べると，直線 AC は点 C においてこの曲線に接する．そうしてその点 C から二本の分枝が無限遠に向かって伸びていく．それらの分枝は中心 C のまわりをそれぞれ左巻き，右巻きの双方向に無限に回転しながら取り囲み，しかもつねに直線 BC および直線 AC と垂直に交叉する．直線 BCB^{-1} はこの曲線のダイアメータであ

る．この曲線は，発見者の名にちなみ，**アルキメデスの螺旋**と呼ぶ慣わしになっている．ひとたびこの曲線が精密に描かれたなら，この曲線の方程式 $z = as$ を見ればおのずと明らかなことではあるが，この曲線は，点 C を通り任意の角度をもって傾斜する直線と無数の地点において交叉する．

527. もし z と s が直交座標なら，方程式 $z = as$ は直線の方程式である．この方程式がアルキメデスの螺旋を与えるのとまさしく同様に，z と s の間の他の代数方程式を取り上げれば，その方程式に，s の各々の値に対して z の実数値が対応するという性質が備わっている限り，ほかにも無数の螺旋が手に入る．たとえば $z = \dfrac{a}{s}$ という方程式は，漸近線に着目すると双曲線の方程式に似ているが，やはり螺旋を与える．これは，ヨハン・ベルヌーイが**双曲螺旋**という名で呼んだ螺旋である．中心 C から出て，C の回りを無限回にわたって回転した後に，最後には無限遠において直線 AA に向かって，あたかもこの直線が漸近線であるかのように，近づいていく．方程

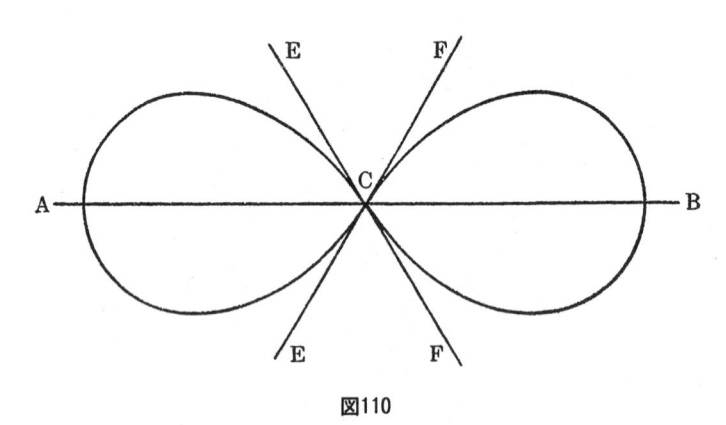

図110

式 $z = a\sqrt{s}$ が提示されたとしよう．この場合，負の角度 s を取ると，そのような s には実数値をもつ距離 z は対応しない．他方，s の各々の正の値には，z の二つの値が対応する．ひとつの値は正であり，もうひとつの値は負である．それでもなお，この曲線は点 C の回りを無限に旋回する螺旋である．z と s の間の方程式が $z = a\sqrt{nn-ss}$ という形なら，変化量 z は，s が限界 $+n$ と $-n$ の間にはさまれていない限り，実数値をもつことはない．したがってこの場合，曲線は有限の範囲にとどまる．これをもう少し詳しく説明すると，軸 ACB の中心 C を通り，軸 ACB と角度 n を作って傾いている二直線 EF と EF を引くと，この二直線は点 C において交叉してこの曲線を二分するとともに，点 C においてこの曲線に接する．したがって，この曲線はレ

第21章　超越的な曲線

ムニスケート型の形状 $ACBCA$ をもつ(図110). 同様にして他にも無数の超越曲線が得られるが, それらについて説明を加えるのはあまりにも冗長になってしまう.

528. z と s の間の方程式として代数方程式ではなくて超越方程式を採用すれば, これまでに論じてきた事柄の適用範囲ははるかに拡大される. この種の曲線のうち, 他の曲線にも増して注目に値するのは, 方程式 $s = n \log \frac{z}{a}$ で表される曲線である. この曲線では, 角度 s は距離 z の対数に比例する. この理由に基づいて, この曲

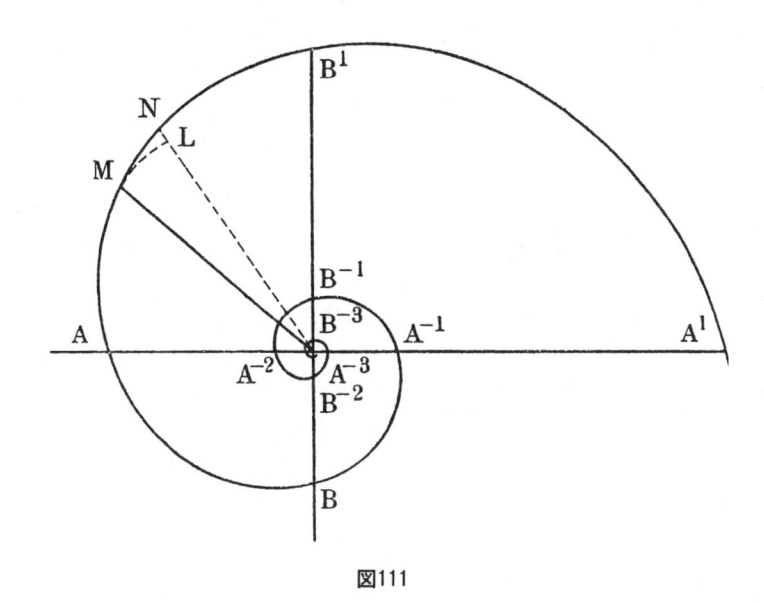

図111

線は**対数螺旋**という名で呼ばれるが, 多くの著しい性質により非常によく知られている. この曲線の第一に挙げるべき性質は, 中心 C に端を発する直線はどれも, この曲線と, つねに等しい角度で交叉するという一事である(図111). 方程式から出発して歩を進めてこの事実に到達することをねらって, 角 ACM を $= s$, および線分 CM の長さを $= z$ と設定すると,

$$s = n \log \frac{z}{a} \quad \text{および} \quad z = a e^{\frac{s}{n}}$$

となる. それから次に, もっと大きな角 $ACN = s + v$ を取ると, 線分 CN の長さは

$$CN = a e^{\frac{s}{n}} e^{\frac{v}{n}}$$

となる. それゆえ, 中心 C の回りに円弧 ML (その長さは zv に等しい)を描くとき,

$$LN = a\,e^{\frac{s}{n}}\left(e^{\frac{v}{n}} - 1\right) = a\,e^{\frac{s}{n}}\left(\frac{v}{n} + \frac{v^2}{2n^2} + \frac{v^3}{6n^3} + \cdots\right)$$

となる．よって，

$$\frac{ML}{LN} = \frac{v}{\frac{v}{n} + \frac{v^2}{2n^2} + \frac{v^3}{6n^3} + \cdots} = \frac{n}{1 + \frac{v}{2n} + \frac{v^2}{6nn} + \cdots}.$$

ところが二つの角度の差$MCN = v$が消失するとき，$\frac{ML}{LN}$は，動径CMがこの曲線となす角度の正接になる．そこで$v = 0$とすると，この角度AMCの正接はnに等しいことが判明する．したがって，この角度はつねに一定である．もし$n = 1$なら，この角度は直角の半分である．よって，この場合，この曲線は半直角対数螺旋という名で呼ばれる．

註記

1) (337頁) オイラー全集Ⅰ－9，288頁の脚註を見ると，1697年5月28日付のライプニッツのウォリス宛書簡を参照するよう指示されている．ゲルハルト版ライプニッツ数学手稿，巻4，28頁．ウォリス数学著作集(1699年)，巻3，680頁．

2) (342-343頁) オイラーは負の数の対数について考察した．オイラー全集Ⅰ－9，293頁の脚註には，1747年のオイラーの二つの論文が挙げられている．ひとつは

「負数と虚数の対数について」

遺稿(1747年執筆，1862年刊行)．オイラー全集Ⅰ－19，417-438頁

であり，もうひとつは

「負数と虚数の対数に関するライプニッツとベルヌーイの論争」

ベルリン科学学士院紀要5(1747年執筆，1749年学士院提出，1751年刊行)．オイラー全集Ⅰ－17，195-232頁

という表題の論文である．

同じくオイラー全集Ⅰ－9，293頁に出ているもうひとつの脚註によると，ヨハン・ベルヌーイは方程式

$$\log \sqrt{-1} = \frac{\pi}{2}\sqrt{-1}$$

を証明したとして，ヨハン・ベルヌーイの全集，巻1，399頁，問題Ⅰ，派生的命題を参照するよう指示されている．ヨハン・ベルヌーイの証明は，$z = \frac{\sqrt{-1}\,t + 1}{t + \sqrt{-1}}$と置くとき，微分方程式$\frac{dz}{1+z^2} = -\frac{dt}{2t\sqrt{-1}}$が成立するという事実に基づいているという．ヨハン．ベルヌーイ(1667-1748年)はスイスの数学者．

3) (346頁) この記述には問題があることを，オイラー自身が示している．オイラー全集Ⅰ－9，296頁の脚註を見ると，オイラーの論文

「証明が待ち望まれている解析学のいくつかの定理」

第21章　超越的な曲線

　　1775年執筆，没後1785年刊行．オイラー全集Ⅰ－21，78-90頁を参照するよう，指示されている．この論文には，ある点において唐突に途切れることを余儀なくされる曲線の例が出ている．それは方程式
$$y = a + \frac{bx}{\log(c-x)} \quad (a, b, c\text{ は定量})$$
で表される曲線である．オイラー全集Ⅰ－21，80頁参照．

第22章　円に関連するいくつかの問題の解決

529.　円の半径を = 1 と置くとき，前に見たように，半円周 π，すなわち 180 度の円弧は

$$= 3.141592653589793238462643\,38$$

となる．この数の十進対数すなわち常用対数は

$$0.497149872694133854351268288$$

である．これに 2.30258 $\cdots$ を乗じると，数 π の双曲線対数が生じる．それは

$$= 1.144729885849400174143423\,7$$

である．これで 180 度の円弧の長さがわかったので，この知識に基づいて，任意の円弧についても，その度数が与えられたなら長さを指定することが可能になる．そこで，度数 n の円弧が提示されたとして，その長さを $= z$ と置き，これを求めてみよう．$180 : n = \pi : z$ となるから，$z = \dfrac{\pi n}{180}$．よって，数 n の対数から対数

$$1.758122632409172215452526413$$

を差し引けば，z の対数が見つかることになる．提示された円弧が分(ふん)の単位で与えられたなら，それを n 分(訳者註．記号で n' と表記する)とするとき，n の対数から対数

$$3.536273882792815847961293211$$

を差し引かなければならない．提示された円弧が秒の単位で与えられたなら，それを n 秒(訳者註．記号で n'' と表記する)とするとき，その円弧の長さの対数は，数 n の対数から対数

$$5.314425133176459480470060009$$

を差し引けばみいだされる．あるいは，数 n の対数に

$$4.685574866823540519529939990$$

第22章　円に関連するいくつかの問題の解決

を加え，その和の指標から10を差し引くことにしてもよい．

530.　　逆に，半径および半径に関連するいろいろなもの，たとえば正弦や正接や正割などは円弧に転換可能であり，普通そのような円弧は，習慣にならい，度と分と秒を用いて表示される．zはそのような量とし，その大きさを表す数値は半径1とその10分の1を用いて(訳者註．小数の形で，の意)表示されているとしよう．zの対数を取り，それから次に，正接や正割の対数表を作成する際の習慣にならい，その対数の指標に10を加えよう．このようにしたうえで，その対数を対数

$$4.6855748668235405195299399990$$

から差し引くか，あるいはその対数に

$$5.3144251331764594804700060009$$

を加える．いずれの場合にも，このようにして得られる対数に対応する数値は，秒の単位で表示された円弧の大きさをわれわれの手に与えてくれる．ただし，後者の場合には，指標を10だけ小さくしておかなければならない．もし半径1と長さの等しい円弧を求めたいのであれば，対数を使わなくとも，黄金の規則(訳者註．ゴールデンルール＝比例の規則)に基づいてずっとかんたんに見つかる．実際，πと$180°$との比率は，1と，半径に等しい長さをもつ円弧との比率に等しいから，求める円弧を度で表示すると，

$$57°2957795130823208 76798$$

となることがわかる．この円弧を分で表示すると，

$$3437'74677078493925260788$$

となる．秒で表示すると，この円弧は

$$206264''8062470963551564728$$

に等しい．通常の慣習にならってこの円弧を表示すると，

$$57°\ 17'\ 44''\ 48'''\ 22''''\ 29'''''\ 22''''''$$

というふうになる．だいぶ前の条(訳者註．オイラー『無限解析序説』巻1，第8章「円から生じる超越量」，第134条，参照)で明示された級数を用いると，この円弧の正弦は，

$$= 0.84147098480789$$

となること，余弦は

$$= 0.54030230586814$$

となることがわかる．これらの前者の数値を後者の数値で割ると，角

$$57°\ 17'\ 44''\ 48'''\ 22''''\ 29'''''\ 22''''''$$

の正接が与えられる．

531. ここまでのところで報告された事柄により，円弧とその正弦や正接との比較が可能になるが，ほかにもなお，円の性質に関する多くの問題を解くことができるようになる．まずはじめに，どの円弧も，それが消失しない限り，その正弦より大きいのは明らかである．円弧が消失する場合には，円弧と余弦を比較する．消失する円弧の余弦は $= 1$ であるから，この場合，余弦は円弧よりも大きい．他方，直角の余弦は $= 0$ で，これは円弧よりも小さい．これより明らかなように，$0°$ と $90°$ を限界として，その間に，その余弦に等しい長さをもつ円弧が存在することになる．次に挙げる問題ではそのような円弧が探求される．

問題 I

自分自身の余弦に等しい長さをもつ円弧を探索せよ．

解

探したい円弧を s とすると，$s = \cos s$ となる．この方程式から s の値を見つけるには，「挟み撃ち」と呼ばれる規則による以上に適切な方法はない．この規則を適用するためには，s の近接する値をあらかじめ知っておかなければならないが，それはかんたんな推測を加えることにより入手することができる．もし近接値が明々白々ではないというのであれば，s のところに三つもしくはもっと多くの値を代入する．また，s と s の余弦の数値表示の様式を同じにして，相互に比較できるようにする．$s = 30°$ と設定して，この角度に対応する円弧の長さを，前に与えられた規則に沿って少数による表示に帰着させよう．

$$\log 30 = 1.4771213 \ .$$

ここから 1.7581226 を差し引くと，

$$\log \operatorname{arc} 30° = 9.7189987 \ .$$

第22章　円に関連するいくつかの問題の解決

ところが,
$$\log \cos 30° = 9.9375306.$$

これより明らかなように, $\cos 30°$ は円弧よりもはるかに大きい．したがって，求める円弧は $30°$ よりも大きいことになる．そこで,
$$s = 40°$$
としてみると,

$$\log 40 = 1.6020600.$$

ここから 1.7581226 を差し引くと,

$$\log \operatorname{arc} 40° = 9.8439374.$$

ところが,
$$\log \cos 40° = 9.8842540.$$

これより諒解されるように，求める円弧は $40°$ よりいくぶん大きい．そこで今度は $s = 45°$ とすると,

$$\log 45 = 1.6532125.$$

ここから 1.7581226 を差し引くと,

$$\log \operatorname{arc} 45° = 9.8950899.$$

ところが,
$$\log \cos 45° = 9.8494850.$$

それゆえ，求める円弧は $40°$ と $45°$ の間にはさまれていることになるが，この事実に基づいて非常によい近似値を規定することができる．$s = 40°$ と置くと,

$$\text{誤差} = +403166.$$

$s = 45°$ と置くと,

$$\text{誤差} = -456049$$
$$\text{誤差の差} = 859215.$$

それゆえ，859215 の 403166 に対する比率は，この場で仮に設定された角の差 5°の，求める円弧が 40°を超過する分に対する比率に等しい．これより，求める円弧は 42°よりも大きいことになる．ところが，これらの限界値はあまりにも離れすぎている．もっと精密な数値を定めることも可能である．そこで，いっそう近接する限界を取り上げよう．

	$s = 42°$	$s = 43°$
	$\log s = 1.6232493$	1.6334685
	ここから 1.7581226	1.7581226 を差し引くと，
	$\log s = 9.8651267$	9.8753459
	他方，	他方，
	$\log \cos s = 9.8710735$	9.8641275
	$+\ 59468$	-112184
	112184	

$$171652 : 59468 = 1° : 20'47''$$

こうしてきわめて幅の狭い限界 42°20′ と 42°21′ が手に入り，s の真の値はこれらの限界の間にはさまれていることになる．これらの角を秒を単位にして表示すると，

	$s = 2540'$	$s = 2541'$
	$\log s = 3.4048337$	3.4050047
	ここから 3.5362739	3.5362739 を差し引くと，
	$\log s = 9.8685598$	9.8687308
	$\log \cos s = 9.8687851$	9.8686700
	$+\ 2253$	-608

$$2861 : 2253 = 1' : 47'' 15'''$$

というふうになる．これより，求める円弧，すなわちその余弦と等しい長さをもつ円弧は $42°20'47''15'''$ となることが帰結する．この円弧の余弦，すなわちこの円弧の長さは $= 0.7390850$ である．Q.E.I.[1]

532.

扇形 ACB は弦 AB により二つの部分に分かたれる．すなわち，弓形 AEB と三角形 ACB に分割される(図112)．角 ACB が小さければ，弓形 AEB は三角形 ACB よりも小さい．だが，角 ACB が極端な鈍角の場合には，弓形 AEB は三角形 ACB よりも大きくなる．それゆえ，扇形 ACB が弦 AB により，大きさの等しい二つの部分に分けられる場合が存在することになる．この点に着目すると，次に挙げる問題が発生する．

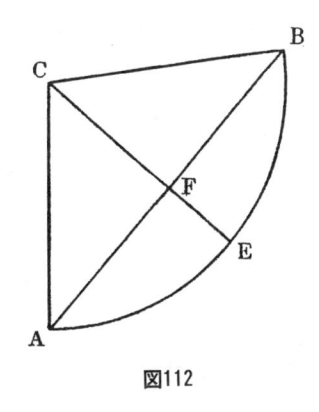

問題 II

弦 AB により，大きさの等しい二つの部分に分かたれる扇形 ACB，すなわち三角形 ACB と弓形 AEB の大きさが等しくなるような扇形 ACB を探索せよ．

解

円の半径を $AC = 1$ と置き，求める円弧を $AEB = 2s$ とすると，この円弧の半分は $AE = BE = s$ となる．そこで半径 CE を引くと，$AF = \sin s$ および $CF = \cos s$ となる．これより三角形 ACB の大きさは $= \sin s \cos s = \frac{1}{2} \cdot \sin 2s$ となる．扇形 ACB の大きさのほうは $= s$ となる．この扇形が三角形 ACB の二倍に等しくなることが要請されているのであるから，$s = \sin 2s$ となる．したがって，「自分自身の二倍の正弦に等しい円弧」を探索しなければならないことになる．まずはじめに，角 ACB は直角よりも大きくなければならないこと，したがって s が $45°$ を越えるのは明らかである．そこで次のように仮に設定する．

図112

	$s = 50°$	$s = 55°$	$s = 54°$
$\log s =$	1.6989700	1.7403627	1.7323938
ここから	1.7581226	1.7581226	1.7581226 を差し引くと,
	9.9408474	9.9822401	9.9742712
$\log \sin 2s =$	9.9933515	9.9729858	9.9782063
	+ 525041	− 92543	+ 39351
	92543		

$$617584 : 525041 = 5° : 4°15'$$

それゆえ，ほぼ $s = 54°15'$ となる．そこで，上記の仮の設定に $s = 54°$ を加えると，誤差を考慮することにより，$s = 54°17'54''$ という帰結が手に入る．この数値を真の数値と比べても異なるところはないが，秒の単位の地点がなお未決定である．そこで次のように置く．これらの仮設定を見て異なっているのは，分の単位の地点の数値のみである．

	$s = 54°17'$	$s = 54°18'$	$s = 54°19'$
	すなわち	すなわち	すなわち
	$s = 3257'$	$s = 3258'$	$s = 3259'$
	このとき,	このとき,	このとき,
	$2s = 108°34'$	$2s = 108°36'$	$2s = 108°38'$
	補角 $= 71°26'$	補角 $= 71°24'$	補角 $= 71°22'$
$\log s =$	3.5128178	3.5129511	3.5130844
ここから	3.5362739	3.5362739	3.5362739 を差し引くと,
$\log s =$	9.9765439	9.9766772	9.9768105
$\log \sin 2s =$	9.9767872	9.9767022	9.9766171
	+ 2433	+ 250	− 1934
		1934	
		2184	

第22章　円に関連するいくつかの問題の解決

よって，$2184 : 250 = 1' : 6'' 52'''$ となる．これより $s = 54°18'6''52'''$ となる．この角をいっそう精密に定めたいのであれば，もっと大きな表を使わなければならない．そこで次のような，$10''$ だけ異なる仮設定を行う．

$s = 54°18'0''$	$s = 54°18'10''$
すなわち	すなわち
$s = 195480''$	$s = 195490''$
$2s = 108°36'0''$	$2s = 108°36'20''$
補角 = $71°24'0''$	補角 = $71°23'40''$
$\log s = 5.2911023304$	5.2911245466
ここから 5.3144251332	5.3144251332 を差し引くと，
9.9766771972	9.9766994134
$\log \sin 2s = 9.9767022291$	9.9766880552
$+ 250319$	$- 113582$

$$\underline{113582}$$

$$363901 : 250319 = 10'' : 6''52'''43''''33'''''$$

それゆえ，$s = 54°18'6''52'''43''''33'''''$

したがって，角 $ACB = 108°36'13''45'''27''''6'''''$

その補角 $= 71°23'46''14'''32''''54'''''$

この角の正弦の対数は，

$$\log \sin 2s = 9.9766924791.$$

正弦それ自体は $= 0.9477470.$

さらに，

$$\sin s = AF = BF = 0.8121029.$$

したがって，その二倍，すなわち

$$弦 AB = 1.6242058.$$

さらに，

$$\cos CF = 0.5835143$$

となる．こんなふうにして，求める扇形に近接する扇形を作ることができる．Q.E.I.

533. 同様にして，円の四分の一部分を，等しい大きさをもつ二つの部分に分ける正弦を決定することができる．

問題 III

円の四分の一部分 ACB において，その面積を二つの等しい部分に切り分ける正弦 DE を引くこと(図113)．

解

円弧 AE を $= s$ としよう．弧 $AEB = \frac{\pi}{2}$ であるから，弧 $BE = \frac{\pi}{2} - s$ となる．また，円の四分の一部分 ACB の面積は $= \frac{1}{4}\pi$．扇形 ACE の面積は $= \frac{1}{2}s$．ここから，

$$三角形 CDE = \frac{1}{2} \cdot \sin s \cdot \cos s$$

を差し引くと，

$$領域 ADE = \frac{1}{2}s - \frac{1}{2} \cdot \sin s \cdot \cos s$$

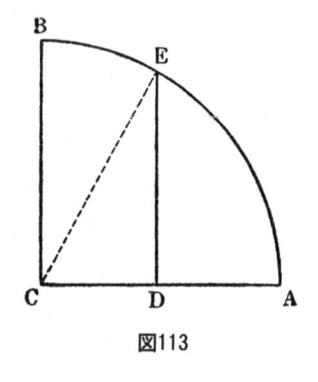

が残される．この領域の二倍が，四分の一部分 ACB を与えなければならない．これより，

$$\frac{1}{4}\pi = s - \frac{1}{2} \cdot \sin 2s, \quad \text{よって} \quad s - \frac{1}{4}\pi = \frac{1}{2} \cdot \sin 2s$$

となる．円弧

$$s - \frac{1}{4}\pi = s - 45°$$

を $= u$ と置くと，$2s = 90° + 2u$ となる．したがって，

$$u = \frac{1}{2} \cdot \cos 2u \quad \text{および} \quad 2u = \cos 2u$$

とならなければならないことになる．それゆえ，「自分自身の余弦に等しい円弧」を探索することになるが，それは問題 I により見つかっていて，

図113

第22章　円に関連するいくつかの問題の解決

$$2u = 42°\,20'\,47''\,15''' \text{ および } u = 21°\,10'\,23''\,37'''$$

となる．したがって，

$$\text{円弧 } AE = s = 66°\,10'\,23''\,37''' \text{ および円弧 } BE = 23°\,49'\,36''\,23'''$$

となる．よって，半径の一部分は

$$CD = 0.4039718 \quad \text{および} \quad AD = 0.5960281$$

となる．また，

$$\text{正弦 } DE = 0.9147711$$

である．円の四分の一部分はこんなふうにして二等分されるが，同じ手法により円の全体は等しい大きさをもつ八個の部分に切り分けられることになる．Q.E.F.[2)]

534.　　円の中心を通る直線をどのように引いても，円はその直線により二等分される．それと同様に，円周上の任意の点を始点にして直線を引いて，円を，大きさの等しい三個の部分もしくはもっと多くの部分に切り分けることができる．四等分を探求し，次の問題を解こう．

問題 IV

半円 $AEDB$ が提示されたとし，点 A を始点として，この半円の面積を二等分する弦 AD を引くこと(図114)．

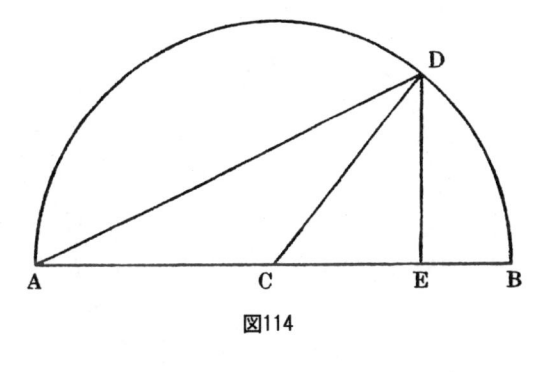

解

求める円弧を $AD = s$ として，半径 CD を引くと，

$$\text{扇形 } ACD \text{ の面積} = \tfrac{1}{2}s$$

となる．ここから三角形

$$ACD = \tfrac{1}{2}AC \cdot DE = \tfrac{1}{2}\cdot \sin s$$

図114

を取り除くと，弓形

$$AD = \tfrac{1}{2}s - \tfrac{1}{2}\cdot \sin s$$

が後に残される．要請されているのは，この弓形が半円 ADB の半分に等しくなるこ

とである．ところが，半円の面積は $=\frac{1}{2}\pi$．よって，

$$s - \sin s = \frac{1}{2}\pi = 90°, \quad \text{したがって} \quad s - 90° = \sin s$$

となる．$s - 90° = u$ と置くと，$\sin s = \cos u$．それゆえ，$u = \cos u$．よって，問題Iにより，

$$u = 42°\,20'\,47''\,14'''$$

となる．これより，

$$s = \text{角}\, ACD = 132°\,20'\,47''\,14''' \quad \text{および} \quad \text{角}\, BCD = 47°\,39'\,12''\,46'''.$$

弦 AD は $= 1.8295422$ となる．Q.E.F.

535. こんなふうにして，円から弓形を切り取って，その面積が円全体の四分の一に等しくなるようにすることができる．円の半分に等しい大きさをもつ扇形は半円それ自体であり，この場合，弓形を規定する弦は円の直径そのものになる．同様に，円全体の三分の一の大きさをもつ弓形を見つけることができる．これを次の問題で探索しよう．

問題 V

円周上の点 A から出発して二本の弦 AB, AC を引いて，円の面積が三等分されるようにせよ(図115)．

解

円の半径を $=1$ と置くと，半円の長さは $=\pi$ となる．円弧 AB もしくは AC を $=s$ としよう．このとき，扇形 AEB もしくは AFC の面積は

$$=\frac{1}{2}s - \frac{1}{2}\cdot\sin s$$

となる．ところで，円の面積は $=\pi$ である．そうして扇形 AEB の面積は円の三分の一でなければならないのであるから，

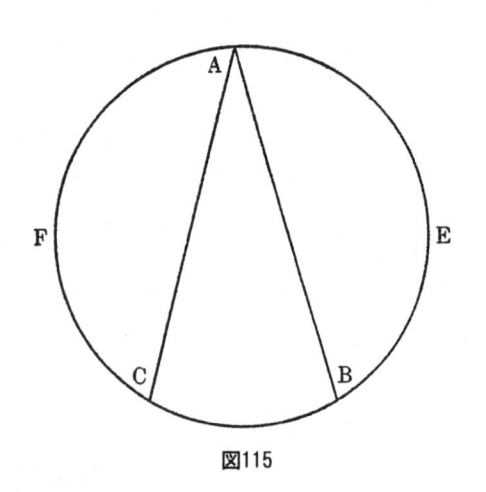

$$\frac{1}{2}s - \frac{1}{2}\cdot\sin s = \frac{\pi}{3} = 60° \quad \text{すなわち} \quad s - \sin s = 120°$$

図115

第22章　円に関連するいくつかの問題の解決

となる．したがって，

$$s - 120° = \sin s$$

となる．そこで $s - 120° = u$ と置くと，$u = \sin(u + 120°) = \sin(60° - u)$ となる．それゆえ，探索しなければならないのは，「$60° - u$ の正弦に等しくなるような u」である．したがって，u は $60°$ より小さいことになる．この円弧を見つけるために，次のような仮設定を行おう．

$$u = 20° \qquad u = 30° \qquad u = 40°$$
$$60° - u = 40° \qquad 60° - u = 30° \qquad 60° - u = 20°$$
$$\log u = 1.3010300 \qquad 1.4771213 \qquad 1.6020600$$

ここから　1.7581226　　　1.7581226　　　1.7581226　を差し引くと，

$$\log u = 9.5429074 \qquad 9.7189987 \qquad 9.8439374$$
$$\log \sin(60° - u) = 9.8080675 \qquad 9.6989700 \qquad 9.5340517$$
$$+\ 2651601 \qquad -\ 200287 \qquad -\ 3098857$$

これより明らかなように，u は $30°$ よりいくぶん小さい．それに，計算を行うと(この計算はここには書かない)，u は $29°$ より大きくなければならないことがわかる．そこで

$$u = 29°$$

とすると，次のようになる．

$$60° - u = 31°$$
$$\log u = 1.4623980$$

ここから　1.7581226　を差し引くと，

$$\log u = 9.7042754$$
$$\log \sin(60° - u) = 9.7118393$$
$$+\ 75639$$
$$-\ 200287$$
$$275926 : 75639 = 1° : 16'\,26''$$

よって，角 $u = 29°16'26''$ となる．いっそう精密な数値を見つけるために，秒の単位のみ異なる数値を設定しよう．

	$u = 29°16'$	$u = 29°17'$
	すなわち	すなわち
	$u = 1756'$	$u = 1757'$
	$60° - u = 30°44'$	$60° - u = 30°43'$
	$\log u = 3.2445245$	3.2447718
ここから	3.5362739	3.5362739 を差し引くと，
	$\log u = 9.7082506$	9.7084979
$\log \sin(60° - u) = 9.7084575$		9.7082450
	$+\ 2069$	-2529
	2529	
	$4598 : 2069 = 1' : 27''\,0'''$	

よって，正しくは，

$$u = 29°16'27''\,0'''$$

となる．これより，

$$円弧\ s = AEB = 149°16'27''\,0''' = AFC.$$

ここから，

$$円弧\ BC = 61°27'6''\,0'''$$

が帰結する．また，

$$弦\ AB = AC = 19285340$$

となる．Q.E.F.

536. ここまでのところでは「与えられた正弦もしくは余弦に等しい円弧」

第22章 円に関連するいくつかの問題の解決

を求める諸問題が取り扱われたが，これらに加えて次に挙げる問題を提示したいと思う．この問題はこれまでと同じ手順を踏んで解決されるが，はるかに困難である．

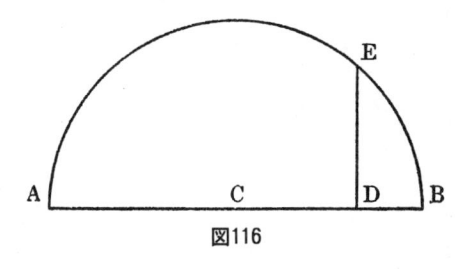

問題 VI

半円 AEB において円弧 AE を切り取り，その正弦 ED を引くとき，円弧 AE が線分の和 $AD+DE$ に等しくなるようにせよ(図116).

図116

解

この円弧が円周の四分の一の弧よりも大きいことは即座に明らかになる．そこでその補円弧 BE を求めることにして，円弧 BE を $=s$ と名づけよう．このとき，円弧 AE は $=180°-s$ となる．また，$AC=1$，$CD=\cos s$，$DE=\sin s$ であるから，$180°-s=1+\cos s+\sin s$．ところが，

$$\sin s = 2\sin\tfrac{1}{2}s\cdot\cos\tfrac{1}{2}s \quad \text{および} \quad 1+\cos s = 2\cos\tfrac{1}{2}s\cdot\cos\tfrac{1}{2}s.$$

これより，

$$180°-s = 2\cos\tfrac{1}{2}s\left(\sin\tfrac{1}{2}s+\cos\tfrac{1}{2}s\right)$$

となる．ところが，

$$\cos\left(45°-\tfrac{1}{2}s\right) = \tfrac{1}{\sqrt{2}}\cdot\cos\tfrac{1}{2}s + \tfrac{1}{\sqrt{2}}\cdot\sin\tfrac{1}{2}s.$$

それゆえ，

$$\sin\tfrac{1}{2}s+\cos\tfrac{1}{2}s = \sqrt{2}\cos\left(45°-\tfrac{1}{2}s\right).$$

よって，

$$180°-s = 2\sqrt{2}\cdot\cos\tfrac{1}{2}s\cdot\cos\left(45°-\tfrac{1}{2}s\right)$$

となる．このような計算を遂行したうえで，次のように設定しよう．

| $\tfrac{1}{2}s = 20°$ | $\tfrac{1}{2}s = 21°$ |

$45° - \frac{1}{2}s = 25°$	$45° - \frac{1}{2}s = 24°$
$180° - s = 140°$	$180° - s = 138°$
$\log(180° - s) = 2.1461280$	2.1398791
ここから　1.7581226	1.7581226　を差し引くと,
$\log(180° - s) = 0.3880054$	0.3817565
$\log \cos \frac{1}{2}s = 9.9729858$	9.9701517
$\log \cos \left(45° - \frac{1}{2}s\right) = 9.9572757$	9.9607302
$\log 2\sqrt{2} = 0.4515450$	0.4515450
0.3818065	0.3824269
誤差　　＋ 61989	－ 6704
6704	

$$68693 : 61989 = 1° : 54'$$

これで，$\frac{1}{2}s$ は限界 20°54′ と 20°55′ の間にはさまれることが判明する．そこで次のように仮に設定しよう．

$\frac{1}{2}s = 20°54'$	$\frac{1}{2}s = 20°55'$
$45° - \frac{1}{2}s = 24°6'$	$45° - \frac{1}{2}s = 24°5'$
$s = 41°48'$	$s = 41°50'$
$180° - s = 138°12'$	$180° - s = 138°10'$
すなわち	すなわち
$180° - s = 8292'$	$180° - s = 8290'$
$\log(180° - s) = 3.9186593$	3.9185545
ここから　3.5362739	3.5362739　を差し引くと,
0.3823854	0.3822806
$\log \cos \frac{1}{2}s = 9.9704419$	9.9703937
$\log \cos \left(45° - \frac{1}{2}s\right) = 9.9603919$	9.9604484
$\log 2\sqrt{2} = 0.4515450$	0.4515450

第22章　円に関連するいくつかの問題の解決

	0.3823788	0.3823871
誤差	+ 66	− 1065
	1065	

$$1131 : 66 = 1' : 3''30'''$$

それゆえ，$\frac{1}{2}s = 20°54'3''30'''$．これより

$$s = 41°48'7''0''' = BE.$$

したがって，求める円弧は

$$AE = 138°11'53''0'''$$

となる．線分については，

$$DE = 0.6665578 \quad \text{および} \quad AD = 1.7454535$$

となる．Q.E.F.

537. 今度は円弧とその接線とを比較しよう．円周の第一番目の四分の一の弧の場所では円弧は接線より短いから，「その接線の半分に等しい長さをもつ円弧」を求めてみよう．このような円弧を求めることにより，次に挙げる問題が解決される．

問題VII

扇形 ACD を切り取り，その大きさが，半径 AC と接線 AE と割線 CE で囲まれる三角形 ACE の半分になるようにすること(図117)．

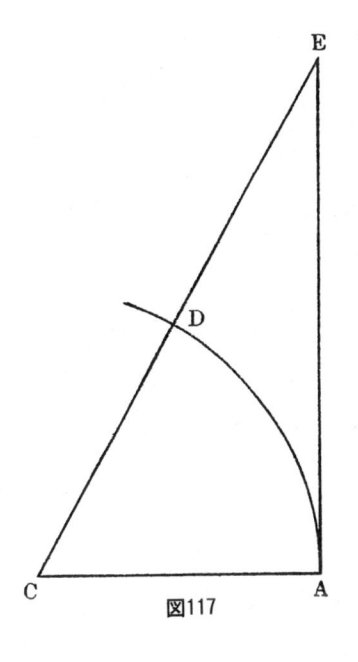

図117

解

円弧 AD を $=s$ と置くと，扇形 $ACD = \frac{1}{2}s$ となり，三角形 $ACE = \frac{1}{2}\cdot\tan s$ となる．これより，$\frac{1}{2}\cdot\tan s = s$ すなわち $2s = \tan s$ となることが要請される．そこで，次のように仮に設定しよう．

	$s=60°$	$s=70°$	$s=66°$	$s=67°$
$\log 2s =$	2.0791812	2.1461280	2.1205739	2.1271048
	1.7581226	1.7581226	1.7581226	1.7581226
$\log 2s =$	0.3210586	0.3880054	0.3624513	0.3689822
$\log \tan s =$	0.2385606	0.4389341	0.3514169	0.3721481
	+ 824980	− 509287	+ 110344	− 31659

これを見ると，いっそう狭い s の限界 $66°46'$ と $66°47'$ がみいだされる．そこで，今度は次のように設定しよう．

	$s=66°46'$	$s=66°47'$
	すなわち	すなわち
	$s=4006'$	$s=4007'$
	$2s=8012'$	$2s=8014'$
$\log 2s =$	3.9037409	3.9038493
	3.5362739	3.5362739
$\log 2s =$	0.3674670	0.3675754
$\log \tan s =$	0.3672499	0.3675985
誤差	+ 2171	− 231
	231	

$$2402 : 2171 = 1' : 54'' 14'''$$

これより，

$$\text{円弧 } s = AD = 66°46'54''14'''$$

となる．よって，

$$\text{正接 } AE = 2.3311220$$

となる．Q.E.F.

第22章 円に関連するいくつかの問題の解決

538. 今度は次の問題を提示しよう．

問題VIII

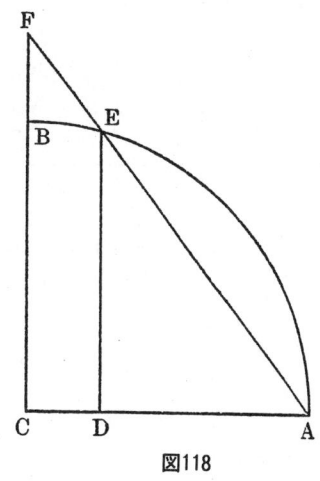

円周の四分の一の弧 ACB が提示されたとき，次のような円弧 AE を見つけること．すなわち，弦 AE を交点 F まで延長していくとき，その長さは円弧 AE に等しい(図118)．

解

円弧 AE を $= s$ と置くと，弦 $AE = 2 \cdot \sin \frac{1}{2} s$，正矢(せいし) $AD = 1 - \cos s = 2 \cdot \sin \frac{1}{2} s \cdot \sin \frac{1}{2} s$ となる．よって，相似な三角形 ADE と ACF を考えると，比例式

$$2 \cdot \sin \tfrac{1}{2} s \cdot \sin \tfrac{1}{2} s : 2 \cdot \sin \tfrac{1}{2} s = 1 : s$$

が与えられる．それゆえ，$s \cdot \sin \frac{1}{2} s = 1$．そこで，次のように設定しよう．

	$s = 70°$	$s = 80°$	$s = 84°$	$s = 85°$
$\log s =$	1.8450980	1.9030900	1.9242793	1.9294189
ここから	1.7581226	1.7581226	1.7581226	1.7581226 を差し引くと，
	0.0869754	0.1449674	0.1661567	0.1712963
$\log \sin \frac{1}{2} s =$	9.7585913	9.8080675	9.8255109	9.8296833
	9.8455667	9.9530349	9.9916676	0.0009796
誤差	+ 0.1544332	0.0469650	+ 83223	− 9796

この結果，s は限界 $84°53'$ と $84°54'$ の間にはさまれることがわかる．そこで，次のように手順を進めていく．

$s = 84°53'$	$s = 84°54'$
すなわち	すなわち

$s = 5093'$	$s = 5094'$	
$\frac{1}{2}s = 42°26\frac{1}{2}'$	$\frac{1}{2}s = 42°27'$	
$\log s = 3.7069737$	3.7070589	
ここから　3.5362739	3.5362739	を差し引くと，
0.1706998	0.1707850	
$\log \sin \frac{1}{2}s = 9.8292003$	9.8292694	
0.9999001	0.0000544	
誤差　　＋ 998	－ 544	

これで，

$$\text{円弧 } s = AE = 84°53'38''51'''$$

および

$$\text{円弧 } BE = 5°6'21''9'''$$

が判明する．Q.E.I.

539. 円周の第一番目の四分の一の弧では，あらゆる円弧はその正接よりも小さいが，続く第二番目以降の四分の一の弧には，そのような「その正接に等しい円弧」が存在する．次に挙げる問題では，級数から取り出される方法に基づいて，そのような円弧を見つけたいと思う．

問題IX

「その正接に等しい」という性質を備えた円弧をことごとくみな見つけること．

解

この性質を備えている円弧の中で，一番はじめに登場するのは，無限に小さい円弧である．次に，円周の第二番目の四分の一の弧の地点では正接は負になるから，ここには要請に応える円弧は存在しない．第三番目の四分の一の弧には，270°よりわずかに小さいそのような円弧がひとつ存在する．さらに歩を進めて，第五番目，第七番目・・・の四分の一の弧にも，そのような円弧がひとつ存在する．円周の四分の一の

第22章 円に関連するいくつかの問題の解決

弧の長さを $=q$ と置くと，求める円弧はどれもみな $(2n+1)q-s$ という一般的な形で表される．したがって，

$$(2n+1)q - s = \cot s = \frac{1}{\tan s}$$

となる．$\tan s = x$ と置くと，

$$s = x - \frac{1}{3}x^3 + \frac{1}{5}x^5 - \frac{1}{7}x^7 + \cdots.$$

したがって，

$$(2n+1)q = \frac{1}{x} + x - \frac{1}{3}x^3 + \frac{1}{5}x^5 - \frac{1}{7}x^7 + \cdots$$

となる．ところで，数 n が大きくなればなるほど，その分だけ円弧 s は小さくなるから，x が非常に小さい量であることは明白である．したがって，近似的に

$$x = \frac{1}{(2n+1)q} \quad \text{すなわち} \quad \frac{1}{x} = (2n+1)q$$

となる．いっそう精密に，

$$\frac{1}{x} = (2n+1)q - s = (2n+1)q - \frac{1}{(2n+1)q} - \frac{2}{3(2n+1)^3 q^3}$$

$$- \frac{13}{15(2n+1)^5 q^5} - \frac{146}{105(2n+1)^7 q^7} - \frac{2343}{945(2n+1)^9 q^9} - \cdots$$

という表示がみいだされる．そうして

$$q = \frac{\pi}{2} = 1.5707963267948$$

であるから，求める円弧は，

$$= (2n+1)1.57079632679 - \frac{1}{2n+1}0.63661977$$

$$- \frac{0.17200818}{(2n+1)^3} - \frac{0.09062598}{(2n+1)^5} - \frac{0.05892837}{(2n+1)^7} - \frac{0.04258548}{(2n+1)^9} - \cdots$$

というふうになる．あるいはまた，弧長を使って表されている諸項を弧度法による表示に書き直すと，求める円弧は，一般的に考えて表記すると，

$$= (2n+1)90° - \frac{131313''}{2n+1} - \frac{35479''}{(2n+1)^3} - \frac{18693''}{(2n+1)^5} - \frac{12155''}{(2n+1)^7} - \frac{8784''}{(2n+1)^9}$$

という形になる．それゆえ，問題に応える円弧を順に配列すると次のように並んでいく．

I.	1・	90°− 90°
II.	3・	90°− 12°32′48″
III.	5・	90°− 7°22′32″
IV.	7・	90°− 5°14′22″
V.	9・	90°− 4°3′59″
VI.	11・	90°− 3°19′24″
VII.	13・	90°− 2°48′37″
VIII.	15・	90°− 2°26′5″
IX.	17・	90°− 2°8′51″
X.	19・	90°− 1°55′16″

540． 私はこの種の問題をこれ以上書き並べようとは思わない．というのは，これらの問題を解く方法は，ここまでに挙げた諸例によりはっきりと見て取れるからである．それに，これらの問題が考案されたのは，主として円というものの本性をいっそう深く洞察しようとするためであった．円の正方形化(訳者註．円と面積の等しい正方形を作ること)は，これまでに用いられたあらゆる方法を試みても，何も果実が得られなかったのである．実際，もしどれかの問題を解いていく過程の中で，円周全体と通約可能な円弧や，その正弦や正接が半径を用いて構成可能な円弧が得られたなら，そのときたしかに，円の，ある種の正方形化が手に入る．たとえば，問題VIの解では正弦 DE (図116)は $= 0.6665578$ となったが，そうではなくてもし $= 0.6666666 = \frac{2}{3}$ となることがわかったとするなら，円のひとつの美しい性質が明るみに出されることになる．なぜなら，その場合，直線

$$AD + DE = 1 + \frac{2}{3} + \sqrt{\frac{5}{9}}$$

に等しい円弧 AE を描くことが可能になるからである．今でもなお，この種の円の正方形化は不可能であることを明示する根拠は明らかにされていない．それに，もし何

第22章　円に関連するいくつかの問題の解決

らかの根拠があるとしても，この問題を調べていくうえで，適切さという点において本章で開示した道筋よりまさっている手立ては存在しないのではないかと思われる．

註記

1) (367頁)　Q.E.I.はラテン語の"Quod erat inveniendum"という語句の省略形である．英語では"Which was to be found"，すなわち，「これがみいだされるべき事柄であった」という意味の常套句である．

2) (371頁)　Q.E.F.はラテン語の"Quod erat faciendum"という語句の省略形である．英語では"Which was to be done"，すなわち，「これがなされるべき事柄であった」という意味の常套句である．

附録　曲面の理論

第1章　立体の表面に関する一般的な事柄

1． これまでのところで曲線をめぐって報告された事柄，それに，曲線の性質を方程式に帰着させて考察することに関連して報告がなされた事柄は，どれもみな守備範囲がきわめて広々と開かれていて，曲線上のすべての点がある同一の平面上に配置されている限り，あらゆる曲線にあてはまる．だが，曲線の全体がある同一の平面上に配置されていない場合には，これまでに与えられてきた指針は曲線の諸性質を見つけようとするうえで十分とは言いえない．この種の曲線は二重曲率をもつ．この二重曲率という名称のもとで，きわめて才能の豊かな幾何学者クレローは，この種の曲線をめぐって一篇の卓越した論文を執筆した[1]．このテーマは，この場を借りて私が解明しようと決意した面の性質ときわめて密接な関係で結ばれているから，別個に取り扱うのではなく，これから展開する予定の面に関する論考と結びつけて解明していくことにしたいと思う．

2． 線にはまっすぐなものと曲がっているものがあるが，それと同様に，面には平らなものと平らではないものがある．平らではないと言われる面は，凸状であったり，凹状であったり，双方の形状を兼ね備えていたりする．たとえば，球や円筒や円錐の外側の表面は，底面は別にして，凸状である．鉢の内側の表面は凹状である．ところで，ある線の上の任意の三点がいつもある同一直線上に配置されるなら，その線はまっすぐである．それと同様に，ある面の上の任意の四点がつねにある同じ平面上に配置されるなら，その面は平らである．これより明らかなように，ある面の上の四点をどのように採っても，そのつどいつもある同じ平面上に配置されるという現象が見られないとすれば，その面は平らではない．すなわち，凸状であるか，あるいは凹状であるかのいずれかである．

3. それゆえ，平らではない面の性質は，平面と比べて随所でどの程度異なっているのかという点に着目して調べれば，やすやすと理解されるであろう．これをもう少し詳しく言うと，曲線の性質は，その上の各点が，軸として採用した直線からどのくらい離れているのかを示す距離を観察すれば手に入る．それと同様に，曲面の性質を見きわめるには，その曲面上の個々の点の，任意に採択された平面からの距離を観察するのが至当である．そこで，ある任意の曲面が提示されたとして，その性質をひとつひとつ確定していかなければならないとしてみよう．ある平面を任意に選定し，その平面に向かって，提示された曲面の個々の点から垂線が降ろされた様子を思い浮かべよう．このように状勢を設定するとき，もしそれらの垂線の各々の長さを，ある方程式を用いて決定することができたなら，曲面の性質はその方程式により表されると見てよいであろう．実際，逆に，そのような方程式により曲面上のすべての点を指定することが可能になり，まさしくそれゆえに曲面それ自身が決定されることになるのである．

4. テーブルの表面は，提示された任意の曲面の個々の点が関係づけられていく先の平面を表すとしよう(図119)．M は提示された曲面上の任意の点とし，しかもテーブルの表面の外側に配置されているものとして，その様子を心に描いてみよう．そうしてこの点から，先ほど設定した平面に向かって垂線 MQ を降ろそう．その垂線は点 Q において平面に出会うものとする．さて，この点 Q の位置を計算により指定できるようにするため，テーブルの表面において，ある直線 AB を軸に採り，その軸に向かって点 Q から垂線 QP を引こう．最後に，軸 AB において任意の点 A を切除線の始点に取ろう．このように状勢を設定しておくと，点 M の位置は，三本の線分 AP, PQ, QM の長さがわかれば判明する．それで，曲面上の点 M の位置は互いに垂直な三つの座標により決定されることになるが，この状勢は，ある平面上に配置された曲線上の個々の点を明示するのに，互いに垂直な二つの座標を用いる習わしになっ

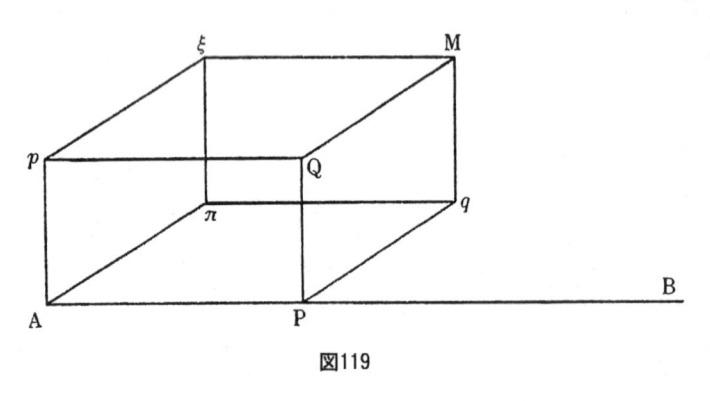

図119

第 1 章　立体の表面に関する一般的な事柄

ているのと似通っている．

5．　　こんなふうにして，われわれの手には三つの座標 AP, PQ, QM がある．そこで $AP = x$, $PQ = y$, $QM = z$ と置くと，提示された曲面の性質はこれらの座標に基づいて理解されるのである．そのためには，二つの座標 x と y を任意に選定するとき，それらに対応して第三の座標 z がどの程度の大きさになるかがわかればよいからであり，実際にそんなふうにして曲面上のすべての点 M が決定されるのである．それゆえ曲面の性質はある方程式で表され，その方程式を通じて，座標 z は残る二つの座標 x および y と，それにいくつかの定量により規定される．よって，提示された任意の曲面に対し，変化量 z は二つの変化量 x と y のある関数と等値される．そうして逆に，もし z が x と y のある関数に等しいなら，そのときその方程式はある曲面を表すことになり，しかもその曲面の性質は，その方程式を通じて認識されるのである．実際，x と y のところに受け入れが可能な限りの正負のあらゆる値を代入すれば，ここで取り上げられた平面上のすべての点 Q が手に入る．続いて，x と y による z の方程式により，平面から曲面に到達するまでの垂線 $QM = z$ の長さがいたるところで判明する．もし z の値が正なら，曲面上の点 M は平面 APQ の上側に位置するが，そうでなければ，この平面の下側に位置を占める．もし z の値が 0 なら，曲面上の点 M はこの平面上にあることになる．だが，もし z の値が虚値なら，点 Q にぴったり対応する曲面上の点 M は存在しない．もし z がいくつもの実値をもつということが起こったなら，その場合には，点 Q を通って平面に直交する直線は，曲面上のいくつもの点 M と交叉することになる．

6．　　さまざまな曲面の性質に関連して述べておくと，この場で即座に立ち現れるのは，連続曲面もしくは正則曲面と不連続曲面もしくは非正則曲面との区別である．これをもう少し詳しく言うと，連続曲面というのは，その上のすべての点が，z と x と y の間のある同一の方程式によって表されるような曲面のことである．言い換えると，この場合には，曲面上のすべての点に対し，z は x と y のある同じ関数になることになる．これに対し，非正則曲面というのは，あちこちの部分が別々の関数により表示されるような曲面のことである．たとえば，ある曲面が提示されたとして，その曲面のある場所は球面になっていて，他の場所では円錐や円柱や平面になっているとすれば，その曲面は非正則曲面である．ここでは非正則曲面は考察の対象から完

全に除外して，正則な曲面だけに目を向けることにする．というのは，非正則曲面はさまざまな正則曲面を組み合わせて作られているので，正則曲面だけを考察しておけば，非正則曲面について何かしら判断をくだすのも容易にできるようになるからである．

7． 正則曲面の最初の分類は代数曲面と超越曲面への区分けである．代数曲面という名で呼ばれるのは，その性質が座標 x, y, z の間の代数方程式によって表されるような曲面，言い換えると，z が x と y の代数関数と等値されるような曲面のことである．これに対し，もし z が x と y の代数関数ではないなら，言い換えると，x, y, z の間の方程式を観察するとき，そこに対数に依存する量や円弧に依存する量のような超越量が見られるなら，そのような方程式で表される曲面は超越曲面である．たとえば，$z = x \cdot \log y$ や $z = y^x$ や $z = y \cdot \sin x$ のような方程式で表される曲面は超越曲面である．たやすく諒解されるように，超越曲面へと歩を進める前に，まずはじめに代数曲面を取り上げて考察を加えなければならない．

8． 次に，曲面の性質を究明するうえで，主として目を向けなければならないのは，x と y の関数 z はどのような性質を備えているかという論点であり，その際，この関数が取りうる値の個数を考慮に入れることにする．そこで，まずはじめに現れるのは，z が x と y の一価関数と等値されるような曲面である．P はそのような一価関数，言い換えると x と y の有理関数としよう．そうして $z = P$ と置くと，平面上の個々の点 Q に対し，曲面上の点がひとつ対応する．これを言い換えると，平面 APQ に直交する任意の直線はただひとつの点において曲面と交叉する．この場合，線分 QM の値がどこかで虚になるということはありえず，このような線分はことごとくみな，曲面上の実在の点を明示しているのである．ただし，このように関数の種類を区別しても，それに依拠して曲面の世界の本質的な多種性が現れるというわけではない．なぜなら，関数の区別は平面 APQ の位置に依存するし，しかもその平面はといえば，軸と同様，任意だからである．したがって，もし同じ曲面を別の平面との関連のもとで認識しようとするなら，前は一価であった関数 z が，今度は多価になることもありうるのである．

9． P と Q は x と y の任意の一価関数とし，曲面の性質を表す x, y, z の間

の方程式を $zz-Pz+Q=0$ としよう．このとき，平面上の個々の点 Q を通り，平面に垂直に引いた直線は，平面と二点で交叉するか，あるいはいかなる点においても交叉しないかのいずれかである．なぜなら z は二つの値をもつが，それらは二つとも実値であるか，あるいは二つとも虚値であるかのいずれかだからである．同様に，P, Q, R は x と y の一価関数とし，曲面の性質を表す x, y, z の間の方程式を $z^3 - Pz^2 + Qz - R = 0$ としてみよう．この場合，z は三価関数になるが，もしこの方程式のすべての根が実量なら，どの直線 QM も曲面と三点で交叉する．また，もし根のうちの二つが虚量なら，直線 QM は曲面上の唯一の点において曲面と交叉する．z を規定する方程式の次元がもっと高い場合にも，同様にして交点数を判定していかなければならない．曲面の性質を表す x と y と z の間の方程式を有理化しておけば，関数 z の多価性はきわめて容易に判明する．

10. その他の点について言うと，われわれは以前，曲線の方程式において二つの座標が交換可能である様子を目にしたが，それと同様に，曲面に対する任意の方程式において，三つの座標 x, y, z は相互に交換可能である．実際，まずはじめに平面 APQ において，AP と直交する他の直線 Ap を軸に採ると，今度は $Ap=y$ および $pQ=x$ となる．二つの座標 x と y はこれで互いに交換されたのである．他の座標交換についても，直角平行六面体 $ApQM\xi\pi qPA$ の全体像を描くことにより，ことごとくみな諒解される．この直角平行六面体において，まずはじめに着目しなければならないのは，互いに直交する三つの固定平面 $APQp, APq\pi, Ap\xi\pi$ である．提示された曲面－その曲面上の点が M である－が，これらの平面の各々とどんなふうに関わるのかという論点については，x, y, z の間に成立する同じ方程式が明らかにしてくれる．各々の平面上に二本の軸が存在し，それらはともに点 A に始点をもつ．この事実に起因して，三つの座標の間に，相異なる6通りの関係が観察されることになる．

平面 $APQp$ に対して
$AP=x, PQ=y, QM=z$
または
$Ap=y, pQ=x, QM=z$

平面 $APq\pi$ に対して
$$AP = x,\ Pq = z,\ qM = y$$
または
$$A\pi = z,\ \pi q = x,\ qM = y$$

平面 $Ap\xi\pi$ に対して
$$Ap = y,\ p\xi = z,\ \xi M = x$$
または
$$A\pi = z,\ \pi\xi = y,\ \xi M = x$$

固定点 A から曲面上の点 M に向けて線分 AM を引くと，その長さは $\sqrt{xx+yy+zz}$ となる．

11. 座標 x, y, z の間に成立する方程式は，互いに直交し，しかも相互に点 A において交叉する三枚の平面との関連のもとで，曲面の性質への認識を深めていくうえで有効に作用する．もう少し詳しく言うと，変化量 z は曲面上の個々の点 M から平面 APQ までの距離を表すが，それと同様に，変化量 y は点 M から平面 APq までの距離を示し，変化量 x は点 M から平面 $Ap\xi$ までの距離を示す．ところが，もし点 M がこれらの三平面の各々からどのくらいの距離だけ離れているかがわかったなら，それと同時に点 M の真実の位置が判明するのである．三つの変化量 x, y, z の間に成立する方程式を通じ，個々の曲面は三枚の平面との間に関係がつけられていく．そこでそれらの三枚の平面には，特別に注目していかなければならないのである．もしそれらのうちの一枚，たとえば APQ を水平とするなら，残る二枚の平面は鉛直である．すなわち，残る二枚の平面のうちの一枚は直線 AP に沿って水平面上に直立し，もう一枚の平面は直線 Ap に沿って水平面上に直立する．

12. そこで互いに直交する三枚の平面が設定されたとし，提示された曲面はそれらの平面との関係のもとで語られるものとしよう．その曲面上の個々の点 M か

第1章 立体の表面に関する一般的な事柄

ら，平面APQ, APq, $A\pi\xi$に向かって垂直線分MQ, Mq, $M\xi$を引くと，$MQ=z$, $Mq=y$, $M\xi=x$となる．続いて平行六面体を作ると，これらの線分と長さが等しく，しかも定点Aを始点とする三本の線分，すなわち$Ap=x$, $Ap=y$, $A\pi=z$が得られるが，それらを知ることにより点Mの位置が確定する．ところで，これは明らかな事柄だが，これらの変化量x, y, zがこの平行六面体の指し示す領域内に伸びていく場合に限り，これらを正とみなすことにするなら，対置する領域内に向かって伸びていく場合には，これらの変化量を負とみなさなければならないことになる．

13. 三つの変化量x, y, zの間に成立する方程式において，もし平面APQと直交する変化量，すなわちzがいたるところで偶次元をもつとするなら，zは大きさの等しい一対の値もつ．ひとつは正の値であり，もうひとつは負の値である．それゆえ，この方程式で表される曲面には，平面APQの両側に位置する二つの断片がぴったり同じ形になるという性質が備わっている．したがって，この曲面により境界が規定される立体は，平面APQで切ると，ぴったり同じ形の二つの部分に分けられる．平面図形の場合，その図形をぴったり同じ形の二つの部分に区分けする直線はダイアメータという名で呼ばれたが，それと同様に，立体の場合にも，その立体をぴったり同じ形の二つの部分に分ける平面のことを**ダイアメータ**と呼びたいと思う．それゆえ，もしある曲面を表す方程式において変化量zがいたるところで偶次元をもつなら，そのとき平面APQはダイアメータである．

14. 同様に諒解されるように，もしある曲面の方程式において，平面APqと直交する変化量yがいたるところで偶次元をもつなら，そのとき平面APqはダイアメータである．もし変化量xがいたるところで偶次元をもつなら，そのとき平面$Ap\xi$はダイアメータである．それゆえ，三つの変化量x, y, zの間で与えられたある曲面の方程式を見れば即座に，三枚の平面APQ, APq, $Ap\xi$がダイアメータであるか否かが明らかになる．三枚の平面のうちの二枚，あるいは三枚の平面のすべてがダイアメータになるということも起こりうる．たとえば，Aに中心をもつ球に対しては，半径$AM = \sqrt{xx+yy+zz} = a$であるから，方程式は$xx+yy+zz=aa$となる．これより判明するように，三平面APQ, APq, $Ap\xi$のどれも，球をぴったり同じ形の二つの部分に区分けする．

15. 提示された方程式で表される曲面の姿を観察するには，わけても互いに直交する三枚の平面に目を向けなければならない(図120)．それらの平面は，図120では $QQ^1Q^2Q^3$ と $TT^1T^2T^3$，それに $VV^1V^2V^3$ で表示されているが，点 A において互いに交叉する．これらの三平面が，無限遠にいたるまであらゆる方向に伸ばされていった様子を心の中に思い浮かべると，空間全体は八個の領域に分かたれる．それらの領域は，〈図120〉では文字 AX^1, AX^2, AX^3, AX^4, AX^5, AX^6, AX^7 で示されている．第一番目の領域 AX において変化量 x, y, z は正の値をもつと定めることにすると，他の領域では，一個または二個または三個すべてが負になる．これらの値の符号に関する状況は，次に挙げる図式により明瞭に見て取れる．

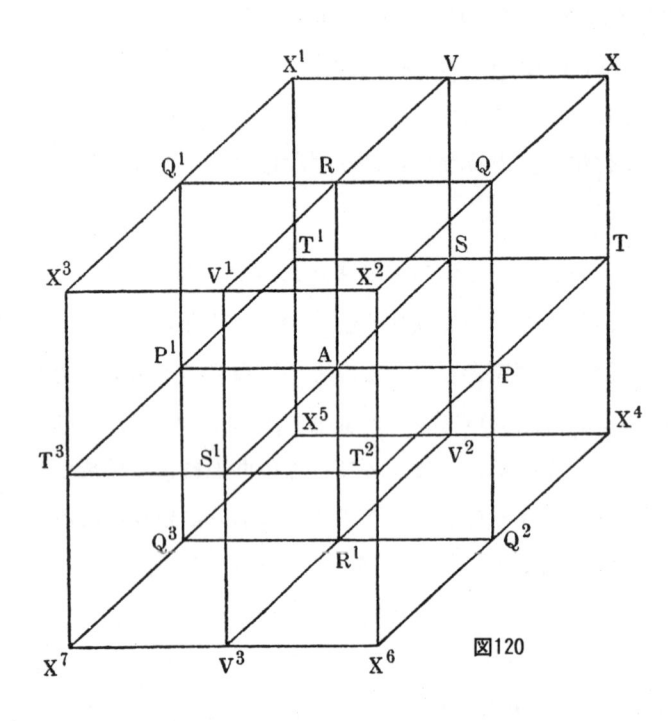

図120

領域 AX	領域 AX^1	領域 AX^2	領域 AX^3
$AP = +x$	$AP^1 = -x$	$AP = +x$	$AP^1 = -x$
$AR = +y$	$AR = +y$	$AR = +y$	$AR = +y$
$AS = +z$	$AS = +z$	$AS^1 = -z$	$AS^1 = -z$

領域 AX^4	領域 AX^5	領域 AX^6	領域 AX^7
$AP = +x$	$AP^1 = -x$	$AP = +x$	$AP^1 = -x$
$AR^1 = -y$	$AR^1 = -y$	$AR^1 = -y$	$AR^1 = -y$
$AS = +z$	$AS = +z$	$AS^1 = -z$	$AS^1 = -z$

第1章 立体の表面に関する一般的な事柄

16. これらの八個の異なる領域に番号を附して区別して，語ろうとする領域を簡単に指示できるようにしておくと，いっそう便利である．これらの八個の領域は点 A において接触する．また，互いに直交する三枚の平面の交叉により，区切りがつけられる．そうしてそれらの平面は，点 A において直角に交差する三本の直線 Pp，Qq，Rr により定められる．これらの領域は，三個の文字 P，Q，R (大文字または小文字)を用いて指定される(図121)．このあたりの事情をもう少し詳しく説明すると，主領域すなわち第一番目の領域 PQR は，無限遠まで伸びていく三本の直線 AP，AQ，AR を用いて作られる平行六面体が包摂する空間である．また，領域 Pqr は，無限遠に伸びていく三本の直線 AP，Aq，Ar で作られる平行六面体が包摂する空間である．そこで三個の変化量 AP，AQ，AR を $AP=x$，$AQ=y$，$AR=z$ と設定すると，$Ap=-x$，$Aq=-y$，$Ar=-z$ となる．そこで，ここで語られている八個の領域を，番号をつけて次のようにして区別することにしたいと思う．

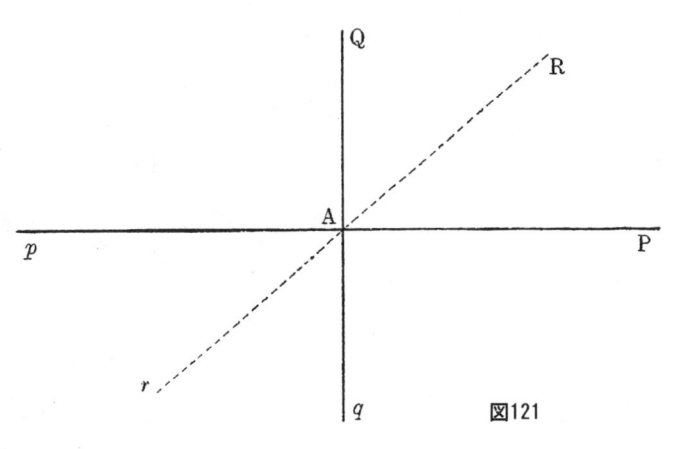

図121

	第一領域 I	第二領域 II
	PQR	PQr
座標	$\begin{cases} AP=+x \\ AQ=+y \\ AR=+z \end{cases}$	$\left.\begin{array}{l} AP=+x \\ AQ=+y \\ Ar=-z \end{array}\right\}$
	第三領域 III	第四領域 IV
	PqR	pQR

座標	$\left\{\begin{array}{l} AP=+x \\ Aq=-y \\ AR=+z \end{array}\right.$	$\left.\begin{array}{l} Ap=-x \\ AQ=+y \\ AR=+z \end{array}\right\}$
	第五領域 V $P\,q\,r$	第六領域 VI $p\,Q\,r$
座標	$\left\{\begin{array}{l} AP=+x \\ Aq=-y \\ Ar=-z \end{array}\right.$	$\left.\begin{array}{l} Ap=-x \\ AQ=+y \\ Ar=-z \end{array}\right\}$
	第七領域 VII $p\,q\,R$	第八領域 VIII $p\,q\,r$
座標	$\left\{\begin{array}{l} Ap=-x \\ Aq=-y \\ AR=+z \end{array}\right.$	$\left.\begin{array}{l} Ap=-x \\ Aq=-y \\ Ar=-z \end{array}\right\}$

17. これらの領域の間の相互関係に着目すると，いろいろな様子が目に留まる．まずはじめに，二つの座標を共有するとともに，共有しない座標もひとつあるという二つの領域が存在する．したがって，それらの領域はある平面において接していることになる．それらを**接合領域**という名で呼びたいと思う．次に，二つの座標が異なっていて，ただひとつの座標のみを共有する二つの領域は，ある直線に沿って接している．それらを**分離領域**という名で呼びたいと思う．第三に，すべての座標の符号が異なっている二領域は，点 A においてのみ接している．それらを**対置領域**という名で呼ぶことにしたいと思う．どの領域とどの領域が接合領域になるか，あるいは分離領域になるか，あるいは対置領域になるかという相互関係は，次に挙げる表に示されている通りである．

第1章　立体の表面に関する一般的な事柄

領域				接合領域			分離領域			対置領域

PQR I	PQr II	PqR III	pQR IV	Pqr V	pQr VI	pqR VII	pqr VIII
PQr II	PQR I	Pqr V	pQr VI	PqR III	pQR IV	pqr VIII	pqR VII
PqR III	Pqr V	PQR I	pqR VII	PQr II	pqr VIII	pQR IV	pQr VI
pQR IV	pQr VI	pqR VII	PQR I	pqr VIII	PQr II	PqR III	Pqr V
Pqr V	PqR III	PQr II	pqr VIII	PQR I	pqR VII	pQr VI	pQR IV
pQr VI	pQR IV	pqr VIII	PQr II	pqR VII	PQR I	Pqr V	PqR III
pqR VII	pqr VIII	pQR IV	PqR III	pQr VI	Pqr V	PQR I	PQr II
pqr VIII	pqR VII	pQr VI	Pqr V	pQR IV	PqR III	PQr II	PQR I

18.　　どの領域も三つの接合領域と三つの分離領域，それにただひとつの対置領域をもつのは明白である．また，上記の表を見れば，ある任意の領域が他の任意の領域とどのような相互関係で結ばれているか，その様子は即座に判明する．それに，この表において領域を表すのに使われている数字の順序には，注目するだけの値打ちがある．その様子がいっそうよく目に入るようにするために，数字だけを取り出して同じ順序に並べ，次に挙げるように正方形の形に配置した．

1	2	3	4	5	6	7	8
2	1	5	6	3	4	8	7
3	5	1	7	2	8	4	6
4	6	7	1	8	2	3	5
5	3	2	8	1	7	6	4
6	4	8	2	7	1	5	3
7	8	4	3	6	5	1	2
8	7	6	5	4	3	2	1

この表の特性と諸性質を見て取るには，ほんのわずかな注意を払いさえすればよい．この表の使い方については，これから引き続き叙述を続けていく中で，さらに詳細に説明を加えていくつもりである．

19. 以前すでに注意したように，もし曲面の方程式において変化量 z がいたるところで偶次元をもつなら，そのときその方程式で表される曲面は，ぴったり同じ形の二つの部分をもつ．すなわち，第一領域内の部分と第二領域内の部分は大きさと形が同じである．同様に，第三領域内の部分と第五領域内の部分，第四領域内の部分と第六領域内の部分，最後に第七領域内の部分と第八領域内の部分は互いにぴったり重なり合う．これは，上記の正方形の，1および2で始まる二つの系列の示す通りである．これに対し，もし曲面を表す方程式において変化量 y がいたるところで偶次元をもつなら，第一領域は第三領域と応じ合い，第二領域は第五領域と応じ合い，第四領域は第七領域と応じ合い，第六領域は第八領域と応じ合う．また，もし曲面を表す方程式において x がいたるところで偶次元をもつなら，第一領域は第四領域と応じ合い，第二領域は第六領域と応じ合い，第三領域は第七領域と応じ合い，第五領域は第八領域と応じ合う．この状勢を言い換えると次のようになる．

曲面を表す方程式において，変化量 x, y, z がいたるところで偶次元をもつなら，応じ合う領域と領域の対応関係は次の表のようになる．

第1章 立体の表面に関する一般的な事柄

x	y	z
1,2,3,4,5,6,7,8	1,2,3,4,5,6,7,8	1,2,3,4,5,6,7,8
2,1,5,6,3,4,8,7	3,5,1,7,2,8,4,6	4,6,7,1,8,2,3,5

20. 曲面の，第一番目と第五番目の分離領域内に位置する部分が互いにぴったり重なり合うためには，その曲面を表す方程式に，二つの変化量 y と z を負に取ってもなお不変に保たれるという性質が備わっていなければならない．このような事態が起こる場合としては，たとえば方程式の個々の項において，y と z を合わせて取り上げるとき，次元の総計がいたるところで偶数になるか，あるいはいたるところで奇数になる場合がある．ところが，もし第一領域と第五領域が対応するなら，そのとき第二領域と第三領域，第四領域と第八領域，それに第六領域と第七領域も応じ合う．同様に，もし曲面を表す方程式において二つの変化量 x と z の次元の総計がいたるところで偶数になるか，あるいはいたるところで奇数になるなら，そのとき第一領域と第六領域，第二領域と第四領域，第三領域と第八領域，それに第五領域と第七領域が対応する．この状勢を言い換えると次のようになる．

> 曲面の方程式において，変化量 y と z，x と z，x と y の次元の総計が
> いたるところで偶数になるか，あるいはいたるところで奇数
> になるなら，領域と領域の対応関係は次の表のようになる．

y と z	x と z	x と y
1,2,3,4,5,6,7,8	1,2,3,4,5,6,7,8	1,2,3,4,5,6,7,8
5,3,2,8,1,7,6,4	6,4,8,2,7,1,5,3	7,8,4,3,6,5,1,2

三個の変化量 x, y, z を合わせて取り上げて考察するとき，次元の総計がいたるところで偶数になるか，あるいはいたるところで奇数になるなら，対置領域が応じ合い，領域と領域の対応関係は次の表のようになる．

1	2	3	4	5	6	7	8
8	7	6	5	4	3	2	1

21. 曲面を表す方程式において，上に挙げた諸条件のうち，二つもしくは三つの条件が同時に成立していることもある．その場合には，四つもしくは八つの領域内に，曲面の，相互にぴったり重なり合う部分が包含されることになる．この状勢を言い換えると次のようになる．

x と y を別々に考察するとき，どちらもいたるところで偶次元をもつとする．

そのとき，次に挙げる領域は四つずつ対応する．

```
1, 2, 3, 4, 5, 6, 7, 8
3, 5, 1, 7, 2, 8, 4, 6
4, 6, 7, 1, 8, 2, 3, 5
7, 8, 4, 3, 6, 5, 1, 2
```

x と z を別々に考察するとき，どちらもいたるところで偶次元をもつとする．

そのとき，次に挙げる領域は四つずつ対応する．

```
1, 2, 3, 4, 5, 6, 7, 8
2, 1, 5, 6, 3, 4, 8, 7
4, 6, 7, 1, 8, 2, 3, 5
6, 4, 8, 2, 7, 1, 5, 3
```

y と z を別々に考察するとき，どちらもいたるところで偶次元をもつとする．

そのとき，次に挙げる領域は四つずつ対応する．

```
1, 2, 3, 4, 5, 6, 7, 8
2, 1, 5, 6, 3, 4, 8, 7
3, 5, 1, 7, 2, 8, 4, 6
5, 3, 2, 8, 1, 7, 6, 4
```

22. 一個の変化量がいたるところで偶次元をもち，他の二つの変化量については，それらを同時に取り上げて考察するとき，いたるところで偶次元を作るか，あるいはいたるところで奇次元を作るとする．このときもまた，四つずつの領域が次のように対応する．

z はいたるところで偶次元をもち，x と y は合わせて取り上げるとき

第1章 立体の表面に関する一般的な事柄

いたるところで偶次元を作るか，あるいはいたるところで奇次元を作るとする．このとき，次に挙げる領域は四つずつ対応する．

$$
\begin{array}{cccccccc}
1, & 2, & 3, & 4, & 5, & 6, & 7, & 8 \\
2, & 1, & 5, & 6, & 3, & 4, & 8, & 7 \\
7, & 8, & 4, & 3, & 6, & 5, & 1, & 2 \\
8, & 7, & 6, & 5, & 4, & 3, & 2, & 1
\end{array}
$$

y はいたるところで偶次元をもち，x と z は，合わせて取り上げるとき，いたるところで偶次元を作るか，あるいはいたるところで奇次元を作るとする．このとき，次に挙げる領域は四つずつ対応する．

$$
\begin{array}{cccccccc}
1, & 2, & 3, & 4, & 5, & 6, & 7, & 8 \\
3, & 5, & 1, & 7, & 2, & 8, & 4, & 6 \\
6, & 4, & 8, & 2, & 7, & 1, & 5, & 3 \\
8, & 7, & 6, & 5, & 4, & 3, & 2, & 1
\end{array}
$$

x はいたるところで偶次元をもち，y と z は，合わせて取り上げるとき，いたるところで偶次元を作るか，あるいはいたるところで奇次元を作るとする．このとき，次に挙げる領域は四つずつ対応する．

$$
\begin{array}{cccccccc}
1, & 2, & 3, & 4, & 5, & 6, & 7, & 8 \\
4, & 6, & 7, & 1, & 8, & 2, & 3, & 5 \\
5, & 3, & 2, & 8, & 1, & 7, & 6, & 4 \\
8, & 7, & 6, & 5, & 4, & 3, & 2, & 1
\end{array}
$$

これらの三通りの場合には，三つの変化量 x, y, z は，合わせて取り上げて考察するとき，いたるところで偶次元を保持するか，あるいはいたるところで奇次元を保持するかのいずれかである．

23. 次に挙げるさまざまな場合がなお残されている．それらのどの場合にも，四つの領域が等しくなる．

x と y を合わせて取り上げるとき，それに y と z を合わせて取り上げるとき，それらはそれぞれいたるところで偶次元を作るか，あるいはいたるところで奇次元を作るとする．そのとき，

次に挙げる領域は四つずつ対応する.

1, 2, 3, 4, 5, 6, 7, 8
5, 3, 2, 8, 1, 7, 6, 4
7, 8, 4, 3, 6, 5, 1, 2
6, 4, 8, 2, 7, 1, 5, 3

これに加えて，さらに，二つの変化量 x と z を合わせて取り上げるとき，いたるところで偶次元を作るか，あるいはいたるところで奇次元を作るとしても，同じ対応関係が生じる．したがって，この条件は，上記の言明の中で提示された条件にすでに内包されていることになる．それゆえ，もし曲面を表す方程式において変化量を二つずつ取り上げて合わせて考察するとき，いたるところで偶次元を作るか，あるいはいたるところで奇次元を作るなら，そのとき四つの分離領域内にある曲面の部分は互いに等しいと言えるのである．ところが，変化量の二つずつの組み合わせは三通り存在するのであるから，もし二通りの組み合わせについて，ここで言われている性質が認められるなら，第三番目の組み合わせにもまた同じ性質が備わっていることに注意しなければならない．

24. 　四つの領域内に位置する曲面の部分が互いにぴったり同じ形になることを保証する諸条件に対し，それらの条件には包摂されないある新しい条件を附加し，その新しい条件からは，二つの領域内に位置する曲面の部分がぴったり同じ形になるという状勢が帰結するとする．このとき，すべての領域内に位置する曲面の部分は相互に正確に等しくなり，曲面は互いにぴったり同じ形状をもつ八個の部分から成ることになる．それゆえ，このような曲面の方程式には，これまでに述べてきた諸性質がことごとくみな備わっている．すなわち，変化量 x, y, z を個別に考察すると，各々の変化量はいたるところで偶次元を作る．これより明らかになるように，任意の二つの変化量を合わせて取り上げて考察すると，いたるところで偶次元を作ることになる．三つの変化量を同時に取り上げても，やはりそのようになっている．

25. 　三つの変化量の間に成立するある方程式が提示されたとして，その方程式には，上述の諸性質のうちのひとつ，もしくは二つ，もしくは三つが備わっているか否かという論点に関して言うと，個々の変化量が偶次元をもつかどうかという点については簡単に見て取れる．すべての変化量を同時に取り上げて考察するとき，それ

第1章　立体の表面に関する一般的な事柄

らはいたるところで偶次元を作るのか，あるいはいたるところで奇次元を作るのか，どちらなのかを調べるのもむずかしいことではない．だが，変化量を二つだけ取り上げて，それらがこの性質をもつかどうかを究明するのは困難である．曲面を表す方程式において $x=nz$ もしくは $y=nz$ もしくは $x=ny$ と置き，それぞれの場合に現れる方程式おいて，はじめの二通りの場合には変化量 z が，一番最後に指定された場合には変化量 y がいたるところで偶次元を受け入れるかどうかという点を見きわめる．もしそのようなことが起こるなら，そのとき必然的に，二つの変化量を合わせて取り上げるとき，それらはいたるところで偶次元を作るか，あるいはいたるところで奇次元を作るかのいずれかである．したがって，曲面は，互いにぴったり同じ形の部分を少なくとも二つもつことになる．

註記

1) （387頁）アレクシス・クロード・クレロー(1713〜1765年)．フランスの数学者．オイラーが言及しているクレローの論文は「二重曲率をもつ曲線の研究」(1731年)．クレローは「幾何学者」と言われているが，この言葉は今日の「数学者」と同義である．

第2章　任意の平面による曲面の切断

26.　曲線と曲線が交叉すると点が生れるのと同様，曲面と曲面が交叉すると線が生れる．その線はまっすぐであることもあるし，曲がっていることもある．初等的な教本でよく知られているように，二つの平面が交叉すると直線が生れる．他方，球を平面で切ってできる図形は円である．曲面が，ある与えられた平面と交叉してできる線について知見が得られたなら，その曲面について認識を深めていくうえで有益な，非常に多くの手段がもたらされる．実際，そのようにすると曲面上の無限に多くの点が同時に知られる．なぜなら，先行する箇所で明示された通りの手順を踏むことにより，変化量zの個々の値に対応して，それに見合うだけの個数の曲面上の個々の点が与えられるからである．

27.　このようにして曲面は互いに直交する三枚の平面に関係づけられるから，何よりもまずこれらの平面と曲面との交叉について調べるのが至当である．そこで第一枚目の平面APQを取り上げよう(図121)．この平面は変化量$AP=x$，$AQ=y$によって定められる(というのは，第三の変化量zが表すのは，曲面上の各々の点からこの平面に至るまでの距離であるから)．すると明らかに，$z=0$と置けば，曲面上の点のうち，平面APQ内に配置されているもののすべてがみいだされる．したがって，曲面の方程式において$z=0$と置いた後に現れるxとyの間の方程式が提示するのは，曲面を平面APQにより切断するときに生じる曲線であることになる．同様に，曲面の方程式において$y=0$と置けば，その結果として得られるxとzの間の方程式は曲面と平面APRとの交叉線を表すし，$x=0$と置けば，そのようにして得られるyとzの間の方程式は曲面と平面AQRとの交叉線を与えるのである．

第2章　任意の平面による曲面の切断

28. すでに註記したように，点Aに中心をもち，半径が$=a$の球の表面は方程式$xx+yy+zz=aa$で表される．この例を，ここで考えている交叉というものの範例として使いたいと思う．そこで$z=0$と置いてみよう．すると方程式$xx+yy=aa$が得られる．これは球と平面APQとの交叉線を表わすが，それは明らかにAに中心をもつ半径$=a$の円である．同様に$y=0$とすると，球と平面APRとの交叉線は方程式$xx+zz=aa$で表される円である．同じように，$x=0$と置くと，方程式$yy+zz=aa$は球と平面AQRとの交叉線に対応する円を示している．これらは十分によく知られている事柄である．なぜなら球の中心を通る平面で球を切ると，切断線は大円，すなわち球と同じ半径をもつ円になるからである．

29. このような三枚の主要な平面のうちの一枚に平行な他の平面を用いて球を切り，その際に生じる切断線を決定するのは，決して困難の度合いが増す作業ではない．平面APQに平行で，そこから距離$=h$だけ離れている平面を考えよう．曲面上の点の，平面APQからの距離は変化量zで示されるが，その距離が$=h$となる曲面上のすべての点は同時に，先ほど設定した平面内に配置される．したがって，それらの点は，曲面とその平面との交叉線を形成することになる．曲面の方程式において$z=h$と置けば，この交叉線の方程式が手に入る．実際，そのようにすると，その切断線の性質を表す二つの直交座標xとyの間の方程式が得られるのである．同様にして平面APRや平面AQRと平行な平面による切断線が規定されるが，ひとつの平面についてなされたのと同じ説明を他の二つの平面について繰り返す必要はない．

30. 三つの座標x, y, zの間に成立する曲面の方程式において，これらの座標のひとつzを定量$=h$と設定しよう．そのようにすると，平面APQと平行で，しかもそこから距離hだけ離れている平面による曲面の切断線が現れる．そこでこの文字hに，正および負のあらゆる可能な値を次々と割り当てていくと，平面APQに平行な平面により作られる曲面の切断線が，ことごとくみな手に入ることになる．そうして曲面の全体は，このような一群の平行な平面により無限に多くの部分に切り分けられる．しかもこんなふうにしてすべての切断線が認識されるのであるから，それらの切断線のすべてを元手にして，曲面の全体の姿が判明する．これをもう少し詳しく言うと，これらの切断線はことごとくみな，座標xとyの間の，不定定量hを含む一個の方程式で表される．そのことから明らかになるように，これらの切断線のすべて

は一個の方程式に包摂され，どれもみな相似であるか，あるいは少なくとも互いに近親関係にあることになる．

31.　それゆえ，もし x と y の間の方程式に，h にどのような値を割り当ててもまったく同じ状勢が保たれるという性質が備わっているなら，平面 APQ と平行な平面による曲面の切断線はことごとくみな互いに等しい．平面 APR と平面 AQR についても，これに対応する状況が観察される．ところが，変化量 z (この変化量のところに h が代入されたのである) の姿が曲面の方程式の中にまったく見られないというのではない限り，このような事態は起こりえない．それゆえ，もしこの第三の変化量 z が曲面の方程式の中にまったく姿を見せないなら，そのとき平面 APQ に平行なすべての切断線は互いに等しく，それらの性質は曲面の方程式それ自体で表されることになる．なぜなら，その場合，曲面の方程式に含まれているのは，二つの変化量 x と y のみなのであるから．同様に，もし曲面の方程式の中に変化量 x や変化量 y が欠如しているなら，平面 AQR に平行なすべての切断線，または平面 APR に平行なすべての切断線は互いに合同である．

32.　このような曲面の姿を心に描くのはたやすいが，そればかりではなく，全容を組み立てたり，与えられた素材を使って作り上げることもまた可能である．実際，曲面の方程式には変化量 z が欠如していて，方程式はただ座標 $AP = x$ と $AQ = PM = y$ の間でのみ成立するとしよう (図122)．その方程式により，平面 APQ 上に曲線 BMD が描かれる．この作業を遂行したうえで，つねに平面 APQ と垂直な状態を保ちつつ，しかも曲線 BMD に沿って移動する不定直線を心に思い描こう．するとこの直線は，その運動に伴って，提示された方程式により明示される曲面を描き出すのである．これより明らかなように，もし曲線 BMD が円なら，上記の手順を踏んで形成される曲面は直円柱である．もし曲線 BMD が楕円なら，斜円柱の表面が生成される．曲線 BMD が連続曲線ではなく，幾本かの線分をつないだ形の図形になっているなら，生成される曲面はプリズム(角柱)のような形になる．

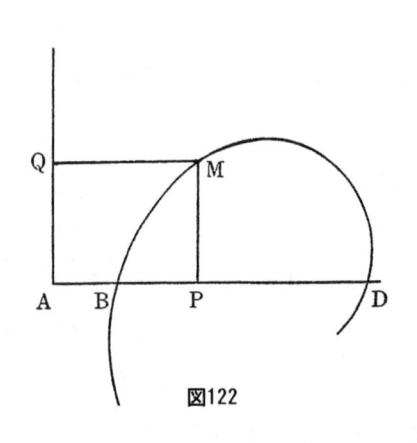

第2章　任意の平面による曲面の切断

33． このような曲面の属の中には，円柱と，あらゆるタイプのプリズム(角柱)の姿が見られるから，一般にこの曲面属のことを**円柱状の曲面属**，もしくは**プリズム(角柱)状の曲面属**と呼ぶのが相応しい．この曲面属に含まれる曲面の種のひとつひとつは，平面図形 BMD の形によって決定される．すなわち，この図形を元にして，先ほど説明がなされた通りの手順を踏んでいくと曲面の全容が生成されるのである．そこで，この図形 BMD は**基線**という名で呼ばれるのである．こんなわけで，曲面の方程式に三つの変化量 x, y, z のどれかひとつの姿が見あたらないという場合には，その方程式で表される曲面は円柱状もしくはプリズム(角柱)状になる．曲面の方程式に二つの変化量 y と x が同時に欠如している場合には， x はある定量と等値される．それゆえ，曲線 BMD は実際には軸 AD と垂直な直線になり，その直線によって生成される曲面は，平面 APQ と垂直な平面になる．

34． このような曲面属に続いて，その次に注目に値するのは，三つの変化量 x, y, z の間の同次方程式，すなわちこれらの三つの変化量がいたるところで同一の次元数を作る方程式に基づいて描かれる曲面の作る属である．たとえば， $zz = mxz + xx + yy$ はそのような方程式である．この方程式を見ればわかるように，三枚の主平面のうちの一枚による切断線はすべて互いに相似な図形になる．なぜなら， z に対してある定値を割り当てれば，方程式

$$hh = mhx + xx + yy$$

が得られるが，ここで h に次々といろいろな値を割り当てていけばわかるように，ここには明らかに，無限に多くの互いに相似な図形が包摂されている．それらの図形のパラメータは h に等しいか，または h に比例する．このようなわけなので，これらの切断線は単に相似というばかりではなく，平面 APQ からの距離に比例して大きくなっていく．それゆえ，点 A を始点として，個々の切断線上に位置する A とホモローグな点を通る線を引くと，その線は直線になる．

35． そこで三つの変化量 x, y, z の間に成立するこの種の同次方程式が提示されたとして，その方程式において， z に対し，ある与えられた値 $AR = h$ を割り当てよう(図123)． $TSsMm$ は，平面 APQ と平行で，しかも点 R を通る平面上に描かれた図形とし， x と y の間に成立する何かある方程式で表されるとしよう．ここで，

$RV = x$ および $VM = y$. ともあれこの切断線が描かれたとして，そのうえでなお，つねに点 A を通り，しかもこの切断線の輪郭に沿って動いていく不定直線の姿を心に描こう．するとその直線が動いていくのにつれてある曲面が描き出されるが，それは，一番はじめに提示された方程式で表される曲面そのものにほかならないのである．図形 $TSsMm$ が円で，しかも点 R に中心をもつ場合には直円錐が出現し，R が中心でなければ斜円錐の姿が現れるのは明白である．これに対し，もしこの図形が幾本かの線分をつないだ形になっているなら，あらゆるタイプのピラミッド状の曲面が現れる．われわれの目にはこのような情景が映じる．そこで，ここで提示された形の方程式に包摂される曲面の属のことを，われわれは**円錐状の曲面属**，もしくは**ピラミッド状の曲面属** という名で呼ぶのである．

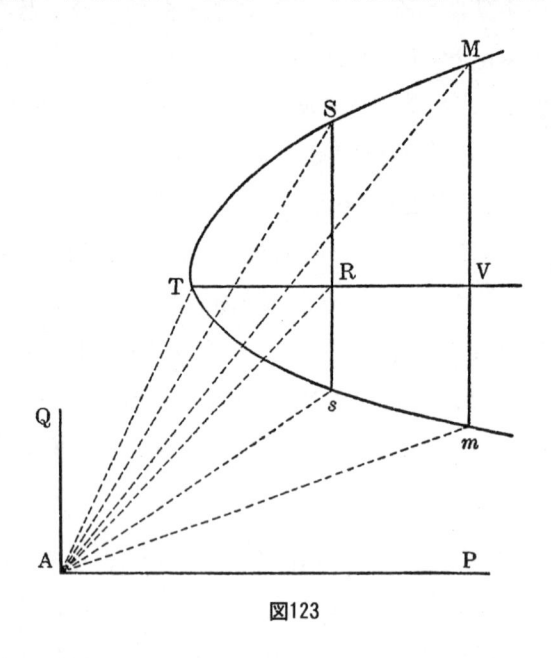

図123

36. これらの観察に基づいて次のような状勢が明らかになる．すなわち，三つの変化量 x, y, z の間に成立する方程式が同次方程式で，したがってその方程式で表される曲面が円錐状もしくはピラミッド状になるとするなら，その場合，主平面のひとつ APQ と平行な平面による切断線はことごとくみな互いに相似な図形になり，それらの切断線のパラメータは頂点 A から切断線に至るまでの距離に比例する．だが，そればかりではなく，まったく同じ論拠により諒解されるように，平面 APR と平行な平面によるあらゆる切断線，もしくは平面 AQR と平行な平面によるあらゆる切断線にもまた同じ性質が備わっている．すなわち，それらの切断線はすべて互いに相似であり，ホモローグな断片を切り取ると，それらは点 A からの距離との比を保持し続ける．後に示されるように，この種の立体表面の互いに平行なあらゆる切断線，すなわち，頂点 A を通る何かある平面に平行な平面によるあらゆる切断線もまた相互に相似であり，それらの切断線のパラメータは頂点 A からの距離に比例する．

第2章 任意の平面による曲面の切断

37. さて今度は，はるかに守備範囲の広い曲面の属へと歩を進めよう．Zはzの何かある関数として，三つの変化量x, y, Zの間に成立するある同次方程式が提示されたとしよう．$z = h$と置くと$Z = H$となるとする．その場合，x, yとHの間の同次方程式が得られるから，平面APQに平行な平面による切断線はことごとくみな，互いに相似な図形である．それらの切断線のパラメータは，距離hではなくて，hの関数Hに比例する．これにより明らかになるように，これらの切断線上のホモローグな諸点を通って引いた線は必ずしも直線ではなく，関数Zの性質に依存する曲線になるのである．この場合，ある別の平面に平行な変化量による一群の切断線は，もはや互いに相似とは言えないことになる．

38. ここで一番最後に取り上げられた曲面の属には，先行する二種類の曲面属が包含されている．実際，$Z = z$もしくは$Z = \alpha z$と定めれば，その場合，x, y, zの間の方程式は同次方程式になるので，円錐状の曲面が手に入る．$Z = \alpha + \beta z$と取っても結果は同じで，やはり円錐状の曲面になるが，円錐の頂点の位置が点Aではないところだけが相違している．実際，もし$Z = \dfrac{b-z}{b}$なら，円錐の頂点は点Aから距離bだけ離れている．ここでさらに$b = \infty$と定めれば，円錐状の図形は円柱状になる．しかも，$Z = 1$．これでわかるように，円柱状の曲面の方程式には，変化量xとyが定量1とともに作る次元の数値がいたるところで同一になるという性質が備わっている．ところで，xとyの間に成立する方程式の形がどのようであろうとも，もしそこに第三の変化量zの姿が見られないのであれば，定量1を補充してxとyとともに合わせて使うことにより，その方程式はいつでも同次方程式と見ることが可能である．これにより明らかになるように，あるひとつの変化量が欠如している方程式はどれも，円柱状の曲面を表すのである．これはすでに前に明示した通りである．

39. ここまでのところで取り上げてきた立体表面では，主平面の一枚APQと平行な平面によるあらゆる切断線が相似な図形になるが，これらのさまざまな立体の表面の中でもとりわけ注目に値するのは，その切断線がみな，平面APQに垂直な同じ直線AR上に中心をもつ円になるという性質を備えた立体表面である．この種の立体表面は轆轤(ろくろ)を使って作られるから，**ろくろ回転面**という名で呼ばれるのである．この種の立体表面の一般方程式は$ZZ = xx + yy$という形になる．実際，変化量zに対してどのような値を割り当てようとも，そのzの値に対して$Z = H$となる

とすると，平面APQと平行な平面による切断線の方程式$HH=xx+yy$が得られる．これは，半径が$=H$で，しかも直線AR上に中心をもつ円の方程式である．もし$ZZ=zz$なら，直円錐が手に入る．もし$ZZ=aa$なら，円柱が手に入る．もし$ZZ=aa-zz$なら，球面が得られる．これらはろくろ回転面の仲間の中でも顕著な例である．

40. 次のような立体表面を考えよう．すなわち，軸APと直交する切断線PTVはことごとくみな三角形で，しかもその頂点は，軸APと平行な線分DT上に位置している(図124)．この立体表面の底線，言い換えると，平面APQ上に描かれた切断線をAVBとして，これはある任意の曲線になるものとする．軸ABから線分DTまでの距離，すなわちADを$=c$とする．これまでにそうしてきたのと同様，三つの変化量$AP=x$，$PQ=y$，$QM=z$を設定すると，PVはxの何かある関数になる．それを$PV=P$とする．二つの三角形VQM，VPTが相似であることに着目すると，

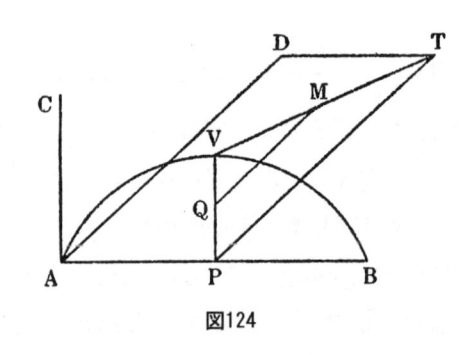

$$P:c = P-y:z \quad \text{すなわち} \quad z = c - \frac{cy}{P}$$

となる．それゆえ，このようなタイプの立体表面では，$\frac{c-z}{y}$はxの何かある関数と等値されることになる．この立体表面と円錐との違いはといえば，この立体表面の場合には尖点が線分DT上に並んでいるのに対し，円錐の場合には尖点がある一個の点に集約されているというところに認められる．底線AVBが円なら，その場合に形成される立体表面はウォリス[1]により細部にわたって究明がなされたものであり，**楔**(くさび)**状円錐**という名で呼ばれた．

41. 先ほどそうしたように，軸ABと直交するあらゆる切断線PTVは点Pにおいて直角な三角形とし，それらの頂点Tはある曲線ATを描き，底線は図形AVBを描くとしよう(図125)．三つの変化量$AP=x$，$PQ=y$，$QM=z$を設定すると，曲線AVBにおいて線分PVはxの何かある関数になる．それを$=P$としよう．次に，PTもまたxの関数である．それを$=Q$としよう．このように状勢を設定するとき，

第2章　任意の平面による曲面の切断

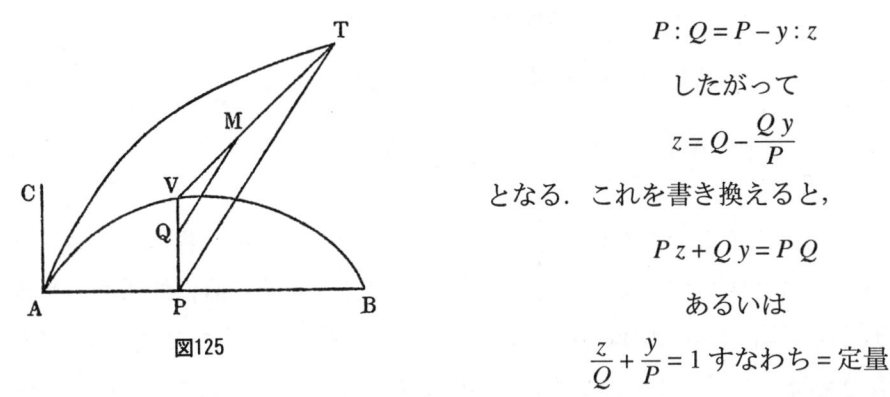

$$P:Q=P-y:z$$

したがって

$$z=Q-\frac{Qy}{P}$$

となる．これを書き換えると，

$$Pz+Qy=PQ$$

あるいは

$$\frac{z}{Q}+\frac{y}{P}=1 \text{ すなわち = 定量}$$

図125

となる．したがって，もしある立体表面の方程式において，二つの変化量 y と z はどこを見ても次元1を越えることがないとするなら，その場合，この立体表面はここでスケッチした種類の曲面の仲間に所属する．

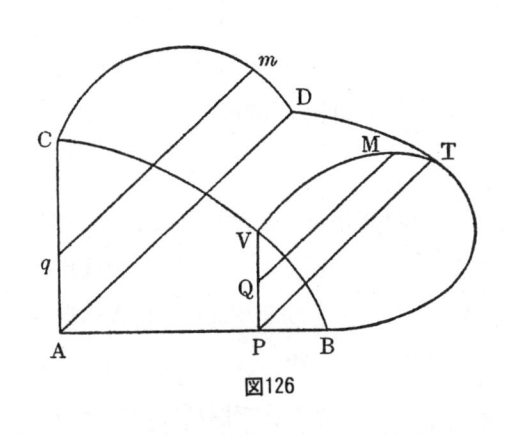

図126

42. これまでのところで考察を加えてきた立体表面は，主平面の一枚と平行な平面による切断線がことごとくみな互いに相似になるという性質を備えているものであった．そこで今度は，そのようなすべての切断線が少なくとも互いに近親的になるような立体表面，言い換えると，ホモローグな切除線を取るとき，それらに対応して，互いに比例する向軸線をもつような立体表面を考えてみたいと思う．そのような立体の三枚の主切断平面を ABC, ACD, ABD とし(図126)，これらの切断平面のうち，平面 ACD と平行な平面による切断線のすべてが近親的な図形になることを要請してみよう．そこで，この平面の底線 AC を $=a$ と置き，高さ AD を $=b$ と置く．そうして座標 $Aq=p$ と $qm=q$ を取り，q は p の何かある関数とする．さて，ある平行な切断平面 PTV が，距離 $AP=x$ を隔てて配置されている様子を心に描こう．底線 PV は x の関数とし，それを $=P$ と置く．また，高さ PT も x の関数とし，それを $=Q$ と置く．そうして $PQ=y$ および $QM=z$ と名づける．このようにするとき，近親性により，

$$a:p=P:y \quad \text{および} \quad b:q=Q:z$$

すなわち
$$y = \frac{Pp}{a} \quad \text{および} \quad z = \frac{Qq}{b}$$

となる．

43.　このようなわけなので，ある立体について，その三枚の主切断平面ABC, ACD, ABDのすべてが与えられたなら，この立体表面の性質は，平面ACDと平行な平面による切断線がすべて同時に相互に近親性をもつという事実に基づいて決定される．実際，まずはじめにxの関数PとQがある．次に，qはpの関数である．これより明らかになるように，二つの変化量xとpを用いて，二つの変化量yとzが規定される．だが，三つの座標x, y, zの間の方程式が欲しいのであれば，qはpの関数なのであるから，言い換えると，pとqの間に成立する方程式が存在するのであるから，その方程式において$p = \frac{ay}{P}$および$q = \frac{bz}{Q}$を代入すれば，PとQはxの関数であることにより，三つの座標x, y, zの間の方程式が手に入る．その方程式は，ここで取り上げられている属に所属する立体表面の性質を表している．$x = 0$と置くと，$P = a$かつ$Q = b$となるべきであることは明白である．

44.　ある曲面の方程式において，もし二つの変化量yとzがいたるところで同一の次元数を作るなら，その場合，軸APに垂直な切断線はすべて直線状の図形になる．実際，xのところに任意の定量を代入すると，yとzの間の同次方程式が得られるが，その方程式は一本もしくはもっと多くの直線を明示する．二つの変化量yとzの作る次元の数値はいたるところで同一であり，いたるところで偶数になったり，いたるところで奇数になったりする．この事実により，前に第20条で明らかにされたように，この種の立体表面には，互いにぴったり重なり合う二つの部分がある．すなわち，第20条で与えられた表に示されているように，第一領域内の部分と第五領域内の部分は互いに相似であり，第二領域内の部分と第三領域内の部分も互いに相似である．その他についても同様である．

45.　われわれはすでに，無限に多くの直線状の切断線をもついくつもの種類の立体表面を考察した．たとえば，たったいま究明したばかりの円柱や円錐などが，そのような立体表面の例である．それらの立体表面には，軸APを通る切断平面によ

る切断線が直線になるという性質が備わっている．実際，$AKMP$ はこの立体の切断平面とし，この平面は軸 AP を通り，角 $MPV = \varphi$ を作るとしよう (図127)．$AP = x$, $PQ = y$, $QM = z$ と置くと，$\frac{z}{y}$ は角 φ の正接になる．また，線分 $PM = \frac{z}{\sin\varphi}$．ところで KM は直線なのであるから，$\frac{z}{\sin\varphi} = \alpha x + \beta$ という形にならなければならない．ここで，α と β は角 φ に依存する定量，したがって y と z の0次元の関数である．R と S はそのような関数とすると，$x = Rz + S$ もしくは $x = Ry + S$ という形になる．あるいはまた，T は y と z の1次元の関数を表し，S は y と z の0次元の関数を表すとき，ここで取り上げられたような立体表面はどれも，$x = T + S$ という形の一般方程式のもとに包摂されている．

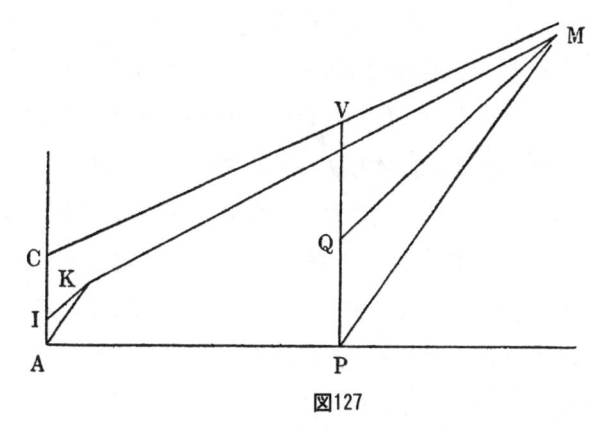

46. ところで，ある曲面が提示され，その性質は三つの変化量 x, y, z の間の方程式により規定されるとしよう．どのような曲面が提示されようとも，その曲面の，軸 AP に沿う切断平面により作られる切断線を決定するのは容易である．実際，切断平面 $AKMP$ の平面 $ACVP$ に対する傾斜角を $= \varphi$ とし，線分 PM を $= v$ と置こう．これは，求める切断線の向軸線である．このように設定するとき，$QM = z = v \cdot \sin\varphi$ および $PQ = y = v \cdot \cos\varphi$ となる．そこで，曲面の方程式において，変化量 y と z のところにそれらの値 $v \cdot \cos\varphi$ と $v \cdot \sin\varphi$ を代入すると，二つの変化量 x と v の間の方程式が得られる．切断平面 $AKMP$ の性質はこの方程式により表される．同様の手順を踏むことにより，他の二本の残る主軸 AQ もしくは AR に沿って作られる切断平面もまた，ことごとくみないだされる (図121)．実際，三つの変化量 x, y, z が依拠する三本の軸 AP, AQ, AR は相互に交換可能なのであるから，それらのうちどれかひとつについて判明した事柄はつねに，残りの二つの軸に移されるのである．

47. そこで基準を定めるべく平面 APQ を取り上げて，曲面のあらゆる切断線を，この平面との関連のもとで考えてみよう．何かある平面により作られる切断線

は，この平面APQと平行になるか，あるいはこの平面に対して傾斜するかのいずれかである．後者の場合には，切断平面をどこまでも押し広げていくとどこかで平面APQと交叉し，しかもそれらの二平面の交叉線は直線になる．前者の場合，すなわち切断平面が平面APQと平行になる場合には，切断線の性質は量zに定値を割り当てることにより認識される．後者の場合，すなわち切断平面が平面APQに対して傾斜している場合には，切断線の性質を確定できるのは，直線APもしくは直線AQが切断平面と平面APQとの交叉線になる場合に限られている．それゆえ，あらゆる切断線をひとつ残らず見つけるためには，これらの二枚の平面の他のいろいろな交叉線に考察の目を向けなければならない．

48. 軸APと平行な直線ESは切断平面と平面APQとの交叉線としよう(図128)．その切断平面ESMの平面APQに対する傾きの度合いを示す傾斜角QSMを$=\varphi$と置き，距離AEを$=f$と名づける．$AP=x$, $PQ=y$, $QM=z$であるから，$ES=x$および$QS=y+f$となる．そこで，直線ESを軸と見て，切断線をこの軸との関連のもとで考えることにしてみると，切除線は$ES=x$となる．また，向軸線SMを$=v$と置く．すると，角$QSM=\varphi$により，$QM=z=v\cdot\sin\varphi$と$SQ=y+f=v\cdot\cos\varphi$が得られる．よって，$y=v\cdot\cos\varphi-f$．それゆえ，x, y, zの間に成立する曲面の方程式において，

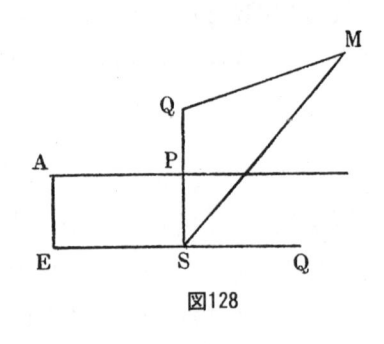

$$y=v\cdot\cos\varphi-f \quad と \quad z=v\cdot\sin\varphi$$

を代入すると，座標xとvの間の求める切断線の方程式，すなわち切断平面ESMによる曲面の切断線の方程式が手に入る．交叉線ESが軸APに直交する場合には，この交叉線は平面APQ内に位置するもう一本の主軸と平行になるから，変化量xとyを入れ換えるだけで，同様の手順を踏んで交叉線がみいだされる．

49. 今度は交叉線ESは平面APQ内で任意の位置をもつとして，その交叉線ESは，軸APと垂直な線分AEと点Eにおいて出会うものとしよう(図129)．次に，軸APと平行な直線ETXを引き，$AE=f$と置く．また，角$TES=\theta$と置く．さ

第2章 任意の平面による曲面の切断

らに,三つの変化量 $AP = x$, $PQ = y$, $QM = z$ を取り,点 Q から直線 ES に向けて垂線 QS を引き,二点 M, S を結んで線分 MS を引くと,角 QSM は平面 APQ に対する傾斜角になる.これを $=\varphi$ と置く.次に,求める切断線の座標を $ES = t$ および $SM = v$ とする.点 S から直線 EX に向かって垂線 ST を引く.また,線分 QP を延長し,その延長された線分に向かって点 S から垂線 SV を引く.すると,

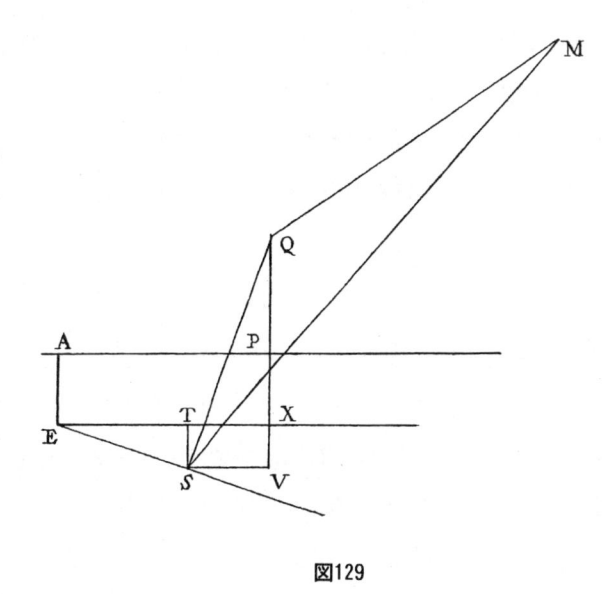

$$QM = z = v \cdot \sin\varphi, \quad QS = v \cdot \cos\varphi, \quad SV = v \cdot \cos\varphi \cdot \sin\theta$$

$$及び \quad QV = v \cdot \cos\varphi \cdot \cos\theta$$

図129

となる.それから次に,

$$ST = VX = t \cdot \sin\theta \quad および \quad ET = t \cdot \cos\theta$$

となる.これらの事柄により,結局,

$$AP = x = t \cdot \cos\theta + v \cdot \cos\varphi \cdot \sin\theta,$$

$$および PQ = y = v \cdot \cos\varphi \cdot \cos\theta - t \cdot \sin\theta - f$$

となることが帰結する.これらの値を x, y, z のところに代入すると,求める切断線の方程式が与えられる.

50. このような状勢になっているので,ある立体表面の方程式が与えられたとき,その方程式を元にして,その立体表面の任意の平面による切断線の方程式をたやすく見つけることができる.まずはじめに,もし三つの座標 x, y, z の間に成立する立体表面の方程式が代数的なら,その切断線もまたすべてみな代数曲線になるのは明白である.次に,立体の方程式において,

$$z = v \cdot \sin\varphi, \quad x = t \cdot \cos\theta + v \cdot \cos\varphi \cdot \sin\theta$$

$$および \quad y = v \cdot \cos\varphi \cdot \cos\theta - t \cdot \sin\theta - f$$

と置くと，座標 t と u の間に成立する切断線の方程式が得られるのであるから，各々の切断線の方程式において座標 t と u が獲得する次元は，立体表面の方程式において三つの座標 x, y, z の作る次元よりも大きくはなりえないことは明らかである．ただし，この代入を実行した後に最高次の部分が失われてしまい，そのために切断線の方程式がより低い位数の目(もく)に算入されるという事態は起こりうる．

51. 曲面の方程式において，三つの変化量 x, y, z が単に次元 1 を作るにすぎないとしよう．このとき，方程式は

$$\alpha x + \beta y + \gamma z = a$$

という形になる．この曲面の切断線はすべてみな直線になる．ただし，この場合には，少しだけ注意を払えば簡単に明らかになるように，この曲面は平面になる．このことは後にいっそう明確に示されるであろう．ところで，ユークリッドの『原論』によりよく知られているように，二枚の平面の交叉線は直線にならなければならない．同様に，その性質が一般方程式

$$\alpha xx + \beta yy + \gamma zz + \delta xy + \varepsilon xz + \zeta yz + ax + by + cz + ee = 0$$

により表されるあらゆる立体表面について，その個々の切断線は，もし直線ではないなら，第二目の線でなければならないことがわかる．それと，その性質が二次方程式で表されえないような切断線は存在しないことも諒解される．

註記
1) (410頁) ジョン・ウォリス(1616-1703年)はイギリスの数学者．

第3章　円柱，円錐および球面の切断

52.　これらの立体については，初等立体幾何学で考察される慣わしになっている．そこで，他のあまり知られていない立体へと歩を進める前に，ここでこれらの立体の切断について調べておくのがよいのではないかと思う．まずはじめに，『原論』(訳者註．古代ギリシアの数学者ユークリッドの著作と伝えられる数学書)には二種類の円柱が顔を出している．すなわち，**直円柱**と**斜円柱**である．**直円柱**と呼ばれるのは，軸と直交する切断線がすべてみな互いに等しい円になり，しかもそれらの円は同一の直線上に配置された中心をもつという性質を備えた円柱のことである．これに対し，**斜円柱**は，軸に垂直ではないが，軸との間である与えられた一定の角度で傾いている円形の切断線をもっている．この状勢はこんなふうに言い表わすといっそう適切である．すなわち，円柱の，軸と直交する切断線がすべて等しい楕円になり，しかもそれらの楕円の中心は，円柱の軸と呼ばれる同一の直線上に配置されるとしよう．このとき，そのような円柱は傾いていると言われるのである．

53.　そこで直円柱もしくは斜円柱のいずれかの円柱を取り上げて，その軸 CD はテーブルの表面に垂直に立っているとしよう(図130)．この円柱の底面 $AEBF$，すなわちテーブルの表面により作られる円柱の切断線は円または楕円である．だが，ここではこの底面を楕円と仮定して，C に中心をもち，共役な軸 AB と EF をもつという状勢を考えることにする．というのは，斜円柱について語られた事柄は，ごく容易な手順を経て，直円柱にも適用されるからである．そこで一方の半軸を $AC = BC = a$ とし，もう一方の半軸を $CE = CF = c$ としよう．三つの座標を $CP = x, PQ = y, QM = z$ と設定すると，楕円の性質により $aacc = aayy + ccxx$ となる．この方程式は円柱の性質も表している．なぜなら，平面 CPQ に平行な切断

線はすべて互いに等しいので，この方程式の中には第三の変化量 z の姿は現れていないからである．

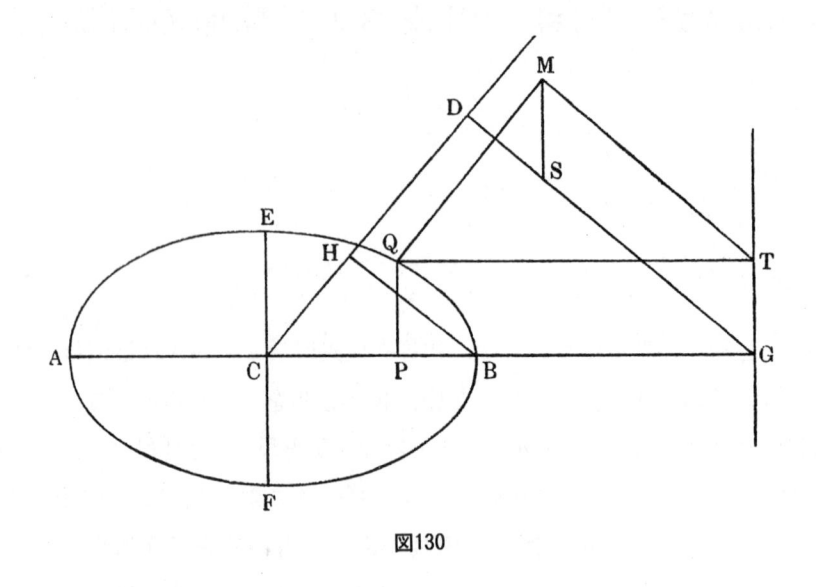

図130

54. この円柱の，底面に平行なすべての切断線は相似であって，しかも等しい．すなわち，円柱が直円柱なら切断線はみな円になり，円柱が斜円柱の場合には楕円になる．次に，平面 APQ と直交する平面に沿って生じる切断線は，互いに平行な二本の直線である．それらの二直線は，切断に使われる平面が円柱に接する場合には，融合して一本の直線になる．もし平面が円柱とまったく交叉しないなら，二直線は虚になり，実在しない．これらの事柄は方程式を見ればおのずと明らかになる．実際，切断するのに使う平面と底面との交叉線を明示するため，x または y または $x \pm \alpha y$ をある定量と等値すると，方程式は二つの単純根をもつことになるのである．このようにして，三枚の主平面のひとつに平行な平面を用いて作られるすべての切断線が決定された．

55. 残る切断線の性質を調べるため，切断平面と底面との交叉線は直線 GT を描くとしてみよう．まずはじめに，この直線は共役な二本の軸のうちのひとつ EF と平行としよう．言い換えると，もう一方の軸 AB を伸ばしていくとき，点 G において直線 GT と直交するとしよう．このように状勢を設定しておいて，距離 CG を

第3章 円柱，円錐および球面の切断

$CG=f$ とし，切断平面 GTM の底面に対する傾きを測ると，その角度は $=\varphi$ となるとしよう．切断平面 GTM は円柱の軸と点 D において出会うとする．そこで線分 DG を引くと，角 $DGC=\varphi$．したがって，

$$DG=\frac{f}{\cos\varphi} \quad \text{および} \quad CD=\frac{f\cdot\sin\varphi}{\cos\varphi}.$$

となる．目下調査しようとしている切断平面上の任意の点 M から，DG に平行な線分 MT を引くと，$TQ=f-x$ および角 $QTM=\varphi$ により，

$$TM=\frac{f-x}{\cos\varphi} \quad \text{および} \quad QM=\frac{(f-x)\sin\varphi}{\cos\varphi}=z$$

となる．TG に平行な，したがって，DG と垂直な線分 MS を引くと，

$$MS=TG=PQ=y \quad \text{および} \quad DS=\frac{x}{\cos\varphi}$$

となる．

56. さて，調査の対象になっている切断平面の座標として線分 DS と SM を採り，$DS=t$ および $SM=u$ としよう．すると，$y=u$，$x=t\cdot\cos\varphi$．また，

$$z=\frac{(f-x)\sin\varphi}{\cos\varphi}$$

により

$$z=f\cdot\text{tang}\,\varphi-t\cdot\sin\varphi$$

となる．これらの値を円柱の方程式 $aacc=aayy+ccxx$ に代入すると，調査対象の切断線の方程式

$$aacc=aauu+cctt\cos\varphi^2$$

が得られる．これは，切断線は点 D に中心をもつ楕円になることを示している．その楕円の主軸のひとつは直線 DG 上にあり，もうひとつの主軸は直線 DG と垂直である．直線 DG 上にある半軸は（$u=0$ とすることにより）$=\frac{a}{\cos\varphi}$ となる．GD に平行な線分 BH を引くと，$BH=\frac{a}{\cos\varphi}$ は，調査対象の切断線の半軸のひとつである．これと共役なもうひとつの半軸は $=c=CE$ である．

57. それゆえ，こんなふうにして生じる円柱の切断線は楕円であり，その共

役半軸は $\dfrac{a}{\cos\varphi}$ と c である．そこで底面 $AEBF$ において $AC=a$ を大きいほうの半軸とすると，$\dfrac{a}{\cos\varphi}$ は a よりも大きいのであるから，ここで考えている切断線は底面の楕円よりももっと細長い楕円になる．他方，もし c が a よりも大きいなら，すなわち交叉線 GT が底面の楕円の大きいほうの軸と平行なら，切断線の二本の軸が互いに等しくなって，切断線が円になるという現象が起こりうる．このようことが起こるのは，$\dfrac{a}{\cos\varphi}=c$ すなわち $\cos\varphi=\dfrac{a}{c}$ となる場合である．それゆえ，点 C において直角になる三角形 BCH [1]において角 $CBH=\varphi$ となるから，

$$\cos\varphi = \frac{BC}{BH} = \frac{a}{BH}$$

となる．よって，$BH=CE$ と取れば，切断線は円になる．そうして線分 BH を $BH=CE$ となるように作るのは，テーブルの表面の上側と下側の二通りの仕方で可能なのであるから，軸 CD に対して斜めに傾く円形切断線の系列が二つ存在することになる．まさしくそれゆえに，このような円柱は斜円柱という名で呼ばれるのである．

58. さて，切断平面と底面との交叉線である直線 GT は，自由に傾いた位置に配置されているとしよう(図131)．この直線に向かって底面の中心 C から垂直線 $GC=f$ を引き，角 $BCG=\theta$ と置こう．また，傾斜角を $CGD=\varphi$ としよう．この角度は，線分 QT を GT に直交するように引くとき，角 QTM に等しい．よって，

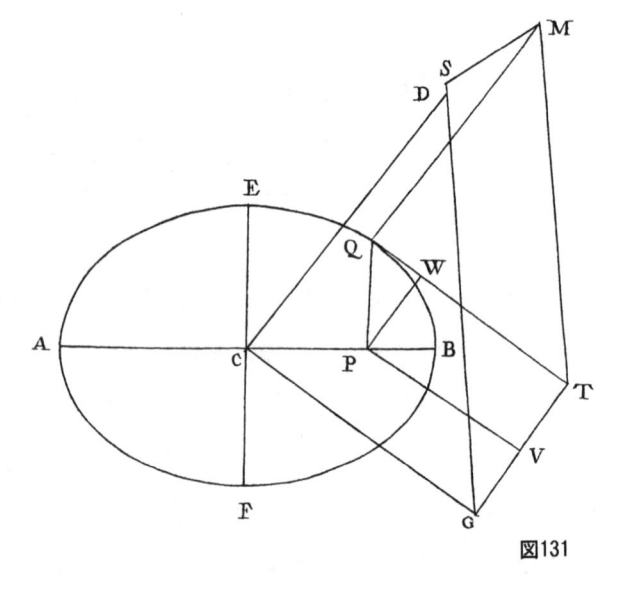

$$DG = \frac{f}{\cos\varphi} \text{ および } CD = \frac{f\cdot\sin\varphi}{\cos\varphi}$$

図131

となる．M は調査中の切断平面上の点としよう．この点から底面に向かって垂線 MQ を降ろし，さらに点 Q から軸に向かって垂線 QP を降ろす．すると，$CP=x$，$PQ=y$，$QM=z$ と置くとき，$aacc=aayy+ccxx$ となる．さらに，交叉線 GT に向かって直交線 PV，QT を引くと，

第3章 円柱，円錐および球面の切断

$$GV = x \cdot \sin\theta, \quad PV = f - x \cdot \cos\theta$$

となる．そうして角 $QPW = \theta$ であるから，

$$QW = y \cdot \sin\theta, \quad PW = VT = y \cdot \cos\theta, \quad QT = f - x \cdot \cos\theta + y \cdot \sin\theta$$

となる．最後に線分 MT を引くと，角 $MTQ = \varphi$ であるから，

$$TM = \frac{z}{\sin\varphi} \quad \text{および} \quad QT = \frac{z \cdot \cos\varphi}{\sin\varphi}$$

となる．

59. 長方形 $GSMT$ を完成し，$DS = t$, $SM = GT = u$ と名前をつけよう．このとき，

$$u = GV + VT = x \cdot \sin\theta + y \cdot \cos\theta$$

となる．ところで，

$$QT = f - x \cdot \cos\theta + y \cdot \sin\theta$$

であるから，

$$QT - CG = y \cdot \sin\theta - x \cdot \cos\theta$$

となる．これより

$$DS = TM - DG = \frac{y \cdot \sin\theta - x \cdot \cos\theta}{\cos\varphi} = t$$

となる．それゆえ，

$$x \cdot \sin\theta + y \cdot \cos\theta = u \quad \text{および} \quad y \cdot \sin\theta - x \cdot \cos\theta = t \cdot \cos\varphi$$

となるから，

$$y = u \cdot \cos\theta + t \cdot \sin\theta \cdot \cos\varphi \quad \text{および} \quad x = u \cdot \sin\theta - t \cdot \cos\theta \cdot \cos\varphi$$

が得られる．これらの値を方程式 $aacc = aayy + ccxx$ において x と y のところに代入すると，方程式

$$aacc = aauu\cos\theta^2 + 2aaut \cdot \sin\theta \cdot \cos\theta \cdot \cos\varphi + aatt\sin\theta^2 \cdot \cos\varphi^2$$
$$+ ccuu\sin\theta^2 - 2ccut \cdot \sin\theta \cdot \cos\theta \cdot \cos\varphi + cctt\cos\theta^2 \cdot \cos\varphi^2$$

が与えられる(訳者註．$\cos\theta^2$ は $\cos\theta$ の平方，すなわち今日の表記法では $\cos^2\theta$ を表す記号である．$\sin\theta^2$ についても同様)．この方程式が，D に中心をもつ楕円であることは明らかである．だが，$a = c$ でなければ，すなわち円柱が直円柱でなければ，座標 DS と SM は主軸と直交しない．

60. この切断線についての認識をいっそう深めるために,その切断線を $aMebf$ としよう(図132).この曲線の,座標 $DS=t$ と $MS=u$ の間の方程式は前条でみいだされたが,表示を簡潔にするために,これを

$$aacc = \alpha uu + 2\beta tu + \gamma tt$$

という形に設定しよう.したがって,現在直面している場合について見れば,

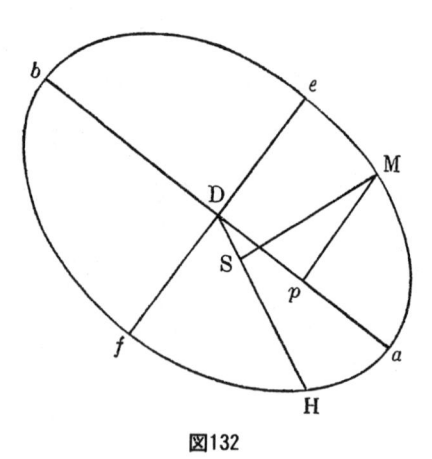

$$\alpha = aa\cos\theta^2 + cc\sin\theta^2$$

および

$$\beta = (aa - cc)\cdot\sin\theta\cdot\cos\theta\cdot\cos\varphi$$

および

$$\gamma = aa\sin\theta^2\cos\varphi^2 + cc\cos\theta^2\cos\varphi^2$$

というふうになる.この切断線の共役な主軸を ab および ef とし,それらのうちのどちらか一方に向かって向軸線 Mp を引き,$Dp=p$ および $Mp=q$ と名づけよう.そうして角 $aDH=\zeta$ と置く.このとき,

$$u = p\cdot\sin\zeta + q\cdot\cos\zeta \quad \text{および} \quad t = p\cdot\cos\zeta - q\cdot\sin\zeta$$

となる.これらの値を代入すると,

$$\begin{array}{llll}
aacc = & +\alpha\cdot\sin\zeta^2 & pp + 2\alpha\cdot\sin\zeta\cdot\cos\zeta & pq + \alpha\cdot\cos\zeta^2 & qq \\
& + 2\beta\cdot\sin\zeta\cdot\cos\zeta & + 2\beta(\cos\zeta^2 - \sin\zeta^2) & -2\beta\cdot\sin\zeta\cdot\cos\zeta \\
& + \gamma\cdot\cos\zeta^2 & -2\gamma\cdot\sin\zeta\cdot\cos\zeta & + \gamma\cdot\sin\zeta^2
\end{array}$$

というふうになる.

61. この方程式は直交するダイアメータに関する方程式であるから,pq の係数は $=0$ でなければならない.よって,

$$2\cdot\sin\zeta\cdot\cos\zeta = \sin 2\zeta \quad \text{および} \quad \cos\zeta^2 - \sin\zeta^2 = \cos 2\zeta$$

により,

第3章 円柱，円錐および球面の切断

$$(\alpha - \gamma) \cdot \sin 2\zeta + 2\beta \cdot \cos 2\zeta = 0, \quad \text{したがって} \quad \text{tang} \, 2\zeta = \frac{2\beta}{\gamma - \alpha}$$

となる．これで角 aDH が判明し，主ダイアメータの位置もわかる．さらに半軸も，

$$aD = \frac{ac}{\sqrt{\alpha \cdot \sin \zeta^2 + 2\beta \cdot \sin \zeta \cdot \cos \zeta + \gamma \cdot \cos \zeta^2}}$$

および

$$eD = \frac{ac}{\sqrt{\alpha \cdot \cos \zeta^2 - 2\beta \cdot \sin \zeta \cdot \cos \zeta + \gamma \cdot \sin \zeta^2}}$$

というふうに定められる．

62. ところで

$$2\beta = \frac{2(\gamma - \alpha) \cdot \sin \zeta \cdot \cos \zeta}{\cos \zeta^2 - \sin \zeta^2}$$

であるから，この値を先ほどみいだされた表示式に代入すると，

$$aD = \frac{ac\sqrt{\cos \zeta^2 - \sin \zeta^2}}{\sqrt{\gamma \cdot \cos \zeta^2 - \alpha \cdot \sin \zeta^2}} = \frac{ac\sqrt{2} \cdot \cos 2\zeta}{\sqrt{(\alpha + \gamma)\cos 2\zeta - \alpha + \gamma}}$$

および

$$eD = \frac{ac\sqrt{\cos \zeta^2 - \sin \zeta^2}}{\sqrt{\alpha \cdot \cos \zeta^2 - \gamma \cdot \sin \zeta^2}} = \frac{ac\sqrt{2} \cdot \cos 2\zeta}{\sqrt{(\alpha + \gamma)\cos 2\zeta + \alpha - \gamma}}$$

となる．よって，これらの半軸の積は

$$aD \cdot eD = \frac{2aacc \cdot \cos 2\zeta}{\sqrt{2\alpha\gamma(1 + \cos 2\zeta^2) - (\alpha\alpha + \gamma\gamma)\sin 2\gamma^2}}$$

となる．ところが

$$(\gamma - \alpha) \cdot \sin 2\zeta = 2\beta \cdot \cos 2\zeta$$

であるから，

$$(\alpha\alpha + \gamma\gamma)\sin 2\zeta^2 = 4\beta\beta \cos 2\zeta^2 + 2\alpha\gamma \sin 2\zeta^2.$$

したがって，

$$aD \cdot eD = \frac{2aacc \cdot \cos 2\zeta}{\sqrt{4\alpha\gamma \cos 2\zeta^2 - 4\beta\beta \cos 2\gamma^2}} = \frac{aacc}{\sqrt{\alpha\gamma - \beta\beta}} = \frac{ac}{\cos \varphi}$$

となる．

63. 同様に，平方を作ると

$$aD^2 = \frac{2aacc \cdot \cos 2\zeta}{(\alpha+\gamma)\cos 2\zeta - \alpha + \gamma}$$

および

$$eD^2 = \frac{2aacc \cdot \cos 2\zeta}{(\alpha+\gamma)\cos 2\zeta + \alpha - \gamma}$$

となるから,

$$aD^2 + eD^2 = \frac{4aacc \cdot (\alpha+\gamma)\cos 2\zeta^2}{4\alpha\gamma\cos 2\zeta^2 - 4\beta\beta\cos 2\zeta^2} = \frac{(\alpha+\gamma)aacc}{\alpha\gamma - \beta\beta}$$

となる. ここから

$$aD + eD = \frac{ac\sqrt{\alpha+\gamma+2\sqrt{\alpha\gamma-\beta\beta}}}{\sqrt{\alpha\gamma-\beta\beta}}$$

と

$$aD - eD = \frac{ac\sqrt{\alpha+\gamma-2\sqrt{\alpha\gamma-\beta\beta}}}{\sqrt{\alpha\gamma-\beta\beta}}$$

が取り出される. それゆえ, 二本の半軸は方程式

$$(\alpha\gamma - \beta\beta)x^4 - (\alpha+\gamma)aaccxx + a^4c^4 = 0$$

の根である. また,

$$\sqrt{\alpha\gamma - \beta\beta} = ac \cdot \cos\varphi$$

である.

64. $aD \cdot eD = \frac{ac}{\cos\varphi}$ であり, φ は切断平面と底面の作る角なのであるから, 次に挙げる美しい定理が帰結する.

定理

　任意の円柱をある平面で切るとき, 切断線の二本の軸の積の, 円柱の底面の二本の軸の積に対する比率は, 切断平面と底面のなす角の正割(セカント)の, 全正弦(訳者註. $\sin\frac{\pi}{2} = 1$ のこと)に対する比率に等しい.

　共役な二本のダイアメータの周囲に描かれる平行四辺形の面積はことごとくみな, 二本の軸の積に等しい(訳者註. 本論, 第5章, 第116条参照). よって, 円柱の底面の周囲に作られる平行四辺形と, 円柱のある任意の切断線の周囲に作られる平行四辺形もまた,

第3章 円柱，円錐および球面の切断

互いに同一の比率を持ち続ける．

65. ところで，円柱の，このような傾いた切断線の性質は，次のようにするといっそう適切に確立することができる．円柱の底面を楕円 $AEBF$ とし，その半軸を $AC=BC=a$, $EC=CF=c$ としよう．また，底面の中心 C において垂直な直線 CD を円柱の軸としよう(図133)．この円柱を平面で切り，その平面と底面との交線を直線 TH とする．この直線は，軸 AB を伸ばした直線に対して一定の角度をもって

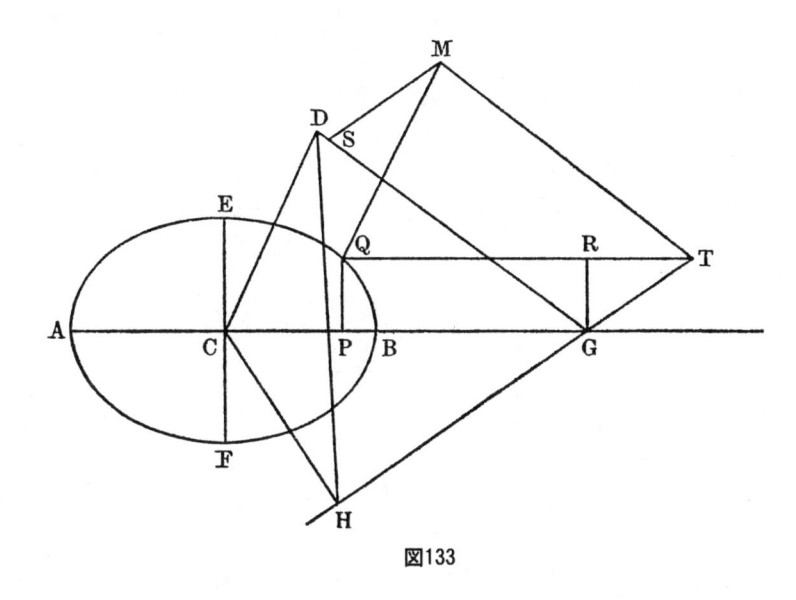

傾いている．この直線に向かって，C から垂直線 CH を降ろし，角 $GCH=\theta$ とする．切断平面は円柱の軸と点 D において交叉するとし，線分 DH を引くと，切断平面と底面との傾きは角 CHD だが，これを $=\varphi$ としよう．そこで $CG=f$ と置くと，

$$GH = f\cdot \sin\theta,\ CH = f\cdot \cos\theta,\ DH = \frac{f\cdot \cos\theta}{\cos\varphi},\ CD = \frac{f\cdot \cos\theta\cdot \sin\varphi}{\cos\varphi}$$

となる．そうして三角形 DCG は C において直角であるから，

$$DG = \frac{f\sqrt{1-\sin\theta^2\cdot \sin\varphi^2}}{\cos\varphi},\ 角DGH の正弦 = \frac{\cos\theta}{\sqrt{1-\sin\theta^2\cdot \sin\varphi^2}},$$

$$角DGH の余弦 = \frac{\sin\theta\cdot \cos\theta}{\sqrt{1-\sin\theta^2\cdot \sin\varphi^2}},\ 角DGH の正接 = \frac{\cos\theta}{\sin\theta\cdot \cos\varphi}$$

となる．

66. さて，調査中の切断線上の任意の点 M から底面に向かって垂直線 MQ を降ろそう．そうして向軸線 QP を引き，$CP = x$, $PQ = y$ と置くと $aacc = aayy + ccxx$ となる．CG と平行に QT を引き，その QT に向かって G から垂線 GR を引くと，$GR = y$, $QR = f - x$ となる．角 $TGR = GCH = \theta$ であるから，

$$GT = \frac{y}{\cos\theta} \quad \text{および} \quad TR = \frac{y \cdot \sin\theta}{\cos\theta}.$$

これより

$$QT = f - x + \frac{y \cdot \sin\theta}{\cos\theta}$$

となる．三角形 CDG と三角形 QMT は相似であるから，GT と平行に MS を引くとき，

$$CG : DG = QT : MT \quad \text{および} \quad CG : (CG - QT) = DG : DS$$

となる．よって，

$$DS = \frac{(x \cdot \cos\theta - y \cdot \sin\theta)\sqrt{1 - \sin\theta^2 \cdot \sin\varphi^2}}{\cos\theta \cdot \cos\varphi}.$$

そこで $DS = t$, $MS = u$ と置くと，

$$x \cdot \cos\theta - y \cdot \sin\theta = \frac{t \cdot \cos\theta \cdot \cos\varphi}{\sqrt{1 - \sin\theta^2 \cdot \sin\varphi^2}}, \quad y = u \cdot \cos\theta$$

となる．これで t と u の間の方程式が見つかるが，これでもまだかなり複雑である．

67. 底面の主軸の代わりに，交線 TH と平行なダイアメータ EF と，そのダイアメータと共役なダイアメータ AB を引こう．ダイアメータ AB を延長していくと，点 G において TH と交叉するとする（図133a [2]）．前に設定した事柄，すなわち

$$CG = f, \quad GCH = \theta, \quad CHD = \varphi, \quad CA = CB = m, \quad CE = CF = n$$

はこのまま保存することにする．また，ダイアメータ EF と平行な線分 QP を引き，

$$CP = x, \quad PQ = y$$

と置いて，

$$mmnn = mmyy + nnxx$$

となるようにする．このとき，

第 3 章　円柱，円錐および球面の切断

$$GT = MS = y$$

およびの$DS = \dfrac{DG \cdot x}{CG} = \dfrac{x\sqrt{1 - \sin\theta^2 \cdot \sin\varphi^2}}{\cos\varphi}$

となる．よって，$DS = t$ および $MS = u$ と置くと，

$$x = \dfrac{t \cdot \cos\varphi}{\sqrt{1 - \sin\theta^2 \cdot \sin\varphi^2}} \quad \text{および} \quad y = u$$

となる．ところが $\dfrac{CG}{DG}$ は角 CGD の余弦である．そこで角 CGD を $= \eta$ と置くと，$x = t \cdot \cos\eta$ となる．したがって，調査中の切断線に対し，

$$mmnn = mmuu + nntt \cdot \cos\eta^2$$

図133 a

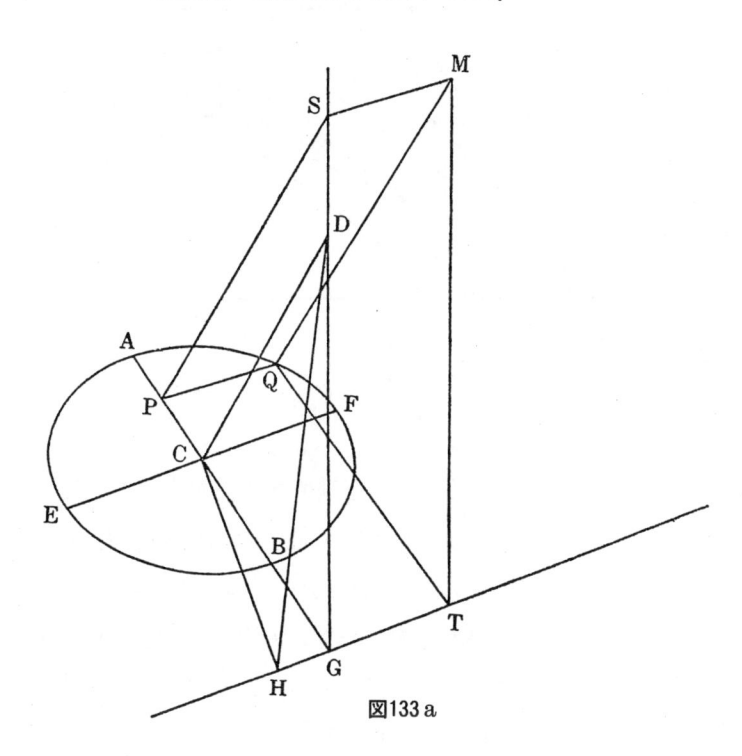

という方程式が得られる．これは，D を中心とする共役なダイアメータに関する楕円の方程式である．DS の方向への半軸は $= \dfrac{m}{\cos\eta}$，もうひとつの半軸は $= n$ である．これらのダイアメータ相互の傾きの度合いを示す角 GSM について，

その正接は $= \dfrac{\cos\theta}{\sin\theta \cdot \cos\varphi}$，余弦は $= \dfrac{\sin\theta \cdot \cos\varphi}{\sqrt{1 - \sin\theta^2 \cdot \sin\varphi^2}} = \sin\theta \cdot \cos\eta$

である．こんなふうにすると，切断線の性質はきわめて容易に見て取れる．

68. 　円柱の切断の解明がすんだので，円錐の切断へと歩を進めたいと思う．円錐は直円錐でも斜円錐でもどちらでもよい．斜円錐と直円錐の違いというのは次に挙げる点のみにすぎない．すなわち，斜円錐では，軸に垂直な切断線が楕円になり，その中心は円錐の軸上にある．それに対し，直円錐の場合には，軸に垂直な切断線は円になるのである．そこで$OaebfO$は，Oを頂点とし，テーブルの表面に垂直に立つ直線Ocを軸とする任意の円錐としよう(図134)．したがってテーブルの表面は，

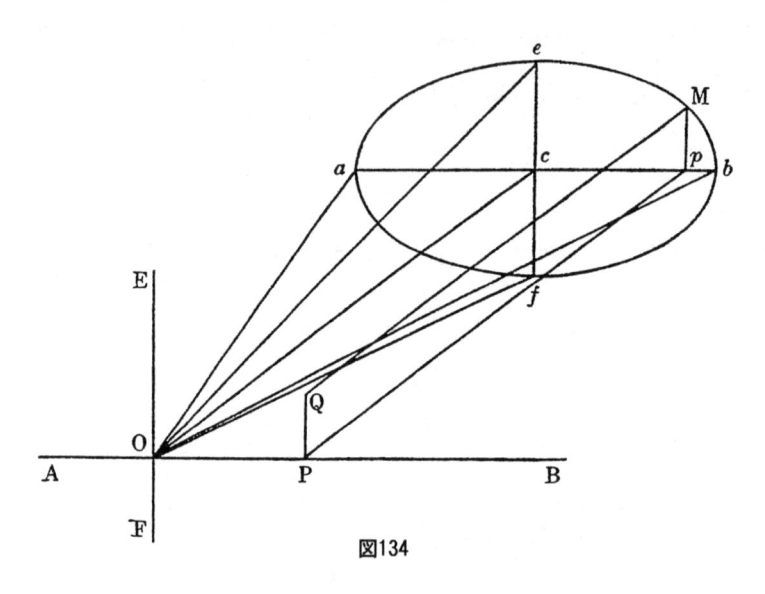

図134

円錐の頂点を通り，しかも円錐の軸Ocと垂直な平面を表すことになる．テーブルの表面上で，円錐の軸に垂直な任意の切断線の軸abおよびefと平行な直線AB, EFを引こう．切断線$aebf$の各々の点Mからテーブルの表面に向けて垂線MQを降ろし，QからABに向けて垂直線PQを降ろす．$OP=x$, $PQ=y$, $QM=z$と置くと，切断線の切除線cpもまた$=x$となり，向軸線pMも$=y$となる．そうして軸ab, efは$Oc=QM=z$に対して定比率をもつ．そこで$ac=bc=mz$および$ec=fc=nz$と置くと，

$$mmnnzz=mmyy+nnxx$$

となる．これが，円錐の表面の性質を表す，三つの変化量x, y, zの間の方程式である．

69. 　方程式$mmnnzz=mmyy+nnxx$により明らかなように，軸Ocと垂

第3章 円柱, 円錐および球面の切断

直な切断線はすべて楕円であるから(zには定値を割り当てるのである), 直線ABもしくは直線EFと垂直な切断線の様子も, 同様にして簡単に判明する. 実際, この円錐を, ABと垂直で, しかも点Pを通る平面で切断すると, $OP=a$と置くとき, 座標$Pp=z$と$pM=y$の間の切断線の方程式$mmnnzz=mmyy+nnaa$が得られる. これは明らかにPに中心をもつ双曲線の方程式であり, その双曲線の横断半軸は$=\dfrac{a}{m}$, 共役半軸は$=\dfrac{na}{m}$である. 同様に, yを定量と見ると, EFに垂直な切断線は直線EF上に中心をもつ双曲線になることがわかる.

70. 円錐を切る平面は平面$AEBF$と垂直だが, 線分AB, EFとは, それらのどちらとも直交しないとしよう. この場合にも, 円錐の切断線は簡単に規定される(図135). 実際, この平面と底面$AEBF$との交叉線を直線BEとし, $OB=a$, $OE=b$と名づけよう. 切断線上の任意の点Mから垂線MQを降ろし, 点Qから向軸線QPを引く. したがって, $OP=x$, $PQ=y$, $QM=z$となる. また, 円錐の性質により$mmnnzz=mmyy+nnxx$. このような状勢のもとで,

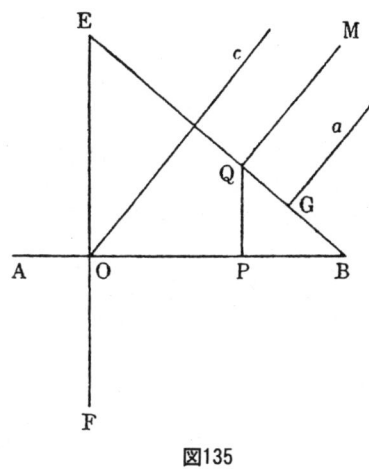

$$a:b=(a-x):y \quad \text{すなわち} \quad y=b-\dfrac{bx}{a}$$

となる. 切断線の座標として$BQ=t$と$QM=z$を採ると,

$$b:\sqrt{aa+bb}=y:t.$$

したがって,

$$y=\dfrac{bt}{\sqrt{aa+bb}} \quad \text{および} \quad a-x=\dfrac{at}{\sqrt{aa+bb}}.$$

$\sqrt{aa+bb}=c$と置くと,

$$y=\dfrac{bt}{c},\ x=a-\dfrac{at}{c}$$

となる. そうしてtとzの間に,

$$mmnncczz=mmbbtt+nnaacc-2nnaact+nnaatt$$

という方程式が成立する. ここでBGを$=\dfrac{nnaac}{mmbb+nnaa}$となるように設定すると,

図135

$$t - \frac{nnaac}{mmbb+nnaa} = GQ = u$$

となり，上記の方程式は

$$mmnnczz = (mmbb+nnaa)uu + \frac{mmnnaabbcc}{mmbb+nnaa}$$

という形になる．

71. それゆえ，この円錐の切断線は，点 G において中心をもつ双曲線である．その横断半軸は

$$Ga = \frac{ab}{\sqrt{mmbb+nnaa}}$$

であり，それと共役な半軸は $= \dfrac{mnabc}{mmbb+nnaa}$ である．この双曲線の二本の漸近線は軸 Ga を中心 G において十字形に交叉するが，その漸近線と軸 Ga が作る角の正接は $= \dfrac{mnc}{\sqrt{mmbb+nnaa}}$ である．それゆえ，切断線が等辺双曲線になるためには，

$$mmnnaa + mmnnbb = mmbb + nnaa,$$

言い換えると，

$$\frac{b}{a} = 正接\, OBE = \frac{n\sqrt{mm-1}}{m\sqrt{1-nn}}$$

とならなければならない．もし $\dfrac{mm-1}{1-nn}$ が 0 よりも大きくないなら，等辺双曲線がこんなふうに生じることはありえない．直円錐，すなわち $m=n$ となる場合には，漸近線と切断線の軸が作る角の正接は $=m$ である．この角は角 aOc にほかならない(訳者註．図134参照)．

72. 今度は切断線は傾いているとして，平面 $AEBF$ との交叉線 BT は線分 AB と直交するとしよう(図136)．$OB=f$ と置き，切断平面と底平面との傾斜角，すなわち角 OBC を $=\varphi$ とする．この切断平面は円錐の軸 OC と点 C において交叉するものとする．このとき，

$$BC = \frac{f}{\cos\varphi} \quad \text{および} \quad OC = \frac{f\cdot\sin\varphi}{\cos\varphi}$$

となる．調査対象の切断線上の各々の点 M から BT に向けて垂線 MT を引こう．次に底平面に向けて垂線 MQ を引き，Q から OB に向けて垂直線 QP を引く．そうし

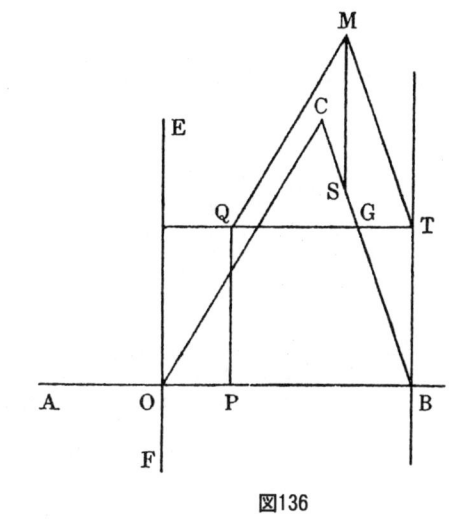

て $OP=x$, $PQ=y$, $QM=z$ と置くと, $mmnnzz=mmyy+nnxx$ となる. 切断平面上に座標 $BT=t$, $TM=u$ を取ると, 角 $QTM=\varphi$ により,
$$QM=z=u\cdot\sin\varphi,$$
$$TO=u\cdot\cos\varphi=f-x$$
となる. これより
$$y=t,\ z=u\cdot\sin\varphi$$
および
$$x=f-u\cdot\cos\varphi.$$
したがって,
$$mmnnuu\cdot\sin\varphi^2=mmtt+nn(f-u\cdot\cos\varphi)^2$$
となる.

図136

73. $BC=\dfrac{f}{\cos\varphi}=g$ と置くと, $f=g\cdot\cos\varphi$. これより
$$x=(g-u)\cdot\cos\varphi$$
となる. 切断線については,
$$mmnnuu\cdot\sin\varphi^2=mmtt+nngg\cdot\cos\varphi^2-2nngu\cdot\cos\varphi^2+nnuu\cdot\cos\varphi^2$$
となる. ここで
$$u-\frac{g\cdot\cos\varphi^2}{\cos\varphi^2-mm\cdot\sin\varphi^2}=SG=s$$
と定め, BT に平行な線分 MS を引き, 次いで
$$BG=\frac{g\cdot\cos\varphi^2}{\cos\varphi^2-mm\cdot\sin\varphi^2}=\frac{f\cdot\cos\varphi}{\cos\varphi^2-mm\cdot\sin\varphi^2}=\frac{f\cdot\cos\varphi}{1-(1+mm)\cdot\sin\varphi^2}$$
と取ると, 座標 $GS=s$ および $SM=t$ となる. そうして方程式
$$mmtt+nn(\cos\varphi^2-mm\cdot\sin\varphi^2)ss-\frac{mmnnff\cdot\sin\varphi^2}{\cos\varphi^2-mm\cdot\sin\varphi^2}=0$$
が成立する. この曲線は円錐の切断線であり, G において中心をもつ. もし中心 G が無限遠の位置にあるなら, この曲線は放物線になる. このようなことが起こるのは

tang $\varphi = \frac{1}{m}$ のとき，言い換えると直線 BC が円錐の側辺 Oa (図134)と平行になるときである．この場合，方程式は

$$mmtt + nnff - 2nnfu \cdot \cos\varphi = 0$$

となる．$BG = \frac{f}{2\cos\varphi}$ と取れば，この放物線の頂点は G になる．また，通径[3]は

$$= \frac{2nnf \cdot \cos\varphi}{mm}$$ である(図136)．

74. $\cos\varphi^2 - mm \cdot \sin\varphi^2 = 0$ の場合，切断線は放物線になるが，もし $\cos\varphi^2$ が $mm \cdot \sin\varphi^2$ より大きいなら，言い換えると tang φ が $\frac{1}{m}$ より小さいなら，切断線が楕円になるのは明らかである．その場合，線分 BC は円錐の反対側の側辺 Oa と上方で交叉する．そうして

$$BG = \frac{g}{1 - mm \cdot \tan\varphi^2}$$

であるから，BG は BC より大きい．ここで，G は調査対象の切断線の中心である．それゆえ，この調査中の切断線の BC の方向への半軸は

$$= \frac{mf \cdot \sin\varphi}{\cos\varphi^2 - mm \cdot \sin\varphi^2},$$

もうひとつの共役な半軸は

$$= \frac{nf \cdot \sin\varphi}{\sqrt{\cos\varphi^2 - mm \cdot \sin\varphi^2}},$$

半通径[4]は

$$= \frac{nn}{m} f \cdot \sin\varphi$$

である．よって，もし

$$m = n\sqrt{\cos\varphi^2 - mm \cdot \sin\varphi^2} \quad \text{すなわち} \quad mm = nn - nn(1 + mm) \cdot \sin\varphi^2$$

なら，切断線は円になる．この場合，

$$\sin\varphi = \frac{\sqrt{nn - mm}}{n\sqrt{1 + mm}} = \sin OBC \quad \text{および} \quad \cos\varphi = \frac{m\sqrt{1 + nn}}{n\sqrt{1 + mm}}$$

となる．それゆえ，もし n が m よりも大きくないなら，そのような切断線は決して円ではありえないことになる．

75. もし $mm \cdot \sin\varphi^2$ が $\cos\varphi^2$ より大きいなら，言い換えると tang φ が $\frac{1}{m}$ よ

り大きいなら，線分 BC は円錐の反対側の側辺 Oa からそれて，上方に遠ざかっていく．この場合，切断線は双曲線になる．その横断半軸は

$$= \frac{mf \cdot \sin\varphi}{-\cos\varphi^2 + mm \cdot \sin\varphi^2},$$

その共役半軸は

$$= \frac{nf \cdot \sin\varphi}{\sqrt{mm \cdot \sin\varphi^2 - \cos\varphi^2}},$$

半通径[5]は

$$= \frac{nn}{m} f \cdot \sin\varphi,$$

漸近線と軸の中心 G における交叉角の正接は

$$= \frac{n}{m}\sqrt{mm \cdot \sin\varphi^2 - \cos\varphi^2}$$

である．それゆえ，もし

$$mmnn \cdot \sin\varphi^2 - nn \cdot \cos\varphi^2 = mm = (mm+1)nn \cdot \sin\varphi^2 - nn = mm$$

なら，言い換えると

$$\sin\varphi = \frac{\sqrt{mm+nn}}{n\sqrt{1+mm}} \quad \text{および} \quad \cos\varphi = \frac{m\sqrt{nn-1}}{n\sqrt{1+mm}}$$

なら，双曲線は等辺双曲線になる．そのためには n が1よりも大きいことが必要で，そうでなければ，そのような切断で等辺双曲線が生じることはありえない．

76. ここで取り上げている円錐が直円錐なら，言い換えると $m=n$ なら，あらゆる切断線は，われわれがこれまでのところで詳しく解明してきた事柄との関連のもとで，理解することができる．なぜなら，その場合，直線 AB の位置はわれわれの意のままにまかされているからである．だが，斜円錐については，なお残されていることがある．それは，直線 AB に対し任意の大きさの傾きをもって斜交する平面により作られる切断線を調べることである．そこで切断平面と底面 $AEBF$ との交叉線を BR としよう(図137)．$OB=f$，角 $OBR=\theta$ と置く．また，切断平面と底面との傾斜角を $=\varphi$ と置く．点 O から BR に垂線 OR を降ろすと，$OR=f \cdot \sin\theta$ および $BR=f \cdot \cos\theta$ となる．次に，切断平面上に線分 RC を引くと，角 $ORC=\varphi$ により，

$$RC = \frac{f \cdot \sin\theta}{\cos\varphi} \quad \text{および} \quad OC = \frac{f \cdot \sin\theta \cdot \sin\varphi}{\cos\varphi}$$

図137

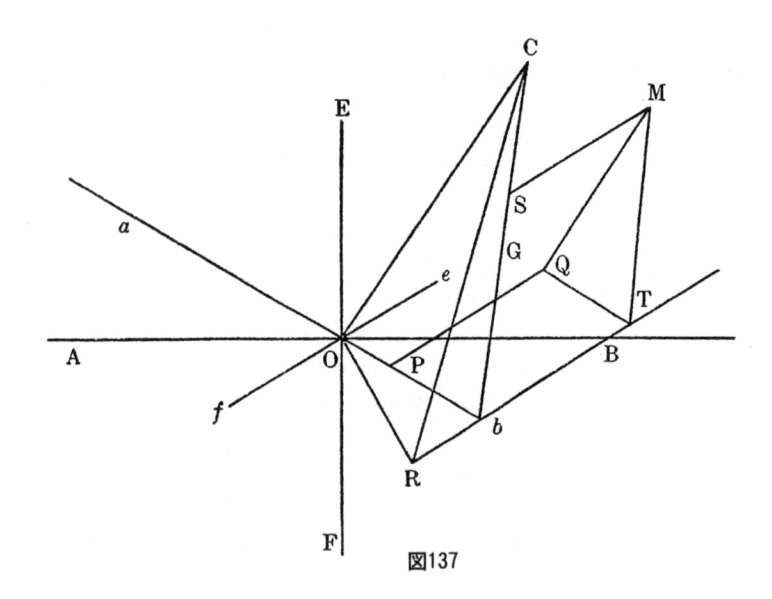

となる．今，円錐の軸OCと直交する切断線を底面に射影すると，その主軸は直線ABとEFに沿って配置される．一方をmとし，もう一方をnとする．

77. この射影された切断線において，BRに平行なダイアメータefを引くと，角$BOe=\theta$となる．このダイアメータと共役なダイアメータの位置をaObとしよう．半ダイアメータを$Oa=\mu$, $Oe=\nu$と置くと，

$$\mu = \frac{\sqrt{m^4 \cdot \sin\theta^2 + n^4 \cdot \cos\theta^2}}{\sqrt{mm \cdot \sin\theta^2 + nn \cdot \cos\theta^2}}$$

および

$$\nu = \frac{mn}{\sqrt{mm \cdot \sin\theta^2 + nn \cdot \cos\theta^2}}$$

および

$$\operatorname{tang} BOb = \frac{nn \cdot \cos\theta}{mm \cdot \sin\theta} \quad (\text{第141条})$$

となる．したがって，この角BObの正弦は

$$= \frac{nn \cdot \cos\theta}{\sqrt{m^4 \cdot \sin\theta^2 + n^4 \cdot \cos\theta^2}}$$

となり，余弦は

第 3 章 円柱，円錐および球面の切断

$$= \frac{m\,m \cdot \sin\theta}{\sqrt{m^4 \cdot \sin\theta^2 + n^4 \cdot \cos\theta^2}}$$

となる．

ところで，角 $ObR = \theta + BOb$．よって，

$$\sin ObR = \frac{m\,m \cdot \sin\theta^2 + n\,n \cdot \cos\theta^2}{\sqrt{m^4 \cdot \sin\theta^2 + n^4 \cdot \cos\theta^2}}$$

および

$$\cos ObR = \frac{(m\,m - n\,n)\sin\theta\cos\theta}{\sqrt{m^4 \cdot \sin\theta^2 + n^4 \cdot \cos\theta^2}}$$

となる．さらに，

$$\mu\nu = \frac{m\,n \cdot \sqrt{m^4 \cdot \sin\theta^2 + n^4 \cdot \cos\theta^2}}{m\,m \cdot \sin\theta^2 + n\,n \cdot \cos\theta^2}$$

となる．

78.

$OR = f \cdot \sin\theta$ であるから，

$$Ob = \frac{OR}{\sin ObR} = \frac{f \cdot \sin\theta\sqrt{m^4 \cdot \sin\theta^2 + n^4 \cdot \cos\theta^2}}{m\,m \cdot \sin\theta^2 + n\,n \cdot \cos\theta^2}$$

および

$$Rb = \frac{(m\,m - n\,n)f \cdot \sin\theta^2 \cdot \cos\theta}{m\,m \cdot \sin\theta^2 + n\,n \cdot \cos\theta^2}$$

となる．三角形 RbC は R において直角であるから，角 CbR の正接は

$$= \frac{m\,m \cdot \sin\theta^2 + n\,n \cdot \cos\theta^2}{(m\,m - n\,n)\sin\theta \cdot \cos\theta \cdot \cos\varphi}$$

となる．これで角 CbR が判明する．さて，切断線上の任意の点 M から直線 RT に向けて，Cb と平行な線分 MT を引き，M から Cb に向けて RT と平行な線分 MS を引こう．そうして $bT = MS = t$，$bS = TM = u$ と名前をつけると，これらは調査中の切断線の斜交座標とみなされる．ここで，角 $bSM(=CbR)$ の正接は

$$= \frac{m\,m \cdot \sin\theta^2 + n\,n \cdot \cos\theta^2}{(m\,m - n\,n)\sin\theta \cdot \cos\theta \cdot \cos\varphi}$$

となる．直円錐の場合，これらの座標が直交座標になるのは明らかである．なぜなら，その場合には $m = n$ となるからである．

79. 切断線上の点 M から平面 $AEBF$ に垂線 MQ を降ろし，それからさらに，ダイアメータ ab と平行になるように線分 TQ を引こう．次に，Q から出発して，もう一本のダイアメータ ef と平行な向軸線 QP を引く．そうして $OP = x$, $PQ = y$, $QM = z$ と名前をつけると，円錐の性質により，

$$\mu\mu\nu\nu zz = \mu\mu yy + \nu\nu xx$$

となる．なぜなら，点 M を通り，底面と平行な円錐の切断線を心に描くと，その切断線の，ab および ef と平行な半ダイアメータは μz および νz になることがわかるからである．ところで，直角三角形 COb の辺 OC と Ob についてはもうわかっているから，斜辺は

$$Cb = \frac{f \cdot \sin\theta \sqrt{m^4 \cdot \sin\theta^2 + n^4 \cdot \cos\theta^2 - (mm - nn)^2 \sin\theta^2 \cdot \cos\theta^2 \cdot \sin\varphi^2}}{(mm \cdot \sin\theta^2 + nn \cdot \cos\theta^2) \cdot \cos\varphi}$$

となる．そうして三角形 TMQ, bCO は相似であるから，

$$TM(=u) : TQ(=Ob - x) : QM(=z) = bC : Ob : OC.$$

よって，$x = Ob - \dfrac{Ob \cdot u}{Cb}$, $z = \dfrac{OC \cdot u}{Cb}$．また，$y = t$．したがって，

$$\mu\mu\nu\nu \cdot OC^2 \cdot uu = \mu\mu \cdot Cb^2 \cdot tt + \nu\nu \cdot Ob^2 (Cb - u)^2$$

となる．

80. この方程式を展開すると，

$$0 = \mu\mu \cdot Cb^2 \cdot tt + \nu\nu(Ob^2 - \mu\mu \cdot OC^2)uu - 2\nu\nu \cdot Ob^2 \cdot Cb \cdot u + \nu\nu \cdot Ob^2 \cdot Cb^2$$

が与えられる．ここで $u - \dfrac{Ob^2 \cdot Cb}{Ob^2 - \mu\mu \cdot OC^2} = s$ と置くと，言い換えると

$$bG = \frac{Ob^2 \cdot Cb}{Ob^2 - \mu\mu \cdot OC^2} = \frac{Cb}{1 - (mm \cdot \sin\theta^2 + nn \cdot \cos\theta^2)\tan\varphi^2}$$

と取って $GS = s$ と名づけると，G は円錐の切断線の中心になる．その切断線の，t と s の間に成立する方程式は，

第3章 円柱，円錐および球面の切断

$$\mu\mu \cdot Cb^2 \cdot tt + \nu\nu \left(Ob^2 - \mu\mu \cdot OC^2\right) ss = \frac{\mu\mu \cdot \nu\nu \cdot Ob^2 \cdot OC^2 \cdot Cb^2}{Ob^2 - \mu\mu \cdot OC^2}$$

という形になる．この切断線の横断半ダイアメータは

$$= \frac{\mu \cdot Ob \cdot OC \cdot Cb}{Ob^2 - \mu\mu \cdot OC^2},$$

これと共役な半ダイアメータは

$$= \frac{\nu \cdot Ob \cdot OC}{\sqrt{Ob^2 - \mu\mu \cdot OC^2}},$$

半通径は

$$= \frac{\nu\nu \cdot Ob \cdot OC}{\mu \cdot Cb}$$

となる．このほかの点について言うと，もし $\operatorname{tang}\varphi$ が $\dfrac{1}{\sqrt{mm \cdot \sin\theta^2 + nn \cdot \cos\theta^2}}$ より小さいなら，言い換えると $\dfrac{\nu}{mn}$ より小さいなら，この曲線は楕円である．もし $\operatorname{tang}\varphi = \dfrac{\nu}{mn}$ なら放物線になり，もし $\operatorname{tang}\varphi$ が $\dfrac{\nu}{mn}$ より大きいなら双曲線になる．

81. 平面による切断を調べたいと思う第三番目の立体は球である．球面の平面による切断線が円になることは，初等幾何学によりよく知られている．このテーマは通常，綜合的に取り扱われる習慣が定着しているが，与えられた立体の方程式に基づいて球面の任意の切断線を見つける方法をいっそう明確に理解するために，私はここではこの作業を解析的に遂行したいと思う．そこで，C を球の中心とし，テーブルの表面がその点を通過する状勢を心に描こう(図138)．すると，この表面による切断線は大円になる．その半径 $CA = CB$ を $= a$ と置こう．これは同時に球の半径でもある．それから，切断するのに使う平面とテーブルの表面との交叉線を DT として，その直線に向かって点 C から垂線 CD を引き，その長さを $= f$，傾斜角を $= \varphi$ としよう．

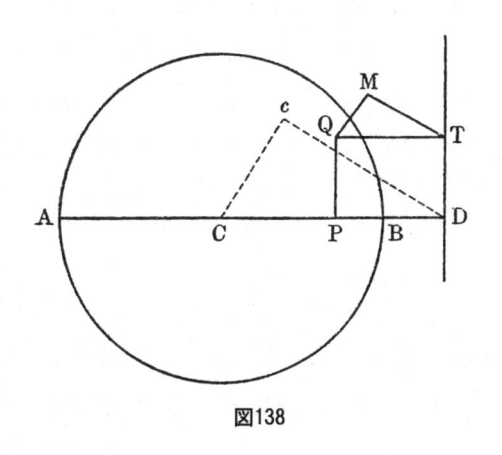

82. M は，求める切断線上の任意の点として，この点からテーブルの表面に向かって垂線 MQ を降ろ

図138

そう．そうして直線CDを軸に取り，その軸に向かって垂線QPを降ろそう．座標を$CP=x$, $PQ=y$, $QM=z$と名づけると，球面の性質により，$xx+yy+zz=aa$となる．また，点Mから直線DTに向かって垂直な線分MTを引き，点Qと点Tを線分QTで結ぶ．このとき，二線分QTとMTはどちらも直線DTと直交するから，角MTQは切断平面と底面との傾斜の度合いを表している．この角度を$=\varphi$とする．そこで，線分DTと線分MTを，求める切断線の座標と思うことにして，$DT=t$, $TM=u$と名づけると，

$$MQ = u\cdot\sin\varphi \quad \text{および} \quad TQ = u\cdot\cos\varphi$$

となる．よって，

$$CP=x=f-u\cdot\cos\varphi, \quad PQ=y=t, \quad QM=z=u\cdot\sin\varphi.$$

これらの値を代入すると，求める球面の切断線の方程式の姿が現れる．それは，

$$ff - 2fu\cdot\cos\varphi + uu + tt = aa$$

という形の方程式である．

83. さて，この方程式が円の方程式であることは明白である．なぜなら，$u - f\cdot\cos\varphi = s$と置けば，この方程式は

$$ff\cdot\sin\varphi^2 + ss + tt = aa$$

という形になるからである．これより，切断線の半径は$=\sqrt{aa - ff\cdot\sin\varphi^2}$となることがわかる．そこで，点$D$から，向軸線$TM$に平行な線分$Dc$を引き，その線分$Dc$に向かって中心$C$から垂線$Cc$を降ろす．すると，$CD=f$および角$CDc=\varphi$であるから，$Dc=f\cdot\cos\varphi$および$Cc=f\cdot\sin\varphi$となる．これより明らかになるように，座標$s$と$t$の始点を円の中心の位置に持ってくると，切断線の描く円の中心は点cであり，この円の半径は$\sqrt{CB^2 - Cc^2}$となる．これは，ユークリッドの『原論』により明らかな通りである．他のあらゆる立体についても，その性質が三個の変化量の間の方程式により表される限り，同様の手順を踏んで平面による任意の切断線を調べることができる．

84. この手順の全体をよりいっそう明瞭ならしめるため，ある任意の立体が提示されたとし，その性質は三つの座標$AP=x$, $PQ=y$, $QM=z$の間の方程式で表されるとしよう(図139)．これらの座標のうち，はじめの二つはテーブルの表面に配

第3章　円柱，円錐および球面の切断

置されているとし，三番目の座標 z はテーブルの表面に垂直としよう．この立体を，ある平面で切るものとし，その平面とテーブルの表面との交叉線を直線 DT，この平面とテーブルの表面との斜角を $=\varphi$ とする．線分 AD を $=f$，角 ADE を $=\theta$ と置き，点 A から線分 DE に向かって垂線 AE を降ろすと，

$$AE = f \cdot \sin\theta$$

および

$$DE = f \cdot \cos\theta$$

となる．次に，求める切断線上の点 M から線分 DT に向かって垂線 MT を引き，点 Q と点 T を結んで線分 QT を引くと，角 MTQ は，与えられた斜角 φ に等しい．そこで，DT と TM を，求める切断線の座標として採用することにして，$DT = t$，$TM = u$ と名づけると，

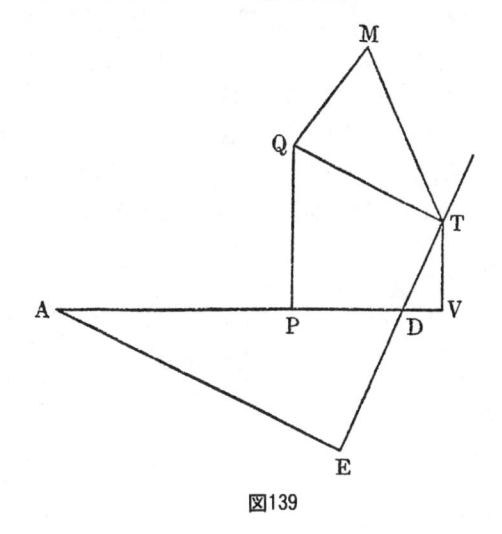

$$QM = u \cdot \sin\varphi \quad \text{および} \quad TQ = u \cdot \cos\varphi$$

となる．

図139

85. 点 T から軸 AD に向かって垂線 TV を降ろすと，角 $TDV = \theta$．よって，$TV = t \cdot \sin\theta$ および $DV = t \cdot \cos\theta$ となる．そうして角 $TQP = \theta$ であるから，

$$PV = u \cdot \sin\theta \cdot \cos\varphi \quad \text{および} \quad PQ - TV = u \cdot \cos\theta \cdot \cos\varphi$$

となる．これらの事柄に基づいて，座標 x, y, z は t と u を用いて次のように規定される．

$$AP = x = f + t \cdot \cos\theta - u \cdot \sin\theta \cdot \cos\varphi,$$

$$PQ = y = t \cdot \sin\theta + u \cdot \cos\theta \cdot \cos\varphi,$$

$$QM = z = u \cdot \sin\varphi.$$

そこでこれらの値を x, y, z の間に成立する，与えられた立体の方程式に代入すると，t と u，すなわち求める切断線の座標間の方程式が得られる．その方程式により，求める切断線の性質が判明する．この方法は，前に §50 で使われた方法とほぼ合致する．

註記

1) (420頁)　図130では a のほうが c よりも大きいのであるから，この図で見ると HB は CE に等しくはなりえない．

2) (426頁)　図133aはオイラー全集が編まれる際に付け加えられたもので，オイラーの原著にはない．

3) (432頁)　「通径」の原語はlatus rectum．放物線の通径というのは，焦点を通り，準線平行な直線と放物線との二交点を結ぶ弦のことである．「直弦」という訳語をあてられることもある．

4) (432頁)　楕円の通径というのは，焦点を通り，長軸に垂直な直線と楕円との二交点を結ぶ弦のことである．

5) (433頁)　双曲線の通径というのは，焦点を通り，横断半軸に垂直な直線と双曲線との二交点を結ぶ弦のことである．

第4章　座標の交換

86.　ある平面内に位置する曲線の方程式は，切除線の始点や軸の位置，あるいはまたそれらの双方を変えることにより無限に多くの異なる形に変換される．それと同様に，今ここで当面している状況下でも同じ現象が起こり，しかもはるかに規模の大きい多様性が観察される．実際，まずはじめに，ある一枚の平面には二つの座標が配置されているが，それらは無限に多様な様式で変化しうる．次に，二つの座標をもつ平面そのものもまた変化しうる．そのため，はじめに認識された多様性は無限に増大する．このあたりの事情をもう少し詳しく言うとこんなふうになる．互いに直交する三つの座標間の方程式が与えられたとしよう．このときつねに，やはり相互に直交する他の任意の三つの座標間の別の方程式を見つけることができる．しかもその新たな座標の位置は当初の座標の位置から大きく変化し，その変化の多様なことは，曲線の方程式の場合に見られるように二つの座標しか存在しない場合に比べて，無限大ある．

87.　まずはじめに軸上で切除線の始点だけを変化させてみよう．この場合，残る二つの座標 y と z は同じ状態を保持し，不変である．新しい切除線は x に比べてある定量だけ食い違う．それゆえ，新たな切除線を $= t$ とすると，$x = t \pm a$ という形になる．この値を曲面の方程式に代入すると，三つの座標 t, y, z の間の方程式が得られる．その方程式は当初の方程式とは異なっているが，それにもかかわらず依然として同じ曲面の方程式なのである．同様に，残る座標 y と z もまた，ある定量の分だけ増減可能である．そこで $x = t + a$, $y = u \pm b$, $z = v \pm c$ と置くと，三つの変化量 t, u, v の間の方程式が手に入る．それもまた同じ曲面の方程式である．これらの新しい座標は当初の座標と平行である．状勢はこんなふうである．曲面の方程式は，どれ

ほど一般的な形になっていこうとも，それほどはなはだしく変化するわけではないのである．

88. 曲面の性質は三つの直交座標間の方程式で表されるが，それらの座標は，相互に直交する三枚の平面に関連づけられる．そこで，三枚の平面のうち，二つの座標 x と y が配置されている一枚の平面は固定されているものとして，その平面において AP のほかに他の任意の直線 CT を軸として採用する(図140)．前の座標は軸 AP に対するものであり，$AP = x$, $PQ = y$, $QM = z$ となる．したがって，新たな軸 CT に対しても座標 $QM = z$ はそのままで変わらないが，残る二つの座標は $CT = t$, $TQ = u$ となる．新しい軸に向かって垂直に線分 QT を引く．これらの新しい座標 t, u, z の間の方程式を見つけるために，当初の軸 AP と平行に直線 CR を引く．次に，点 C から最初の軸に向かって線分 CB を引き，$AB = a$, $BC = b$ と名づけ，角 RCT を $= \zeta$ と名づける．最後に，直線 CR に垂直に線分 TR を引き，点 T から線分 QP の延長線に向かって垂線 TS を降ろす．

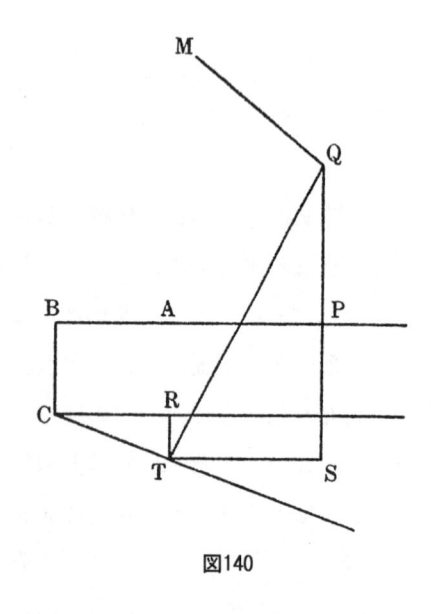

図140

89. このように諸状勢を設定すると，三角形 TCR において $TR = t \cdot \sin\zeta$, $CR = t \cdot \cos\zeta$ となる．また，三角形 QTS の頂点 Q における角度はやはり $= \zeta$ となるが，この三角形において $TS = u \cdot \sin\zeta$ および $QS = u \cdot \cos\zeta$ となる．これらの事柄により，

$$AP = x = CR + TS - AB = t \cdot \cos\zeta + u \cdot \sin\zeta - a$$

および

$$QP = QS - TR - BC = y = u \cdot \cos\zeta - t \cdot \sin\zeta - b$$

となる．そこで，これらの値を，提示された曲面の方程式において x と y のところに代入すると，新しい三つの座標 t, u, z の間の方程式が帰結する．この方程式で表さ

第4章　座標の交換

れるのもまた，同じ曲面の性質である．この新しい方程式の姿は，元の方程式に比べ，一般性においてはるかに広々と開かれている．というのは，ここには当初の方程式には存在していなかった新しい三つの任意定量，すなわち a , b と角 ζ が顔を出しているからである．この方程式は，二つの座標 x と y が配置されている平面が固定されている場合における一般方程式である．

90. さて，今度は当初の二つの座標 x と y が設定された平面もまた変化するとして，まずはじめに，新たな平面と元の平面 APQ との交叉線は直線 AP と重なり合うとしよう(図141)．この直線は新しい座標に対してもまた軸とみなされる．そこでこの新しい平面を APT とし，元の平面に対する傾きを角 QPT として，この角度を η と置く．点 M から直線 PT に向かって垂線 MT を降ろすと，それは同時に新しい平面に向かう垂線でもあり，第三の座標の位置を占めることになる．三つの新しい座標を $AP=x$, $PT=u$, $TM=v$ と置き，線分 PQ に向けて垂線 TR を降ろし，線分 QM に向けて垂線 TS を降ろすと，

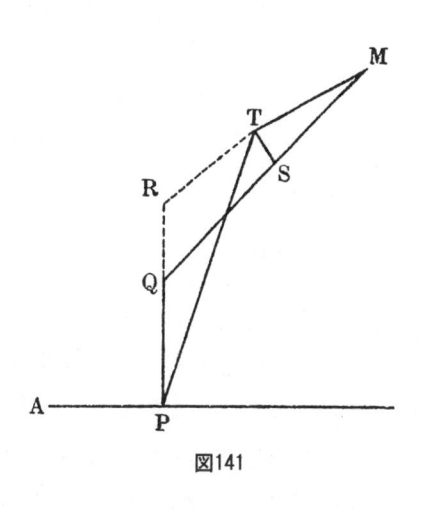

$$TR = u \cdot \sin\eta, \quad PR = u \cdot \cos\eta, \quad TS = v \cdot \sin\eta, \quad MS = v \cdot \cos\eta$$

図141

となる．これより，

$$PQ = y = u \cdot \cos\eta - v \cdot \sin\eta \quad \text{および} \quad QM = z = v \cdot \cos\eta + u \cdot \sin\eta .$$

これらの値を，提示された方程式において y と z のところに代入すると，新しい三つの座標 x , u , v の間の方程式が与えられる．その方程式もまた同じ曲面の性質を表しているのである．

91. 今度は新たな切断平面と平面 APQ との交叉線は，ある任意の直線 CT と重なり合うとしよう(図140)．これらの二平面の傾きを η とする．そうしてこの新しい平面において，直線 CT を軸に取る．まずはじめに，平面 APQ において，軸 CT との関連のもとで，座標間の方程式を求めよう．これは，前記の事柄に基づいて

みいだされる．$AB=a$，$BC=b$ と置き，角 TCR を $=\zeta$，座標を $CT=p$，$TQ=q$，$QM=r$ と置けば，

$$x = p\cdot\cos\zeta + q\cdot\sin\zeta - a, \quad y = q\cdot\cos\zeta - p\cdot\sin\zeta - b, \quad z = r$$

となる．ところで，前条で目にした事柄により，新しい座標 t, u, v を設定すると，

$$p = t, \quad q = u\cdot\cos\eta - v\cdot\sin\eta, \quad r = v\cdot\cos\eta + u\cdot\sin\eta$$

というふうになる．これらを代入すると，主座標 x, y, z は新しい座標により

$$\begin{aligned}x &= t\cdot\cos\zeta + u\cdot\sin\zeta\cdot\cos\eta - v\cdot\sin\zeta\cdot\sin\eta - a \\ y &= -t\cdot\sin\zeta + u\cdot\cos\zeta\cdot\cos\eta - v\cdot\cos\zeta\cdot\sin\eta - b \\ z &= u\cdot\sin\eta + v\cdot\cos\eta\end{aligned}$$

というふうに定められる．

92. この新しい平面には座標 t と u が配置されているが，今度はこの平面において他の任意の直線を軸として採用すると，提示された曲面に対する一番一般的な方程式が手に入る(図140)．この様子を見るために，先ほど見つけた通りの流儀にならい，AP，PQ，QM を座標 t, u, v と定めよう．すると AP は，ここで話題にのぼっている平面と，主座標 x と y が配置されていると見ている平面との交叉線を表している．直線 CT を新しい軸としよう．われわれが求めようとしている一番一般的な新たな座標は，この直線に関連づけられるのである．そこでそれらの座標に $CT=p$，$TQ=q$．$QM=r$ と名前をつける．そのうえでさらに AB と BC は定線分である．また，角 TCR を $=\theta$ と置く．このように諸状勢を定めておくと，第89条により，

$$t = p\cdot\cos\theta + q\cdot\sin\theta - AB$$

および

$$u = -p\cdot\sin\theta + q\cdot\cos\theta - BC$$

および

$$v = r$$

となる．これらの値を前条の方程式に代入すると，

$$x = p\bigl(\cos\zeta\cdot\cos\theta - \sin\zeta\cdot\cos\eta\cdot\sin\theta\bigr)$$

第4章　座標の交換

$$+ q\left(\cos\zeta\cdot\sin\theta + \sin\zeta\cdot\cos\eta\cdot\cos\theta\right) - r\cdot\sin\zeta\cdot\sin\eta + f$$

および

$$y = -p\left(\sin\zeta\cdot\cos\theta + \cos\zeta\cdot\cos\eta\cdot\sin\theta\right)$$
$$-q\left(\sin\varphi\cdot\sin\theta - \cos\zeta\cdot\cos\eta\cdot\cos\theta\right) - r\cdot\cos\zeta\cdot\sin\eta + g$$

および

$$z = -p\cdot\sin\eta\cdot\sin\theta + q\cdot\sin\eta\cdot\cos\theta + r\cdot\cos\eta + h$$

となる．ここで，f, g, h は，この計算にあたって導入された定線分を組み合わせてできる定線分である．

93. それゆえ，ある任意の曲面のもっとも一般的な方程式には，六個の任意定量が含まれているのは明白である．それらの定量をどのように定めようとも，この方程式はいつでも同じ曲面の性質を表している．たとえ座標 x, y, z の間に成立する曲面の方程式がどれほど単純で簡明な形であろうとも，それを元にして p, q, r の間の一番一般的な方程式を作り出すと，その一般方程式は非常に多くの任意定量に起因して，必然的にきわめて複雑な形になってしまう．ことに，x, y, z の次元が高い場合に，そのような現象が観察される．そんなわけで，一番一般的な方程式へと歩を運ぶほうが都合がよい場合というのはほとんど存在しえない．実際のところ，一番一般的な方程式というものの有益さが認識されるのは，諸定量を適切な仕方で定めることにより，方程式の形が非常に簡単になるという点においてのことだが，計算が冗長で，この作業はたいていの場合，非常にわずらわしいものになってしまうのである．だが，引き続く叙述の中で目にするように，この一番一般的な方程式を作るという方法には利点がないわけではない．というのは，そこからめざましい諸性質が取り出され，証明されるからである．

94. 一番一般的な方程式はたいていの場合，きわめて複雑な形になるが，それにもかかわらず，すべての座標を併せて取り上げて，それらの作る次元に着目すると，その数値はつねに，当初の座標 x, y, z の作る次元の数値に等しい．たとえば，球面の方程式 $xx + yy + zz = aa$ は二次元の方程式であるから，この球面を表す一番一般的な方程式もまた，座標 p, q, r に関して2を越える次元をもつことはない．こ

のようなわけで，ある曲面の方程式において諸座標が作る次元の数値は，その曲面の特性を際立たせる本質的な指標をわれわれの手にもたらしてくれる．なぜなら，諸座標の位置がどのように変化しようとも，それらの座標の作る次元を見ると，つねに同一の数値が出てくるからである．そこでこの機会に，前に曲線の世界において観察した注意事項，すなわち諸曲線をいくつかの目(もく)に分ける基準にした事柄を，曲面との関連のもとで述べておきたいと思う．曲線の場合にそうしたのと同様に，諸曲面を座標の次元に応じていくつかの目(もく)に分配するとよい．われわれにとって，第一目の曲面といえば，その性質を表す方程式が次元1のみしかもたないような曲面のことにほかならない．第二目の曲面の仲間には，その性質を表す方程式において，座標の作る次元の数値が2に達するような曲面が算入される．こんなふうに続けていって，次元の数値により，引き続くさまざまな目(もく)が作られていく．

95. さて，上述の事柄を，曲面を平面で切ってできる切断線を見つけることをめぐって前に報告した事柄と比較すると，切断線の目(もく)はつねに，曲面が所属する目(もく)と同位数になることが判明する．実際，ある曲面の，座標 x, y, z 間の方程式が提示されたとして，それは位数 n の目(もく)に所属するとしよう．また，その曲面のある切断平面上の直交座標を t および u としよう．すると，前に見たように，曲面の方程式において次に挙げる値

$$x = f + t \cdot \cos\theta - u \cdot \sin\theta \cdot \cos\varphi$$
$$y = t \cdot \sin\theta + u \cdot \cos\theta \cdot \cos\varphi$$
$$z = u \cdot \sin\varphi$$

を代入すれば，t と u の間の方程式が見つかる．それゆえ，切断線の方程式が元の x, y, z の間の方程式の次元よりも高い次元をもちえないのは明白であり，双方の方程式にはつねに同一の次元の数値が観察されるのである．

96. このようなわけで，第一目の曲面を平面で切ってできる切断線は，第一目の線，すなわち直線以外ではありえない．次に，第二目の曲面を平面で切る場合に得られる曲線は，第二目の線すなわち円錐曲線以外ではありえない．円錐曲面の方程式は

$$zz = \alpha xx + \beta yy$$

第4章 座標の交換

という形であるから,円錐曲面もまた第二目の曲面である.同様に,第三目の曲面を平面で切ると,第三目の線が生じる.これ以降の状勢も同様に続いていく.切断線の方程式がいくつかの因子を許容するという事態も起こりうるが,その場合には,切断線は二個もしくはもっと多くの低位数の目(もく)の線が組み合わさって作られているのである.たとえば,円錐を,頂点を通る平面で切ってできる切断線は二本の直線から成るが,それらの二直線を合わせると一本の第二目の線ができるかのような外観を呈する.その様子は前に観察した通りである.

97. こんなふうにして曲面の目(もく)への分類が確立されたので,何よりもまず,第一目に所属する曲面を調べてみよう.そのような曲面の性質を表す方程式は,

$$\alpha x + \beta y + \gamma z = a$$

という形になる.この曲面をある平面で切るときにできる切断線はどれもみな直線なのであるから,この曲面が平面以外のものではありえないのは明らかである.実際,もしこの曲面のどこかに凸状の場所や凹状の場所があるとすれば,そのとき必然的に曲がった切断線が存在することになる.他の目(もく)の中にも,(円柱や円錐やその他の曲面において目にしたように)直線状の切断線をもつ曲面が存在することがある.だが,それにもかかわらず,そのような曲面において,曲がった切断線が閉め出されてしまうわけではない.もう少し詳しく言うと,曲線の世界で観察したのと類似の事態がここでも起こる.実際,いかなる直線とも決して一個より多くの点において交叉することのない線は必ず直線になるが,まさしくそのように,平面で切るとつねに直線が与えられるという性質を備えた曲面は,それ自体が必然的に平面になるという結論が下されるのである.

98. この性質は,一番一般的な方程式を基礎にして考察をすすめると,きわめて明瞭に証明される.実際,方程式 $\alpha x + \beta y + \gamma z = a$ を元にして,第92条で示された通りの手順を踏んで座標 p, q, r の間の一番一般的な方程式を作ろう.すると,六個の新しい任意定量が導入されるから,それらを適切に定めて,二つの座標 p と q の係数が消失するようにするのを妨げるものは何もない.そこでこれを実行すると $r = f$ という形の方程式が残されるが,この方程式もまた同じ曲面の性質を表している.ところが,この方程式 $r = f$ は,提示された曲面は二つの座標 p と q が配置されている平面と平行であること,したがってその曲面自体が平面であることを示してい

る．$r=0$ となるようにすることもまた可能である．その場合には，p と q を取り上げる平面それ自体が，求める曲面になるのは明白である．

99. これで，方程式 $\alpha x + \beta y + \gamma z = a$ で表される曲面が平面であることがわかったから，その位置を，座標 x と y が配置されている平面との関連のもとで規定する必要がある．そこで M はその曲面上の任意の点として，三つの座標を $AP=x$, $PQ=y$, $QM=z$ としよう(図 142)．まずはじめに $z=0$ と置くと，方程式 $\alpha x + \beta y = a$ が得られる．これは，探索中の曲面と平面 APQ との交叉線を表している．その交叉線が直線 BCR であるのは明白で，軸 AP との関連のもとでその位置を考えると次のようになる．すなわち，線分 AB は平面 APQ において軸 AP と垂直で，その長さは $=\dfrac{a}{\beta}$

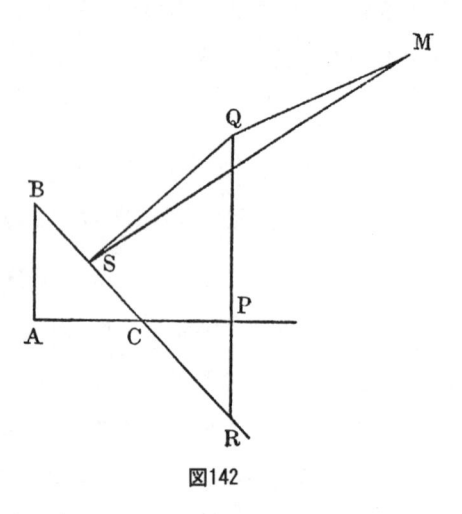

図 142

となる．また，$AC=\dfrac{a}{\alpha}$．これより明らかになるように，角 ACB の正接は $=\dfrac{\alpha}{\beta}$ となる．したがって，この角の正弦は $=\dfrac{\alpha}{\sqrt{\alpha\alpha+\beta\beta}}$，余弦は $=\dfrac{\beta}{\sqrt{\alpha\alpha+\beta\beta}}$ となる．次に，線分 QP を直線 BC と出会うまで延長していって，交点を R とする．すると，$CP=x-\dfrac{a}{\alpha}$ により，

$$CR = \dfrac{x\sqrt{\alpha\alpha+\beta\beta}}{\beta} - \dfrac{a\sqrt{\alpha\alpha+\beta\beta}}{\alpha\beta} \quad \text{および} \quad PR = \dfrac{\alpha x}{\beta} - \dfrac{a}{\beta}$$

となる．

100. 点 Q から直線 BC に向けて垂線 QS を降ろそう．また，点 M と点 S を結んで線分 MS を引く．すると明らかに，角 MSQ は，提示された曲面が平面 APQ に対して作る傾きの度合いを示している．$PR=\dfrac{\alpha x - a}{\beta}$ であるから，

$$QR = \dfrac{\alpha x + \beta y - a}{\beta} = -\dfrac{\gamma z}{\beta}.$$

そうして角 $RQS = ACB$ により，

$$QS = -\dfrac{\gamma z}{\sqrt{\alpha\alpha+\beta\beta}}$$

第4章 座標の交換

となる．これより判明するように，

$$\text{角}\,QSM\,\text{の正接} = \frac{-\sqrt{\alpha\alpha + \beta\beta}}{\gamma}$$

となる．したがって，

$$\text{角}\,QSM\,\text{の余弦} = \frac{\gamma}{\sqrt{\alpha\alpha + \beta\beta + \gamma\gamma}}$$

となる．それゆえ，目下探索中の曲面が，x と y が配置されている平面に対して作る傾きの度合いを示す角を考えると，

$$\text{その角の正接} = -\frac{\sqrt{\alpha\alpha + \beta\beta}}{\gamma}$$

となる．同様に，同じ曲面が，座標 x と z の平面に対して作る傾きの度合いを示す角を考えると，

$$\text{その角の正接} = -\frac{\sqrt{\alpha\alpha + \gamma\gamma}}{\beta}$$

となる．また，座標 y と z の平面に対して作る傾きの度合いを示す角を考えると，

$$\text{その角の正接} = -\frac{\sqrt{\beta\beta + \gamma\gamma}}{\alpha}$$

となる．

第5章　第二目の曲面

101.　　曲面の方程式において，各々の項について三つの座標 x, y, z の冪の総和を作るとき，最大の数値が達成される項の次元数を基準に設定することにより，曲面の目(もく)というものが確定した．それゆえ，ある曲面に対してある代数方程式が提示されたなら，そのとき即座に，提示された曲面が算入されていくべき目(もく)が指定される．第一目の曲面はみな平面であることが示されたから，本章では第二目の曲面について調べたいと思う．第二目の曲面の世界に身を置くと，次数2の線(二次曲線)の世界に比してはるかに規模の大きな多様性にすぐに気づくであろう．これは，多少とも注意を払えばだれの目にも容易に明らかになる事柄である．そこで私は力を尽くし，第二目の曲面の世界の多種多様な属の姿を明確に解明する作業を遂行したいと思う．もっと位数の高い目(もく)に移ると属の個数はますます増大していって，その模様を叙述する仕事を避けて，完全に遠ざかってしまいたくなってしまうほどである．

102.　　第二目の曲面の性質は，変化量 x, y, z の作る次元が2次元に達する方程式で表されるのであるから，これまでのところですでに諸性質の描写を重ねてきた曲面，すなわち円柱，直円錐と斜円錐，それに球面はみなこの第二番目の目(もく)の仲間である．この目(もく)に所属する曲面はことごとくみな，一般方程式，すなわち

$$\alpha zz + \beta yz + \gamma xz + \delta yy + \varepsilon xy + \zeta xx + \eta z + \theta y + \iota x + \kappa = 0$$

という形の方程式に包摂される．実際，三つの変化量 x, y, z をどのように選定しても，第二目の曲面の方程式はつねにこのような形になる．それゆえ，この目(もく)に所属する曲面の作るさまざまな属は，諸係数の間の多様な相互関係に基づいて発生す

る．ある同じ曲面が無限に多くの方程式によって表されるという事態はあるとしても，それでもなお，多種多様な無数の曲面が与えられるのである．

103. 平面曲線の場合には，無限遠に伸びていくか，あるいは有限の広がりをもつ範囲内におさまるかどうかという点に着目して著しい区分けが行われた．まさしくそのように，どの目(もく)についても，そこに所属するあらゆる曲面は二つのクラスに分けられる．一方のクラスには無限遠に伸びていく曲面が算入され，もう一方のクラスには，有限の広がりをもつ範囲内におさまる曲面が算入される．たとえば，円柱や円錐は第一のクラスに所属し，球面は第二のクラスの仲間に数えられる．奇位数の目(もく)の中には，後者の第二のクラスの曲面は存在しない．なぜなら，奇位数の目(もく)の曲面はどれも，平面で切るときにできる切断線は同じ位数の曲線になる．ところが，奇位数の曲線はどれもみな無限遠に伸び広がっていくから，奇位数の曲面それ自体もまた必ず無限遠に延長されていくのである．

104. ところで，もし何かある曲面が無限遠に伸び広がっていくなら，三つの変化量 x, y, z のうち，少なくともひとつは必ず無限大にならなければならない．その場合，どの変化量が無限大になるものとしても状勢は同じである．そこで，曲面が無限遠に延長されていくという前提のもとで，z が無限大になるとしてみよう．すると，無限遠に伸びていく曲面の一部分の性質を調べるために，$z = \infty$ と設定することになる．そうして今度は，主として初項 αzz に着目し，それが存在するのか，あるいは欠如しているのかどうかという点を調べなければならない．まずはじめに，この初項が方程式の中に存在するとしよう．そのとき，この項と比較すると，項 ηz と κ は消失してしまう．その結果，今ここで問題になっている無限遠に広がっていく曲面の部分に対し，

$$\alpha zz + \beta yz + \gamma xz + \delta yy + \varepsilon xy + \zeta xx + \theta y + \iota x = 0$$

という形の方程式が得られる．ここからさらに，無限大にならない項，あるいは少なくとも αzz に比べて限りなく小さい項はみな消失してしまう．

105. 曲面の方程式において，変化量の次元の総和が2を保持する項はすべて存在するという状勢を設定しよう．というのは，取り上げた曲面がどのようなもの

であっても，その一番一般的な方程式にはつねに，最高次元をもつ項がみな姿が見られるものだからである．したがって，われわれがここで設定した仮の状勢，すなわち，方程式の中に次元2の項がことごとくみな存在するという仮定のために，解の普遍妥当性が損なわれるということはない．ところで，項 yz と xz が存在するときには，それらに比べて項 θy と ιx は消失してしまい，

$$\alpha zz + \beta yz + \gamma xz + \delta yy + \varepsilon xy + \zeta xx = 0$$

という方程式が残される．この方程式から，

$$z = \frac{-\beta y - \gamma x \pm \sqrt{(\beta\beta - 4\alpha\delta)yy + (2\beta\gamma - 4\alpha\varepsilon)xy + (\gamma\gamma - 4\alpha\zeta)xx}}{2\alpha}$$

が取り出される．このようなわけで，曲面の，無限遠に伸び広がっていく部分の性質は，この方程式により表される．

106. 提示された曲面が無限遠に伸び広がっていく部分をもつ場合，その無限の遠方に位置する部分は，方程式

$$\alpha zz + \beta yz + \gamma xz + \delta yy + \varepsilon xy + \zeta xx = 0$$

で表される曲面と重なり合う．したがってこの曲面は，さながら一般方程式で表される曲面の漸近曲面であるかのようである．この方程式を見ると，三つの変化量がいたるところで次元2をもっているから，この方程式は円錐曲面の方程式である．諸座標の始点では三つの座標はすべて同時に消失するから，この曲面はその始点において頂点をもつ．それゆえ，もし提示された曲面が無限遠に伸び広がっていくなら，そのときいつでも，その曲面の漸近曲面になる円錐曲面が与えられる．言い換えると，その円錐曲面の無限遠に位置する部分は，提示された曲面と完全に重なり合うか，あるいは，ある有限の隔たりがあるのみにすぎないかのいずれかになる[1]．そこで，無限遠に伸びていく曲線の諸分枝を漸近直線を基準にして区別したのと同様に，無限遠に伸び広がっていく曲面の諸部分もまた，それらのそれぞれに漸近する円錐曲面を基準にとることにより識別される．

107. もしある漸近円錐曲面が実在するなら，提示された曲面それ自体もまた無限遠に伸び広がっていき，しかも両曲面の無限遠に位置する部分は重なり合う．それゆえ，漸近曲面の性質に基づいて，提示された曲面それ自体の性質もまた手に入

第5章　第二目の曲面

ることになる．これに対し，もし漸近曲面が実在しないなら，提示された曲面そのものもまた無限遠に広がる部分をもたず，全体として，有限の広がりをもつ範囲内に閉じ込められることになる．それゆえ，有限の広がりをもつ範囲内に留まる第二目の曲面を見つけるには，漸近曲面の方程式が実在しないのはいかなる場合か，という点に着目しさえすればよい．もしこの漸近曲面の全体がただひとつの点へと退化してしまうなら，そのような現象が見られる．なぜなら，もしこの漸近曲面が何らかの広がりをもつなら，言い換えると，頂点以外の場所に位置する点をもつなら，この漸近曲面は必然的に無限遠へと広がっていかなければならないからである．そのわけはというと，前に示したように，この漸近曲面の頂点ともうひとつの点を通って引いた直線は，それ自体がこの曲面上に留まるからである．

108.　方程式

$$\alpha zz + \beta yz + \gamma xz + \delta yy + \varepsilon xy + \zeta xx = 0$$

で表される漸近円錐曲面が唯一の点に退化するときには，頂点を通る平面で切って作られる切断線もまたすべて，同じ一点に退化するほかはない．そこでまずはじめに $z=0$ とすると，方程式 $\delta yy + \varepsilon xy + \zeta xx = 0$ が得られるが，この方程式は $x=0$ かつ $y=0$ でない限りみたされない．もし $4\delta\zeta$ が $\varepsilon\varepsilon$ より大きければ，要請されている通りになる．次に，$x=0$ もしくは $y=0$ と置いてもやはり同じ現象が観察されるはずである．それゆえ，$4\alpha\delta$ は $\beta\beta$ より大きく，$4\alpha\zeta$ は $\gamma\gamma$ よりも大きい．したがって，第二目の曲面の方程式

$$\alpha zz + \beta yz + \gamma xz + \delta yy + \varepsilon xy + \zeta xx + \eta z + \theta y + \iota x + \kappa = 0$$

において，もし $4\delta\zeta$ が $\varepsilon\varepsilon$ より大きく，$4\delta\zeta$ は $\beta\beta$ より大きく，$4\alpha\zeta$ は $\gamma\gamma$ よりも大きいという状勢が認められないなら，そのときこの曲面はまちがいなく，無限遠に伸び広がる部分をもっている．

109.　だが，これらの三つの条件だけでは，提示された曲面が有限の広がりをもつ範囲内に閉じ込められるためにはまだ十分とは言えない．これらに加えてさらに，前に漸近方程式から取り出された z の値が虚値になることが要請される．この要請に応えられる場合というのは，式

$$(\beta\beta - 4\alpha\delta) yy + 2(\beta\gamma - 2\alpha\varepsilon) xy + (\gamma\gamma - 4\alpha\zeta) xx$$

において，二つの変化量xとyのところに0以外の値を代入するとき，この式が獲得する値がつねに負になるという場合である．$\beta\beta-4\alpha\delta$と$\gamma\gamma-4\alpha\zeta$は負の量であるから，もし$(\beta\gamma-2\alpha\varepsilon)^2$が$(\beta\beta-4\alpha\delta)(\gamma\gamma-4\alpha\zeta)$よりも小さいなら，すなわち，$\alpha$が正の値をもつ場合であれば，その方程式を$\alpha$で割ればわかるように，もし$\alpha\varepsilon^2+\delta\gamma^2+\zeta\beta^2$が$\beta\gamma\varepsilon+4\alpha\delta\zeta$より小さいなら，このような事態が実際に生起する．ところが，もしαが正値をもつなら，上述した通りの方程式（$4\alpha\zeta$は$\gamma\gamma$よりも大きく，$4\alpha\delta$は$\beta\beta$より大きく，$4\delta\zeta$は$\varepsilon\varepsilon$より大きい）により，係数δとζは正である．

110. それゆえ，第二目の曲面は，もしそれを表す方程式に次に挙げる四条件が認められるなら，有限の広がりをもつ範囲内にとどまることになる．その四条件というのは，

$$4\alpha\zeta \text{は} \gamma\gamma \text{より大きい．}$$

$$4\alpha\delta \text{は} \beta\beta \text{より大きい．}$$

$$4\delta\zeta \text{は} \varepsilon\varepsilon \text{より大きい．}$$

それに，

$$\alpha\varepsilon^2+\delta\gamma^2+\zeta\beta^2 \quad \text{は} \quad \beta\gamma\varepsilon+4\alpha\delta\zeta \quad \text{よりも小さい．}$$

という四つの条件である．これで，第二目の曲面の第一番目の属が規定される．すなわち，第一番目の属には，無限の遠方まで広がることのないあらゆる曲面，言い換えると，有限の広がりをもつ範囲内に閉じ込められる曲面がことごとくみな所属するのである．そこで，球面はこの属に所属する．実際，球面の方程式は

$$zz+yy+xx=aa$$

という形だが，ここでは$\alpha=1, \delta=1, \zeta=1, \beta=0, \gamma=0, \varepsilon=0$であり，上記の箇所でみいだされた四条件はすべてみたされている．いっそう一般的に，α, δ, ζは正の量とするとき，

$$\alpha zz+\delta yy+\zeta xx=aa$$

という形の方程式はこの属に所属する．この方程式はつねに，閉じた曲面の方程式である．ただし，ひとつ，もしくは二つの係数が消失する場合は除外する．

111. これで，曲面が有限の広がりをもつ範囲内に閉じ込められるために要請される四つの条件が判明したので，ある定まった第二目の方程式が提示されたとき，

第5章　第二目の曲面

その方程式で表される曲面が無限遠に伸び広がる部分をもつか否かを，即座に判別することが可能になる．実際，もしこれらの四条件のひとつだけでも欠如しているなら，提示された曲面はまちがいなく無限遠に広がっていく．この場合，なお幾通りかの細分を行って，無限遠に広がっていく諸部分の多様性が識別されるようにしなければならない．そこで，

$$\alpha\varepsilon\varepsilon+\delta\gamma\gamma+\zeta\beta\beta \quad が \quad \beta\gamma\varepsilon+4\alpha\delta\zeta \quad より大きい$$

という条件を課せば，第一番目の細分が作られる．この場合，提示された曲面は無限に伸び広がっていき，すでに前に明示したように，漸近曲面として円錐曲面をもつ．この場合は，前に考察した場合，すなわち曲面がどれもみな，ある有限の広がりをもつ範囲内に留まる場合とは真っ向から対立している．

112. これに加えて，若干の中間の場合が存在する．それらの場合にも，曲面はやはり無限遠に伸びていくが，楕円と双曲線の間に放物線が介在するのに似て，先行する二通りの場合の中間に位置を占めることになる．もし

$$\alpha\varepsilon\varepsilon+\delta\gamma\gamma+\zeta\beta\beta=\beta\gamma\varepsilon+4\alpha\delta\zeta$$

となるなら，このような場合が起こる．このとき，

$$2\alpha z=-\beta y-\gamma x+y\sqrt{\beta\beta-4\alpha\delta}+x\sqrt{\gamma\gamma-4\alpha\zeta}.$$

よって，漸近方程式

$$\alpha zz+\beta yz+\gamma xz+\delta yy+\varepsilon xy+\zeta xx=0$$

は二つの単純因子をもつ．それらはともに実因子であるか，あるいはともに虚因子であるか，あるいは互いに等しいかのいずれかである．このような三重の多様さに起因して，無限遠に伸び広がっていく曲面の三種類の属がわれわれの手にもたらされる．前の二つの属と合わせると，これで全部で五つの属が手に入ったことになる．それらの属について，さらに立ち入って描写を重ねていきたいと思う．

113. 座標と平行な三本の軸の位置を変更することにより，一般方程式をいっそう簡単な形に変えることができる．そこでこの還元の手順を使って第二目の曲面の一般方程式の形に変更を加え，一般方程式と同じくあらゆる種類の曲面を包摂するという状勢は保存したままで，一番簡単な形状へと移行させたいと思う．第二目の曲面の一般方程式は

$$\alpha zz + \beta yz + \gamma xz + \delta yy + \varepsilon xy + \zeta xx + \eta z + \theta y + \iota x + \kappa = 0$$

という形であるから，他の三つの座標 p, q, r の間の方程式を探索しよう．今度の三つの座標は前の三つの座標の交叉点と同じ点において，相互に交叉するものとする．第92条で目にした通りの事柄により，

$$x = p\bigl(\cos k \cdot \cos m - \sin k \cdot \sin m \cdot \cos n\bigr)$$
$$+ q\bigl(\cos k \cdot \sin m + \sin k \cdot \cos m \cdot \cos n\bigr) - r \cdot \sin k \cdot \sin n,$$
$$y = -p\bigl(\sin k \cdot \cos m + \cos k \cdot \sin m \cdot \cos n\bigr)$$
$$- q\bigl(\sin k \cdot \sin m - \cos k \cdot \cos m \cdot \cos n\bigr) - r \cdot \cos k \cdot \sin n,$$
$$z = -p \cdot \sin m \cdot \sin n + q \cdot \cos m \cdot \sin n + r \cdot \cos n$$

という形に設定される．これより，

$$App + Bqq + Crr + Dpq + Epr + Fqr + Gp + Hq + Ir + K = 0$$

という形の方程式が帰結する．

114. さて，ここに現れるいくつかの任意の角 k, m, n を適切に定めることにより，三つの係数 D, E, F が消失するようにすることができる．計算は非常に冗長になるが，それでもなお，これらの角が確定される様子は実際にはっきりと示されるのである．係数 D, E, F を消去することにより，われわれははたしていつでも，ここでの要請に応える角の実在の値へと導かれるのかどうか，疑念をもつ人もあるかもしれない．だが，そのような人であっても，少なくとも二つの係数 D と E が 0 になるようにできることについては同意するにちがいない．そこでこれを実行したうえでさらに，第三の軸，すなわち，座標 p と垂直な平面において座標 r と平行な軸の位置を変えて，係数 F もまた消失するようにするのはたやすい．実際，

$$q = t \cdot \sin i + u \cdot \cos i \quad \text{および} \quad r = t \cdot \cos i - u \cdot \sin i$$

と定め，項 qr の代わりに新しい項 tu を導入すると，角 i を適切に選択することにより，その係数が 0 になるようにすることができる．こんなふうにして，第二目の曲面の一般方程式は，

$$App + Bqq + Crr + Gp + Hq + Ir + K = 0$$

という形に帰着される．

第5章　第二目の曲面

115.　さらに歩を進め，今度は係数 p, q, r の大きさを，与えられた量から出発して増やしたり減らしたりすることにより，係数 G, H, I が消失するように調節することができる．これを遂行するには，すべての座標の始点と定められた点を変更するだけでよい．このようにして，第二目のあらゆる曲面は，

$$App + Bqq + Crr + K = 0$$

という形の方程式に取り込まれることになる．この方程式を見ればわかるように，座標の始点を通る三枚の主平面の各々は，曲面を，二つのぴったり重なり合う同じ形の部分に切り分ける．それゆえ，第二目の曲面はどれもみな，単に一枚のダイアメータ平面をもつばかりにとどまらず，実は，ある同一の点で相互に直角に交叉する三枚のダイアメータ平面をもつのである．したがって，その交叉点は曲面の中心になることになる．ただし，その中心が無限の遠方に位置する場合もある．この事情は円錐曲線の場合と同様で，すべての円錐曲線は中心をもつという言明がなされるが，放物線の場合には，中心は頂点から限りなく離れているのである．

116.　これで，第二目の曲面をことごとくみな包摂する方程式が，一番簡単な形に帰着された．これらの曲面の作る第一番目の属をわれわれの手に与えてくれるのは，

$$App + Bqq + Crr = aa$$

という形の方程式である．ここで，三つの係数 A, B, C はすべて正の値を取る．それゆえ，この第一番目の属には，その全体が有限の広がりをもつ範囲内に閉じ込められる曲面ばかりではなく，互いに直角に交叉する三枚のダイアメータ平面の交点において中心をもつ曲面もまた，この属に所属する．C をこの図形の中心とし，CA，CB, CD は互いに直交する主軸として，

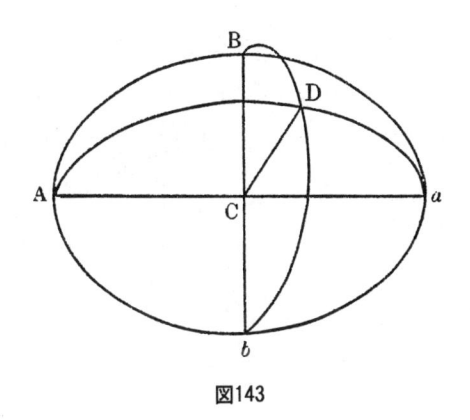

図143

座標 p, q, r はそれらの各々に平行になるものとしよう(図143)．すると，三枚のダイアメータ平面は $ABab, ADa, BDb$ となるが，これらの各々により，この図形はぴったり重なり二つの部分に切り分けられる．

117. $r=0$ と置くと，方程式 $App+Bqq=aa$ は主切断線 $ABab$ の性質を表している．これは点 C に中心をもつ楕円であり，その半軸は

$$CA = Ca = \frac{a}{\sqrt{A}} \quad \text{と} \quad CB = Cb = \frac{a}{\sqrt{B}}$$

である．$q=0$ と置くと，方程式 $App+Crr=aa$ は主切断線 ADa の方程式である．これもまた点 C に中心をもつ楕円であり，その半軸は

$$CA = Ca = \frac{a}{\sqrt{A}} \quad \text{と} \quad CD = \frac{a}{\sqrt{C}}$$

である．$p=0$ と置くと，第三の主切断線 BDb の方程式 $Bqq+Crr=aa$ が得られる．これも点 C に中心をもつ楕円で，その半軸は

$$CB = Cb = \frac{a}{\sqrt{B}} \quad \text{と} \quad CD = \frac{a}{\sqrt{C}}$$

である．これで三枚の主切断線がわかったので，言い換えると，それらの切断線の半軸

$$CA = \frac{a}{\sqrt{A}}, \quad CB = \frac{a}{\sqrt{B}}, \quad CD = \frac{a}{\sqrt{C}}$$

が判明したので，この立体面の性質が決定され，認識される．この一番はじめに現れる第二目の曲面の属は，**楕円面**という名で呼ぶのが相応しい．というのは，その三本の主切断線が楕円になるからである．

118. この属のもとには，とりわけ注目に値する三つの種が含まれている．第一番目の種は，三本の主軸 CA, CB, CD が互いに等しい場合に手に入る．この場合，三本の主切断線は円になり，立体面それ自体は球面になる．その方程式は，前に目にした通り，

$$pp+qq+rr=aa$$

という形になる．第二番目の種には，二本の主軸のみが互いに等しいという場合が包括されている．たとえば，$CD=CB$ すなわち $C=B$ とすると，切断線 BDb は円になるが，方程式

$$App+B(qq+rr)=aa$$

を見ればわかるように，この切断線 BDb と平行な切断線はどれもみな円になる．これにより判明するように，この立体面は球状面なのであり，AC が BC より大きけれ

ば横長の球状面，AC が BC より小さければ縦長の球状面である．最後に，第三番目の種には，係数 A, B, C がみな異なる曲面がすべて集められている．したがって，このようなタイプの種に対しては，**楕円面**という一般的な呼称をそのままあてはめることにしたいと思う．

119. 　　第二目の曲面の，引き続いて登場する属は，方程式
$$App + Bqq + Crr = aa$$
に包摂されているが，まずはじめに係数 A, B, C はどれも欠如せず，これらのうちのひとつ，もしくは二つは負の値をもつとしてみよう．一つの係数のみが負になるとして，
$$App + Bqq - Crr = aa$$

という形の方程式を考察しよう．ここで，A, B, C は正の数値を表すとするのである．この立体面の中心とダイアメータ平面については，すべて前と同様に状勢が設定されているものとする．すると明らかに，この立体面の第一番目の主切断線は楕円であり，その半軸は $AC = \dfrac{a}{\sqrt{A}}$ と $BC = \dfrac{a}{\sqrt{B}}$ である(図144)．他の二本の主切断線 Aq, BS は，点 C に中心をもち，共役半軸 $= \dfrac{a}{\sqrt{C}}$ をもつ双曲線である．

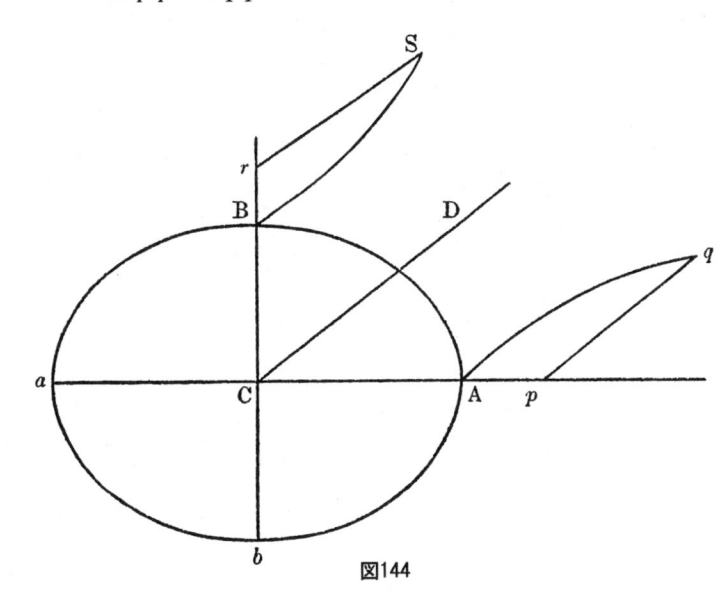

図144

120. 　　それゆえ，この曲面は一種の漏斗(ろうと)のような形をしていて，双曲線に沿って上方と下方の双方向に伸び広がっていく．この曲面は漸近曲面として方程式 $App + Bqq - Crr = 0$ で表される円錐をもつ．この円錐は中心 C に頂点をもち，その側線は，ここで取り上げられている曲面の形状を規定する双曲線の漸近線になっ

ている．この円錐は，考察中の曲面の内側に位置を占めている．もし $A=B$ なら直円錐であり，もし A と B が等しくないなら，斜円錐である．円錐の軸は，平面 ABa に垂直な直線 CD である．さらに，軸 CD と直交する切断線はすべて，楕円 $ABab$ と相似な楕円であり，平面 $ABab$ と直交する切断線はすべて双曲線である．これより判明するように，この曲面は**楕円双曲面**(訳者註．形状に着目し，後述する「二葉双曲面」との関連を考慮して「一葉双曲面」という訳語をあてる流儀もある．第122条参照)という名で呼ぶのが相応しい．この曲面にはある円錐が外接し，その円錐はこの曲面の漸近曲面になる．このような曲面は第二番目の属を構成する．

121. この属においてもまた三つの種がわれわれの目にとまる．第一番目の種は $a=0$ の場合に識別される．この場合，楕円 $ABab$ は退化して一点になり，双曲線は直線になり，曲面それ自身は，その漸近曲面と完全に重なり合う．これより明らかになるように，この第一番目の種にはあらゆるタイプの円錐が包含されていて，円錐は直円錐と斜円錐を問わない．そこで，この種の新たな細分もまた可能になる．次に，もし $A=B$ なら，もうひとつの種が手に入る．この場合，楕円 $ABab$ は円に変わり，曲面それ自身は回転面になる．すなわち，ある双曲線を共役な軸の回りに回転させると，この曲面が生成されるのである．第三番目の種というのは，ここで取り上げている属そのものにほかならない．

122. 第三番目の属は，項 pp, qq, rr の係数のうちのどれか二つが負になる場合に規定される．したがって，この属の曲面の方程式は

$$App - Bqq - Crr = aa$$

という形になる．$r=0$ と置くと，第一番目の主切断線は双曲線 $EAFeaf$ になり，その双曲線は点 C において中心をもち，その横断半軸は $=\frac{a}{\sqrt{A}}$，共役半軸は $=\frac{a}{\sqrt{B}}$ となる(図145)．$q=0$ と置くと，もうひとつの主切断線が得られるが，それもまた双曲線 AQ, aq である．この双曲線は前の双曲線と同じ横断半軸をもつが，共役半軸は $=\frac{a}{\sqrt{C}}$ となる．第三番目の主切断線は実在しない．これを要するに，この曲面は，漸近する円錐曲面の内側に全体としてすっぽりと包み込まれている．そこで，この属のことを，漸近円錐に内接する**双曲双曲面**(訳者註．原語を直訳して「双曲双曲面」と訳出したが，形状に着目して「二葉双曲面」という訳語をあてる流儀もある)という名で呼んでさしつかえないと思う．もし $B=C$ となるなら，そのときこの曲面は回転面であり，ある双

第5章　第二目の曲面

曲線をその横断軸の回りに回転させることにより生成される．この場合，ひとつの特別の種が構成される．他方，$a=0$ の場合を考えると，円錐が生じる．この円錐については，既出の属(訳者註．第119条参照)に所属する種(訳者註．第121条参照)として考察した．

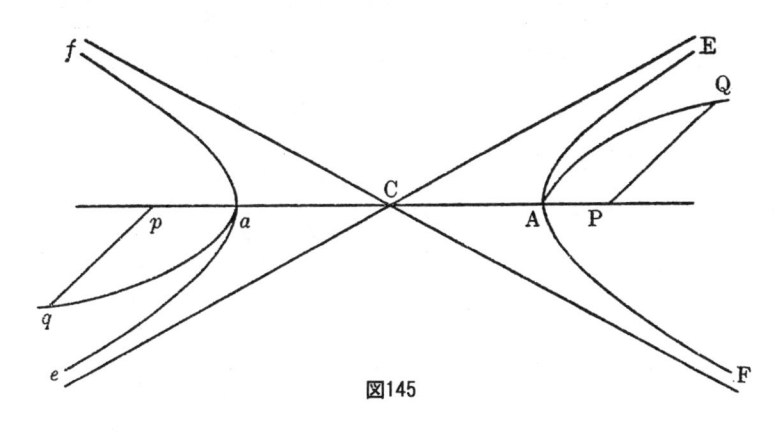

図145

123. 続いて現れる種を調べるために，係数 A, B, C のうちのひとつが消失するとしてみよう．たとえば $C=0$ とすると，第114条でみいだされた一般方程式は

$$App + Bqq + Gp + Hq + Ir + K = 0$$

という形になる．この方程式において，座標 p と q を適切に増減することにより，項 Gp と Hq を削除することができるが，この工夫では項 Ir は削除できない．この項 Ir は方程式に残されるが，この項を手がかりにして一番最後の項 K が削除される(訳者註．これが可能なのは項 Ir が存在する場合，すなわち係数 I が 0 ではない場合である)．このような手順を踏むと，

$$App + Bqq = ar$$

という形の方程式が得られる．そこで，二通りの場合を考察しなければならない．第一の場合は，係数 A と B が正の場合である．第二の場合は，A と B のどちらかが負になる場合である．いずれの場合にも，この方程式で表される曲面の中心は軸 CD 上に位置する．ただし，その地点は遠く，無限大の距離の隔たりがある．

124. まずはじめに，係数 A と B は双方とも正としよう．この場合，第四番目の属が構成される．それは，方程式

$$App + Bqq = ar$$

に包摂される属である．$r=0$ と置くと第一番目の主切断線が生じるが，それは退化

461

して一点になってしまう(図146). $q=0$ と置くと第二番目の主切断線が得られ，$p=0$ と置くと第三番目の主切断線が得られるが，これらはどちらも放物線である．すなわち，MAm と NAn である．この曲面の，軸 AD と直交する切断線はすべて楕円であり，しかもこの軸を包含する平面で切って得られる切断線はすべて放物線である．そこで，この属に所属する立体面のことを**楕円放物面**という名で呼ぶことにしたいと思う．この属には二つの注目すべき種が存在する．ひとつは $A=B$ のときに得られる種である．この場合には回転面が生じるが，それは**放物円錐**という名で呼ばれる．もうひとつの種は $a=0$ (訳者註．これは，第123条の冒頭に記された一般方程式において，項 Ir が存在しないこと，すなわち係数 I が 0 になることを意味する)のときに手に入る．この場合，方程式は

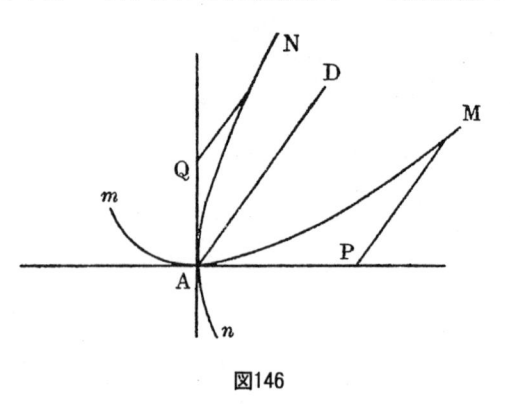

$$App + Bqq = bb$$

という形になる．これは，$A=B$ なら直円柱を与え，A と B が異なるなら斜円柱を与える．

125. 第五番目の属は，

$$App - Bqq = ar$$

という形の方程式に包摂される．$r=0$ とすると第一番目の主切断線が得られるが，それは，点 A において交叉する二本の直線 Ee，Ff である(図147)．この主切断線に平行な切断線はどれもみな双曲線であり，軸 AD 上に中心をもち，漸近直線 Ee と Ff の間にはさまっている．それゆえ，直線 Ee と Ff に沿って平面 ABC と直角に立っている二枚の平

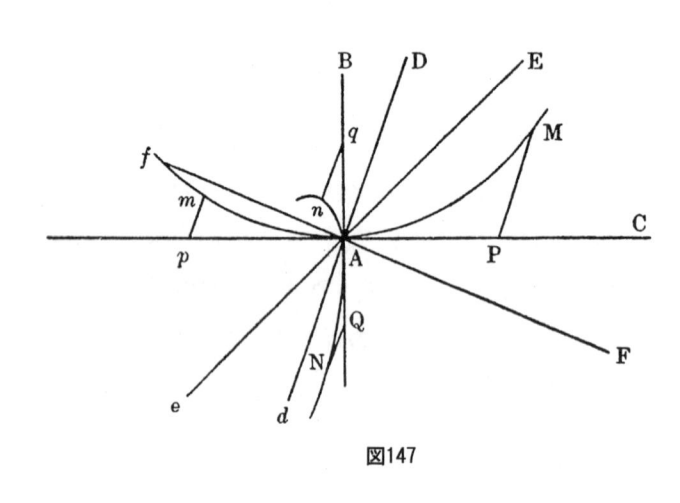

第 5 章　第二目の曲面

面は，無限遠において，提示された曲面と重なり合う．したがって，この曲面はこれらの互いの交叉する二枚の平面を，漸近面としてもつことになる．他の主切断線，すなわち平面ACDとABdを用いて作られる二本の主切断線は放物線になる．そこで，この属に所属する曲面のことを**放物双曲面**と呼ぶことにしたいと思う．この曲面は二枚の平面を漸近面としてもっている．この属に包含される種のひとつは（$a=0$とすると，$App-Bqq=bb$という形になるとして）**双曲円柱**である．この種の曲面の，軸ADに直交する切断線はすべて双曲線であり，それらはみな互いに等しい．これに加えてさらに$b=0$とすると，二枚の漸近平面が生じる．

126.　　最後に，第二目の曲面の第六番目の属は，

$$App = aq$$

という形の方程式に包摂される．この方程式は**放物円柱**をわれわれの手にもたらしてくれる．この曲面の，軸ADに直交する切断線はすべて放物線である．しかもそれらはみなぴったり同じ形であり，個々の放物線の頂点はみな直線AD上に配置され，放物線の軸は相互に平行に並んでいる．このようなわけで，第二目の曲面はどれもみな，上述の通りの六個の属に帰着される．したがって，第二目の曲面の中で，これらの属のどれかに入らないものを挙げるのは不可能である．また，一番最後に挙げた属において$a=0$とすると，方程式は$App=bb$という形になるが，この方程式は互いに平行な二枚の平面を与える．それらの平面は，ある意味において，ここで考えている属のひとつの種を作る．これは，第二目の線(二次曲線)の場合に観察されるのと類似の状勢である．第二目の線(二次曲線)の場合，交叉する二本の直線は双曲線型の種を作ること，それに，平行な二本の直線は放物線型の種を作ることをわれわれは観察したのであった．

127.　　第二目の曲面が帰着されていく一番簡単な方程式に基づいて，われわれは全部で六個の属を作った．だが，それはそれとして，任意の二次(訳者註．ここでは「次数」という言葉が使われている)方程式が提示されたとき，その方程式が表す曲面が所属する属を指定するのも容易である．実際，求められているのは，方程式

$$\alpha zz + \beta yz + \gamma xz + \delta yy + \varepsilon xy + \zeta xx + \eta z + \theta y + \iota x + \kappa = 0$$

が提示されたとき，最高次の諸項，すなわち，諸変化量の作る次元が2に達する諸項

を基礎にして，所属する属を判定することである．すなわち，

$$\alpha zz + \beta yz + \gamma xz + \delta yy + \varepsilon xy + \zeta xx$$

という諸項を考察しなければならないが，この部分を観察して，もし

　　$4\alpha\zeta$ は $\gamma\gamma$ より大きく，$4\alpha\delta$ は $\beta\beta$ より大きく，$4\delta\zeta$ は $\varepsilon\varepsilon$ より大きく，

しかも

$$\alpha\varepsilon\varepsilon + \delta\gamma\gamma + \zeta\beta\beta \quad \text{は} \quad \beta\gamma\varepsilon + 4\alpha\delta\zeta \quad \text{より小さい}$$

という状勢が認められるなら，そのとき曲面は閉じていて，われわれが楕円面という名で呼んだ第一番目の属に所属する．

128. 　これらの条件のうちのどれかひとつ，もしくはいくつかが欠如しているとしよう．ただし，$\alpha\varepsilon\varepsilon + \delta\gamma\gamma + \zeta\beta\beta = \beta\gamma\varepsilon + 4\alpha\delta\zeta$ とはならないものとする．この場合，曲面は第二番目もしくは第三番目の属に所属することになり，曲面は，円錐を漸近曲面にもつ双曲面になる．曲面が第二番目の属に所属する場合には円錐は曲面に外接し，第三番目の属に所属する場合には，円錐は曲面に内接する．これに対し，

$$\alpha\varepsilon\varepsilon + \delta\gamma\gamma + \zeta\beta\beta = \beta\gamma\varepsilon + 4\alpha\delta\zeta$$

となる場合には，表示式

$$\alpha zz + \beta yz + \gamma xz + \delta yy + \varepsilon xy + \zeta xx$$

は二つの単純因子に分解する．それらの因子は虚因子のこともあれば，実因子のこともある．前者の場合には曲面は第四番目の属に所属し，後者の場合には，第五番目の属に所属する．最後に，上に挙げた表示式が二つの等因子をもつ場合，言い換えると，上の表示式がある式の平方の形になる場合には，第六番目の属が手に入る．こんなふうにして，ある方程式が提示されたとき，それがどのような属に所属するのか，簡単に判定することができる．ただ，第二番目の属と第三番目の属に関して判定をくだすことだけが，いくぶんむずかしい．というのは，上述の通りの識別の様式によれば，これらの二つの属は全体としてひとつのまとまりとして認識されるにすぎないからである．

129. 　第三目および引き続くさまざまな目(もく)の曲面についても同様の手順を踏んで取り扱うことが可能であり，いくつかの属に分類することができる．もう少し詳しく言うと，われわれは一般方程式の主部，すなわち最大次元をもつ諸項のみ

第 5 章　第二目の曲面

に注目しなければならない．したがって，第三目の曲面の場合には，その一般方程式の諸項のうち，諸座標の作る次元が 3 に達するものだけを取り上げて考察を加えなければならないのである．それは，

$$\alpha z^3 + \beta yzz + \gamma yyz + \delta xxz + \varepsilon xzz + \zeta xyz + \cdots$$

という形の部分である．そこでまずはじめに，これらの項をすべて合わせて取り上げて方程式の主部を作るとき，それはいくつかの単純因子に分解されるか否かという点を見きわめなければならない．もしこの因子分解が不可能なら，その場合，ここで取り上げている曲面は第三目の円錐を漸近面としてもつことになる．この円錐の性質は，曲面の方程式の主部を 0 と等値することによって表されるのであるから，第三目の円錐はいくつも与えられ，その多様さに起因して，数多くの曲面の属が作り出されていく．実際，第二目の円錐は直円錐か斜円錐のどちらかであるから，ことごとくみなただひとつの属に算入される．ところが，第三目の円錐の場合には，はるかに大きな多様性がわれわれの目に映じるのである．

130.　　これらの属について説明がなされたら，続いて考察しなければならないのは，方程式の主部がいくつかの単純因子に分解される場合である．それらの単純因子は実因子のこともあるし，虚因子のこともある．まずはじめに，一個の実単純因子をもつ場合を考えよう．ここから帰結するのは，曲面は一枚の漸近平面をもつという事実である．もうひとつの因子を 0 と等値すると方程式が与えられるが，その方程式は実在の根をもつこともあれば，もたないこともある．もしその方程式が，すべての座標が消失する場合は別にして成立しえないとすると，その場合にはただ一枚の漸近平面が存在するだけにとどまる．だが，もしその方程式が実際に成立しうるなら，そのとき曲面は二枚の漸近面をもつ．一枚は漸近平面であり，もう一枚は第二目の円錐である．もし三つの単純因子をもつなら，そのうちの一つは常に実因子であり，残る二つの因子は二つとも虚因子になるか，あるいは二つとも実因子になるかのいずれかであるから，新たに二つの属が生じる．最後に，もし三つの単純因子がすべて実因子なら，それらのうちの二つの因子が互いに等しいか，あるいは三つとも互いに等しいかに応じて，さらに二つの属が作り出される．この目(もく)の中には，無限遠に伸び広がることのない曲面というのは存在しない．

註記

1) (452頁) オイラー全集Ⅰ-9, 381頁の脚註を見ると, この主張には例外があると註記され, 例として $z = x^2 + y^2$ が挙げられている.

第6章　二つの曲面の交差

131. 　　これまでのところでは，ある曲面を平面で切るときに生じる切断線の性質を究明する方法をめぐって，さまざまに説明を重ねてきた．実際，この切断によって形成される曲線は，その全体が，切断に使用するのと同じ平面上に配置されている．そこでわれわれは同じ平面上に二つの座標を設定し，それらの相互関係により切断曲線の性質が表されるように状勢を整えた．こんなふうにすると，曲線について認識を深めていく過程は，既知の常套的手法に帰着されることになる．これに対し，切断に使う面が平面ではないとすると，その場合，切断線が同じ平面上に配置されているとは言えないから，もはや二つの座標だけで切断線の性質を表すというわけにはいかなくなってしまう．そのため，この種の切断線を方程式を通じて把握して，その方程式により切断線上の各点の真の位置が指定されるようにするには，何かしら他の方法の力を借りなければならない．

132. 　　ところで，同一平面上に配置されていない諸点の位置を規定するには，互いに直交する三枚の平面に支援を求め，各々の点から，それらの三枚の平面に至るまでの距離を指定すればよい．そうすると，全体の姿を描くとき，ある一枚の平面上におさまりきらないような曲線の性質を表すためには，三つの変化量が必要になる．したがって，変化量のひとつの取る値を任意に定めれば，それに基づいて残る二つの変化量もまた定値を獲得することになる．それゆえ，このような状勢が現れるためには，三つの座標間の一個の方程式だけでは足りない．なぜなら，一個の方程式が教えてくれるのは，ある曲面の全体の性質だからである．そのため，二つの方程式が必要になる．それらの支援を受けることにより，変化量のひとつにある与えられた値を割り当てるとき，残る二つの変化量の値もまた同時に確定するという状勢が現出するの

である．

133. このようなわけで，その全容が何かある一枚の平面上に描かれるとはわかっていない曲線の場合，その性質は，互いに直交する三つの座標を表示する三つの変化量 x, y, z の間の二つの方程式により，きわめて適切に表される．そのような二つの方程式の支援を受けて，三つの変化量のうちの二個を，残るもうひとつの第三の変化量に基づいて決定することが可能になる．たとえば，y と z が x の関数と等値されるというふうに．変化量のひとつを任意に選定して消去して，二つの変化量のみを含む方程式を三つ，作ることもできる．ひとつは x と y の間の方程式，もうひとつは x と z の間の方程式，それと，第三の方程式は y と z の間の方程式である．ところで，それらの三個の方程式のうちのどれも，残る二つの方程式によりおのずと定められてしまう．したがって，x と y の間の方程式と x と z の間の方程式が手許にあれば，そこから x を消去することにより，第三の方程式がみいだされることになる．

134. そこで，ある曲線が提示されたとし，その曲線の全容はある一枚の平面上にはおさまらないものとして，M はその曲線上の点としよう(図148)．互いに直交する三本の軸 AB, AC, AD を任意に設定すると，やはり相互に直角に交叉する三枚の平面 BAC, BAD, CAD が定められる．提示された曲線上の点 M から平面 BAC に垂線 MQ を降ろし，点 Q から軸 AB に向かって垂線 QP を引く．このとき，もし線分 AP, PQ, QM の間に二つの方程式が成立するなら，これらの線分は曲線の性質を決定する三つの座標としての役割を果たす．$AP = x, PQ = y, QM = z$ と名前をつけよう．x, y, z の間に成立する提示された二つの方程式から z を消去すると，二つの変化量 x と y のみを含む方程式が形成されるが，その方程式により，平面 BAC 上の点 Q の位置が確定する．各点 M に対応して生じる個々の点 Q は曲線 EQF を描くが，その性質は，上記のようにみいだされた x と y の間の方程式で表される．

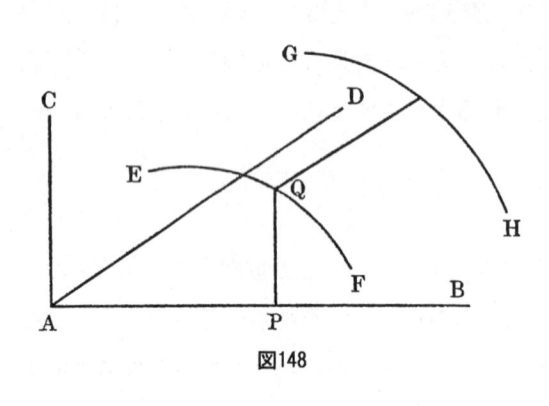

図148

第6章　二つの曲面の交差

135.　こんなふうにして，三つの座標間に成立する提示された二つの方程式により，曲線EQF，すなわち探究中の曲線上の個々の点Mから平面BACに向かって垂線MQを降ろしていくときに描かれる曲線の性質が，たやすく認識される．この曲線EQFは曲線GMHの平面BAC上への**射影**と呼ばれる．平面BAC上に投影された射影は変化量zを消去することによってみいだされるが，それと同様に，変化量yを消去したり，あるいは変化量xを消去することにより，同じ曲線の平面BAD上への射影や平面CAD上への射影もまた手に入る．曲線GMHの全体の姿を認識するには，ひとつの射影EQFだけでは不十分である．だが，もし個々の点Qに対し，垂線$QM=z$の情報が得られたなら，そのとき射影EQFを基礎にして曲線GMHそのものが容易に構成される．それゆえ，この構成のためには，射影EQFの性質を表すxとyの間の方程式のほかに，zとxの間の方程式か，zとyの間の方程式，あるいはまた三つの変化量z, x, yの間の方程式のいずれかが必要になる．その方程式により，各点Qに対し，垂線の長さ$QM=z$が判明するのである．

136.　zとxの間の方程式は曲線GMHの，平面BAD上に投影された射影を表し，zとyの間の方程式は平面CAD上に投影された射影を表し，z, y, xの間の方程式により表示される曲面の上には曲線GMHが描かれている．それゆえ，まずはじめに明らかなことは，曲線GMHを二枚の平面上に投影して作られる二つの射影に基づいて，曲線GMHそれ自体の姿が認識されるという一事である．次に，曲線GMHを乗せている曲面と，曲線GMHをある一枚の平面上に投影してできる射影が与えられたなら，その場合にもやはり曲線GMHの姿形が判明する．この事実もまた明白である．実際，指定された射影上の個々の点から垂線QMを立ち上げると，その垂線と曲面との交点により，探索中の曲線GMHが規定されるのである．

137.　ここまでのところでは，ある平面上に全体の姿がおさまることのない曲線を対象にして，その性質の認識に関する事柄について説明を加えてきた．これらの事柄を前提にしておけば，任意の二枚の曲面の交叉というものを規定するのはもうむずかしくはない．実際，二枚の平面の交叉が直線になるのと同様，任意の二枚の曲面の交叉はまっすぐな線(直線)もしくは曲がった線(曲線)になる．後者の場合，交叉曲線はその全体がある平面上に配置されることもあるし，そんなふうにはならないこともある．いずれにしても，その交叉線上の各々の点は両方の曲面に所属し，そのため

双方の曲面の方程式により規定されることになる．そこで今，二枚の曲面の各々が三つの座標間の方程式で表されるとし，しかもそれらの座標はどちらの曲面についても，互いに直交する同じ三枚の主平面との関連のもとで，言い換えると，互いに直交する三本の軸 AB, AC, AD との関連のもとで設定されているものとする．このとき，二つの方程式を合わせて取り上げれば，そのようにして交叉線の性質が表されることになる．

138. 互いに交叉する二枚の曲面が提示されたとして，どちらの曲線の性質も，同じ三本の主軸との関連のもとで設定される三つの座標間の方程式で表されるものとしよう．このようにすると，三つの座標 x, y, z の間の二つの方程式が得られる．これらの方程式から一つの座標を消去すると，残る二つの座標間の方程式により，それらの座標により作られる平面上に投影された交叉線の射影がわれわれの手に与えられる．こんなふうにして，ある任意の曲面の平面による交叉線もまたみいだされる．実際，平面の一般方程式は $\alpha z + \beta y + \gamma x = f$ という形である．そこで曲面の方程式において，z のところに，この平面の一般方程式により得られる z の値 $z = \dfrac{f - \beta y - \gamma x}{\alpha}$ を代入すると，座標 x と y の平面上に投影された交叉線の射影の方程式が生じる．また，それと同時に，方程式 $z = \dfrac{f - \beta y - \gamma x}{\alpha}$ は射影上の各点 Q に対し，Q から交叉線に至る垂線 QM の長さをも教えている．

139. たとえば $xx + yy + aa = 0$ のように，座標 x と y の平面上に投影された交叉線の射影の方程式が成立しえないということも起こるが，それは，二枚の曲面はどんな地点においても互いに交叉することはないという事実の証拠にほかならない．これに対し，もし射影の方程式がただひとつの点を与えるなら，言い換えると，射影が一個の点に退化するなら，その場合には交叉線それ自体もまた一点になる．したがって，二枚の曲面はその一点において相互に接し，その接点は方程式を通じて認識されるのである．これに対し，二枚の曲面が無限に多くの点において接する場合には，一群の接点が線を作って配列される．そのような接点の作る線はまっすぐなこともあるし，曲がっていることもある．たとえば，平面が円柱や円錐に接する場合には直線になるし，直円錐の内側に球面があって接している場合には，接点は円周に沿って並んでいる．接点は射影の方程式を見れば識別される．もしあるひとつの射影に対し，二つの等根をもつ方程式が手に入ったなら，その場合，二枚の曲面は接する．なぜなら，

第6章 二つの曲面の交差

接点というのは，二つの交点が合流して重なり合う地点にほかならないからである．

140.
上述した通りの事柄をいっそう明確に説明するために，球面をある平面で切断するという状勢を考えてみよう．球面の中心を適切に配置して，球面の方程式を

$$zz + yy + xx = aa$$

という形に設定し，任意の位置に配置された平面の方程式は

$$\alpha z + \beta y + \gamma x = f$$

という形をもつとする．この平面の方程式より，$z = \dfrac{f - \beta y - \gamma x}{\alpha}$．これを球面の方程式に代入すると，$x$と$y$の間の方程式

$$0 = ff - \alpha\alpha aa - 2\beta f y - 2\gamma f x + (\alpha\alpha + \beta\beta) yy + 2\beta\gamma xy + (\alpha\alpha + \gamma\gamma) xx$$

が帰結する．これは射影の方程式である．この方程式は，実際に成立する場合には，明らかに楕円の方程式である．だが，もしこの方程式が実際には成立しないなら，球面と平面が交叉する地点は存在しない．これに対し，上記の楕円が一点に退化する場合には，平面と球面は相互に接する．そのような場合を見つけるため，

$$y = \frac{\beta f - \beta\gamma x \pm \alpha\sqrt{aa(\alpha\alpha + \beta\beta) - ff + 2\gamma f x - (\alpha\alpha + \beta\beta + \gamma\gamma) xx}}{\alpha\alpha + \beta\beta}$$

を考察しよう．ここで，fのもつ値に対し根号量が実量ではありえないなら，接点も交点も存在しない．

141.
今度は$f = a\sqrt{\alpha\alpha + \beta\beta + \gamma\gamma}$とすると，

$$y = \frac{\beta f - \beta\gamma x \pm \alpha x\sqrt{-(\alpha\alpha + \beta\beta + \gamma\gamma)} \mp \alpha\gamma a\sqrt{-1}}{\alpha\alpha + \beta\beta}$$

となる．この方程式が実際にみたされるようにするには，

$$x = \frac{\gamma a}{\sqrt{\alpha\alpha + \beta\beta + \gamma\gamma}} \quad \text{および} \quad x = \frac{\beta a}{\sqrt{\alpha\alpha + \beta\beta + \gamma\gamma}}$$

とするほかはない．それゆえ，$f = a\sqrt{\alpha\alpha + \beta\beta + \gamma\gamma}$の場合には，方程式$\alpha z + \beta y + \gamma x = f$で表される平面は球面に接する．しかも，

$$x = \frac{\gamma a}{\sqrt{\alpha\alpha + \beta\beta + \gamma\gamma}}, \quad y = \frac{\beta a}{\sqrt{\alpha\alpha + \beta\beta + \gamma\gamma}}, \quad z = \frac{\alpha a}{\sqrt{\alpha\alpha + \beta\beta + \gamma\gamma}}$$

と取れば，接点が手に入る．初等幾何では球面に接する平面について語られるが，その議論により，ここで得られた値の正しさが確認される．

142. ここまでのところで判明した事柄に基づいてある規則が取り出され，その支援を受けると，ある曲面が平面と接するかどうか，あるいは他の曲面と接するかどうかという点の識別が可能になる．実際，まずはじめに二つの方程式からひとつの変化量を消去する．すると，その帰結としてある方程式が得られるが，その方程式が単純因子に分解されるかどうかという点に着目しなければならない．もし二つの単純因子が虚因子なら，曲面と曲面はある一点において接する．その接点は，二つの因子を $= 0$ と置くことによりみいだされる．これに対し，もし二つの単純因子が相互に等しい実因子なら，曲面と曲面はある直線に沿って接する．また，もし上記の方程式が二つの等しい非単純根をもつなら，言い換えると，ある平方因子で割り切れるなら，そのときその因子の平方根を 0 と等値すると，曲面と曲面の接点を並べて形成される線の射影がわれわれの手にもたらされる．これらの事柄からなお，上記の方程式が四つの虚因子をもつ場合，曲面と曲面は相互に二点において接することもまた明らかになる．

143. 上述した通りの事柄をもっとゆったりと説明するために，円錐と球面の接点を調べてみよう．球面の中心は円錐の軸上に置かれているものとする．このとき，球面の方程式は $zz + yy + xx = aa$ となり，円錐の方程式は，円錐の頂点が球面の中心から距離 f だけ離れているとするとき，$(f-z)^2 = mxx + nyy$ という形になる．ここで変化量 y を消去すると，
$$(f-z)^2 = naa - nzz + (m-n)xx$$
となる．これは，球面と円錐の交叉線を，座標 x と z の平面上に投影してできる射影の方程式である．まずはじめに円錐は直円錐としよう．言い換えると，$m = n$ としよう．このとき，
$$z = \frac{f \pm \sqrt{n(1+n)aa - nff}}{1+n}$$
となる．それゆえ，もし $f = a\sqrt{1+n}$ なら，重複して $z = \frac{a}{\sqrt{1+n}}$ となる．したがって，この場合，円錐と球面は線，すなわち円周に沿って接し，その接線を円錐の軸を通る平面上に投影すると，その軸と直交する直線になる．

第6章　二つの曲面の交差

144. これに対し，斜円錐，すなわち m と n が異なる円錐に対しては，実際には交点がひとつも存在しないこともしばしばであるにもかかわらず，先ほどみいだされた方程式はつねに交点を与えてくれるように見える．実際，m が n よりも大きい場合にはつねに，実際に成立しうる交叉線の射影の方程式が手に入る．だが，ここで留意しなければならないのは，射影が実在するからといって，それは必ずしも交点が実在することを示しているわけではないという一事である．実際，交点が実在するためには，射影が実在するというだけでは十分とは言えず，これに加えて，射影から交点に向けて引いた垂線が実在することが必要不可欠なのである．実在する曲線はどれもみなあらゆるタイプの実在の射影をもつが，だからといって逆に，さまざまな射影が実在するという事実を根拠にして，探索しようとしている曲線が実在するという帰結を導くことはできないのである．射影を対象にして見いだされた方程式が実在するからといって誤った認識へと導かれないようにするために，この注意事項をつねに心に留めておかなければならない．

145. 座標 x と y の平面上に投影された射影を探索すれば，このような不都合な事態は避けられる．実際，この平面上には，円錐面上の点に対応しないような点はひとつも存在しないから，もしこの平面上に投影された射影が実在するなら，交点もまた実在するのである．そうして $z = \sqrt{aa - xx - yy}$ であるから，

$$f - \sqrt{aa - xx - yy} = \sqrt{mxx + nyy}$$

すなわち

$$aa + ff - (1+m)xx - (1+n)yy = 2f\sqrt{aa - xx - yy}$$

となる．さらに，

$$\left\{(aa-ff)^2 - 2(aa-ff) - 2(aa+ff)m\right\}xx - \left\{2(aa-ff) + 2(aa+ff)n\right\}yy$$
$$+ (1+m)^2 x^4 + 2(1+m)(1+n)xxyy + (1+n)^2 y^4 = 0.$$

これより，

$$\frac{aa - ff + n(aa+ff) - (1+m)(1+n)xx}{(1+n)^2} \pm$$

$$\frac{2f}{(1+n)^2}\sqrt{n(1+n)aa-nff+(m-n)(1+n)xx}=yy$$

および

$$\frac{aa-ff+m(aa+ff)-(1+m)(1+n)yy}{(1+m)^2}\pm$$

$$\frac{2f}{(1+m)^2}\sqrt{m(1+m)aa-mff+(n-m)(1+m)yy}=xx$$

となる．

146. こうしてみいだされた方程式が因子をもつためには，$ff=(1+n)aa$ となるか，あるいは $ff=(1+m)aa$ とならなければならない．前者の場合には，

$$yy=\frac{naa-(1+m)xx}{1+n}\pm\frac{2fx\sqrt{m-n}}{(1+n)\sqrt{1+n}}$$

となる．よって，もし m が n より小さいなら，

$$x=0 \quad \text{および} \quad y=\pm a\sqrt{\frac{n}{1+n}} \quad \text{および} \quad z=\frac{a}{\sqrt{1+n}}$$

とならなければならない．それゆえ，ふたつの接点が存在することになる．それらは円錐の軸から互いに反対の方向に向けて，等距離だけ離れた位置に配置されている．これに対し，もし m が n より大きいなら，もうひとつの方程式

$$xx=\frac{maa-(1+n)yy}{1+m}\pm\frac{2fy\sqrt{n-m}}{(1+m)\sqrt{1+m}}$$

を取り上げなければならない．この方程式は $y=0$ でない限り実在しえないが，$y=0$ の場合には，

$$x=\pm a\sqrt{\frac{m}{1+m}} \quad \text{および} \quad z=\frac{a}{\sqrt{1+m}}$$

となる．それゆえ，この場合，他のふたつの接点が存在する．実際，その接触が認められるのは，円錐のもっとも狭隘な地点においてなのである．

147. ところで，任意の曲面の接平面を決定するためのはるかに簡単な手順が存在する．それは，以前報告した通りの曲線の接線を見つける方法から導出される．ある曲面に接平面を描くものとして，その曲面の性質は三つの座標 $AP=x$，$PQ=y$，

第6章 二つの曲面の交差

$QM = z$ の間の方程式で表されるとしよう(図149). この方程式に基づいて, 点 M において曲面に接する平面の位置を規定しなければならない. そこで, まずはじめに点 M を通る任意の平面で曲面を切ると, そのとき生じる切断線の接線は, 接平面上に描かれている. それゆえ, 点 M において, そのような二本の切断線の接線が見つかったなら, それらの二本の接線により規定される平面は, 点 M において曲面に接しなければならない.

図149

148. そこで, まずはじめに, 平面 APQ と垂直で, 軸 AP と平行な直線 QS に沿う平面で曲面を切断しよう. 次に, 同様にして, やはり平面 APQ と垂直で, 軸 AP と直交して直線 QP に沿う平面で曲面を切断し, 点 M を通る曲面の切断線を作る. これを言い換えると, 前者の切断線は軸 AB と直交し, 後者の切断線は軸 AP と直交する. 曲線 EM は前者の切断線とし, その接線 MS を求めると, この接線は直線 QS と点 S において出会うとする. したがって, QS は接線影である. 後者の切断線を曲線 FM とし, その接線を MT とし, 接線影を QT とする. こうして平面 SMT がみいだされるが, この平面は点 M において曲面に接する. そこで直線 ST を引くと, これは接平面と平面 APQ との交叉線である. そうして点 Q から直線 ST に向かって垂線 QR を引くと, QR の QM に対する比率は, 全正弦と角 MRQ (すなわち, 接平面と平面 APQ との傾斜角)の正接に対する比率と同一である(訳者註.「全正弦」は $\sin \frac{\pi}{2} = 1$ の意. 全正弦と正接に対する比率といえば, 正接の逆数, すなわち余接と同義である. すなわち, QR と QM は $QR = QM \cdot \cot \angle MRQ$ という関係で結ばれている).

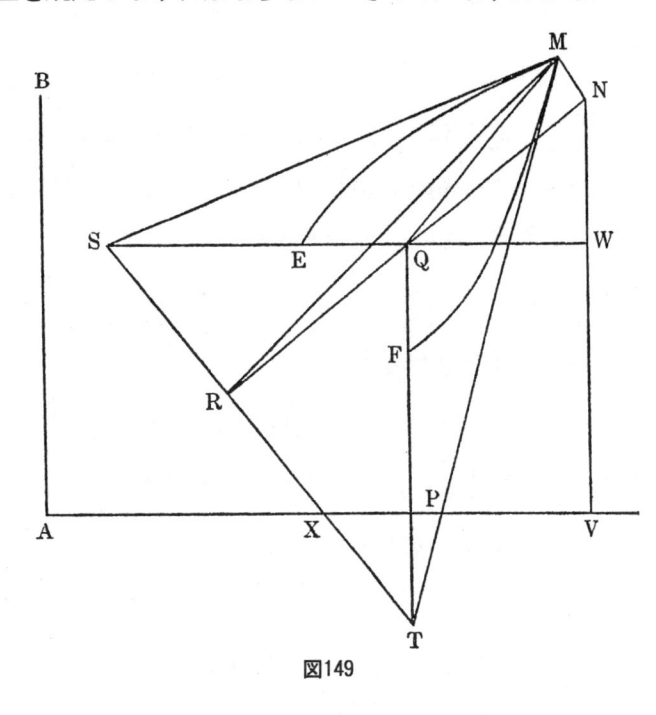

149. 上述の通りの接線法により, 接線影 $QS = s$ と $QT = t$ がみいだされたとしよう. このとき,

$$PT = t - y \quad および \quad PX = s - \frac{sy}{t}$$

となる. よって,

$$AX = x + \frac{sy}{t} - s.$$

これより, 直線 ST が軸 AP と交叉する点 X がわかる. そうして角 $AXS = TSQ$ であるから, この角の正接は $= \frac{t}{s}$ となる. これで, 接平面と平面 APQ との交叉線の位置が判明する. 次に, $ST = \sqrt{ss + tt}$ であるから,

$$QR = \frac{st}{\sqrt{ss + tt}}$$

となる. これで QM を割ると,

$$傾斜角 MRQ の正接 = \frac{z\sqrt{ss+tt}}{st}$$

が得られる. さらに, MR と垂直に線分 MN を引くと, この線分は点 M において接平面とも曲面それ自体とも直交する. それゆえ, その位置は

$$QN = \frac{zz\sqrt{ss+tt}}{st}$$

により明らかになる. 点 N から軸 AP に向けて垂線 NV を降ろすと, 角 $QNV = QST$ であるから,

$$PV = \frac{zz}{s} = QW \quad および \quad NW = \frac{zz}{t}$$

となる. それゆえ, 平面 APQ 上の点 N の位置をこんなふうに定めれば, 直線 NM は曲面に垂直である.

150.

二枚の曲面の交叉線を射影の考察を通じて見つけるにはどのようにしたらよいのかということについては, 上述のように明らかに示された. そこで今度は, 二枚の曲面が算入されている目(もく)との関連のもとで, 交叉線の射影はどのような目(もく)に所属することになるのかという点に着目して調べてみよう. まずはじめに, 二枚の第一目の曲面, 言い換えると二枚の平面の交叉線とその射影は, 第一目の線になる. 次に, 一枚の曲面は第一目の曲面(平面)で, もう一枚の曲面は第二目の曲面のときは, 交叉線の射影が所属する目は高々第二目であり, 位数が2を越える目(もく)には所属しえない. この事実もまたすでに見た通りである. 同様に, 一方の曲面は第三目の曲面で, もう一枚の曲面は第一目の曲面(平面)の場合には, 交叉線の射影が三次を越えないことも明らかである. これ以降の状勢も同様に進んでいく. これに対し,

第6章　二つの曲面の交差

二枚の第二目の曲面が互いに交叉する場合には，交叉線の射影は第四目もしくは位数が4以下の目(もく)の線になる．一般に，一方の曲面が位数 m で，もう一方の曲面が位数 n であれば，交叉線の射影は，数値 mn で示される位数よりも高い位数の目(もく)には決して算入されない．

151. 互いに交叉する二枚の曲面がどちらも平面ではない場合には，一般にそれらの交叉線は曲線を描き，しかもその曲線の全容がある平面上におさまるという現象はみられないのが通常の姿である．それでもなお，切断線の全体がある平面上に描かれていくという事態は実際に起こりうる．それは，二枚の曲面の方程式を合わせて取り上げるとき，$\alpha z + \beta y + \gamma x = f$ という形の方程式に包摂されるという場合である．そのような場合が実際に見られるのかどうかを知るために，提示された二つの方程式により二つの変化量 z と y を第三の変化量 x を用いて規定して，$z = P$ および $y = Q$ という形に表そう．ここで，P と Q は x の関数である．このようにしたうえで，ある数 n が存在して，$P + nQ$ において，x の一番低い冪次数をもつ冪(訳者註．次数1の冪のこと)と定量項とを除いてあらゆる冪が相殺し合うというふうになるかどうか，という点を見きわめる．もしそのようになるなら，そのとき $P + nQ = mx + k$ という形に設定され，切断線は，方程式 $z + ny = mx + k$ で表される平面上に全容が描かれることになる．

152. たとえば，次に挙げるような二枚の第二目の曲面が提示されたとしよう．すなわち，一枚は直円錐

$$zz = xx + yy$$

とし，もう一枚は第二属の楕円双曲面

$$zz = xx + 2yy - 2ax - aa$$

とする．これらの方程式より，

$$xx + 2yy - 2ax - aa = xx + yy.$$

よって，

$$y = \sqrt{2ax + aa} \quad \text{および} \quad z = x + a \ ^{1)}$$

となる．後者の方程式によりすでに明示されているように，切断線の全体は，方程式 $z = x + a$ によりその位置が定められる平面上に描かれている．こんなふうに議論を重

ねていくことにより，曲面の性質に関するきわめて多くの問題を解決することが可能になる．ここで説明された方法を越える諸問題については無限解析が要請されるが，先行する二巻の書物(訳者註. 『無限解析序説』全二巻を指す)により報告されたさまざまな事柄は，この学問へと通じる道を整える役割を果たすのである．

註記
1) (477頁) (オイラー全集 I －9，402頁の脚註より)　あるいは，$z = -x - a$.

終

索　引

アポロニウス　80
ウォリス　360, 410, 416
円　30
円錐曲線　30, 47
『円錐曲線論』　80
円柱
　斜円柱　417
　直円柱　417

基準線　5
基線　407
共役軸　78
共役点　184
曲面属
　円錐状の曲面属　408
　円柱状の曲面属　407
　ピラミッド状の曲面属　408
　プリズム状の曲面属　407
近親的　286
楔状円錐　410
屈曲　209
クレロー, アレクシス・クロード
　　387, 403
結節点　184
『原論』　42, 46, 417
向軸線　5
　垂直向軸線　5
　直交向軸線　5
　傾斜向軸線　5
コンコイド　270
　外的コンコイド　270
　内的コンコイド　270

サイクロイド　349
　内サイクロイド　351
　外サイクロイド　351
　伸長サイクロイド　351
　短縮サイクロイド　351
　通常のサイクロイド　351
軸　5
指数曲線　345
『自然哲学の数学的諸原理』
　　74, 80
射影　469
種　152
重複点→チョウフク
主横断線　78
準線　290
正割曲線　349
正弦曲線　348
正接曲線　349
接曲線　200
切除線　1, 5
接戦影　191
漸近線　98
尖点　216
　第二種の尖点　216
双曲
　双曲円柱　463
　双曲線　82, 138
　双曲双曲面　460
属　152
側心線　78

ダイアメータ
　共役なダイアメータ　63
　主ダイアメータ　76
対数曲線　340
第二目の線　47, 81
　第二目の線の中心　61
　第二目の曲面　450
　第三目の線　140, 153

第四目の線　168
楕円　30, 82, 138
楕円双曲面　460
楕円放物面　462
楕円面　458, 459
中心　223
頂点　78
重複点　187
　　二重点　186
　　三重点　186
　　四重点　186
直交ダイアメータ　222
等辺双曲線　99
トロコイド　349

内越的　337
ニュートン　74, 80, 148

パラメータ　78, 283
半径
　　曲率半径　203
　　接触半径　203
　　彎曲半径　203
半パラメータ　78
非正則曲線　4
微分計算　193
複合曲線　4
不連続曲線　4
分枝
　　第一目の分枝　215
　　第二目の分枝　215
　　第三目の分枝　215
　　第四目の分枝　215
　　第五目の分枝　215
　　双曲線状の分枝　136
　　放物線状の分枝　136
ベイカー，トマス　329, 335
ベルヌーイ，ヨハン　358, 360
法線影　194
放物円錐　462
放物円柱　463

放物線　30, 83, 138
放物双曲面　463

マクローリン　199
目
　　曲線の目　29
　　線の目　29

ユークリッド　46, 417
余弦曲線　349

ライプニッツ　337, 348, 360
螺旋　356
　　アルキメデスの螺旋　358
　　双曲螺旋　358
　　対数螺旋　359
領域
　　対置領域　396
　　接合領域　396
　　分離領域　396
連続曲線　4
連続な曲率　215
ろくろ回転面　409

彎曲　209
　　彎曲点　215

訳者あとがき

1. 『無限解析序説』第二巻の邦訳まで

　レオンハルト・オイラーの作品『無限解析序説』(全二巻)が刊行されたのは1748年と記録されているが，実際に執筆された時期はもう少し早く，1745年の時点ですでに書き上げられたと言われている．オイラーは1707年4月15日にスイスのバーゼルに生れた人であるから，1745年といえば，満年齢で数えて37歳から38歳へと移り行こうとするころであった．若い日にヨハン・ベルヌーイに手ほどきを受けて数学の門(かど)を敲(たた)いたオイラーは，ライプニッツ流の無限小解析の思想に早くから習熟し，関数概念の導入という斬新な数学思想を根柢に据えて無限小解析の再編成を試みて，名高い三部作を企画した．まずはじめに現われたのが『無限解析序説』であり，続いて『微分計算教程』(全一巻，1755年)『積分計算教程』(全三巻．巻1は1768年，巻2は1769年，巻3は1770年刊行)が相次いで日の目を見た．近代ヨーロッパの数学史に深い印象を刻んだ作品が揃い，解析学の歴史はオイラーの登場を俟って面目を一新したのである．

　『無限解析序説』は全二巻(巻1と巻2)で構成されている．平成8年(1996年)の春先，東京の総武線飯田橋駅の喫茶店で海鳴社の辻信行さんと語り合い，翻訳書刊行の企画が決まったが，第一巻の翻訳稿が揃い，『オイラーの無限解析』というタイトルを附して出版されたのはようやく平成13年(2001年)の初夏6月のことであった．原文のラテン語の解読が容易ではないことに加え，全体を流れるオイラーの数学的思索の把握がむずかしく，丸々5年間もの歳月を要したのである．

　さて，『オイラーの無限解析』の刊行の直後から第二巻の翻訳作業に取りかかったものの，遅々としてはかどらず，結局またしても4年間もの長い歳月にわたり日々オイラーと顔をつきあわせるという成り行きになった．これだけの日時を要した理由としてまっ先に挙げなければならないのは，ちょうどこの時期に完成期にさしかかった岡潔先生の二冊の評伝『評伝岡潔　星の章』と『評伝岡潔　花の章』(ともに海鳴社．『星

の章』は平成15年,『花の章』は翌平成16年刊行)のことで,原稿を揃えて刊行にいたるまでに多大な力の集中を強いられたのである.だが,もうひとつ,オイラーに固有の事情に触れておかなければならない.この書物の数学的記述はすべてみな目に新しく,独自の用語と斬新な思索に随所で出会い,即物的に理解しようとする試みはそのつど拒絶されてしまう.そのため全容を掌握するのがきわめてむずかしく,しかもしばしば無限小解析の始まりの時点に立ち返って考察を加える作業を余儀なくされたのである.

　それでも,行きつ戻りつしながら長い時間をかけて読み進めていくうちに次第に全体の姿が目に映じるようになり,邦訳書の題名もおのずと定まって,『オイラーの解析幾何』が成立することになった.第一巻の邦訳書名『オイラーの無限解析』はオリジナルの書名をそのまま採っただけにすぎないが,数学的内容に沿うのであれば,『オイラーの関数論』とするのが相応しい.関数の理論を前もって十分に展開し,その基盤の上に曲線や曲面の理論を構築するという道筋が,解析学におけるオイラーの数学思想の骨格を作っているからである.関数から曲線へ.関数から曲面へ.オイラーの名高い作品『無限解析序説』の真意を理解する鍵は,このあたりの消息の中にひそんでいる.

2. テキストと各種の翻訳書について

　『無限解析序説』第二巻の邦訳にあたり,二種類のテキストを揃えて底本とした.ひとつは1748年に刊行された原書であり,第一巻の翻訳作業が終ろうとするころ,金沢工業大学ライブラリーセンター(附属図書館)内の「工学の曙文庫」所蔵本のマイクロフィルムとその引き伸ばしを入手することができた.今度の第二巻の翻訳では,当初よりこのオリジナルテキストが手もとにあった.もうひとつはオイラー全集に収録されているテキストで,全集の第一系列(数学著作集)の第九巻の全体が,『無限解析序説』の第二巻にあてられている.第一巻に対応するのは全集第一系列の第八巻で,両巻ともに編纂者はアンドレーアス・シュパイザーという人である.この全集版テキストには,原書に散見する数値のまちがいを正したり,本文の理解を助ける意図をもって多くの脚註がつけられているが,みなシュパイザーの手になるものである.第一巻の翻訳の際には原書の数値の誤りが気にかかり,全集版テキストを参照しながら訳註の形で異同を明示したが,第二巻の訳出をすすめていく中で,これは不要なのではないかという考えに次第に傾いていった.そこで今度の翻訳では正確な数値を採るだけに留め,原書の数値と突き合わせて正誤表を書き添える作業は省略することにした.

訳者あとがき

　『無限解析序説』の第一巻にはおびただしい数にのぼる数学的公式が書き留められている．見るのも珍しい不思議な等式が目白押しに並んでいるが，有名な「オイラーの公式」$e^{\sqrt{-1}\theta} = \cos\theta + \sqrt{-1}\cdot\sin\theta$（$e$は自然対数の底）をはじめ，ゼータ関数$\zeta(z)$の特殊値を教えてくれるいろいろな無限級数の総和公式など，今日の微積分の教科書ですでになじんでいたものもあった．この第一巻はオイラーの大量の著作物の中でも際立ってよく知られている作品であり，語られる機会も非常に多く，数学の勉強を進めていく途次，あれこれのうわさ話が自然に耳に入っていたのである．これに対し，第二巻には数式は多いとは言えないが，その代わり149個に及ぶ図が添えられている．それらはオリジナルテキストでは巻末にまとめて収録されていて，英訳書や仏訳書でもそのように処理されているが，全集版テキストではそれぞれの図が本文全体にわたって適切な位置に配置されている．そのようにするほうが通読するうえで便利なのはまちがいなく，この邦訳書でも全集版テキストの流儀にならうことにした．それと，この訳書の427頁に出ている「図133a」はオリジナルテキストには存在せず，英訳書にも仏訳書にも見られない．これは読者の理解を支援するために補充された図で，この配慮の結果，全集版テキストには全部で150枚の図が散りばめられることになった．邦訳書ではこれも踏襲した．

　『無限解析序説』の緒言は全二巻をひとつの作品と見て書かれていて，その訳文は第一巻の翻訳書『オイラーの無限解析』の冒頭に配置した通りだが，本書でも再録することにした．その際，訳文を点検し，若干の改訂を施した．

　話が前後したが，オイラーがラテン語で書いた作品『無限解析序説』には英独仏三種類の翻訳書が存在する．二種類の独訳書のうち，1788年に刊行された古い訳書は実際に目にする機会には恵まれなかった．1885年版の訳書は入手可能で，第一巻の翻訳の際に参照したが，この版には第二巻が欠けている．こんなわけで，今回の翻訳作業では独訳書の支援を受けることはできなかった．仏訳書も二種類あるが，1786年版は不完全で，第一巻のみしか存在しない（しかもこの書物は，1788年版の独訳書と同様，文献上で確認しただけであり，未見である）．もうひとつ，1796年と1797年に刊行された仏訳書は二巻とも揃った完全訳である．4年前の『オイラーの無限解析』の刊行のおりには仏訳書の入手が遅れて参照することができなかったが，その後，手に入り，今回ははじめから座右におくことができた．英訳書はドイツの出版社シュプリンガー—フェアラークから近年になって刊行され，二巻とも揃っていて（第一巻の英訳書は1988年，第二巻は1990年刊行），入手も容易である．ただし，この英訳書は語学の面から見ても数学の内

容の面から見ても誤りが目立ち，ごくおおまかに大意を見るという程度の役割しか果たさないであろう．

3. 曲線と関数

　『無限解析序説』第二巻の頁を繰ると本文に先立って「内容」という文字が目に留まり，「曲線の理論」「附録　曲面の理論」と記されている．この簡潔な記述の通り，第二巻は本文と附録に大きく二分されていて，本文では曲線の理論，附録では曲面の理論がテーマとして取り上げられているが，曲線も曲面も取り扱い方は同一である．根柢に横たわるのは等しく関数の概念である．

　オイラーの解析幾何の世界は変化量の一般概念から説き起こされて，平面上に引かれた一本の直線へと進んでいく．その直線は「不定直線」という名で呼ばれるが，その名の通り，左右双方向に無限定に伸びていく．言い換えると，「無限遠点」という呼称が相応しい点を仮想して，二つの無限遠点を結ぶまっすぐな線の姿を心に描くのである．不定直線は軸もしくは基準線という名で呼ばれ，変化量 x がさまざまな数値を取りつつ変化していく様子を明示する働きを担う．まずはじめに不定直線上の任意の位置が指定され，そこに配置されている点を基準点として設定し，切除を行う際の始点にする．続いて切除線と向軸線のアイデアが提案されて，解析幾何学の簡素な舞台が整えられるのである．

　今日の用語法にならえば，切除線と向軸線はそれぞれ横軸と縦軸，もしくは横線と縦線に対応する言葉だが，これでは変化量の観念が消失してしまい，オイラーの解析幾何には相応しくないと思う．

　第8条では「曲線の解析的源泉」が語られて，「曲線を関数のグラフと見る」という，オイラーの解析幾何の核心となる思想が明快に表明される．

> 点の連続的な運動により曲線が機械的に描かれていき，そのようにして曲線の全容が全体として目に見えるように与えられることがある．・・・それらの**曲線の解析的源泉，すなわちはるかに広範な世界に向かうことを許し，しかも計算を遂行するうえでもはるかに便利な源泉を関数と見て，その視点から考察を加え**ていきたいと思う．そうすると x の任意の関数はある種の線を与えることになる．その線はまっすぐかもしれないし，曲がっているかもしれない．逆に，曲線を関数に帰着させていくことも可能になる．曲線上の各々の

訳者あとがき

点 M から直線 RS (訳者註. 軸)に向かって垂線 MP を降ろして区間 AP (訳者註. A は軸の始点)を作り，それを変化量 x で明示することにする．すると，・・・線分 MP の長さを表示する x の関数が得られるのである．曲線の性質は，そのような x の関数の性質に基づいて記述されていく．　　(4頁)

　このような言葉を見れば，オイラーの解析幾何が変化量の概念から出発する理由は明白である．オイラーは曲線というものを連続的に運動する点の軌跡として認識しようとしたのであり，曲線と関数の内的関連が目に見えるようになるのはこのダイナミックな視点のおかげなのである．しかも，ここで語られている「関数」は『無限解析序説』の第一巻で提案された解析的表示式としての関数ではなく，今日のいわゆる抽象的な一価対応としての関数と同質であり，後述する「オイラーの第三の関数」そのものにほかならない．このようなところも真に注目に値する．

　曲線を見る視点は多彩であり，さまざまな見方が可能である．フランスの数学者マルキ・ド・ロピタルの著作『曲線の理解のための無限小解析』(1696年)は微積分の誕生以来，一番はじめに現れた無限小解析のテキストと言われているが，タイトルに明記されているように，この作品の主役を演じるのは一貫して「曲線」であり続けている．主役の曲線の諸性質を解明するために案出された手法が無限小解析である．ところがその曲線とは何かといえば，わずかに「要請もしくは仮定」の名のもとに，

曲線というものは，各々が無限に小さい線分の無限に多くの集まり，あるいは(同じことになるが)，各々が無限に小さい辺を無限に多くもつ多角形と見てよいと要請する．　(『曲線の理解のための無限小解析』第1章，第3条)

という言葉が見られるにすぎない．この静的な感じのある「要請もしくは仮定」もまた曲線に寄せるひとつの見方ではあるが，ここからは決して関数概念は生れないであろう．

　『無限解析序説』に立ち返り，第15条を見ると，関数の性質に基づいて曲線の区分けが行われている．

このようにして曲線というものを認識する手続きは関数に帰着されるから，すでに以前目にしたような種々の関数の種類に応じて，それに見合う分だけ，いろいろな種類の曲線が存在することになる．そこで関数の分類の仕方に応じて，曲線もまた代数曲線と超越曲線に区分けされていく．
　　・・・ある曲線が代数的であるというのは，向軸線 y がその切除線 x の代数関数であることをいうのである．・・・他方，ある曲線が超越的であるというのは，その性質が x と y の間に成立する超越的な方程式で表わされること，言い換えると，その方程式から y が x の超越関数として認識されることをいう．　　(本書6頁)

　こうして関数の全体が代数関数と超越関数に二分されるのに応じて，曲線は大きく代数曲線と超越曲線に分けられることになった．オイラーが考察する曲線はほとんどいつも代数曲線(もう少し詳しく言うと，平面代数曲線)だが，第21章においてぼくらの眼前に繰り広げられるように，超越曲線の世界の多様さもまた著しい．

4. 代数曲線の「目」と「次数」と「位数」

　第3章「代数曲線を目に区分けすること」では代数曲線の「目(もく)」への区分けが論じられる．曲線の世界が代数曲線と超越曲線に二分されたのを受け，この章では代数曲線の仲間がさらに精密に区分けされていく．このような試みの背景には，三次曲線の分類を遂行したニュートンの影響もあったと思う(このニュートンの研究については第9章で多少語られている)．曲線の細分にあたり，基準の設定が問題になるが，オイラーはまずはじめに曲線を表示する関数の多価性に着目し(第48条)，その後にこれをしりぞけた(第49条)．次に，曲線を表示する方程式の項数への関心を示したものの，即座に放棄した(第50条)．どちらのアイデアにも欠陥が目立ち，代数曲線の分類基準としては不都合なのである．そこでオイラーが第三番目に提案したのは，曲線を表す方程式の次数を利用することであった(第51条)．

　オイラーは方程式の次数を基準に採って，二つの変化量 x と y の間に成立する方程式の全体を目(もく)に分類した．目(もく)というのは生物の分類単位のひとつであり，生物の分類の七つの段階，すなわち界(かい，*kingdom*)，門(もん. 動物では *phylum* ，植物では *division*)，綱(こう，*class*)，目(もく，*order*)，科(か，*family*)，属(ぞく，*genus*)，種(しゅ，*species*)(丸括弧内に読み方と英語表記を添えた．この順に細分の度合いが高まっていく)と続く階梯の第四番目に位置している．数学でよく使われるのは *class* と *genus* だが，類体論の

「類」やリーマン面の種数というときの「種」のように，*class* には「綱」ではなくて「類」をあて，*genus* には「属」ではなくて「種」という訳語をあてるのが通有の流儀である．だが，オイラーは生物分類の言葉を借りて代数曲線の分類を遂行し，*order* に分けた上で，各々の *order* をさらに *genus* や *species* に細分しようとするのであるから(第9,10,11章参照)，訳語もまた生物学で確定しているものをそのまま使い，*order*，*genus*，*species* にはそれぞれ「目」「属」「種」という訳語をあてるのがよいのではないかと思う．ただし，「目」という言葉は今日の日本の数学書にはなじまないような感じもあり，このままでは使いにくいので，そのつど小さくルビを振って「目(もく)」と表記することにした．

後年，ガウス(ドイツの数学者．1777～1855年)は二次形式の分類にあたって目(もく)や種という用語を採用したが，このようなところにオイラーの影響を見るのも，あながち見当はずれとは言えないであろう．

こうして方程式の次数への着目を通じて「方程式の目(もく)」の概念が確立されるが，この分類法によれば第二目の方程式の実体は二次方程式であり，第三目の方程式といえば三次方程式のことにほかならないというふうで，次数と目(もく)はしばしば混同されてしまう．方程式から曲線に移行すると，第二目の方程式により表される曲線は「第二目の曲線」と呼ばれることになる道理だが，オイラーは「曲線の目(もく)」という用語をしりぞけて，あえて「線の目(もく)」という言葉を提案した．この点も重要な注意事項である．その理由は第3章，第52条に明記されている通りであり，第一目の曲線というのは直線にほかならないから，「第一目の曲線」という呼称は適切さを欠くというのである．

そこで，たとえば「第二目の曲線」ではなく「第二目の線」という言葉を用いることになるが，問題はまだ残されている．なぜなら，「目(もく)」という用語は今は使われず，「第二目の線」という代わりに「二次曲線」という呼称が一般に定着しているからである．第二目の方程式を二次方程式と言い換えて，二次方程式で表される曲線を指して二次曲線と呼ぼうという，非常に即物的な用語法である．三次曲線，四次曲線・・・についても同様の変遷が観察される．必ずしも不適切とは言えないが，オイラーの分類思想の主旨とは大きく異なっているし，オイラー自身は「曲線の次数」という概念を規定したわけでもない．オイラーに固有の用語法と今日のぼくらの目に親しい術語との間の乖離は際立っているが，邦訳ではオイラーを尊重するとともに現状にも配慮して，「第二目の線(二次曲線)」というふうに表記することにした．

「目(もく)」と「次数」の間に発生する用語上の混乱はオイラー自身にもすでに見受けられ，そのため訳出を進めるうえで決断を強いられる場面にしばしば遭遇した．たとえば，第3章，第51条に「次数」という言葉が出ているが，原語は「*ordo*(英語の*order*)」である．第52条に出ている「目」という言葉の原語もまた同じ*ordo*だが，訳語を統一するのは明らかに不適切で，訳し分けないわけにはいかなかった．同じ第3章の第65条には，曲線の目(もく)を対象にして，その「位数」が語られている．この言葉は正確な概念規定を欠いているが，意味合いはおのずと通じ，第二目の曲線の位数を2と数え，第三目の曲線の位数を3と数えるというふうにして，異なる目(もく)の位数の高低を相互に比較したりするのである．この場合，言葉の使い分けという観点からすれば*ordo*の訳語として「目」や「次数」を採るわけにはいかず，「位数」という訳語をあてることにした．

　この種の例をもう少し挙げていくと，第7章，第167条の冒頭に代数方程式が語られる場面があり，「その次数を，たとえばnとしよう」という言葉が読み取れるが，ここでは「次数」の原語は*ordo*である．他方，第12章，第283条に方程式の「次数」という言葉が出ているが，その原語は今度は「*gradus*(英語の*grade*)」である．二つの言葉*ordo*と*gradus*が同一の意味で使われているのである．第13章，第300条の「$\alpha x+\beta y+\gamma$という形の一次関数」という言葉では，「一次」の「次」の原語は*ordo*である．今日のぼくらの目には$\alpha x+\beta y+\gamma$という形の表示式を指して1次関数と呼ぶのに疑問はなく，その意味合いもごく自然に受けいれられると思う．だが，実際にはオイラーは「1次関数」という用語を正確に規定したわけではないし，二次関数，三次関数・・・という概念が現れるわけでもない．オイラーの心情を忖度すれば，$\alpha x+\beta y+\gamma$を0と等値した方程式$\alpha x+\beta y+\gamma=0$を第一目の方程式(すなわち，一次方程式)と見て，多少言葉を流用して，解析的表示式(オイラーが「関数」と呼んでいるもの)$\alpha x+\beta y+\gamma$のことを「第一目の関数」と呼びたかったのではないかと思う．それゆえ，「第一目の関数(1次関数)」と表記するのも有力な一案であった．第16章，第365条に出ている曲線の「次数」という言葉の場合にも，原語はやはり*ordo*である．ところが，附録の第5章，第127条に出ている「二次方程式」の「次」の原語は*gradus*である．万事がこんなふうである．

　今日ではこのようなオイラーの苦心はすっかり閑却され，ただ「次数」の一語が残るのみになった．第二目の線を例にとると，次数2の方程式の作る目(もく)を第二番目の目(もく)に数え，第二目の方程式は第二目の線を表し，その第二目の線の位数を2と

訳者あとがき

するのがオイラーの流儀である．これを一挙に簡略化して，「二次方程式で表される曲線を二次曲線と呼ぶ」ということにすれば，今日の習慣に合致する．しかしこれでは，関数概念に解析的源泉を求めて曲線を分類するという，オイラーの数学思想の根幹が消失してしまう．それゆえ，「目(もく)」という珍しい感じの伴う言葉を注意深く温存し，*gradus* を「次数」とするのはいいとして，*ordo* については「目」「次数」「位数」と状況に応じて適宜別々の訳語を割り当てることにしたのである．

5. 超越曲線

第4章以降の諸章では代数曲線の諸相が次々と探究されていくが，第21章だけは例外で，この章は全体が超越曲線の究明にあてられている．

まずはじめに取り上げられるのは $y = x^{\sqrt{2}}$ という形の方程式で表される曲線で，ライプニッツはこれを，代数曲線に近い感じのする超越曲線というほどの意味合いでインターセンデンタルな曲線と呼んだという(第508条)．訳語をあてにくい不思議な言葉だが，本書では試みに内越的という言葉を造語した．続いて語られるのは複素量を内包する方程式で表される曲線で，そのような方程式の一例として $2y = x^{+\sqrt{-1}} + x^{-\sqrt{-1}}$ が挙げられている(第511条)．この方程式にはたしかに複素量の姿が表立っているが，『無限解析序説』の第一巻で表明された「オイラーの公式」を使えば $y = \cos \log x$ という形に書き換えられて，複素量は消失する．さながら「オイラーの公式」というものの真意の一端が垣間見えるかのような情景である．

こうしてぼくらは複素量を冪指数にもつ変化量の考察を通じて対数量に出会ったが，これを契機として現れるのは，$x = b \log \frac{y}{a}$ という形の方程式で表される曲線，すなわち対数曲線である(第512条)．第514条では対数曲線に接線を引く方法も語られているが，これでわかるように，微分計算を使わなくても超越曲線に接線を引くことのできる場合も存在するのである．この事情は代数曲線の場合にもあてはまり，第13章の第289条には「接線影をみつけるための規則」(191頁)が示されて，微分計算に依拠することなく代数曲線に接線を引く方法が報告されている．そこに例示された三つの例では，提示された曲線の方程式は有理整方程式になっているが，代数曲線を表す方程式がいつでも有理整方程式の形に書き下されているとは限らず，変化量の冪指数が分数になっていたりすることもある．それでも代数曲線の方程式である以上，有理整方程式の形に書き直すのはつねに可能なのであるから，代数曲線に接線を引くのに微分計算は不可欠というわけではないことになる．だが，微分計算

を知っていれば，接線法の現場の苦労は大幅に緩和される．オイラーはこう言っている．

　　　もし方程式が非有理的であるか，あるいは方程式のどこかに分数の姿が見えて，しかも有理的かつ整的な形への還元を遂行する手間が惜しいというのであれば，若干の修正を施したうえで，同じ方法を適用することも可能である．この修正の工夫の中から微分計算が生れたのである．　　（本書，第290条）

　微分計算というものの誕生の理由に触れて，きわめて興味深い響きの伴う言葉である．微分計算を知らなくとも代数曲線に接線を引くのはつねに可能であり，超越曲線の場合には，オイラーが対数曲線を例に挙げて示したように，個別に工夫を凝らすことにより接線を引けることがある．ところが微分計算の手法を使えば単純で強力な万能の接線法が手に入り，およそ接線が存在する限り自在に接線をみいだすことができるようになり，代数曲線と超越曲線の区別も消失してしまうのである．

　微分計算と接線法に深入りするのは避けて，超越曲線の諸相の観察に立ち返りたいと思う．対数曲線の登場に触発されて，第515条と第516条では$\log(-1)$や$\log(-n)$のような負数の対数量が話題にのぼり，不可解なパラドックスが語られる．解きがたい謎のような言葉が連なっているが，今日の複素変数関数論は，ここで繰り広げられている数学的思索の中から誕生したのである．次の第517条では$y=(-1)^x$という形の方程式で表される曲線が取り上げられる．これも超越曲線の仲間であり，無限に多くの離散点が稠密に分布するという，代数曲線には決して見られない特質を備えている．しかし，その全容を精密に思い描くのは至難である．次の第518条に移ると，今度は冪指数の位置に変化量が配置される冪が語られて，$y=x^x$という形の方程式が例示される．このタイプの方程式で表される曲線も超越曲線であり，「曲線の全形がある点において唐突に途切れる」という，代数曲線にはありえない性質が観察される．このタイプの曲線は指数曲線という名で呼ばれる．

　ここまでのところで$y=x^{\sqrt{2}}$，$y=(-1)^x$，$y=x^x$という三つの方程式が提示された．これらの方程式の右辺を変化量xの解析的表示式と見れば，『無限解析序説』第一巻の冒頭で規定された意味合いにおいてyはxの関数になるが，オイラーはそのような言い方はしていない．何かしらオイラーをためらわせる要因があったのであろう．

　これらに続いて，第519条では$x^y=y^x$という方程式に出会う．二つの変化量xとy

の間に成立する単純な形の方程式であり，〈図103〉で示されているように，きれいな対称性を備えた超越曲線を表している．この曲線はパラメータ u を使って

$$x = \left(1 + \frac{1}{u}\right)^u, \qquad y = \left(1 + \frac{1}{u}\right)^{u+1}$$

という形に表示され，このおかげで曲線の概形を精密に描くことが可能になる．だが，提示された方程式 $x^y = y^x$ から出発して y を x の解析的表示式として表したり，あるいは逆に x を y の解析的表示式として表したりするのは不可能である．解析的表示式を関数と見る流儀に固執すると関数の世界がせまくなりすぎて，「曲線を関数のグラフとして把握する」という思想を貫徹するのが困難になってしまうのである．

　超越関数の例示は続き，第520条では方程式 $\frac{y}{a} = \arcsin \frac{x}{c}$ で表される曲線が紹介される．ライプニッツはこれを正弦曲線と呼んだという．ほかに余弦曲線(第520条)，正接曲線(第521条)，正割曲線(第521条)も正弦曲線の仲間である．第522～523条では種々のサイクロイドが話題にのぼり，第526～528条では三種類の螺旋，すなわちアルキメデスの螺旋(第526条)とヨハン・ベルヌーイの双曲螺旋(第527条)と対数螺旋(第528条)の際立った性質が語られる．

　代数曲線に比して超越曲線の世界の多彩なことは際立っていて，オイラー自身，「超越曲線の数は代数曲線の数をはるかに凌駕する」(337頁)という目の覚めるような言葉を書き留めている．あらゆる超越曲線を関数のグラフとして認識しようとすると，解析的表示式としての関数だけでは足らず，何かしら高い一般性を備えた関数概念を工夫しなければならない．オイラー以降，ラグランジュやコーシーやディリクレ等々によりさまざまな関数概念が提案されたが，その動機はこのあたりの消息に求められるのである．

6．関数概念の多様性

　今日の数学では「集合と集合の間の一価対応」を指して関数と呼ぶ習慣がほぼ定着しているが，19世紀の数学者たちの遺産に立ち返り，関数という言葉の使用例を渉猟すると，数々の素朴な疑問に遭遇する．この世紀のはじめのノルウェーの数学者アーベル(1802～1829年)は第一種楕円積分の逆関数(アーベルはこれを第一種逆関数という名で呼んでいる)に着目し，名高い長編「楕円関数研究」(1827～28年)において，そのような関数の基本的な諸性質(二重周期性など)を書き並べていった．では，この場合，第一種楕円積

分の逆関数はいかなる意味において関数と言いうるのであろうか．また，逆関数という認識が成立する以上，第一種楕円積分はそれ自体がすでに関数でなければならないが，積分を関数と見る視点はいかにして確定するのであろうか．

楕円積分の考察は微積分の発生時にまでさかのぼり，オイラーの手で組織的な究明が行われたが，その楕円積分に新たに楕円関数という名を与えたのはルジャンドル(フランスの数学者．1752～1833年)であり，アーベルもルジャンドルの流儀を踏襲した．したがって，アーベルの論文の標題に見える「楕円関数」の一語は，実際には楕円積分を指しているのである．問題はこのような視点の変換にあたって採用された「関数」という言葉の意味だが，ディリクレ(ドイツの数学者．1805～1859年)が「完全に任意の関数」のアイデアを提案した時期(1837年)よりも前のことであり，アーベルやルジャンドルの念頭にあったのはオイラーにまでさかのぼる初期の関数概念か，もしくは同時代のフランスの数学者コーシーが提案した関数概念のいずれかであったろうと推定される．

用語法はもう一度変遷し，今日ではドイツの数学者ヤコビ(1804～1851年)の提案が継承されて，アーベルが第一種逆関数と呼んだ関数に対して楕円関数の名が与えられている．

ディリクレは1837年の論文「完全に任意の関数の，正弦級数と余弦級数による表示について」において「完全に任意の関数」という概念を提出し，そのような関数の無限三角級数すなわちフーリエ級数への展開の可能性を論じた．標題を見ればあからさまに「完全に任意の関数」という言葉が読み取れるが，本文を読み進めていくと，

　　　「どの x に対しても，ただひとつの有限な y が対応する」

　　　「y がこの区間の全域において同じ規則で x に依存する必要はまったくない」

というめざましい文言に出会う．すなわち，ディリクレのいう「完全に任意の関数」は，「集合から集合への一価対応」という，今日の抽象的な関数概念の源泉と目されるのである．この1837年の論文に先立って，ディリクレにはもうひとつ，「与えられた限界の間の任意の関数を表示するのに用いられる三角級数の収束について」という標題をもつ1829年の論文があり，末尾の辺でいわゆる「ディリクレの関数」が紹介されている．それは，

　　　「変化量 x が有理数のときはある定値 c に等しく，変化量 x が無理数のときは他の定値 d に等しい」

という関数 $\varphi(x)$ のことで，疑いもなく「完全に任意の関数」の仲間である．フーリエ(1768～1830年)のアイデアに由来するフーリエ級数論の刺激を受けて，ディリクレ

訳者あとがき

は早い時期から関数概念に関心をよせ，概念規定の手立てをつかんでいたのである．

リーマン(ドイツの数学者．1826～1866年)はディリクレの思索を継承し，1854年の論文「三角級数による関数の表示可能性について」においてリーマン積分と言われる定積分の概念を規定して，「関数の積分」の可能性を論じた．この場合，「関数」の一語の意味するものはディリクレのいう「完全に任意の関数」にほかならない．フーリエ級数の諸係数が「関数の積分」を通じて規定されるという事情に由来して，フーリエ級数論の構成にあたり，リーマンは「完全に任意の関数」の範疇においてリーマン積分の理論を作らなければならなかったのである．

リーマン積分の概念規定にあたり，リーマンは「関数のリーマン和」と言われる和を作り，リーマン和の極限値が存在するか否かに応じて，関数の積分可能性を識別しようとした．リーマンに先立ってコーシーが組み立てた解析教程にも同種のアイデアが見られるが，コーシーが微分と積分の対象として設定した関数は，リーマンの眼前にあった関数とは異なっていたように思う．コーシーにはコーシーに固有の関数概念があったのである．

ところが，コーシーやリーマンの定積分の概念が提案されたのは近代数学史が19世紀を迎えてからのことであり，当然のことながら積分というものの一般観念はそれ以前にもすでに存在した．リーマン積分の理論を作った同じリーマンのもうひとつの論文「アーベル関数の理論」(1857年)を見ると，標題に「アーベル関数」という言葉が読み取れるが，この一語が指し示しているのは今日の用語法とは異なり代数関数の積分のことなのであり，オイラー積分(ルジャンドルが命名した)を究極の地点まで一般化した積分，すなわちアーベル積分のことにほかならない．楕円積分がコーシーやリーマン以前にすでに存在したのと同様に，アーベル積分はコーシーやリーマンによる定積分の概念とは無関係に確定する．しかもアーベル積分を指してあえてアーベル関数と呼んでいる点も注目に値する．この場面でリーマンが踏襲したのはディリクレの関数概念ではなく，楕円積分を指して楕円関数と呼ぶルジャンドルやアーベルの流儀だったのである．

リーマンのアーベル関数論は一複素変数関数の一般理論に支えられて成立するが，今日の複素関数論の根柢を築いたと言われるリーマンの論文「一個の複素変化量の関数の理論の一般理論の基礎」(1951年)に目をやると，いわゆる解析関数の概念規定が登場する．リーマンの議論に追随していくと，リーマンの出発点はオイラーの関数概念のようであり，変化量の変域を複素数域に広げたうえで，独自の観点から限定条件を

課していって解析関数の概念に到達する(リーマンはそれを単に「関数」という名で呼んでいる).この関数はディリクレのいう「完全に任意の関数」とは違うし,代数関数の積分を指して「アーベル関数」という場合の関数とも異なっているが,さらに議論の歩を進めていってリーマン面の概念を導入すると,「リーマン面上の関数」に出会う.これはディリクレの関数の延長線上に把握される関数で,「リーマン面から複素数域への(解析性を備えた)一価対応」である.

オイラーの関数,ディリクレの関数,それに解析関数と,リーマンの世界では「関数」という言葉は三通りの意味合いで使い分けられているようであり,しかも抽象の度合いが高まるにつれて,次第にディリクレの「完全に任意の関数」が基礎概念の位置を占めていくように思う.「完全に任意の関数」は抽象性の度合いが高く,それ自体としては意味合いをつかむのがむずかしいが,多様性を包摂する一般概念としては都合がよいのであろう.

ラグランジュ(イタリアに生れ,ベルリンとパリで活躍した数学者.1736〜1813年)の著作『解析関数の理論』(1797年)などを参照すると,ラグランジュもまた独自の関数概念をもっていたことがわかる.オイラー,ラグランジュ,ルジャンドル,コーシー,ディリクレ,アーベル,リーマン,それにガウス,ヤコビ,ヴァイエルシュトラス(ドイツの数学者.1815〜1897年)等々,多くの数学者がさまざまな意味合いにおいてそれぞれ関数を語り,ときおり新たな概念規定を提案した.それらは相互によく似てはいるが,同一物とにわかに断定することはためらわれ,関数という言葉のかもす全体のイメージは茫洋としてとらえがたい感じがするのは否めないのではあるまいか.

集合間の一価対応のような極端に抽象的な見地に立脚すれば,それ以前に現われた多種多様な関数概念はたしかにみな等しく関数の名で呼ぶことが可能になるが,その代わり数学者たちが「関数」の名のもとにとらえようとしていた数学的実体の姿は希薄になってしまう.そこでしばらくオイラーの数学的世界に現われた三通りの関数概念を回想し,無限解析におけるオイラーの構想の解明を試みたいと思う.

7. オイラーの三つの関数概念

「関数」という訳語があてられるラテン語の *functio* という言葉の使用例はライプニッツにさかのぼると言われるが,明確な形で関数概念を規定した最初の人物はオイラーである.ニュートン,ライプニッツ以来の無限小解析の集大成と見られるオイラーの三部作,すなわち『無限解析序説』『微分計算教程』『積分計算教程』の根幹に据

訳者あとがき

えられて全体を支えているのは「関数」の概念であり，関数という基本概念の上に全理論を構成しようとしたところにオイラーの独創が認められるように思う．

具体的に関数概念が登場するのは，三部作全体の序説の位置を占める作品『無限解析序説』第一巻の第1章「関数に関する一般的な事柄」の冒頭においてであり，いくつかの定量と一個の変化量とを用いて組み立てられる「解析的表示式」として関数概念が規定されている．オイラーの言葉をそのまま写すと，

> ある変化量の関数というのは，その変化量といくつかの数，すなわち定量を用いて何らかの仕方で組み立てられた解析的表示式のことをいう．

とされ，関数の例として，

$$a+3z,\ az-4zz,\ az+b\sqrt{aa-zz},\ c^z$$

などが挙げられた．ここで z はある変化量を表わし，a, b, c はみな定量である．すなわちこれらは「一個の変化量 z の関数」にほかならない．変化量の個数が増えても状勢は同様に進行し，『無限解析序説』第一巻，第5章では「いくつかの変化量の関数」というものが規定される．オイラーの念頭には解析的表示式というもののイメージが明瞭に描かれていたことと思われるが，解析的表示式それ自体の概念規定は見られないから，書き留められた諸例を通じてかろうじて推測するほかはない．この不備はオイラーの関数概念の曖昧さとしてしばしば指摘される事柄である．

関数の概念規定に続いて，オイラーは関数を代数関数と超越関数に二分した．考察の範囲を解析的表示式の範疇に限定すると，代数関数というのは，代数的演算，すなわち加減乗除の四演算に「冪根を開く演算」とを併せた基本五演算のみを用いて組み立てられる関数のことである．オイラーが挙げた上記の例で言えば，$a+3z$ と $az-4zz$ と $az+b\sqrt{aa-zz}$ は代数関数の例である．超越関数というのは，その組み立てにあたって超越的演算，すなわち代数的演算以外の何らかの演算が要請される関数のことであり，c^z はその一例である．ただし超越的演算というものの一般的な概念規定は見られないから，ここでもまた幾分かの曖昧さは免れない．しかしこのような局面で重要なのは，オイラーが概念規定の試みを通じてとらえようとしていた数学的実体の姿を理解することなのであり，一般的な概念規定の欠如に由来してしばしば出現するある種の曖昧さなどは特に問題にするにはあたらないと思う．

オイラーはさらに代数関数を有理関数と非有理関数に分け，有理関数を整関数と分数関数に分けた．一価関数と多価関数への分類や偶関数と奇関数への分類も提案されているが，これらは別の視点からの分類法である．オイラーが挙げている例で言うと，逆正弦関数 $\arcsin z$ は無限多価関数の一例であり，しかも超越関数でもある．

無限多価性を示す関数の考察を放棄して，多価性を有限に限定すると代数関数が認識される．オイラーの記述に追随すると，変化量 z の二価関数というのは，二次方程式

$$Z^2 - PZ + Q = 0$$

を通じて定められる変化量 Z のことである．ここで P と Q は z の一価関数を表わす．この場合には，根の公式により

$$Z = \frac{1}{2}P \pm \sqrt{\frac{1}{4}P^2 - Q}$$

と表示されるから，Z はたしかに代数関数である．同様に，z の三価関数というのは，三次方程式

$$Z^3 - PZ^2 + QZ - R = 0$$

により定められる変化量 Z のことである．ここで P, Q, R は z の一価関数を表わす．

多価性の程度を上げていくと z の四価，五価・・・関数が同様に規定されるが，このように規定される多価関数には代数関数という名を与えるのが真に相応しい．ところがこの本来の意味での代数関数がオイラー自身が規定した意味，すなわち「代数的演算で組み立てられる」という意味においてもなお代数関数でありうるか否かはオイラーの時代には明らかではなく，ここで新たに困難な問題が発生するのである．

三次と四次の代数方程式はつねに代数的に解けるから，三価関数と四価関数はオイラーの意味において代数関数である．もし代数方程式の根の公式が成立するなら，五価以上の多価性をもつ関数もやはりオイラーの言う代数関数であることになる．それはオイラーの真意の所在を明示する数学的状勢であり，おそらくオイラーはこの言明の可能性を心に描いて，代数方程式の代数的解法を追い求めたのであろう．

超越関数 c^z なども例に挙げられてはいるが，これは超越関数をも解析的表示式と見ようとした時期の心情の痕跡と見るべきであり，オイラーが解析的表示式という名のもとでとらえようとしたのは，主としてオイラー自身の言う多価関数，すなわち代数関数だったと見てよいであろう．だが，この試みは失敗し，オイラーは一般の代数方程式の根の公式を発見することはできなかった(19世紀に入ってから，アーベルとガロアにより，次数が5以上の代数方程式には根の公式は存在しないことが明らかになった)．解析的表示式

訳者あとがき

の世界は代数関数の全容を把握するには狭すぎるのである．オイラーが他の関数概念を提案したのはそのためで，ねらいは代数関数の掌握にあったと見てまちがいないと思う．

オイラーの第二の関数概念は「オイラーの三部作」の第二番目の作品『微分計算教程』(1755年)の序文に書き留められている．

> ある量が他の量に依存しているとして，その依存の様式は，後者の量が変化するなら前者もまた変化を受けるというふうになっているとしよう．このとき前者の量は，後者の量の関数という名で呼ばれる習わしである．この名称はもっとも広く開かれていて，そこには，ある量が他の量を用いて決定される様式がことごとくみな包摂されている．そこで，xは変化量を表わすとすると，どのような仕方でもよいからxに依存する量，すなわちxを用いて定められる量はすべて，xの関数と呼ばれるのである．　　(オイラー全集，I－10，4頁)

ここでは，変化量xに依存する量は，その依存の様式がどのようであってもつねに「xの関数」と呼ぶことにすると言われている．この概念規定の守備範囲はきわめて広い．解析的表示式はもとよりこの第二の関数の仲間であり，代数方程式を通じてxに依存する変化量，すなわちxの代数関数という名で呼びたいと思う変化量もまた，この新たな意味合いにおいてxの関数である．

代数関数を離れて円関数，指数関数，対数関数のような超越関数に移行すると，一般に超越関数はいかなる意味において関数でありうるか，という問題が発生する．オイラーは指数関数c^zを解析的表示式の例に挙げているが，対数関数は指数関数の逆関数として取り上げられていて(『無限解析序説』第一巻，第6章「指数量と対数」参照)，別段，何らかの解析的表示式から出発しているわけではない．円関数，すなわち正弦，余弦，正接等の三角関数はといえば，これらはまずはじめに円の観察を通じて認識される超越的な量として把握されるのであり，出発点は解析的表示式ではない(オイラー『無限解析序説』第一巻，第8章「円から生じる超越量」参照)．

指数関数のような単純な表示式を解析的表示式の仲間に入れることにしたとしても，対数関数や円関数をもそのように見るのはむずかしい．しかし第二の広範な関数概念を採用すれば，解析学で出会う超越量はことごとくみな関数の範疇におさまるであろう．解析的表示式が代数関数をとらえるための装置であったのに対し，第二の関数概

念は，代数関数をも含めて広く超越関数を包摂するために案出された概念上の装置だったのである．具体的な数値計算のためには無限級数展開や無限積展開を使えばよく，連分数展開も有効である．

『無限解析序説』が刊行されたのと同じ1748年には，オイラーは暗々裡にもうひとつの関数概念(年代順で見れば第二番目に数えるのが至当だが，本稿では第三の関数と数えることにする)を提出した．それはリーマンの論文「任意の関数の三角級数による表示可能性について」(1854年)の序文で紹介されている関数であり，第三の関数の萌芽と見られる概念である．

このリーマンの論文は全部で13個の節で構成されているが，冒頭の三つの節(第1～3節)には，

「任意に与えられた関数の，三角級数による表示可能性に関する問題の歴史」

という小見出しが附せられて，フーリエ級数論の形成史が回想されている．しかも第1節の標題は，

「オイラーからフーリエまで」

「1753年のダランベールとベルヌーイによる振動弦の問題の解決の有効性をめぐる論争に見る問題の起源．オイラー，ダランベール，ラグランジュの見解」

という長大なもので，リーマンの数学史家としての力量をよく示しているように思う．オイラーの第三の関数概念はここに登場する．

オイラーはベルリン学士院紀要の次巻においてこのダランベール(訳者註．フランスの数学者．1717～1783年)の研究を新たに描写して，関数 $f(z)$ が満たさなければならない諸条件の本質を正しく認識したが，これはオイラーの本質的な功績であった．彼は，問題の性質により，弦の運動は，もしある瞬間において弦の形状と各点の速度(したがって y と $\frac{\partial y}{\partial t}$)が与えられるならば完全に定められることを注意した．そうしてもしこれらの**二つの関数が任意に描かれた曲線を通じて定められる**様子を思い浮かべるならば，そのことからつねに，単純な幾何学的構成によりダランベールの関数 $f(z)$ がみいだされることを示した． (1990年版のリーマン全集，261頁)

ここで言及されているオイラーの論文は「弦の振動について」という標題の論文で，

訳者あとがき

オイラー全集，第二系列「力学・天文学著作集」(全31巻, 32冊)，第10巻，63〜77頁に収録されている．原論文は1748年のベルリン科学学士院紀要(1750年刊行)，69〜85頁に掲載され，フランス文で書かれているが，これにはさらにラテン文の原典がある．そのオリジナルはオイラー全集第二系列(力学・天文学著作集)，第10巻，50〜62頁に収録されているが，初出は新学術年報(1749年)，512〜527頁ということである．

オイラーの第三の関数概念では関数値を算出する計算規則は放棄され，与えられているのはただ，ある変化量に対応してもうひとつの変化量が定まるという数学的状勢のみにすぎない．この関数こそ，「完全に任意の関数」というディリクレの関数概念の淵源である．さらにもう一歩を踏み込めば，対応関係にあるふたつの量は変化量である必要もなく，「変化しない量」と見て，そのような量の集まりと集まりの間の対応関係が規定されている状勢を思い浮かべてもさしつかえないであろう．あるいはさらに一般化を押し進め，何かしら抽象的な「もの」の集まりの間の対応関係を任意に設定し，ただ対応の一価性のみを要請すれば即座に今日の「一価対応」という関数概念が手に入るであろう．他方，あくまでも変化量の世界に留まるという姿勢を堅持するなら，第二の関数と第三の関数は実質的に同一物である．

こうして，任意に描かれた曲線を通じて関数を規定するというアイデアは，抽象的な一価対応としての関数概念の母胎である．では，「任意に描かれた曲線」とはどのような曲線なのであろうか．オイラーの無限解析の根幹を作るのは「曲線を関数のグラフと見る」というアイデアであった．オイラーの眼前にはオイラー以前の数学の歴史を通じて発見され，多くの人の手で長い時間をかけて考察を加えられてきたさまざまな曲線の姿があり，オイラーはそれらの観察を通じて「関数」の概念を抽出したのである(この場面では，オイラーの思索に深い影響を及ぼしたヨハン・ベルヌーイの名も想起したいと思う)．ところが第三の関数概念の契機は「任意に描かれた曲線」であるという．ここに至り，ぼくらは関数と曲線の順序が逆なのではないかという，何かしら不可解な印象を受けるのである．

この点についてもう少し考察を進めると，第三の関数は，「曲線を関数のグラフと見る」という本来の着想を生かすために設定された究極の視点だったのではないかという考えに逢着する．ぼくらは「任意に描かれた曲線」というものの姿を心のキャンバスに自由に描くことができ，一枚の紙片の上に勝手な曲線を鉛筆で意のままに描き出すことも可能である．だが，「任意に描かれた曲線」を概念的に規定するにはどうしたらよいのであろうか．オイラーの心情を忖度すると，オイラーは概念規定を欠い

たままの状態で完全に任意の曲線の姿を自由に思い描き，その曲線に寄せるさながら中空を凝視するかのような観察の中から第三の関数の概念規定を取り出そうと試みたのではないかと思う．ディリクレが実際に行ったように，第三の関数の延長線上に「完全に任意の関数」の概念規定が成立する．そうしてそのうえで曲線に手をもどし，「関数のグラフのことを曲線という」と規定することにすれば，これで「完全に任意の曲線」が手に入る．紙の上にめちゃくちゃに線を描いて，これを「完全に任意の曲線」というものの数学的概念とするわけにはいかないが，そのような曲線を念頭に置いてまず関数概念のほうを一般化するという，概念規定上の工夫である．

　オイラーの関数概念というと1748年の第一の関数(解析的表示式)のみが際立って有名だが，同じ1748年にはすでに第三の関数も現われている．関数というものが要請される場面の特性に応じて，そのつど適合する概念が提案されているわけであり，どの数学的状況もきわめて具象的である．一価対応という今日の抽象的な関数概念は言わば大きな風呂敷のようなもので，何かしら固有の意味がそれ自体に備わっているわけではない．そこには多種多様な具象性が包み込まれていること，抽象の真価は個々の具象に支えられてはじめて具体的に現れることに，あらためて注意を喚起しておきたいと思う．　(註記．多複素変数の解析関数の一般概念は一価対応の範疇にはおさまらない．)

　ラテン語の原語 *functio*，あるいはこれに対応する英独仏語などが日本語に訳出されたとき，当初は「函数」という言葉があてられたが，漢字の使用制限が行われた後，「関数」に変更されたと伝えられている．いずれにしても，何かしら特定の「数」が連想される言葉である．だが，関数はいかなる意味でも数ではないのであるから，本当は「関数」という訳語は不適切なのである．元の言葉に備わっているのは「機能」「働き」という意味合いなのであり，そのように訳出するほうが，オイラーやディリクレの関数概念の実体にもよくあてはまると思う．「関数」と組み合わされて不可分の対を作るのは「変数」という言葉だが，本来ならこれも「変化量」としなければならないところである．しかし日本語で叙述される数学の世界に「関数」と「変数」が定着してすでに久しく，もう新たな訳語を提案する余地はない．

8.　ロピタルの著作『曲線の理解のための無限小解析』より

　オイラーの三部作の第一番目の作品『無限小解析序説』の刊行年は1748年だが，無限小解析のはじまりはずっと早く，たとえば微分計算に関するライプニッツの第一論

訳者あとがき

文

「分数量も無理量も妨げとならない極大と極小ならびに接線を求める新しい方法．また，それらのための特別の計算法」

が公表されたのは1684年10月と記録されている．ニュートンの発見の経緯を明らかにする書誌的情報についてはひとまず措き，ライプニッツの第一論文を近代微積分の端緒と見ることにすると，1684年から1748年までの64年間はいわば「関数のない微積分」の時代であった．草創期の無限小解析は今日では即物的に微積分と呼ばれることが多いが，その微積分では「微分の対象」と「積分の対象」に紛れはなく，何を微分し，何を積分するのかと問われたなら，どちらの問いに対しても「関数」と答えるほかはない．それでは関数概念のない時代の微積分の世界での事情はどのようであったかといえば，主役を割り振られるのは今度は「変化量」の概念である．変化量 x が指定されたとき，その微分と呼ばれる無限小変分 dx を作る計算法を教えてくれのが微分計算であり，いくつかの変化量 $x, y, z \cdots$ を相互に連結する何かある大域的な関係式が与えられたなら，その関係式の微分を作ることにより，変化量 $x, y, z \cdots$ と微分 $dx, dy, dz \cdots$ の間の関係式，すなわち微分方程式が導かれる．逆に，微分方程式が与えられたとき，その微分方程式を生成する力をもつ，変化量相互間の大域的な関係式へと立ち返る道筋を教えるのが積分計算である．

微積分の展開史の上に観察されるこのような消息は，ライプニッツやヨハン・ベルヌーイやオイラーの諸作品を通じてよく諒解されると思う．だが，なお残されているのは，

「変化量から関数への転換の契機として作用した事情は何か」

という疑問である．このきわめて素朴な問いに対し，マルキ・ド・ロピタル(フランスの数学者．1661～1704年)の著作

『曲線の理解のための無限小解析』(1696年)

を手がかりにして解答を試みたいと思う．

ロピタルの著作の刊行年は1696年と記録されているが，1696年といえば，ライプニッツの第一論文が公表されてからわずかに12年後のことにすぎない．ロピタルはヨハン・ベルヌーイを通じてライプニッツの流儀の無限小解析を学び(ヨハン・ベルヌーイに数学を学んだという点ではロピタルはオイラーの先輩である)，その成果を一冊の書物の形にして公にしたのである(ロピタルは実際にはヨハン・ベルヌーイの祖述者にすぎず，ロピタル

の著作の真の著者はヨハン・ベルヌーイと見るのが至当である）．書名を見ると，「無限小解析」の一語の前に「曲線の理解のための」という形容句が附されているのが目を引くが，これによってはっきりと諒解されるように無限小解析の対象は「曲線」なのであり，曲線にまつわる諸問題，すなわちいろいろな曲線の極大点や極小点を求めたり，接線を引いたり，曲線で囲まれる領域の面積を算出したりするために編み出された簡明で統一的な計算法こそ，無限小解析のねらいとするところなのであった．

　曲線の諸性質の究明という観点は無限小解析の発生の前にもすでに存在し，デカルトやフェルマをはじめ，多くの数学者が心を寄せたテーマであった．デカルトの『方法序説』の刊行は1637年であり，フェルマもまた同時期に「曲線の極大と極小および接線を決定する方法」を手にしていた．ライプニッツの第一論文に至るまで，おおよそ半世紀にわたり微積分の前史が繰り広げられたのである．

　ロピタルの著作『曲線の理解のための無限小解析』の目次を見ると，

　　　第Ⅰ章　微分計算の諸規則

から説き起こされ，

　　　第Ⅱ章　あらゆる種類の曲線の接線をみいだすために微分計算を利用すること．

　　　第Ⅲ章　最大の向軸線と最小の向軸線を見つけるために微分計算を利用すること．極大と極小に関する諸問題はそこに帰着されていく．

　　　第Ⅳ章　彎曲点と尖点を見つけるために微分計算を利用すること．

と続き，以下，第Ⅹ章へと及んでいく．どこまでも曲線の形状を知るために微分計算を適用するという姿勢が顕著だが，第Ⅲ章の「極大・極小問題」はいくぶん様相を異にする．この章の内実に目を向けると，まずはじめに「最大の向軸線」と「最小の向軸線」の概念が現れる．

　　　［定義Ⅰ］

　　　MDM は曲線とし，その向軸線 PM, ED, PM は互いに平行とする．また，切除線 AP が連続的に増大していくとき，向軸線 PM はある点 E に到達するまではやはり増大し，点 E を通り過ぎた後は減少に転じるとする．あるいは，反対に，ある点 E に到達するまでは減少し，点を通り過ぎた後は増大に転じるとしよう．このように状勢を設定するとき，線分 ED は最大の向軸線，あるいは最小の向軸線という名で呼ばれる．

訳者あとがき

　最大の向軸線と最小の向軸線を求める問題は，曲線の極大点と極小点の位置を決定する問題と同等であり，曲線の形状を正確に認識するために不可欠な作業である．これは微分計算により解決されるが，続いて「極大と極小に関する問題」と呼ばれる問題が登場する．

　　[定義II]
　　一個またはいくつかの不定量，たとえば AP のような量を用いて組み立てられた量，たとえば PM のような量が提示されたとしよう．AP が連続的に増大するとき，この量 PM もまたある点 E に至るまでは増大し，その後は減少に転じるとする．あるいは，その反対の状勢が現れるとする．このとき AP に対し，以下に述べるような性質を備えた値 AE を見つけなければならないとしよう．すなわち AE を用いて組み立てられる量 ED は，AP を用いて類似の様式で作られる他のどの量 PM よりも大きいか，もしくは小さい．この問題は極大と極小に関する問題と呼ばれる．

　この問題の真意は，具体例を通じてよく諒解されると思う．ロピタルは多くの例を並べているが，次に挙げる「例IV」はそのひとつである．

　　[例IV]
　　与えられた線分 AB を点 E において切り，二つの部分のうちの一方 AE の平方ともう一方の部分 EB との積が，同様にして作られる他のすべての積のうちで最大になるようにすること．

　この問題を解くために，未知量 AE を x と名づけ，与えられた量 AB を a と名づけると，「AE の平方ともう一方の部分 EB との積」は $AE^2 \times EB = axx - x^3$ と表示される．問題は，この量が最大になるように，変化量 x の数値を適当に指定することである．今日の微積分の視点に立てば，$y = axx - x^3$ を x の関数と見て導関数 $\frac{dy}{dx} = 2ax - 3x^2$ を作り，その零点 $x = \frac{2a}{3}$ を確定して極大値を求めようとするところである．x-y 平面上にこの関数のグラフを描けば，そのグラフ上で y 座標が極大になる

点を求めることになる．だが，関数概念をもたないロピタルは，この今日の常套手段とはまったく逆向きに議論を進めていく．すなわち，ロピタルは，向軸線 $MP(y)$ と切除線 $AP(x)$ との間の関係が方程式 $y=\dfrac{axx-x^3}{aa}$ で表される**曲線 MDM を思い描き**(訳者註．これはロピタル自身の言葉である)，適当な点 E を求めて，向軸線 ED がすべての向軸線の中で最大になるようにせよと主張する．そのような架空の曲線が心の中に描かれたなら，すでに解明ずみの手法を適用してその曲線の極大点の位置の決定が可能になる．すなわち，(関数ではなくて)変化量 y の微分を作り，それを 0 と等値すると，

$$dy=\frac{2axdx-3xxdx}{aa}=0$$

という方程式が与えられ，これより $AE(x)=\dfrac{2}{3}a$ が導かれるのである．

「例IV」に続き，ロピタルは次の「例V」を挙げて同じ考え方を例示した．

［例V］
線分 AB を三つの部分 AC, CF, FB に分け，真ん中の部分 CF を点 E において切り，長方形 $AE \times EB$ の長方形 $CE \times EF$ に対する比率が，同様にして作られる他のすべての比率よりも小さくなるようにすること．

与えられた量 AC を a，CF を b，CB を c と名づけ，未知量 CE を x と名づけると，$AE=a+x$, $EB=c-x$, $EF=b-x$ となる．したがって $AE \times EB$ の $CE \times EF$ に対する比率は $\dfrac{ac+cx-ax-xx}{bx-xx}$ という形に表示される．問題は，この量が最小になるように未知量 x を定めることである．そこで前例IVでそうしたように，向軸線 $PM(y)$ の切除線 $CP(x)$ に対する関係が方程式 $y=\dfrac{ac+cx-ax-xx}{bx-xx}$ で表される**曲線 MDM を思い浮かべる**と，問題は，この曲線の極小点の位置を見つけることに帰着される．そこで第III章の冒頭で確立された方法を適用して変化量 y の微分を作り，それを 0 と等値すると，方程式 $cxx-axx-bxx+2acx-abc=0$ が得られる．この方程式の根のひとつは，課された問題に解を与えている．$y=\dfrac{ac+cx-ax-xx}{bx-xx}$ を x の関数と見るのではなく，あくまでも「架空の曲線を表示する方程式」と見るのがロピタルの流儀である．

ロピタルの目はあくまでも曲線に注がれていて，曲線に関して得られた知見を応用して極大・極小問題の解決がはかられている．これとは逆に，今日の微積分ではつね

に関数から出発する．関数のグラフを描くことはもちろんあるが，それは関数を理解するための補助手段というほどの意味合いに留まっていて，極大・極小問題の対象はどこまでも関数である．ロピタルからオイラーに至る過程で，無限小解析の世界の根幹に大きな視点の転換が起こったのである．

9. 視点の転換 －曲線から関数へ－

　ロピタルの著作『曲線の理解のための無限小解析』で主役を演じるのは一貫して「曲線」であり続けているが，その曲線というもの一般的な概念規定が試みられているわけではないのは既述の通りである．すなわち，ロピタルは曲線というものを「各々が無限に小さい線分の無限に多くの集まり」，言い換えると「各々が無限に小さい辺を無限に多くもつ多角形」と見るという「要請もしくは仮定」を設定したにすぎない．円錐曲線やサイクロイドなどを典型例として，無限小解析の誕生前夜にはさまざまな契機に触発されて多種多様の曲線が提案されていたが，みな天与のもののように思いなされていたように見える．ロピタルはそれらの曲線を「無限に小さい辺が無限に連なって形成される多角形」と見ることにすると宣言した．曲線概念の定義ではなく，あくまでも視点の置きどころに関連する要請であり，接線や法線等々，曲線の形状にまつわる諸概念はみなこの要請に支えられて，無限小解析とは無縁の場所で次々と導入されるのである．

　ところが無限小解析の誕生を待ち，そのうえで極大極小問題の解決を探求するという方向に進んでいけば，そのとき立場の転換の可能性が具体的に現れる．ロピタルの著作では，極大極小問題は曲線の究明という無限小解析の基幹線から派生した応用問題のひとつなのであり，曲線の理論に帰着させていくことにより解決された．それなら逆に，はじめに極大極小問題の解決法を確立し，それに基づいて曲線の諸性質を究明するという道筋も考えられるのではあるまいか．ロピタルの著作から拾った上記の二つの例は，この道筋の所在地を強く示唆しているように思う．鍵を握るのは関数の概念である．「例IV」では表示式 $y = \dfrac{axx - x^3}{aa}$ を x の関数と思い，「例V」では表示式 $y = \dfrac{ac + cx - ax - xx}{bx - xx}$ を x の関数と見るという立場を採ることにするのである．天与の曲線から出発するのではなく，何らかの様式で設定された抽象的な関数概念から出発することにするならば，

　　　　「曲線は関数のグラフである」

という有力な視点が新たに獲得され，関数概念の拡大につれて曲線の概念もまた広がっ

ていく．オイラーはこのアイデアを実際に遂行した．

　オイラーの段階では無限小解析の対象は依然として曲線であり，ただ関数概念に依拠して曲線を理解するという観点が明瞭に打ち出されているところに，際立った斬新さが認められる．コーシーに至ると曲線の究明というイメージは無限小解析から大きく後退し，どこまでも関数の究明が打ち続いていく．コーシー以降，無限小解析は関数の究明に専念し，その結果，無限小解析の適用可能域は著しく拡大し，ディリクレが具体的に範例を示したように，数論への応用の可能性も開かれた．

　はじめに提示された問い，すなわち「変化量から関数への転換の契機として作用した事情は何か」という問いに立ち返ると，何よりもまず数学で取り扱われる曲線の種類が急速に増大し（よく知られているものだけを思い浮かべても，たちまち60種類程度の曲線が数えられると思う），曲線というものを理解する簡明で統一的な視点が求められていたという事情に着目しなければならないであろう．「無限小の辺が無限に多くつながって生成される多角形」という，ロピタルの「要請あるいは仮定」はその試みの一環に位置づけられるように思う．次に，より具体的な契機として，極大極小問題の解決法に着目しなければならないであろう．ロピタルの著作ではこの問題の解決を曲線の問題に帰着させようとして，「曲線を思い描く」という着想が持ち出された．関数概念はこのアイデアにうながされて発生したのである．

10.　ラプラスの言葉

　オイラーは近代ヨーロッパの数学史の流れに屹立する大数学者である．後世への影響の大きなことははかりしれず，ラグランジュ，ルジャンドル，フーリエ，ラプラス，コーシー，ガウス，アーベル，ヤコビ，ディリクレ，リーマン・・・と，オイラー以降の近代数学史の担い手たちを回想していくと，オイラーの影の射さない者はひとりとして見あたらず，だれもみなオイラーの継承者の名に相応しい．近代数学史が21世紀に入った今日もなお，ぼくらはここかしこにオイラーの陰影を感知することができるであろう．

　他方，オイラーに向けられた批判的な言葉の数々がぼくらの耳に届くこともある．それらは無限級数の収束性への無頓着や，負数の対数の取り扱い方の不備や，関数の概念規定の曖昧さや，無限（無限小と無限大）を扱う際の議論に飛躍が大きすぎること等々，総じて厳密さへの関心の欠如を指摘する声である．だが，このような批判がどれもあてはまらないことは，オイラーの大量の著作物のうち『無限解析序説』を一瞥

訳者あとがき

しただけで，すでに十分によく明るみに出されたと思う．オイラーの計算技術の巧さを讃える反面で，数学思想の貧困が指摘されることもあるが，関数概念の導入による数学解析の再編成という，深い数学的思索に裏打ちされた『無限解析序説』の基本テーマを目の当たりにすれば，これもまた的を射ていないことは即座に諒解されるであろう．

イタリアに生れ，フランスで活躍した19世紀の数学者リブリ(1803～1869年)は，

  Lisez Euler, lisez Euler, c'est notre maître à tous.

  （オイラーを読め！オイラーを読め！オイラーはわれらすべての師だ！）

というラプラスの言葉を語り伝えたが，この言葉は今もそのまま生きているとぼくは思う．二年後の西暦2007年はオイラーの生誕300年という節目の年である．『無限解析序説』を構成する二冊の邦訳書が長く読みつがれ，オイラーが遺した厖大な遺産の解明が日本の地で進展するよすがとなるよう，心から願っている．

            平成17年（2005年）9月25日
             群馬県勢多郡東村にて

                  高瀬正仁

参考文献

1．高瀬正仁『dxとdyの解析学　オイラーに学ぶ』(2000年．日本評論社)
 オイラーの三部作を基礎にして無限小解析(微分と積分)を概説する．

2．『オイラーの無限解析』(2001年．高瀬正仁訳．海鳴社)
 オイラーの著作『無限解析序説』(全2巻)のうち，第一巻の翻訳書．

3．E・A・フェルマン『オイラー　その生涯と業績』(2002年．山本敦之訳．シュプリンガー・フェアラーク東京)
 オイラーの生涯の概略が描かれている．オイラーと同時代人の人物像やオイラーの著作の表紙など，興味深い図が豊富に収録されている．

4．『リーマン論文集』(2004年．朝倉書店)
 リーマンの論文「任意の関数の三角級数による表示可能性について」(1854年)の邦語訳が収録されている．

著者：レオンハルト・オイラー（Leonhard Euler, 1707—1783）

スイスのバーゼルに生まれ，バーゼル大学の数学者ヨハン・ベルヌーイの手ほどきを受けて数学を学んだ．無限小解析への関数概念の導入，楕円積分論，オイラー積分論，変分法，流体力学，代数学，フェルマを継承した不定方程式論，平方剰余相互法則の発見，位相幾何学のオイラーの多面体定理等々，オイラーが近代史に遺した事跡は数学のあらゆる領域にわたっている．18世紀を代表する数学者である．

訳者：高瀬　正仁（たかせ　まさひと）

昭和26年（1951年），群馬県勢多郡東村（現在，みどり市）に生まれる．現在，九州大学マス・フォア・インダストリ研究所准教授．専門は近代数学史と多変数関数論．数学の古典的作品の翻訳などの執筆活動により，2009年度日本数学会賞出版賞受賞．歌誌「風日」（京都市）同人．

著書『ガウスの遺産と継承者たち　ドイツ数学史の構想』『評伝岡潔　星の章』『評伝岡潔　花の章』（いずれも海鳴社），『dxとdyの解析学』（日本評論社），『岡潔　数学の詩人』『高木貞治　日本近代数学の父』（いずれも岩波書店），『無限解析のはじまり　わたしのオイラー』『ガウスの数論　わたしのガウス』（いずれも筑摩書房）．

訳書『ガウス整数論』『アーベル／ガロア楕円関数論』『リーマン論文集』（いずれも朝倉書店），『オイラーの無限解析』『オイラーの解析幾何』『数の理論』（いずれも海鳴社），『ヤコビ楕円関数原論』（講談社サイエンティフィク）．

オイラーの解析幾何
2005年11月30日　第1刷発行
2012年 7月10日　第2刷発行

発行所：㈱海鳴社　http://www.kaimeisha.com/

〒101-0065　東京都千代田区西神田2－4－6
Eメール：kaimei@d8.dion.ne.jp
電話：03-3262-1967　ファックス：03-3234-3643

発行人：辻　信行
組　版：海鳴社
印刷・製本：㈱シナノ

JPCA

本書は日本出版著作権協会（JPCA）が委託管理する著作物です．本書の無断複写などは著作権法上での例外を除き禁じられています．複写（コピー）・複製，その他著作物の利用については事前に日本出版著作権協会（電話03-3812-9424, e-mail:info@e-jpca.com）の許諾を得てください．

出版社コード：1097
ISBN 978-4-87525-227-6

© 2005 in Japan by Kaimeisha
落丁・乱丁本はお買い上げの書店でお取替えください

━━━ 海鳴社 ━━━

オイラーの無限解析

L. オイラー著・高瀬正仁訳／「オイラーを読め，オイラーこそ我らすべての師だ」とラプラス。「鑑賞に耐え得る芸術的」と評される原書第1巻の待望の翻訳。　　B5判368頁、本体5000円

評伝　岡潔　星の章

高瀬正仁／日本の草花の匂う伝説の数学者・岡潔。その「情緒の世界」の形成から「日本人の数学」の誕生までの経緯を綿密に追った評伝文学の傑作。　　46判550頁、本体4000円

評伝　岡潔　花の章

高瀬正仁／数学の世界に美しい日本的情緒を開花させた「岡潔」。その思索と発見の様相を、晩年にいたるまで克明に描く。「星の章」につづく完結編。　　46判544頁、本体4000円

川勝先生の物理授業

―全3巻　A5判、平均260頁―

川勝　博／これが日本一の物理授業だ！　愛知県立旭が丘高校で、物理の授業が大好きと答えた生徒が、なんと60％！　しかも単に楽しいお遊びに終わることなく、実力も確実につけさせる。本書は講義を生徒が交代でまとめたもの。こんな授業をしてほしかったと誰でも思う。

上巻：力学　編　　本体2400円

中巻：エネルギー・熱・音・光編　　本体2800円

下巻：電磁気・原子物理　編　　本体2800円

HQ論：人間性の脳科学　精神の生物学本論

澤口俊之／人間とは何か … IQでもEQでもない、HQ (Humanity Quotient:人間性知性＝超知性)こそが人間を、人生を決定づける。渾身の力を込めたライフワーク。　　46判366頁，本体3000円